3ds Max 工业产品设计实例精讲教程

宋娟 宋超 张文皓◎编著

中国铁道出版社有限公司
CHINA RAILWAY PUBLISHING HOUSE CO., LTD.

内 容 简 介

书中由浅入深地通过近 30 个模型实例，详细讲解了使用 3ds Max 进行工业产品设计的高级技术。具体内容包括 3ds Max 概述及建模基础，制作五金工具类产品，制作礼品工艺品，制作运动器械，制作照明灯具，家居产品建模，厨卫产品建模，儿童玩具建模，电子通信产品建模，家电设备建模，数码电脑产品建模，交通工具产品建模，武器类产品建模。通过学习本书，读者可掌握使用 3ds Max 进行快速精确的工业产品建模，并为最终进行产品渲染奠定良好的基础。

配套资源中提供书中实例的场景文件，以及讲解实例制作全过程的语音视频教学文件。通过视频教学可使读者快速掌握建模的方法和技巧。

本书适合从事工业造型设计的人员和游戏三维场景建模的美工学习使用，也适合于广大建模爱好者以及大专院校相关艺术专业的学生使用。

图书在版编目（CIP）数据

3ds Max 工业产品设计实例精讲教程/宋娟，宋超，张文皓编著.—北京：中国铁道出版社有限公司，2019.9

ISBN 978-7-113-26056-9

Ⅰ.①3… Ⅱ.①宋… ②宋… ③张… Ⅲ.①工业产品－产品设计－计算机辅助设计－应用软件－教材 Ⅳ.①TB472-39

中国版本图书馆 CIP 数据核字（2019）第 149343 号

书　　名：3ds Max 工业产品设计实例精讲教程
作　　者：宋 娟 宋 超 张文皓

责任编辑：于先军　　**读者热线电话：**010-63560056
责任印制：赵星辰　　**封面设计：**郑春鹏

出版发行：中国铁道出版社有限公司（100054，北京市西城区右安门西街 8 号）
印　　刷：中煤（北京）印务有限公司
版　　次：2019 年 9 月第 1 版　2019 年 9 月第 1 次印刷
开　　本：787mm×1092mm　1/16　**印张：**22.75　**插页：**2　**字数：**595 千
书　　号：ISBN 978-7-113-26056-9
定　　价：79.80 元

配套资源下载地址：
http://www.m.crphdm.com/2019/0611/14098.shtml

前　言

3ds Max 是目前世界上应用较广泛的三维建模、动画、设计和渲染软件，完全可以满足制作高质量动画、最新游戏、设计效果等领域的需要，被广泛应用于影视、建筑、家具、工业产品造型设计等各个行业。

本书内容

本书详细讲解了 3ds Max 的各种常用技术，包括建模的各种方法以及各种修改器的使用，还有工业设计的一些基础知识等，并通过具体实例的实现过程，讲解了各个知识点的基本使用方法。

本书共 13 章，第 1 章讲解了 3ds Max 的软件优势和设计的基础知识以及在进行建模制作前 3ds Max 软件的一些基础设置；后面几章中先通过一个小的实例来详细讲解 Poly 建模处理方法以及硬边缘的处理技巧，然后依次通过五金类、礼品工艺品、运动器械、照明灯具、家居产品、厨卫产品、儿童玩具、电子通信类、家电设备、数码电脑产品、交通工具、武器类的具体实例来详细讲解这些模型的制作方法。通过这些具体的实例，希望读者能彻底掌握多边形建模方法的核心技术和要点，多加练习，熟练掌握里面的每一个命令。

本书特色

本书作者来自工业模型设计专业团队，均拥有近十年实战经验。通过作者精心选例，使本书无疑成为一本重量级的工业产品建模巨作。编写本书的目的是为工业产品造型设计师量身打造一套成熟且完整的建模解决方案。本书由浅入深地通过近 30 个模型实例，详细讲解了使用 3ds Max 软件制作产品模型的各种高级技术。读者通过学习本书，将能够使用强大的 3ds Max 建模工具进行快速精确的工业产品建模，为最终进行产品渲染奠定良好的基础。在模型塑造和线面布局等关键技术方面，作者提供了很多实战经验和秘诀，并对各种工业产品建模的常见问题提供了完美的解决方案。

本书内容实用，步骤详细，讲解到位，全书分为 13 章，除去基础知识外全部使用实例进行讲解，这些实例按照知识点的应用和难易程度进行安排，从易到难，从简单到复杂，循序渐进地介绍了各种工业模型的制作方法。

1. 实例丰富，实用性强：本书的每一个实例均是典型的工业产品，针对性强，专业水平高，因此可以真实地表现工业模型的特点。

2. 一步一图，易懂易学：在介绍操作步骤时，每一个操作步骤后均附有对应的图示，进行图文结合讲解，使读者在学习的过程中能够直观、清晰地看到操作的过程及效果，以便于理解。

关于配套资源

配套资源中的内容包括：

1. 书中实例的模型文件和素材文件。
2. 讲解实例制作过程的语音视频教学文件。

读者对象

本书包含的技术点全面，表现技法讲解详细，非常便于工业设计，模型制作等专业的学生以及中高级进阶读者学习。具体适用于：

1. 在校学生
2. 从事三维设计的工作人员
3. 产品造型设计人员
4. 在职设计师
5. 培训人员

本书主要由宋娟（宁夏大学）、宋超、张文皓共同编写，其中宋娟负责编写第 1～5 章，宋超负责编写第 6～9 章，张文皓负责编写第 10～13 章。在编写过程中得到了朋友和家人的大力支持与帮助，在此一并表示感谢。书中的错误和不足之处敬请广大读者批评指正。

编　者

2019 年 8 月

配套资源下载地址：

http://www.m.crphdm.com/2019/0611/14098.shtml

CONTENT

目　录

第 1 章　3ds Max 概述及建模基础

3ds Max 常简称为 Max，是 Autodesk 公司开发的基于 PC 系统的三维动画渲染和制作软件。3ds Max 广泛应用于广告、影视、工业设计、建筑设计、多媒体制作、游戏、辅助教学及工程可视化等领域。

1.1　3ds Max 软件优势

1. 性价比高

3ds Max 有非常好的性能价格比，它所提供的强大功能远远超过了它自身低廉的价格，一般的制作公司都可以承受得起，这样就可以使作品的制作成本大大降低。而且它对硬件系统的要求相对来说也很低，一般普通的配置就可以满足学习的需要，这也是每个软件使用者所关心的问题。

2. 上手容易

初学者比较关心的问题就是 3ds Max 是否容易上手，这一点你可以完全放心，3ds Max 的制作流程十分简洁高效，可以使你很快上手，所以先不要被它的大系列命令吓倒，只要你的操作思路清晰，上手是非常容易的。

3. 使用者多，便于交流

3ds Max 在国内拥有很多的使用者，便于交流，教程也很多，比如著名的“火星人”系列，很多人都是从读“火星人”才开始入门的。随着互联网的普及，关于 3ds Max 的论坛在国内也相当火爆，如果有问题就可以放到网上大家一起讨论，方便极了。在应用前景方面，3ds Max 是国内最常用的三维动画制作软件之一，只要你学得好就一定可以找到施展自己才华的地方。

3ds Max 主要应用于影视、游戏、动画方面，拥有软件开发工具包（SDK）。SDK 是一套用在娱乐市场上的开发工具，用于软件整合到现有制作的流水线以及开发与之相合作的工具，在 Biped 方面做出的新改进将让我们轻松构建四足动物。Revealu 渲染功能将让我们更快地输出作品。重新设计的 OBJ 输出也会让 3ds Max 和 Mudbox 之间的转换变得更加容易。

3ds Max Design 主要应用在建筑、工业、制图方面，主要在灯光方面有改进，有用于模拟和分析阳光、天空及人工照明来辅助 LEED 8.1 证明的 Exposure 技术，这个功能在 Viewport 中可以分析太阳、天空等。你现在可以直接在视口以颜色来调整光线的强度表现。

1.2 3ds Max 设计概念

使用 3ds Max 进行工业级产品设计不仅仅是技巧的问题，如何清晰地掌握其中的核心概念是每一位使用者必须解决的问题。在 3ds Max 中，与设计制作相关的概念很多，比较重要的有对象的概念、参数修改的概念、层级的概念、材质贴图的概念、三维空间与动画的概念、外部插件的概念、后期合成与渲染的概念等。下面从宏观上讲述 3ds Max 常见的与设计有关的核心概念。

1.2.1 对象的概念

对象是 3ds Max 中非常重要的一个概念。3ds Max 是开放的面向对象的设计软件，从编程的角度讲，不仅创建的三维场景属于对象，灯光镜头属于对象，材质编辑器属于对象，甚至贴图和外部插件也属于对象。为了方便学习，本书将视图中创建的几何体、灯光、镜头和虚拟物体称为场景对象，将菜单栏、下拉列表框、材质编辑器、编辑修改器、动画控制器、贴图和外部插件称为特定对象。

1.2.2 创建与修改概念

使用 3ds Max 进行创作时，首先要创建用于动画和渲染的场景对象。可以选择的方法很多，可以通过 Create（创建）命令面板中的基础造型命令直接创建，也可以通过定义参数的方法进行创建，还可以使用多边形建模、面片建模及 NURBS 建模，甚至还能使用外挂模块来扩展软件功能。通过以上方法创建的对象仅是为进一步编辑加工、变行、变化、空间扭曲及其他修改手段所做的铺垫。从 3ds Max 2010 版本开始，它加入了强大的【石墨】建模工具，使其造型功能得到相当大的改善。

1.2.3 材质贴图概念

当模型制作完成后，为了表现出物体各种不同的性质特征，需要给物体赋予不同的材质。它可使网格对象在着色时以真实的质感出现，从而表现出布料、木头、金属等的性质特征。材质的制作可以在材质编辑器中完成，但必须指定到特定场景中的物体上。除了独特质感，现实物体的表面都有丰富的纹理和图像效果，这就需要赋予对象丰富多彩的贴图。创建出完美的模型只是一个成功的开始，灯光镜头的运用对场景气氛的渲染和动画的设置起着非常重要的作用。在默认情况下，场景中有系统默认的光源存在，因此，即使没有对建立的新场景设置灯光，也可以看到它的形状。一旦在场景中建立灯光，默认的灯光就会消失。

1.2.4 层级概念

在 3ds Max 中，层级概念十分重要，几乎每一个对象都通过层级结构来组织。层级结构中的对象遵循相同的原则，即层级中较高一级代表有较大影响的普通信息，低一层的代表信息的细节且影响小。层级结构可以细分为对象的层级结构、材质贴图的层级结构和视频后期处理的层级结构。层级结构的顶层称为根，理论上指 World，但一般来说将层级结构的最高层称为根。有其他对象与之连接的是父对象，父对象以下的对象均为它的子对象。

1.2.5 三维动画概念

建模、材质贴图、层次树连接都是为动画制作服务的，3ds Max 本身就是一个动画软件，因此动画制作技术可以说是 3ds Max 的精髓所在。如果想使制作的模型富有生命力，可以将场景做成动画。其原理和制作动画电影一样，将每个动作分解成若干帧，每个帧连起来播放，在人的视觉中就形成了动画。在 3ds Max 中，动画是实时发生的，设计师可以随时更改持续时间、事件和素材等对象并立即观看其效果。

1.3　建模工具解决方案

3ds Max 中的建模总体分成 3 类。第一类是突出的多边形建模，这是在三维动画初期就存在的建模方式，因此它也是最成熟的建模方式，特别是细分建模的产生，让这一方式又出现了新的生机，几乎所有的软件都支持这种建模方式。本书将着重讲解这一建模方法。第二类是 Patch 建模方法，特别是由此而发展出来的 Sruface 建模方式曾经在国内非常流行。Patch 建模方式是以线条来控制曲面制作模型的，理论上可以制作出任何模型，但是因效率低下，制作起来非常费时。随着多边形细分建模的出现，现在关注这种方法的人越来越少。第三类是几乎没有人用到的 NURBS 建模，就连国外的 3ds Max 教材中对于 NURBS 建模的介绍也是一带而过。这并不是说这种方法不好，NURBS 是相当专业的建模方式，但是 3ds Max 对于 NURBS 的兼容性不好，基本上很难用它来完成复杂模型，所以这里也不推荐大家使用。

本书将带领大家一起学习 3ds Max 的多边形建模。首先，我们要搞清楚什么是多边形。可编辑多边形是一种可编辑对象，它包含 5 个子对象层级：顶点、边、边界、多边形和元素。其用法与可编辑网格对象的用法相同。“可编辑多边形”有各种控件，可以在不同的子对象层级将对象作为多边形网格进行操作。但是，与三角形面不同的是，多边形对象的面是包含任意数目顶点的多边形。

要生成可编辑多边形对象，有以下几种方法。

第一，首先选择某个对象，如果没有对该对象应用修改器，可在“修改”面板的修改器堆栈显示中右击，然后在弹出菜单的“转换为”列表中选择“可编辑多边形”，如图 1.1 所示。

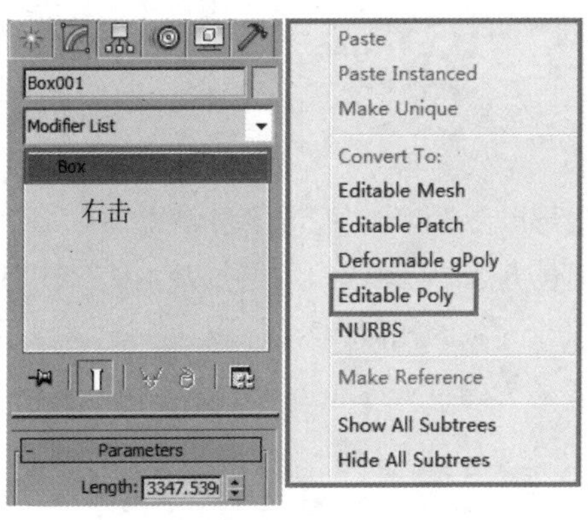

图 1.1

第二，右击所需对象，然后从四元菜单的“变换”象限中选择“转换为可编辑多边形”，如图 1.2 所示。

第三，对参数对象应用可以将该对象转变成堆栈显示中的多边形对象的修改器，然后塌陷堆栈。例如，可以应用“转换为多边形”修改器。要塌陷堆栈，使用“塌陷”工具，然后将“输出类型”设置为“修改器堆栈结果”，或者右击该对象的修改器堆栈，然后选择“塌陷全部”，如图 1.3 所示。

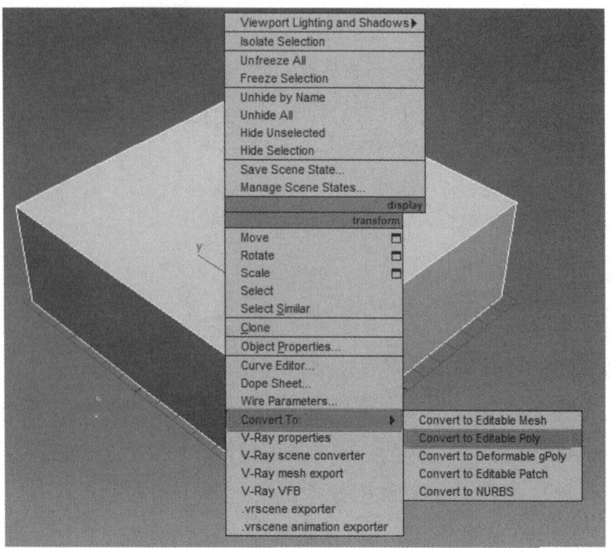

图 1.2

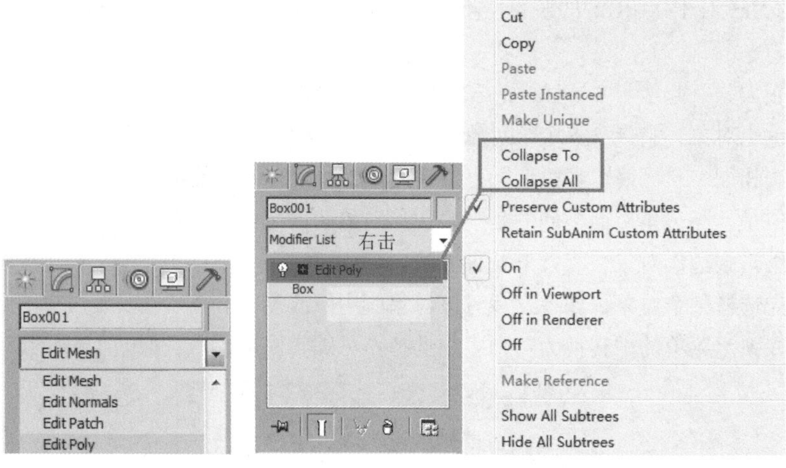

图 1.3

将对象转换成“可编辑多边形”格式时，将会删除所有的参数控件，包括创建参数。例如，可以不再增加长方体的分段数、对圆形基本体执行切片处理或更改圆柱体的边数。应用于某个对象的任何修改器同样可以合并到网格中。转换后，留在堆栈中唯一的项是“可编辑多边形”。

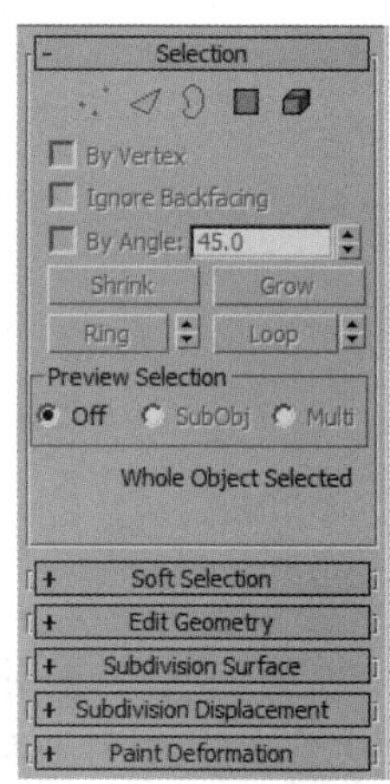

图 1.4

1.3.1 Poly 面板

对几何体使用了 Convert to Editable Poly（转换为可编辑多边形）修改命令后，单击命令面板，可以看到 Editable Poly 命令面板大致分为 6 个部分，如图 1.4 所示，依次为 Selection（选择）、Soft Selection（软选择）、Edit Geometry（编辑几何体）、Subdivision Surface（细分曲面）、Subdivision Displacement（细分置换）、Paint Deformation（变形画笔）。

1.3.2　Selection（选择）

Selection 卷展栏为用户提供了对几何体各个子物体级的选择功能，位于顶端的 5 个按钮对应了几何体的 5 个子物体级，分别为 Vertex（顶点）、Edge（边线）、Border（边界）、Poly（多边形，也就是面）以及 Element（元素）。当按钮显示成黄色时，则表示该级别被激活，如图 1.5 所示。再次单击该按钮将退出这个级别。当然也可以使用快捷键 1、2、3、4、5 来实现各个子物体级别之间的切换。

图 1.5

- By Vertex（通过顶点选择）：该复选框的功能只能在顶点以外的 4 个子物体级中使用。以 Poly 子物体级为例，当选择此复选框后，在几何体上单击点所在的位置，那么和这个点相邻的所有面都会被选择。该功能在其他子物体级中的效果类似。
- Ignore Backfacing（忽略背面）：该复选框的功能很容易理解，也很实用，就是只选择法线方向对着视图的子物体。这个功能在制作复杂模型时会经常用到。
- By Angle（通过角度选择）：该复选框的功能只在 Poly 子物体级下有效，通过面之间的角度来选择相邻的面。在该复选框后面的微调框中输入数值，可以控制角度的阈值范围。
- Shrink（减少选择）和 Grow（扩增选择）：这两个按钮的功能分别为缩小和扩大选择范围。图 1.6 所示为 Shrink（减少选择）和 Grow（扩增选择）的效果比较。

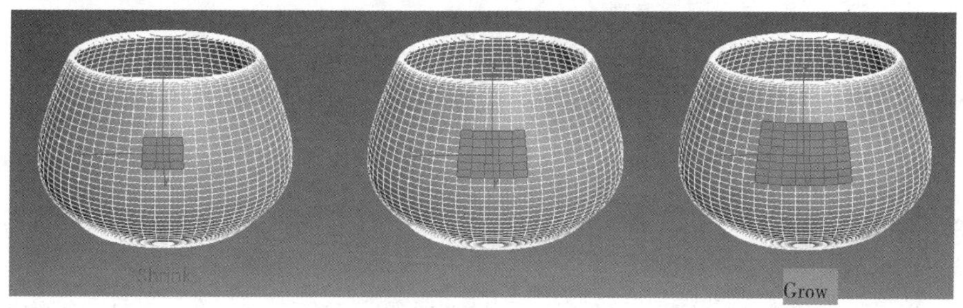

图 1.6

- Ring（平行选择）和 Loop（纵向选择）：这两个按钮的功能只在 Edge 和 Border 子物体级下有效。当选择了一段边线后，单击 Ring 按钮可以选择该所选线段平行的边线，当然也可以通过双击该线段来达到同样的效果。单击 Loop 按钮可以选择该所选线段纵向相连的边线。图 1.7 所示为 Ring 和 Loop 的效果对比。

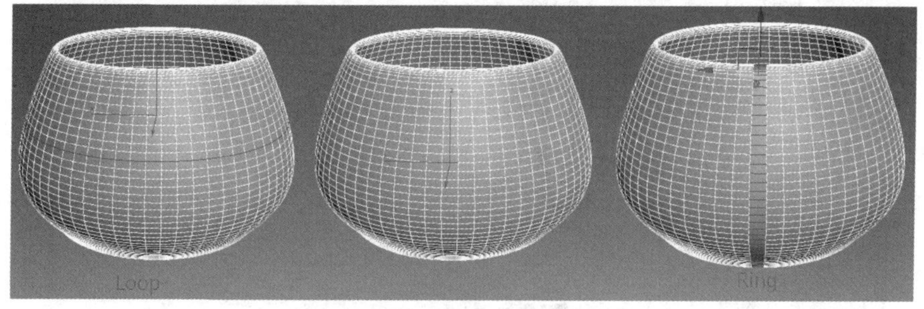

图 1.7

位于 Selection 卷展栏最下面的是当前选择状态的信息显示，比如提示当前有多少个点被选择。另外，结合 Ctrl 和 Alt 键可以实现点、线、面的加选和减选。

1.3.3 Soft Selection（软选择）

软选择功能可以在对子物体进行移动、旋转、缩放等修改的时候，同样影响到周围的子物体。在制作模型时，可以用它来修整模型的大致形状和比例，是个比较有用的功能。要使用软选择功能，需要先勾选 ☑ Use Soft Selection，这样才能打开软选择的功能。当打开该功能后，在模型表面选择点、线、面后，模型的表面会有一个很好的颜色渐变效果，如图 1.8 所示。

Soft Selection 卷展栏大致可分为对子物体的软选择和 Paint Soft Selection（画笔软选择）两部分。当勾选 Use Soft Selection（使用软选择）复选框后，此功能被开启，面板中的参数才可以使用，如图 1.9 所示。

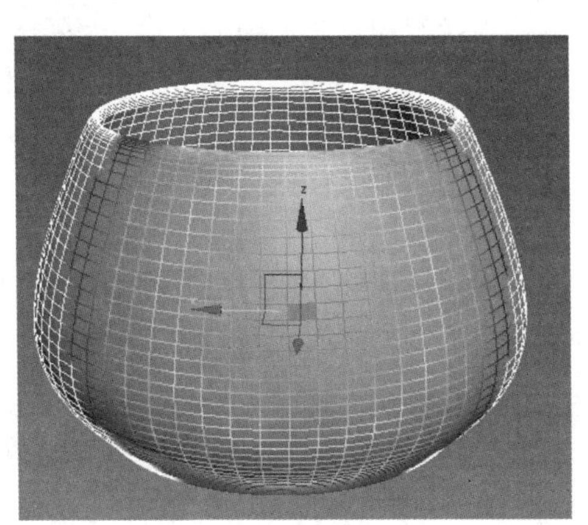

图 1.8

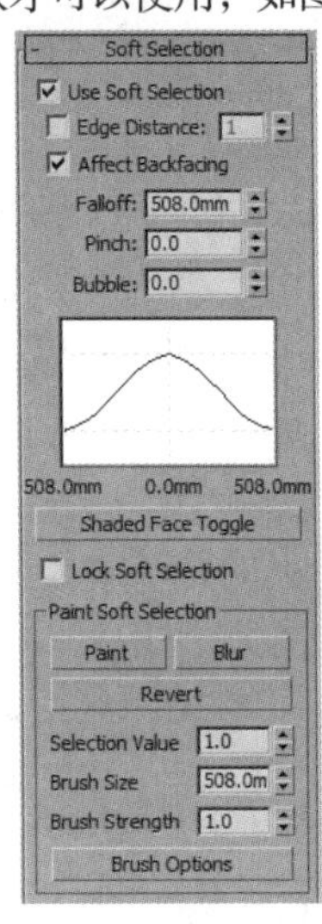

图 1.9

- Edge Distance（边距）：控制多少距离内的子物体会受到影响。其数值可以在复选框后面的微调框中输入。
- Affect Backfacing（影响背面）：控制作用力是否影响到物体背面。系统默认为被选择状态。
- Falloff（衰减）、Pinch（挤压）和 Bubble（泡）：可以控制衰减范围的形态。Falloff 控制衰减的范围，Pinch 和 Bubble 控制衰减范围的局部效果。参数可以通过输入数值调节，也可以使用微调按钮调节。调节的效果可以在图形框中看到。图 1.10 所示为 Soft Selection 图形框和工作视图的对照。

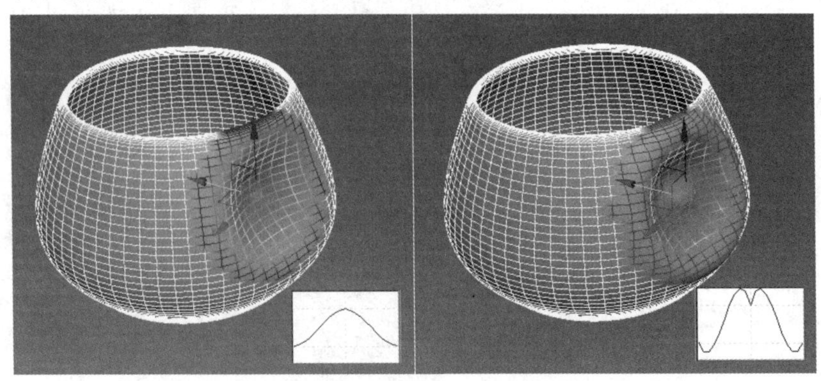

图 1.10

- Shaded Face Toggle（面着色开关）：单击该按钮，视图中的面将显示被着色的面效果。再次单击该按钮即可关闭。图 1.11 所示为关闭和开启时的对比。

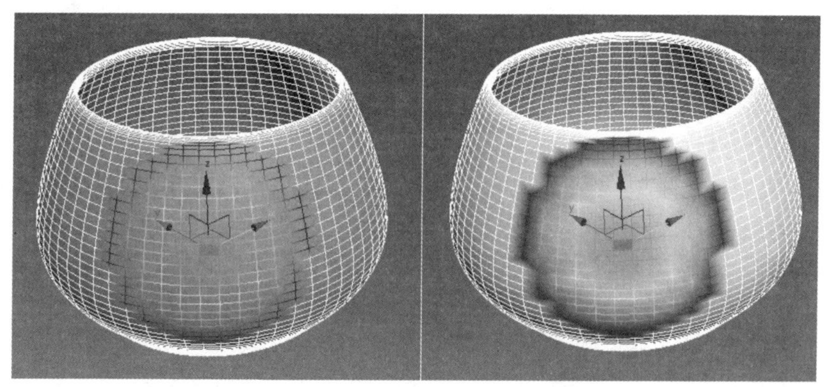

图 1.11

- Lock Soft Selection（锁定软选择）：可以对调节好的参数进行锁定。

卷展栏中的 Paint Soft Selection（画笔软选择）区域为画笔选择区域，该功能非常实用。单击 Paint 按钮就可以使用这个功能在物体上进行任意选取控制，如图 1.12 所示。

当开启画笔软选择时，卷展栏中上方的参数控制区域将变为灰色不可调状态，如图 1.13 所示。

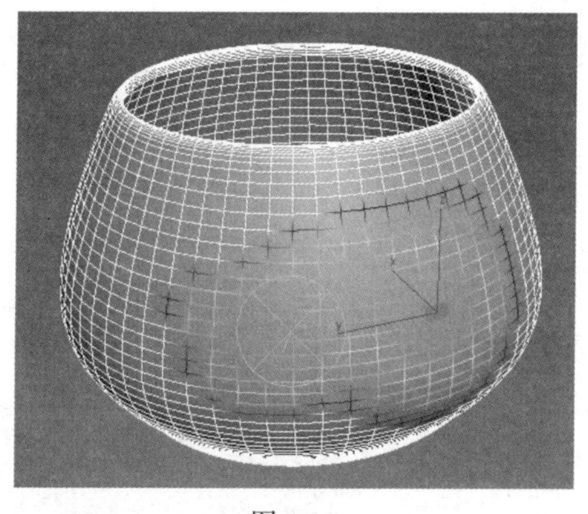

图 1.12

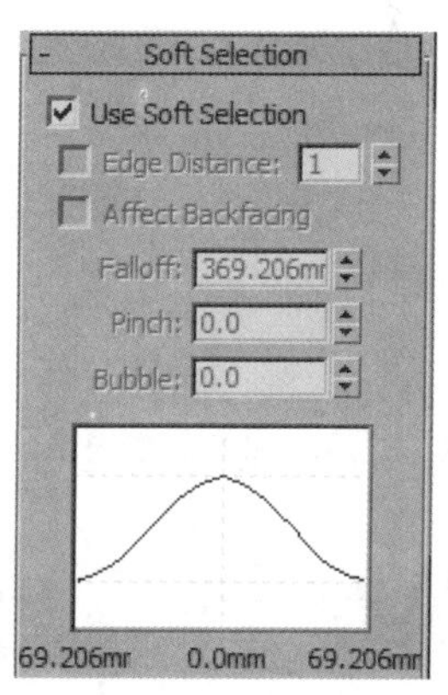

图 1.13

- Blur（模糊）：可以对选取的衰减效果进行柔化处理。
- Revert（重置）：删除所选区域。
- Selection Value（选择重力）：设置画笔的最大重力（强度值）是多少，默认值为 1.0。
- Brush Size（笔刷大小）：设置好笔刷的大小。调整笔刷大小的快捷方法为按住 Ctrl+Shift+鼠标左键推拉即可。
- Brush Strength（笔刷力度）：类似 Photoshop 软件里笔刷的透明度控制。调整笔刷强度的快捷方法为按住 Ctrl+Alt+鼠标左键推拉即可。

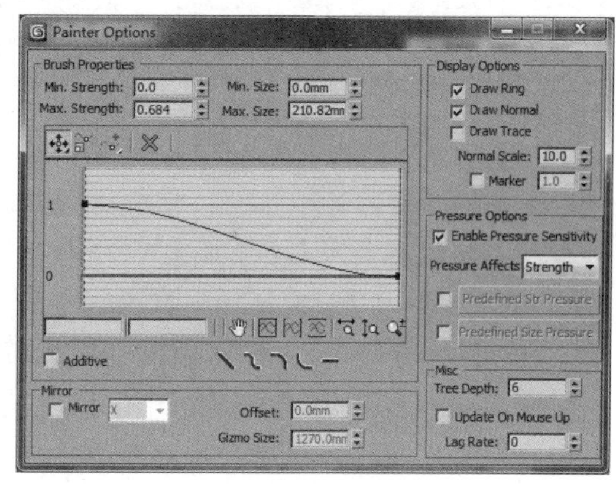

图 1.14

- Brush Options（笔刷选项）：对笔刷进一步控制。单击 Brush Options 按钮后即弹出笔刷控制的更多选项，如图 1.14 所示。

1.3.4 Edit Vertices（编辑顶点）

当选择 Vertex 子物体后，Edit Vertices 卷展栏才会出现，其主要提供针对顶点的编辑功能，如图 1.15 所示。

- Remove（移除）：这个功能不同于按 Delete 键进行的删除，它可以在移除顶点的同时保留顶点所在的面。图 1.16 所示为按 Delete 键和单击 Remove 按钮的对比。Remove 的快捷键为 Backspace 键。

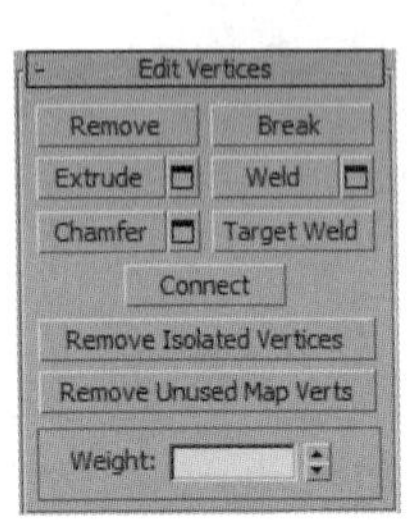

图 1.15

图 1.16

- Break（打断）：选择一个顶点，然后单击 Break 按钮，移动顶点后，可以看到它已经被打断。图 1.17 所示为打断顶点后轻微移动顶点的效果。
- Extrude（挤压）：有两种操作方式，一种是选择好要挤压的顶点，然后单击 Extrude 按钮，再在视图上单击顶点并拖动鼠标，左右拖动可以控制挤压根部的范围，上下拖动可以控制顶点被挤压后的高度。图 1.18 所示为顶点的挤压效果。

另一种方式是单击 Extrude 旁边的□按钮，在弹出的高级设置对框框中进行相应的参数调整，如图 1.19 所示。

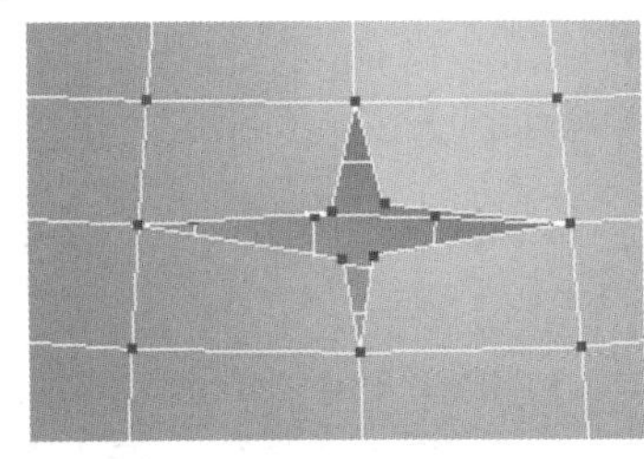

图 1.17

图 1.18

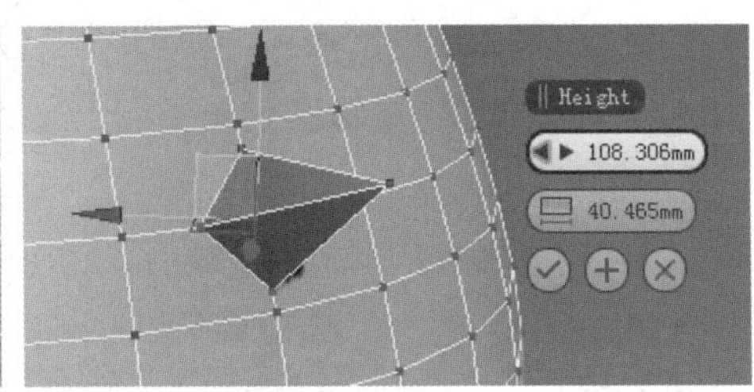

图 1.19

- Chamfer（切角）：将一个点切成几个点的效果。使用方法和 Extrude 类似。图 1.20 所示为点被切角之后的效果。
- Weld（焊接）：可以把多个在规定范围的点合并及焊接成一个点。单击 Weld 按钮旁边的□按钮，可以在高级设置对话框中设定这个范围的大小。有时当我们选择了两个点然后单击 Weld 按钮后，这两个点并没有焊接，这是因为系统默认的范围值太小，此时只需要单击□按钮，将参数值调大即可，如图 1.21 所示。
- Target Weld（目标焊接）：单击 Target Weld 按钮，然后拖动视图上的一个顶点到另一个顶点上，即可把两个顶点焊接合并，如图 1.22 所示。
- Connect（连接）：可以在顶点之间连接新的边线，但前提是顶点之间没有其他边线阻挡。如图 1.23 所示，选择 3 个点之后，单击 Connect 按钮，就可以在它们之间连接边线。另外，它的快捷键是 Ctrl+Shift+E，此快捷键一定要牢牢记住，这在以后的模型制作过程中要大量使用，可以大大提高工作效率。

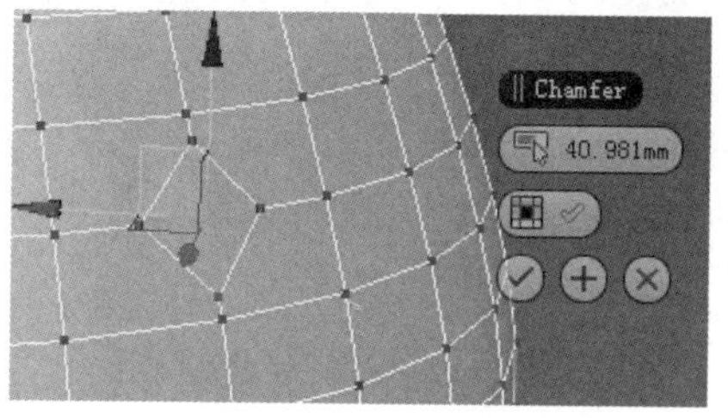

图 1.20

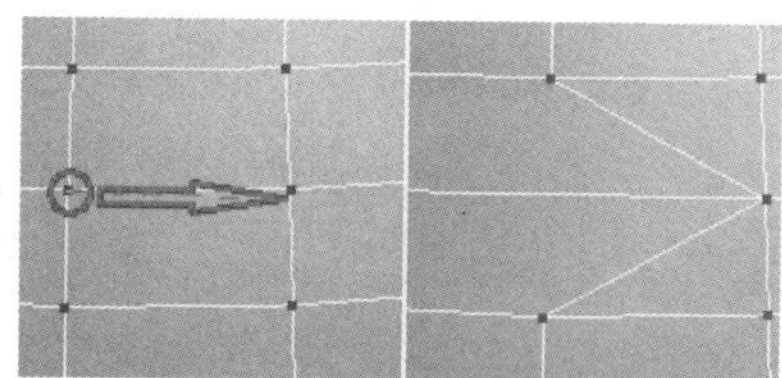

图 1.21

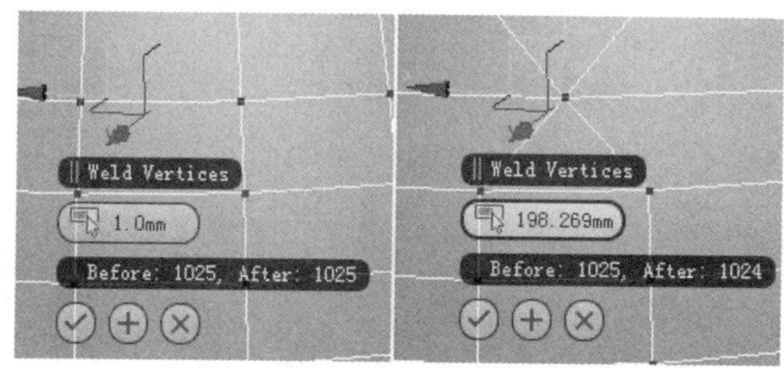

图 1.22

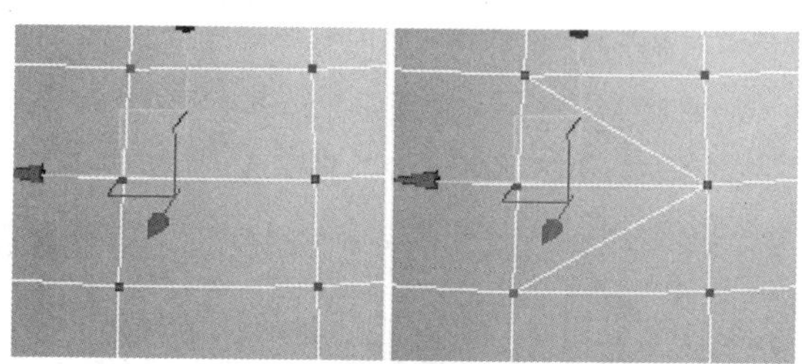

图 1.23

- Remove Isolated Vertices（移除孤立点）：可以将不属于任何物体的孤立点删除。
- Remove Unused Map Verts（移除未使用贴图的点）：可以将孤立的贴图顶点删除。
- Weight（权重）：可以调节顶点的权重值，当对物体细分一次后可以看到效果。默认值是 1.0。各权重效果如图 1.24 所示。

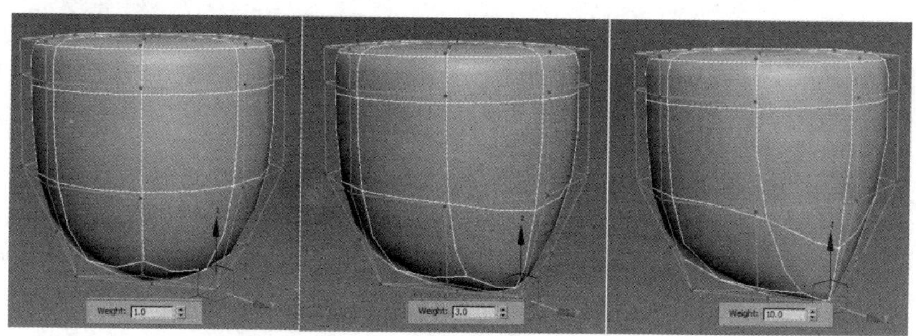

图 1.24

1.3.5　Edit Edges（编辑边线）

Edit Edges 卷展栏只有在 Edge 子物体级下出现，可以针对边线进行修改。Edit Edges 卷展栏和 Edit Vertices 卷展栏非常相似，如图 1.25 所示，有些功能也非常接近，为了避免重复学习，接下来只对 Edit Edges 卷展栏做选择性的讲解。

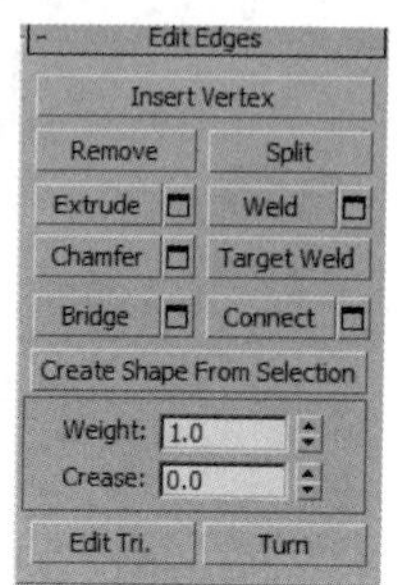

图 1.25

- Insert Vertex（插入点）：可以在边线上任意地添加顶点。
- Chamfer（切角）：边线也可以使用 Chamfer 工具，使用后会使边线分成两条甚至多条边线，如图 1.26 所示。20.0mm 值控制切除边线的距离，2 控制切除边线的数量。

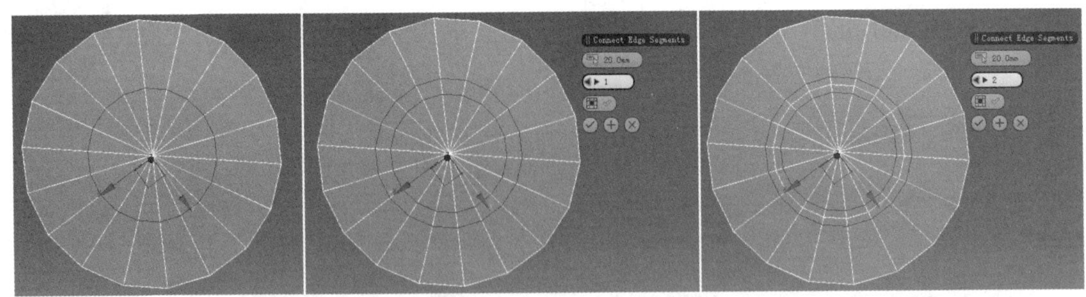

图 1.26

- Connect（连接）：可以在被选择的边线之间生成新的边线，单击 Connect 按钮旁边的□按钮，可以调节生成边线的数量。默认值是新增一条边线，如图 1.27 所示。

注意这里有几个非常重要的参数，最上面的参数用来调节新增边线的数量，中间值用来控制新增线段同时向两侧位移的多少，最下面的值用来调节新增的边线偏向哪边靠拢，如图 1.28 所示。

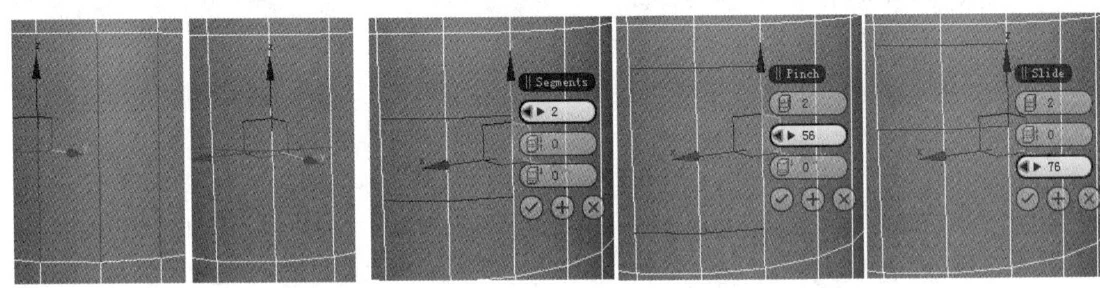

图 1.27　　图 1.28

- Create Shape From Selection（从选择创建曲线）：在所选择边线的位置上创建曲线。首先选择要复制分离出去的边线，然后单击 Create Shape From Selection 按钮，在弹出的对话框中为生成的曲线命名，选择分离出之后的曲线类型是光滑还是保持直线样式，然后单击 OK 按钮即可，如图 1.29 所示。
- Crease（褶皱）：增加 Crease 的数值，可以在细分的物体上产生折角的效果。
- Edit Tri.（编辑三角面）：单击 Edit Tri. 按钮，物体上就会显示出三角面的分布情况，然后单击顶点所在的位置，拖动鼠标到另外的顶点就可以改变三角面的走向。图 1.30（中）和图 1.30（右）所示分别为未打开 Edit Tri.和打开 Edit Tri.之后以及改变边线走向之后的对比。

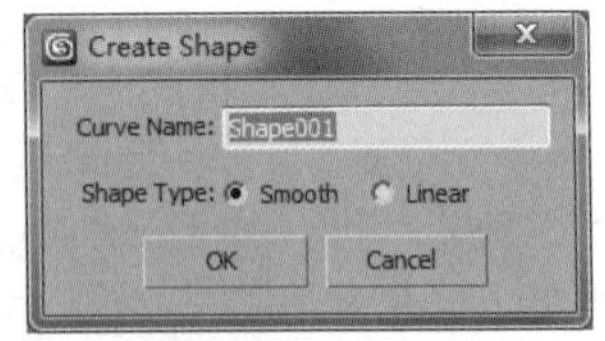

图 1.29

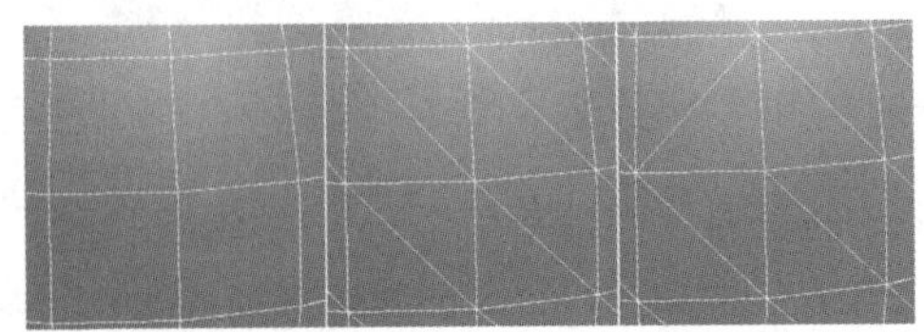

图 1.30

- Turn（翻转）：同样是一个修改三角面的工具。单击 Turn 按钮，然后在物体上单击三角面的虚线，三角面的走向就会改变，再次单击边线就会还原走向。

1.3.6　Edit Borders（编辑边界）

Edit Borders 卷展栏中的选项用来修改边界，如图 1.31 所示。接下来，同样对 Edit Borders 卷展栏中特有的选项进行讲解。

- Cap（封盖）：选择边界，然后单击 Cap 按钮就可以把边界封闭，使用非常简便，如图 1.32 所示。

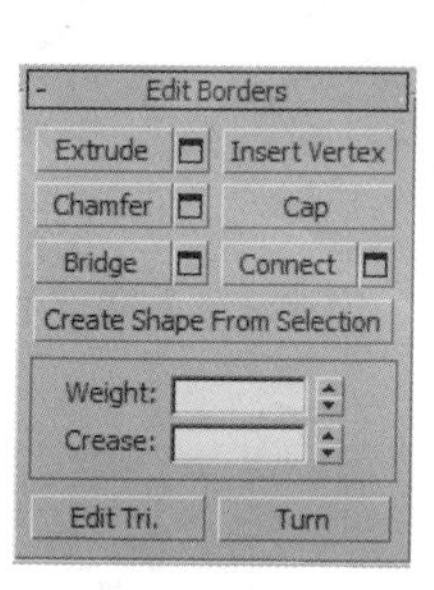

图 1.31

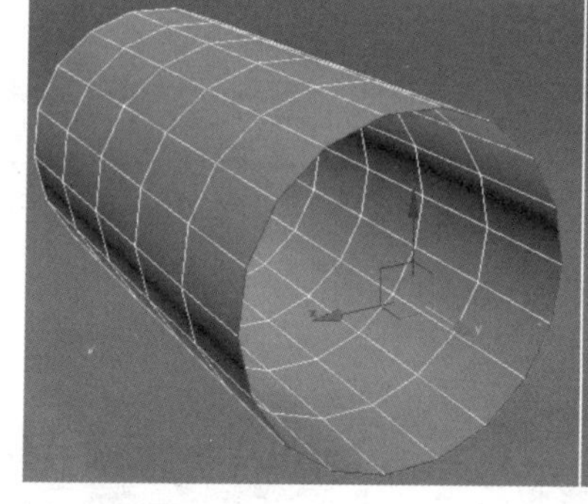

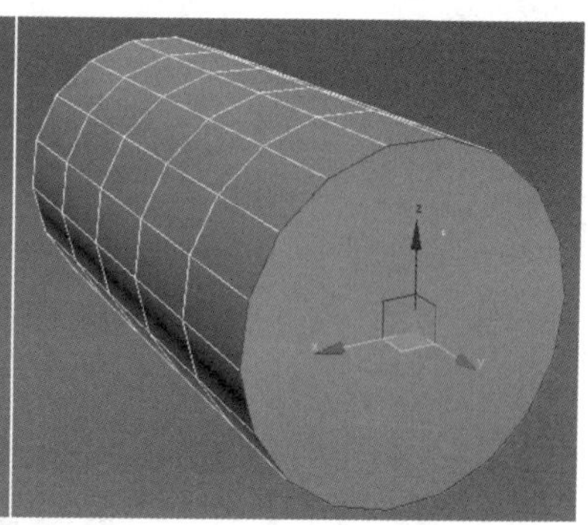

图 1.32

- Bridge（桥接）：如图 1.33 所示，它不仅可以把两个边界或者面连接起来，还可以通过高级参数设置进行搭桥的锥化、扭曲等操作。该功能在制作人体模型的时候可以用来连接人体的各个部分。

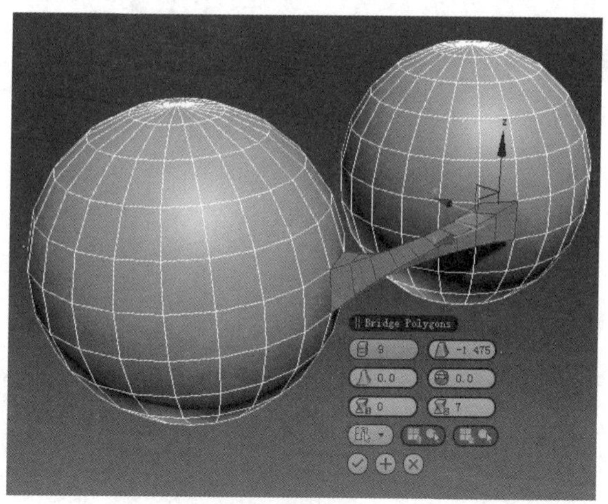

图 1.33

- Connect（连接）：可以在两条相邻边界之间创建边线。

1.3.7　Edit Polygons（编辑多边形）

Edit Polygons 卷展栏是 Convert to Editable Poly 修改命令中比较重要的一部分。单击 Polygon 子物体级，就可以看到 Edit Polygons 卷展栏，如图 1.34 所示。

- Insert Vertex（插入顶点）：使用 Polygon 子物体级下的 Insert Vertex 工具可以在物体的多边形面上任意添加顶点。单击 Insert Vertex 按钮，然后在物体的多边形面上单击就可以添加一个新顶点，如图 1.35 所示。
- Extrude（挤压）：有 3 种挤压模式，单击 Extrude 按钮旁边的□按钮就可以看到参数面板，单击参数面板中的下拉按钮可以看到有 3 种模式，分别为 Group、Local Normal 和 By Polygon，如图 1.36 所示。

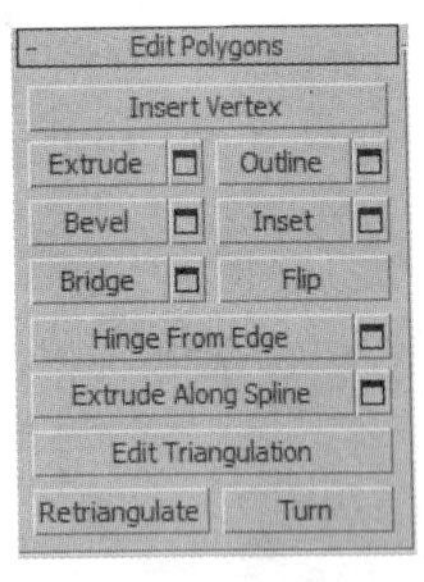

图 1.34

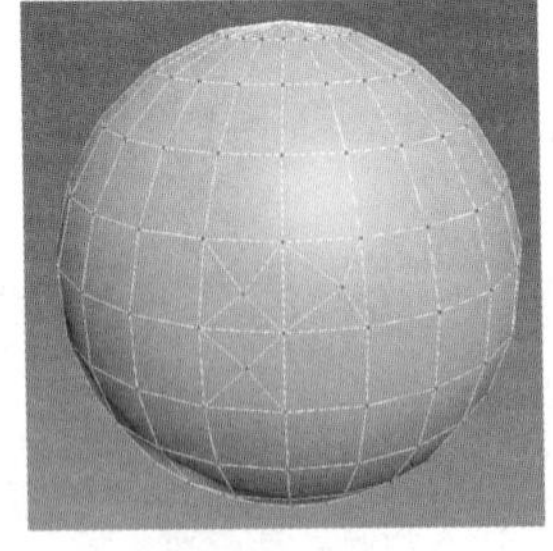

图 1.35

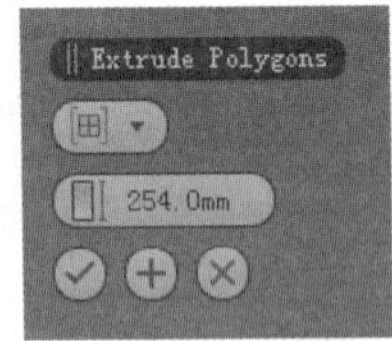

图 1.36

Group 以群组的形式整体向外挤出面，Local Normal 以法线的方式向外挤出，By Polygon 每个面单独向外挤出，它们的区别如图 1.37 所示。

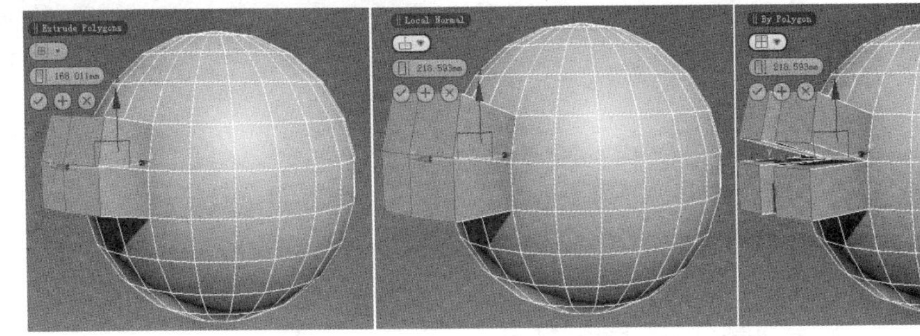

图 1.37

- Outline（轮廓线）：可以使被选择的面沿着自身的平面坐标进行放大和缩小。
- Bevel（倒角）：Extrude 工具和 Outline 工具的结合。Bevel 工具对多边形面挤压后还可以让面沿着自身的平面坐标进行放大和缩小，如图 1.38 所示。此工具非常重要，在模型制作的过程中会大量使用。

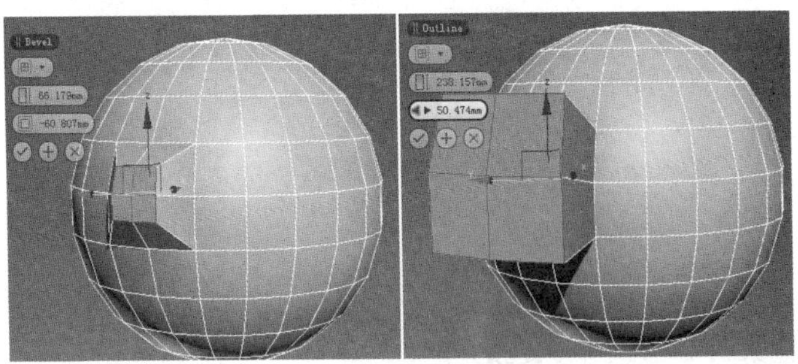

图 1.38

- Bridge（搭桥）：与边界子物体级中的 Bridge 是相同的，只不过这里选择的是对应的多边形而已。
- Flip（翻转法线）：可以将物体上选择的多边形面的法线翻转到相反的方向。
- Hinge From Edge（以边线为中心旋转挤压）：能够让多边形面以边线为中心来完成挤压。往往需要单击□按钮，在弹出的对话框中对挤压的效果进行设置，如图 1.39 所示。此方法角度有时不是很容易控制。

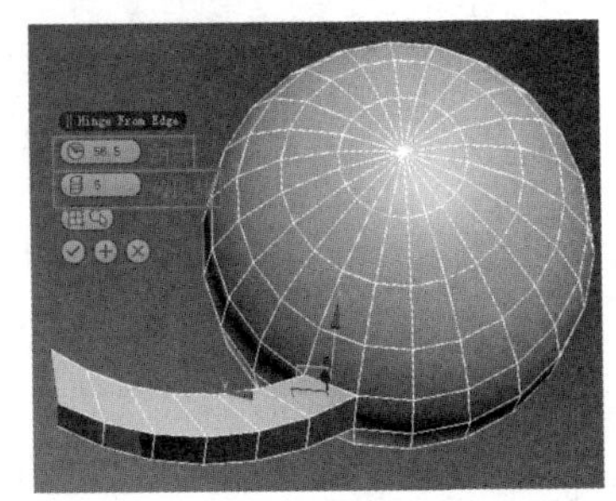

图 1.39

- Extrude Along Spline（沿着样条曲线挤压）：首先创建一条样条曲线，然后在物体上选择好多边形面，单击 Extrude Along Spline 右侧的□按钮，在弹出的参数设置中单击图中红色方框的按钮，然后拾取图中创建的样条曲线，效果对比如图 1.40 所示。

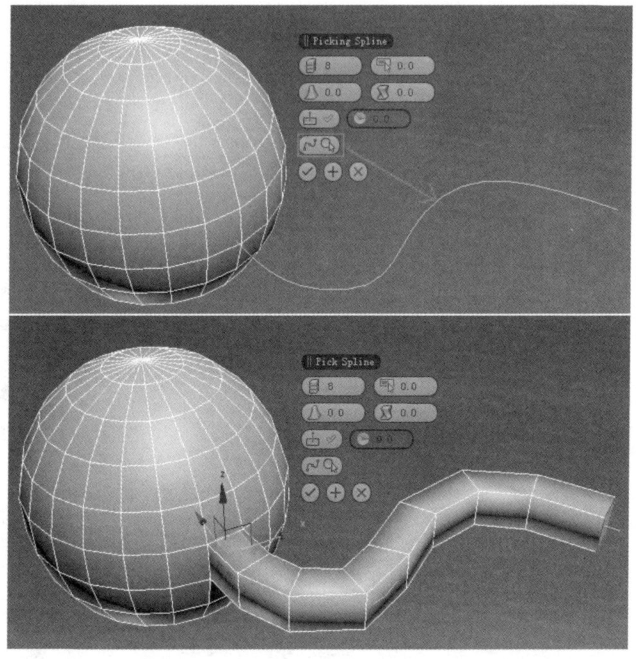

图 1.40

同时可以调整锥化、扭曲、旋转等参数值来达到不同的效果，如图 1.41 所示。

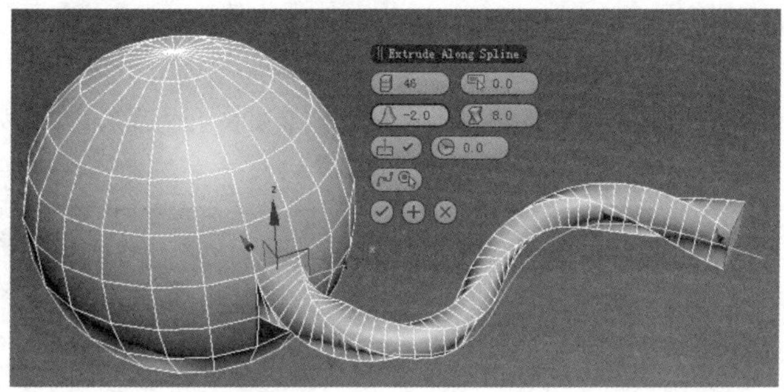

图 1.41

- Edit Triangulation（编辑三角面）：和前面讲到的编辑三角面一样，不再叙述。
- Retriangulate（重新划分三角面）：可以将超过 4 条边的面自动以最合理的方式重新划分为三角面。

1.3.8　Edit Geometry（编辑几何体）

Edit Geometry 卷展栏中的选项可以用于整个几何体，不过有些选项要进入响应的子级才能使用，参数如图 1.42 所示。

- Repeat Last（重复上一次操作）：使用这个选项可以重复应用最近一次的操作。
- Constraints（约束）：在默认状态下是没有约束的，这时子物体可以在三维空间中不受任何约束地进行自由变换。约束有两种：一种是 Edge（边线），另一种是 Face（面）。

- Preserve UVs（保留 UV 贴图坐标）：在 3ds Max 默认的设置下，修改物体的子物体时，贴图坐标也会同时被修改。勾选 Preserve UVs 复选框后，当对子物体进行修改时，贴图坐标将保留它原来的属性不被修改，如图 1.43 所示。

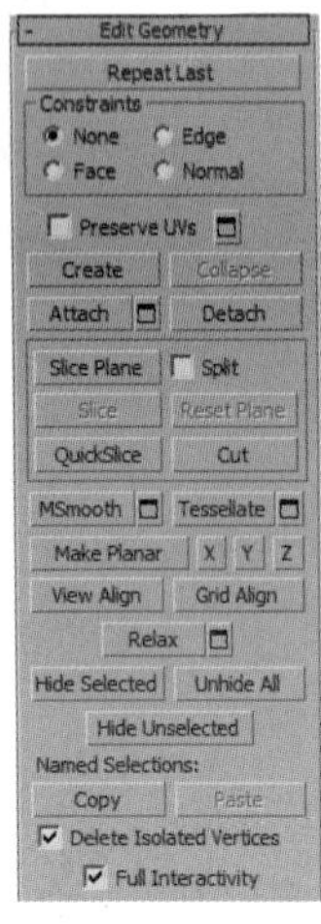

图 1.42

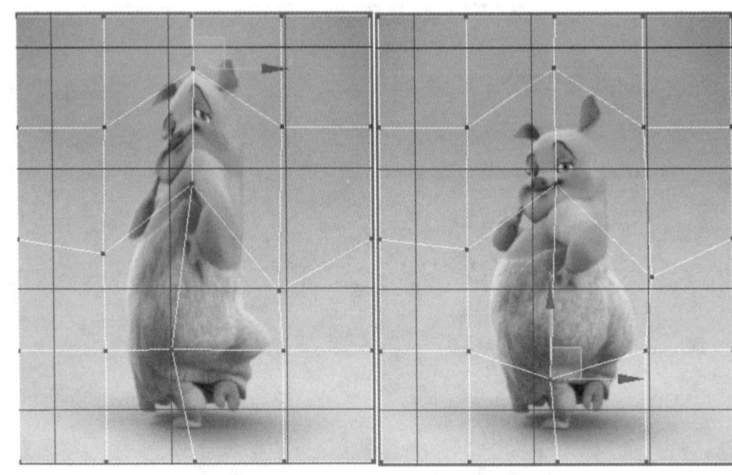

图 1.43

- Create（创建）：可以创建顶点、边线和多边形面。
- Collapse（塌陷）：将多个顶点、边线和多边形面合并成一个，塌陷的位置为原选择子物体级的中心。
- Attach（合并）：可以把其他的物体合并进来。单击旁边的□按钮可以在列表中选择合并物体，它实质上是将多个物体附加合并成一个同时可被编辑的子物体。
- Detach（分离）：可以把物体分离。选择需要分离的子物体，单击 Detach 按钮就会弹出 Detach 对话框，如图 1.44 所示，在该对话框中可以对要分离的物体进行设置。
- Slice Plane（平面切片）：其功能就像用刀切西瓜一样将物体的面分割。单击 Slice Plane 按钮，在调整好界面的位置后单击 Slice 按钮完成分割，如图 1.45 所示。单击 Reset Plane 按钮可以将截面复原。

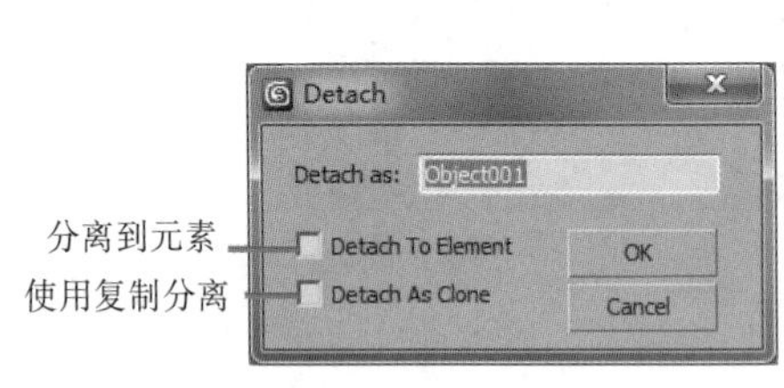

图 1.44

图 1.45

- QuickSlice（快速切片）：和 Slice Plane 的功能很相似，单击 QuickSlice 按钮，然后在物体上单击以确定截面的轴心，围绕轴心移动鼠标选择好截面的位置，再次单击完成操作。
- Cut（切割）：一个可以在物体上任意切割的工具，如图 1.46 所示。此功能主要用来手动调整模型的布线。
- MSmooth（网格光滑）：能够使选择的子物体变得光滑，但光滑的同时将增加物体的面数。
- Tessellate（网格化）：能在所选物体上均匀地细分，细分的同时不改变所选物体的形状。MSmooth 和 Tessellate 都是光滑细分模型，它们之间的区别如图 1.47 所示。

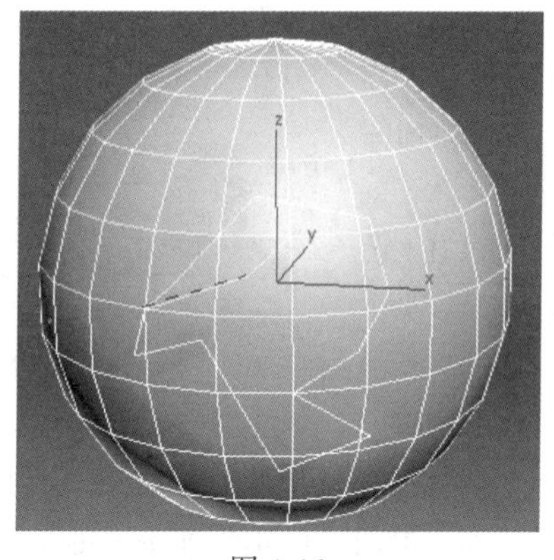

图 1.46

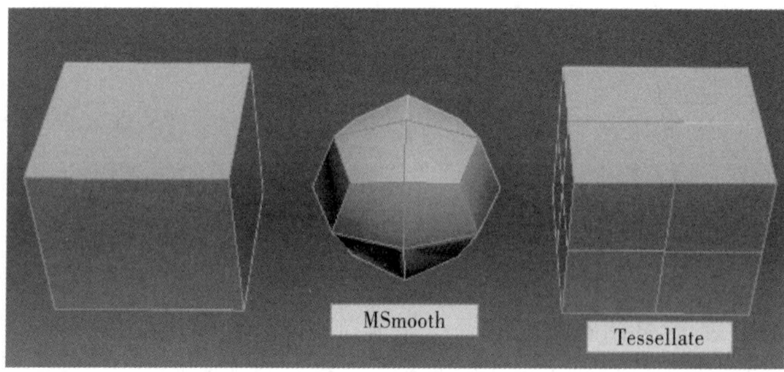

图 1.47

- Make Planar（生成平面）：将选择的子物体变换在同一平面上，后面 3 个按钮的作用是分别把选择的子物体变换到垂直于 X、Y 和 Z 轴向的平面上，如图 1.48 所示。

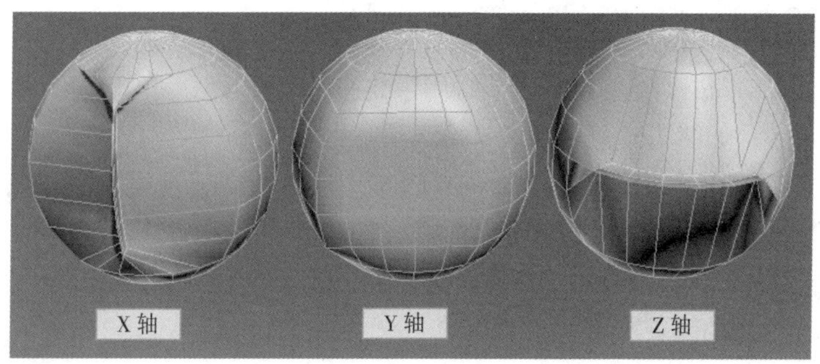

图 1.48

- View Align（视图对齐）和 Grid Align（网格对齐）：分别用于把选择的子物体与当前视图对齐，以及将选择物体的子物体与视图中的网格对齐。
- Relax（松弛）：可以使被选子物体的相互位置更加均匀。
- Hide Selected（隐藏选择）、Unhide All（显示全部）和 Hide Unselected（隐藏未选择对象）：3 个控制子物体显示的按钮。
- Copy（复制）和 Paste（粘贴）：是在不同的对象之间复制和粘贴子物体的命名选择集。
- 最后是两个复选框：Delete Isolated Vertices 用于删除孤立的点；Full Interactivity 可以控制命令的执行是否与视图中的变化完全交互。

1.3.9　Vertex Properties（顶点属性）

Vertex Properties 卷展栏（见图 1.49）实现的功能主要分为两部分，一部分是顶点着色的功能，另一部分是通过顶点颜色选择顶点的功能。

选择一个顶点，在 Edit Vertex Colors 选项区域单击 Color 旁边的色块就可以对点的颜色进行设置了；调节 Illumination 能够控制顶点的发光色。

在 Select Vertices By 选项区域中，可以通过输入顶点的颜色和发光色来选中相应点。在 Range 列（R,G,B）中可以输入范围值，然后单击 Select 按钮确认。

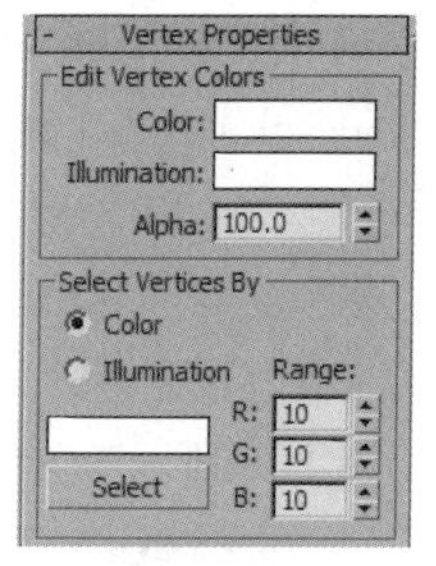

图 1.49

1.3.10 Polygon:Material IDs

Polygon:Material IDs 卷展栏中的选项主要包括多边形面的 ID 设置，如图 1.50 所示。

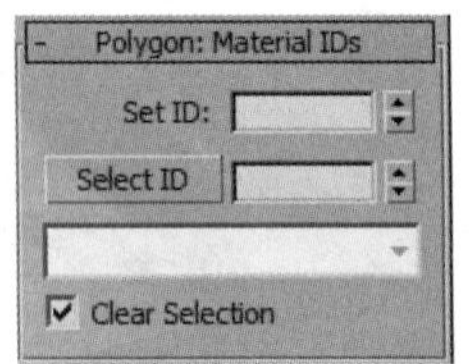

图 1.50

首先来看一下多边形面的 ID 设置。选择要设置 ID 的面，然后在 Set ID（设置 ID）输入框中直接输入要设置的数值，也可以在微调框中单击上下箭头快速调节。设置好面的 ID 后，就可以通过 ID 来选择相对应的面了。在 Select ID（选择 ID）右侧的微调框中输入要选面的 ID，然后单击 Select ID 按钮，对应这个 ID 的所有面就会被选中。如果当前的多边形已经被赋予了多维子物体材质，那么在下面的下拉列表框中就会显示出子材质的名称，通过选择子材质的名称就可以选中对应的面。下面的 Clear Selection（清除选择）复选框如果处于选择状态，则新选择的多边形会将原来的选择替换掉；如果处于未选择状态，那么新选择的部分会累加到原来的选择上。

1.3.11 Polygon:Smoothing Groups

Polygon:Smoothing Groups（光滑组）卷展栏用于在选择多边形面后单击下面的一个数字按钮来为其指定一个光滑组，参数如图 1.51 所示。

- Select By SG（通过光滑组选择）：如果当前的物体有不同的光滑组，单击 Select By SG 按钮，在弹出的对话框中单击列出的光滑组就可以选中相应的面，如图 1.52 所示。
- Clear All（清除全部）：可以从选择的多边形面中删除所有的光滑组。图 1.53 所示为自动平滑和清除所有光滑后的效果对比。

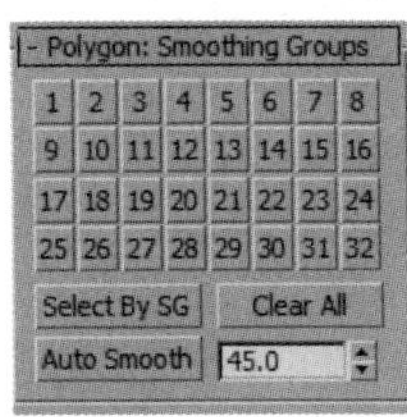

图 1.51

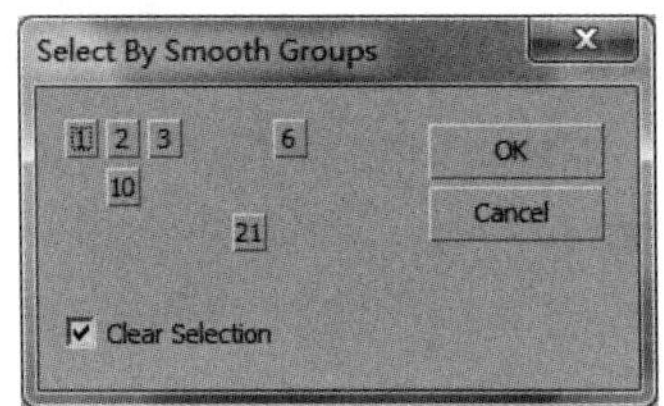

图 1.52

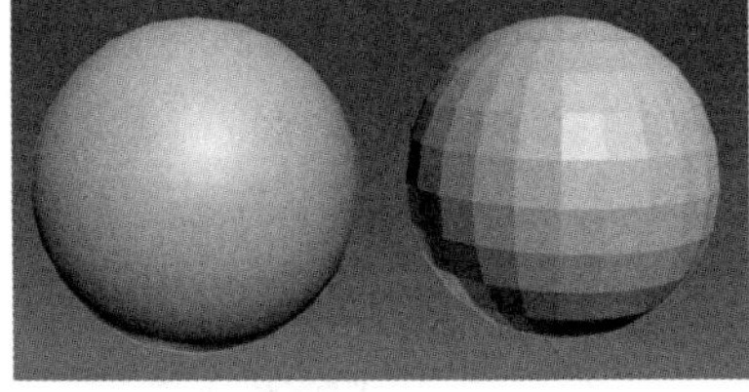
图 1.53

- Auto Smooth（自动光滑）：可以基于面之间所成的角度来设置光滑组。如果两个相邻的面所形成的角度小于右侧微调框中的数值，那么这两个面会被指定同一光滑组。

1.3.12 Subdivision Surface（细分曲面）

Subdivision Surface 卷展栏（见图 1.54）的添加是 Poly 建模走向成熟的一个标志，它使用户只要使用 Convert to Editable Poly 就可以完成 Poly 建模的全部过程。

Smooth Result（光滑结果）复选框设置是否对光滑后的物体使用同一个光滑组。

勾选 Use NURMS Subdivision（使用 NURMS 细分）复选框，可以开启细分曲面功能。

此功能非常重要，在制作模型时，要随时开启/关闭该选项来对比观察模型细分前后的效果。系统默认是没有快捷键的，通过自定义快捷键可以快速开启与关闭该功能，后面将详细讲解该快捷键的设置。图 1.55 所示为关闭和开启 Use NURMS Subdivision 的效果对比。

勾选 Use NURMS Subdivision 后，会在视图区域弹出一个参数面板，如图 1.56 所示。

单击参数面板中向右的小三角可以打开更多的参数控制，如图 1.57 所示，这些参数在常规参数面板中都可以找到。

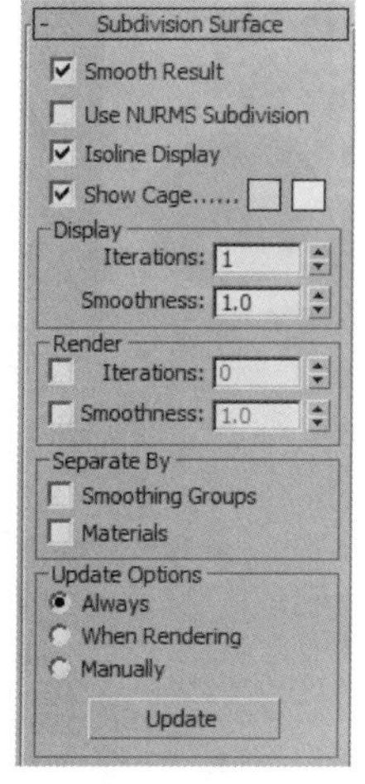

图 1.54

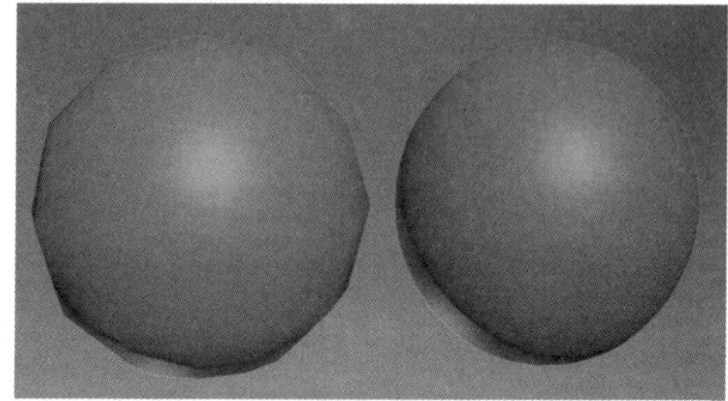

图 1.55

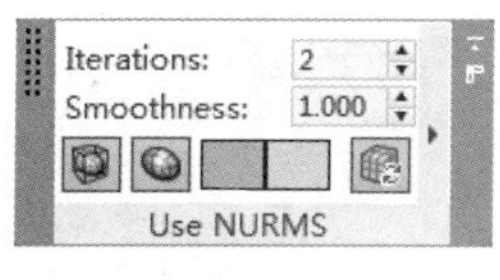

图 1.56

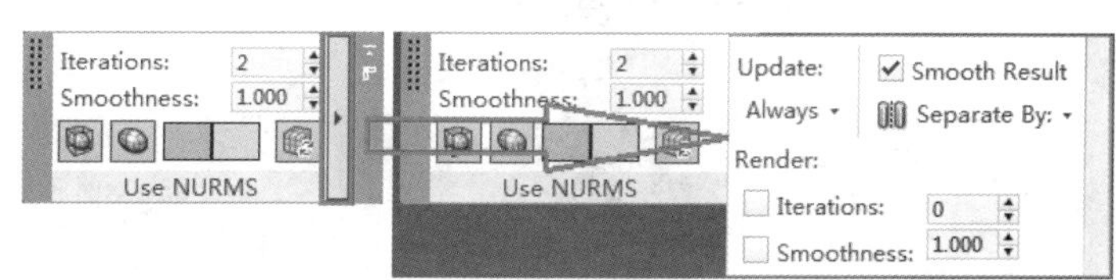

图 1.57

Isoline Display 复选框可以控制光滑后的物体是否显示细分后的网格。开启与关闭的效果对比如图 1.58 所示。

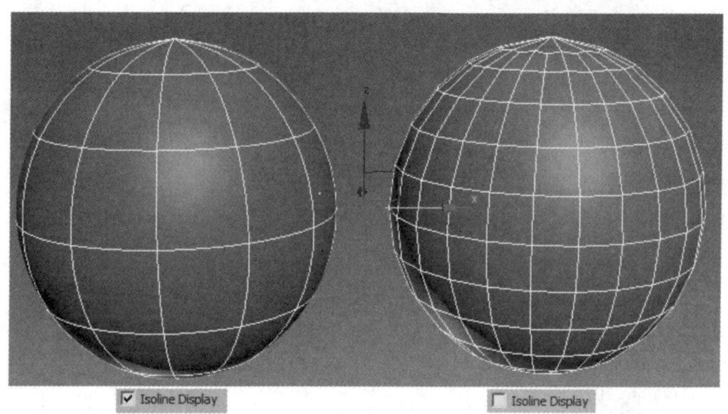

图 1.58

Display（显示）和 Render（渲染）两个选项区域分别控制了物体在视图中显示和渲染时的光滑效果。

Separate By 选项区域内有两个复选框，在介绍 MSmooth 工具时已经讲过，分别为通过光滑组细分和通过材质细分。

最下面的 Update Options 选项区域提供了细分物体在视图中更新的一些相关功能。Always（始终）用于即时更新物体光滑后在视图中的状态；When Rendering（在渲染时）表示只在渲染时更新；Manually（手动）用于手动更新。更新的时候需要单击 Update 按钮。

1.3.13 Subdivision Displacement（细分置换）

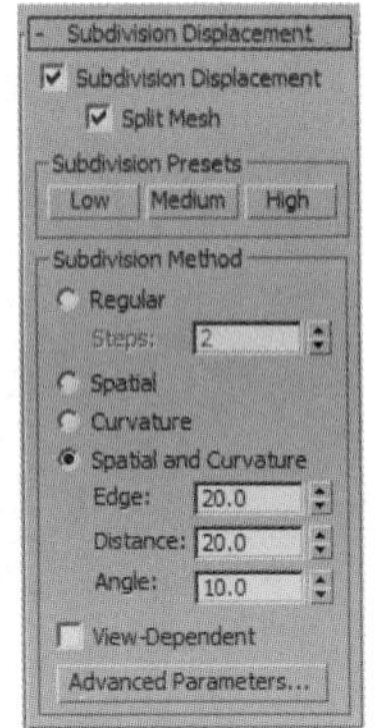

图 1.59

Subdivision Displacement 卷展栏（见图 1.59）的功能是可以控制 Displacement 贴图在多边形上生成面的情况。

勾选 Subdivision Displacement（细分置换）复选框，开启 Subdivision Displacement 卷展栏中的功能。

勾选 Split Mesh（分离网格）复选框后，多边形在置换之前会分离成独立的多边形，这有利于保存纹理贴图。取消勾选该复选框，多边形不分离并使用内部方法来指定纹理贴图。

在 Subdivision Presets（细分预设）选项区域中有 3 种预设按钮，用户可以根据多边形的复杂程度选择适合的细分预设。其下方选项区域是详细的 Subdivision Method（细分算法）设置区域。

1.3.14 Paint Deformation（变形画笔）

Paint Deformation 卷展栏（见图 1.60）可以通过使用鼠标在物体上绘画来修改模型，效果如图 1.61 所示。

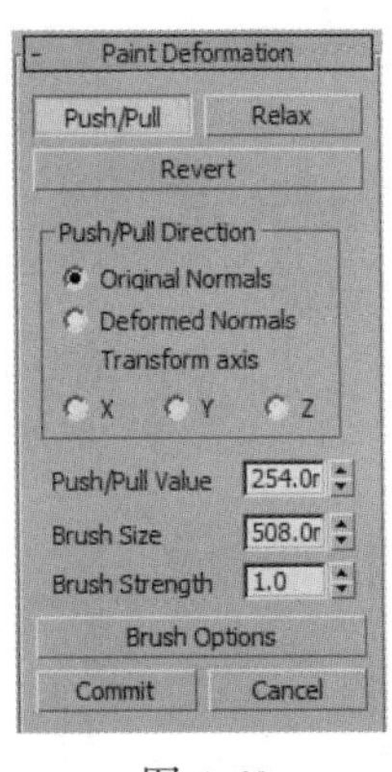

图 1.60

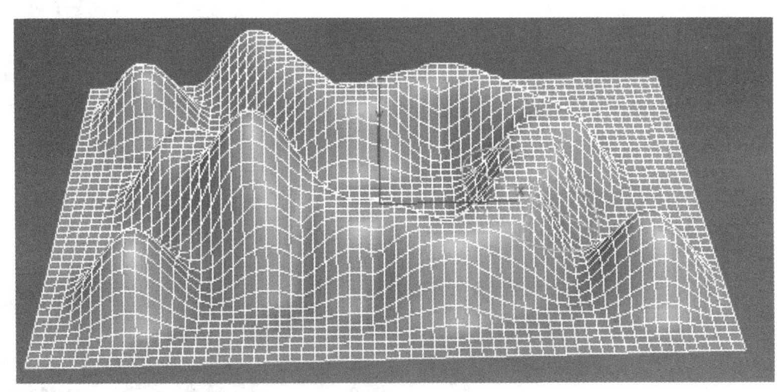
图 1.61

- Push/Pull（推/拉）：单击该按钮就可以在物体上绘制图形，用法非常简便、直观。
- Relax（松弛）：可以对尖锐的表面进行圆滑处理。
- Revert（重置）：使被修改过的面恢复原状。
- Deformed Normals（变形法线）：与 Original Normals（原始法线）功能相反，推拉的方向会随着子物体法线的变化而变化。
- Transform axis（变换轴向）：可以设定推拉的方向，有 X、Y、Z 轴可以选择。

下面的三个数字用来调节变形画笔的推拉效果，和 Paint Soft Selection 面板中的相应功能几乎一样。

- Push/Pull Value（推拉值）：决定一次推拉的距离，正值为向外拉出，负值为向内推进。
- Brush Size（笔刷大小）：用来调节笔刷的大小。快速调整笔刷大小的方法为按住 Ctrl+Shift 组合键的同时按住鼠标左键拖动鼠标。
- Brush Strength（笔刷强度）：用来调节笔刷的强度。快速调整笔刷强度的方法为按住 Ctrl+Alt 组合键的同时按住鼠标左键拖动鼠标。

1.3.15　石墨工具

自从 3ds Max 2010 版本开始，它加入了强大的 Poly 建模工具，也就是整合收购了之前的 PolyBoost 插件并做了一些自身优化，我们称之为石墨建模工具。系统默认是开启石墨工具的，石墨工具在 3ds Max 软件中的位置如图 1.62 所示。

石墨建模工具集也称为 Modeling Ribbon，代表一种用于编辑网格和多边形对象的新范例。它具有基于上下文的自定义界面，该界面提供了完全特定于建模任务的所有工具（且仅提供此类工具），且仅在需要相关参数时才提供对应的访问权限，从而最大限度地减少了屏幕上的杂乱现象。Ribbon 控件包括所有现有的编辑/可编辑多边形工具，以及大量用于创建和编辑几何体的新型工具。

Modeling Ribbon 采用工具栏形式，可通过水平或垂直配置模式浮动或停靠。此工具栏包含 3 个选项卡："石墨建模工具"、"自由形式"和"选择"，如图 1.63 所示。

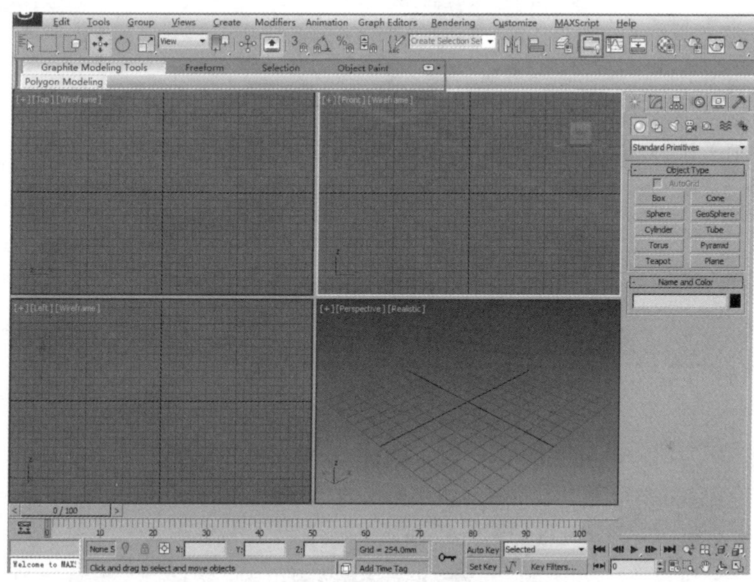

图 1.62

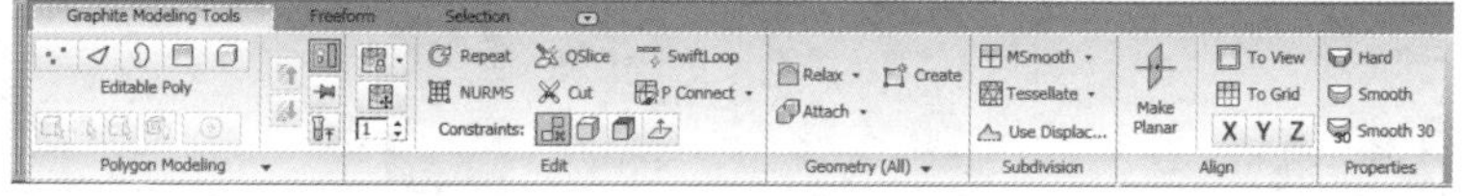

图 1.63

每个选项卡都包含许多面板，这些面板显示与否将取决于上下文，如活动子对象层级等。您可以右击菜单确定将显示哪些面板，还可以分离面板以使它们单独地浮动在界面上。通过拖动任意一端即可水平调整面板大小，当使面板变小时，面板会自动调整为合适的大小。这样，以前直接可用的相同控件将需要通过下拉菜单才能获得。

石墨工具栏可以单独浮动显示，也可以嵌入到 3ds Max 界面中水平或垂直显示。默认为水平显示，要使其浮动显示，只需拖动左边的工具条，把该工具栏拖动出来即可，如图 1.64 所示。当然也可以拖动该工具栏到左侧的边框上释放即嵌入到软件左侧，如图 1.65 所示。

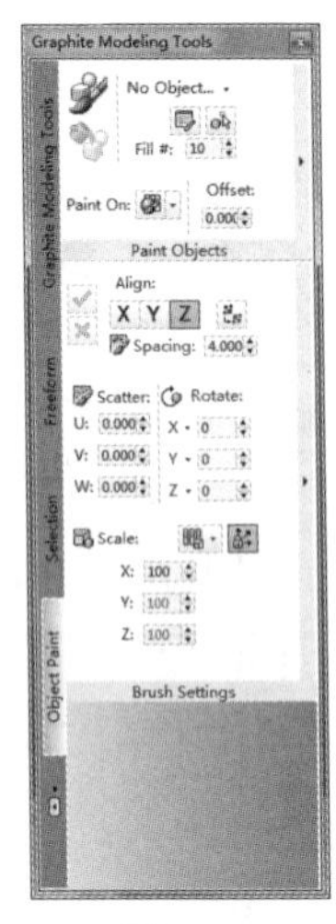

图 1.64

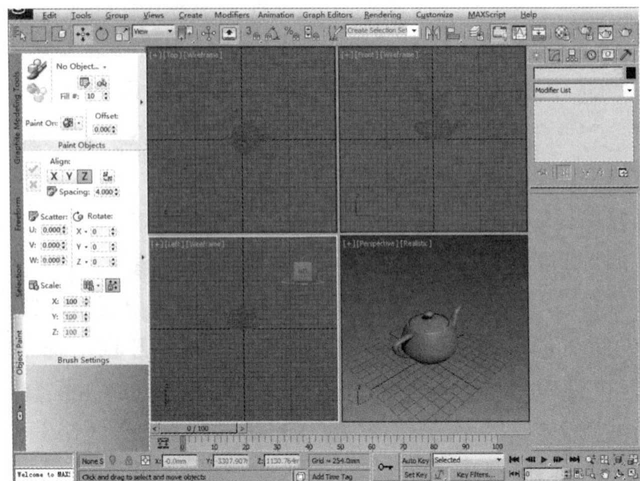

图 1.65

石墨建模工具栏水平显示有 3 种显示方式，分别为 Minimize to Tabs（最小化为选项卡）、Minimize to Panel Titles（最小化为面板标题）和 Minimize to Panel Buttons（最小化为面板按钮），几种显示的区别如图 1.66 所示。

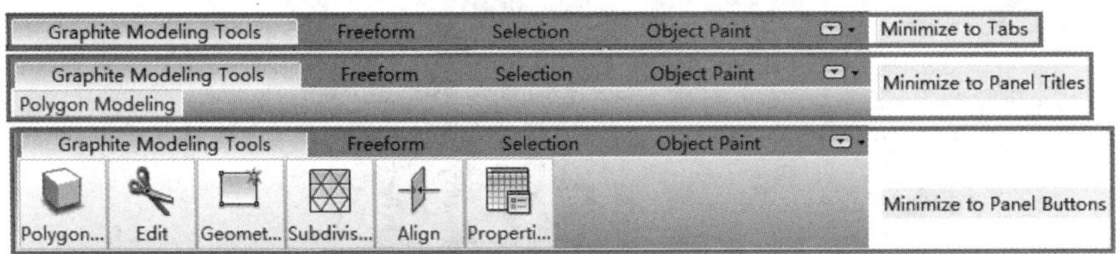

图 1.66

单击工具栏中的图标可以开启和关闭石墨建模工具。

石墨工具除了包含可编辑多边形建模参数中的所有命令，还增加了许多实用的工具，最强大之处就是 Freeform 变形工具，其命令面板如图 1.67 所示。

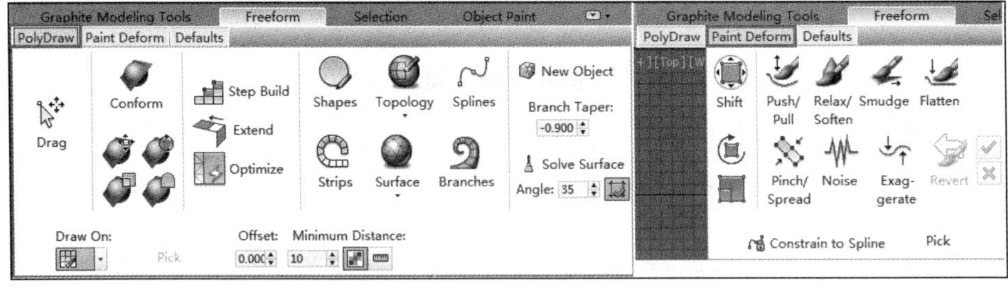

图 1.67

它不仅增加了拓扑工具，还增加了许多变形绘制工具，可以使创作者更加随心所欲地创作出自己的作品。石墨工具参数众多，如果要详细讲解的话估计能单独写一本书，所以这里就不再详细讲解了，有兴趣的读者可以专门来好好研究一下。要想学习里面的每一个工具其实也很简单，3ds Max 对石墨工具的说明也做了很大的努力，当鼠标放在石墨工具上时，它会自动弹出该工具的使用方法，同时配有文字图片说明，一目了然。这里给出它们之间一些主要参数的中英文对比图以便读者参考学习，如图 1.68 ~ 图 1.72 所示。

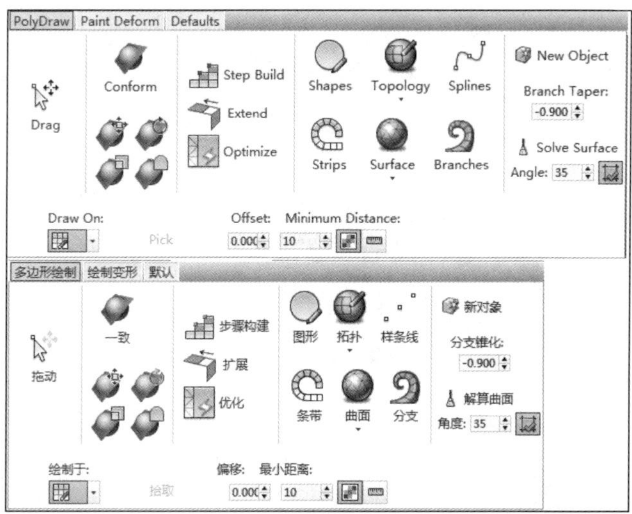

图 1.68

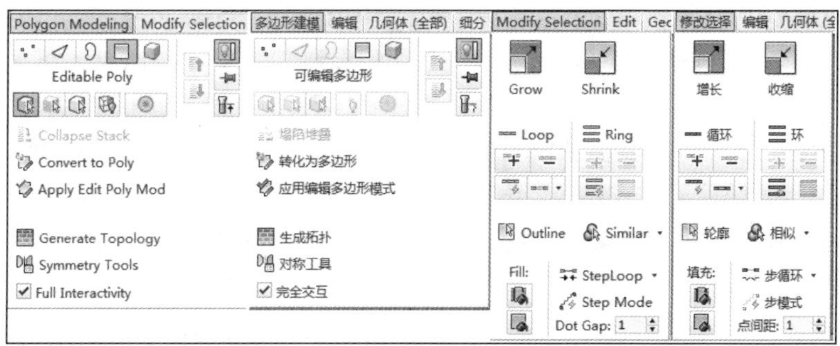

图 1.69

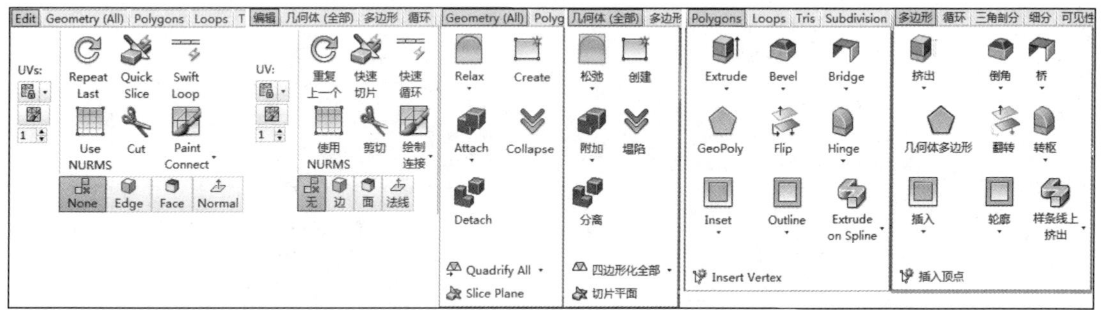

图 1.70

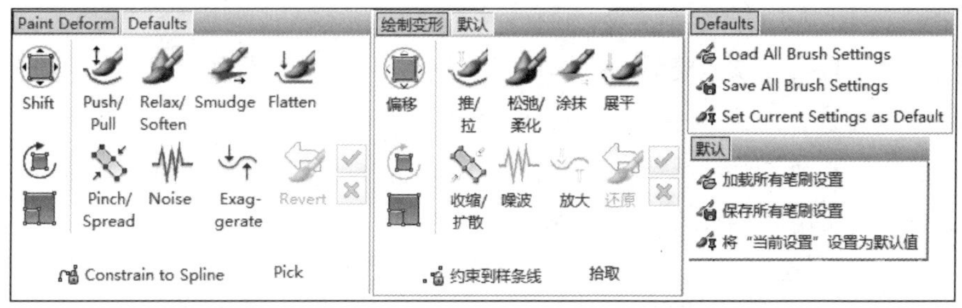

图 1.71

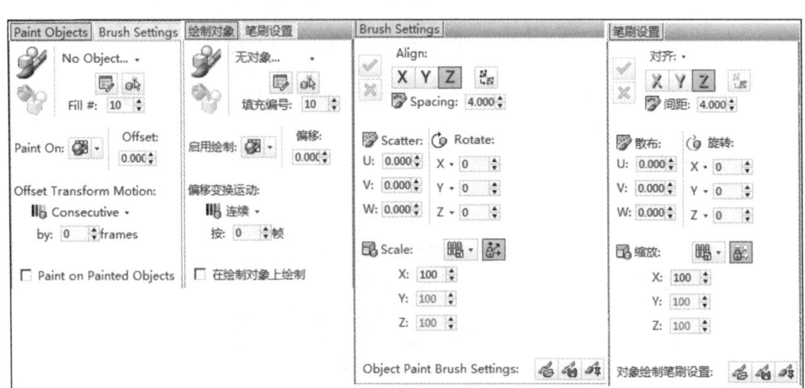

图 1.72

1.4 软件常规基础设置

3ds Max 2016 版本在安装完成之后，系统自带了各种语言包，可以使用中文版、英文版、法语版、日语版等。在开始菜单下，打开 Autodesk 文件夹，可以看到安装的各种 3ds Max 版本。3ds Max 2016 版本分别有各个语言版本的快捷键，单击所需要的版本即可打开相对应的语言版本，如图 1.73 所示。

右击快捷图标，然后单击属性，在打开的属性面板中可以看到 3ds Max 安装的路径，在“目标”栏中可以看到它后面添加了语言文件的代码，如图 1.74 所示。其中的/Language=CHS 就是中文版，如果修改为/Language=ENU，打开之后就是英文版。这种方式是 3ds Max 2015 版本之后的一个创新和突破，也方便读者对照学习。

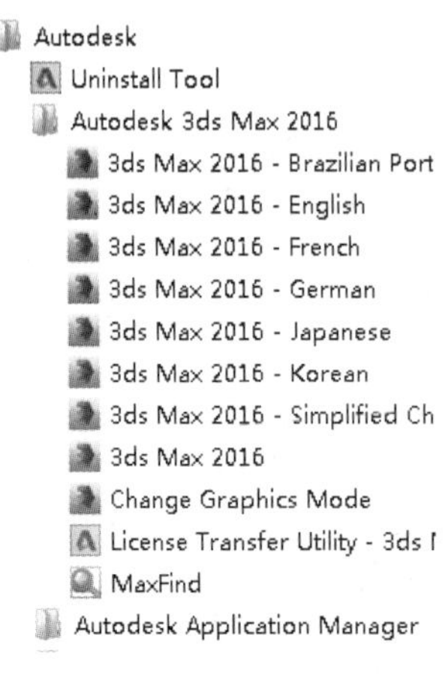

图 1.73

图 1.74

本书主要来学习一下英文版模型的制作方法，英文版打开之后的界面如图 1.75 所示。

1. 常用快捷键设置

在开始制作之前首先设置一些常用的快捷键。单击 Customize（自定义菜单），然后单击 Customize User Interface（自定义用户界面），如图 1.76 所示。

在弹出的自定义用户界面面板的 Category（类别）下拉列表框中选择 Editable Polygon Object（编辑多边形物体），然后在下面的参数中找到 NURMS Toggle（Poly），在右侧中的 Hotkey（热键）中输入 Ctrl+Q，单击 Assign 按钮，如图 1.77 所示。

图 1.75

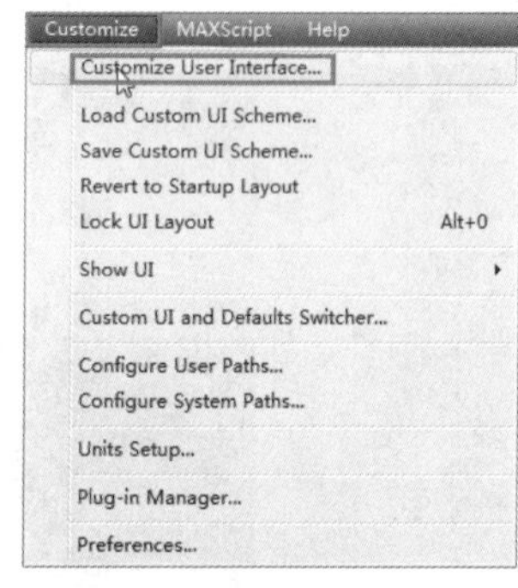

图 1.76

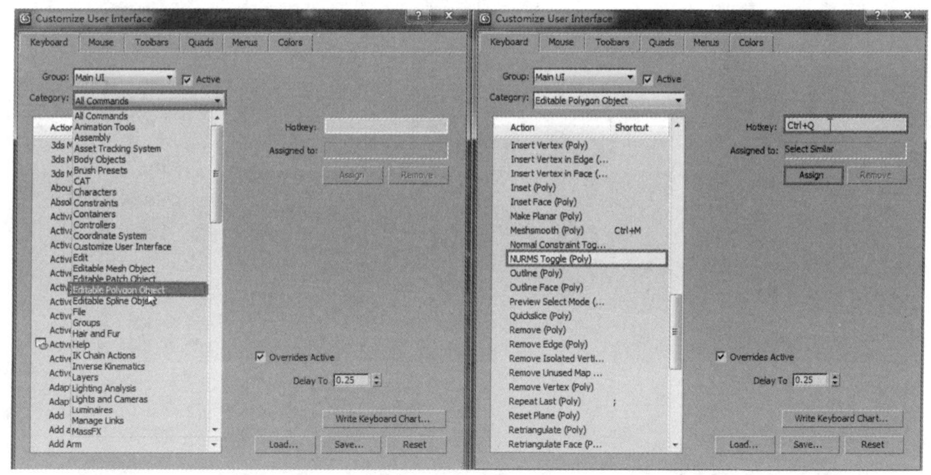

图 1.77

用同样的方法在 Category（类别）下拉列表框中选择 Views（视图），找到 Display Selected with（以边面模式显示选定），在右侧的 Hotkey 中输入 Shift+F4，单击 Assign 按钮，如图 1.78 所示。该快捷键的设置为把当前选择的物体显示线框。

设置好快捷键之后，我们来看一下如何使用该快捷键。首先在视图中创建一个 Box 物体，按 Alt+W 组合键把透视图最大化显示，然后按下 J 键取消物体 4 个角的边框显示，按下 F4 键打开自身的线框显示效果，右击，在弹出的快捷菜单中选择 Convert To|Convert to Editable Poly，此时就把该 Box 物体转换为了可编辑的多边形物体，如图 1.79 所示。

按下 Ctrl+Q 组合键，模型就会自动细分显示，如图 1.80 所示。在弹出的参数中把 Iteration 值设置为 2，它的意思就是给模型 2 级的细分。其实按下 Ctrl+Q 组合键就相当于在右侧的参数中打开了 ☑ Use NURMS Subdivision 选项，浮动面板中的 Iteration 值相当于常规参数面板中的 Iterations: 2 值。再次按下 Ctrl+Q 组合键，即可关闭细分显示效果。

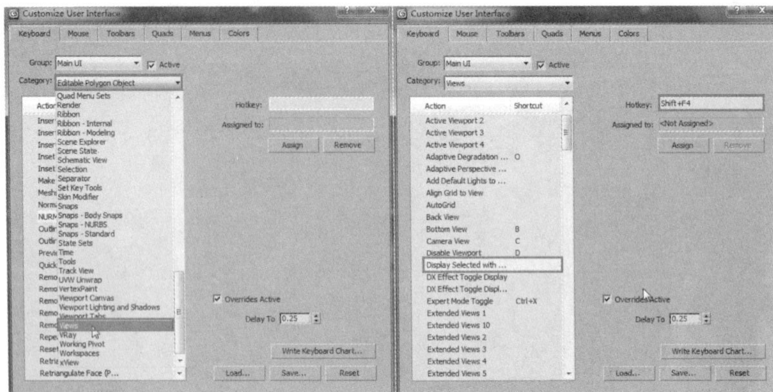

图 1.78

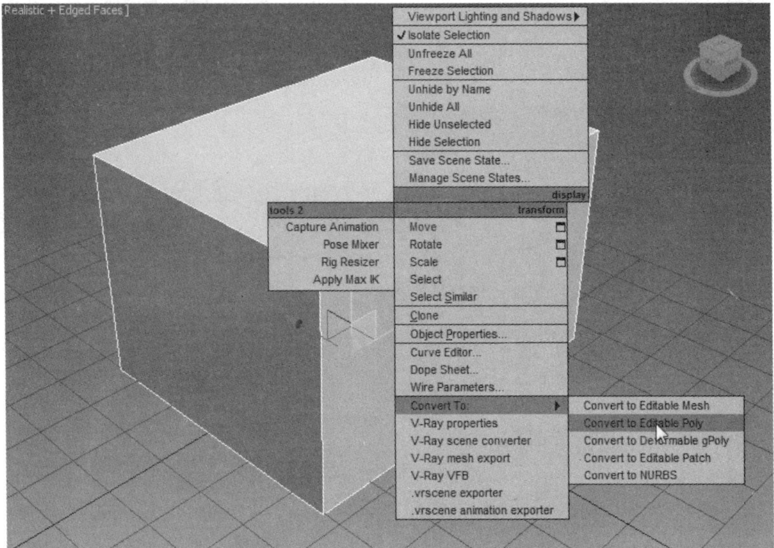

图 1.79

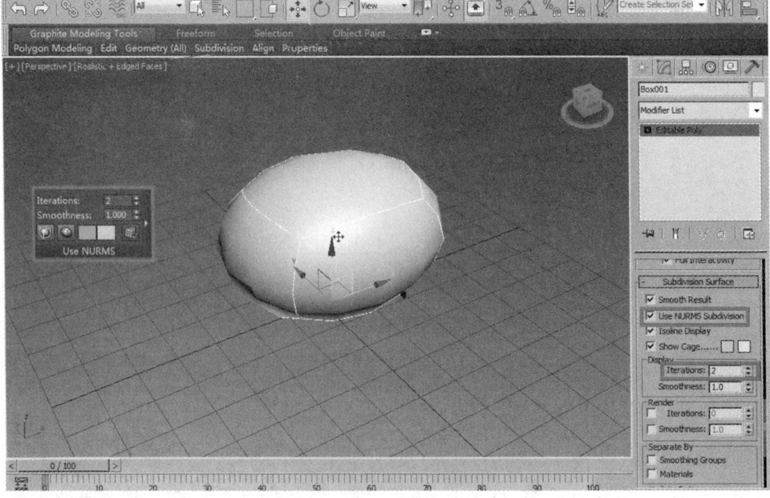

图 1.80

接下来看一下 Shift+F4 组合键的作用。正常情况下我们按下 F4 键时，物体就会以线框+实体的方式显示，虽然这种显示方式比较直观，但是一旦场景中的模型较多时，就会比较占用系统资源，有时也不便于观察。按下 Shift+F4 组合键，然后再次按下 F4 键，此时只有被选中的物体才会显示边框+实体，如图 1.81 所示。要让曲线该显示效果，再次按下 Shift+F4 组合键即可。

图 1.81

2. 自动保存设置

单击 Customize 菜单，然后单击 Preferences（首选项），在首选项设置面板中单击 Files（文件），然后在 Auto Backup（自动保存）区域设置 Number of Autobak Files（自动保存文件数）值为 3，Backup Interval（Minutes）（备份间隔/分钟）为 15 或者 20，这两个值的意思就是让 3ds Max 软件自身每隔多少分钟自动保存一次文件，总共要保存多少个文件。Number of Autobak Files 如果值为 3，就是总共要保存 3 个文件，然后依次覆盖保存。这里读者可以根据自己的需要自行设置，默认值为每隔 5 分钟保存一次。其实这里如果用户有良好的手动保存文件的习惯，完全可以取消系统的自动保存功能，关闭之后的好处就是可以避免大型文件中的自动保存出现卡顿和耗时的情况，坏处就是如果用户忘记手动保存文件，出现软件崩溃的情况下就会造成不可挽救的损失（当然现有的 Max 版本在出现软件崩溃时会提示你保存文件）。

3. ViewCube 显示设置

软件默认打开时，在顶视图、前视图、侧视图和透视图右上角会有一个图标的显示，如图 1.82 所示。

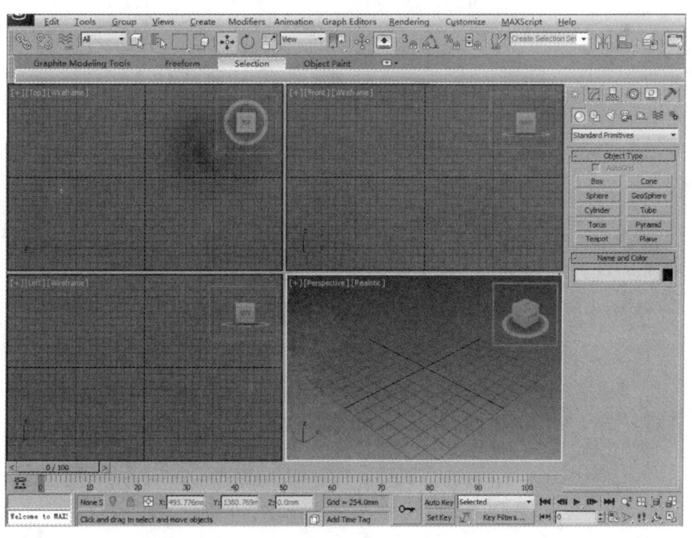

图 1.82

在制作模型时，有时你可能会觉得这个功能很碍事，一不小心就会点到它造成视图的变换，很不方便，所以这个地方我们只需要在激活的视图当中显示即可。在图标上右击，单击 Configure（配置）选项，在弹出的 ViewCube 参数面板中选择 Only in Active View（仅在活动视图中显示），然后将透明度设置为 25%，如图 1.83 所示。

经过这样的设置之后，ViewCube 就只在当前激活的视图当中才会显示。

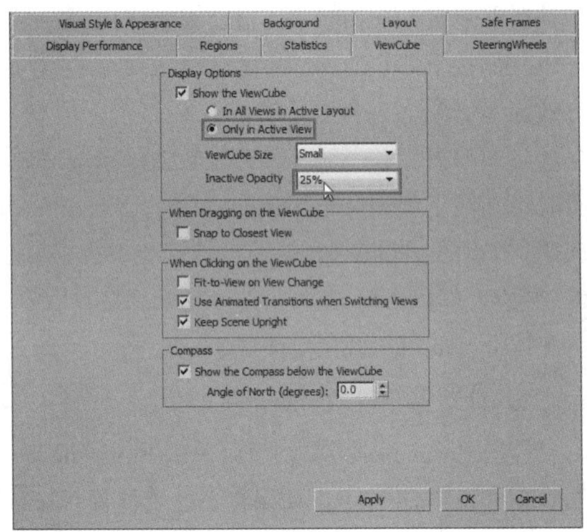

图 1.83

4. 软件 UI 的设置

当安装完 3ds Max 软件之后，默认的 UI 界面是黑色的，虽然这种颜色看起来非常酷，但是为了视频录制和图书印刷的需要，我们还是先设置为之前版本中默认的灰色显示效果。单击 Customize 菜单，单击 Load Custom UI Scheme（加载用户自定义界面），然后在弹出的选择 UI 对话框中选择 ame.light，单击 Open 按钮，如图 1.84 所示。这样我们就更改了系统默认的 UI。

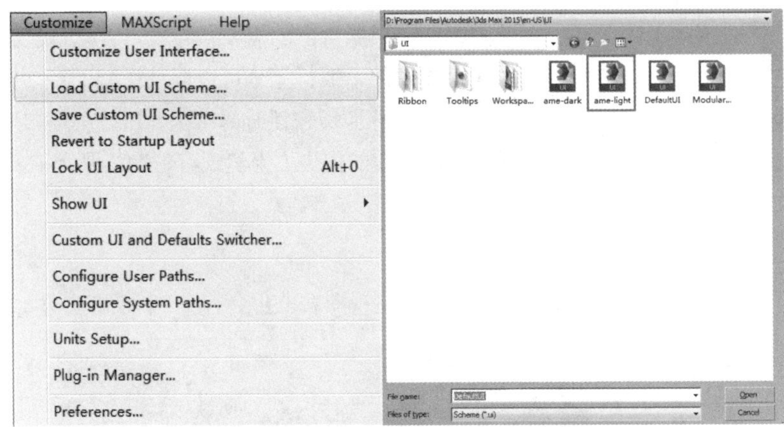

图 1.84

5. 系统单位设置

单击 Customize 菜单，单击 Units Setup（单位设置），在弹出的 Units Setup 参数面板中选择 Metric（公制），在下拉列表框中选择 Millimeters（毫米）即可，如图 1.85 所示。

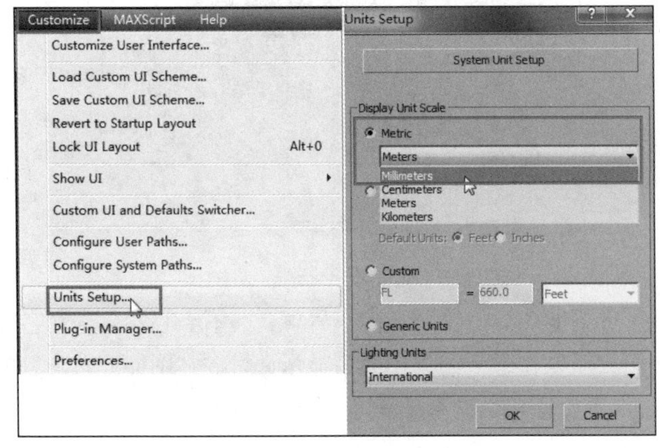

图 1.85

第 2 章 制作五金工具类产品

在正式学习模型制作之前，我们先通过一个小的实例来小试身手。

2.1 Poly 建模光滑硬边缘处理方法

上一章我们介绍了可编辑多边形命令里面的详细参数，接下来我们看一下可编辑多边形建模原理及在实例制作中出现的问题解决方案。

步骤 01 在视图中创建一个面片，然后右击，在弹出的菜单中选择转换为可编辑的多边形命令，按 4 键进入面级别，单击 Inset 按钮，在面上单击并拖动鼠标向内插入一个新的面，然后按下 Delete 键删除该面，如图 2.1 所示。

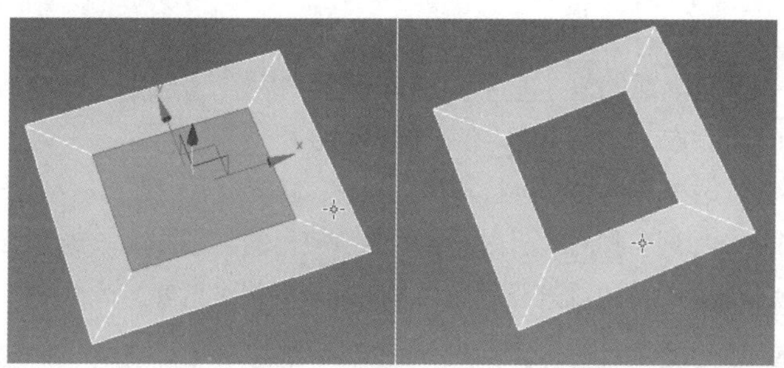

图 2.1

步骤 02 按 3 键进入边界级别，框选外部和内部的边界，按住 Shift 键向下拖动复制出新的面，按 Ctrl+Q 组合键细分光滑该物体，将细分值 Iterations 设置为 3，效果如图 2.2 所示。

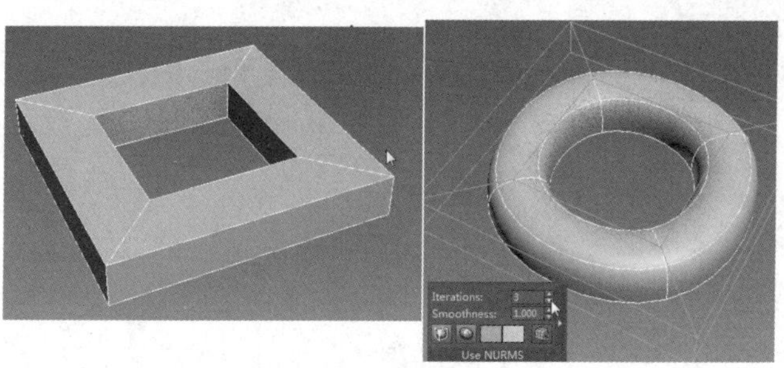

图 2.2

步骤 03 此时我们发现模型在细分之后由原来的方形变成了圆形的效果，如果我们希望模型保持之前的方形又想得到一个比较光滑的边缘怎么办呢？这就涉及分段的问题。框选两侧的边，单击 Connect 右侧的□按钮，在弹出的 Connect Edges 参数面板中设置分段数为 2，然后将线段向两边靠拢，如图 2.3 所示。

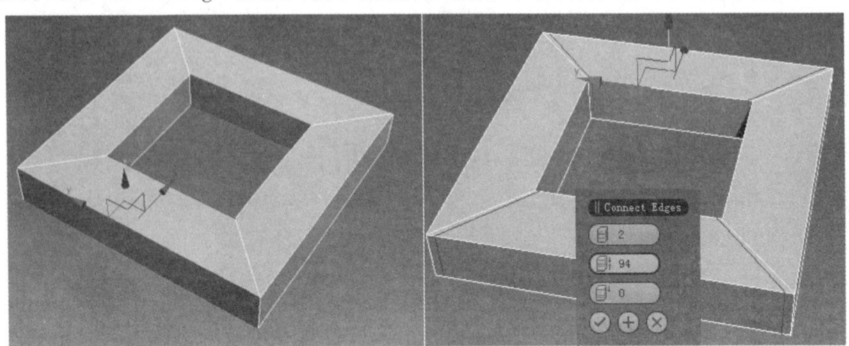

图 2.3

再次按 Ctrl+Q 组合键细分光滑该物体，效果如图 2.4 所示。

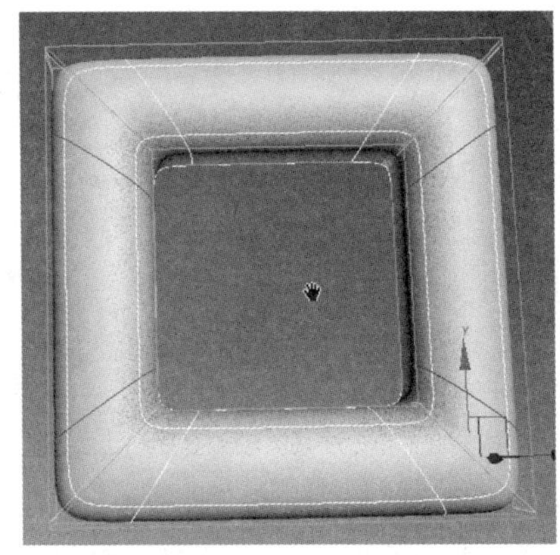

图 2.4

步骤 04 用同样的方法框选左右两侧的边，在两端的位置加线。为了便于观察加线之后的效果对比，将该物体向右复制两个。选择第二个物体，然后单击高度的一条线段，单击 Ring 按钮，这样就快速选择了高度上所有的线段，在外侧的线段上靠近上端的位置加线。将第三个物体的内侧和外侧高度上的线段都加线处理，一一将它们细分，效果对比如图 2.5 所示。

步骤 05 从图中可以很明显地观察到它们之间的区别：左侧在高度上没有进行加线的模型在细分之后边缘过渡弧度更大；第二个模型只在外侧靠近上面的地方进行了加线，光滑之后外侧的边缘保持了之前类似 90° 的拐角但又有一个很小的边缘过渡效果；最后一个模型在外侧和内侧都进行了加线处理，光滑之后内外边缘都出现了一个很好的光滑过渡棱角效果。所以通过这个原理，我们就明白了那些光滑棱角的制作方法。要使边缘棱角更加尖锐，加线的位置就要越靠近边缘；如果想使边缘过渡更加缓和，加线的位置就要越远离边缘位置，如图 2.6 所示。

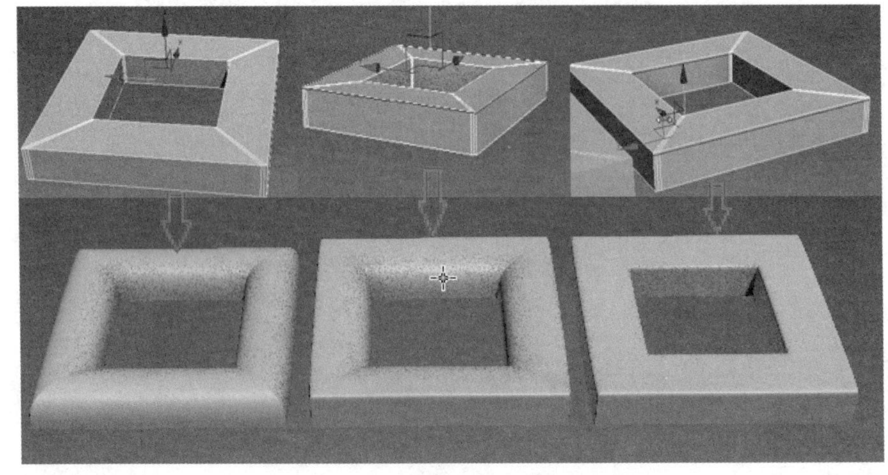

图 2.5

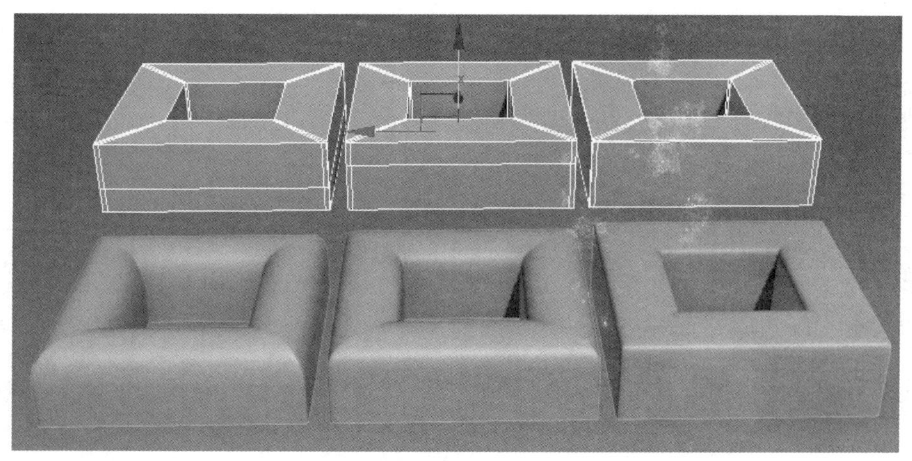

图 2.6

2.2　小试身手

步骤 01　在 （创建）面板中的 （基本几何体）下单击 Tube （圆管）按钮，然后在视图中单击并拖动鼠标创建一个圆管物体，设置高度分段数为 1，如图 2.7 所示。

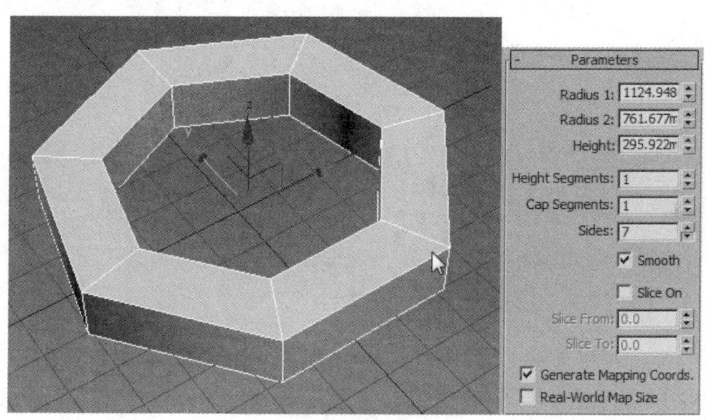

图 2.7

步骤 02　选择该物体并右击，选择 Convert To|Convert to Editable Poly（转换为可编辑的多边形物体），切换到前视图，按 1 键进入点级别，框选底部的所有点，按 Delete 键删除，如图 2.8 所示。

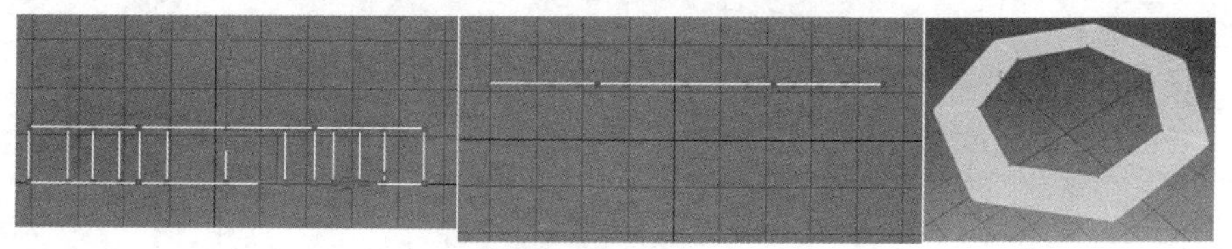

图 2.8

步骤 03　切换到顶视图，按住 Shift 键移动复制物体，如图 2.9 所示。单击 Attach 按钮，依次在视图中单击拾取要焊接的物体，将这 3 个物体附加成一个物体，如图 2.10 所示。

步骤 04　按 5 键进入元素级别，适当地将下方的两个物体旋转，选择图 2.11 所示的边，单击 Bridge （桥接）工具使其中间自动连接生成新的面。

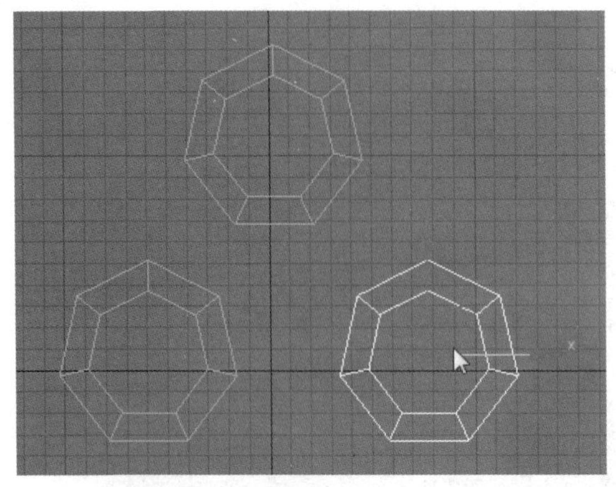

图 2.9

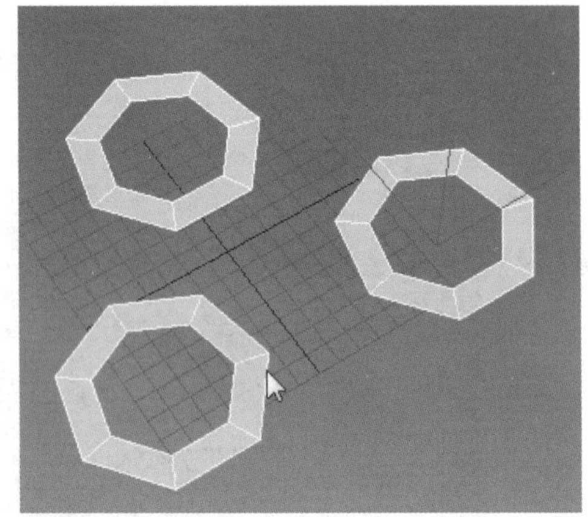

图 2.10

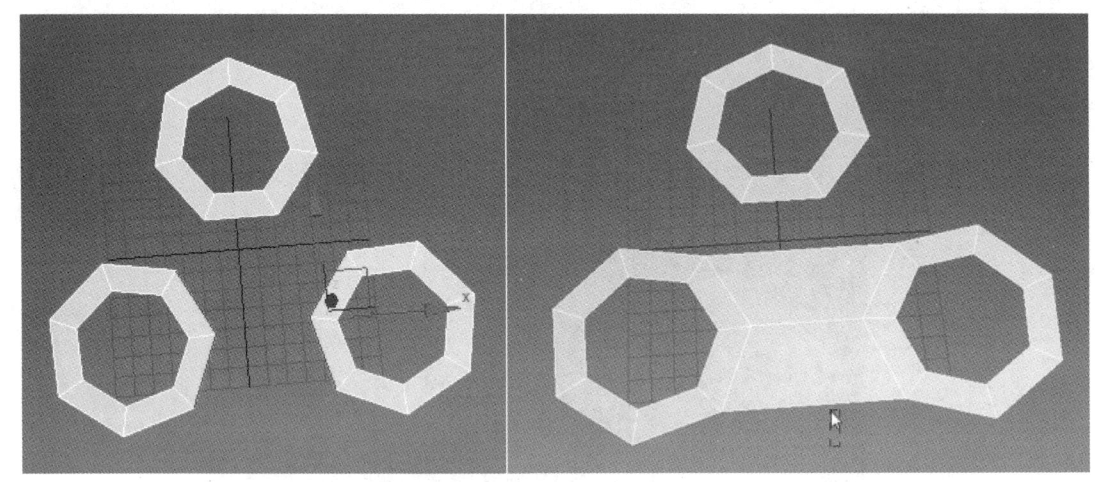

图 2.11

步骤 05 选择图 2.12（左）所示的线段，按 Ctrl+Shift+E 组合键向中间添加一条线段，将上方的物体适当旋转并调整到合适的位置，单击 Target Weld（目标焊接）工具，将图 2.12（右）所示的点焊接到上方的点上。

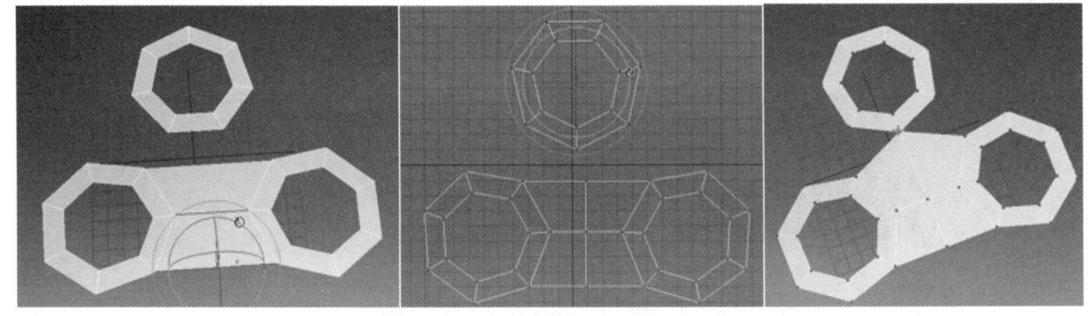

图 2.12

用桥接工具把图 2.13（左）所示的边生成新的面，然后在边级别下将顶部的线段添加分段并调整点线的位置，框选右侧对称的点，按 Delete 键删除一半，如图 2.13（右）所示。

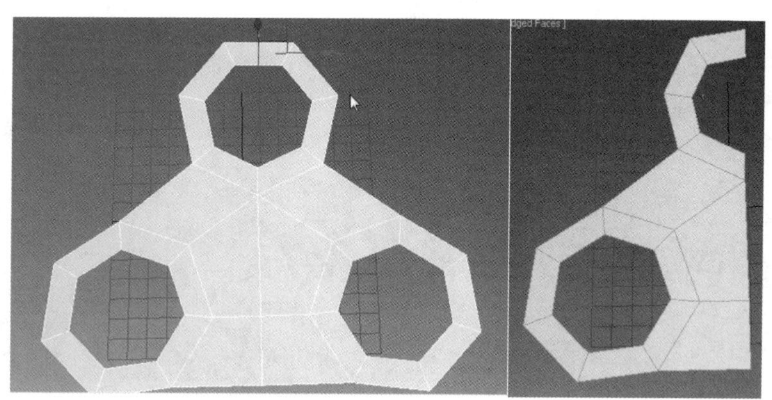

图 2.13

步骤 06　配合面的挤出、点的调整、边的桥接工具等按照图 2.14 所示的步骤调整该模型的形状。

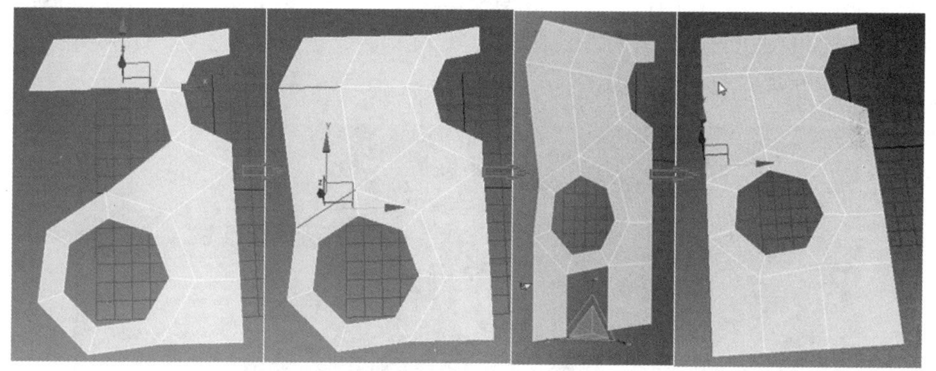

图 2.14

步骤 07　在（层次）面板中单击 Affect Pivot Only（仅影响轴），将模型的轴心调整到右侧的边缘，如图 2.15 所示。

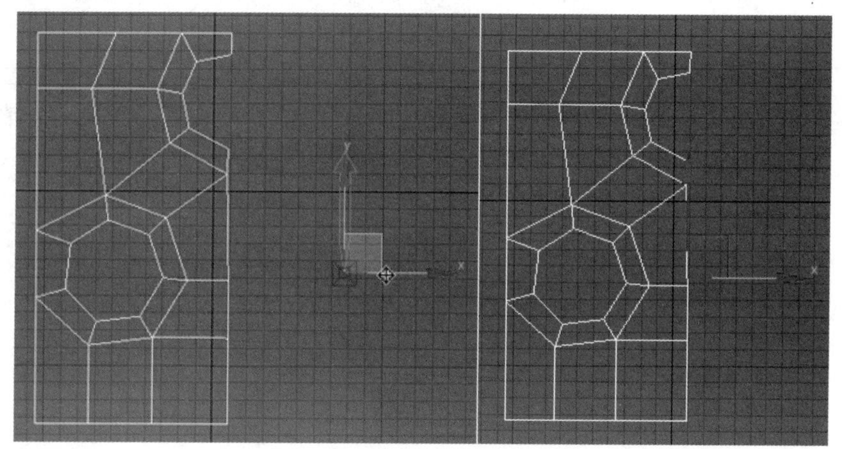

图 2.15

步骤 08　进入（修改）面板，在下拉列表中选择 Symmetry（对称）修改器，该命令会自动将另一半的模型对称出来。如果出现图 2.16（左）所示的情况，只需勾选 Flip（翻转）即可，效果如图 2.16（右）所示。

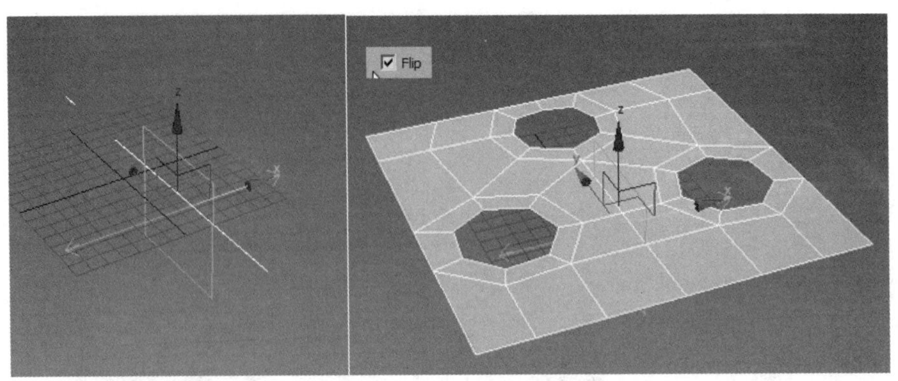

图 2.16

在添加了 Symmetry 修改器之后，如果发现原始的物体需要重新修改，可以继续回到 Editable Poly 子级进行点、线、面的调整，此时 Symmetry（对称）修改器在视图中的显示将消失，如图 2.17 所示。如果想进入到 Editable Poly 子级修改模型，又希望它显示对称之后的模型效果，只需单击 中的（显示最终结果开/关切换）即可。

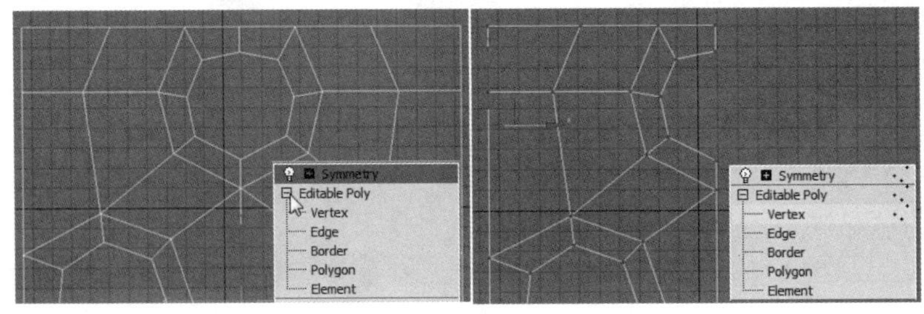

图 2.17

单击 Symmetry（对称）前面的+号可以展开子级显示，单击 Mirror 可以调节物体的对称中心，参数中的 Threshold（阈值）可以控制点的自动焊接的距离大小。该值不要调得太大，也不要为 0，这样能保证使对称轴中心的点能焊接在一起而又不会将其他的点焊接在一起。

步骤 09 要想继续修改编辑该模型，我们可以右击并再次选择转换为可编辑的多边形物体，也可以在修改器下拉列表中添加 Edit Poly（编辑多边形）继续修改编辑。按 3 键进入边界级别，框选图中的边界，按住 Shift 键向下拖动复制出新的面，然后单击 Cap 按钮将洞口封上，如图 2.18 所示。

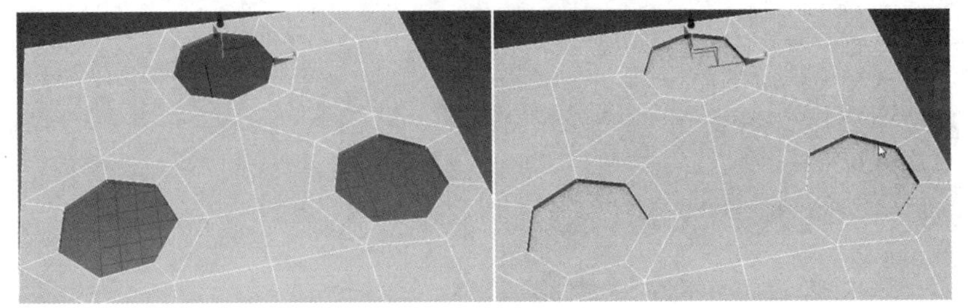

图 2.18

步骤 10 选择刚刚封口的面，单击 Bevel 右侧的按钮，将基础的高度值设置为 0，设置缩放值为-30 左右；单击按钮，将缩放值设置为 0，高度值设置为 80 左右；再次单击按钮，然后再次将该面高度值设置为 0，向内缩放挤出新的面，如图 2.19 所示。

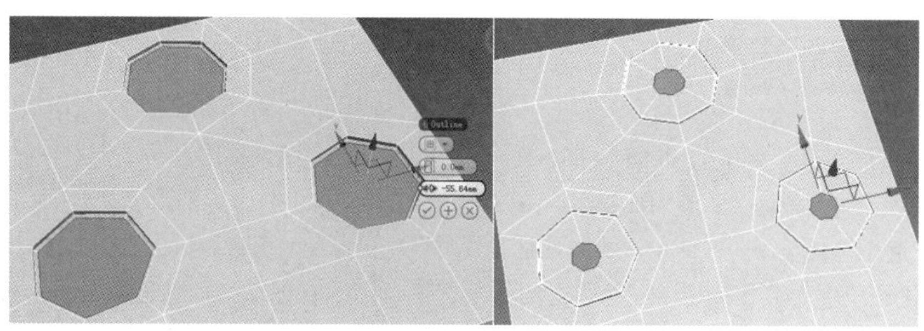

图 2.19

步骤 11　选择四周的边按住 Shift 键向下挤出新的面，然后在修改器下拉列表中单击 TurboSmooth（涡轮平滑），设置 Iterations: 2 参数为 2，该参数值越大，细分次数越多，面数也就成倍增加，但是细分效果越好。此值建议在 1 ~ 3 之间，效果如图 2.20 所示。

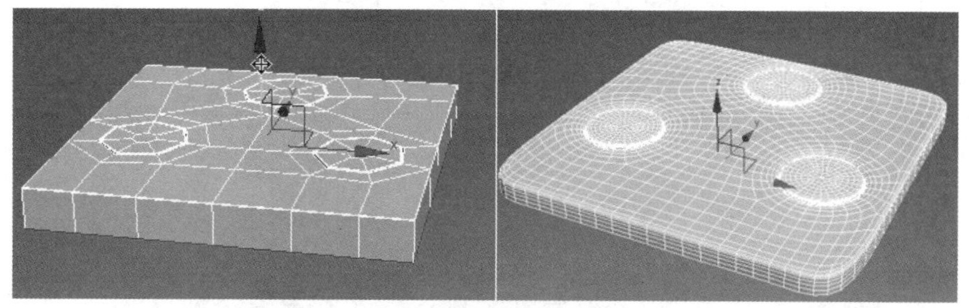

图 2.20

步骤 12　单击删除按钮，将添加的修改器暂时删除，删除另外一半对称的模型，按 2 键进入边界级别，用前面所讲的方法在边缘的位置加线，如图 2.21 所示。

中间有些点可以用 Target Weld（目标焊接工具）将它们焊接成一个点，如图 2.22 所示。

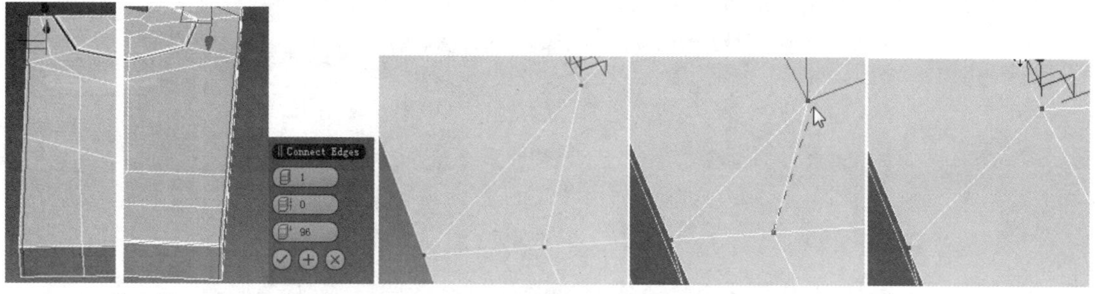

图 2.21　　　　图 2.22

步骤 13　在修改器下拉列表中再次添加 Symmetry（对称）修改器和 TurboSmooth（涡轮平滑）修改器，设置 Iterations 细分值为 2，最后的效果如图 2.23 所示。

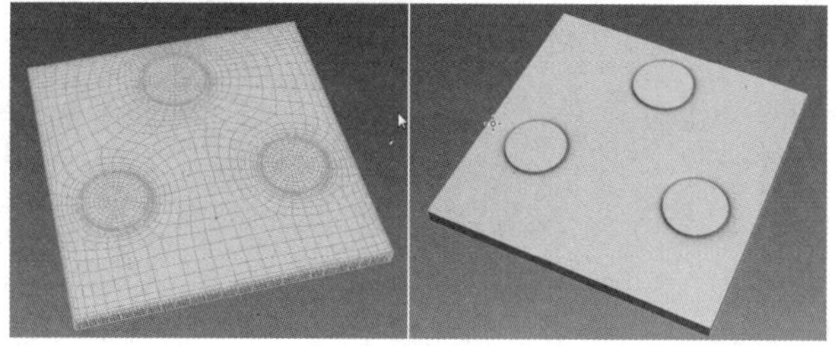

图 2.23

2.3 制作瑞士军刀

瑞士军刀又常称为瑞士刀（Schweizer Messer）或万用刀，是含有许多工具在一个刀身上的折叠小刀，由于瑞士军方为士兵配备这类工具刀而得名。在瑞士军刀中的基本工具常为圆珠笔、牙签、剪刀、平口刀、开罐器、螺丝起子、镊子等。要使用这些工具时，只要将它从刀身的折叠处拉出来，就可以使用。

如今瑞士军刀种类相当繁多，里面所搭配的工具组合也多有创新，如新增的液晶时钟显示、LED 手电筒、闪存、打火机，甚至 MP3 播放器等。瑞士军刀模型的制作过程如下。

步骤 01 在视图中创建一个 Box 物体，设置长、宽、高分别为 850mm、200mm、20mm（这里的参数暂时放大了 10 倍，因为值太小的话在视图操作中有些细节不容易观察），将长、宽、高的分段数设置为 2、2、1，如图 2.24 所示。

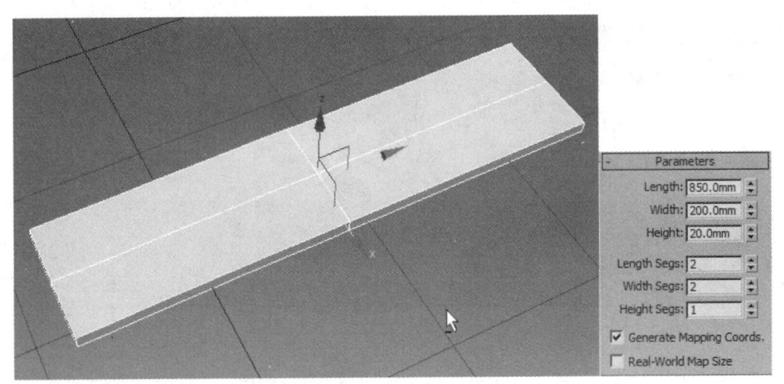

图 2.24

右击，在弹出的菜单中选择 Convert To|Convert to Editable Poly，将其转换为可编辑的多边形物体，在长度上添加分段，然后调整顶部点的位置，如图 2.25 所示。

图 2.25

选择上部的面，用 Bevel（倒角）工具将顶部的面向上挤出并适当缩放，效果如图 2.26 所示。

选择厚度上的一条边，单击 Ring 按钮，这样就快速选择了一环的线段。单击 Connect 后面的□按钮，在弹出的连接参数中设置如图 2.27 所示。

用同样的连接方法，在该物体的两侧位置分别加线，如图 2.28 所示。

按住 Shift 键移动复制该物体。选择原物体，按 Alt+Q 组合键孤立化显示该物体（也就是暂时把其他物体全部隐藏），单击 Name and Color 区域中的□按钮，在弹出的 Object Color 面板中选择一个青色单击 OK 按钮，这里给模型换一种显示原色便于区分。参考图中所示的位置加线，然后删除多余的面，如图 2.29（右上）所示，进入边级别，依次选择上下的线段，单击 Bridge 按钮自动生成面。

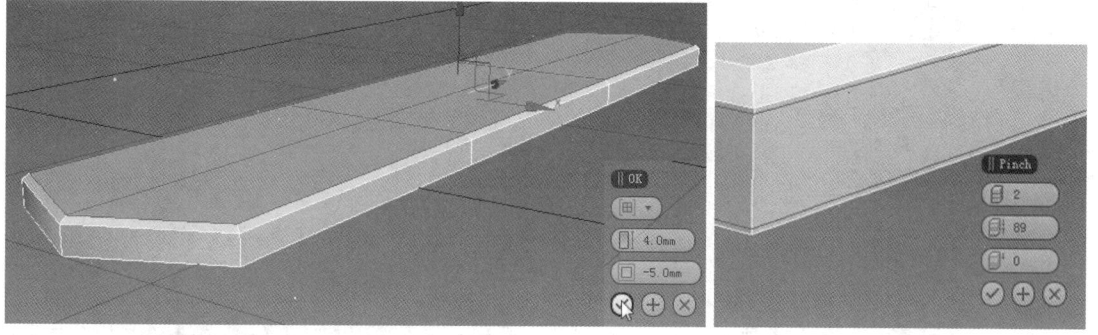

图 2.26　　　　图 2.27

图 2.28

继续加线调整至图 2.30 所示。

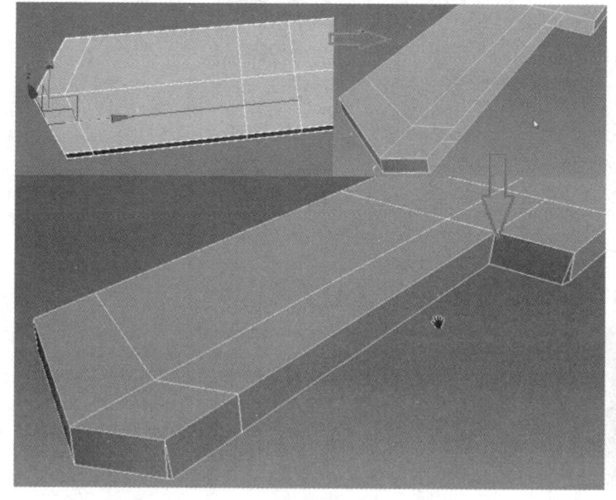

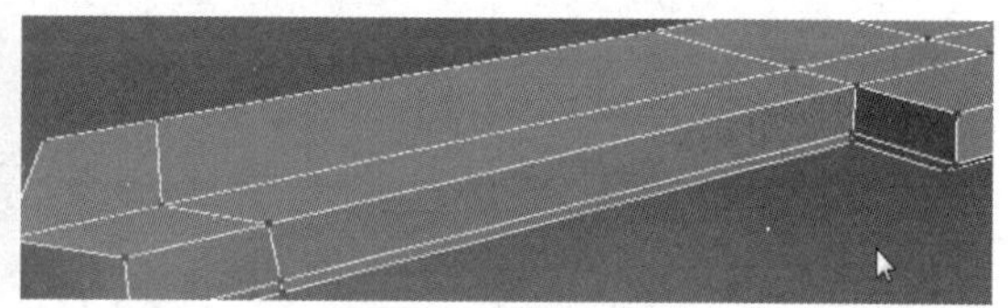

图 2.29　　　　图 2.30

选择拐角处的边单击 Chamfer 右侧的按钮，给当前的边一个切角，然后用 Target Weld（目标焊接）工具将多余的点进行焊接，如图 2.31 所示。

再次按下 Alt+Q 组合键取消孤立化显示，将当前的模型细分，效果如图 2.32 所示。

步骤 02　在面板中单击 Line 按钮，在视图中创建样条曲线。在创建后，要进入点级别将细节做进一步的细致调整，调整后的效果如图 2.33 所示。

在修改器下拉列表中添加 Extrude（挤出）修改器，设置挤出的值为 2mm。如果在添加完修改器之后发现样条线需要进一步调整，可以回到 Line 级别下的 Vertex（点）级别进一步调整。选择图 2.34 中的点，单击 Fillet（圆角化）按钮，将该点处理成圆点。

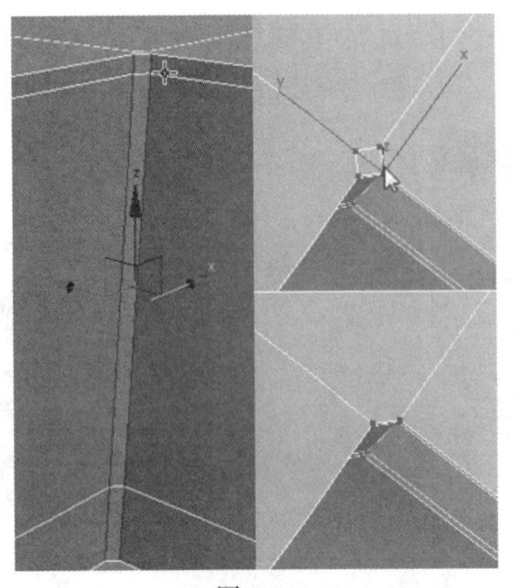

图 2.31

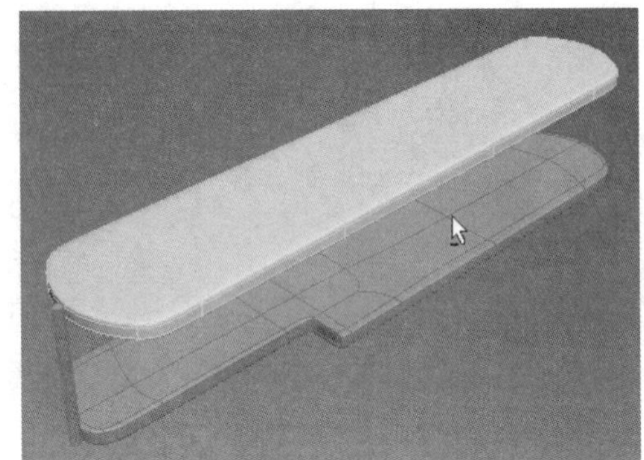

图 2.32

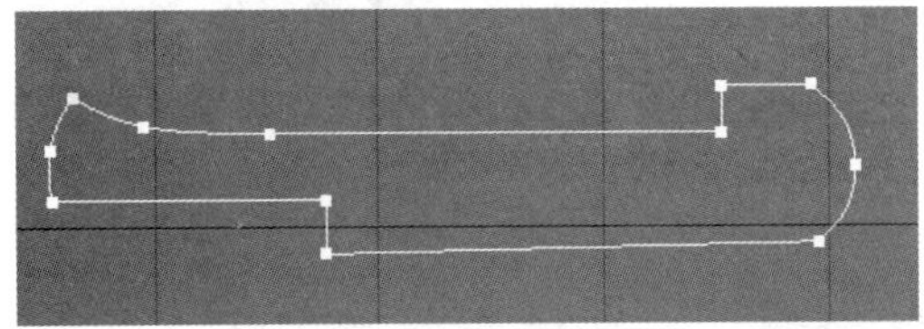

图 2.33

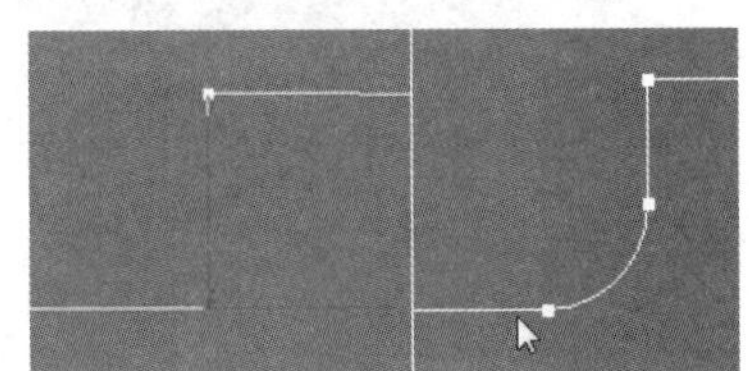

图 2.34

修改好之后，将该物体向下复制出 3 个，如图 2.35 所示。

图 2.35

步骤 03 用 Line 工具在视图中创建并修改图 2.36 所示的样条线。

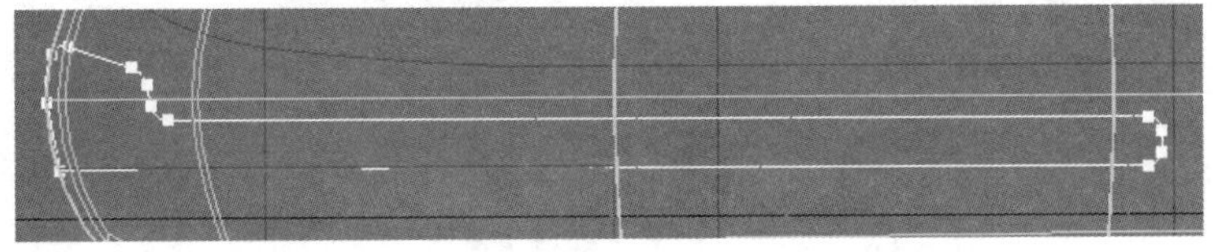

图 2.36

然后用同样的方法创建修改图 2.37 所示的样条线。

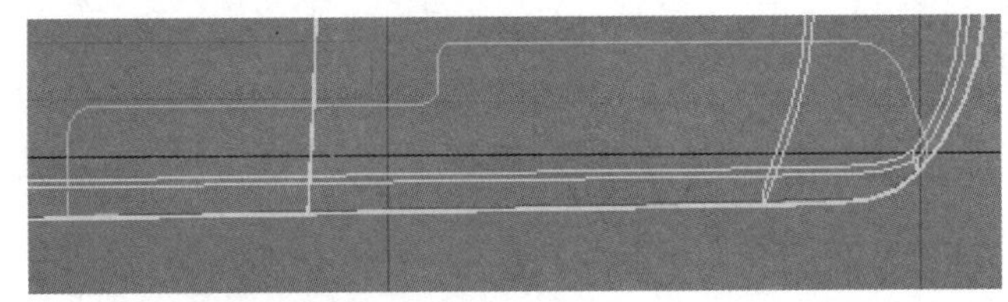

图 2.37

选择其中的一条样条线，单击 Attach 按钮再拾取另外一条样条线，将它们附加在一起，效果如

图 2.38 所示。

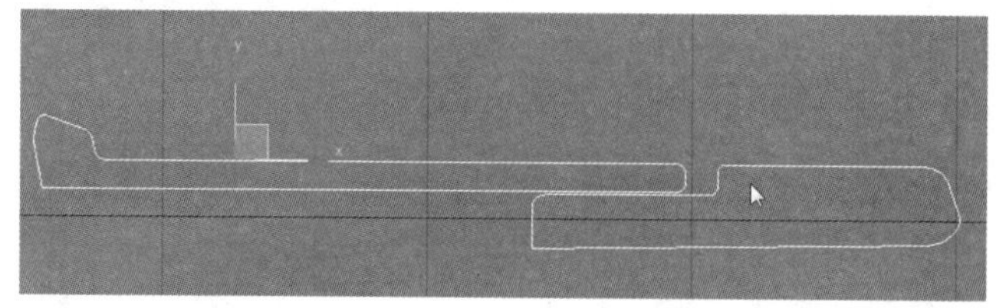

图 2.38

在修改器下拉列表中添加 Extrude（挤出）修改器，设置 Amount 值为 30mm，然后将该物体复制 3 个，调整好它们的位置，如图 2.39 所示。

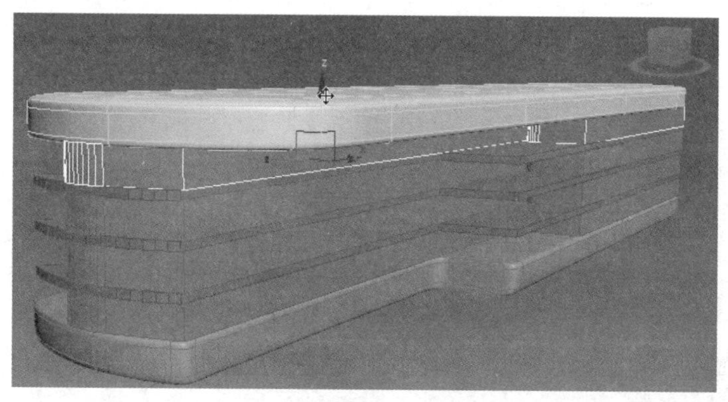

图 2.39

步骤 04 在视图中创建一个圆柱体，调整半径值为 8mm，高度为 90mm，将高度分段数设置为 1，边数为 18，然后将该圆柱体移动到合适的位置。该圆柱体可以作为瑞士军刀中的固定杆物体。

步骤 05 单击 Line 按钮，在视图中创建图 2.40 所示的样条线。

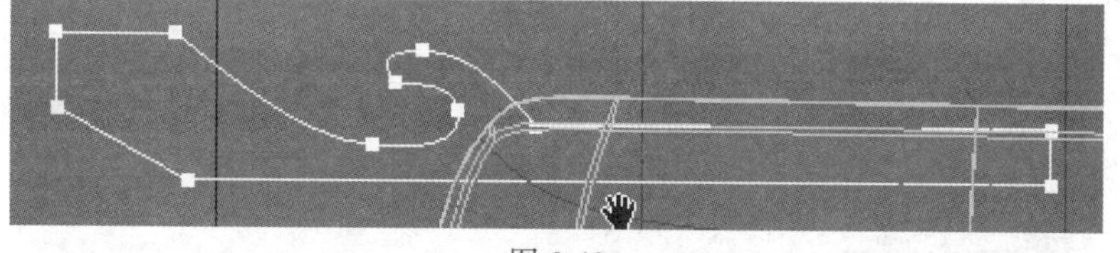

图 2.40

进入修改面板，按 1 键进入点级别，细化调整样条线的形状至如图 2.41 所示。

在修改器下拉列表中添加 Extrude（挤出）修改器，设置 Amount 值为 16，然后将该物体移动到合适的位置。用同样的方法继续创建修改图 2.42 所示的样条线。

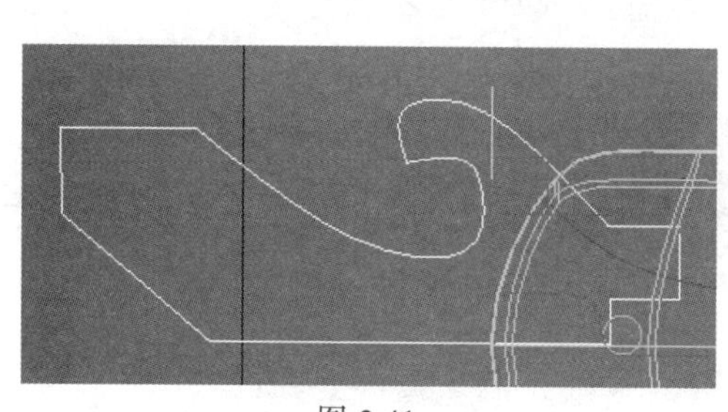

图 2.41

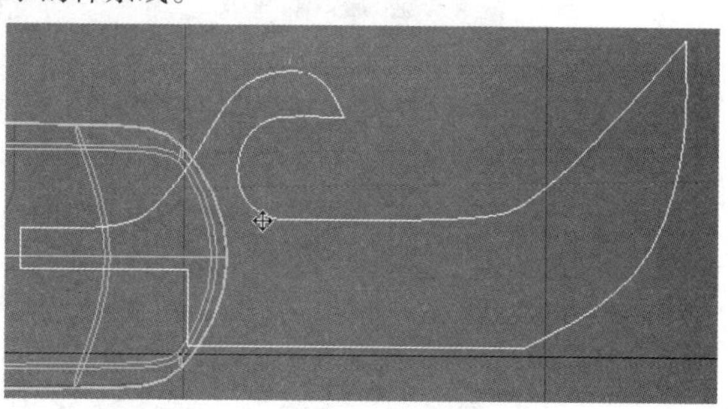

图 2.42

添加 Extrude 修改器并调整位置，效果如图 2.43 所示。

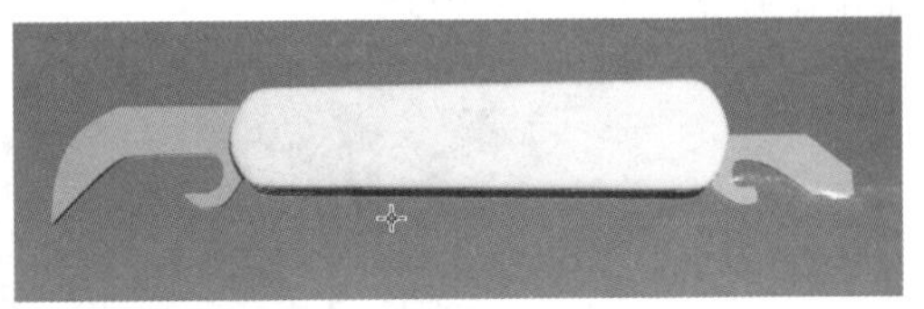
图 2.43

创建一个圆柱体作为刀子的固定转轴，为便于在视图中观察效果，在软件的右下角右击，在 Viewport Configuration（视口配置）中取消勾选 Shadows（显示阴影），效果如图 2.44 所示。

在旋转刀子时，它是以自身的轴心进行旋转的，这不符合我们的要求。那么我们该如何设置呢？很简单，选择刀子物体模型，在工具栏中单击 View，选择 Pick，然后在视图中拾取圆柱体模型，在图标上按住鼠标左键不放，会弹出几个选项，选择，这时就切换到了圆柱体的轴心。再次旋转刀子模型时它就会以圆柱体为轴心进行旋转了，前提是要先将圆柱体调整好位置。

将刀子物体旋转 180°，回到 Line 级别继续调整点、线等。用同样的方法将另一头的刀子物体做同样的调整处理。为了便于观察，可以选择外侧物体，按下 Alt+X 组合键透明化显示，如图 2.45 所示。

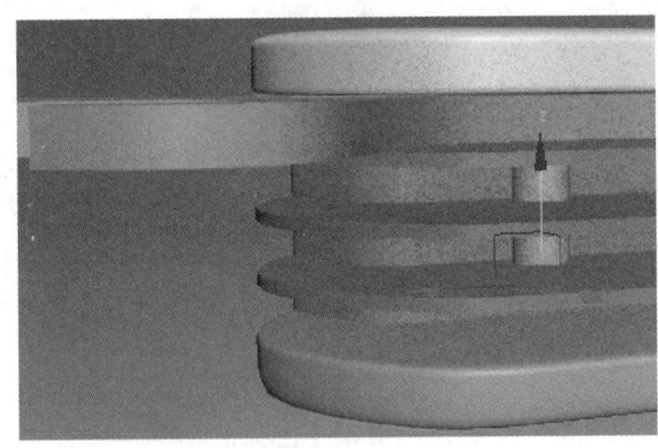
图 2.44

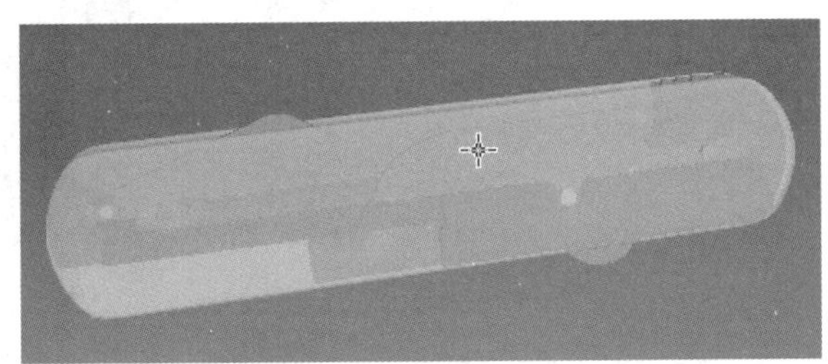
图 2.45

步骤 06 选择图 2.46 所示的物体。

在修改器下拉列表中选择 Quadify Mesh（四边面化物体），添加该修改器之后，软件会自动将当前的模型进行四边面处理，如图 2.47 所示。默认值 Quad Size%为 4.0，该值越小，模型的四边面越小，分配的面数也就越多；相反，值越大，四边面也就越大，分配的面数也就越小。

图 2.46

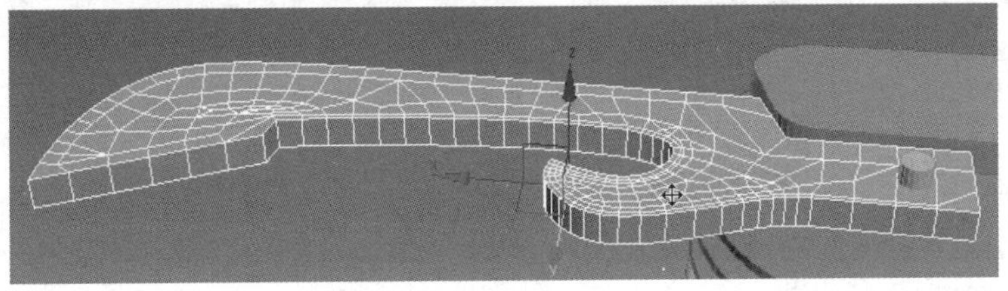
图 2.47

该修改器通常用来快速分配四边面。比如一些通过创建样条线再添加挤出修改器来制作的模型，由于面的极度分配不均匀，在转换为可编辑的多边形之后需要手动调整布线来达到我们的需求，有了这个命令之后，直接通过该命令就可以快速调整它们的布线，非常方便。

单击 Target Weld（目标焊接）工具，将刀刃处上面的点依次焊接到下部的点上，如图 2.48 所示。

在修改器下拉列表中添加 Edit Poly 修改器，按 5 键进入元素级别，选择该物体所有的面，在参数面板中单击 Clear All 按钮清除当前面的自动光滑信息，清除前后的效果对比如图 2.49 所示。

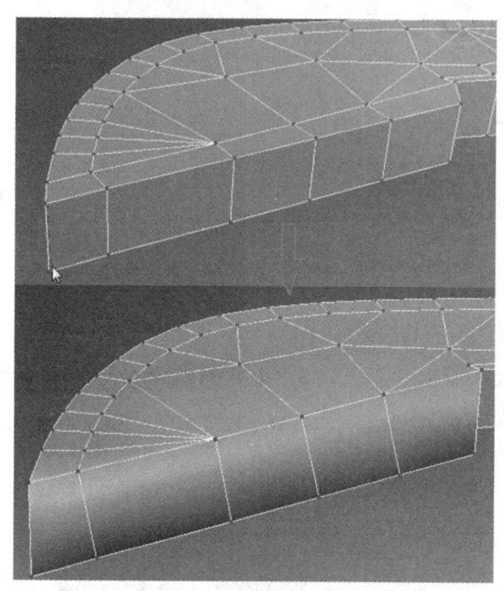

图 2.48

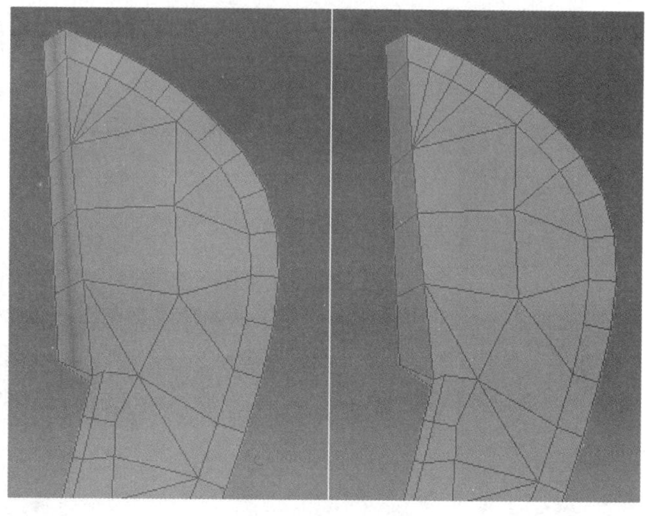

图 2.49

步骤 07 创建图 2.50（左）所示的样条线，进入修改面板细致调整点至图 2.50（右）所示的形状。

继续创建图 2.51（左）所示的样条线。注意，拐角点可以通过 Fillet 工具做适当的圆角调整，调整之后的效果如图 2.51（右）所示。

在修改器下拉列表中添加 Extrude（挤出）修改器，设置挤出的值为 10mm，然后在剪刀的中间位置创建一个圆柱体作为它们之间的固定杆，效果如图 2.52 所示。

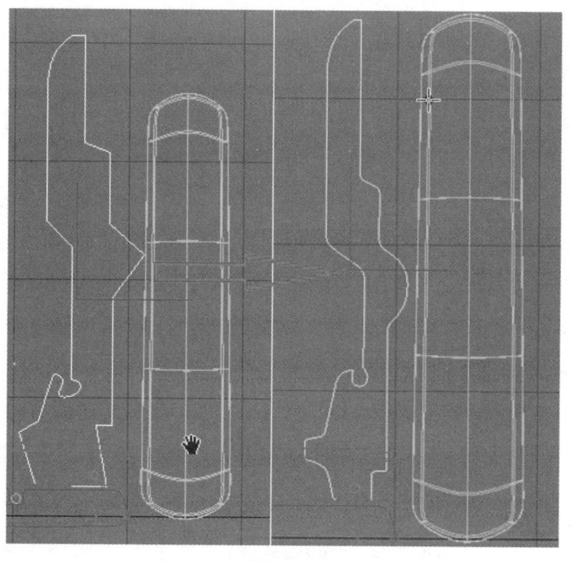

图 2.50

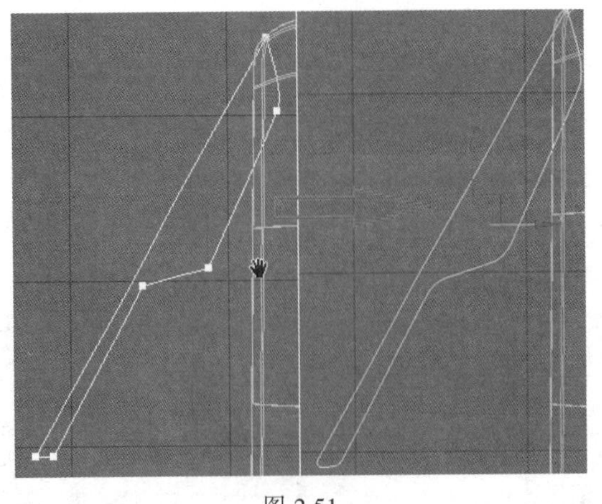

图 2.51

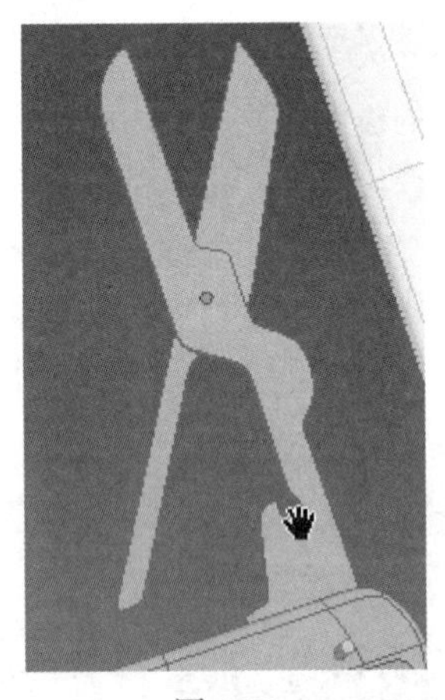

图 2.52

创建修改图 2.53（左）所示的样条线，在修改时要注意它在 Z 轴上的空间变化。按 3 键进入样条线级别，选择样条线，单击 Outline 按钮，然后向内挤出样条线轮廓，如图 2.53（右）所示。

在修改器下拉列表中添加 Extrude（挤出）修改器，设置 Amount 值为 10，效果如图 2.54 所示。

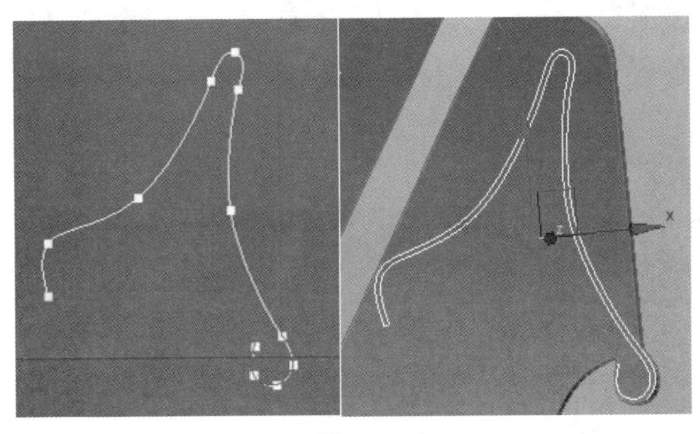

图 2.53

图 2.54

框选剪刀模型的所有物体，在 Group 菜单中选择 Group（群组），在弹出的 Group 面板中可以给它设置一个名字，然后单击 OK 按钮。

步骤 08 选择剪刀物体模型，右击，在弹出的快捷菜单中单击 Hide Selection（隐藏选择）将该模型暂时隐藏。在视图中创建一个 Box 物体，设置长、宽、高分别为 820mm、160mm、15mm，长度分段数设置为 4，右击并在弹出的菜单中选择 Convert To|Convert to Editable Poly，将其转换为可编辑的多边形物体，按 Ctrl+Shift+E 组合键在宽度上加线。进入点级别，删除一个角处的点，然后用桥接工具将上下之间连接出面。继续调整点控制小刀的整体形状，效果如图 2.55 所示。

选择图 2.99 上所示的面，用缩放工具沿着 Z 轴适当缩放，效果如图 2.56 下所示。

在图 2.57 所示的位置添加线，这样做的目的是制作出刀子拐角处的棱角。用同样的方法在刀子背部刀刃处的边缘加线。

加线的原则就是哪里需要表现棱角就在哪个边缘加线。按 Ctrl+Q 组合键细分光滑显示该物体，效果如图 2.58 所示。

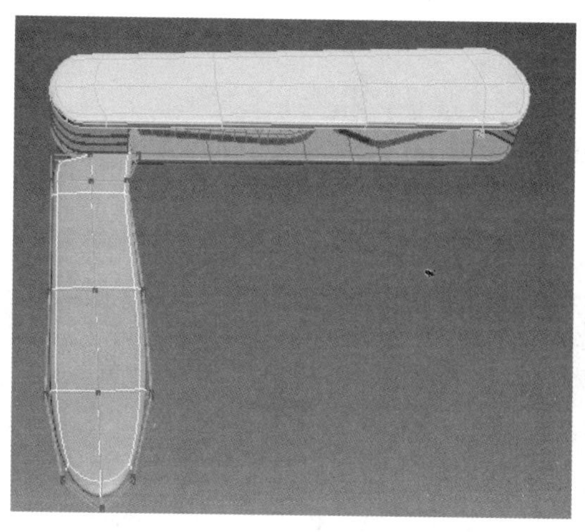

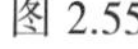

图 2.55

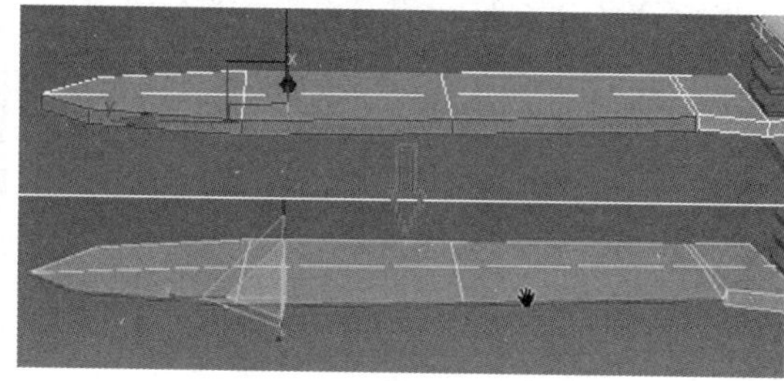

图 2.56

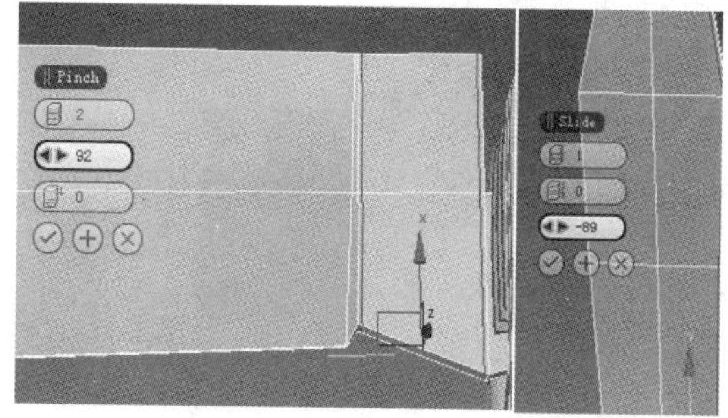

图 2.57

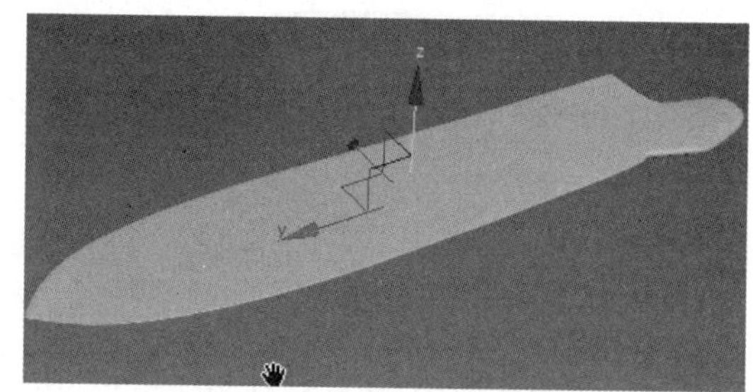

图 2.58

选择边缘拐角处的线段，单击 Chamfer 后面的□按钮，将线段切角处理，效果如图 2.59 所示。最后的效果如图 2.60 所示。

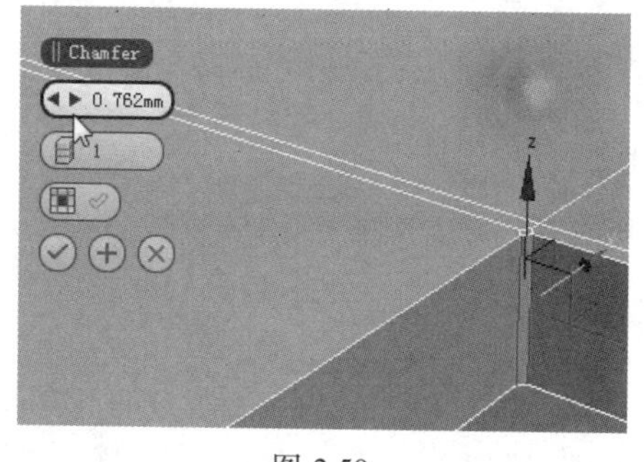

图 2.59

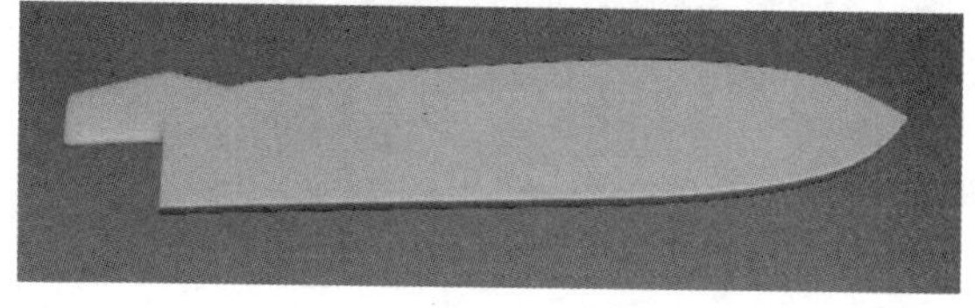

图 2.60

步骤 09 在视图中继续创建一个 Box 物体，调整长、宽、高参数分别为 750mm、75mm、16mm 左右，右击，在弹出的菜单中选择 Convert To|Convert to Editable Poly，将其转换为可编辑的多边形物体。除了前面介绍的通过 Connect 命令加线的方法外，接下来介绍一下石墨工具下的一个快速加线工具。进入到边级别，依次单击 Graphite Modeling Tools 、Edit、Swift Loop 工具，此时当光标放在模型上时，会有一个绿色的线框跟随光标移动，此时只需要在需要加线的位置单击即可完成加线的操作。按照图 2.61 中的顺序继续加线调整物体的形状。

将下部的一角的面删除做图 2.62 所示的处理。

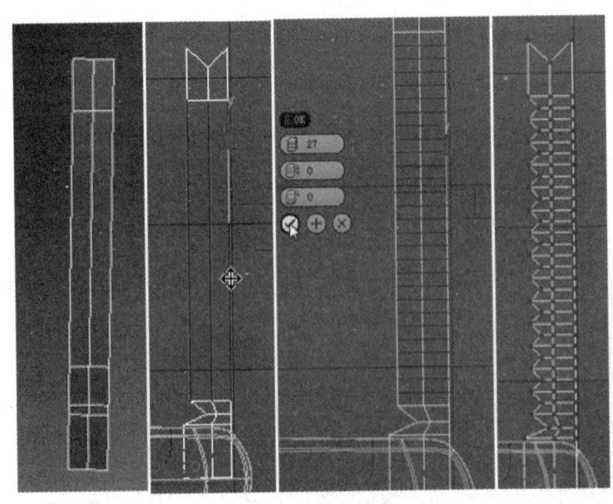

图 2.61

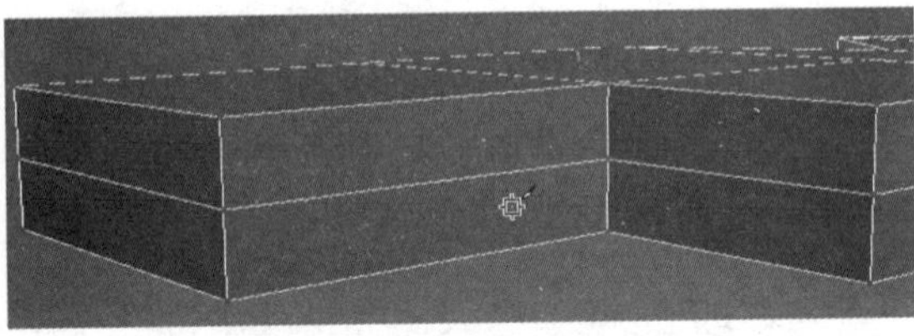

图 2.62

步骤 10 在面板中单击 Helix 在视图中创建一条螺旋线，调整参数如图 2.63 所示。

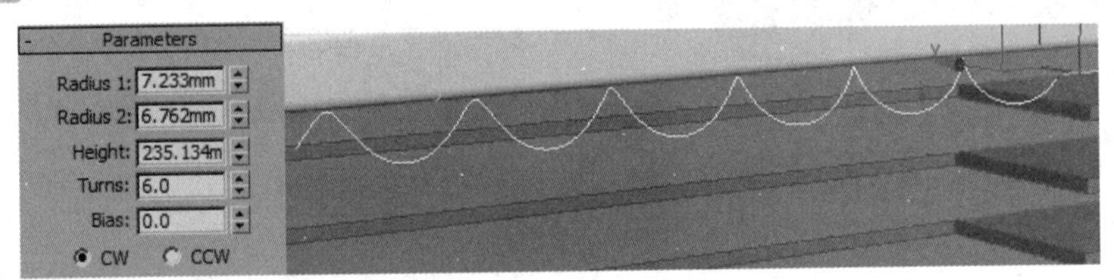

图 2.63

右击，在弹出的菜单中选择 Convert To|Convert to Editable Spline 将其转换为可编辑的样条曲线，在修改器面板中的 Rendering 卷展栏下勾选 Enable In Renderer 和 Enable In Viewport，这样样条线在视图中就可以显示厚度了，类似于圆柱体。将 Thickness（厚度，也就是直径）值设置为 5mm，Sides（边数）设置为 6，效果如图 2.64 所示。

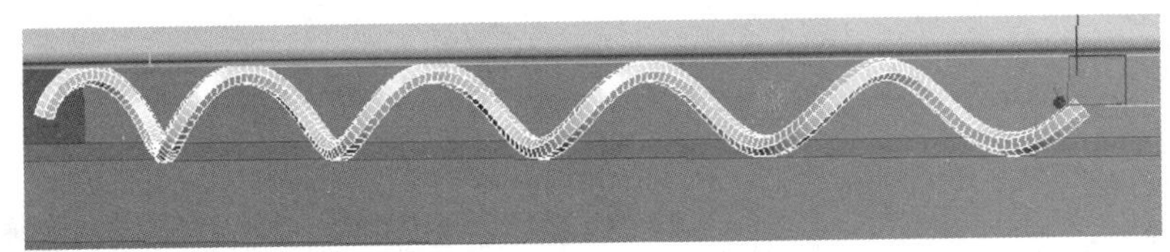

图 2.64

右击，在弹出的菜单中选择 Convert To|Convert to Editable Poly，将其转换为可编辑的多边形物体，删除最顶端的面。按 3 键进入边界级别，选择顶部的边界，按住 Shift 键配合移动缩放工具，将顶部的位置逐步缩小。同时将底部的位置按照图 2.65 所示的步骤逐步调整到所需的形状。

细分之后的效果如图 2.66 所示。

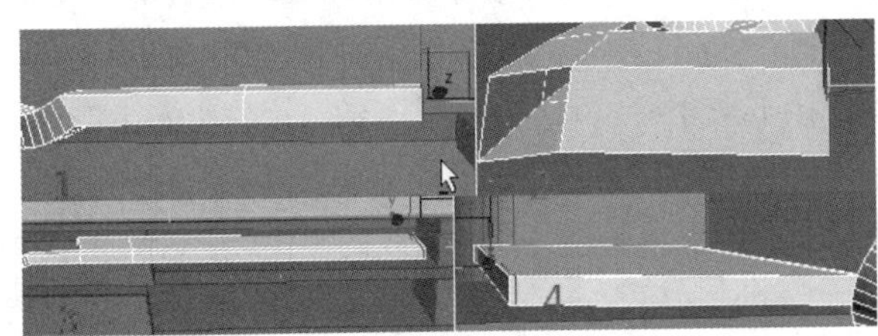

图 2.65

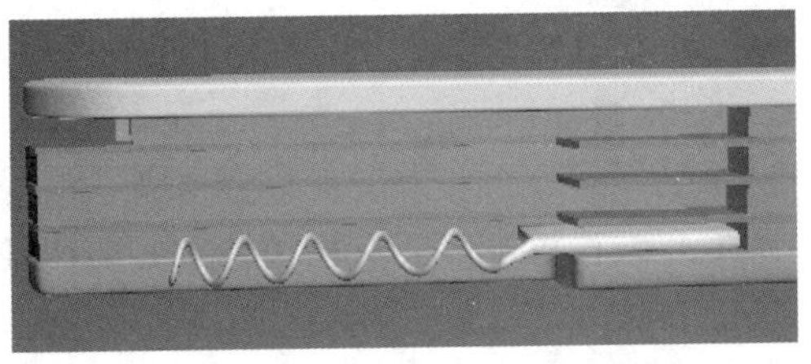

图 2.66

步骤 11 用多边形建模工具创建一个图 2.67 所示形状的物体。

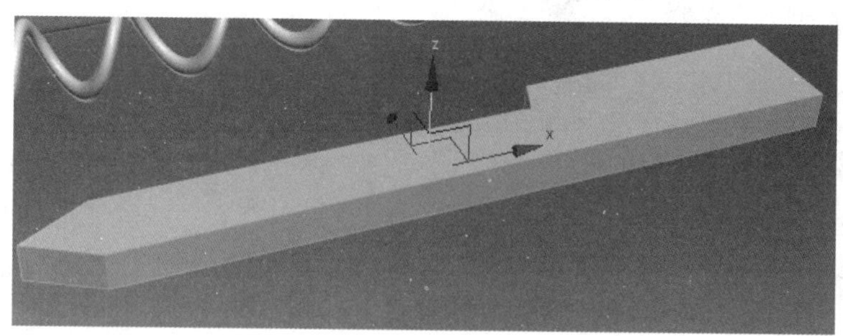

图 2.67

然后创建一个圆柱体，调整圆柱体的位置至图 2.68 所示。

图 2.68

在 面板下单击Standard Primitives，在下拉列表中选择Compound Objects（复合物体），然后在复合物体下单击ProBoolean（超级布尔运算）按钮，拾取圆柱体来完成布尔运算，效果对比如图 2.69 所示。

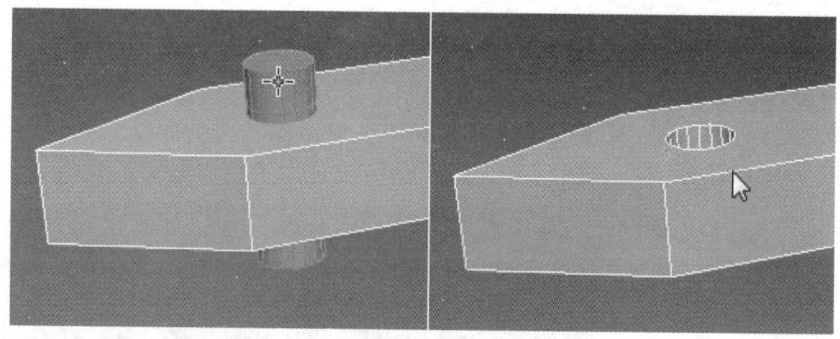

图 2.69

步骤 12 创建图 2.70（上）所示的样条曲线，在修改器下拉列表中添加 Extrude（挤出）修改器，效果如图 2.70（下）所示。

在该物体的上部创建 Box 物体，注意让该 Box 物体一定要嵌入到下面的模型中，调整好嵌入的深度之后向右复制出 N 个物体，如图 2.71 所示。

然后在复合物体下单击ProBoolean（超级布尔运算）按钮，依次拾取上方的 Box 物体完成布尔运算。也可以先选择一个 Box 物体并将其转换为可编辑的多边形物体，然后单击Attach后面的按钮，在弹出的附加列表中框选刚才复制的 Box 物体的名称，单击Attach按钮，如图 2.72 所示，这样就把上面所有的 Box 物体附加成了一个物体。

用超级布尔运算工具进行运算，效果如图 2.73 所示。

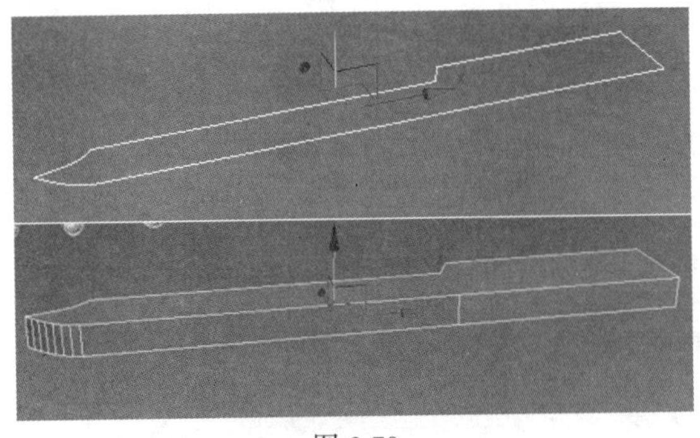

图 2.70

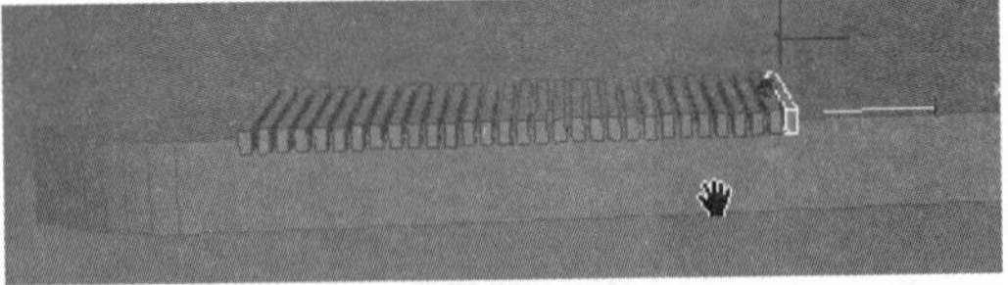

图 2.71

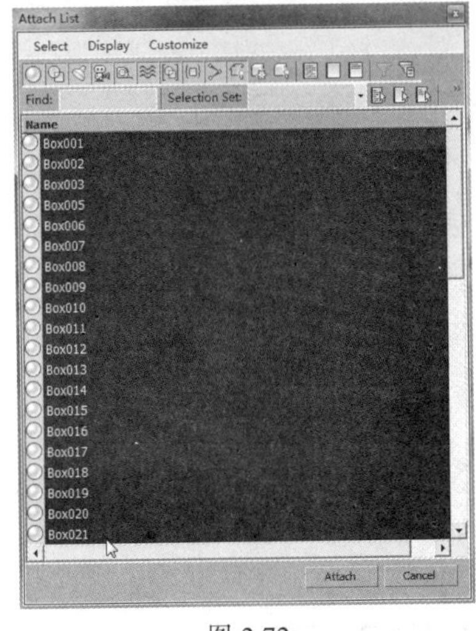

图 2.72

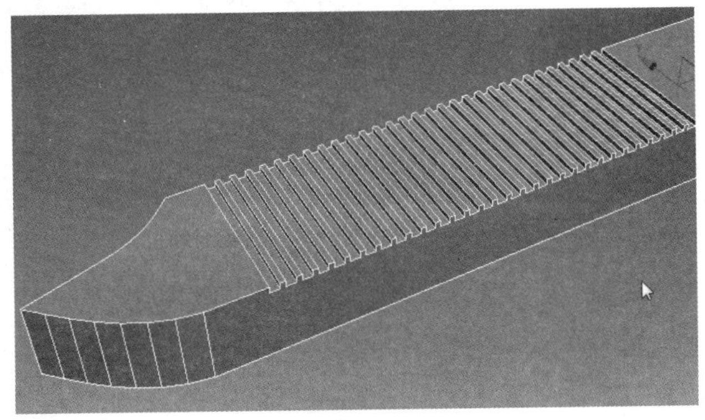

图 2.73

步骤 13 将隐藏的物体全部显示出来，然后适当旋转剪刀、刀子等模型，效果如图 2.74 所示。

步骤 14 选择所有的模型，按 M 键打开材质编辑器，选择 Standard 材质球，单击按钮给当前选择的模型赋予一个默认的材质，然后将线框的颜色设置为黑色，最终的效果如图 2.75 所示。

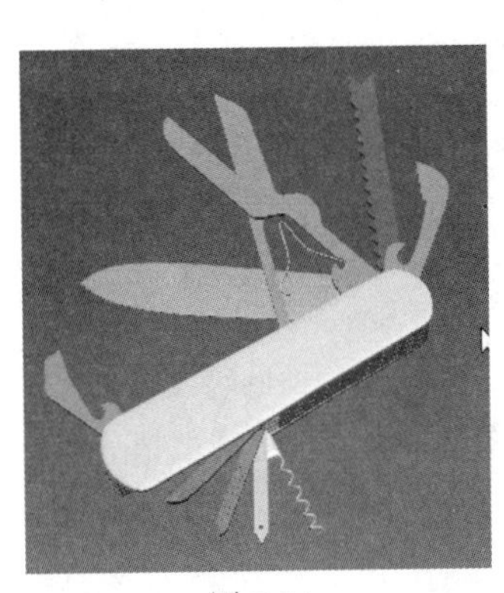

图 2.74

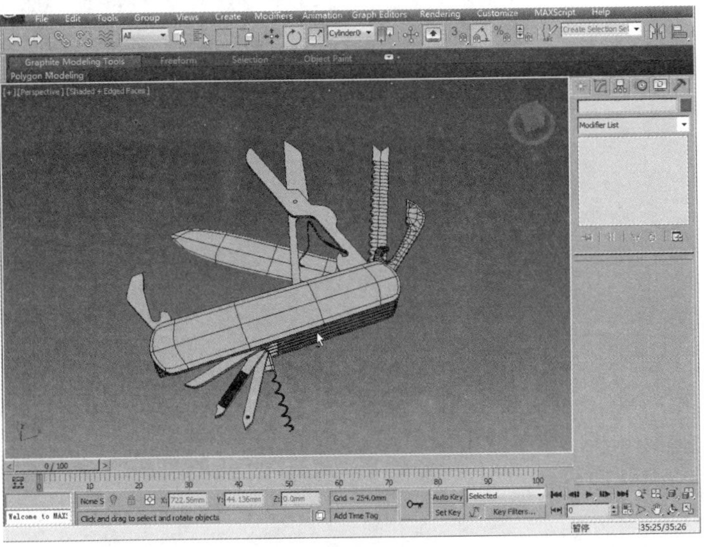

图 2.75

2.4　制作厨具

本节来学习一下一套厨具的制作，它包括茶壶、茶缸、杯子、碗、碟子等模型，这些模型组合在一起就成了常用的餐具合集。

本例中的模型有很多个，有个别模型在制作时稍微会复杂一些，但是用到的基本方法都一致，学习遵循的原则就是从易到难，从简单到复杂。

2.4.1　制作盘子

首先来学习制作简单的盘子模型。盘子模型的制作主要用到了样条线的创建和编辑命令，然后配合一些修改器命令使二维曲线生成三维模型。

步骤 01　单击Creat（创建）|Shape（图形）|Line（线）按钮，在视图中单击创建出样条线。

> **提示**　样条线的创建有两种方式，一是通过单击法创建样条线，另一种方式是通过单击并拖动的方式来创建。默认情况下通过单击并拖动创建出的是平滑曲线，当然这也要取决于系统的设置，如图 2.76 所示。这里的 Drag Type（拖动类型）默认为 Bezier（贝兹点）也就是带有手柄可调整的点。

在创建“线”时需要注意的是它的拖动类型如图 2.77 所示，当拖动类型选择 Corner（角点）时，拖动创建的点是角点，如图 2.78 所示。当拖动类型选择 Smooth（平滑）时，创建的点为平滑点，如图 2.79 所示。当拖动类型选择的是 Bezier 类型是，创建的点为 Bezier 点，Bezier 点和平滑点在创建时看上去没什么区别，但是当进入修改面板的“点”级别时，选择某个点时就会发现它们有很大的区别。创建的点的类型可以通过右击在弹出的右键面板中转换，如图 2.80 所示。

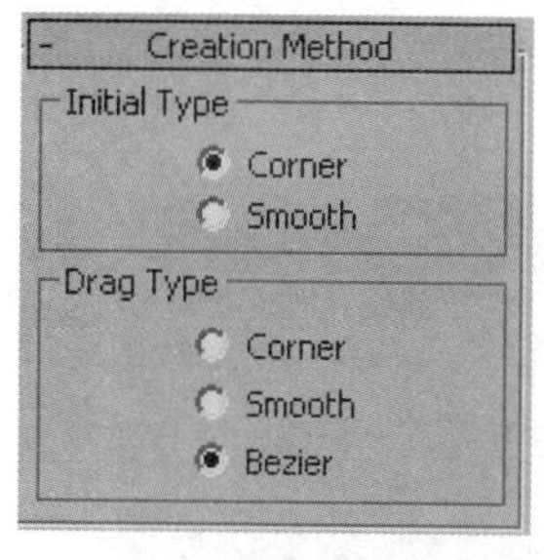

图 2.76

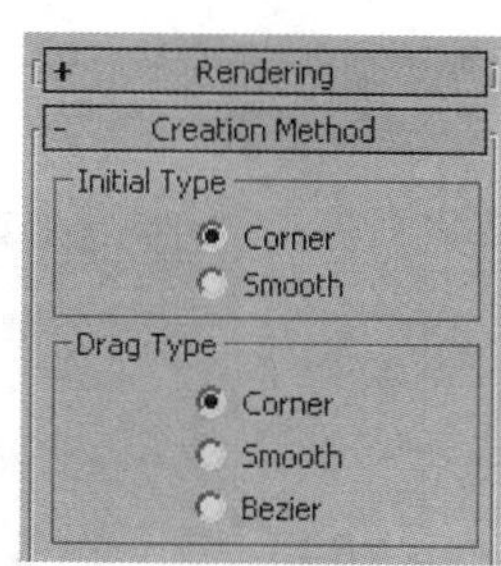

图 2.77

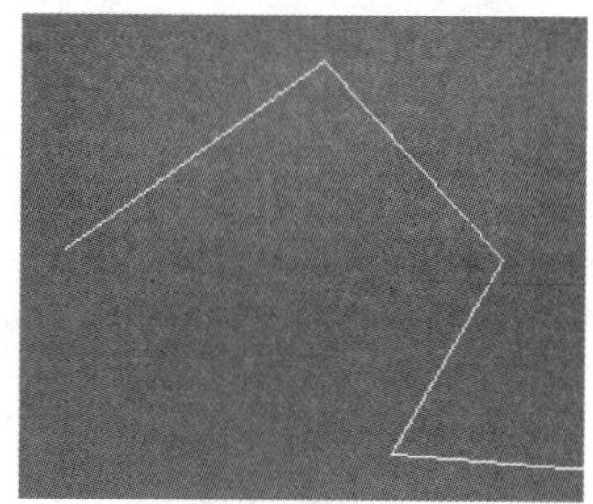

图 2.78

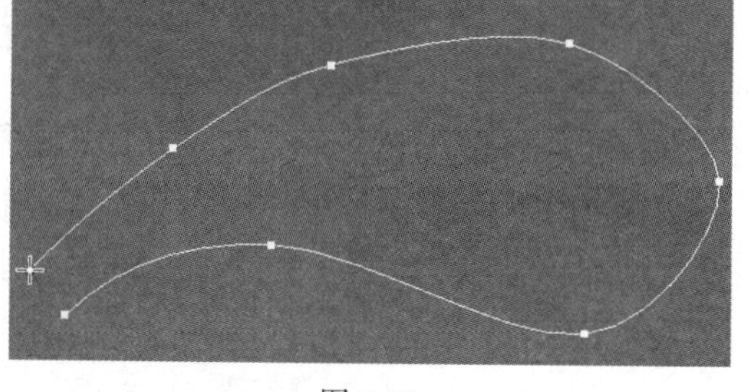

图 2.79

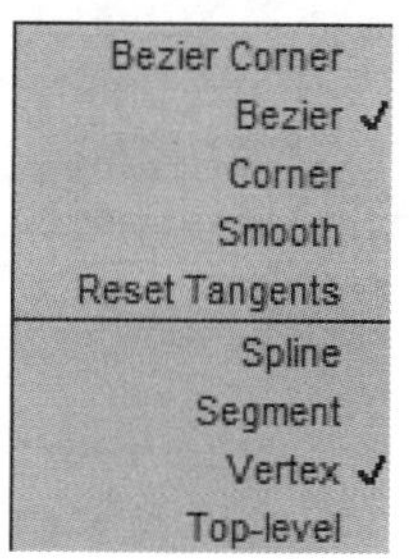

图 2.80

那么什么是"角点""Bezier 角点""Bezier 点""平滑"呢？角点比较容易理解，角点用于创建带有角度的线段，线段与线段之间过渡比较直接。"Bezier 角点"和"Bezier 点"有点类似，都有两个可控的手柄，Bezier 角点的两个手柄可以单独调整方向从而控制线段的形状，如图 2.81 和图 2.82 所示。"Bezier 点"的两个手柄是关联在一起的，调整其中的任意一个手柄，另一个也会跟随变化调整，如图 2.83 所示。而平滑点可以将连接的线段与线段平滑过渡，但是没有可控的手柄调节，如图 2.84 所示。

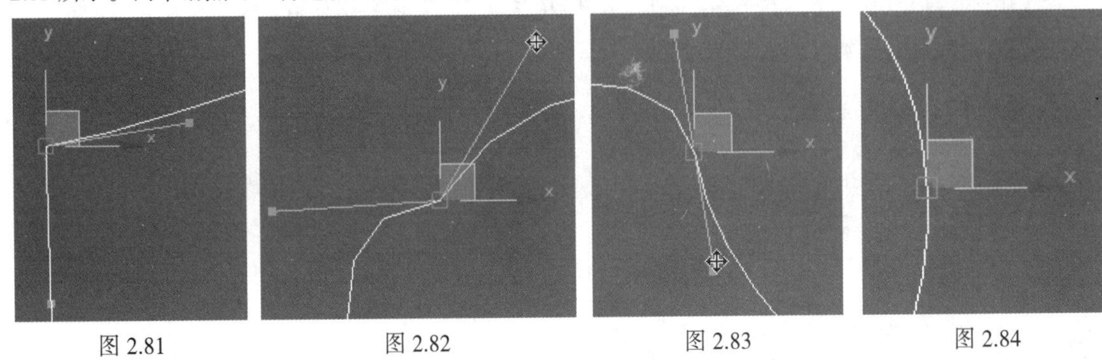

图 2.81　　图 2.82　　图 2.83　　图 2.84

步骤 02 在视图中创建一个如图 2.85 所示的样条曲线，单击 Fillet Fillet（圆角）按钮将底部直角点处理为斜角点，如图 2.86 所示。用同样的方法将其他的点也做相同处理，调整后的效果如图 2.87 所示。

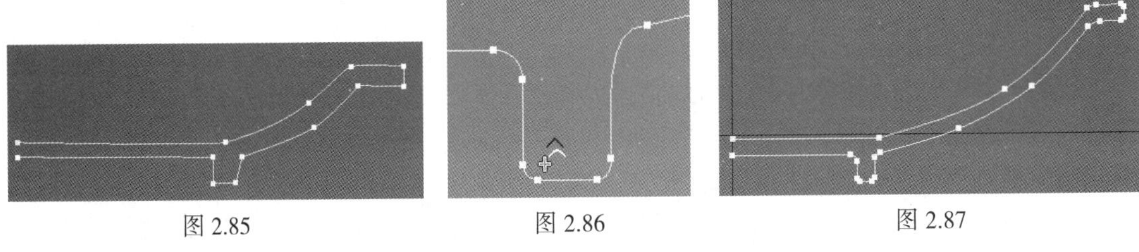

图 2.85　　图 2.86　　图 2.87

步骤 03 单击按钮进入修改面板，单击"修改器列表"右侧的小三角按钮，在修改器下拉列表中添加" Lathe （车削）"修改器，添加 Lathe（车削）修改器的修改列表显示效果如图 2.88 所示，此时二维曲线会自动生成三维模型，效果如图 2.89 所示。

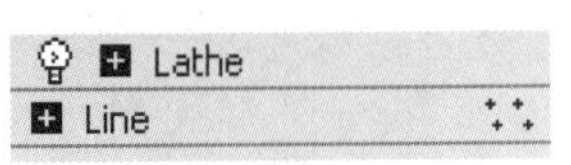

图 2.88

图 2.89

注意

为什么会出现这样的三维效果呢？很明显这种效果不是所需要的，单击 Lathe 前面的灯泡按钮，也就是将最终的车削效果关闭，此时可以看到曲线的旋转轴心如图 2.90 所示。

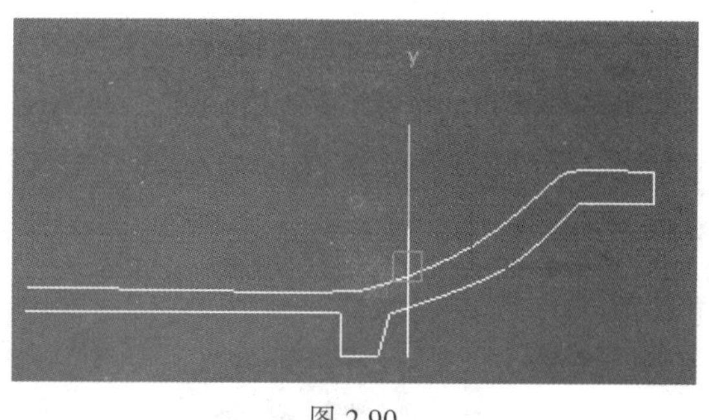

图 2.90

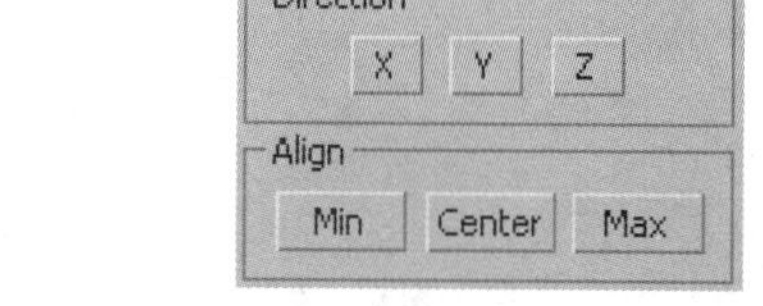

图 2.91

我们希望沿着曲线最左侧位置旋转生成模型，方法很简单，单击车削修改器参数面板下的 Align 对齐方式 Min （最小）按钮即可。此时旋转轴心就会以曲线最左侧为轴心（如图 2.92 所示）进行旋转生成三维模型，生成的效果如图 2.93 所示。

当然也可以单击 XYZ 轴按钮改变物体以哪个轴为中心进行旋转。

当添加车削修改器命令后，生成的模型在它的中心点位置一般会有如图 2.94 所示的黑色面出现，出现这样的现象勾选 Weld Core Eeld Core（焊接内核）即可，勾选后的效果如图 2.95 所示。

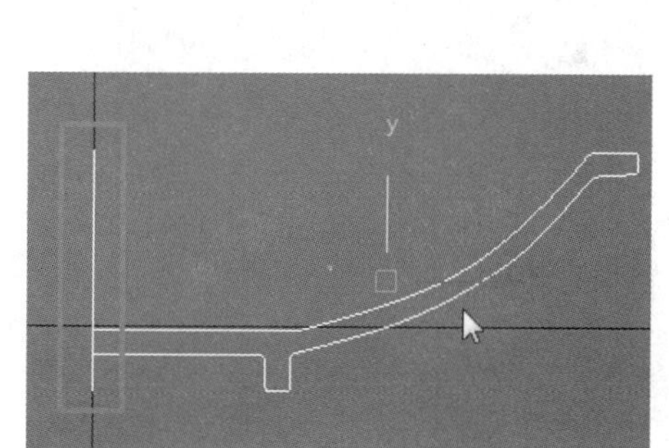

图 2.92

图 2.93

图 2.94

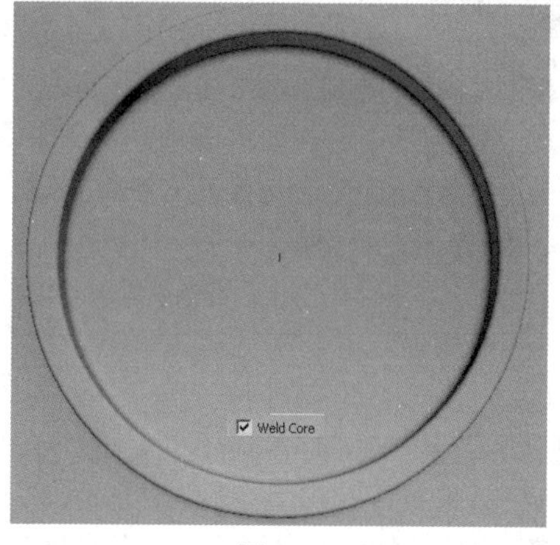

图 2.95

个别情况下模型的法线方向也会不正确，如图 2.96 所示，此时勾选 Flip Normals Flip Normals（翻转法线）选项即可，勾选该选项后的效果如图 2.97 所示。

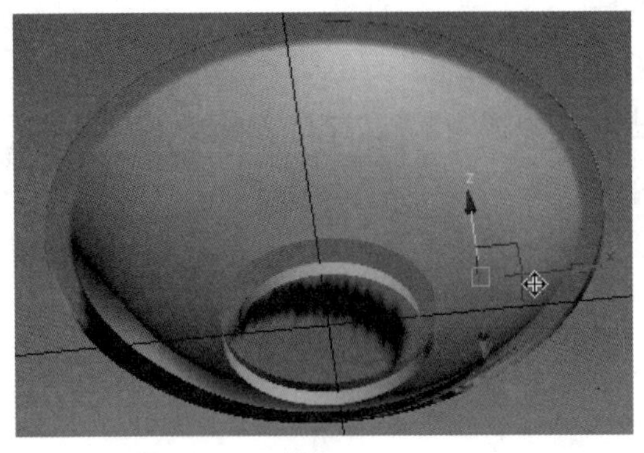

图 2.96

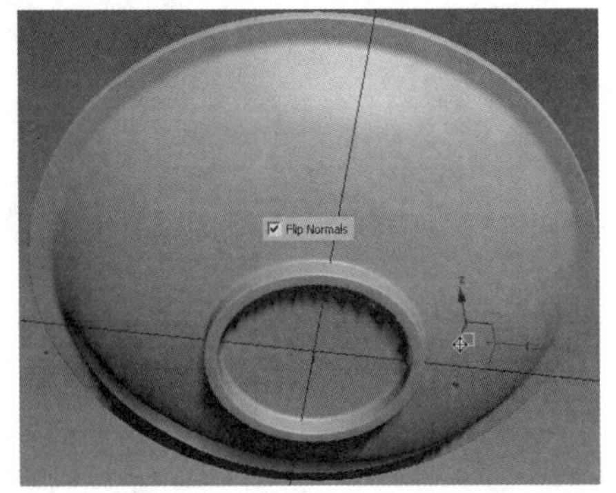

图 2.97

样条线添加 Lathe 修改器后，还可以继续回到 Line 级别下子级别进行样条线的修改器，当进入 Line 级别下子级别时如图 2.98 所示，模型会显示出当前的样条线位置和形状便于选择对应的点、线进行修改，如图 2.99 所示。

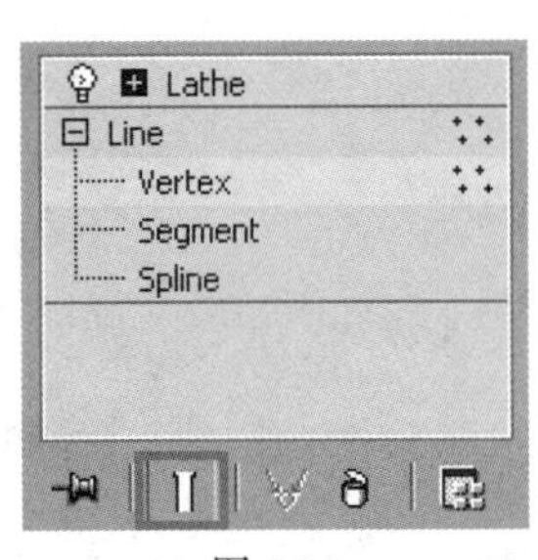

图 2.98

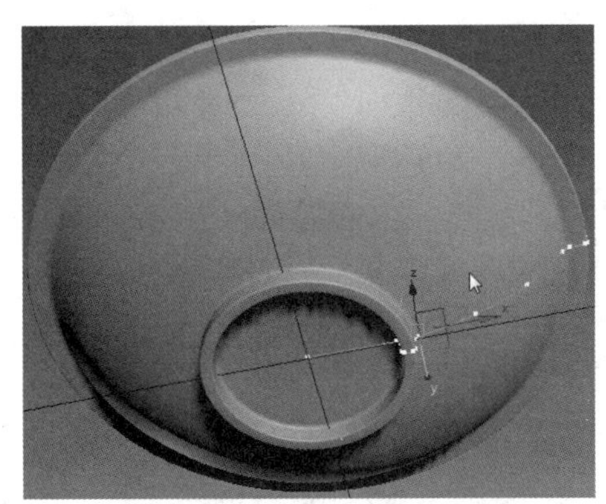

图 2.99

2.4.2 制作杯子

接下来同样用样条线的方法来制作杯子模型。

步骤 01 创建一个如图 2.100 所示的样条线，单击按钮进入修改面板，单击“修改器列表”右侧的小三角按钮，在修改器下拉列表中添加 Lathe（车削）对称修改器，对齐方式为 Min （最小）对齐，生成的三维模型效果如图 2.101 所示。

步骤 02 杯把的制作：首先创建一个如图 2.102 所示的样条线，然后在创建一个长方体模型，将其转化为可编辑的多边形物体，按“4”键进入“面”级别，然后选择图 2.103 所示的面，沿着样条线挤出。

此处面的挤出有两种方法，第一个是用挤出工具逐步挤出调整，第二个是单击 Extrude Along Spline Extrude Along Spline（沿样条线挤出）按钮，此时选择的面会沿着创建的样条线快速挤出面，效果如图 2.104 所示。当然通过该按钮挤出的面参数不可调，如果想调整参数可以单击后面的按钮，此时会弹出沿样条线挤出的参数面板，如图 2.105 所示，通过该参数面板可以调整挤出面的分段数，扭曲值、锥化值等，此处把分段数调高，效果如图 2.106 所示。

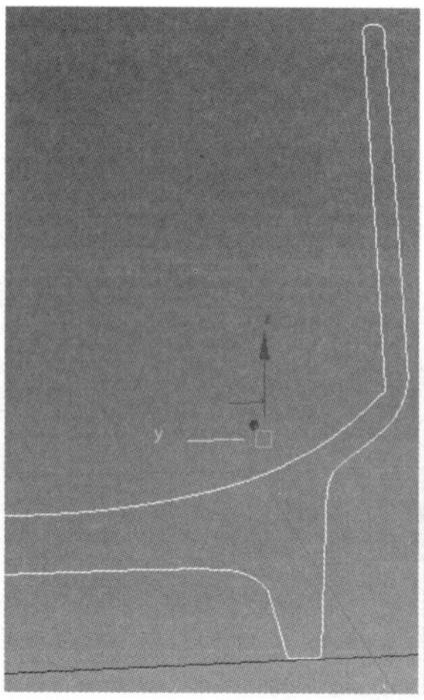

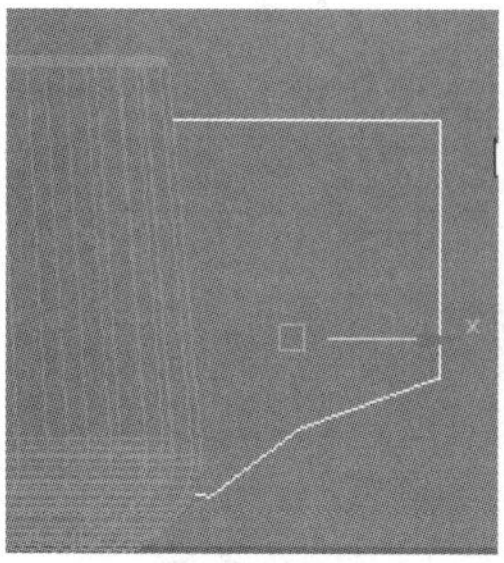

图 2.100 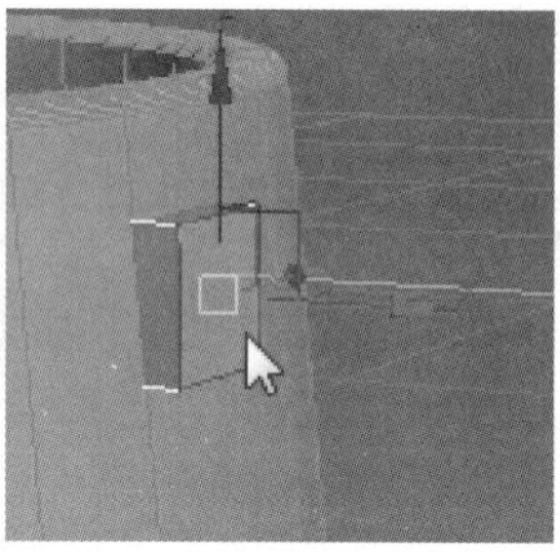　图 2.101　图 2.102　图 2.103

图 2.104 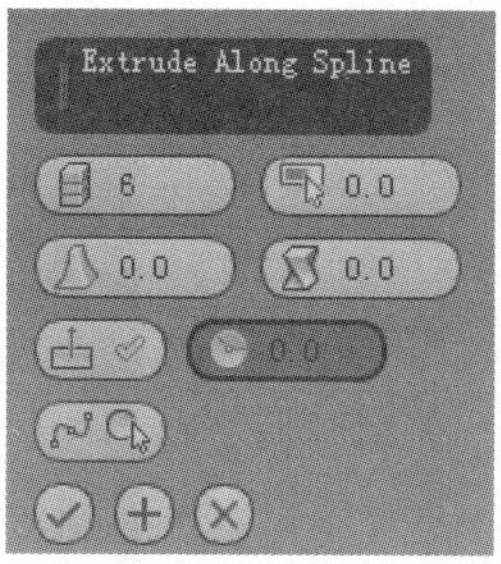　图 2.105 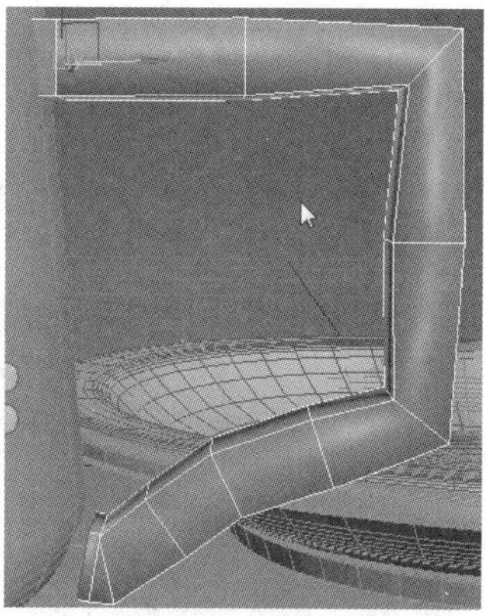　图 2.106

步骤 03 进入“点”级别进一步调整形状，然后选择图 2.107 中的一条线段，单击 Ring 环形选择按钮，系统会快速选择整个环形上的线段，如图 2.108 所示，右键，在弹出的快捷菜单中选择 Connect Connect（连接）前面的□按钮，设置连接线段数量为 2，中间偏移量为 60，如图 2.109 所示。

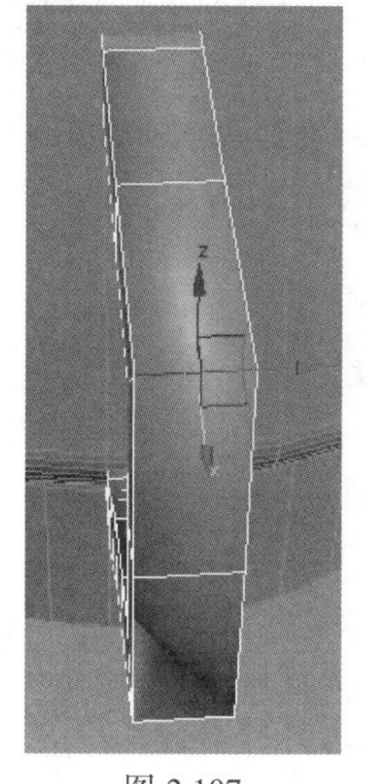

图 2.107

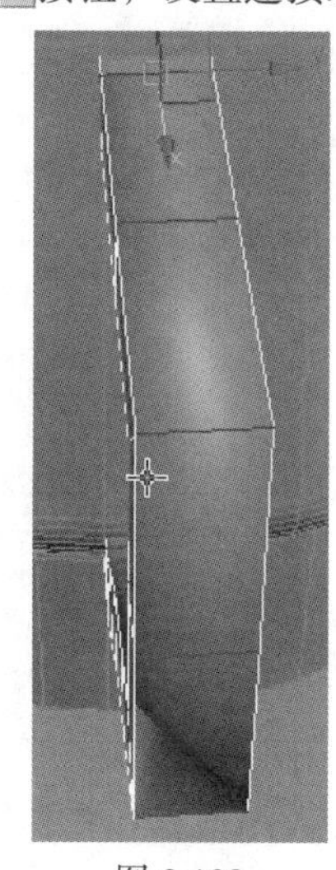

图 2.108

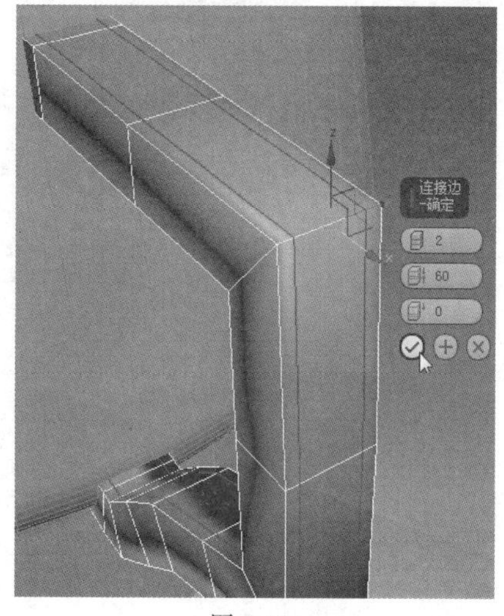

图 2.109

提示

为加线连接的数量，为加线向两边或者中间位置相对偏移距离，加线数量≥2 时才起作用，如图 2.110 所示。当值为 0 时，添加的线段的距离是平分相等的，当调整该值时，所添加线段会向两边或者中间位置扩张或者收缩调整，如图 2.111 所示。为加线沿一个方向的偏移距离。当该值为 0 时，所添加线段在物体线段的中心位置，当该值为负值时，所添加线段会沿着当前轴的负方向移动，如图 2.112 所示，当该值为正值时会沿着当前轴正方向位置移动，如图 2.113 所示。

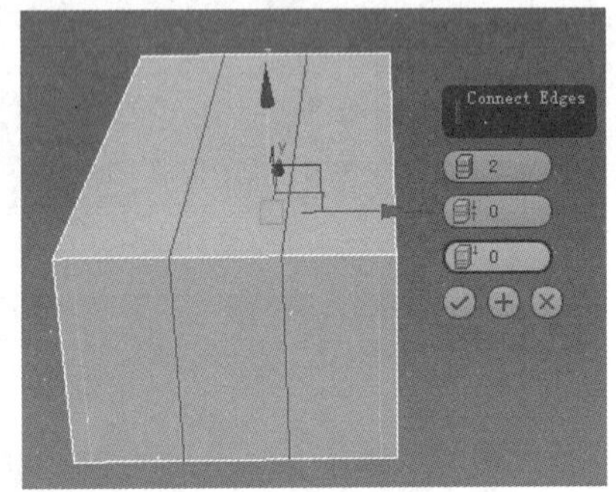

图 2.110

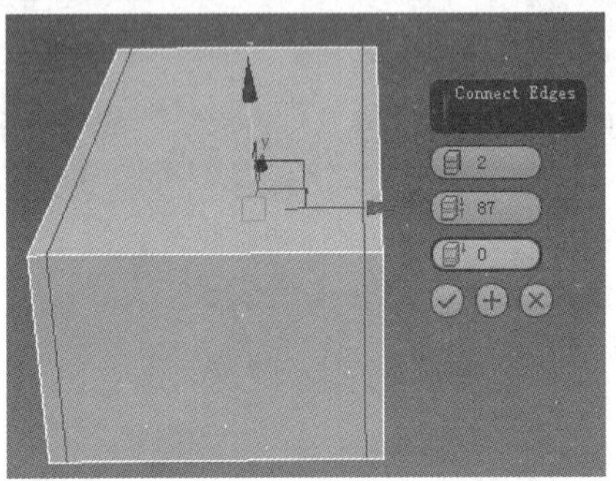

图 2.111

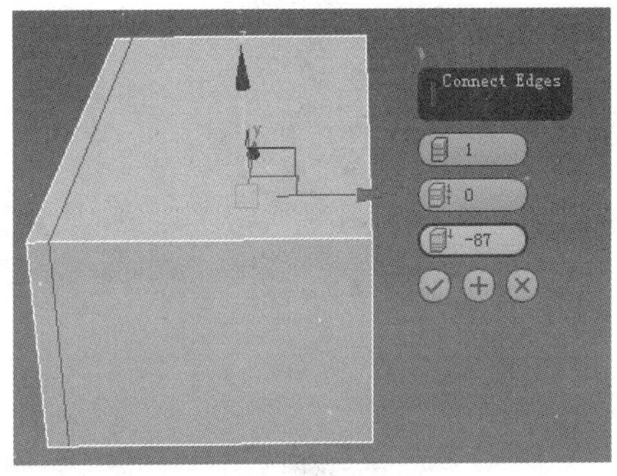

图 2.112

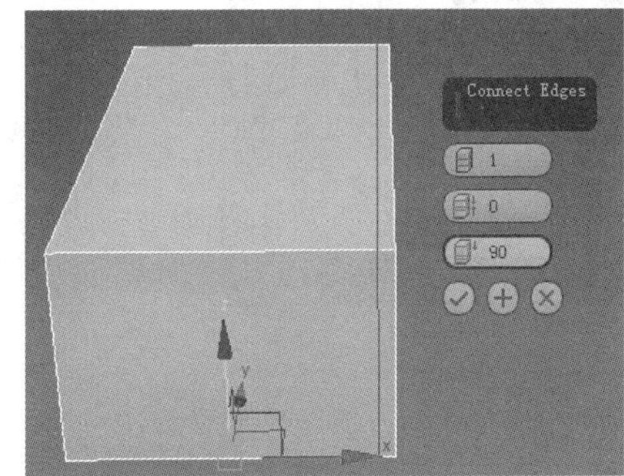

图 2.113

步骤 04 用同样的方法在图 2.114 中的位置添加线段，按快捷键 Ctrl+Q 细分该模型，效果如图 2.115 所示。

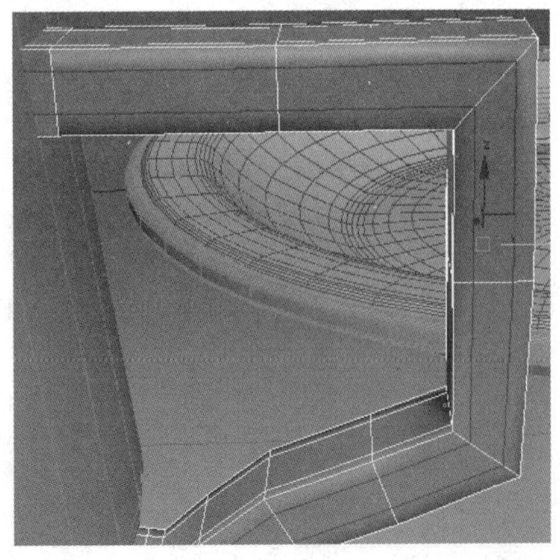
图 2.114

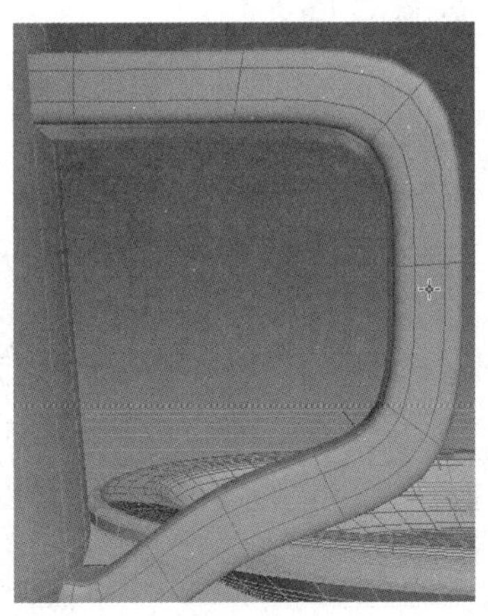
图 2.115

通过图 2.114 细分后效果分析可以看出，把手拐角位置的弧度有点偏大，我们可以将拐角位置的线段做切角设置，如图 2.116 所示，这样在细分后拐角位置会得到一定的约束。最后再根据形状需要将尾部的点缩放处理，如图 2.117 所示。最后杯子的整体效果如图 2.118 所示。

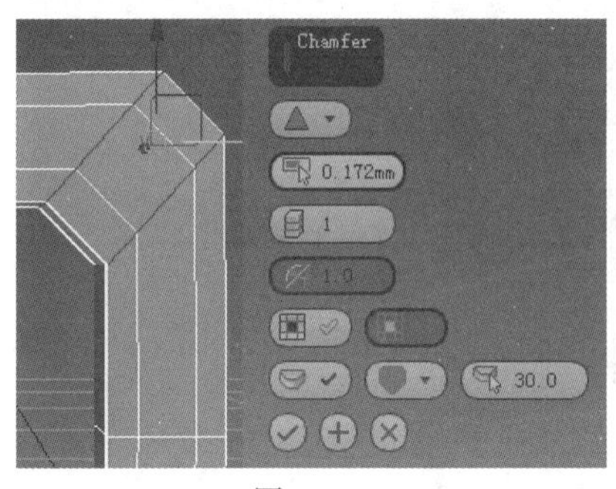

图 2.116

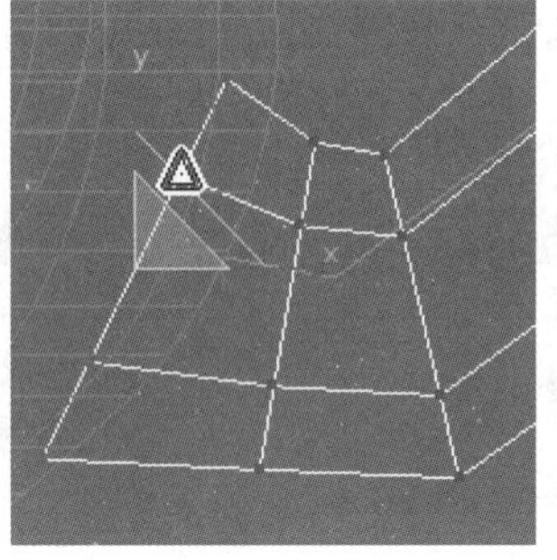

图 2.117

图 2.118

2.4.3　制作茶壶

步骤 01 在视图中创建一个如图 2.119 所示的样条线。注意底部位置样条线在创建时，点的方式可以选择角点的方式创建，这样在“车削”命令后可以大大降低模型面数，如果需要表现切角效果可以单击 Chamfer （切角）按钮将直角点处理为倾斜角，如图 2.120 所示。单击按钮进入修改面板，单击“修改器列表”右侧的小三角按钮，在修改器下拉列表中添加 Lathe（车削）修改器，单击参数面板中的 Min （最小）按钮，设置 Segments 分段数为 20 左右，效果如图 2.121 所示。

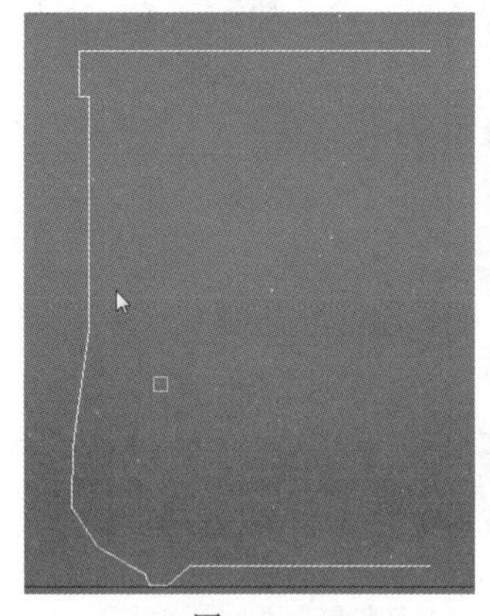

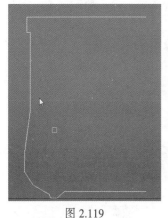

图 2.119

图 2.120

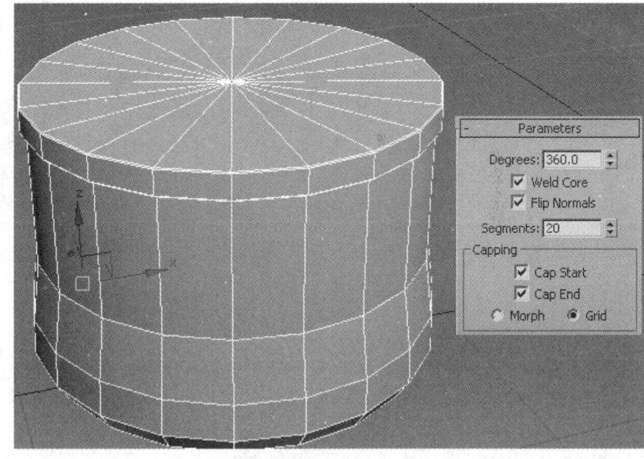

图 2.121

步骤 02 壶身制作好后，接下来制作壶嘴的形状。壶嘴的制作需要基于壶身的基础上完成，所以要先根据壶嘴的形状在壶身上进行切线处理调整出壶嘴的形状，壶嘴形状大致如图 2.122 所示。

按“1”键进入“顶点”级别，选择一半的点，按 Delete 键删除，单击镜像按钮，在弹出的镜像面板中选择 Y 轴，镜像方式选择 Instance（实例）方式，如图 2.123 所示。单击 OK 按钮完成镜像，效果如图 2.124 所示。

提示

为什么要删除一半模型用镜像工具镜像出另一半呢？因为此处模型左右调整是对称的，在调整时只需要调整一半的模型即可，通过镜像关联复制出的另一半模型会跟随进行实例变化，这样可以大大节省调整时间。

图 2.122

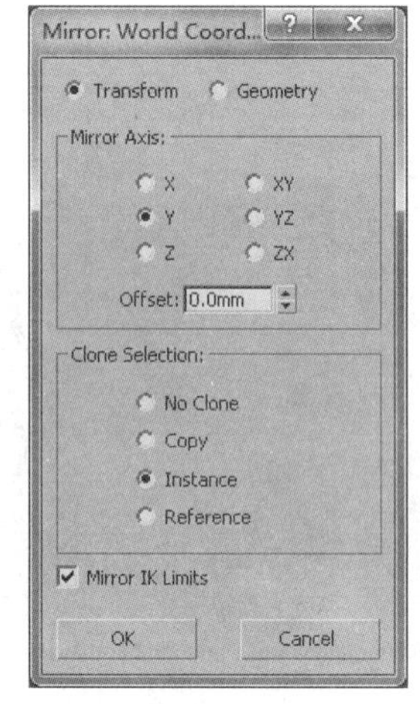

图 2.123

图 2.124

步骤 03 右击，在弹出的菜单中选择 Cut 剪切命令，在模型表面剪切线段，如图 2.125 所示。选择图 2.126 中的面，单击 Extrude （挤出）按钮将选择的面向外挤出，如图 2.127 所示，并将面向内侧移动调整至如图 2.128 所示。

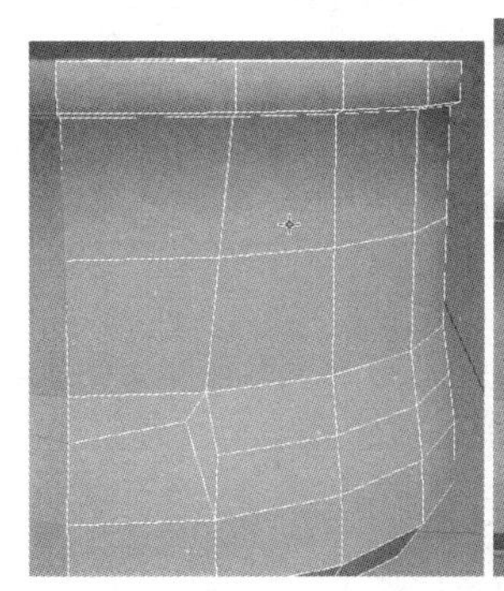

图 2.125

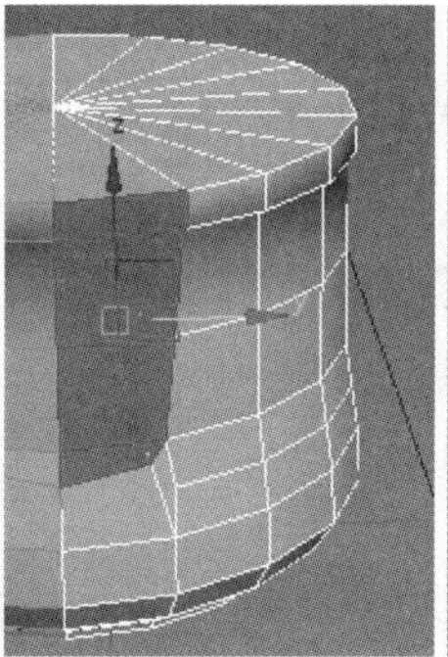

图 2.126

图 2.127

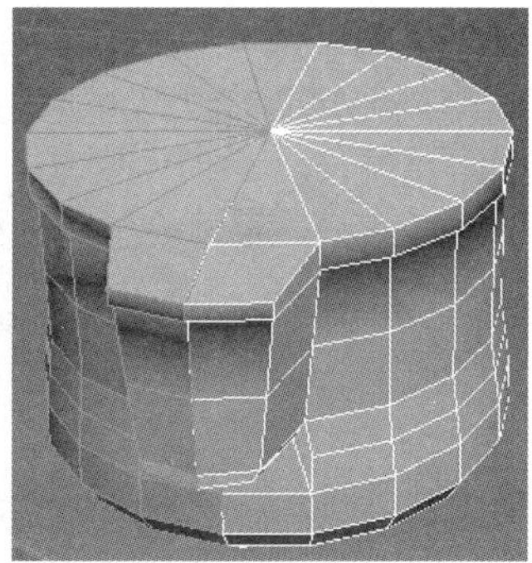

图 2.128

用同样的方法挤出面并调整形状至图 2.129 所示。删除顶端的面，注意此时图 2.130 中内侧的面也要删除。（为什么要删除内侧面呢？如果不删除细分后模型该位置会出现较大的变形），删除后的效果如图 2.131 所示。

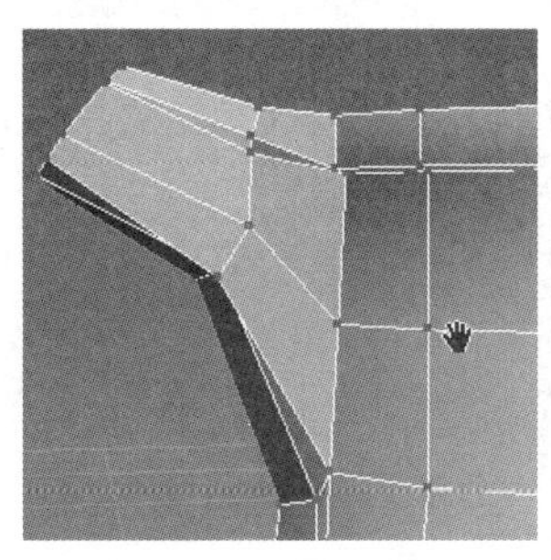

图 2.129

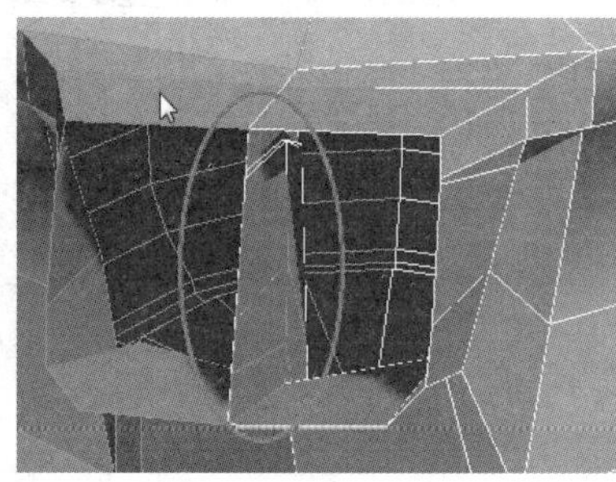

图 2.130

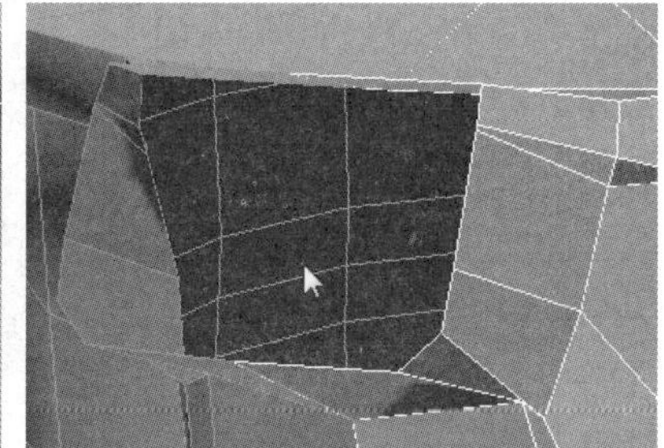

图 2.131

步骤 04 凹槽纹理的处理：首先在壶嘴与壶身交接的位置加线，如图 2.132 所示。调整点位置至图 2.133 所示。

步骤 05 选择图 2.134 中的线，右击，在弹出的快捷菜单中单击 Connect 按钮前面的▭图标，在弹出的 Connect 快捷参数面板中设置参数加线处理，如图 2.135 所示。

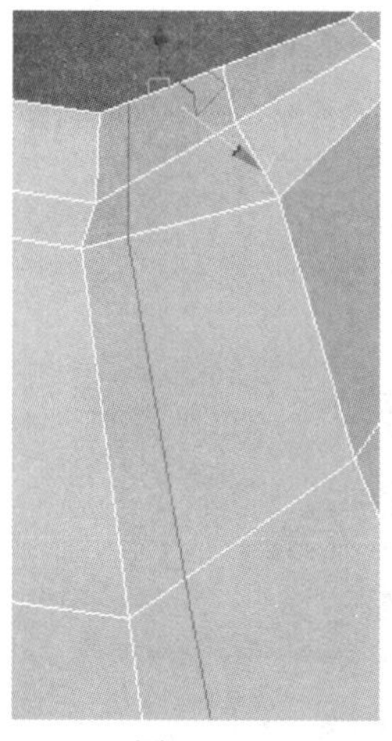
图 2.132

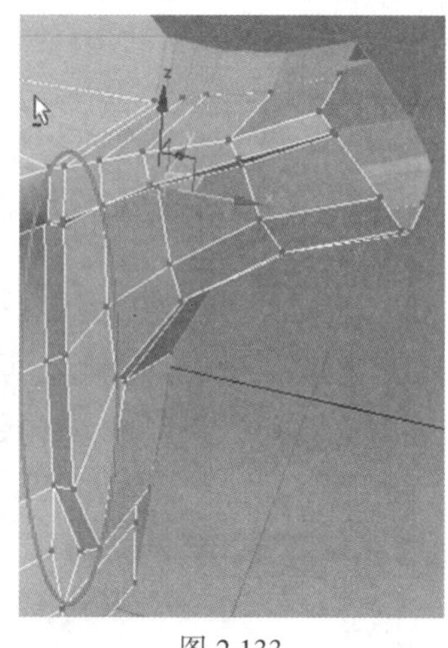
图 2.133

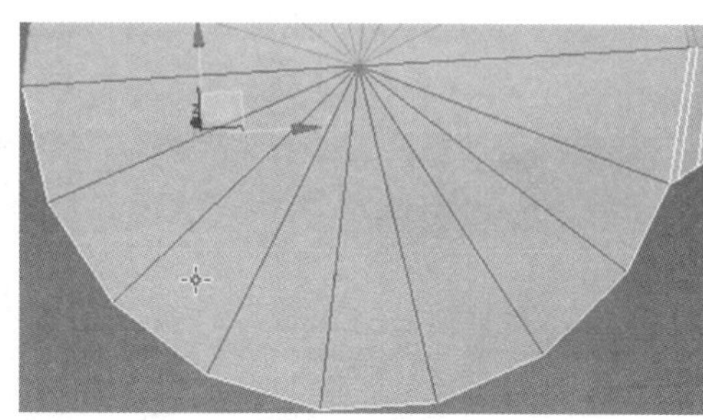
图 2.134

用同样的方法在图 2.136 中的位置加线，然后选择壶嘴位置的边，按住 Shift 键配合缩放工具向内挤出面，如图 2.137 所示。

图 2.135

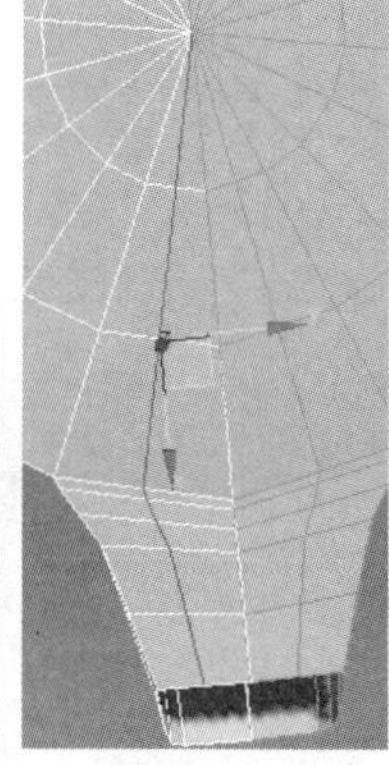
图 2.136

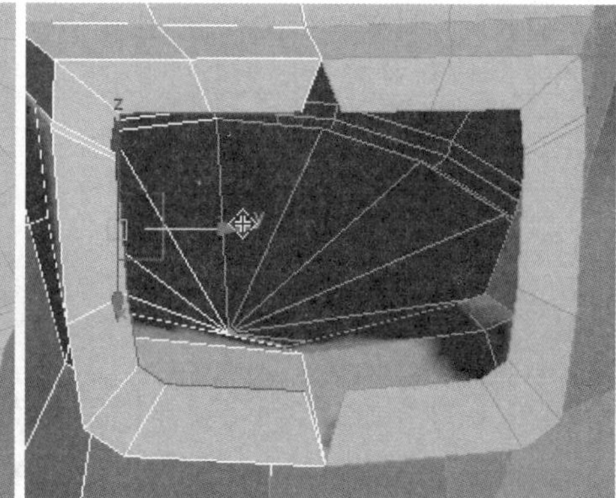
图 2.137

调整形状至图 2.138 所示，继续选择壶嘴位置的边线，在前视图中按住 Shift 键向内移动并挤出面，挤出过程如图 2.139 和图 2.140 所示。

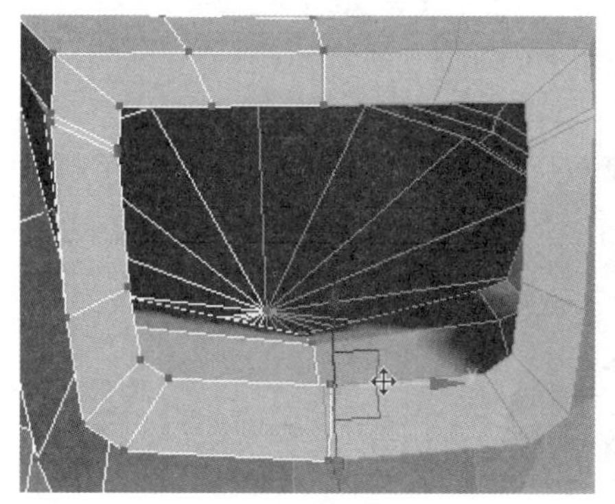
图 2.138

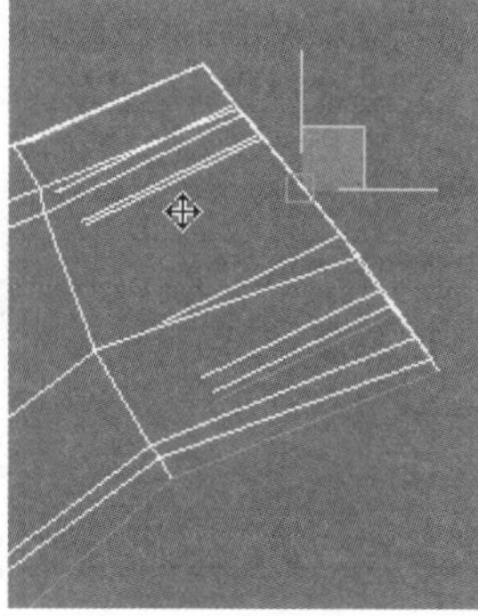
图 2.139

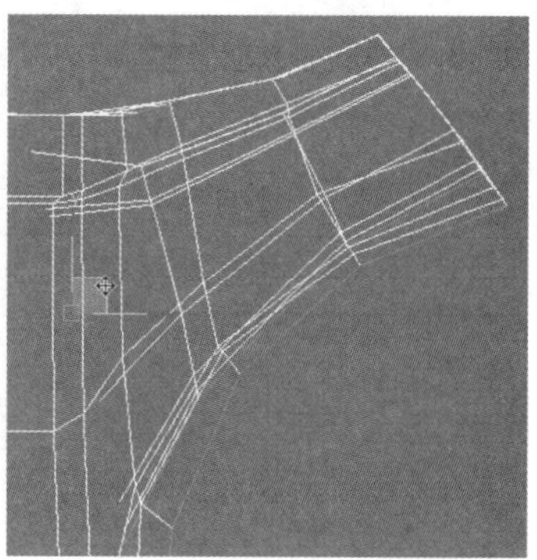
图 2.140

提示

为什么要向内侧挤出面调整呢？大家都知道壶嘴位置的面肯定是有厚度的，如果只做到图 2.138 中的形状结束，那么模型看起来内部就是空的，显得非常不真实，向内挤出面后，模型就变得有厚度了，通过这种方法来达到真实的效果。

步骤 06 细节处理：为了在图 2.141 中红色线的位置表现更好的棱角效果，将图 2.142 中的线段切角处理，再用同样的方法将图 2.143 中的线段也做切角处理。

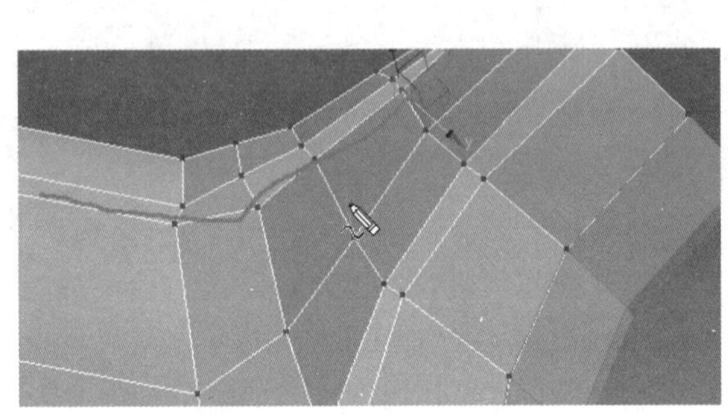

图 2.141

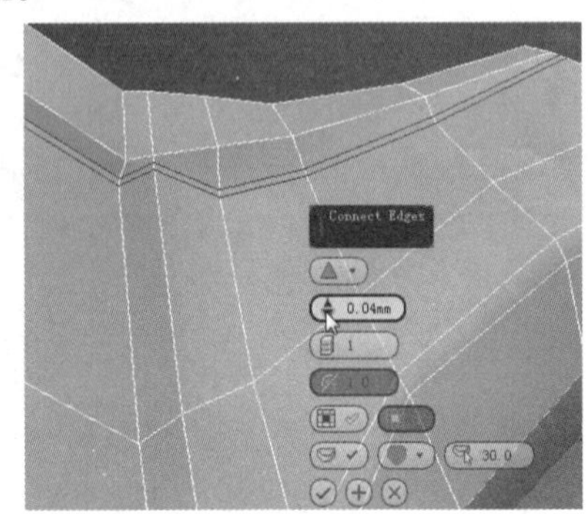

图 2.142

切角处理后，注意拐角位置如果出现图 2.144 中的三角面，可以单击 Target Weld （目标焊接），或者 Weld （焊接）按钮将点焊接起来，如图 2.145 所示。

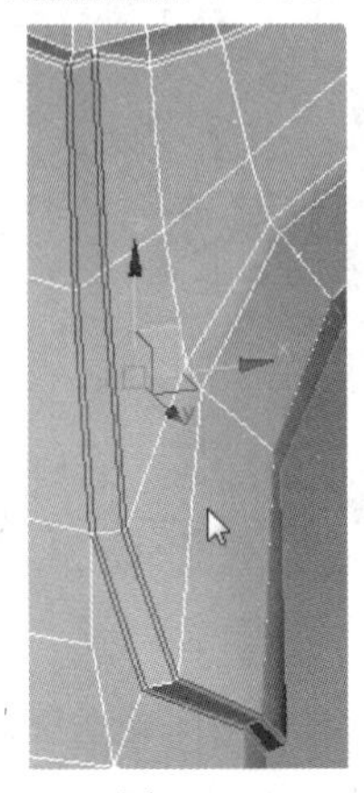

图 2.143

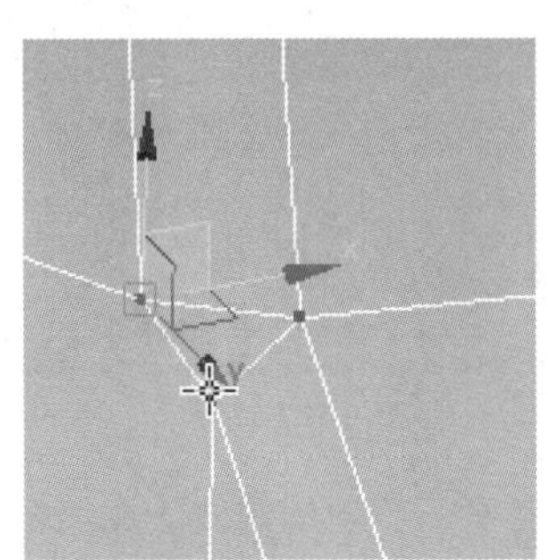

图 2.144

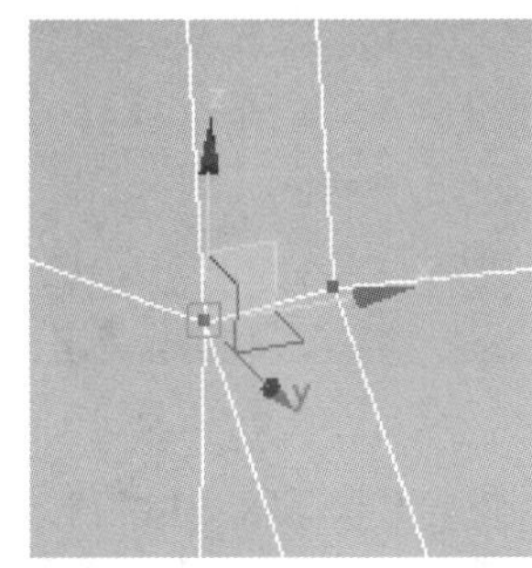

图 2.145

在图 2.146 中的位置添加分段，然后在图 2.147 中的位置也添加分段，注意前面添加分段数为 2，后面添加分段数为 1。

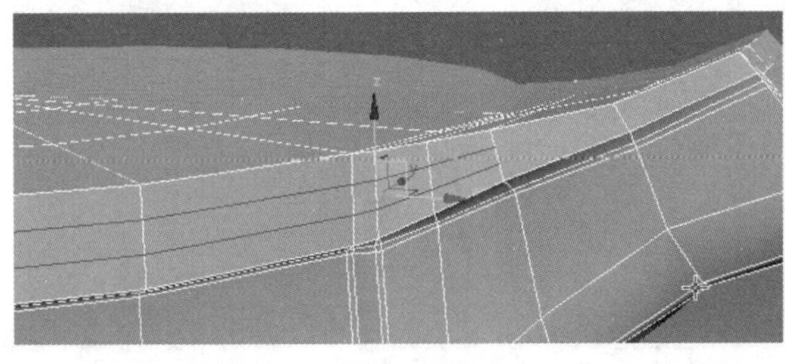

图 2.146

图 2.147

用焊接工具将左侧点焊接为一个点后，将左右的点与点之间连接出一条线段，如图 2.148 所示。为什么左边连接 2 条线段，右侧连接一条线段？因为左侧希望棱角更加明显一些，右侧壶嘴位置棱角过渡圆润一些，所以此处处理的方式不太一样。

将壶嘴外边缘线段切角处理，如图 2.149 所示。

图 2.148

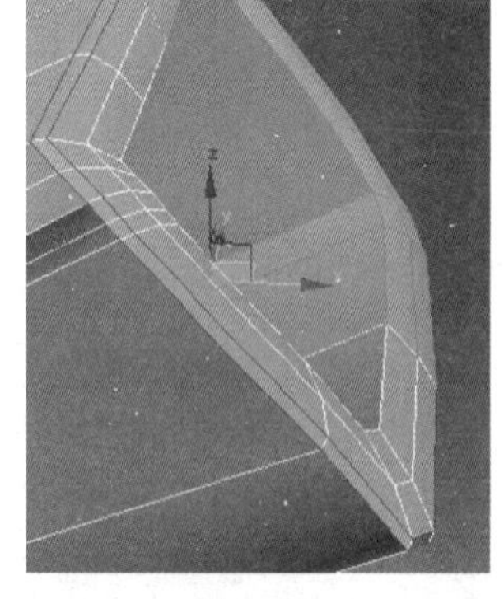

图 2.149

步骤 07 删除镜像的一半模型，单击按钮进入修改面板，单击“修改器列表”右侧的小三角按钮，在修改器下拉列表中添加 Symmetry（对称）修改器，单击 Symmetry 前面的+号然后单击 Mirror 进入镜像子级别，如图 2.150 所示。在视图中移动对称中心的位置，如果模型出现图 2.151 所示的空白的情况，可以勾选 Flip 参数，如图 2.152 所示。添加 Symmetry 修改器后的模型效果如图 2.153 所示。

此处的 Symmetry 对称和通过按钮镜像对称的模型是两个完全不同的概念，通过按钮镜像的物体是个独立的物体，而通过 Symmetry 对称的模型和原有的模型是一个物体，对称轴心的点是可以通过调整参数来焊接在一起的。

图 2.150

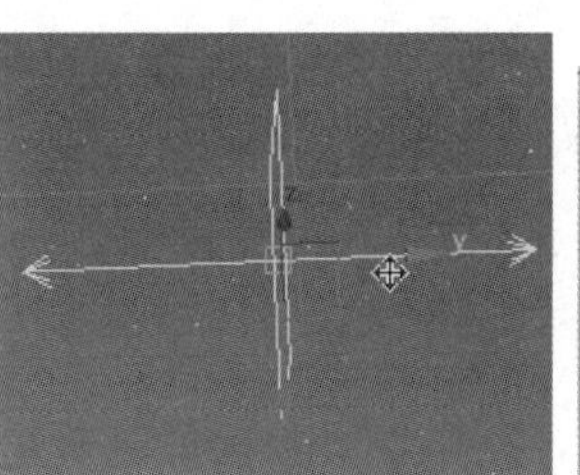

图 2.151

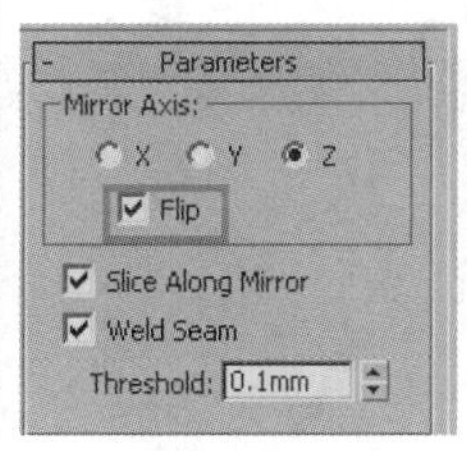

图 2.152

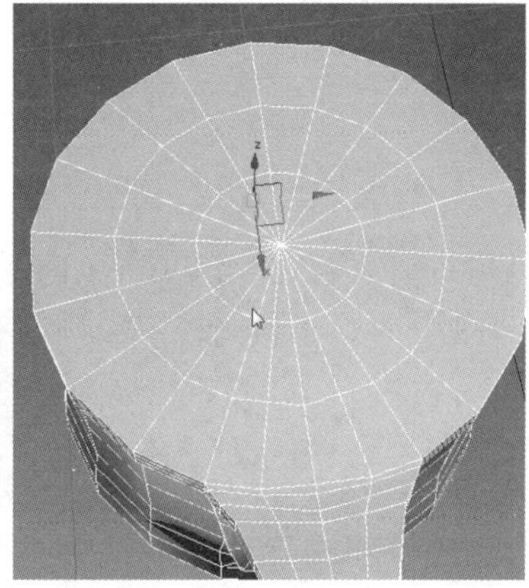

图 2.153

再次将该物体转化为可编辑多边形物体，删除顶部部分面后选择顶部的边界线，按住 Shift 键配合移动工具挤出面调整至如图 2.154 所示。用同样的方法配合缩放工具继续挤出面，最后可以单击 Collapse（塌陷）按钮将边界线塌陷，效果如图 2.155 所示。选择拐角位置的线段进行切角处理，如图 2.156 所示，按快捷键 Ctrl+Q 细分该模型，效果如图 2.157 所示。

图 2.154

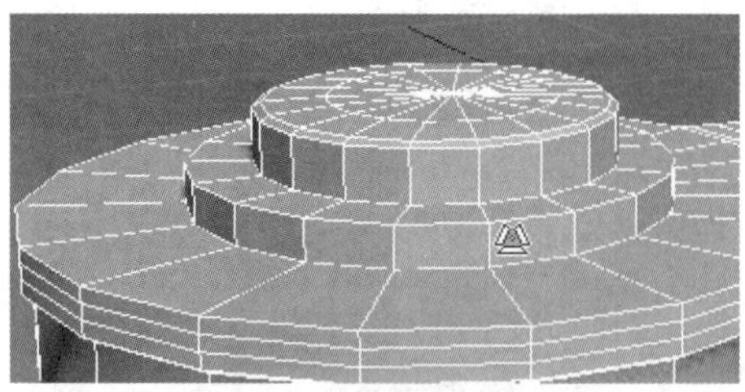
图 2.155

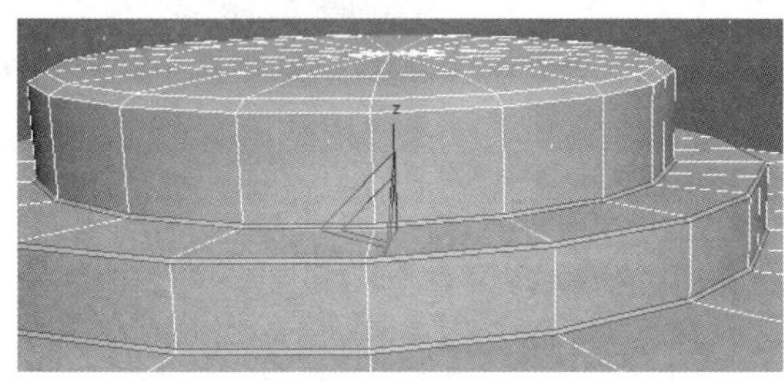
图 2.156

图 2.157

步骤 08 摘钮的制作：茶壶的摘钮在壶盖的顶部，如图 2.158 所示红线形状。

摘钮的制作有两种制作方法：第一种是在原有壶盖模型的基础上直接布线，用面的挤出倒角方式挤出所需形状；第二种是独立创建出所需形状。

首先来学习第一种方法。选择图 2.159 中的线段，右击，在弹出的快捷菜单中单击 Connect 按钮前面的▣图标，在弹出的“Connect”快捷参数面板中设置参数，在图 2.160 中的位置加线，然后选择图 2.161 中的面，单击 Extrude 按钮将面挤出调整，如图 2.162 所示。在挤出面的同时也要注意角度的调整，如图 2.163 所示。最后选择两端的面，单击 Bridge （桥接）按钮自动生成中间对应的面，如图 2.165 所示。

图 2.158

图 2.159

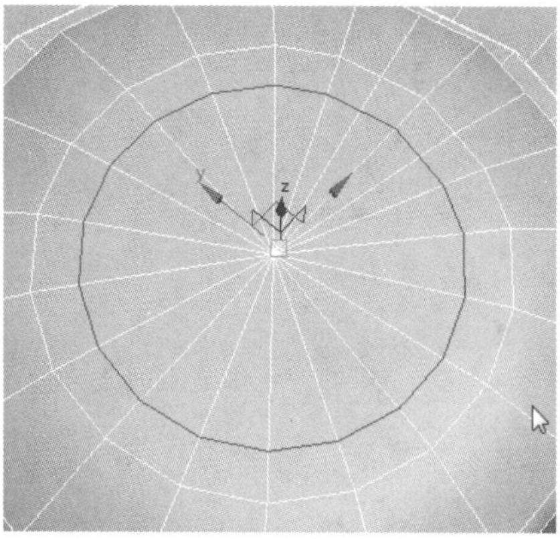

图 2.160

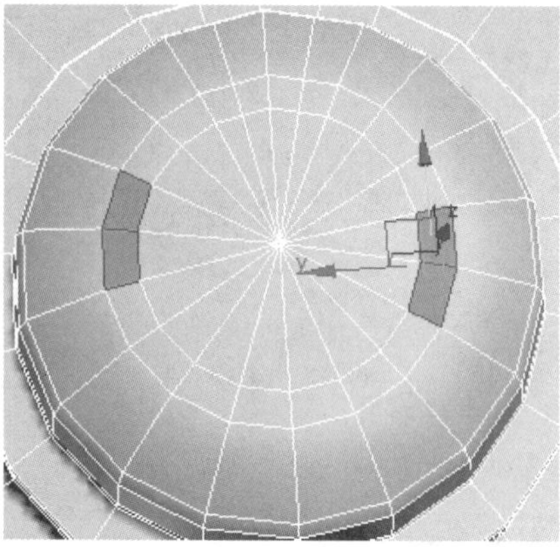

图 2.161

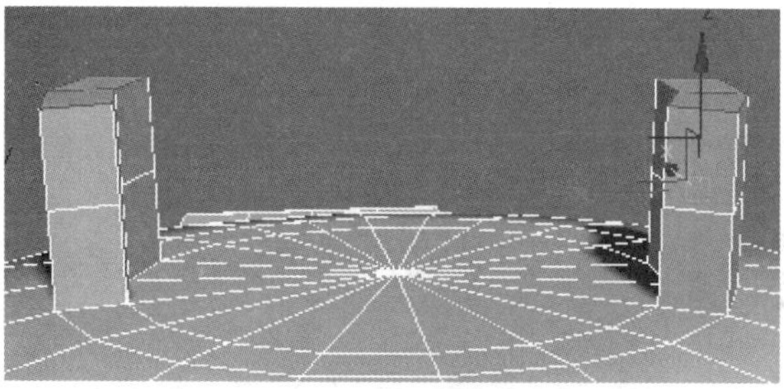

图 2.162

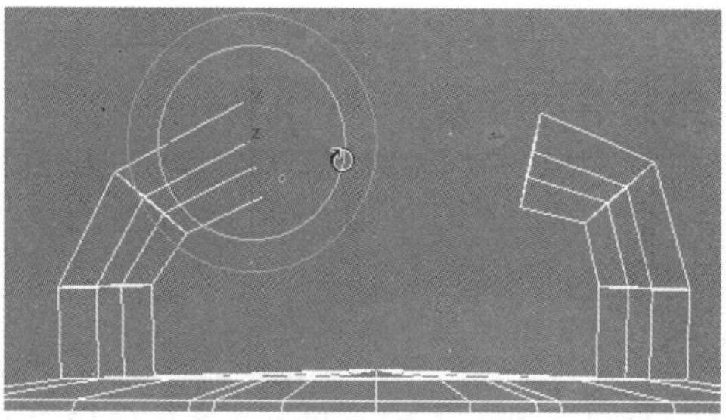

图 2.163

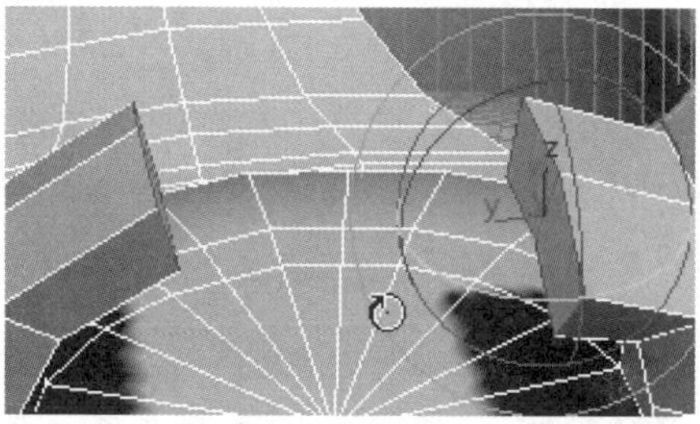

图 2.164

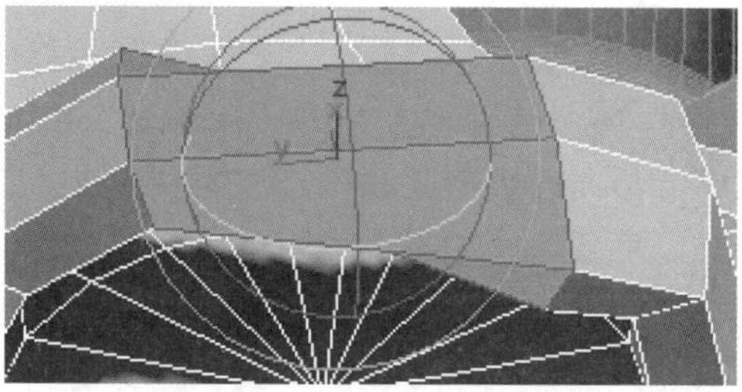

图 2.165

此时可以发现，面发生了扭曲现象，先撤销操作，删除侧面的面后，选择边界线，按住 Shift 键快速挤出面调整形状，最后选择图 2.166 中相邻的点，单击 Weld （焊接）后面的按钮，在弹出的参数中适当调整焊接距离，将相邻的点焊接起来，效果如图 2.167 所示。

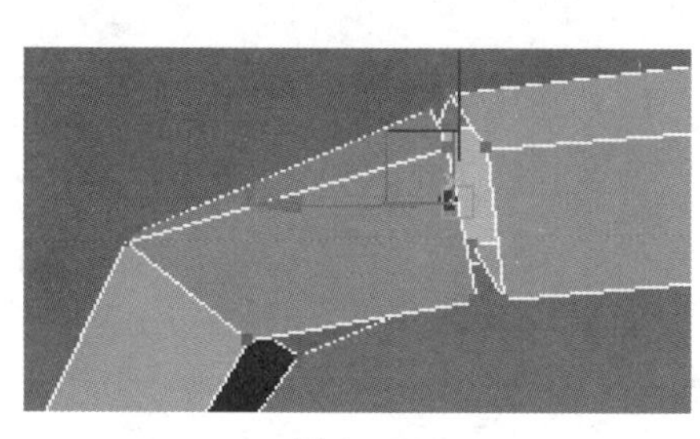

图 2.166

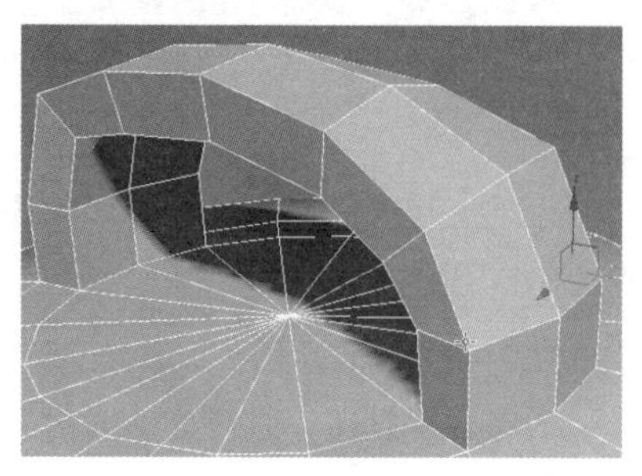

图 2.167

在图 2.168 中的位置分别加线，按快捷键 Ctrl+Q 细分该模型，效果如图 2.169 所示。

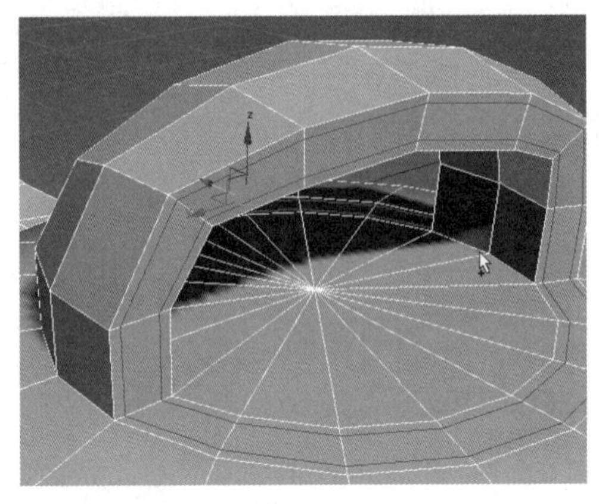

图 2.168

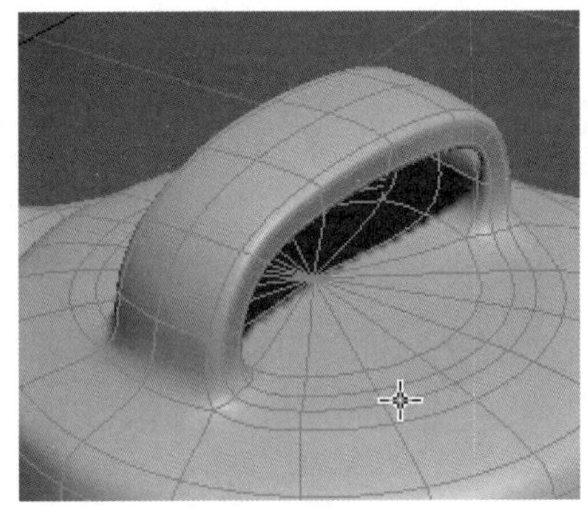

图 2.169

另一种面的挤出制作方法：先创建一个如图 2.170 所示的样条线，然后选择茶壶盖上的两个面，如图 2.171 所示。

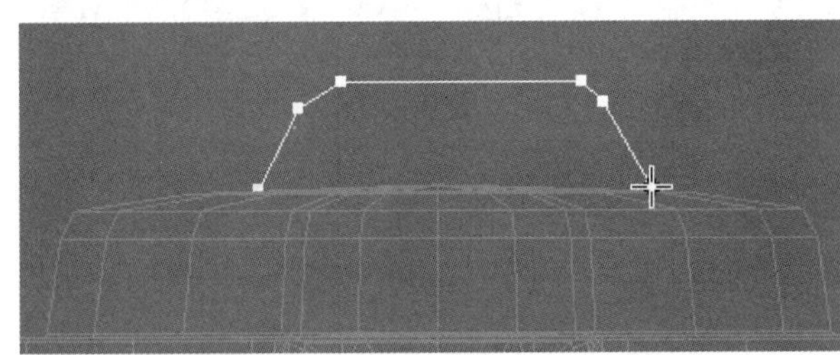

图 2.170

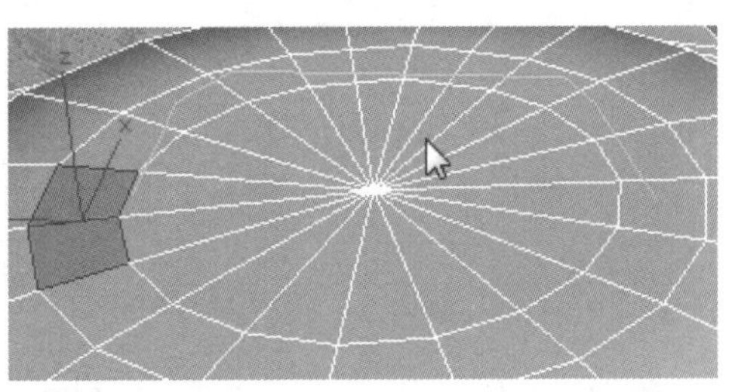

图 2.171

单击 Extrude Along Spline（沿样条线挤出）按钮即可快速沿着样条线挤出面，如果效果不是很满意，可以单击后面的□按钮，在弹出的“沿样条线挤出”参数中增加分段数，沿样条线挤出的效果如图 2.172 所示。最后删除图 2.173 右端相对应的面，单击 Target Weld（目标焊接）按钮，依次将点焊接起来。

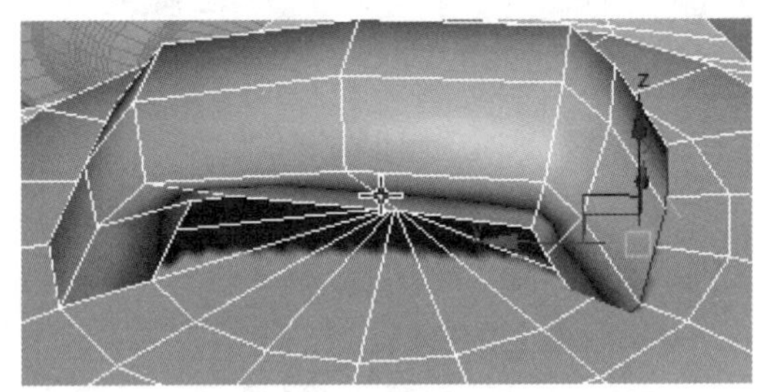

图 2.172

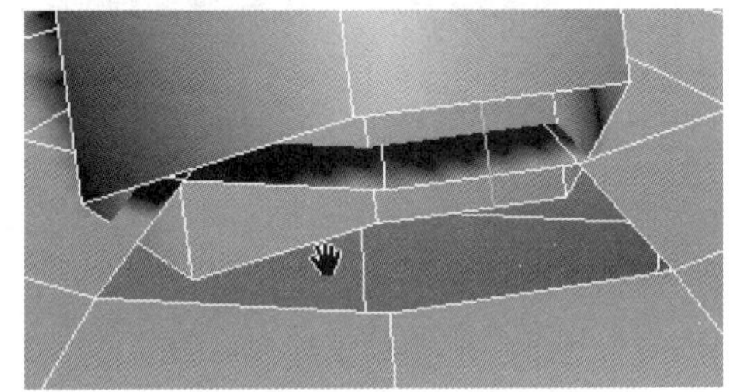

图 2.173

第二种制作方法。单击 Creat（创建）| Shape（图形）| Line 按钮创建一个图 2.174 所示的样条线，然后再单击 Rectangle（矩形）按钮，创建一个矩形，调整 Corner Radius（圆角半径）值，如图 2.175 所示。

注意　此处的样条线和矩形虽然截图看起来大小一样，但是实际上矩形要比样条线小很多，在创建样条线时也要根据比例来调整创建图形的大小。

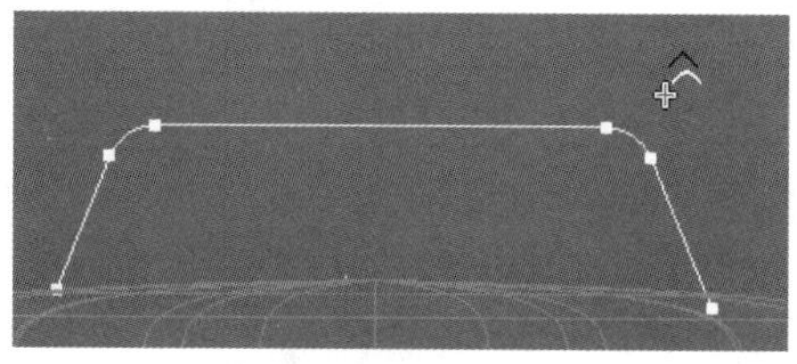

图 2.174

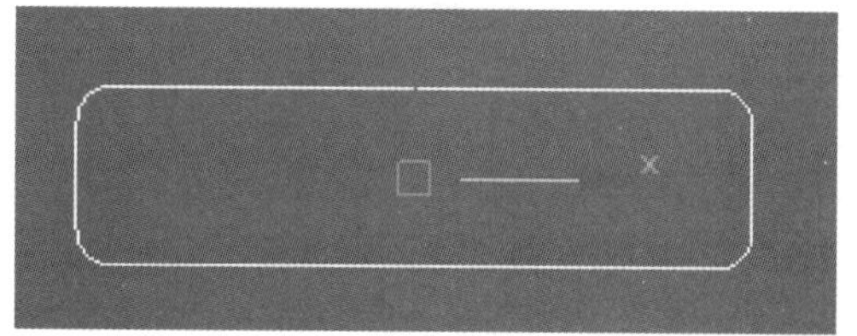

图 2.175

接下来就可以使用放样工具来完成三维模型的转换。放样工具下有两个概念，一个是图形，另一个是路径，如图 2.176 中所示的样条线为路径，圆角矩形为图形。这里有两个按钮 Get Path（获取路径）和 Get Shape（获取图形），如图 2.177 所示。

图 2.176

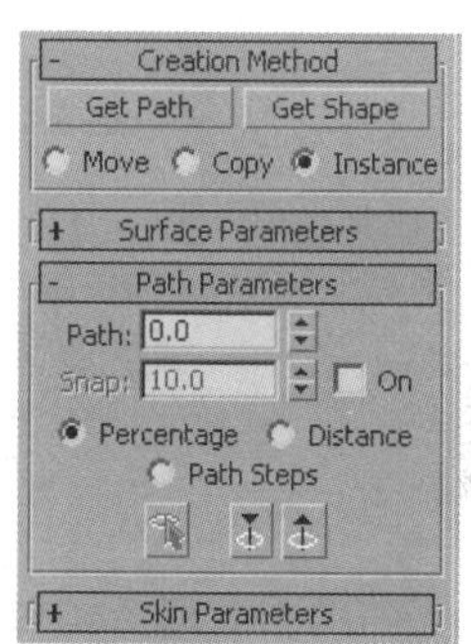

图 2.177

首先选择图形样条线，单击 Get Path（获取路径）拾取图中的路径，效果如图 2.178 所示。如果开始选择路径样条线，单击 Get Shape（获取图形）按钮拾取图形样条线，效果如图 2.179 所示。两种方式生成的模型都是一样，区别在于位置的不同。

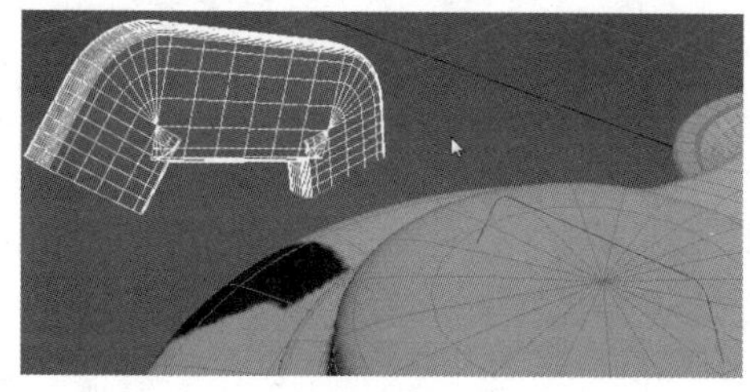

图 2.178

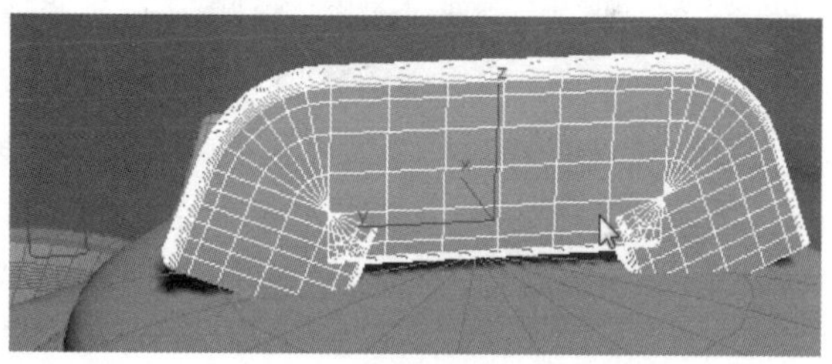

图 2.179

此时模型角度有一定问题，单击 Loft 前面的“+”号进入 Shape 子级别，如图 2.180 所示，在生成的模型上框选，如图 2.181 所示。此时会选中图形样条线，用旋转工具适当旋转 90° 即可，效果如图 2.182 所示。

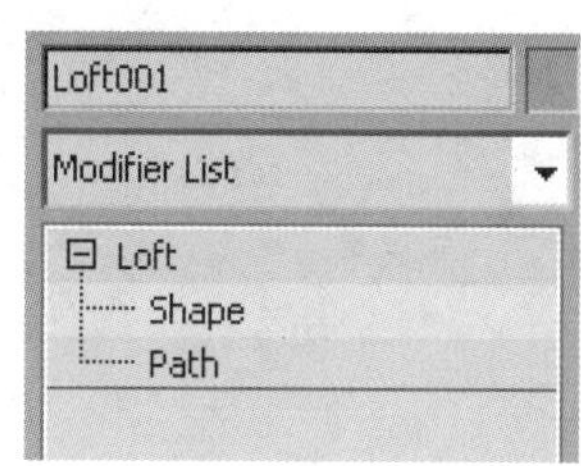

图 2.180

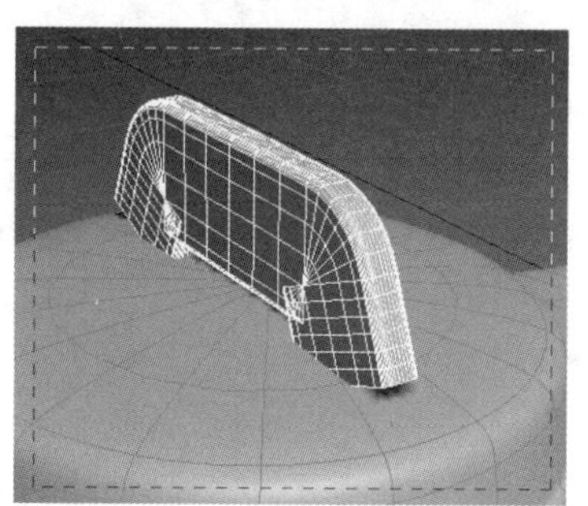

图 2.181

角度调整后，发现模型分段数太高，此时模型的分段数是由参数面板中的 Shape Steps（图形步数）和 Path Steps（路径步数）控制的，默认均为 5，当调整图形步数为 0，路径步数不变时效果如图 2.184 所示，将路径步数设置为 1 时效果如图 2.185 所示，通过调整这两个值可以减少放样物体的分段数。如果模型需要进行多边形调整，将图形步数和路径步数设置为 1 即可。通过放样创建的模型效果如图 2.186 所示。

以上是两种不同的创建方法，此处暂时还用第一种方法创建。最后的效果如图 2.187 所示。

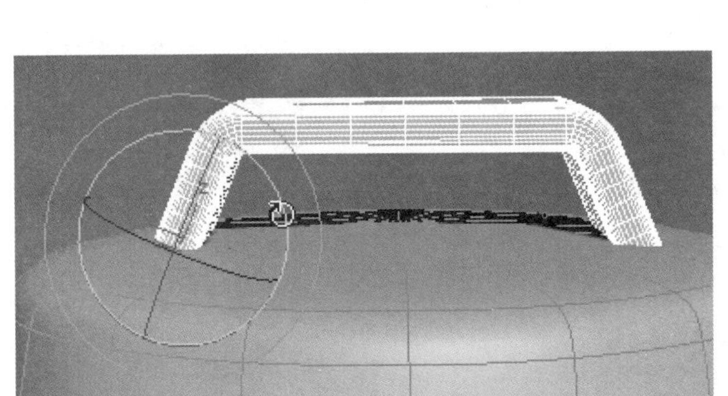

图 2.182

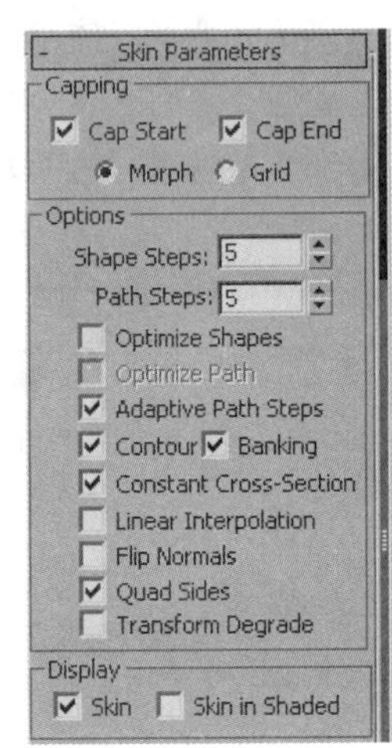

图 2.183

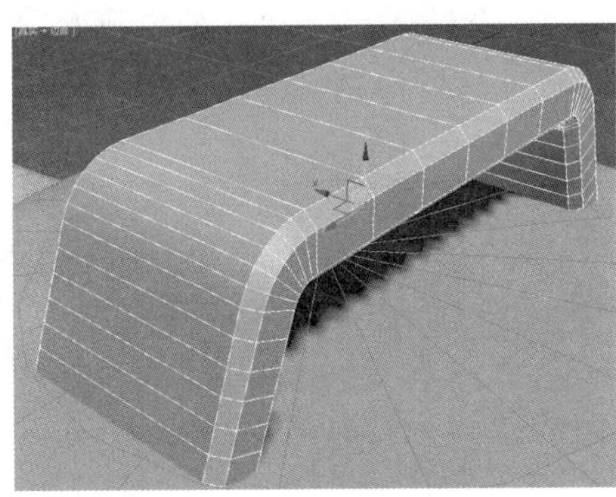

图 2.184

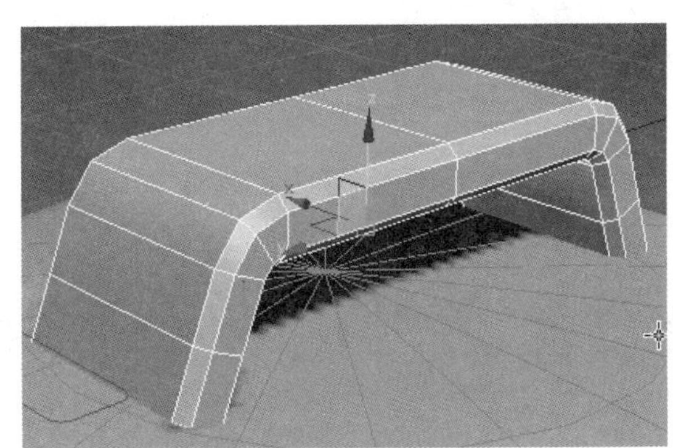

图 2.185

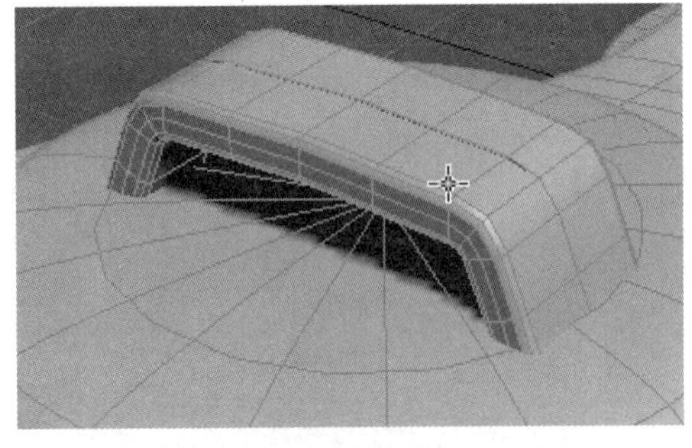

图 2.186

图 2.187

步骤 09 制作壶耳。壶耳模型位于壶盖两侧，形状如图 2.188 所示。

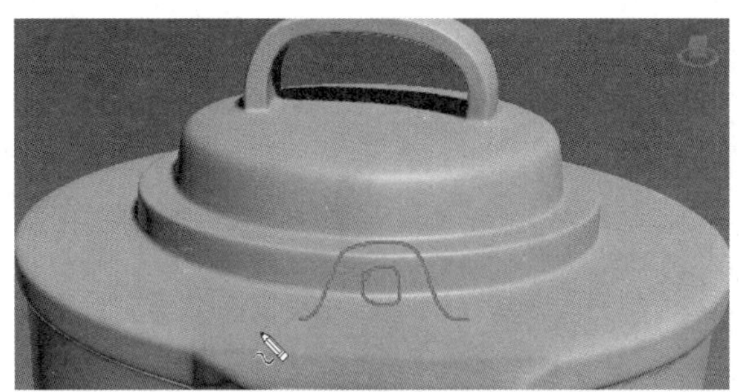

图 2.188

单击 Creat（创建）| Shape（图形）| Circle（圆形）按钮创建一个圆，然后再复制一个，缩放调整至如图 2.189 所示。右击，在弹出的快捷菜单中选择 Convert To|Convert to EditableSpline，将模型转换为可编辑的样条线。右击，在弹出的菜单中选择 Refine（细化），在图 2.190 所示的位置添加两个点。选择添加的两个点，右击，在弹出的菜单中选择 Corner（角点）将贝兹点转化为角点，效果如图 2.191 所示。

图 2.189

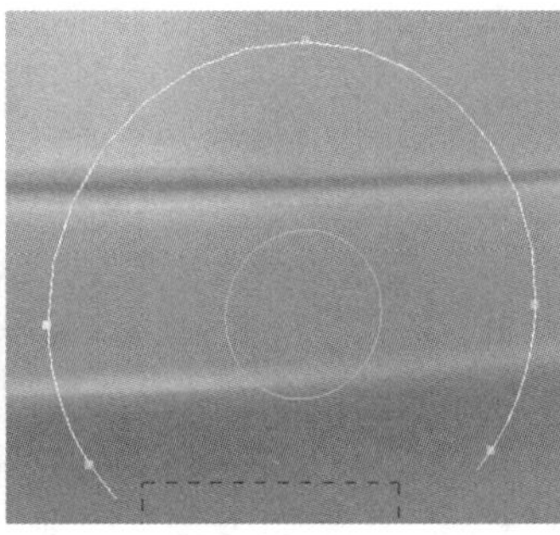

图 2.190

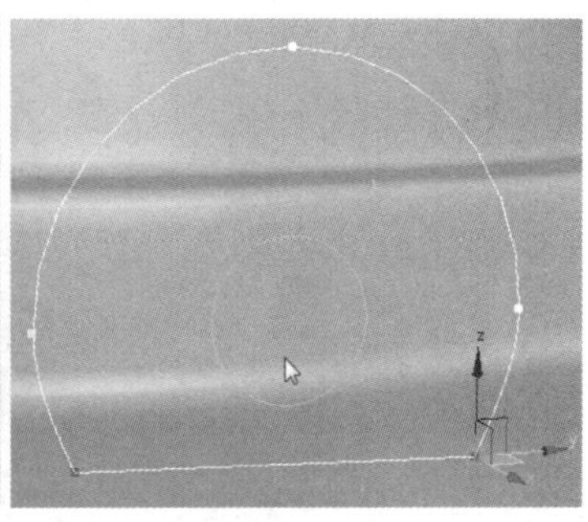

图 2.191

选择图 2.192 中的线段，单击 Divide（拆分）按钮，将线段平均拆分为 2 段，如图 2.193 所示。

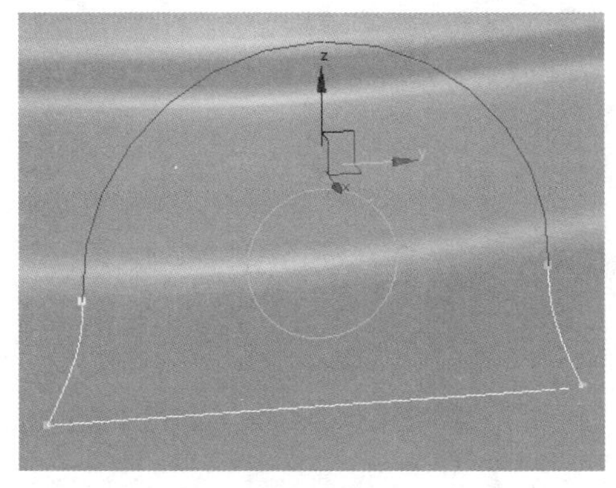

图 2.192

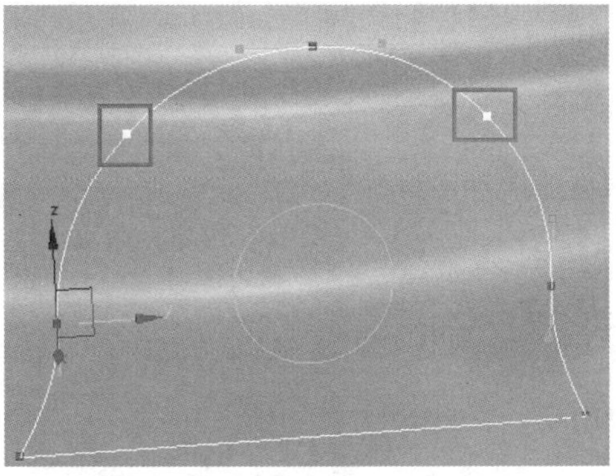

图 2.193

用同样的方法将内部圆形拆分成如图 2.194 所示，选择所有点，右击，再选择 Corner 将所有点转化为角点。单击Attach（附加）按钮拾取另一条样条线将两者附加在一起，效果如图 2.195 所示。单击按钮进入修改面板，单击“修改器列表”右侧的小三角按钮，在修改器下拉列表中添加“Extrude”（挤出）修改器，设置 Amount（挤出数量）也就是厚度值参数，效果如图 2.196 所示。

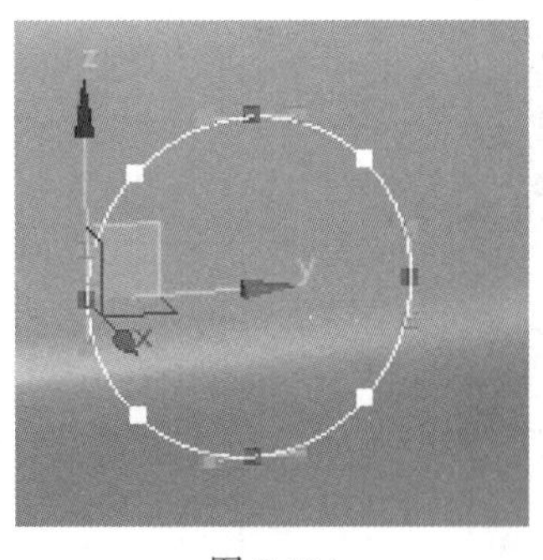

图 2.194

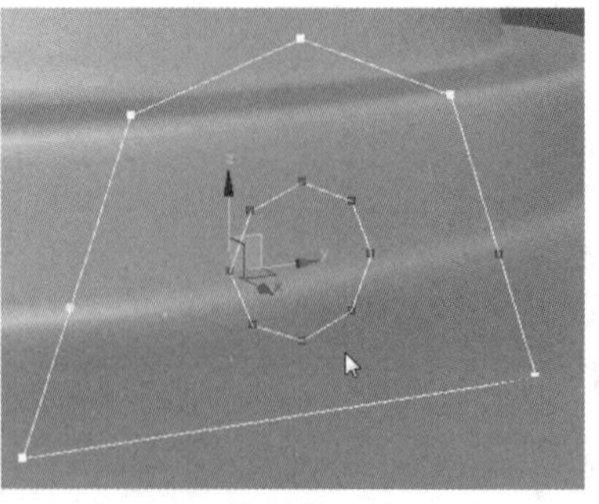

图 2.195

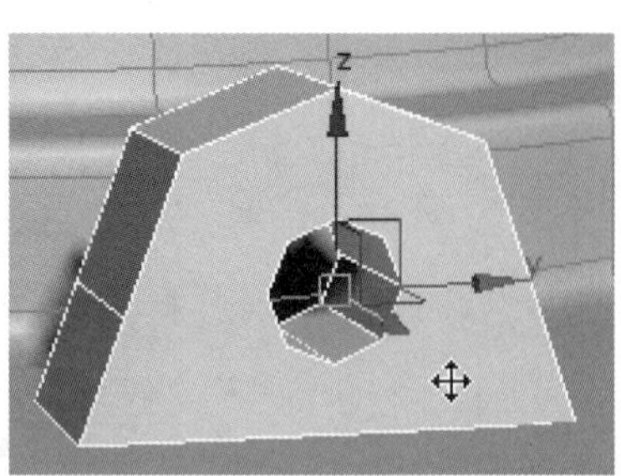

图 2.196

右击，在弹出的快捷菜单中选择 Convert To|Convert to Editable Poly，将模型转换为可编辑的多边形物体。调整模型布线至图 2.197 所示，删除底部面，如图 2.198 所示。

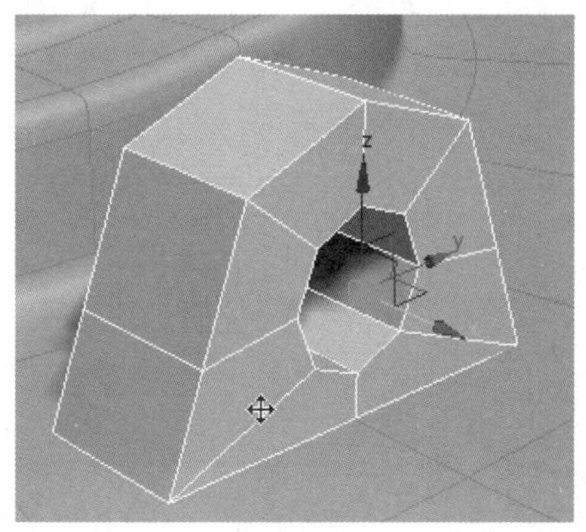

图 2.197

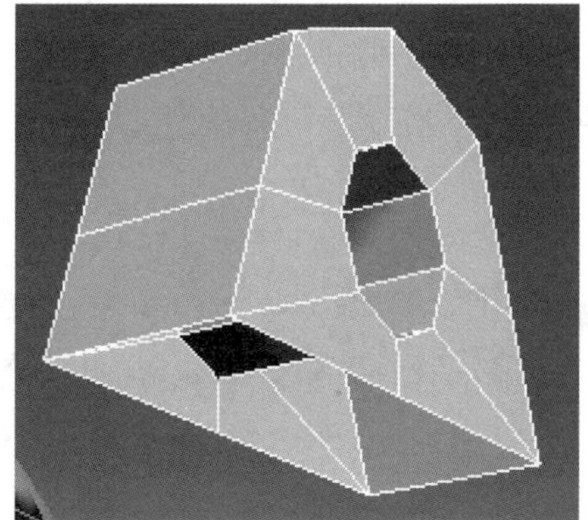

图 2.198

在茶壶上相对应的位置加线，如图 2.199 所示。删除与壶耳对应的面，如图 2.200 所示。单击 Attach（附加）按钮拾取壶耳模型将两者附加在一起，然后在点级别下单击 Target Weld（目标焊接）按钮依次将两者对应的点焊接起来，如图 2.201 所示。

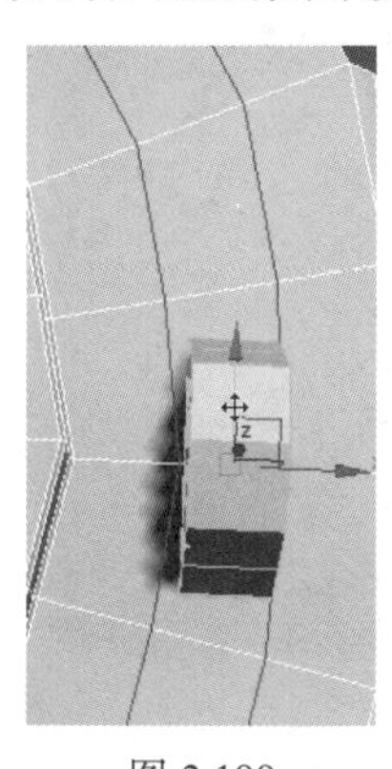

图 2.199

图 2.200

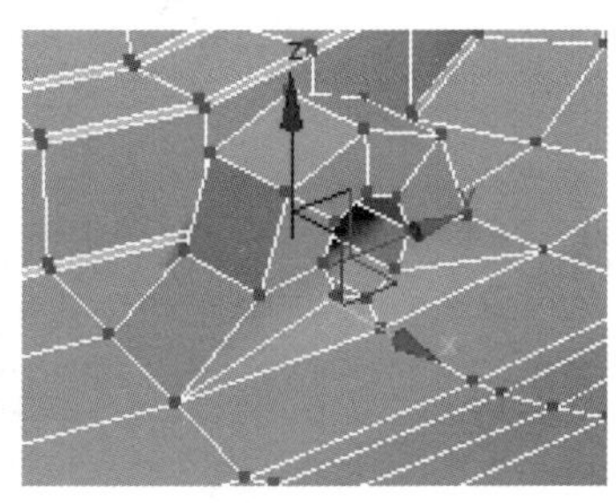

图 2.201

制作好之后，按图 2.202 所示选择一侧壶耳所有面，按住 Shift 键移动复制，此时会弹出如图 2.203 所示的对话框，它有两个选项 Clone To Object（克隆到物体）和 Clone To Element（克隆到元素），当选择 Clone To Object（克隆到物体）时，复制的物体和原有的物体是分开来的，当选择 Clone To Element（克隆到元素）时复制的物体和原有的物体为同元素级别下的同一个物体。此处选择 Clone To Element（克隆到元素）复制即可。

参考右侧壶耳点的焊接方法将该处也做相同的处理，细分后效果如图 2.204 所示。可以发现壶耳内外侧圆角过大，所以分别在图 2.205 和图 2.206 中的外侧和内侧位置加线约束，再次细分后的效果如图 2.207 所示。

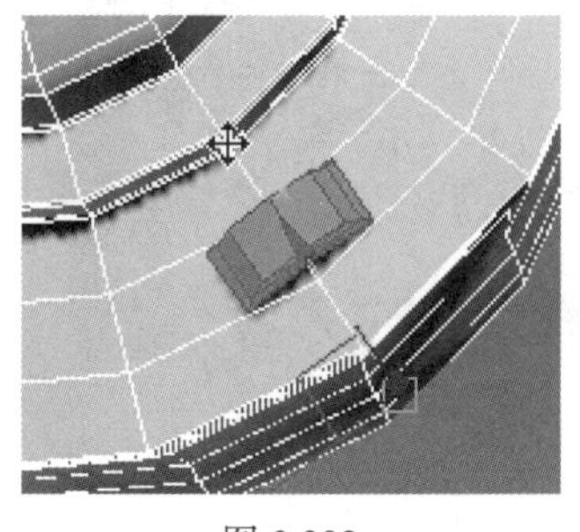

图 2.202

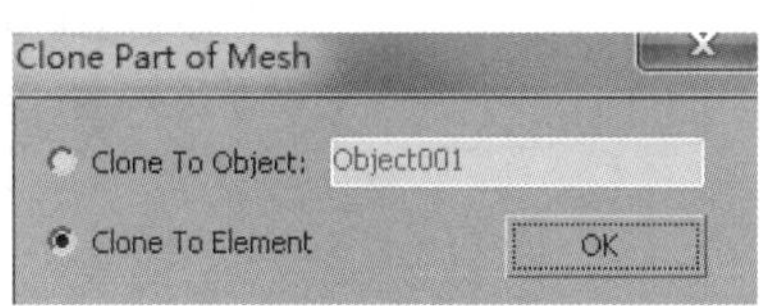

图 2.203

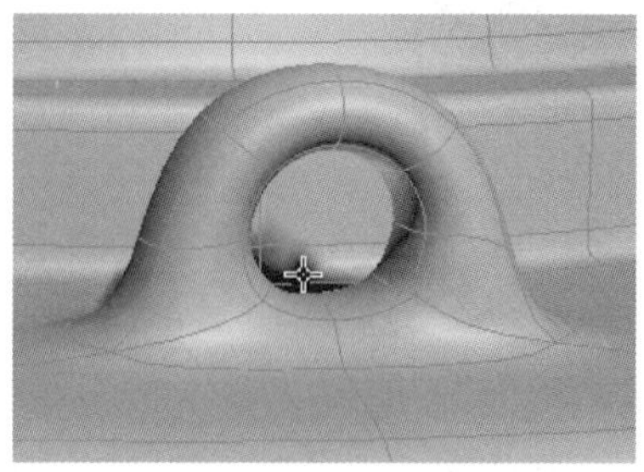

图 2.204

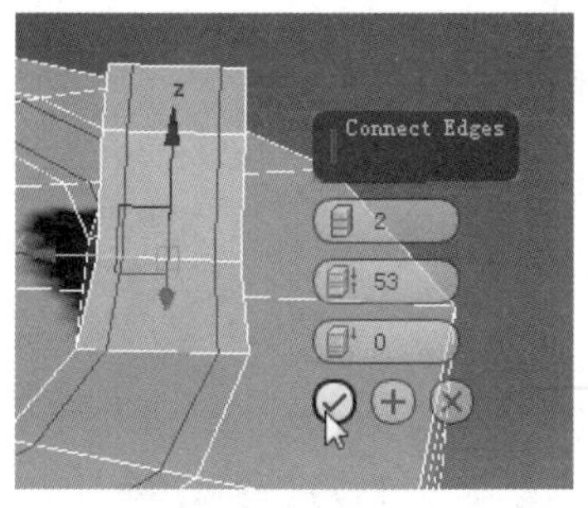

图 2.205

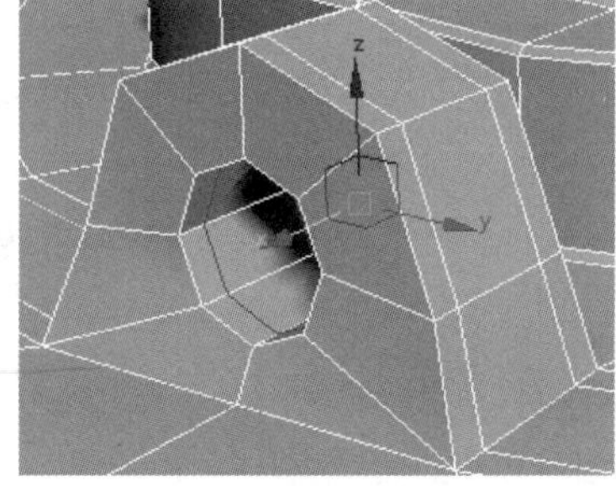

图 2.206

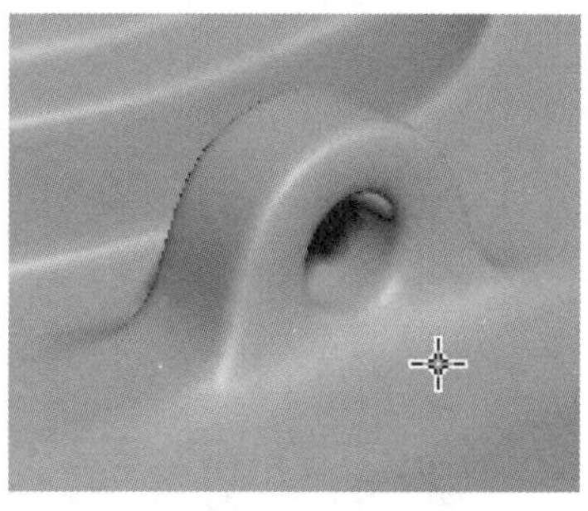

图 2.207

步骤 10 制作茶壶提梁。

本实例中的茶壶提梁是倒下的状态有一定的角度，如图 2.208 所示，但是在制作时可以先把它立起来，如图 2.209 所示。这样的好处是便于轴向的控制。

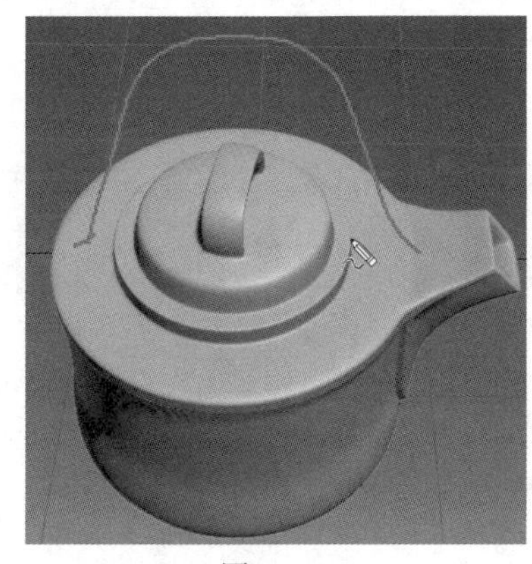

图 2.208

图 2.209

先创建一个圆柱体，将高度分段设置为 1，端面分段设置为 2，半径值根据壶耳内孔的大小调节。转化为多边形物体后，删除顶部一半的面，如图 2.210 所示。按“3”键进入边界级别，选择顶部边界线，配合 Shift 键和移动旋转工具挤出面并调整至图 2.211 所示。

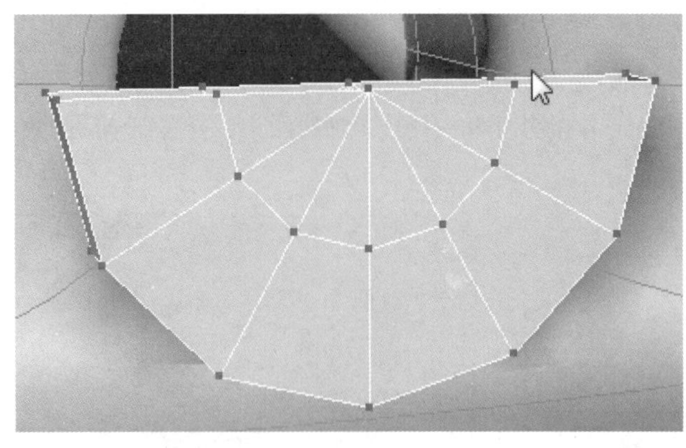

图 2.210

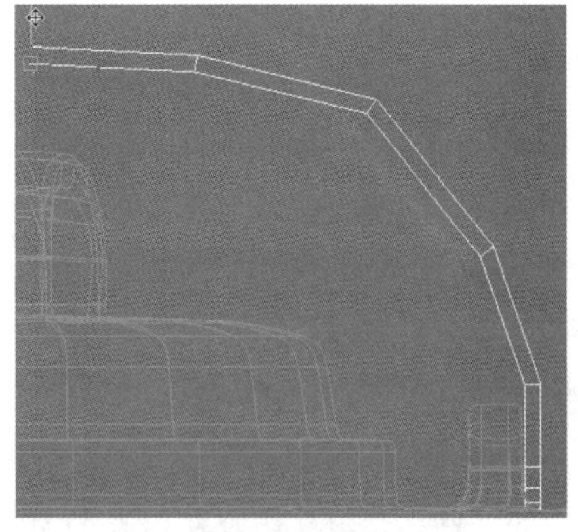

图 2.211

单击按钮沿着 X 轴方向镜像出另一半，如图 2.212 所示。将这两个模型附加在一起，然后选择图 2.213 中的边界线，单击 Bridge 按钮桥接出中间的面。

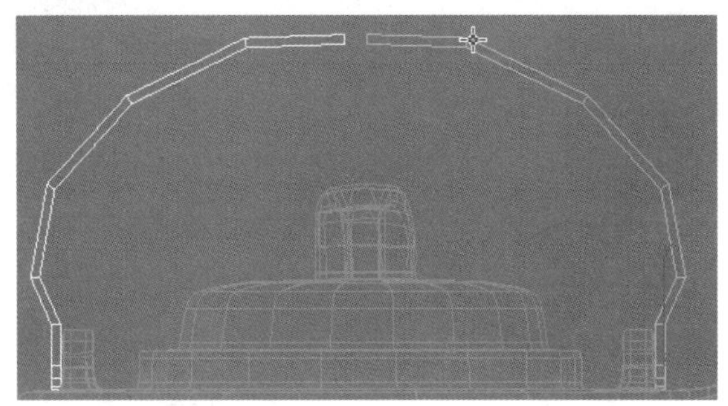

图 2.212

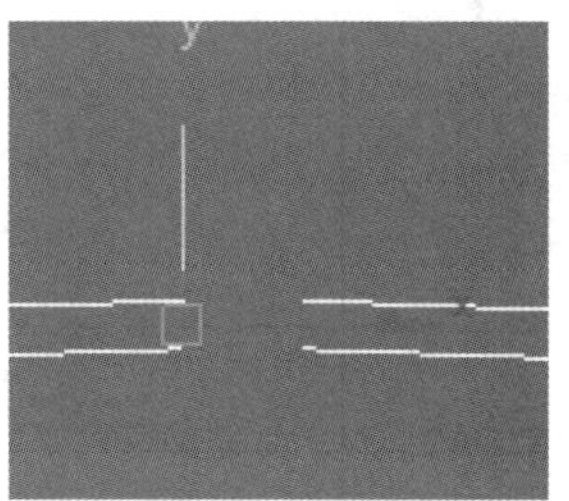

图 2.213

然后在图 2.214 中所示位置加线，单击 Extrude （挤出）后的按钮将线段向内凹陷挤出，效果如图 2.215 所示。这样操作是为了细分后模型表面出现凹痕效果，按快捷键 Ctrl+Q 细分该模型，效果如图 2.216 所示。

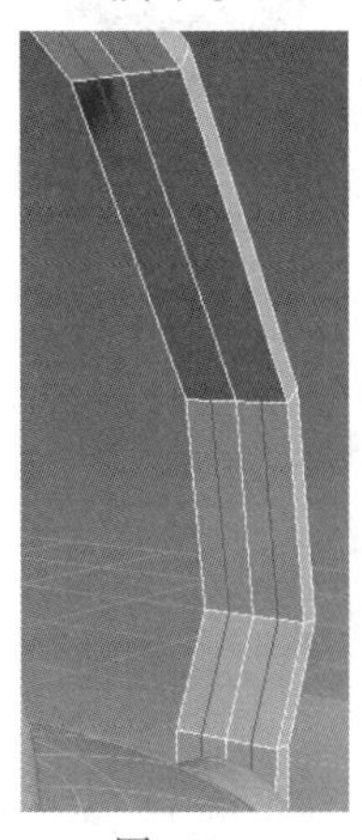

图 2.214

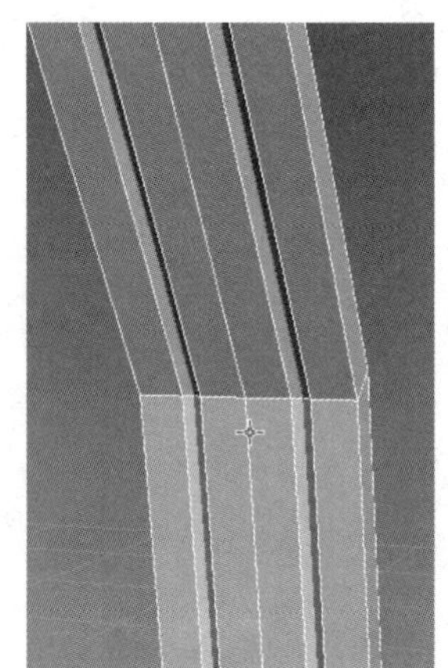

图 2.215

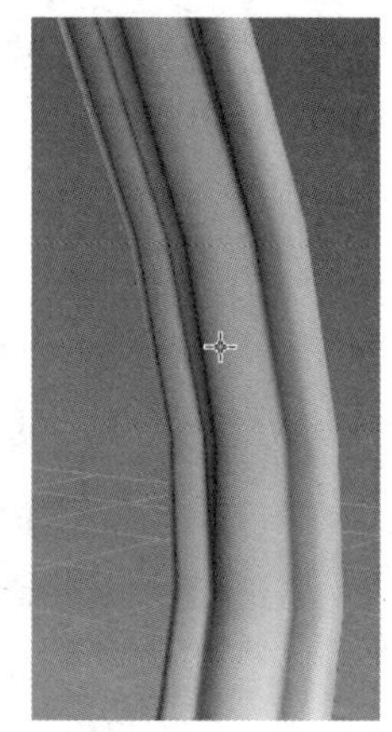

图 2.216

如果觉得边缘棱角圆角过大，可以在厚度两侧的位置加线。

单击 Creat（创建）Extended Primitives（扩展基本体）下的 ChamferCyl（切角圆柱体），在图 2.217 所示位置创建一个切角圆柱体，将茶壶提梁模型和该切角圆柱体附加在一起，整体的大小比例如图 2.218 所示。

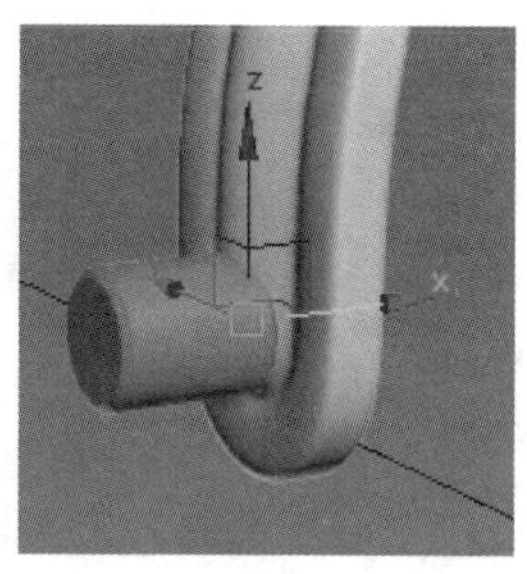

图 2.217

图 2.218

切换到左视图，在左视图中旋转调整角度至图 2.219 所示。

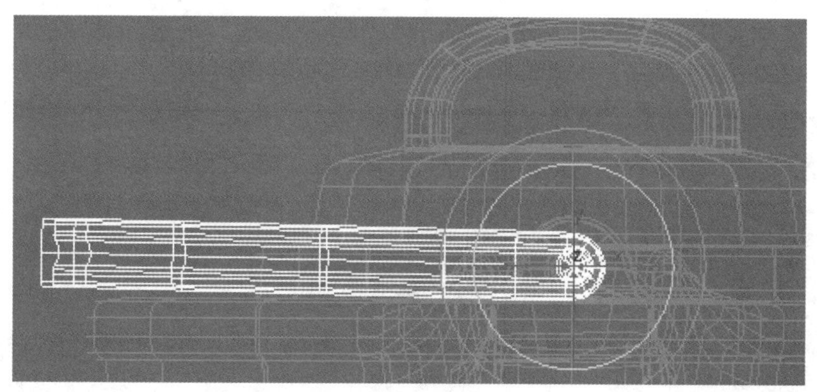

图 2.219

2.4.4　制作其他罐体

其他罐体的制作采用的方法相同，均是利用样条线的车削命令来完成。

步骤 01　在视图中创建出图 2.220 所示的样条线，因为该模型后期要转化为多边形编辑调整，所以在创建样条线时要注意点的模式，将图 2.221 上的点转化为为角点后添加 Lathe Lathe（车削）修改器，效果如图 2.222 所示。

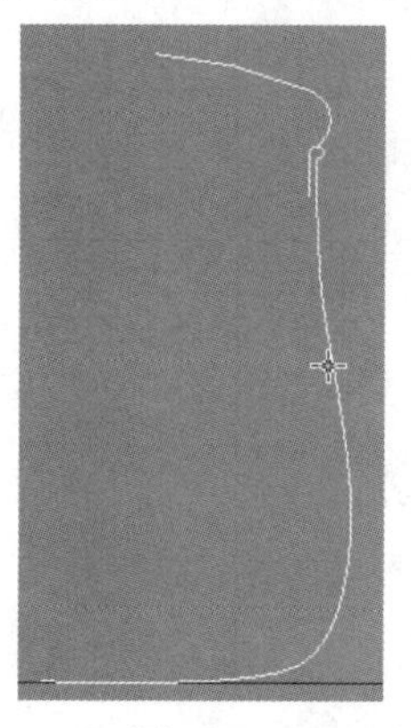

图 2.220

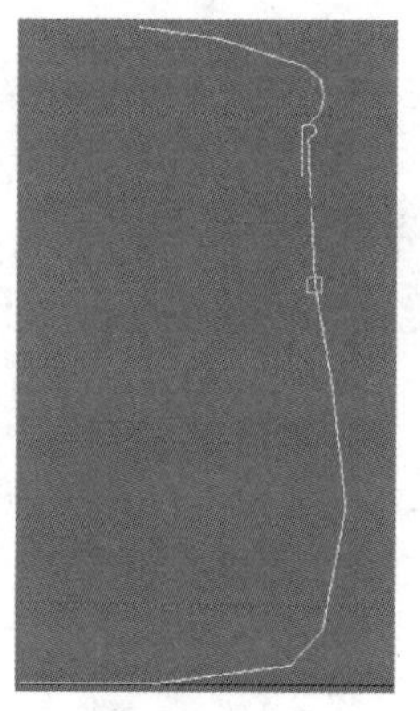

图 2.221

图 2.222

如果底部出现黑面等现象可以勾选 Weld Core（焊接内核）。如图 2.223 和图 2.224 所示就是勾选 Weld Core 前后的效果。

图 2.223

图 2.224

步骤 02 用同样的方法创建出壶盖顶部曲线效果，如图 2.225 所示。添加车削修改器后的效果如图 2.226 所示。此时模型横向上的分段数太多，可以调整曲线参数面板下 Interpolation 卷展栏下的步骤 s 参数如图 2.227 所示，将该参数降低即可降低生成的三维模型分段数。

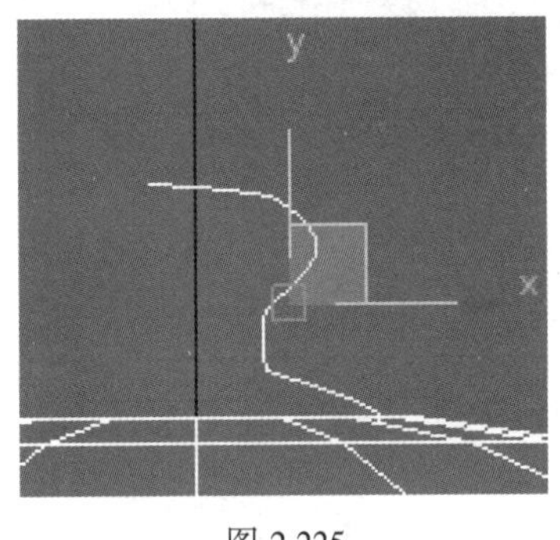

图 2.225

图 2.226

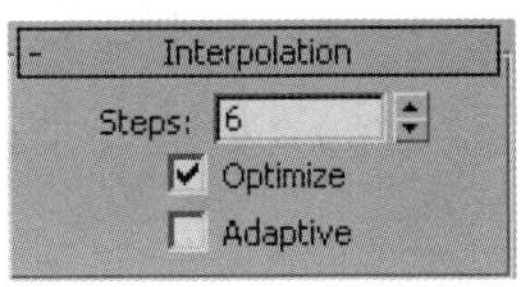

图 2.227

将步骤 s 数值降低后的模型效果如图 2.228 所示。

步骤 03 壶嘴模型制作。要在模型的基础上制作出壶嘴，需要先调整出壶嘴位置的布线。布线调整的方法为：右击，选择 Cut 剪切命令，在模型上剪切出如图 2.229 所示的线段。因为壶嘴位置肯定是一个圆形，手动调整不是很精确，为了达到更好的精确效果，可以创建一个圆形作为参考曲线（将圆形的 Step 设置为 1），如图 2.230 所示，然后参考圆形来调整模型上的点的位置，效果如图 2.231 所示，调整好后删除圆形即可。

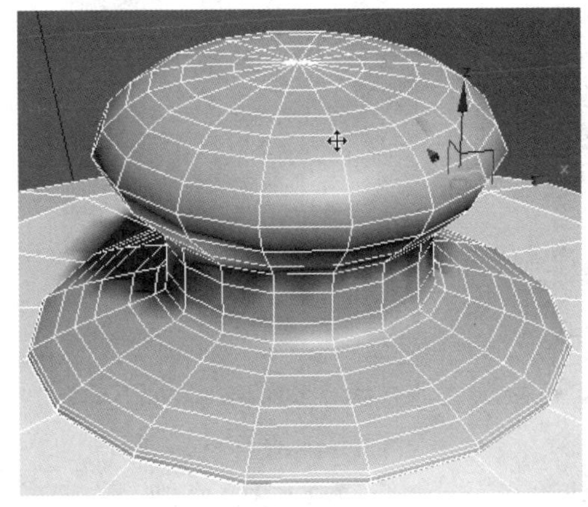
图 2.228

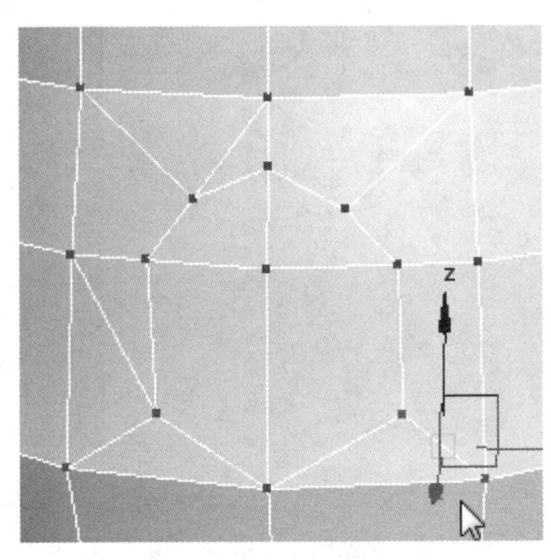

图 2.229

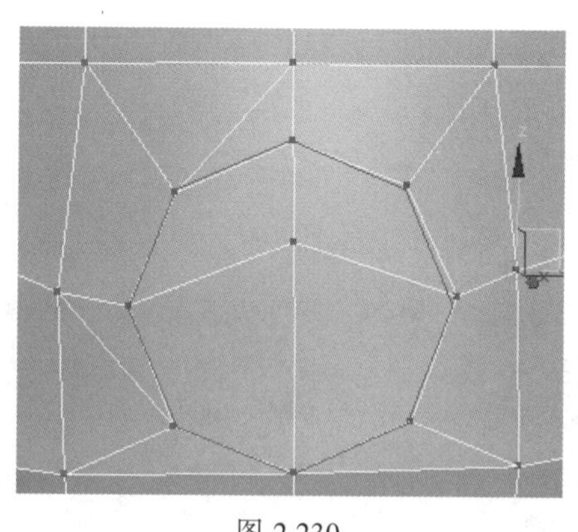

图 2.230

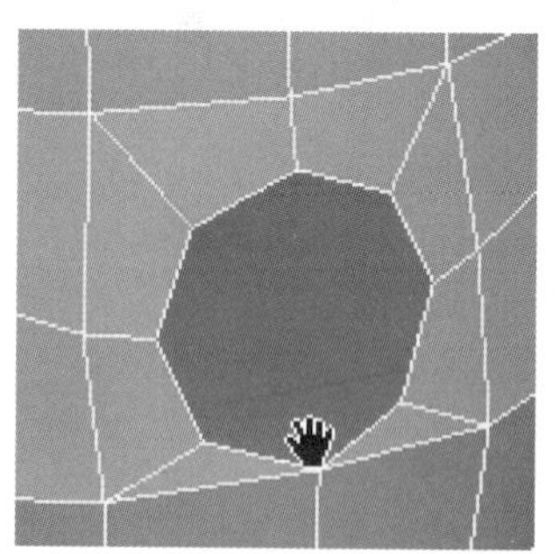

图 2.231

删除壶嘴位置的面，选择边界线，按住 Shift 键配合移动和旋转缩放工具调整出壶嘴位置的面，如图 2.232 所示。在壶嘴中间部位加线使布线尽可能均匀一些，如图 2.233 所示。最后将壶嘴位置的线分别向内挤出厚度，如图 2.234 所示。

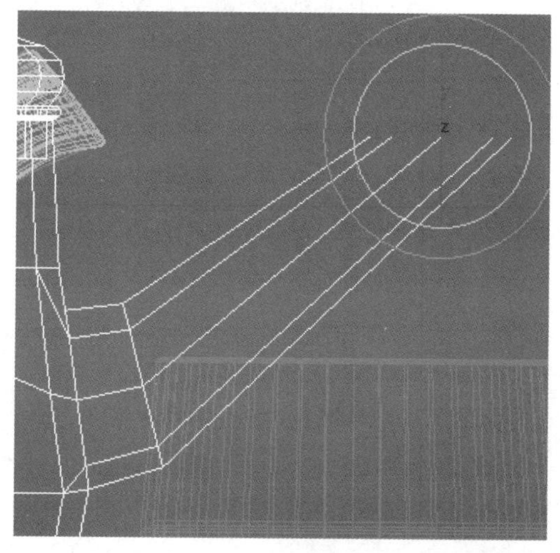

图 2.232

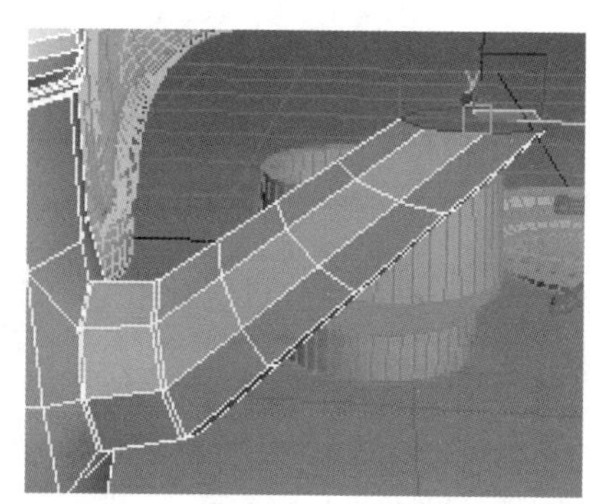

图 2.233

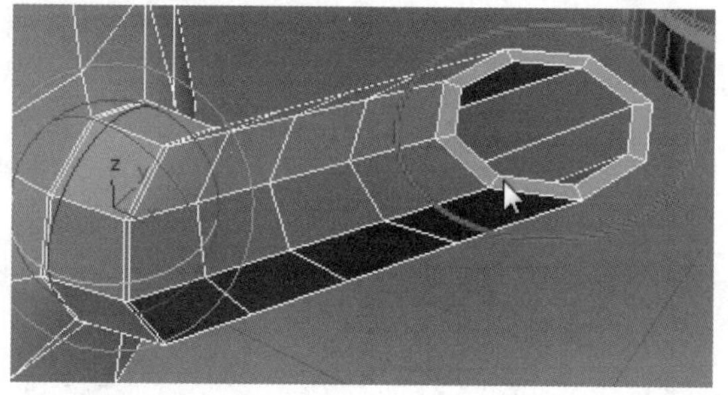

图 2.234

步骤 04 分别制作出提手部位模型，效果如图 2.235 和图 2.236 所示。

提手连接件的制作可以先创建一个圆柱体，注意调整分段数，然后将其转化为可编辑多边形物体，删除顶部一半模型，选择顶部边界线按住 Shift 键移动挤出面并调整。最后复制调整出顶部的半圆形状，过程如图 2.237 和图 2.238 所示。

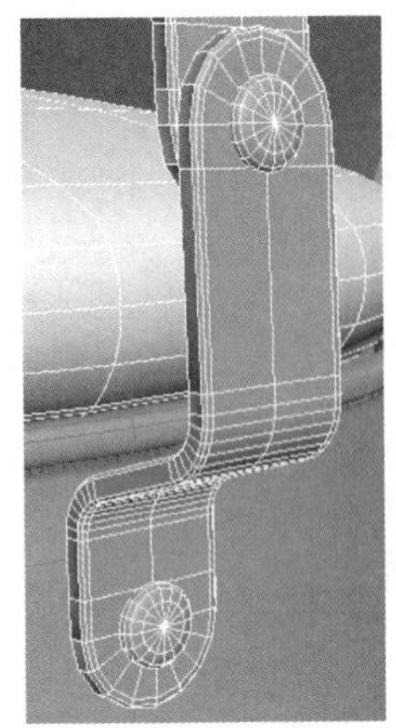
图 2.235

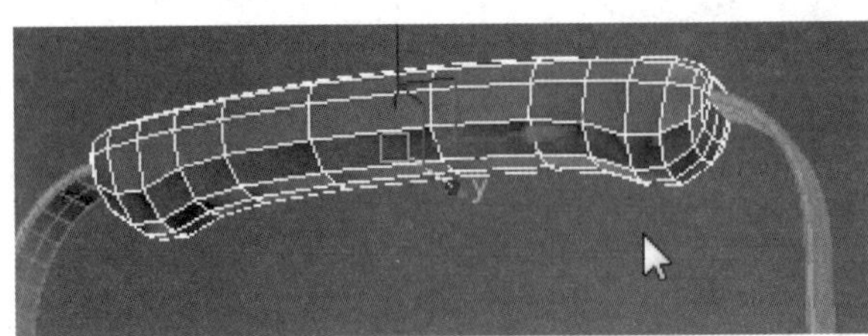
图 2.236

图 2.237

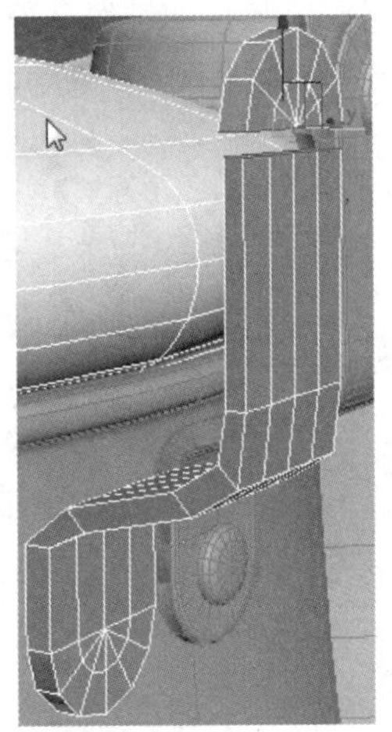
图 2.238

提手的制作是基于长方体模型对齐多边形修改完成，配合加线调整点来控制模型形状，该模型不是很复杂，这里不再详细讲解。

2.4.5 制作其他物体

步骤 01 首先创建一个如图 2.239 所示的样条轮廓曲线，在修改器列表下添加“Lathe”车削修改器，设置旋转轴心为最小值（只需单击 Min 按钮即可），效果如图 2.240 所示。

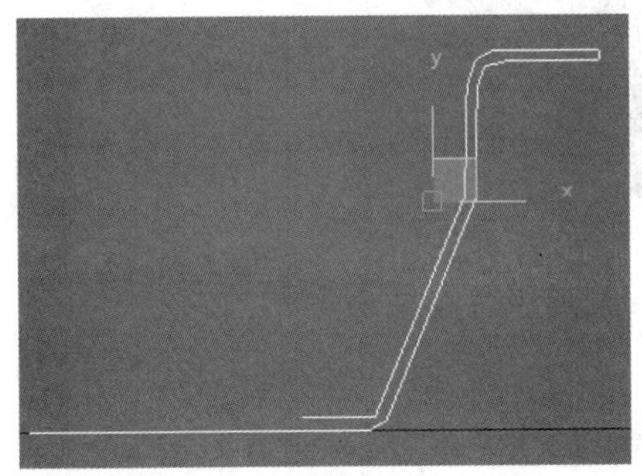
图 2.239

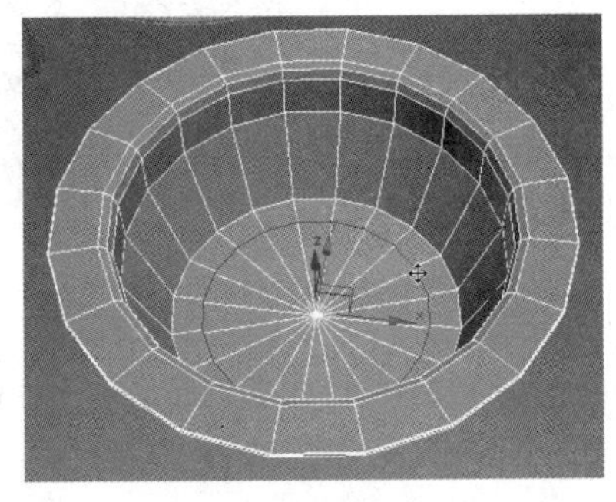
图 2.240

步骤 02 右击，在弹出的快捷菜单中选择 Convert To|Convert to Editable Poly，将模型转换为可编辑的多边形物体。按“3”键进入边界级别，选择内部的边界线，按住 Shift 键向上移动挤出面并缩放调整大小，最后单击 Collapse （聚合）按钮将边界线聚合成一个点，效果如图 2.241 所示。然后在中间的部位加线并缩放调整使其布线均匀一些，如图 2.242 所示。

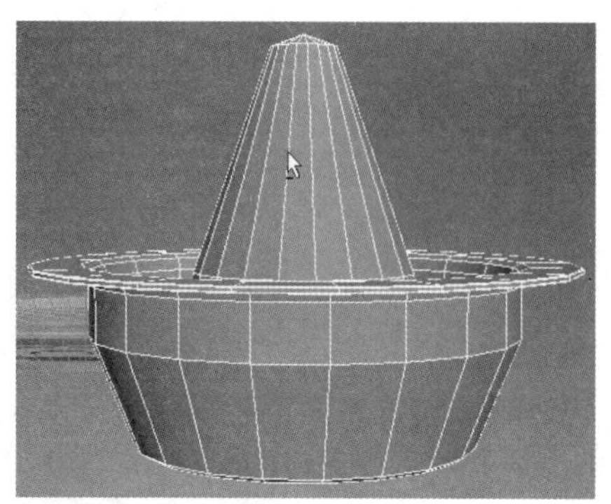

图 2.241

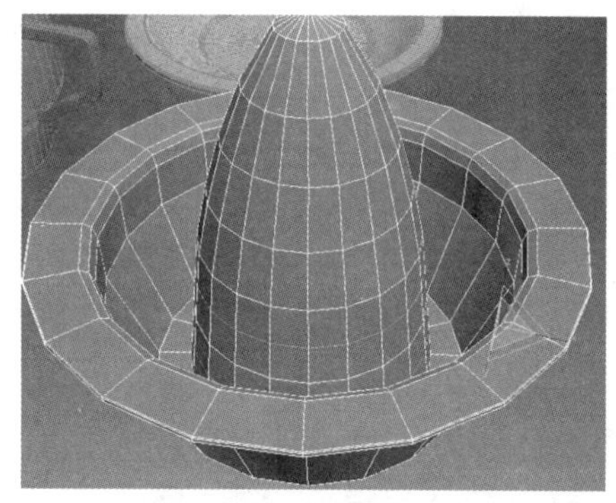

图 2.242

步骤 03 依次选择图 2.243 中的线段，然后用缩放工具沿着 XY 轴的方向向外缩放调整位置至图 2.244 所示。

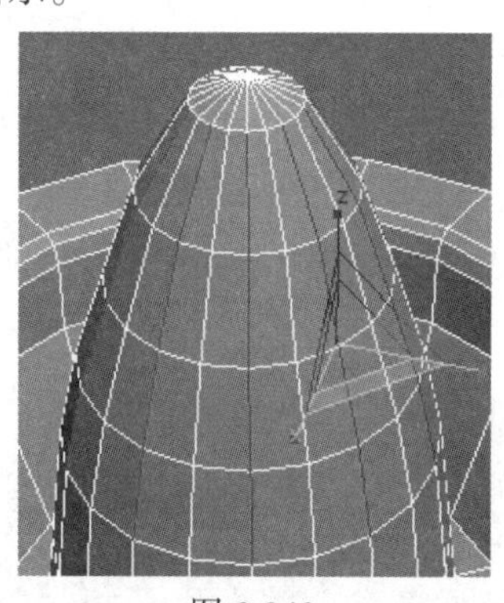

图 2.243

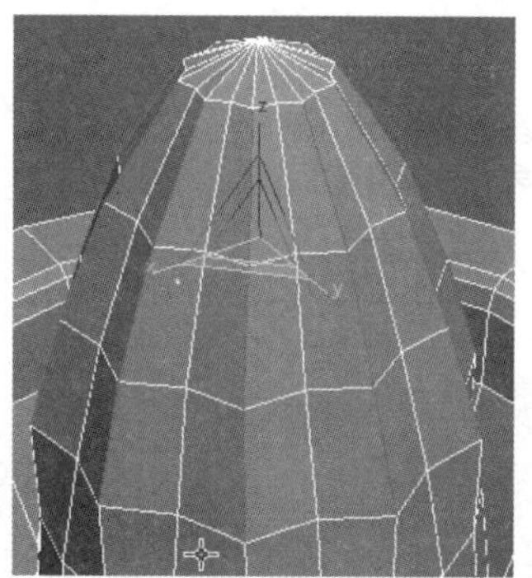

图 2.244

步骤 04 选择图 2.245 中的面单击 Bevel （倒角）后的□按钮，调整数值将选择的面向内倒角挤出，用同样的方法将其他位置相同的面做同样的倒角挤出处理，效果如图 2.246 所示。

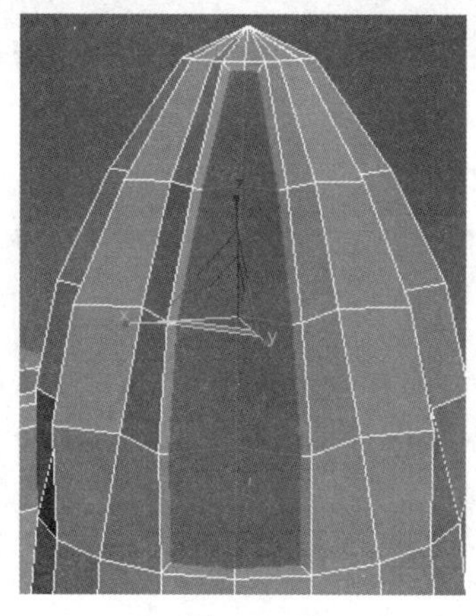

图 2.245

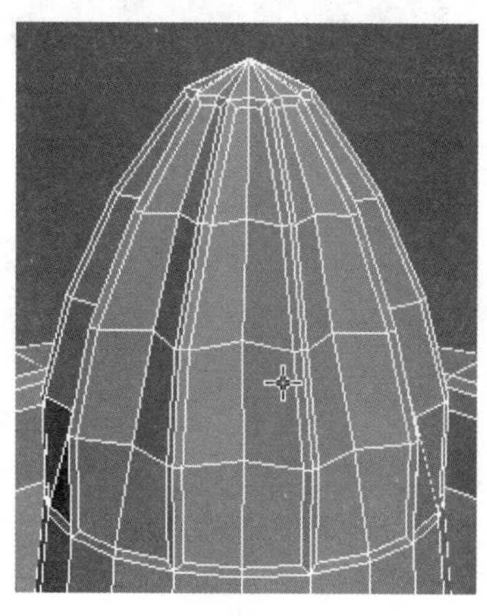

图 2.246

调整倒角位置底部的点（向内缩放并向上适当移动）至图 2.247 所示。

注意　在调整点时，可以单击工具栏 View 右侧的小三角按钮，在弹出的列表中选择 Screen（屏幕）坐标方式（如图 2.248 所示）来快速调整点的位置。屏幕坐标的轴向始终和屏幕垂直，这就要求我们在调整这些点时，要学会实时调整屏幕视角，这样在调整点时才不至于出现较大的位置偏移现象。

调整好后模型的细分效果如图 2.249 所示。

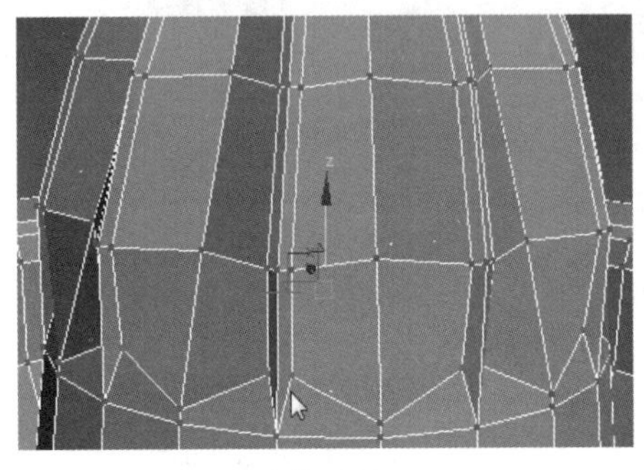

图 2.247

图 2.248

图 2.249

步骤 05　从图 2.249 中发现模型中部分棱角已经表现出来了，但是底部的棱角不是很明显，我们需要在图 2.250 中的 1 处和 2 处位置同时表现棱角效果，所以需要在 2 处位置加线处理。右击，在弹出的菜单中选择 Cut（剪切）工具，在图 2.251 中的位置加线处理，其他位置同理做相同的剪切处理，效果如图 2.252 所示。

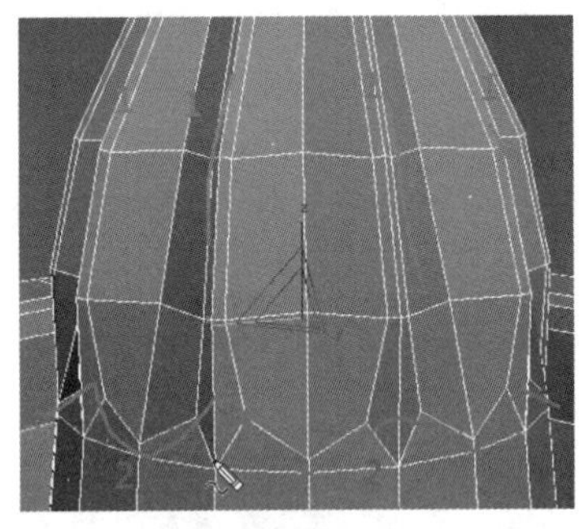

图 2.250

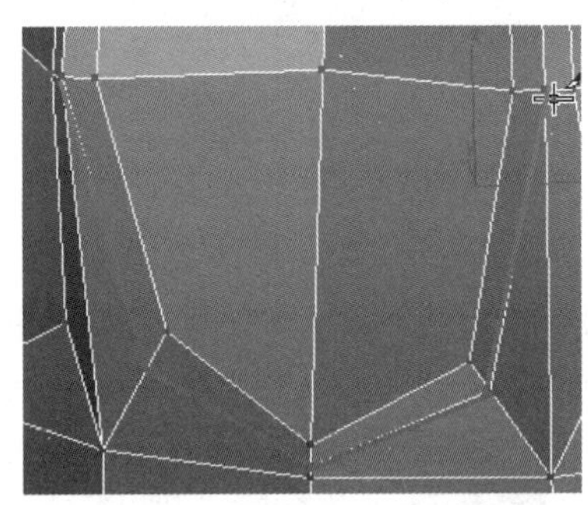

图 2.251

选择切线位置的线段用缩放工具向外缩放调整，效果如图 2.253 所示。

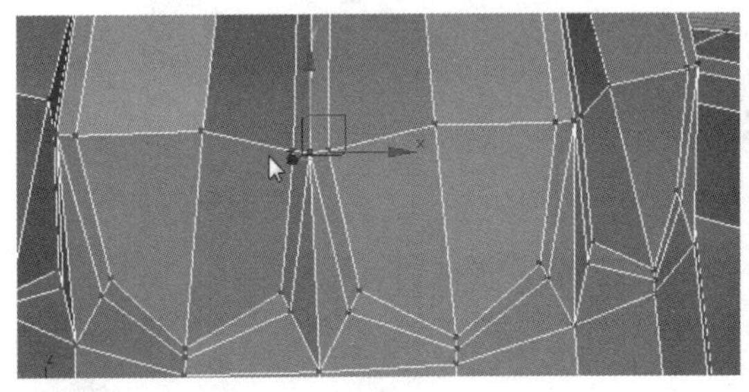

图 2.252

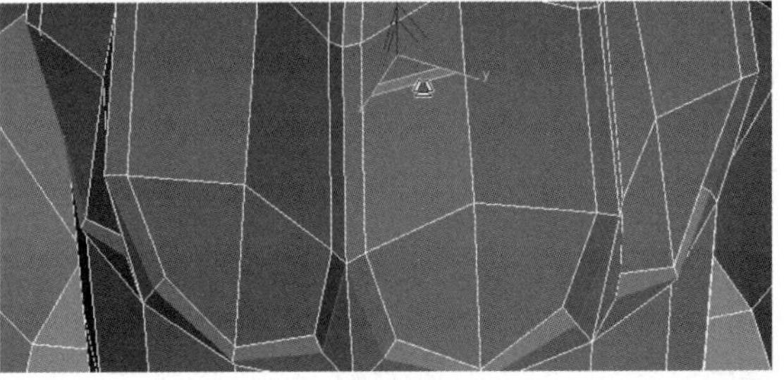

图 2.253

按快捷键 Ctrl+Q 细分该模型，效果如图 2.254 和图 2.255 所示。

图 2.254

图 2.255

2.4.6　调整场景

模型制作完成后，接下来复制并调整场景布置。

步骤 01 首先选择杯子模型沿着 Z 轴向上复制，角度可以适当旋转一下，如果旋转轴心位置不正确，在旋转调整时会出现错位现象。此时可以单击（层）面板，单击 Affect Pivot Only（紧影响轴）按钮，移动物体的轴心至图 2.256 所示，然后再次单击 Affect Pivot Only 按钮结束轴心的调整，再次旋转物体时可以发现它已经沿着新的轴心进行旋转了，如图 2.257 所示。

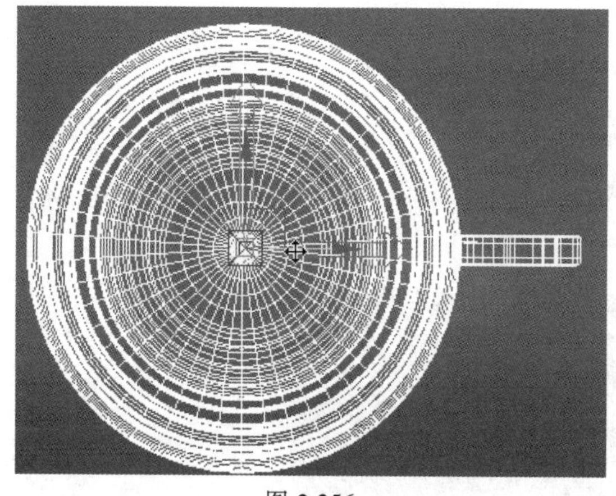

图 2.256

图 2.257

步骤 02 复制调整其他部分模型并给它们一个合理的摆放，最后的效果如图 2.258 所示。至此，本实例模型全部制作完成。后期可以配合材质以及渲染设置渲染出一张比较满意的作品。

图 2.258

第 3 章　制作礼品和工艺品

礼品，是指人们之间互相馈赠的物品，通常是人和人之间互相赠送的物件，其目的是为了取悦对方，或表达善意、敬意。工艺品也可以作为礼品来相送，比较适合收藏、观赏等。本章将通过制作一个化妆品和一个陶瓷工艺品来学习一下这类模型的制作方法。

3.1　制作礼品

1．制作瓶体

步骤 01　在创建面板下的中单击 Box 创建一个 Box 物体，设置 Length（长）、Eidth（宽）、Height（高）分别为 300mm、300mm、606mm，长、宽、高的分段数分别为 2、2、1。观察成品图可以发现，瓶子 4 个角的纹理是一致的，所以只需将 Box 物体划分为 4 个部分，将一个角的模型制作出来，剩余的 3 部分可以通过对称复制或者镜像等操作来完成。进入面级别，删除 3/4 的面，如图 3.1 所示。

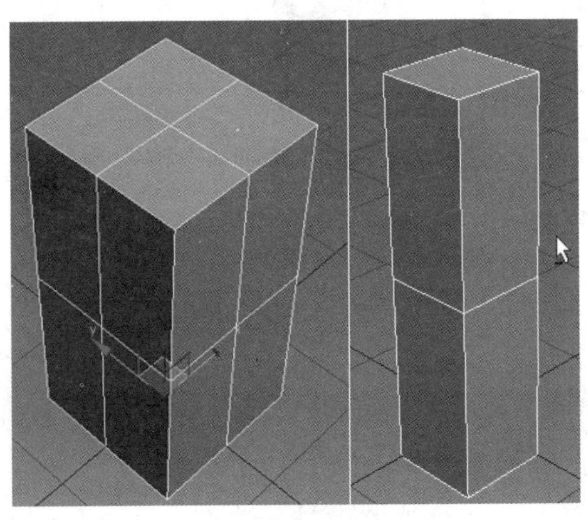

图 3.1

步骤 02　选择高度上所有的边，按 Ctrl+Shift+E 组合键加线，同时调整加线的位置，用缩放工具调整线的大小。注意在用缩放工具调整大小之后，要注意边缘垂直方向的线段要随时做好调整。调整的过程如图 3.2 所示。

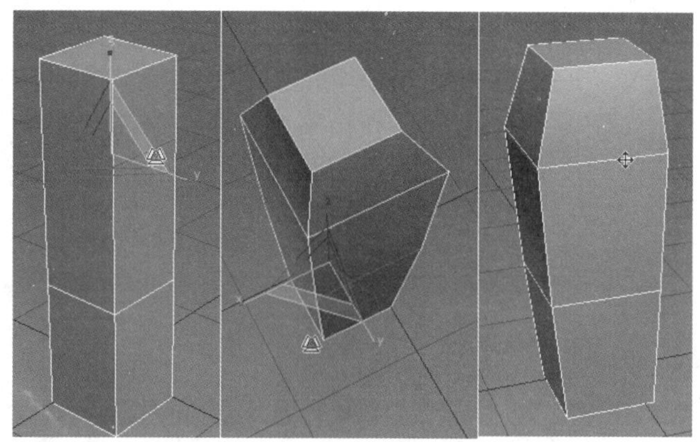

图 3.2

步骤 03 继续在需要添加分段的地方加线并调整点来控制好该物体的外形。调整的过程如图 3.3 所示。

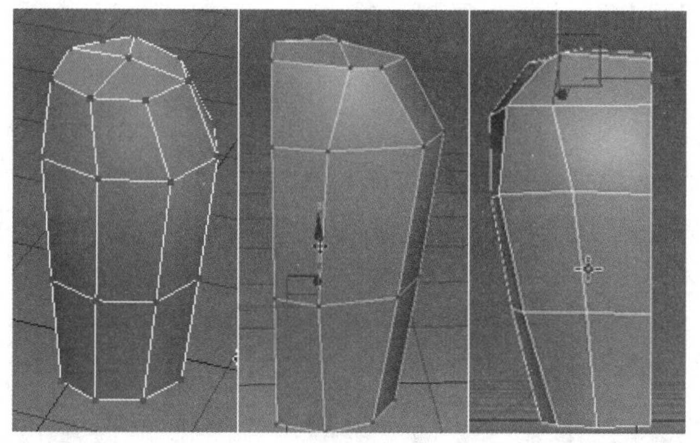

图 3.3

在图 3.4（左）所示的位置继续加线，然后选择两条环形线段，此时我们希望让这两条线段在底部和上部线段之间平均分配而且保持原有的形状，如果靠手动调整的话比较麻烦，这里来看一下比较快捷的调整方法。

单击石墨工具上的 Graphite Modeling Tools | Loops | ，在弹出的 Loop Tools 参数面板中单击 Center 按钮，此时系统快速调整线段的位置使其平均分为三等分，如图 3.5 所示。

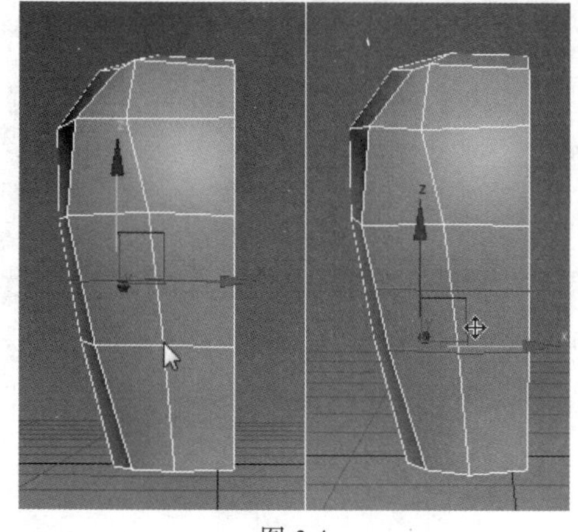

图 3.4

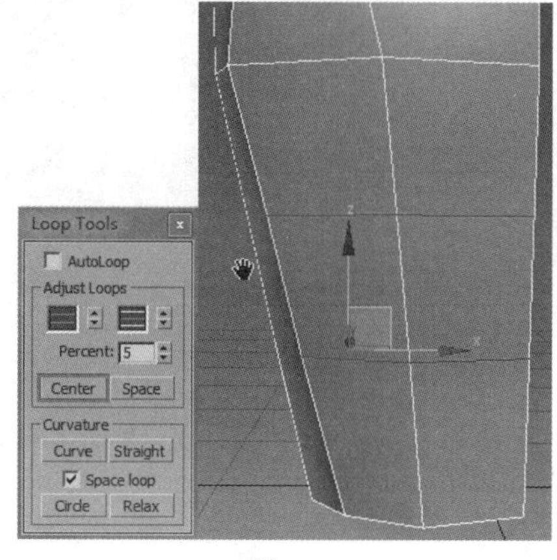

图 3.5

步骤 04 将顶部的布线用 Cut 工具手动调整一下，如图 3.6 所示。

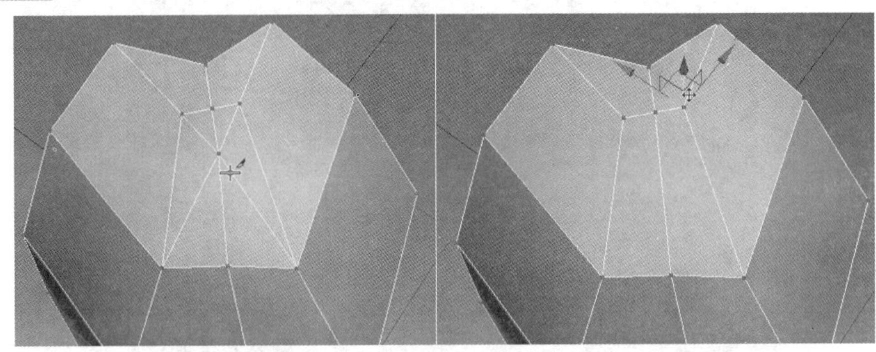

图 3.6

步骤 05 按 4 键进入面级别，选择图 3.7（左 1）所示的面，单击 Bevel 后面的按钮，用倒角挤压工具依次缩放和挤压该面，如图 3.7 所示。

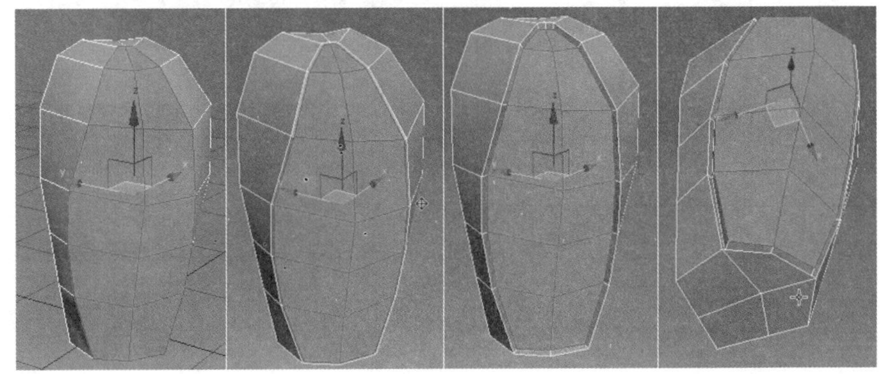

图 3.7

细分光滑之后我们发现还有一些细节需要调整，按 Ctrl+Z 组合键执行车削操作，选择图 3.8（左）所示的线段，单击 Extrude 后面的按钮，用线段的挤出工具调整该线段。

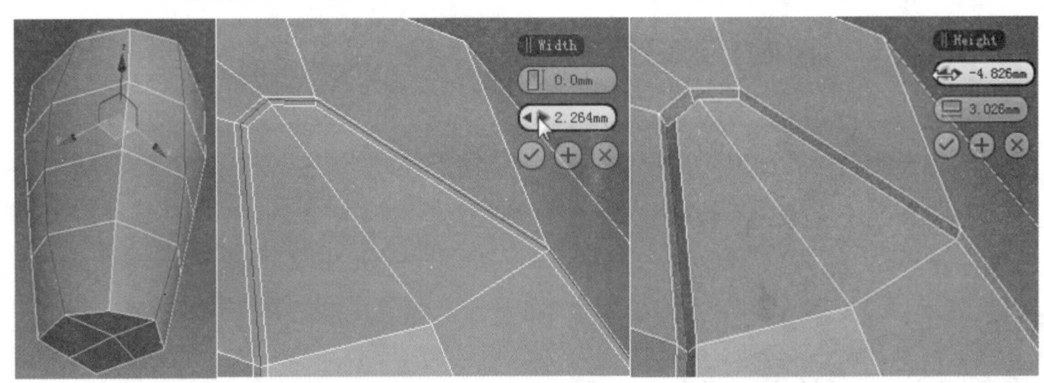

图 3.8

将底部面的布线手动通过 Cut 工具来调整一下，如图 3.9 所示。这样做的目的就是为了避免出现多边面。

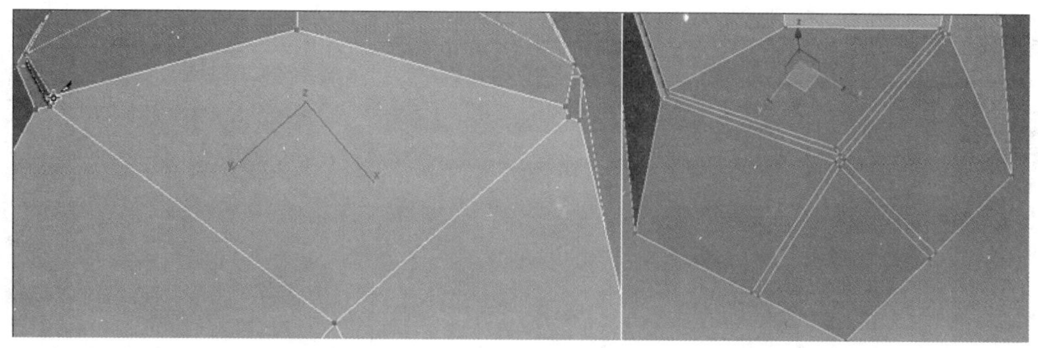

图 3.9

细分光滑显示该模型效果如图 3.10 所示。

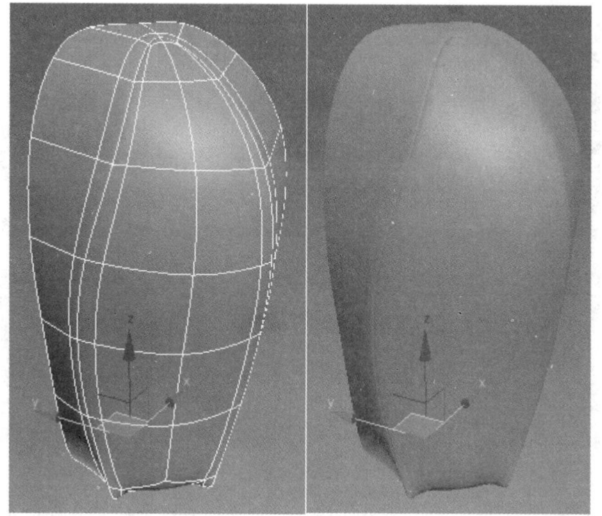

图 3.10

如果中间的凹槽痕迹不是很明显的话，在刚才挤出线段时，可以将深度进一步提高，同时将线段进行切角，如图 3.11 所示。

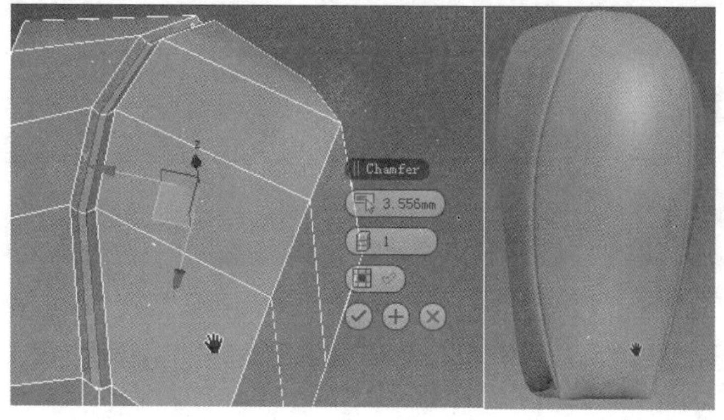

图 3.11

细分光滑之后发现底部凹槽部位显得非常不美观，此时需要单独调整底部面的布线来控制光滑效果。底面的布线调整可以参考图 3.12 所示进行调整。

图 3.12

框选底部所有的面，在参数面板中单击 Make Planar 按钮使底面平面化处理。再次细分光滑该模型，效果如图 3.13 所示。

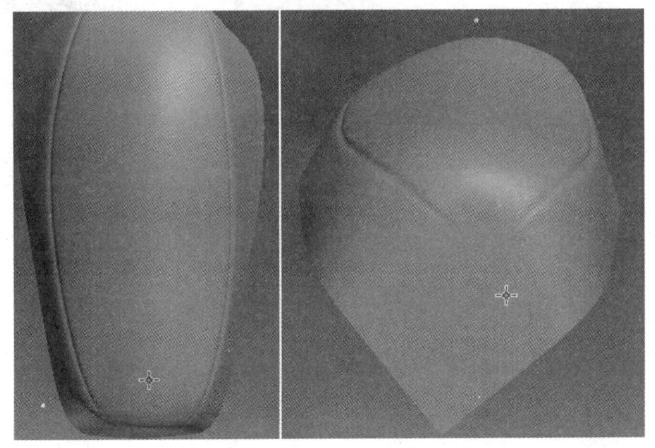

图 3.13

步骤 06 按 2 键进入线级别，选择底部的线段，单击 Chamfer 按钮，将线段切角，如图 3.14 所示。

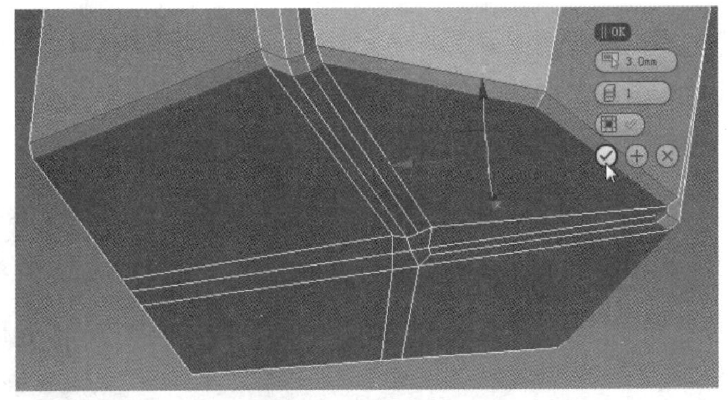

图 3.14

步骤 07 在修改器下拉列表中添加 Symmetry 修改器，先将一半对称出来，效果如图 3.15 所示。

步骤 08 右击，在弹出的菜单中选择 Convert To|Convert to Editable Poly 将其转换为可编辑的多边形物体，将顶部的布线稍微调整一下。然后再次添加 Symmetry 修改器，对称出剩余的一半，效果如图 3.16 所示。

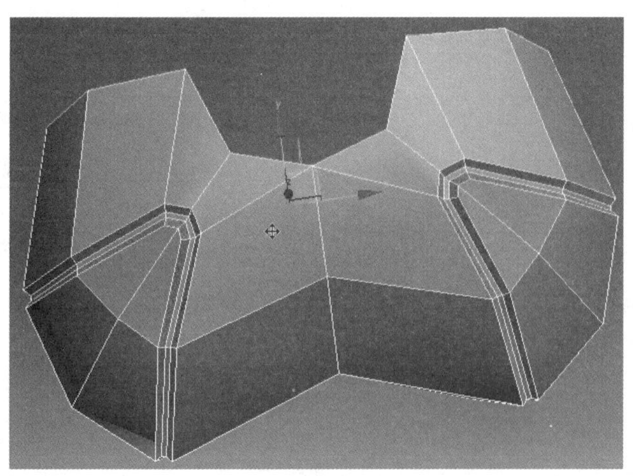

图 3.15

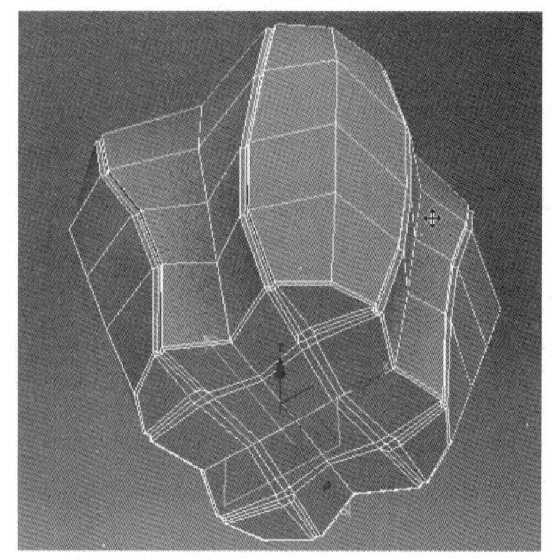

图 3.16

步骤 09　右击，在弹出的菜单中选择 Convert To|Convert to Editable Poly 将其再次转换为可编辑的多边形物体，框选对称轴中间所有的点，适当向外缩放，如图 3.17 所示。

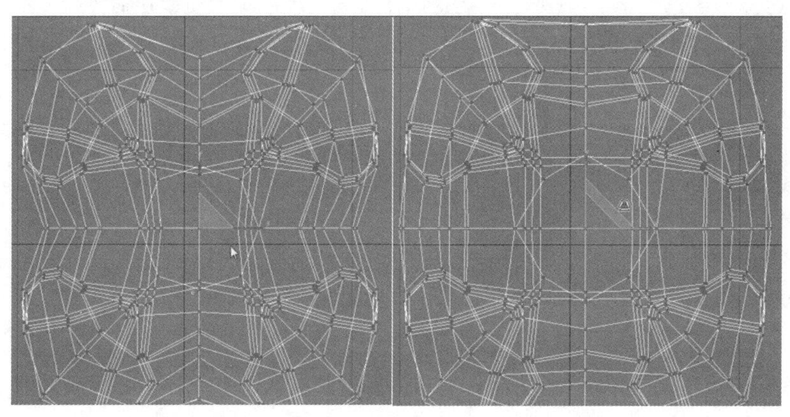

图 3.17

细分光滑之后的效果如图 3.18 所示。

步骤 10　在顶视图瓶口的位置创建一个圆柱体，按 Alt+X 组合键透明化显示。选择瓶子模型进入点级别，参考圆柱体的位置将瓶口的点调整成圆形，这样在细分之后，瓶口就接近于圆口了，效果如图 3.19 所示。

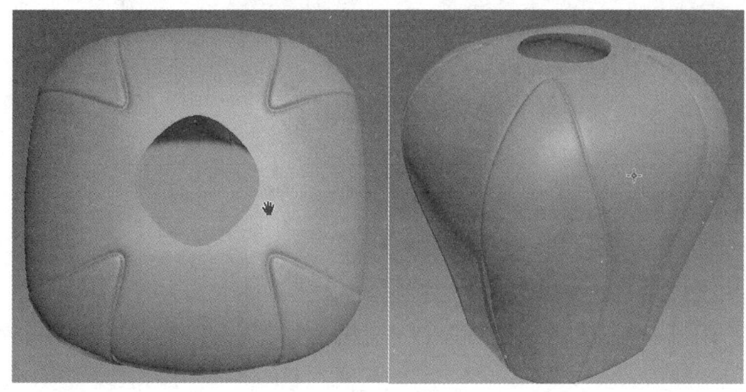

图 3.18

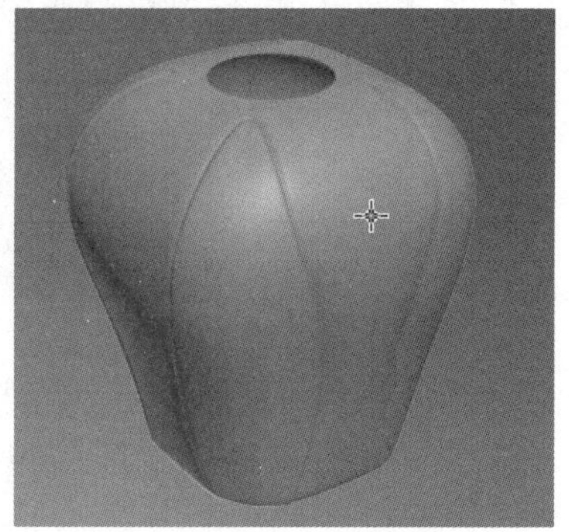

图 3.19

2. 制作瓶盖

步骤 01 先选择瓶体物体模型，按 3 键进入边界级别，选择瓶口处的边界线，按住 Shift 键向上移动复制出新的面，如图 3.20 所示。

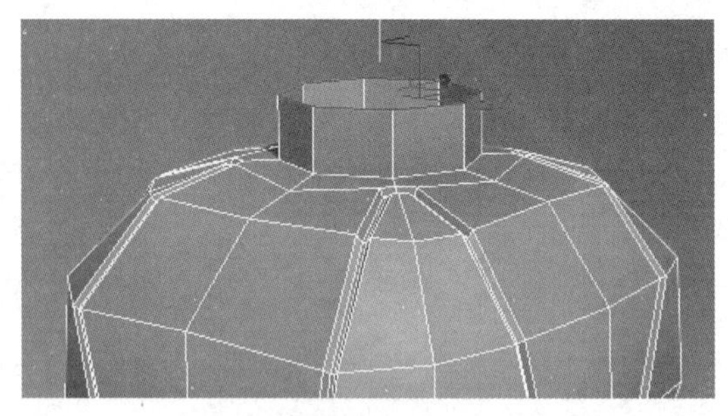

图 3.20

步骤 02 按 4 键进入面级别，框选刚才挤出的面，单击 Detach 按钮，在弹出的 Detach 对话框中可以给物体命名，然后单击 OK 按钮将这些面分离出来。分离出来的模型的轴心还是之前模型的轴心，所以要先来调整一下新物体的轴心。单击面板，然后单击 Affect Pivot Only 按钮，再单击 Center to Object 按钮，这样就快速把该物体的轴心设置成为自身的一个轴心。

步骤 03 再次进入边界级别，选择边界，按住 Shift 键向上移动挤出面进行调整，用旋转工具适当将开口旋转一定角度。继续向上挤出面，单击 Cap 按钮将开口封闭，如图 3.21 所示。

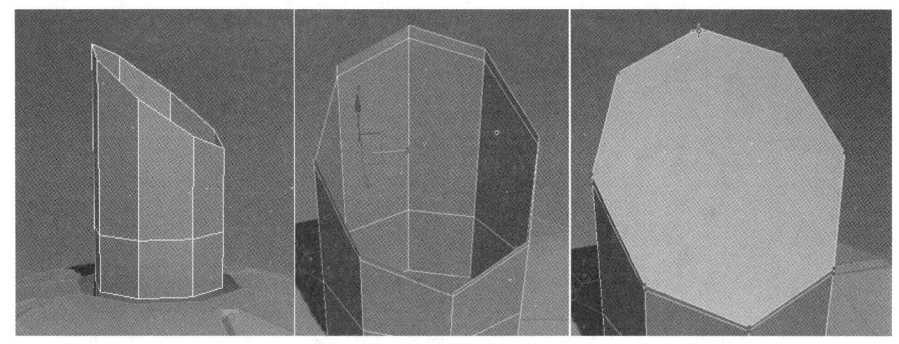

图 3.21

步骤 04 用 Cut 工具将顶部面的线段切割出来，选择一半的面，用 Extrude 工具向上挤出新的面，然后再选择侧边的面向侧面挤压出新的面并调整它的形状，过程如图 3.22 所示。

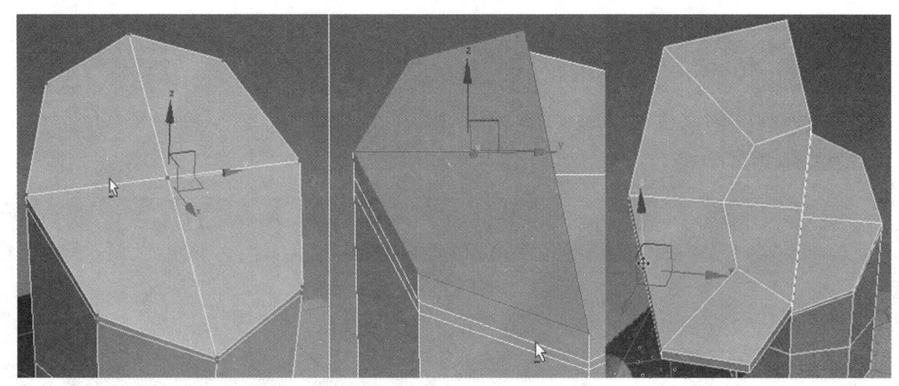

图 3.22

继续在瓶盖的顶部加线并调整至如图 3.23（左）所示，细分之后的效果如图 3.23（右）所示。

步骤 05 选择刚才加线的线段，单击 Chamfer 按钮将该线段切角处理。切角之后注意检查一下，如果出现图 3.24（右上）所示的情况，就需要及时处理一下，可以用 Cut 工具进行手动切线处理。

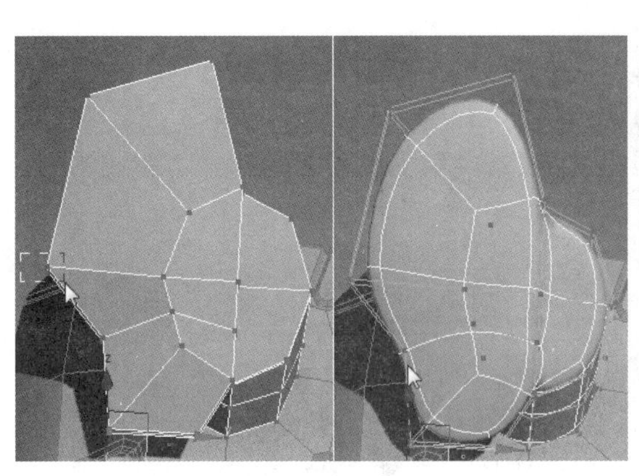

图 3.23

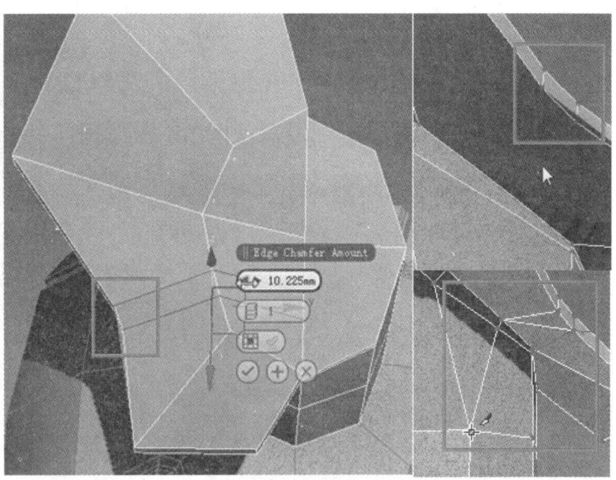

图 3.24

继续细致、深化调整该部位的形状，调整的过程如图 3.25 所示。

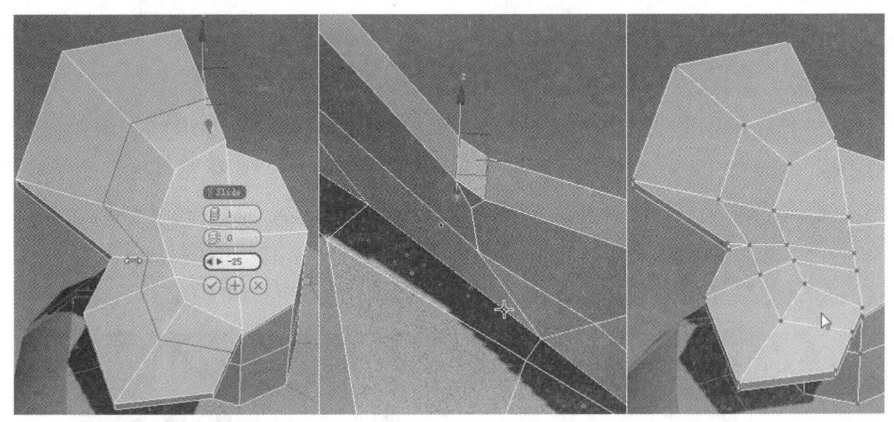

图 3.25

步骤 06 删除瓶盖右侧的面，选择左侧部分的面，单击 Extrude 右侧的□按钮，将模型整体向外挤出调整，如图 3.26 所示。

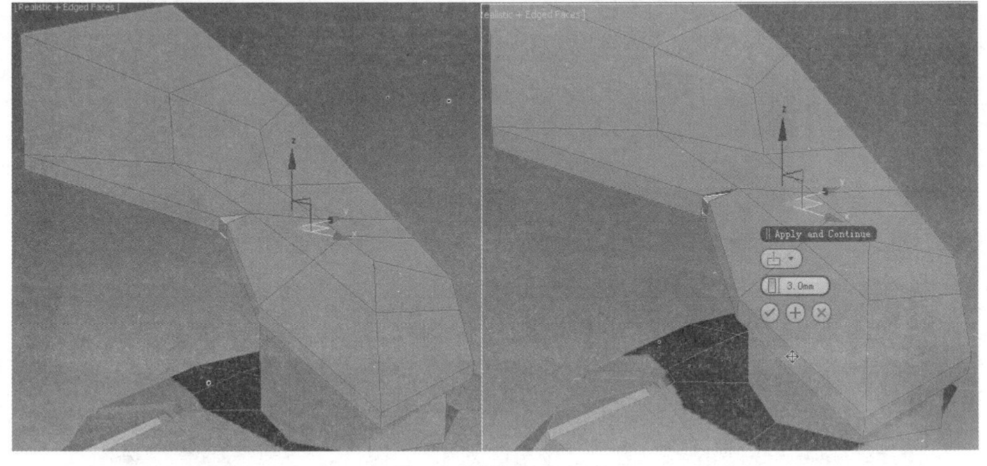

图 3.26

步骤 07 删除瓶盖内侧的面，然后在修改器下拉列表中添加 Symmetry（对称）修改器，效果如

图 3.27 所示。

步骤 08 右击，在弹出的菜单中选择 Convert To|Convert to Editable Poly，将其转换为可编辑的多边形物体，按 Ctrl+Q 组合键细分光滑该物体，将细分值设置为 2，效果如图 3.28 所示。

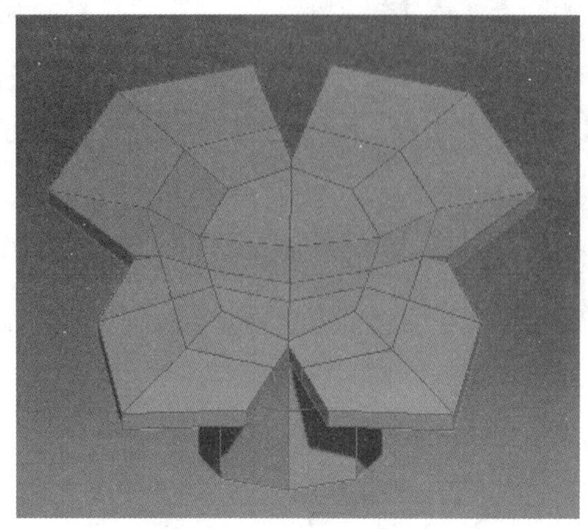

图 3.27

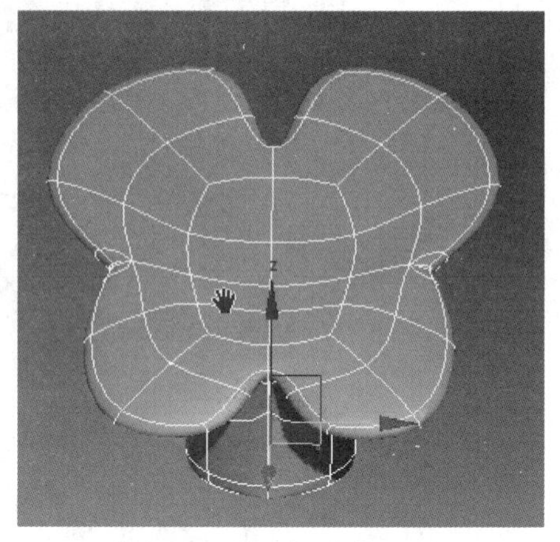

图 3.28

步骤 09 将对称中心处的点适当向下移动调整，然后选择对称中心的线段，单击 Chamfer 按钮，将线段切割成两段，同时注意在点级别下将多余的点用目标焊接工具焊接到其他点上，再选择图 3.29（左）所示的面用 Extrude 工具向上挤出，效果如图 3.29（右）所示。

步骤 10 选择下部的面，用同样的方法多次向外挤出调整，边缘的细节如图 3.30 所示。这里也可以先一次性将高度挤出来，然后在两端通过加线处理同样可以达到所需的要求。

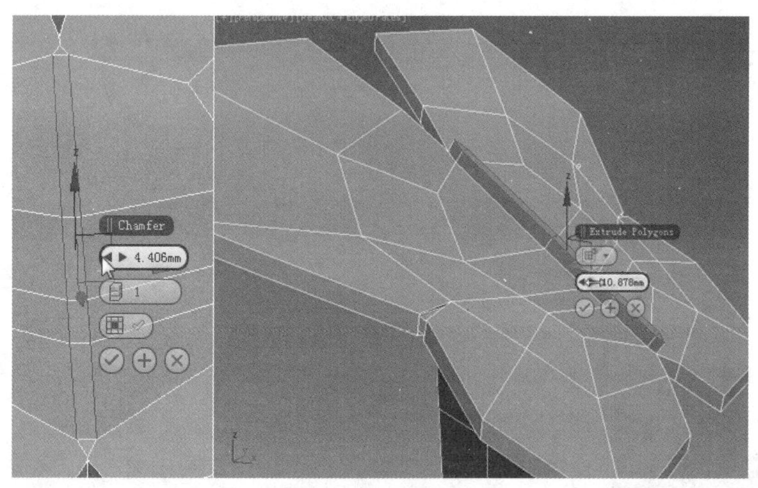

图 3.29

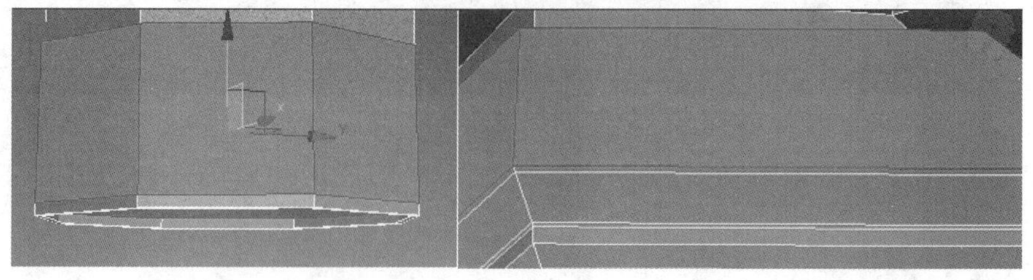

图 3.30

步骤 11 继续细致调整点、线、面，出现问题的地方可以通过切线来调整布线。其中对称中心线段的调整如图 3.31 所示。

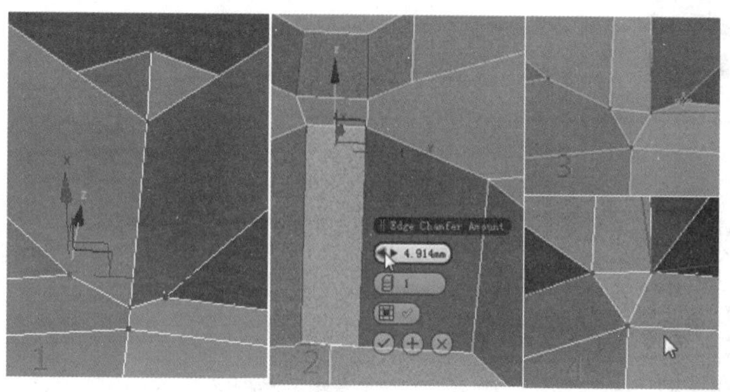

图 3.31

调整好之后，按 Ctrl+Q 组合键细分光滑该模型，效果如图 3.32 所示。

步骤 12 在瓶盖两侧的边缘位置加线，这样在细分之后会显得有厚度感，效果如图 3.33 所示。

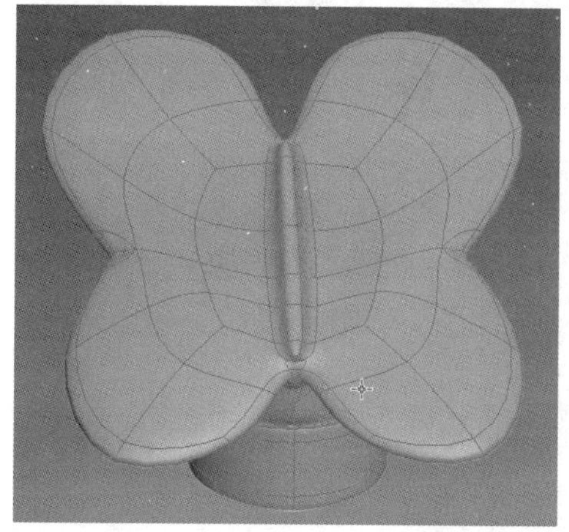

图 3.32

图 3.33

步骤 13 瓶盖底部面上凹凸的部分，可以通过后期的凹凸贴图或者法线贴图来实现。在模型细分的情况下将模型塌陷，然后选择图 3.34 所示的面，单击 Detach 按钮将该面分离出来。

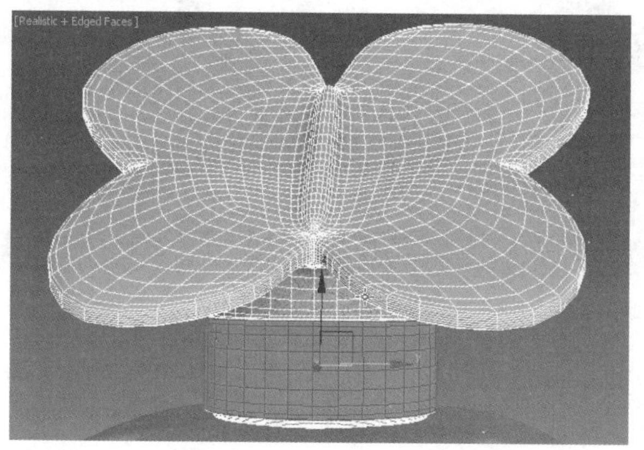

图 3.34

步骤 14 选择分离出来的面，在修改器下拉列表下面添加 UVW Map 修改器，参数中的贴图类型选择 Cylindrical（圆柱体），单击“自动适配”按钮 Fit ，按下 M 键打开材质编辑器，双击左侧的 Standard（标准）材质，在 Standard 菜单中单击 Bump 左侧的圆并向外拖放，在弹出的选项里选择 Normal Bump（法线贴图），如图 3.35 所示。

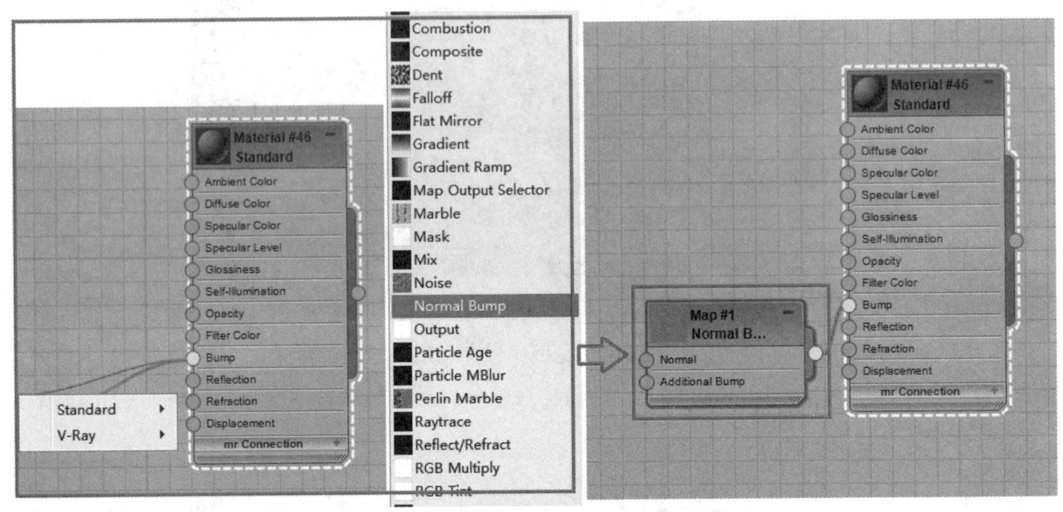

图 3.35

在 Normal Bump（法线贴图）材质贴图通道中单击 Normal 左侧的圆并拖放，在弹出的贴图类型中选择 Bitmap（位图），然后选择图 3.36 所示的法线贴图。

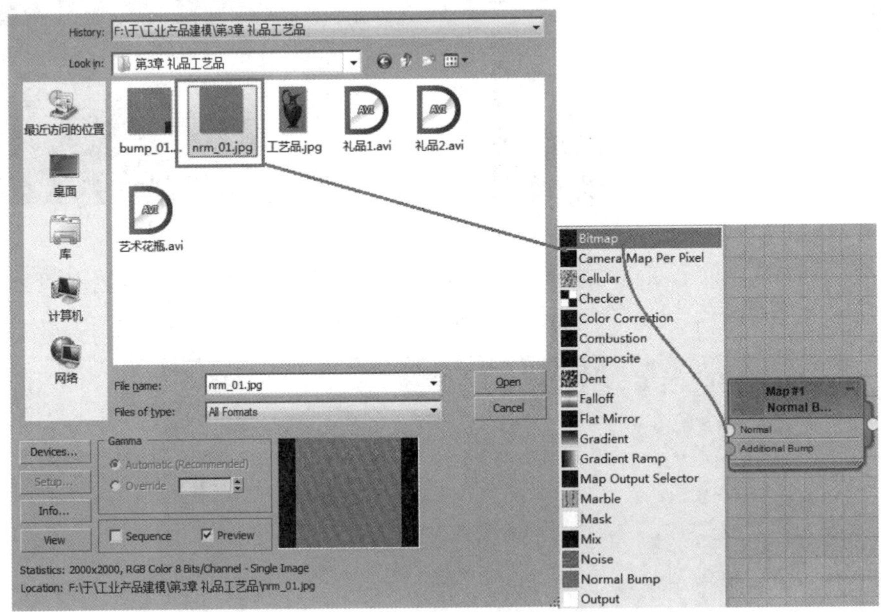

图 3.36

用同样的方法在 Normal Bump（法线贴图）材质贴图通道中单击 Additional Bump 左侧的圆并拖放，在弹出的贴图类型中选择 Bitmap（位图），然后选择图 3.37 所示的法线贴图。

双击 Normal Bump 通道，在右侧的参数中设置 Normal 值为 5 左右，如图 3.38 所示。

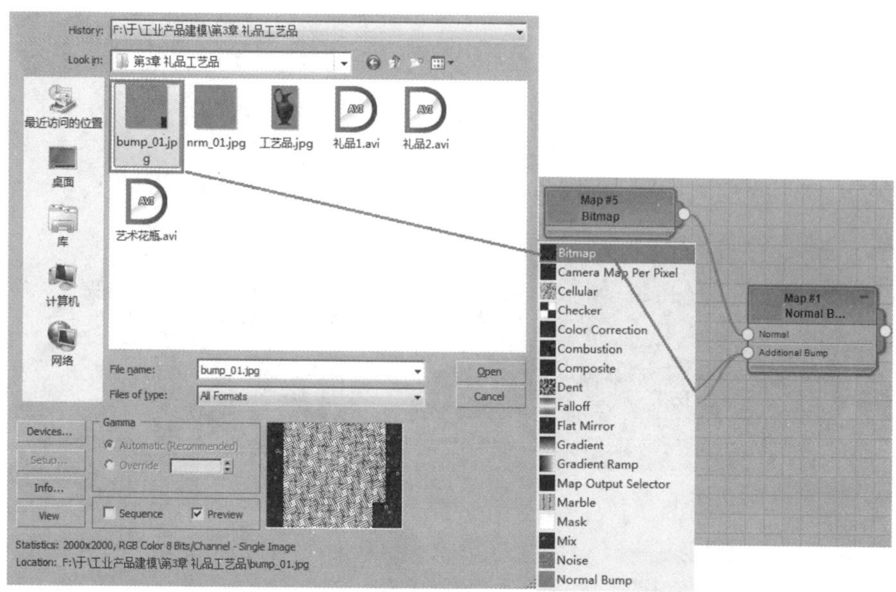

图 3.37

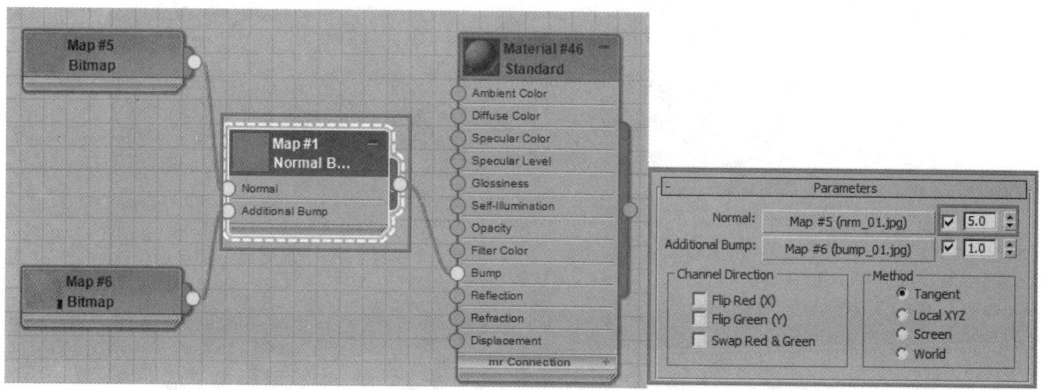

图 3.38

测试渲染一下，效果如图 3.39 所示。

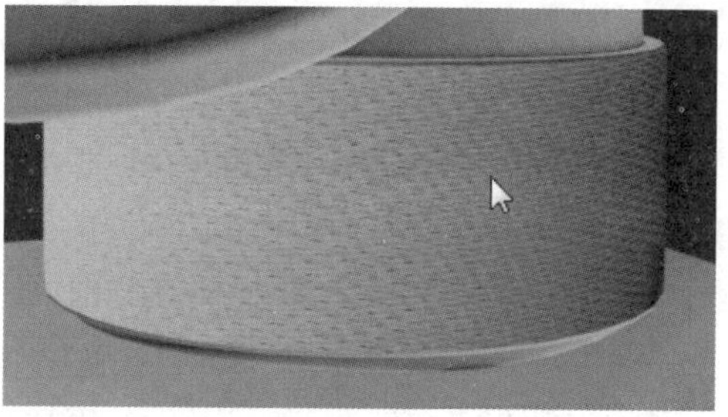

图 3.39

调整 UVW Map 参数下的 U Tile 和 V Tile 参数，直至渲染的效果令人满意为止，如图 3.40 所示。

步骤 15 在视图中创建一个 Box 物体，设置长、宽、高分别为 670mm、670mm、1 100mm，调整其位置，如图 3.41 所示。该 Box 物体可以作为一个简单的外包装盒模型。

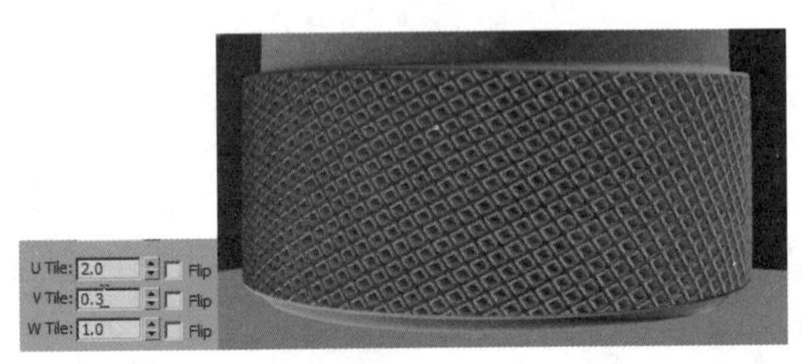

图 3.40

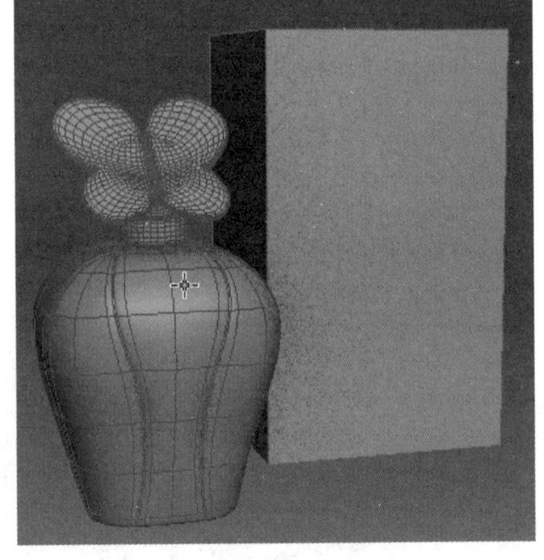

图 3.41

步骤 16 将瓶盖模型复制一个，移动、旋转并调整其位置，然后给场景中的模型赋予一个默认的材质，最终的效果如图 3.42 所示。

图 3.42

3.2 制作艺术花瓶

花瓶是一种器皿，多为陶瓷或玻璃制成，外表美观光滑。这一节我们要制作的物体严格来说应该算是一种更具有收藏价值的陶瓷制品。本例中模型的制作有两种方法：第一种是直接创建圆柱体，然后用可编辑的多边形物体进行修改；第二种是利用参考图创建剖面曲线，通过修改器转换为三维模型再进行多边形编辑修改。

步骤 01 首先来看一下背景参考视图的设置。激活前视图，按下 Alt+B 组合键打开背景视口设置面板，当然也可以在 Views（视图）菜单下单击 Viewport Background（视口背景）| Configure Viewport Background... Alt+B 来打开背景视口设置面板。2015 版本之后的背景视口设置进行了更改，首先来看一下 2012 版本的设置方法以便进行对比。打开视口背景设置面板之后，单击 文件... 按钮，然后在弹出的选择背景图像对话框中选择一个位图，勾选“匹配位图”和“锁定缩放/平移”复选框，如图 3.43 所示。

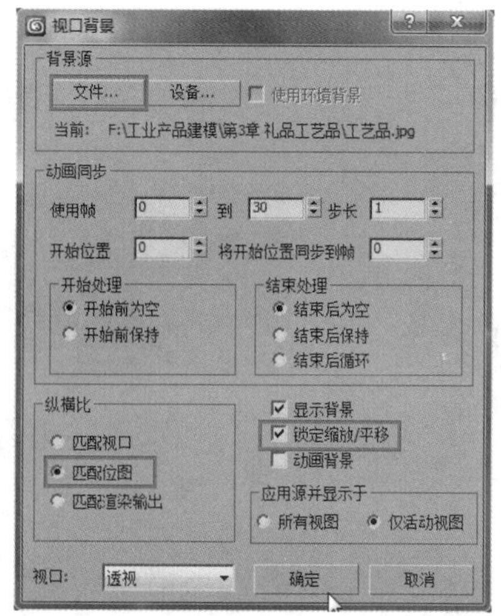

图 3.43

2012 版本中有多种选项，我们分别来看一下。

（1）Use Customize User Interface Gradient Colors（使用自定义用户界面渐变颜色）。从图 3.44 中可以看到使用了这个选项后，它的背景色就变成了和透视图一样的渐变色。

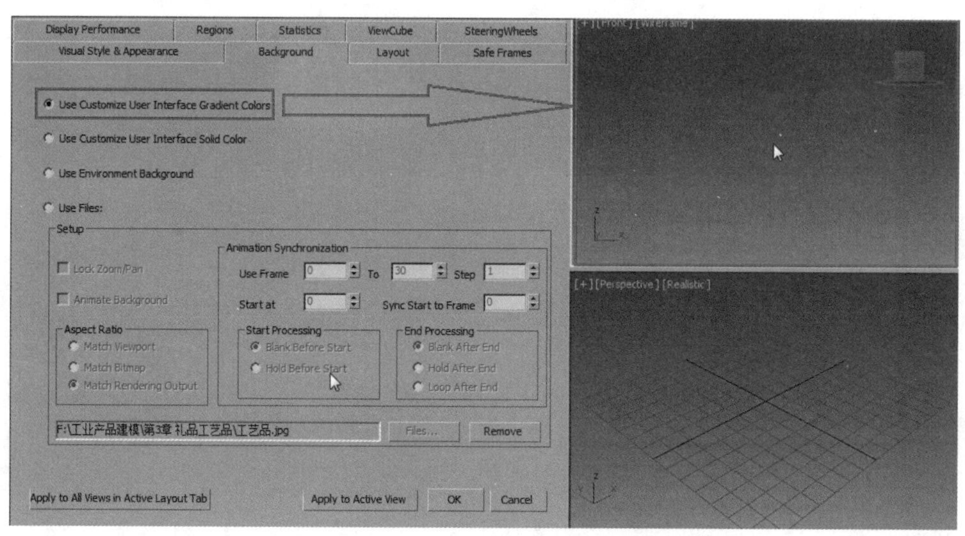

图 3.44

（2）Use Customize User Interface Solid Color（使用自定义用户界面纯色）。这是系统默认的选项，该选项默认的背景色是灰色。

（3）Use Environment Background（使用环境背景）。选择该选项后，背景视图默认变成了黑色。按下 8 键，打开环境特效面板，因为默认的背景色就是黑色，所有视图中的背景色也会是黑色。单击 Color 面板框，在弹出的颜色面板中可以随意更改颜色，当环境色改变之后，视图中的颜色也会随之改变，如图 3.45 所示。

（4）利用图片设置背景图。首先选择 Use Files（使用文件）单选按钮，再单击 Files... 按钮，在弹出的选择背景图像对话框中选择需要的图像，单击 Open 按钮，然后选择 Match Bitmap（匹配位图）单选按钮，勾选 Lock Zoom/Pan（锁定缩放/平移）复选框，如图 3.46 所示。

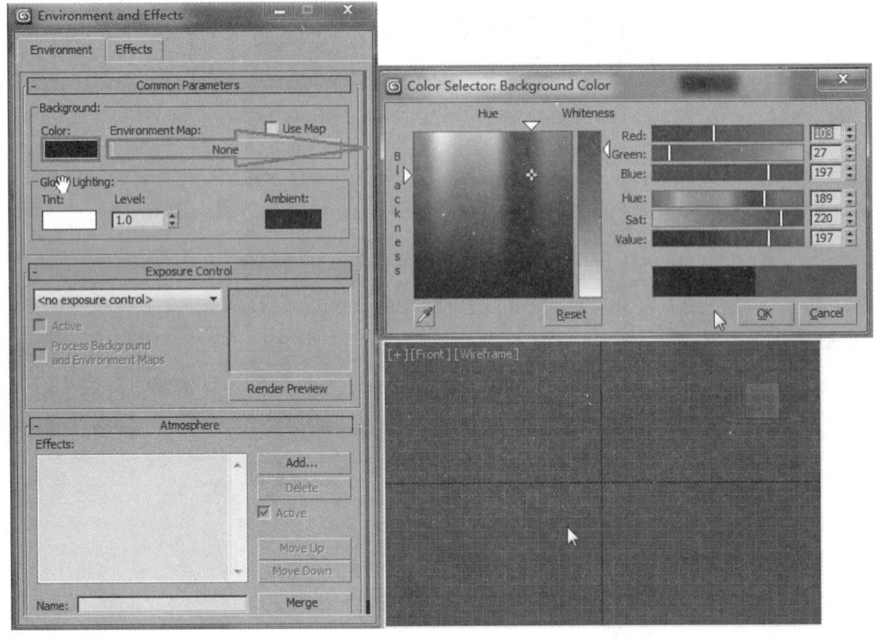

图 3.45

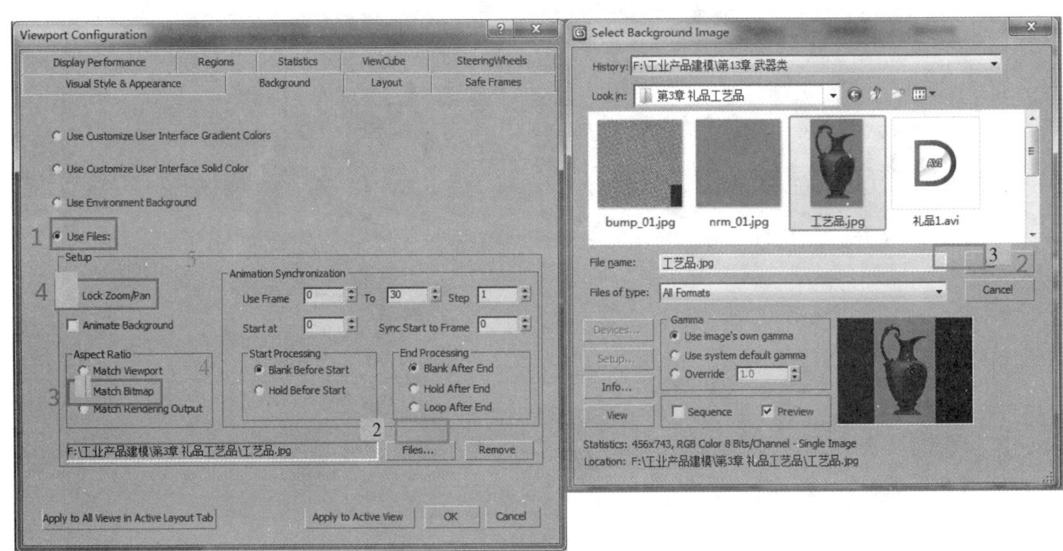

图 3.46

勾选 Lock Zoom/Pan（锁定缩放/平移）复选框之后，在视图中移动和缩放视图时，图像也会随之进行移动和缩放。如果没有勾选该复选框，那么在视图中拖动视图时，只有网格线跟着移动和缩放，而图像是固定不变的。

注意，除了 Match Bitmap（匹配位图）外，还有一个 Match Viewport（匹配视口），如果选择了该单选按钮，当我们选择了一张长宽同等比例的图片之后，它在视图中显示就没什么问题；但如果选择了一张长宽比不同的位图，那么在视图中显示时就会将图片压扁或者拉长来保持在视口中长宽比一致，如图 3.47 所示。

上面介绍的是 3ds Max 2012 和 3ds Max 2013 背景视图的设置，3ds Max 2014/2015 中的背景视图设

置和 3ds Max 2013 基本一样，但是 2014 和 2015 版本中没有了 Lock Zoom/Pan（锁定缩放/平移），显得很不方便。图 3.48 所示为 3ds Max 2015 中的背景视图设置参数面板。

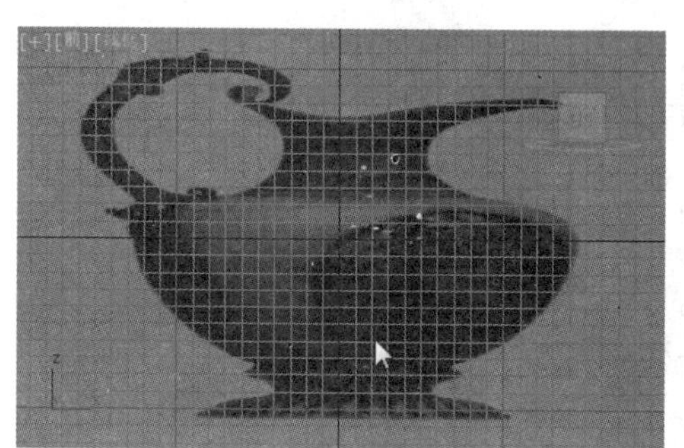

图 3.47

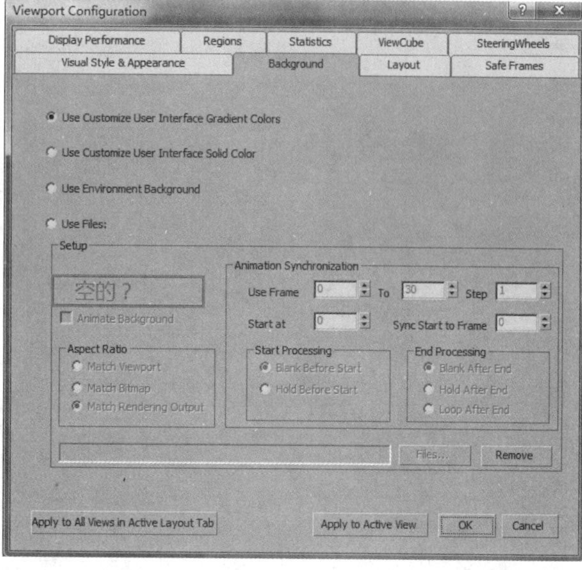

图 3.48

2015 版本中并不是真正取消了背景视图中的锁定/缩放平移功能，那么该如何调取呢？单击 Customize 菜单选择 Preference 系统设置，在弹出的 Preference Settings 中单击 Viewports，然后单击 Choose Driver... 按钮，在弹出的 Display Driver Selection 面板中选择 Legacy Direct3D，如图 3.49 所示。单击 OK 按钮，此时会弹出一个提示框 Display driver changes will take effect the next time you start 3ds max.（显示驱动变更将在下次重启 3ds max 软件时生效）。当再次启动 3ds Max 软件时，就可以正常看到 13 版本之前的锁定/缩放平移功能了。

步骤 02 背景视图设置好之后，接下来就可以参考图片来制作所需要的样条曲线了。在“创建”面板中单击 Line 按钮，在图片中花瓶的边缘创建出它的轮廓线，如图 3.50 所示。

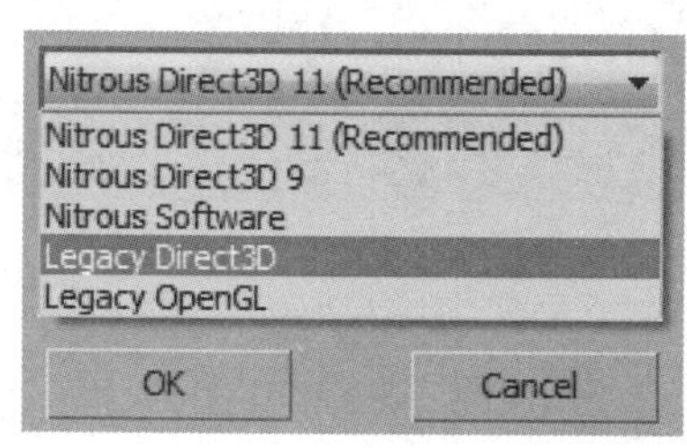

图 3.49

图 3.50

步骤 03 选择该样条曲线，在修改器下拉列表中添加 Lathe 修改器，进入 Lathe 子级别（Axis），将轴心移动到中心位置，当然也可以单击 Min 按钮快速设置。调整 Segments（分段数）值为 6，回到

Line 级别，将 Interpolation 的步骤 s 值设置为 1，这样当前的模型面数会大大降低。图 3.51 所示为分别调整了 Segments 值和 Interpolation 值的对比效果。

在调整了两个参数之后，我们发现花瓶底部的线段还是有点密，可以继续回到 Line 中的点级别下，适当删除一些点即可。同时在中部的位置再添加一些点，让模型的布线尽量均匀一些，效果如图 3.52 所示。

图 3.51　　图 3.52

步骤 04 右击，在弹出的菜单中选择 Convert To|Convert to Editable Poly，将其转换为可编辑的多边形物体，选择瓶口处的线段，按住 Shift 键向上移动复制新的面并调整位置。调整的过程如图 3.53 所示。

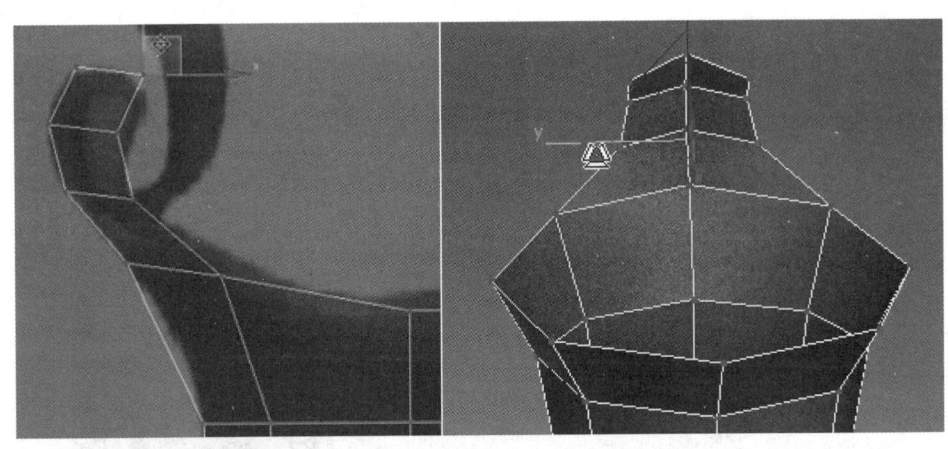

图 3.53

将瓶口右侧的面也来调整出来，如图 3.54 所示。

步骤 05 调整好之后，在修改器下拉列表中添加 Shell（壳）修改器，调整 Inner Amount 和 Outer Amount 值均为 20mm，然后再次右击，在弹出的菜单中选择 Convert To|Convert to Editable Poly，将其转换为可编辑的多边形物体，进一步调整瓶口点的位置来控制好它的形状。细分光滑显示该物体，效果如图 3.55 所示。

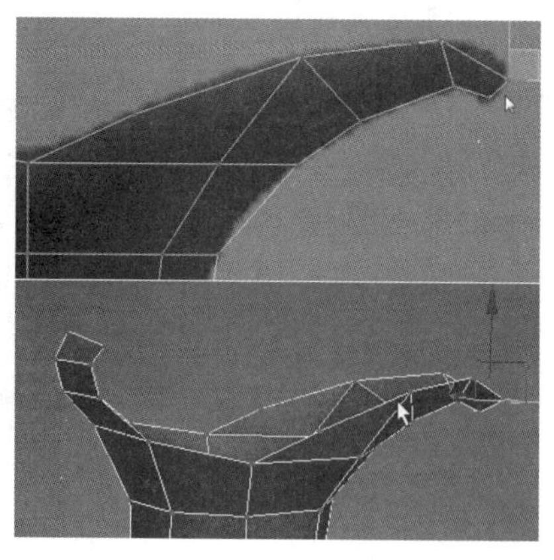
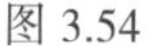

图 3.54

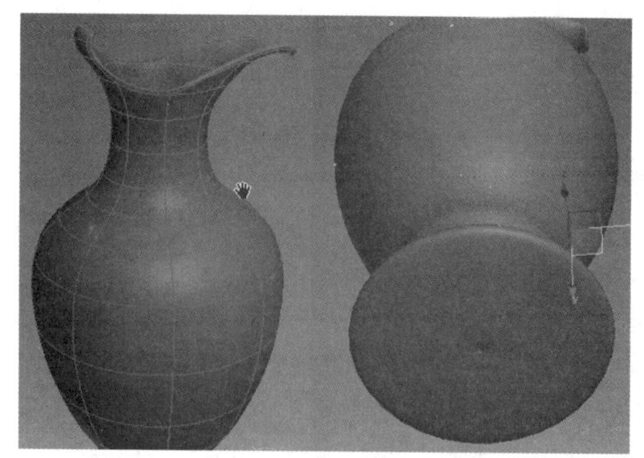

图 3.55

该模型在细分之后，底部中心位置出现了一些问题。按 Ctrl+Q 组合键取消细分光滑，进入到点或者面级别，按 Alt+X 组合键透明化显示该物体，发现底部的面出现了一些问题，如图 3.56 所示。

这里只需将多余的面删除，然后将点用 Weld 工具焊接一下即可。再次细分光滑之后，问题得到解决，如图 3.57 所示。

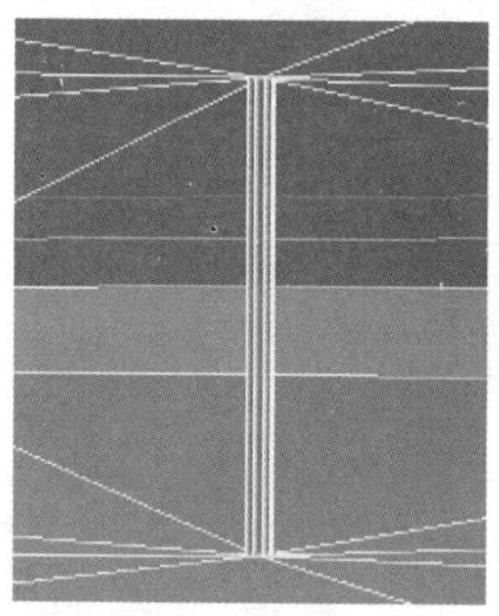

图 3.56

图 3.57

步骤 06 在视图中创建一个 Box 物体，右击，在弹出的菜单中选择 Convert To|Convert to Editable Poly，将其转换为可编辑的多边形物体，选择顶部面边，挤出面边并调整形状至如图 3.58 所示。

参考图片中的细节，选择对应的面继续挤出和调整，需要加线调整的地方要做进一步的加线调整处理，效果如图 3.59 所示。

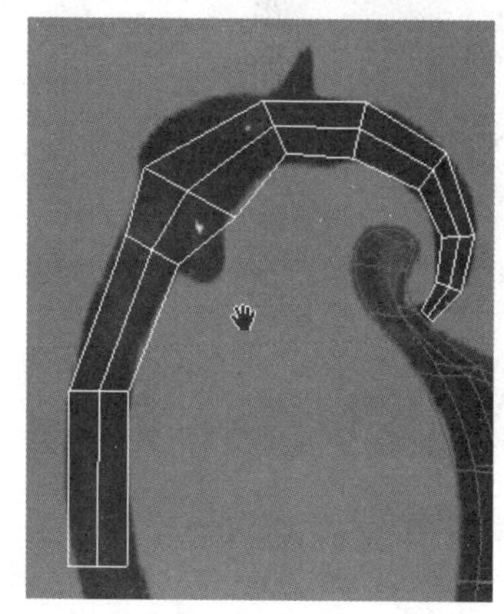

图 3.58

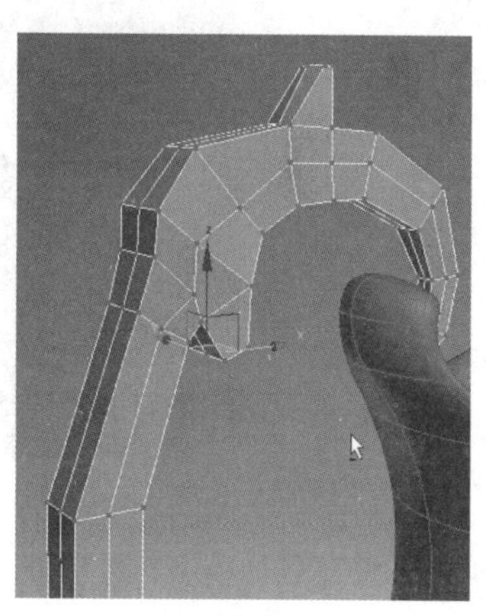

图 3.59

用同样的方法将下部分的细节调整出来，效果如图 3.60 所示。

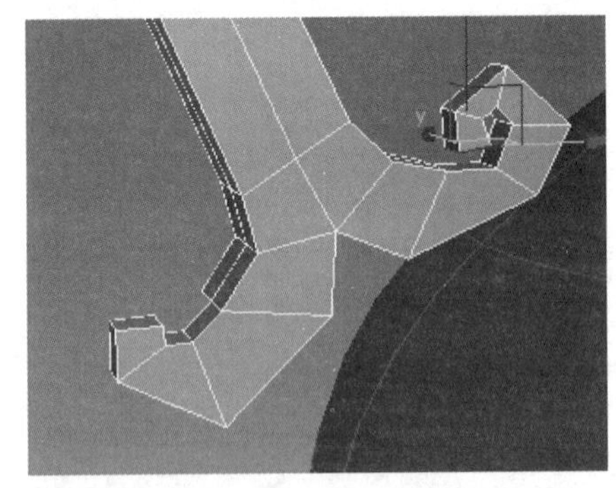

图 3.60

步骤 07 选择瓶体模型，在石墨工具下的 Freeform （自由形式）菜单中单击 Paint Deform （绘制变形），然后单击（偏移）工具，切换到前视图，此时可以通过笔刷工具来快速调整花瓶整体的外形。该笔刷调节的快捷键分别为：按住 Shift +鼠标左键并拖动，可以快速调整内圆的大小，也就是笔刷强度值的调整；按住 Ctrl+鼠标左键并拖动，可以快速调整外圆的大小，也就是笔刷大小的调整；按住 Ctrl+Shift+鼠标左键并拖动，可以同时调整外圆和内圆的大小，也就是笔刷大小和强度的同时调整。将笔刷大小和强度调整到一个合适的值，然后就可以在模型上拖动调整模型的形状了，如图 3.61 所示。

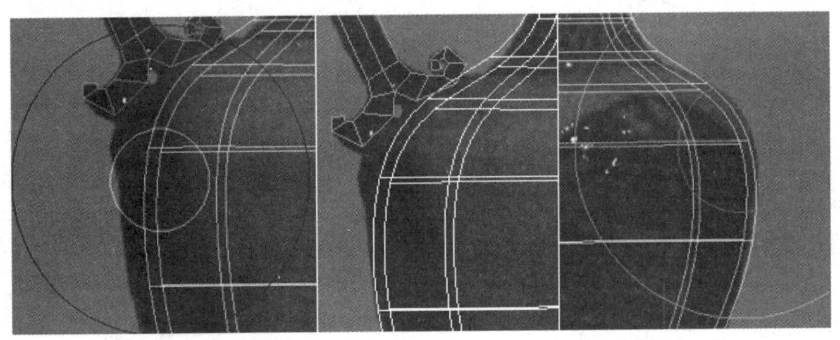

图 3.61

步骤 08 将花瓶把手模型删除一半，然后在修改器下拉列表中添加 Symmetry（对称）修改器将另一半模型对称出来。将该模型塌陷，将对称轴心的线段适当向外缩放调整，如图 3.62 所示。

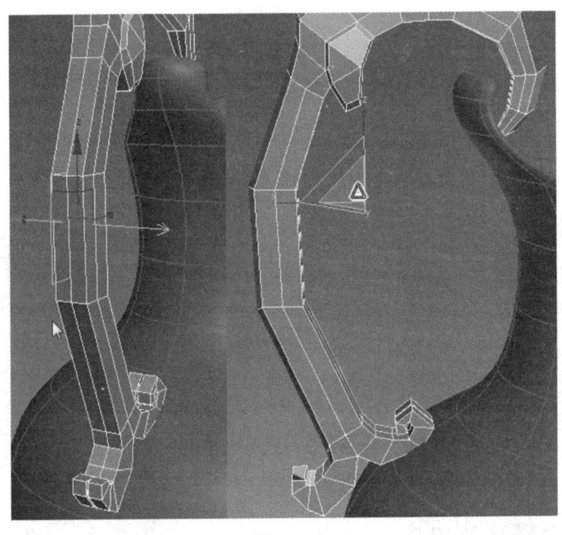

图 3.62

步骤 09 选择瓶体模型，然后进入线段级别，用 Cut 工具将瓶体和把手对应的位置切线，如图 3.63 所示。

单击 Attach 按钮，拾取把手模型，将瓶体和把手模型焊接成一个物体。然后选择把手和瓶体相对应的面，单击 Bridge 按钮使中间自动连接出新的面。按 1 键进入点级别，在顶视图中删除一半模型，然后在修改器下拉列表中添加 Symmetry 修改器，将另外一半模型对称出来，细分光滑显示模型后的效果如图 3.64 所示。

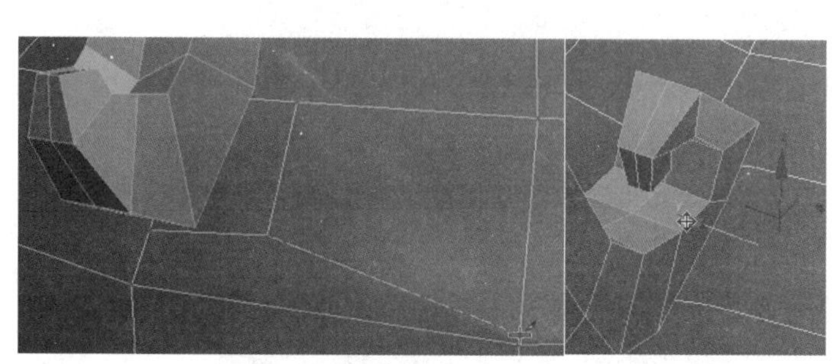

图 3.63

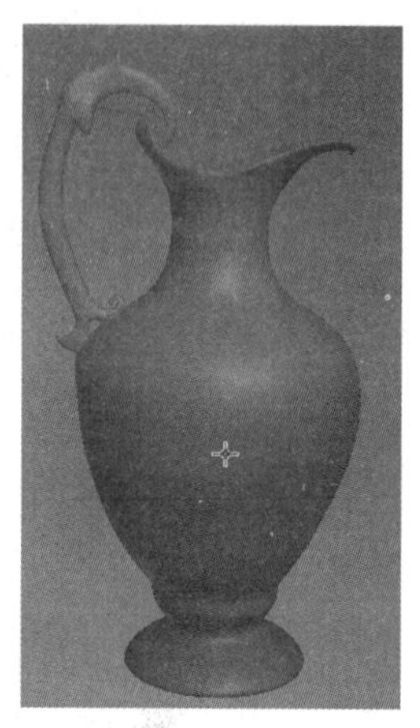

图 3.64

步骤 10 选择瓶体上的一些线段，先用 Chamfer 工具切角处理，然后移动调整线段，再次用 Chamfer 工具将一条线段进行切角处理，过程如图 3.65 所示。

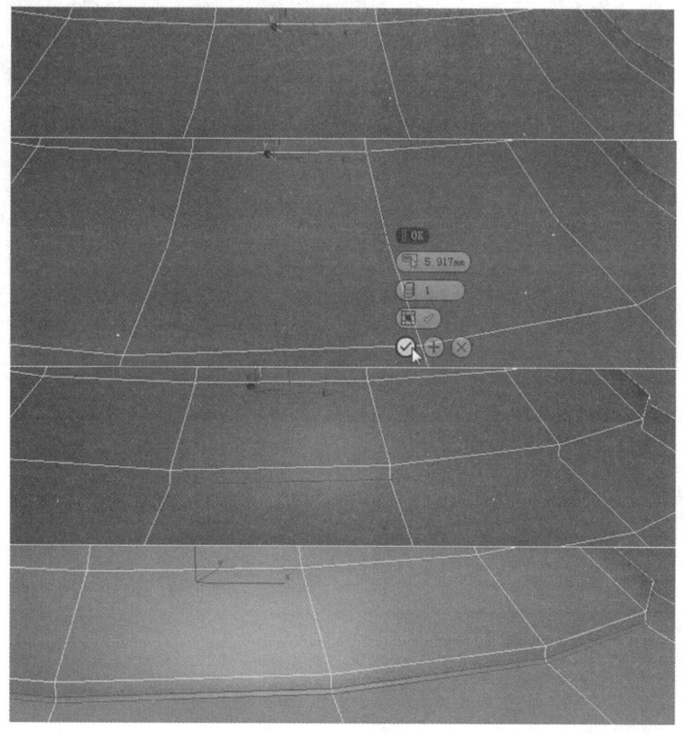

图 3.65

用同样的方法将底座的线段做同样的处理，调整出棱角的效果，如图 3.66 所示。

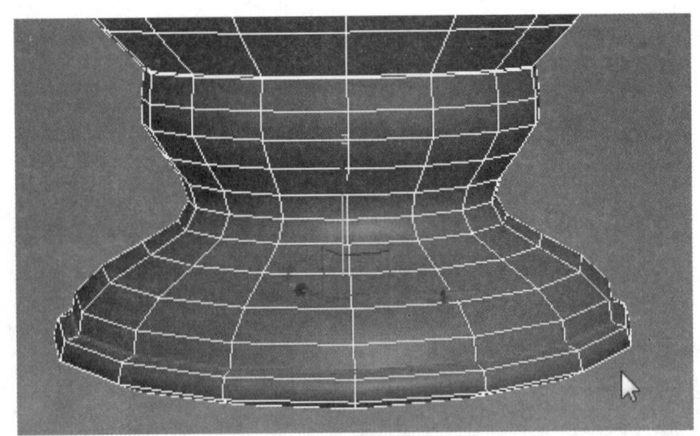

图 3.66

步骤 11 选择图 3.67（左）所示的面，单击 Extrude 后面的□按钮，将这些面向外挤出调整。最后在中间位置添加一条线段，最终的效果如图 3.67（右）所示。

图 3.67

第 4 章 制作运动器械

运动器械是竞技体育比赛和健身锻炼所使用的各种器械、装备及用品的总称。体育器材与体育运动相互依存、相互促进。体育运动的普及和运动项目的多样化使体育器材的种类、规格等都得到发展。同样，质量优良、性能稳定的运动器械，不但可以保证竞技比赛在公正和激烈的情况下进行，而且还为促进运动水平的提高创造了必要的物质条件。

本章将以一个哑铃和溜冰鞋模型为例来介绍一下运动器械模型的建模方法。

4.1 制作滑轮车

1. 制作滑轮车板

步骤 01 依次单击 Creat（创建）| Geometry（几何体）| Box（长方体）按钮，在视图中创建一个长宽高分别为 880mm、220mm、13mm 的长方体，右击，在弹出的菜单中选择 Convert To|Convert to Editable Poly，将模型转换为可编辑的多边形物体，选择长度方向上的环形线段，按快捷键 Ctrl+Shift+E 加线，移动四角的点调整形状至图 4.1 所示。

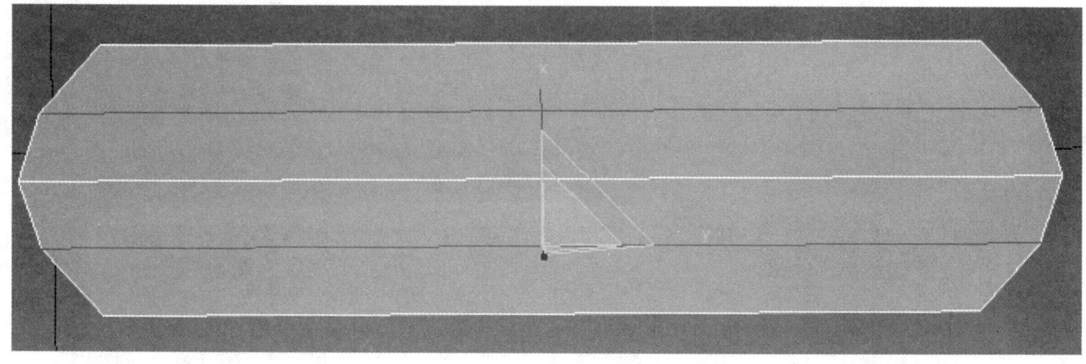

图 4.1

同样的方法在宽度方向上加线如图 4.2 所示，切换到缩放工具沿着 Y 轴多次缩放使其线段缩放为笔直状态，如图 4.3 所示。

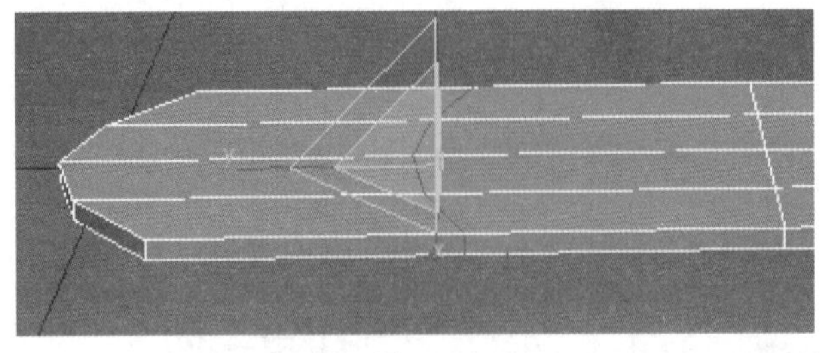

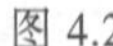

图 4.2

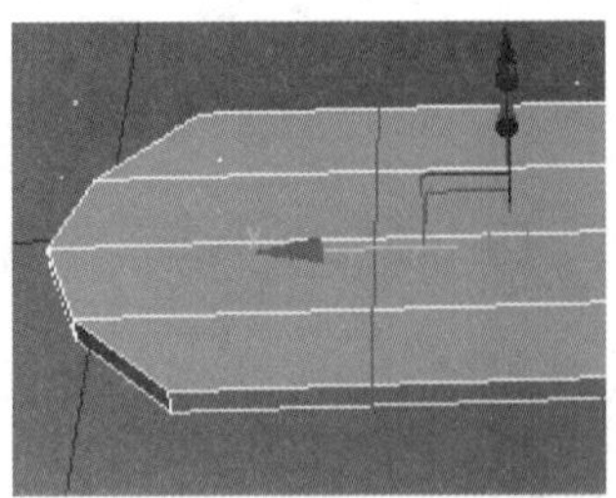

图 4.3

调整所加线段 Z 轴上的位置，使模型表现出一定的流线效果，如图 4.4 所示。

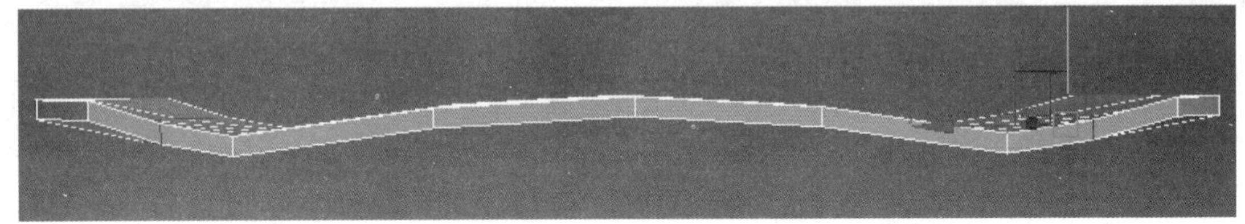

图 4.4

在顶部和底部边缘位置加线，如图 4.5 所示，选择右侧一半的点，按 Delete 键删除，继续调整左侧模型形状至图 4.6 所示。

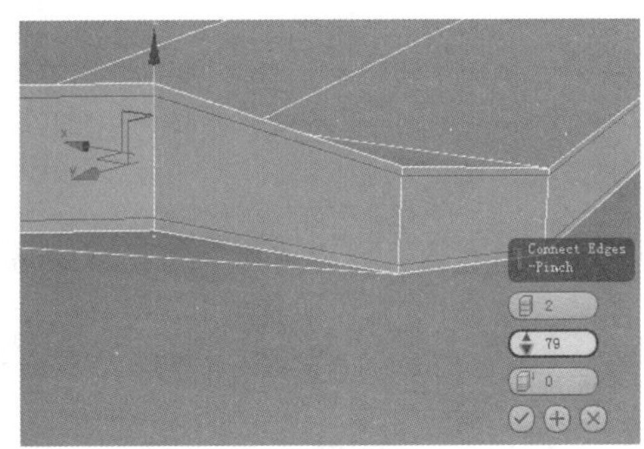

图 4.5

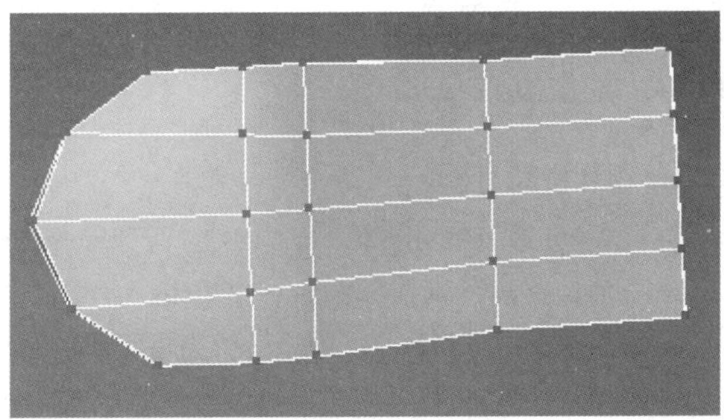

图 4.6

单击按钮进入修改面板，单击“修改器列表”右侧的小三角按钮，在修改器下拉列表中添加 Symmetry（对称）修改器，单击 Symmetry 前面的+号然后单击 Mirror 进入镜像子级别，在视图中移动对称中心的位置，如果模型出现空白的情况，可以勾选“翻转”参数。添加对称修改效果如图 4.7 所示。

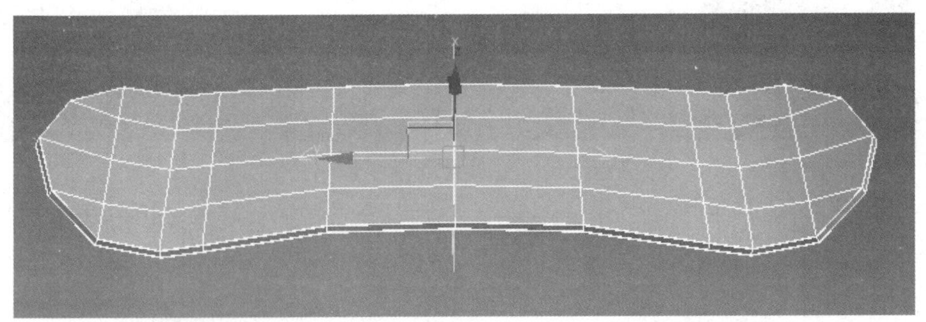

图 4.7

步骤 02 选择图 4.8 中的面，按住 Shift 键向上移动复制，在弹出的复制面板中选择 Clone To Object，如图 4.9 所示。

图 4.8

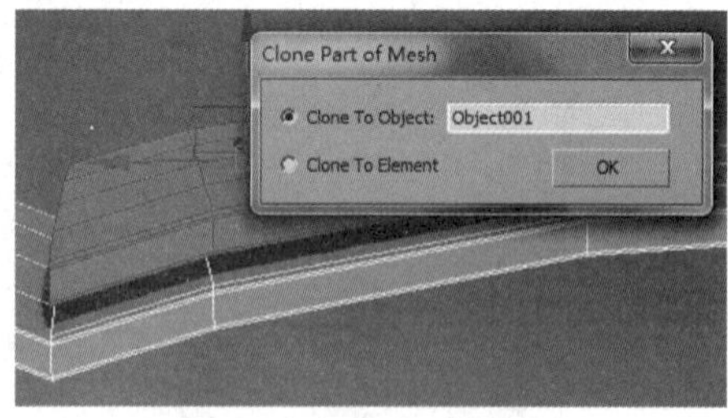

图 4.9

为了便于区分给复制的物体换一种颜色显示，然后选择中间线段按快捷键 Ctrl+Backspace 移除，选择顶部所有点沿着 Z 轴向下移动调整模型厚度，然后按“3”键进入边界级别，选择两侧的边界线，单击 Cap （补洞）按钮将开口封闭起来，然后在“点”级别下，分别选择上下对应的点，按快捷键 Ctrl+Shift+E 加线调整布线。过程如图 4.10 和图 4.11 所示。

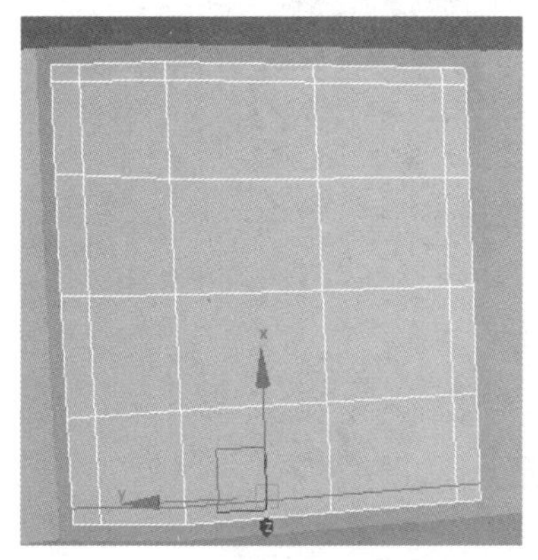

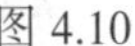

图 4.10

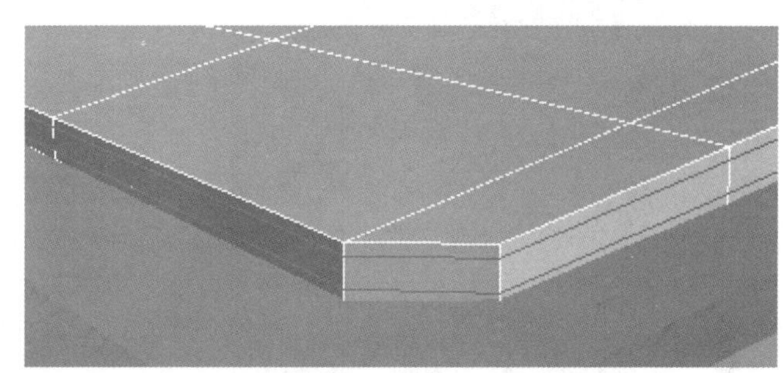

图 4.11

按快捷键 Ctrl+Q 细分该模型，效果如图 4.12 所示。

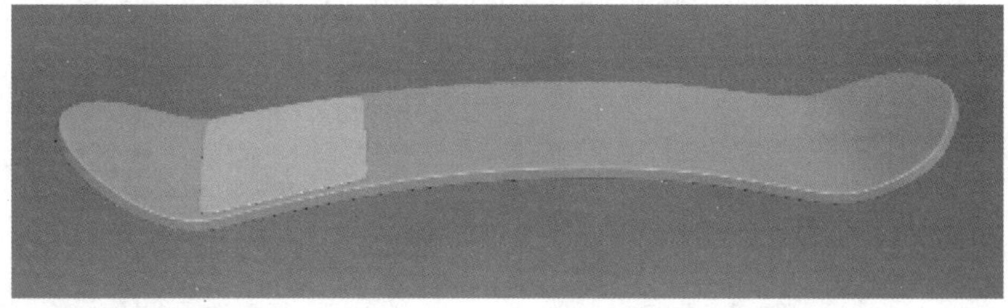

图 4.12

步骤 03 依次单击 Creat（创建）| Geometry（几何体）| Box （长方体）按钮，在透视图中创建一个长方体，如图 4.13 所示。右击，在弹出的菜单中依次选择 Convert To|Convert to Editable Poly，将模型转换为可编辑的多边形物体。调整左侧两角的点，然后选择图 4.14 中的面，单击 Extrude 按钮后面的图标，在弹出的 Extrude 快捷参数面板中设置挤出值将面向上挤出，然后调整点位置调整形状如图 4.15 所示。

将图 4.16 中的线段切角设置。

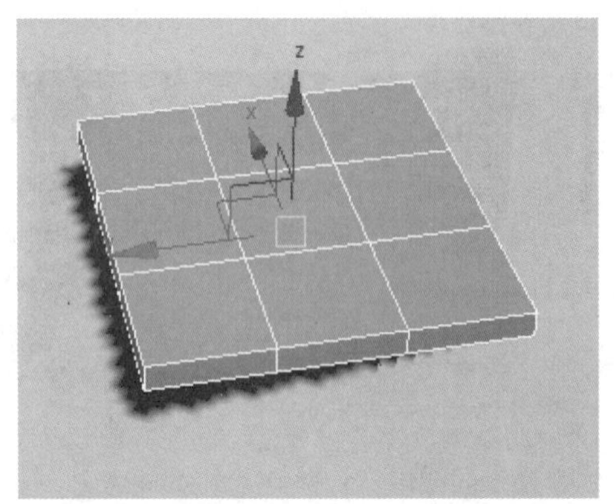

图 4.13

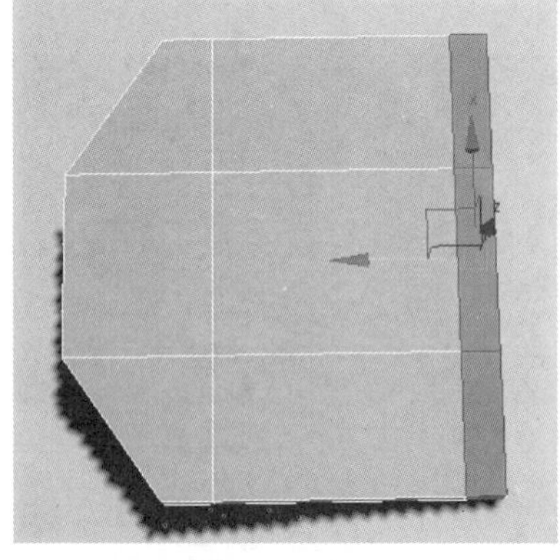

图 4.14

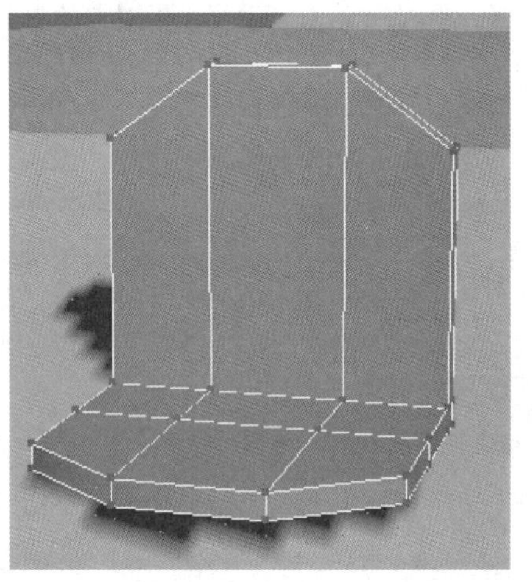

图 4.15

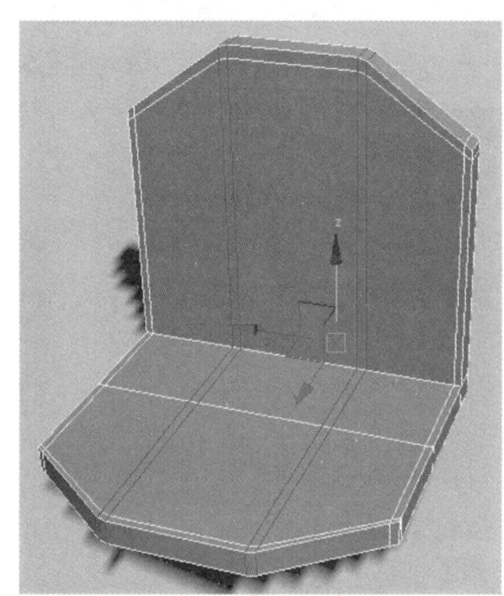

图 4.16

在拐角位置加线（此步骤加线非常重要）如图 4.17 所示，如果不加线细分后效果如图 4.18 所示，拐角位置的面在细分后会出现较大的变形效果，而如果在该位置加线约束，细分后就会出现较为美观的棱角效果。

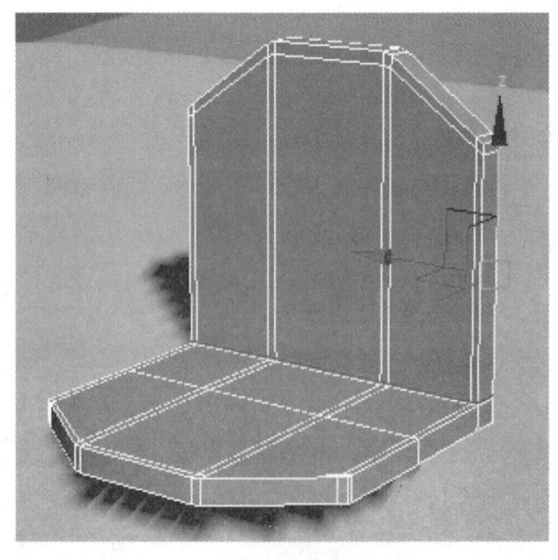

图 4.17

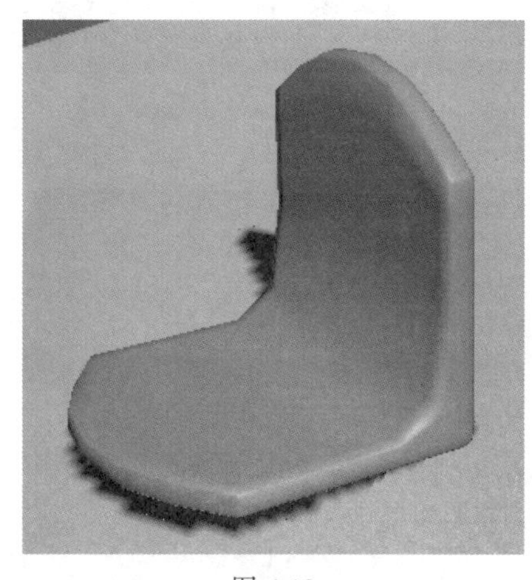

图 4.18

步骤 04　单击 Creat（创建）| Geometry（几何体）Extended Primitives 下的 ChamferBox（切角长方体）按钮创建一个切角长方体，如图 4.19 所示，将其转换为可编辑的多边形物体后，加线调整点的位置至图 4.20 所示形状。

图 4.19

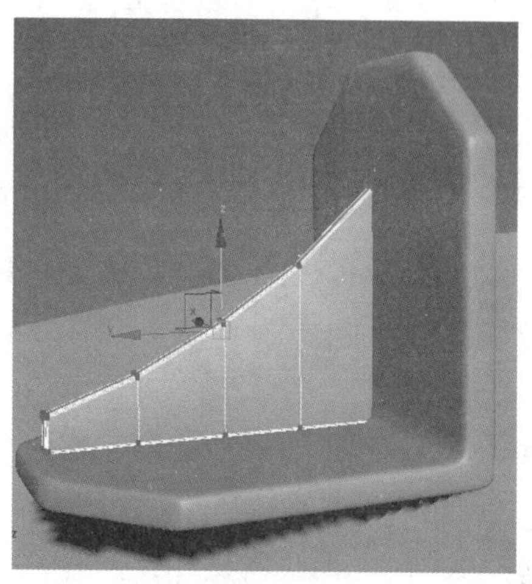
图 4.20

步骤 05　调整好形状后将该物体复制一个如图 4.21 所示，然后创建一个球体模型并删除一半，用缩放工具压扁调整至如图 4.22 所示。

图 4.21

图 4.22

按“3”键进入边界级别，选择边界线，按住 Shift 键配合移动和缩放工具挤出面并调整，如图 4.23 所示。然后将图 4.24 和图 4.25 中的线段切角设置。

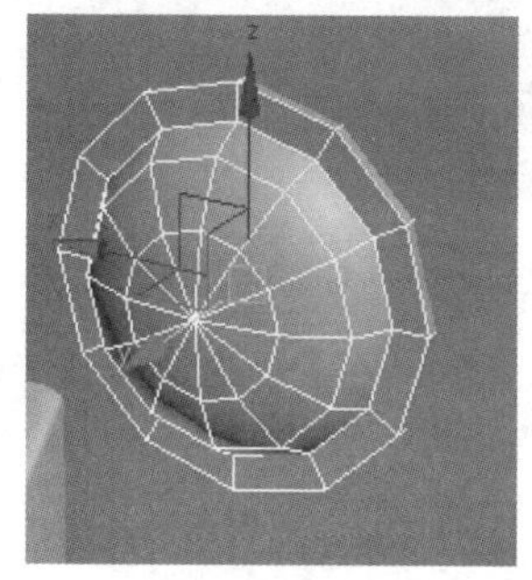
图 4.23

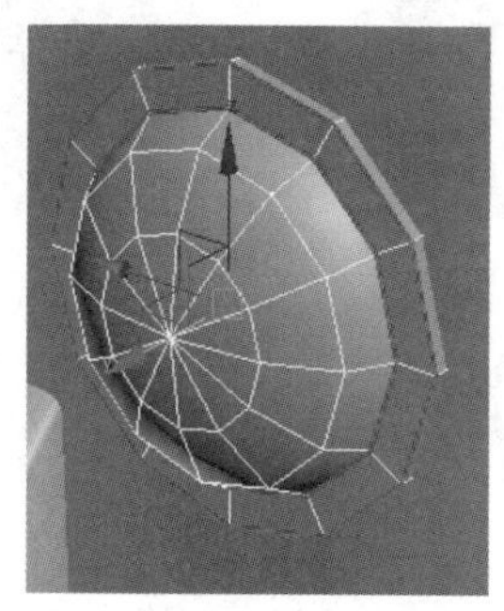
图 4.24

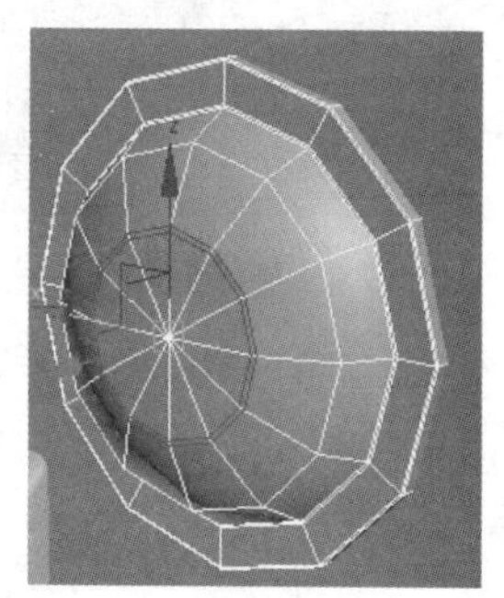
图 4.25

步骤 06 细分后复制调整至图 4.26 所示。然后再创建一个长方体并将其转换为可编辑的多边形物体，删除前方的面，如图 4.27 所示。

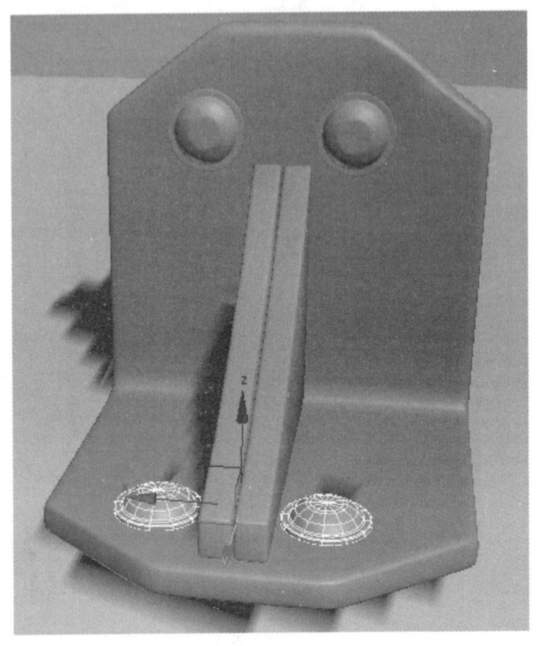
图 4.26

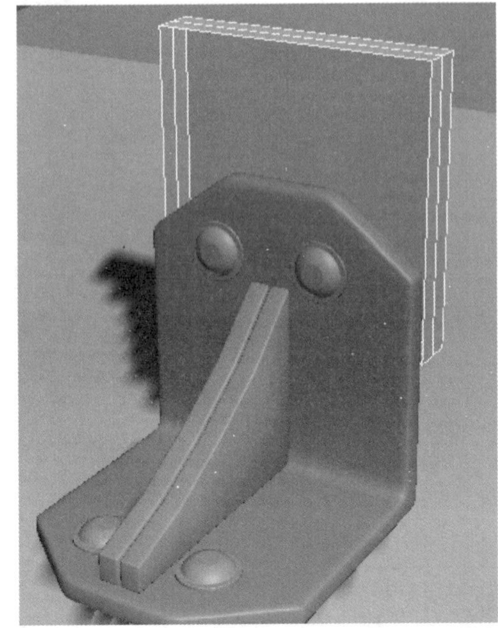
图 4.27

选择边界线按住 Shift 键配合移动、缩放工具向内连续挤出调整所需形状如图 4.28 所示，然后将拐角位置线段切角设置如图 4.29 所示。

图 4.28

图 4.29

分别在图 4.30 中红色线段的位置加线调整，然后删除背部一半模型，在修改器下拉列表中添加 Symmetry（对称）修改器，将前面制作好的形状直接对称出来，如图 4.31 所示。细分后的整体效果如图 4.32 所示。

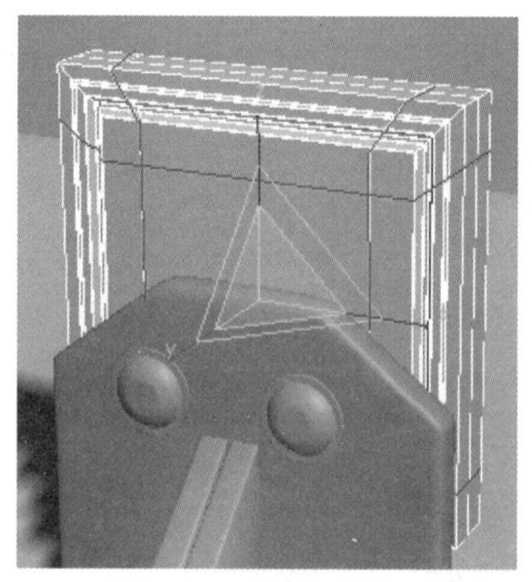

图 4.30

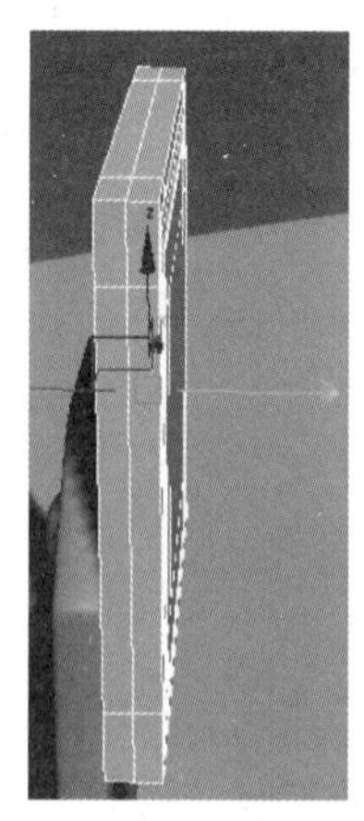

图 4.31

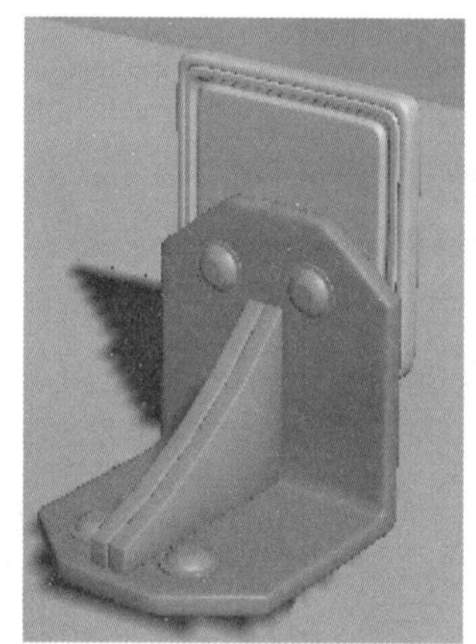

图 4.32

 再次创建一个长方体并将其转换为可编辑的多边形物体，勾选 ☑ Use Soft Selection 使用软选择，调整衰减值大小选择底部如图 4.33 中所示的底部点，用缩放工具缩放调整至如图 4.34 所示。

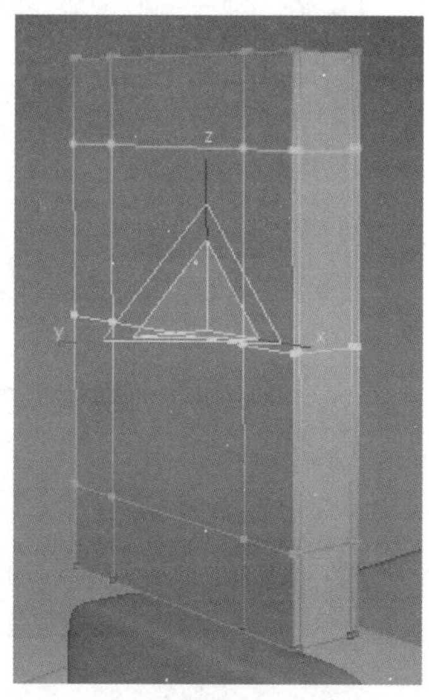

图 4.33

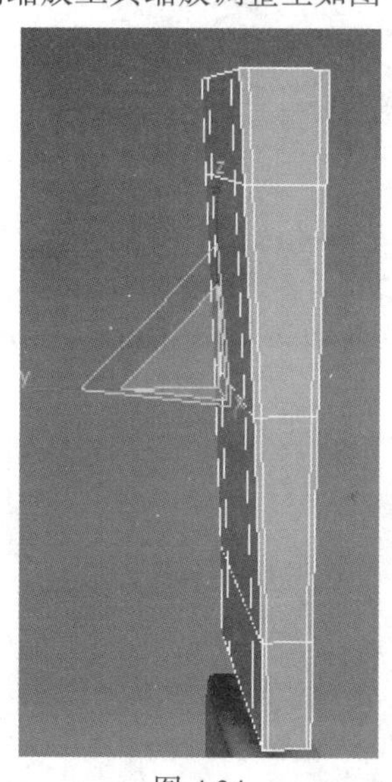

图 4.34

在修改器下拉列表中添加 Bend（弯曲）修改器，效果和参数设置如图 4.35 和图 4.36 所示，最后将该模型塌陷为多边形物体后细分。

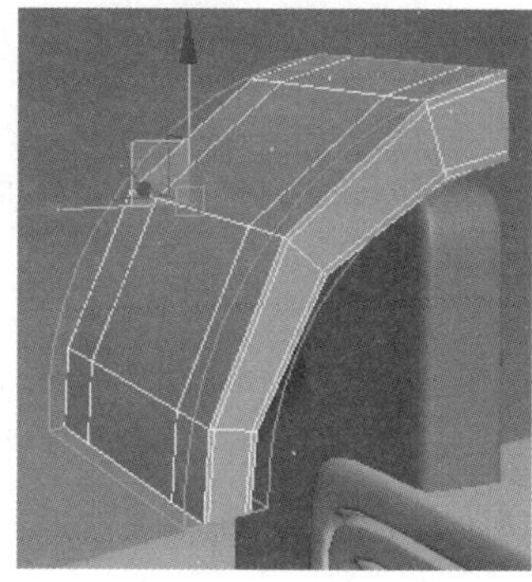

图 4.35

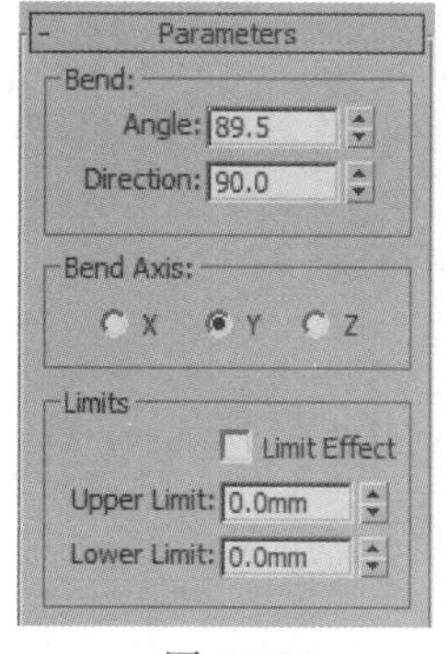

图 4.36

步骤 08 单击 Creat（创建）Shape（图形）| Rectangle（矩形）按钮，在视图中创建一个矩形，调整 Corner Radius（圆角）参数值，效果如图 4.37 所示。右击，在弹出的菜单中选择 Convert To|Convert to EditableSpline，将模型转换为可编辑的样条线，选择图 4.38 中的线段，单击参数面板下的 Divide 按钮，将线段平分为二，也就是在线段中心位置加线，如图 4.39 所示。

在透视图中调整线段的弧形效果如图 4.40 所示。勾选 Rendering 卷展栏下的 Enable In Renderer 和 Enable In Viewport，设置 Thickness（厚度值）和 Sides（边数）值，效果如图 4.41 所示。

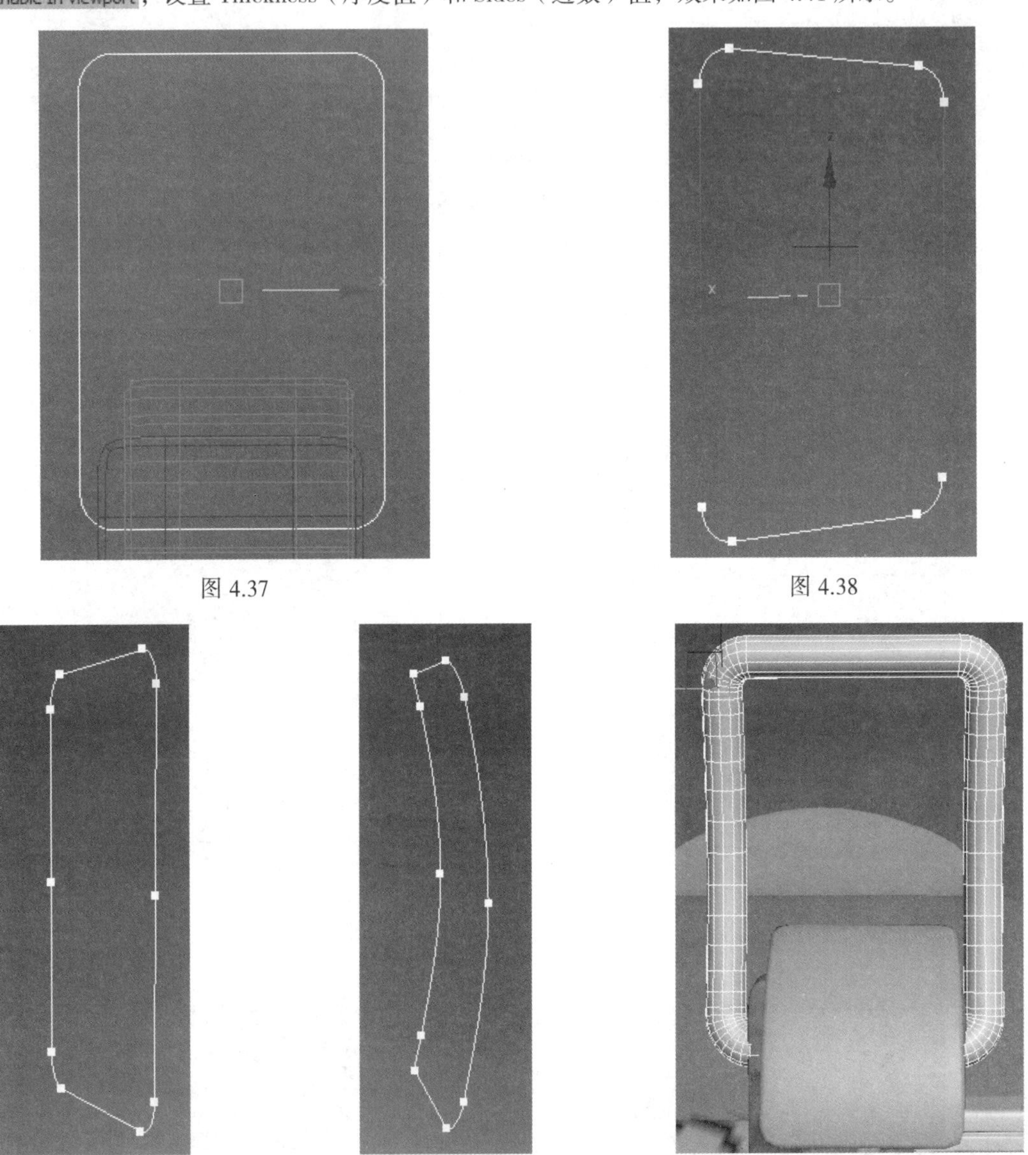

图 4.37　图 4.38

图 4.39　图 4.40　图 4.41

选择图 4.42 中的所有模型，选择 Group| Group（组）命令设置一个群组，这样便于整体选择操作。旋转调整好角度如图 4.43 所示，最后再复制一个调整角度和位置如图 4.44 所示。

步骤 09 在顶视图中创建一个 Plane（片面）物体并转换为可编辑的多边形物体，选择边缘的线按住 Shift 键挤出面调整形状如图 4.45 和图 4.46 所示。

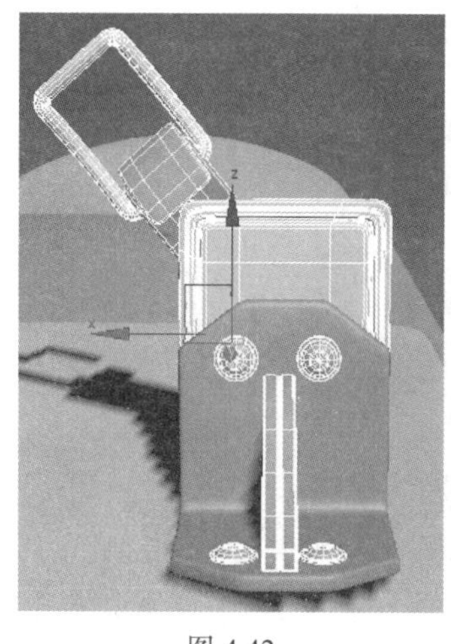

图 4.42

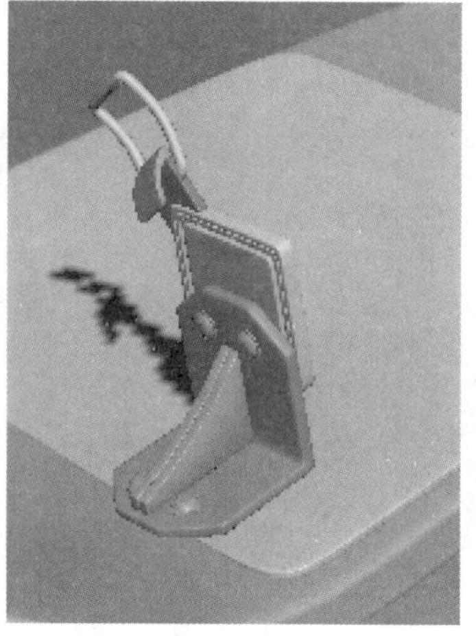

图 4.43

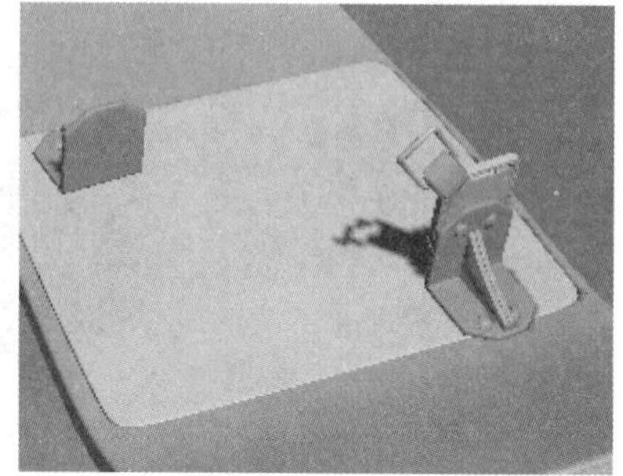

图 4.44

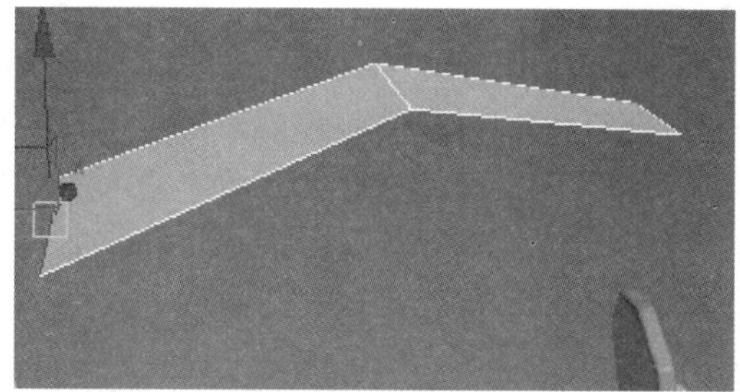

图 4.45

图 4.46

通过不断地挤出面、加线调整等操作，制作出一个带有弧线效果的面片，如图 4.45 所示。在整体调整形状时，可以单击 Freeform | Paint Deform 下的按钮，该“偏移”工具可以针对模型进行整体的比例形状调整，有点类似于“软选择”工具的使用，但是它使用起来会更加快捷更加灵活。当开启“偏移”工具时，鼠标的位置会出现两个圈，外圈为黑色，内圈为白色。外圈控制笔刷的衰减值，内圈控制强度。Ctrl+Shift+鼠标左键拖拉可以同时快速调整内圈和外圈的大小，Ctrl+鼠标左键调整外圈衰减值大小，Shift+左键拖拉控制调整内圈强度值。调整好笔刷大小和强度值在模型上可以拖动来调整形状如图 4.48 所示。

图 4.47

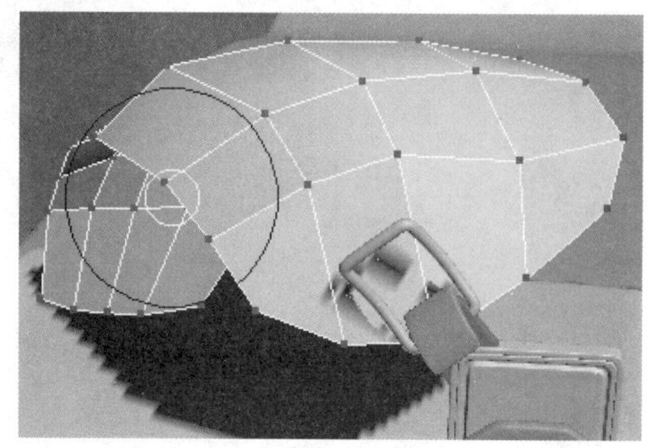

图 4.48

在修改器下拉列表中添加“Shell”（壳）修改器，调整厚度值后再次将物体塌陷为可编辑的多边形物体，如图 4.49 所示。切换到面级别，选择图 4.50 中的面向下倒角挤出然后选择边沿的线段切角设置。

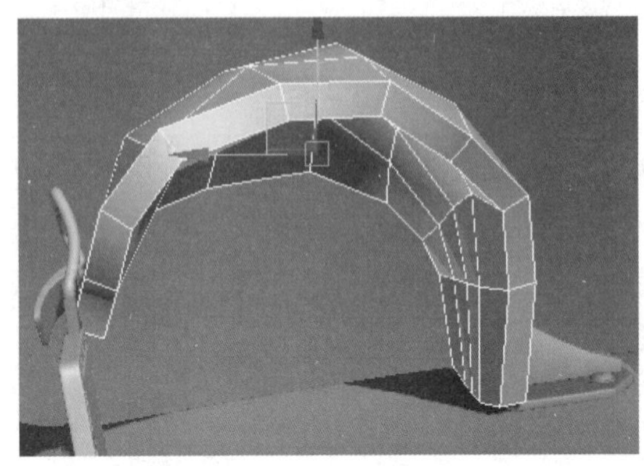

图 4.49

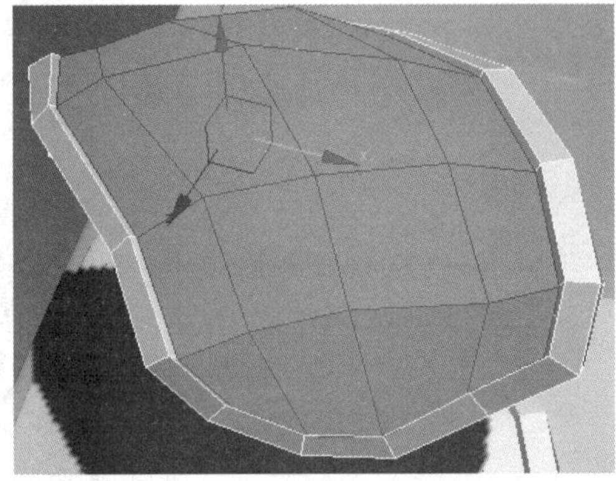

图 4.50

按快捷键 Ctrl+Q 细分该模型，效果如图 4.51 所示。

步骤 10 创建一个面片物体并将其转换为可编辑的多边形物体，如图 4.52 所示。依次单击 Freeform PolyDraw 右侧的小三角，在下拉列表中选择 Draw on: Surface ，然后单击右侧的 Pick 按钮拾取底部物体，单击 Drag 按钮在面片物体的点上单击并拖动可以快速将面片物体移动吸附到底部拾取的物体表面上，如图 4.53 所示。然后选择边挤出面，如图 4.54 所示。用同样的方法用拖动工具快速调整点到底部物体的表面上，如图 4.55 所示。最后选择所有面向上挤出，如图 4.56 所示。

图 4.51

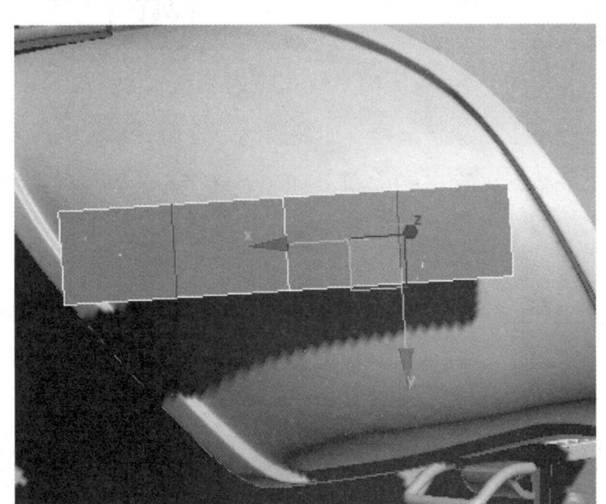

图 4.52

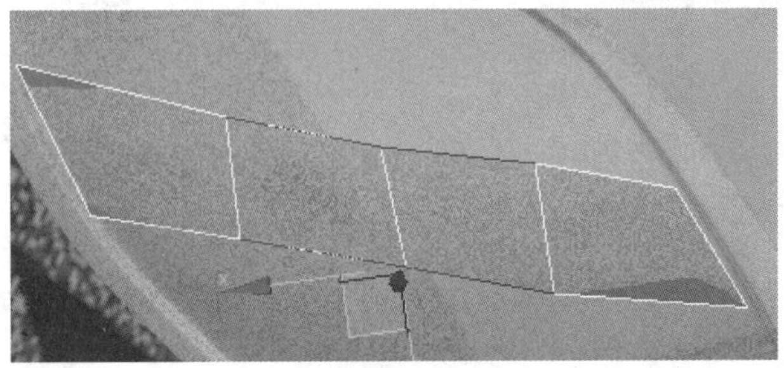

图 4.53

图 4.54

图 4.55

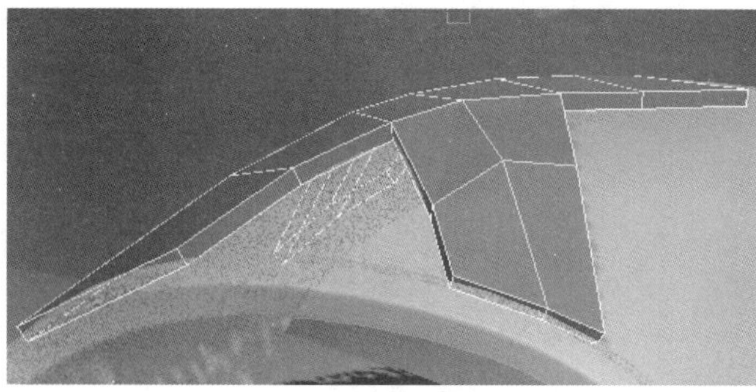
图 4.56

在四边边缘位置加线约束，细分后效果如图 4.57 所示。

再次创建一个面片物体，用上述同样的方法吸附面调整至图 4.58 所示。在修改器下拉列表中添加“Shell”修改器设置厚度后将模型塌陷为可编辑的多边形物体，加线调整形状细分后效果如图 4.59 所示。最后再创建一个长方体调整好位置如图 4.60 所示。

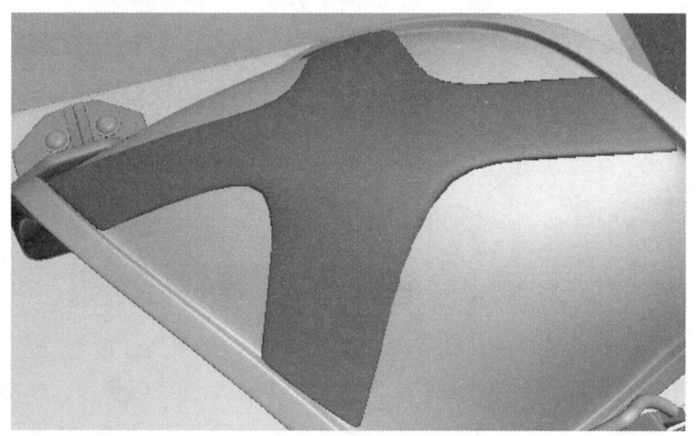
图 4.57

图 4.58

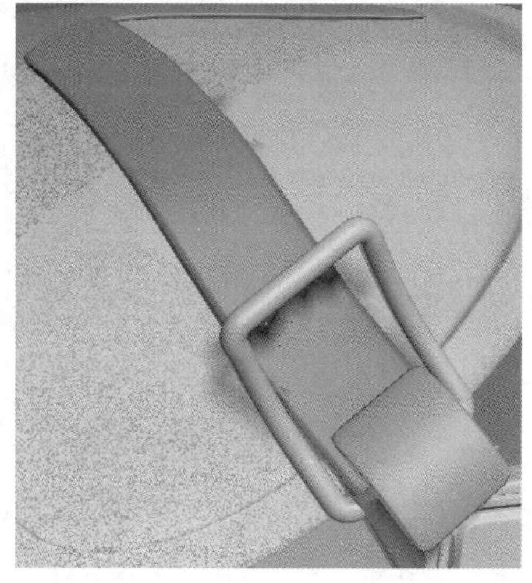
图 4.59

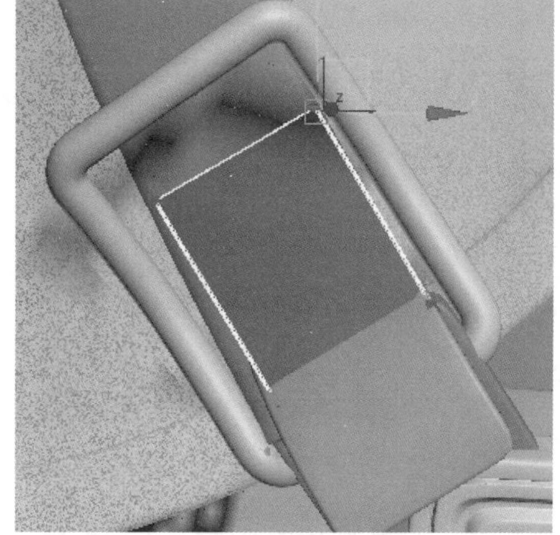
图 4.60

将除了滑板外所有模型设置一个组后复制调整到另一侧位置，效果如图 4.61 所示。

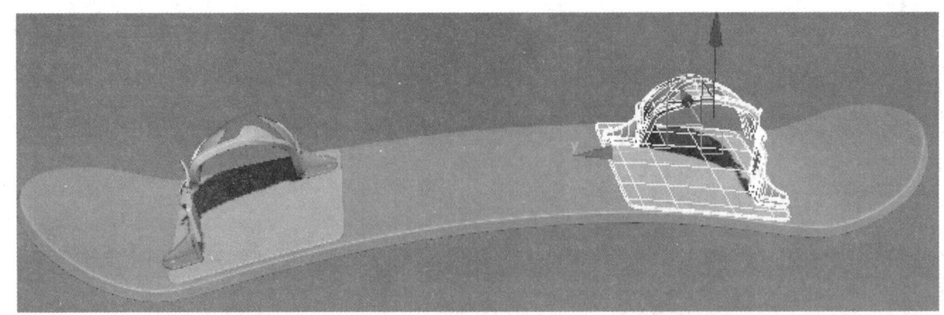

图 4.61

2. 制作减震装置模型

步骤 01 创建一个长方体并将其转换为可编辑的多边形物体后调整形状至图 4.62 所示。右击，在弹出的菜单中选择 Cut 命令手动切线至图 4.63 所示。

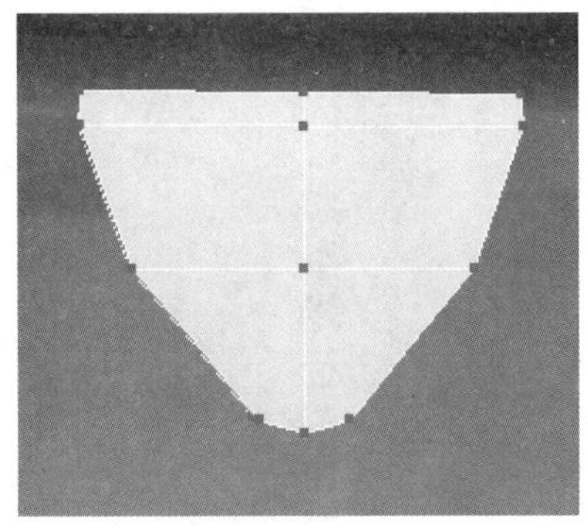

图 4.62

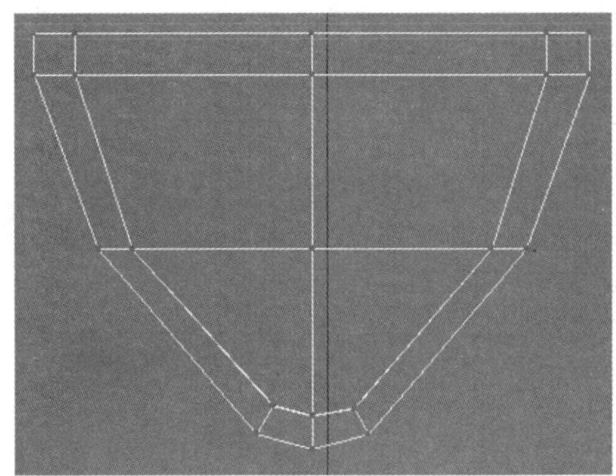

图 4.63

按“4”键进入面级别，选择图 4.64 中的面向下挤出面调整，然后将挤出边缘的线段切角，如图 4.65 所示。

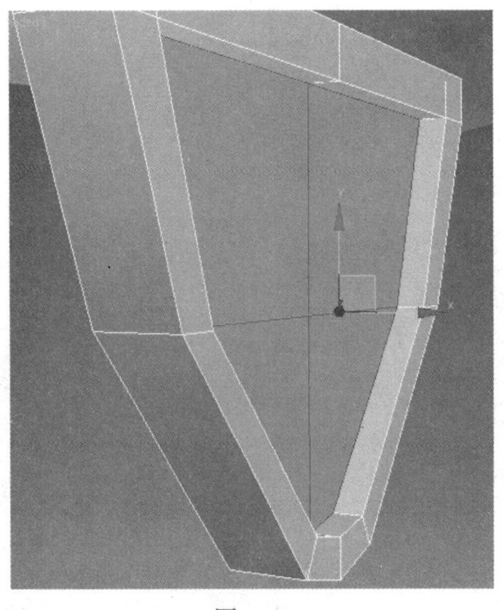

图 4.64

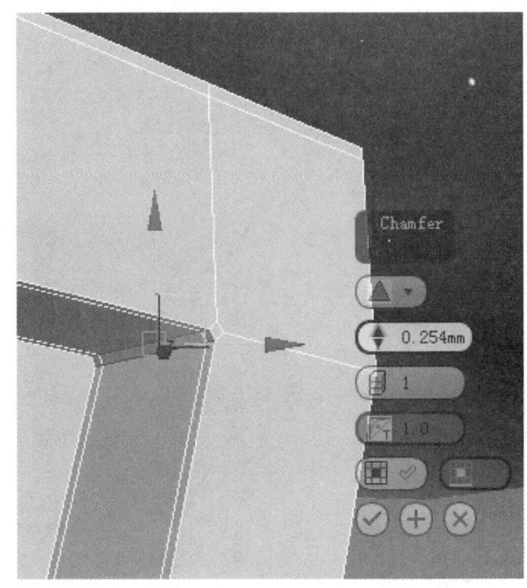

图 4.65

步骤 02 在该物体表面创建一个长方体，如图 4.66 所示。

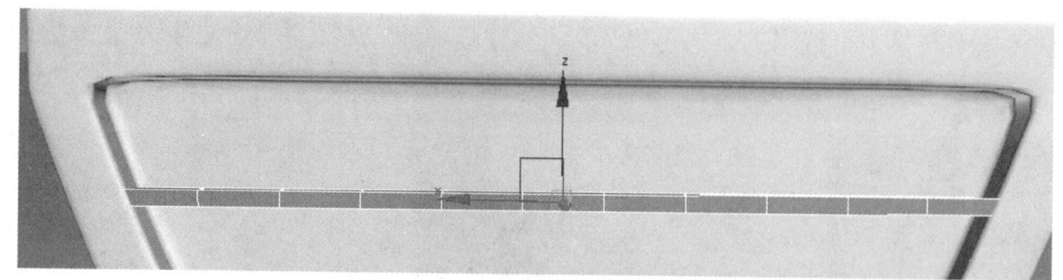

图 4.66

在修改器下拉列表中添加 Bend 修改器，参数和效果分别如图 4.67 和图 4.68 所示。

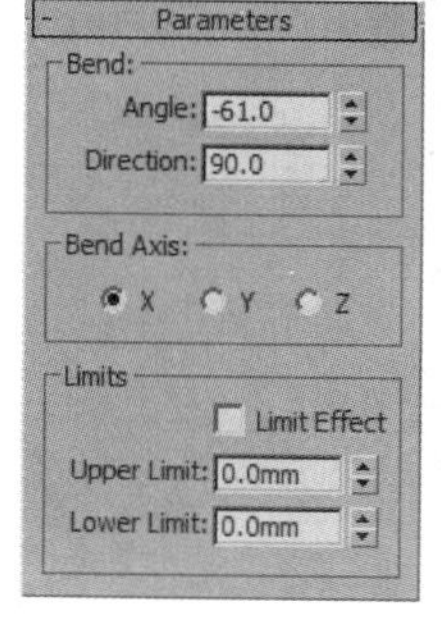

图 4.67

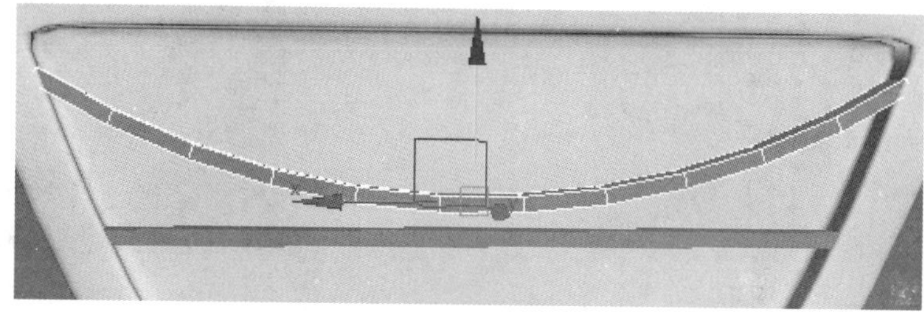

图 4.68

将长方体复制调整至图 4.69 所示。

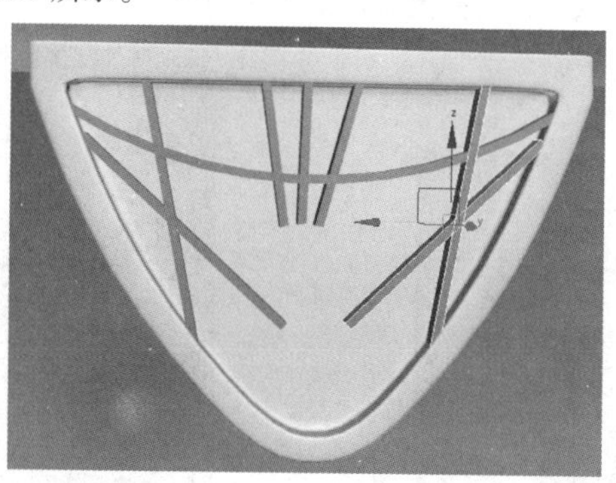

图 4.69

步骤 03 单击 Tube 按钮在视图中创建一个圆管物体，如图 4.70 所示，然后在圆管内部再创建一个圆柱体，如图 4.71 所示。

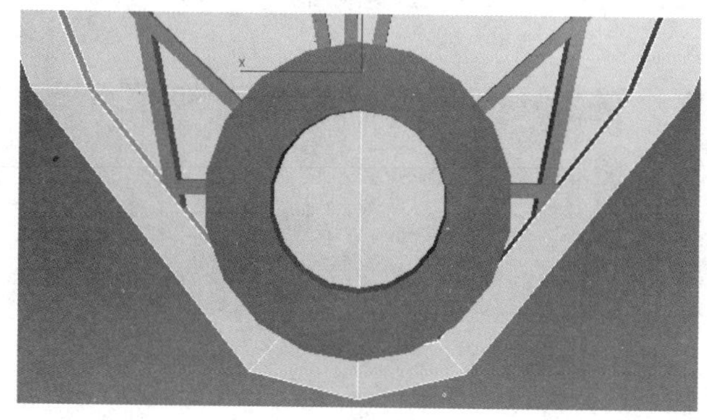

图 4.70

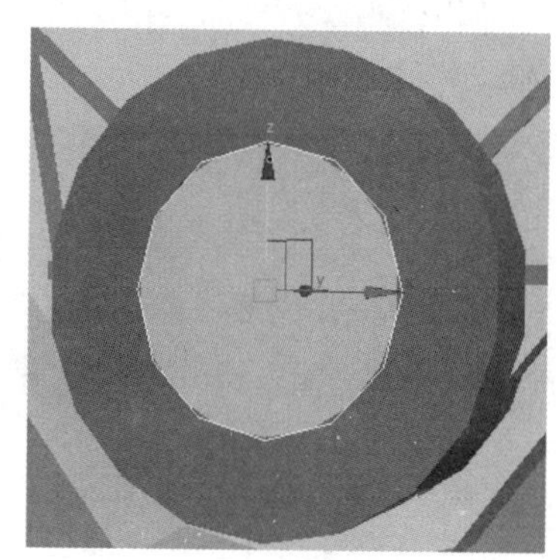

图 4.71

将圆柱体模型转换为可编辑的多边形物体后，删除顶部面，选择边界线按住 Shift 键配合移动和缩放工具挤出面调整至所需形状如图 4.72 和图 4.73 所示。

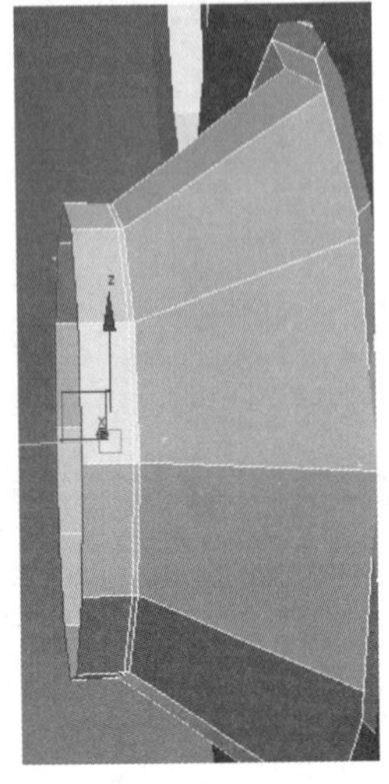

图 4.72

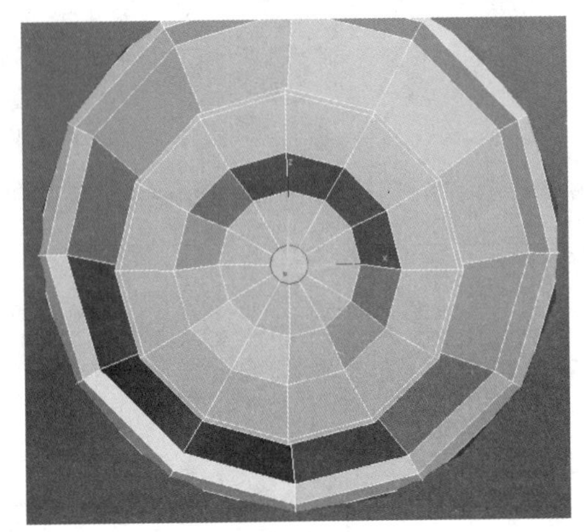

图 4.73

单击 Collapse（聚合）按钮将中心的所有点聚合焊接为一个点，如图 4.74 所示。然后选择拐角位置线段切角。细分后选择该部位模型镜像复制，如图 4.75 所示。

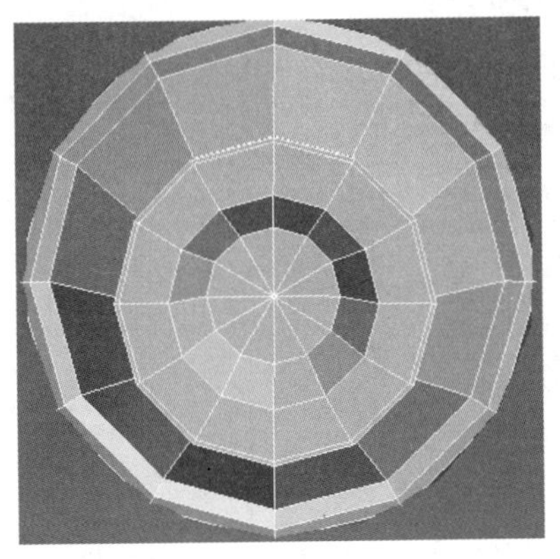

图 4.74

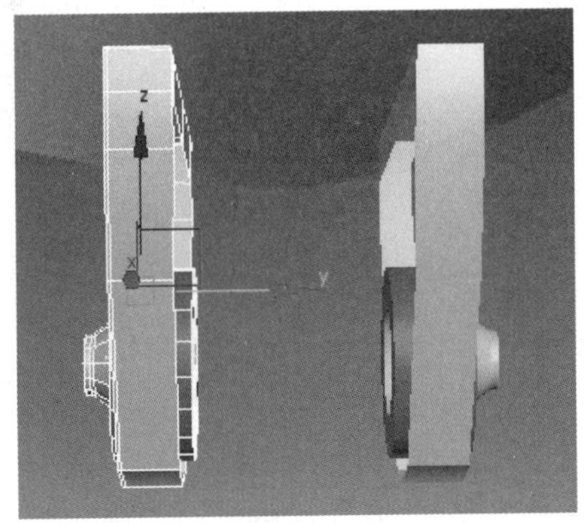

图 4.75

单击 Attach 按钮将复制的物体和原物体附加在一起，选择顶部对应面如图 4.76 中的面，单击 Bridge 按钮桥接出中间的面，如图 4.77 所示。

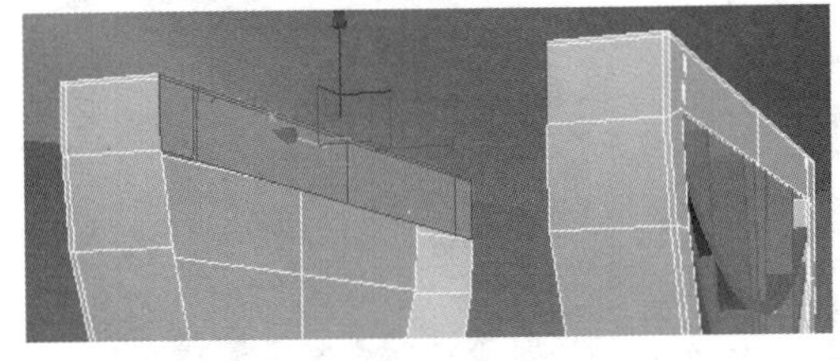

图 4.76

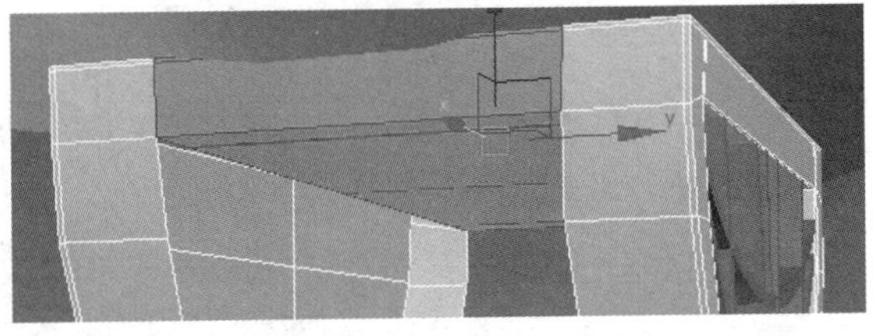

图 4.77

分别在图 4.78 中的位置加线，然后选择图 4.79 中的边，单击 Bridge 按钮生成中间的面，如图 4.80 所示。

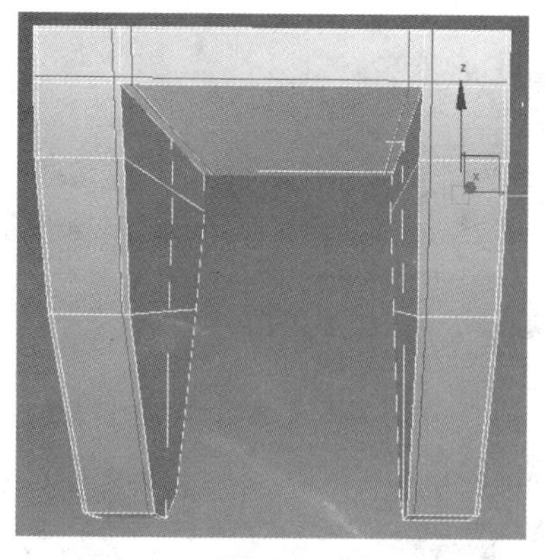

图 4.78

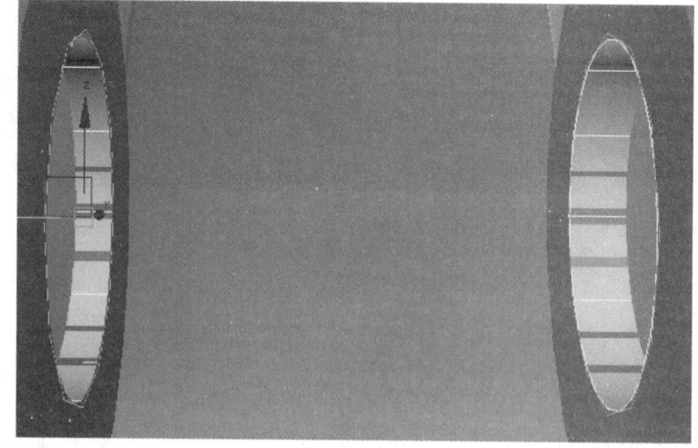

图 4.79

步骤 04 创建一个圆柱体并通过多边形的编辑调整出如图 4.81 中所示形状物体。在（图形）面板中单击 Helix（弹簧线），如图 4.82 所示。设置弹簧线的高度和圈数等参数后，勾选 Rendering 卷展栏下的 Enable In Renderer 和 Enable In Viewport，设置 Thickness（厚度值）和 Sides（边数）参数后的效果如图 4.83 所示。

图 4.80

整体调整减震装置的角度后再复制调整，如图 4.84 所示。

图 4.81

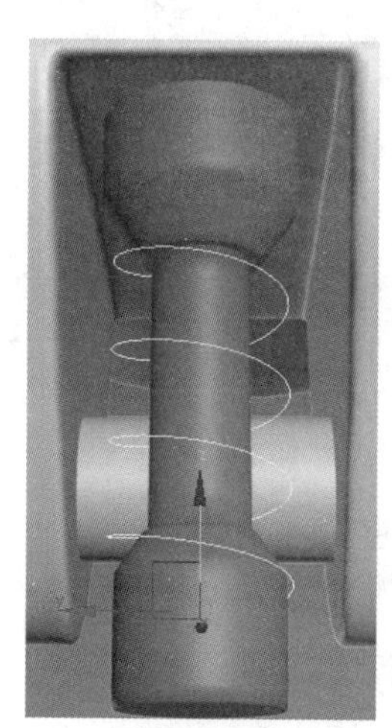

图 4.82

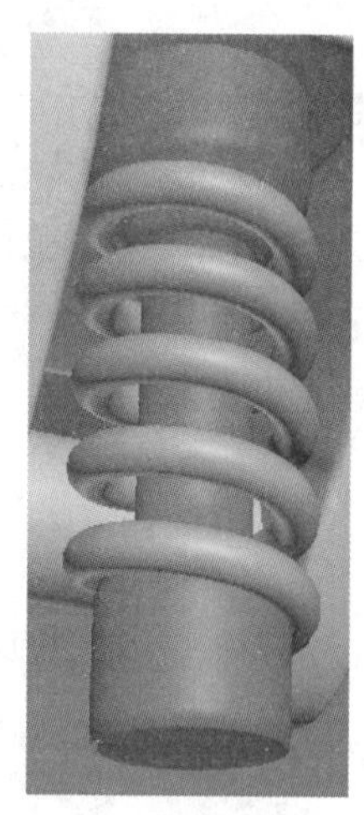

图 4.83

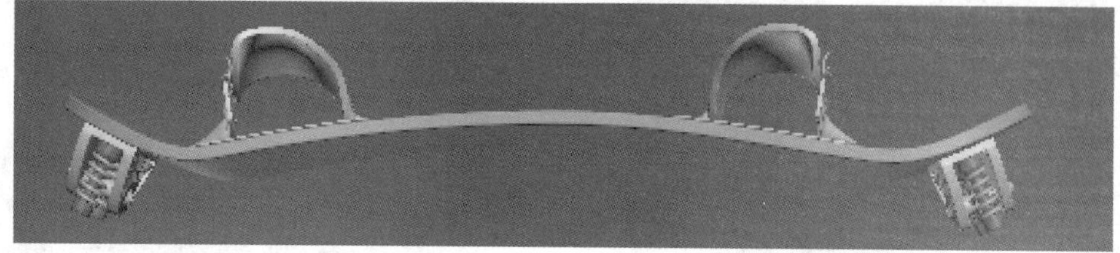

图 4.84

步骤 05 然后在减震装置的底部创建一个圆柱体并将其转换为可编辑的多边形物体，删除侧面中的面，选择边界线拖动鼠标挤出面并调整形状如图 4.85 和图 4.86 所示。

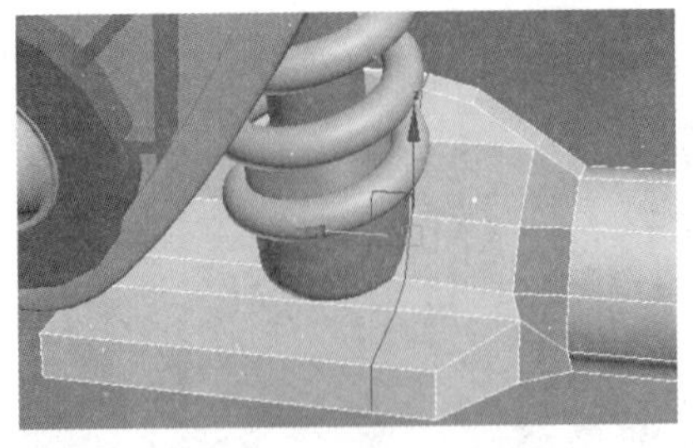

图 4.85

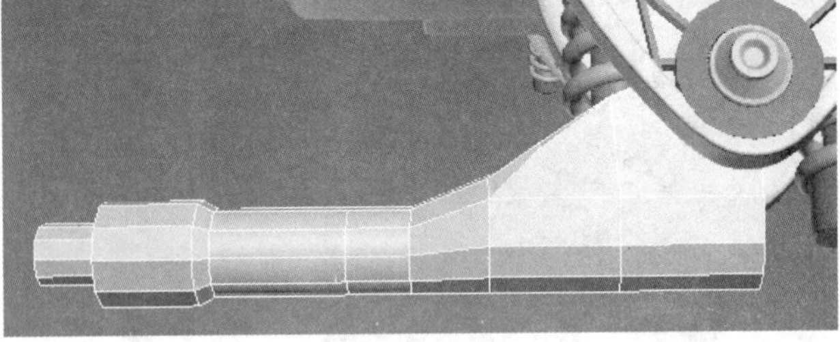

图 4.86

调整好形状后通过对称修改器对称出另一半，如图 4.87 所示。最后的细分效果如图 4.88 所示。

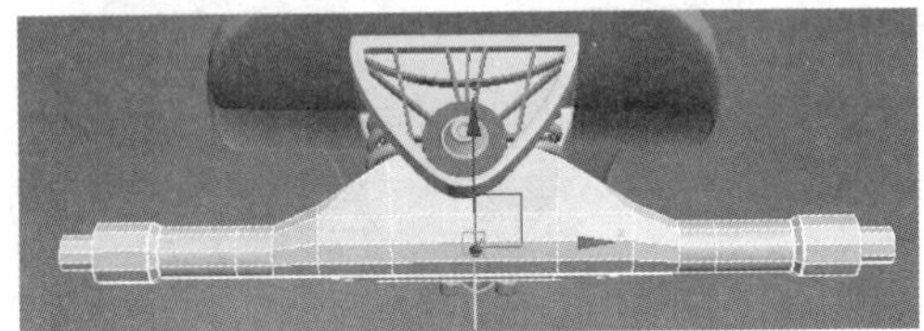

图 4.87

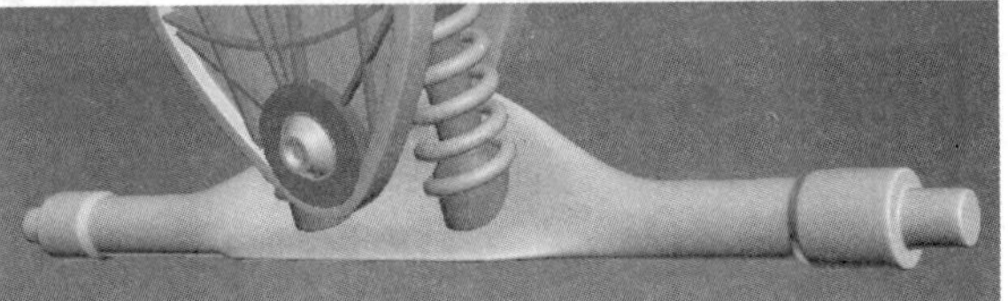

图 4.88

将减震装置的底部托盘复制调整到另一侧，整体效果如图 4.89 所示。

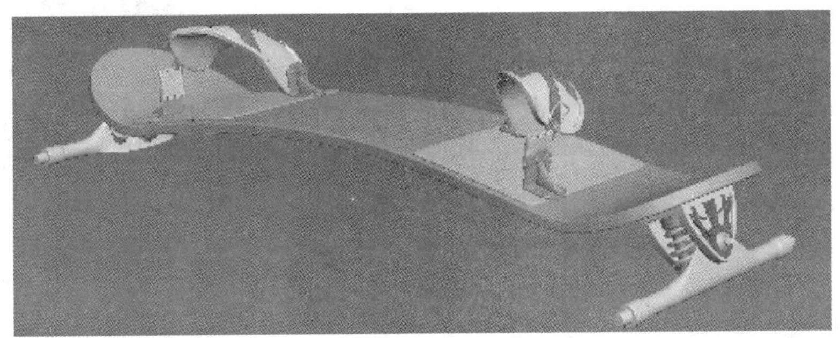

图 4.89

3．轮胎模型制作

步骤 01 单击 Tube 按钮在视图中创建一个如图 4.90 所示的管状体并将其转换为可编辑的多边形物体，选择环形线段缩放调整形状，如图 4.91 所示。

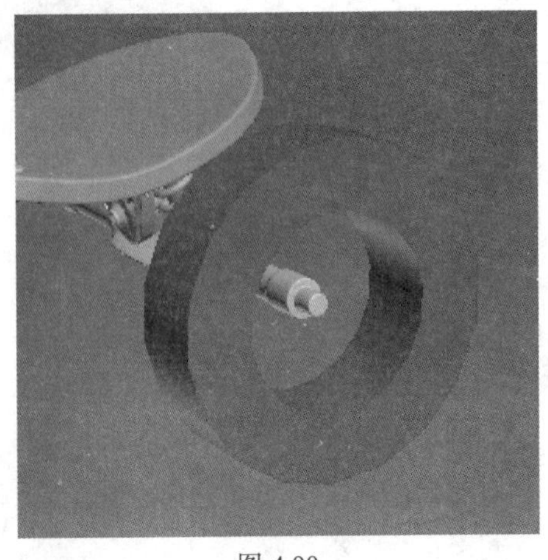

图 4.90

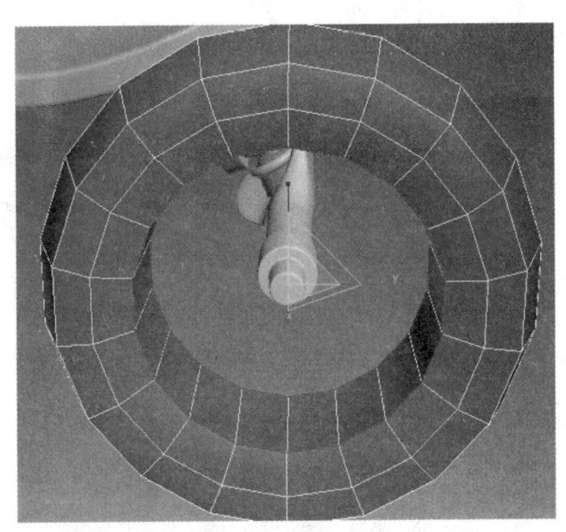

图 4.91

步骤 02　在轮胎内侧创建一个圆柱体并将其转换为可编辑的多边形物体，删除顶部和底部面，如图 4.92 所示。选择边界线按住 Shift 键向外缩放挤出面调整，注意将拐角位置的线段切角，细分后效果如图 4.93 所示。

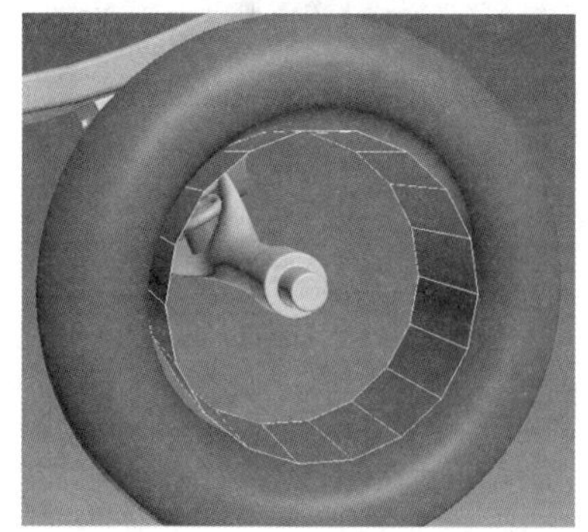

图 4.92

图 4.93

步骤 03　再次创建圆柱体并修改至图 4.94 所示的形状，然后创建修改出图 4.95 中的物体。

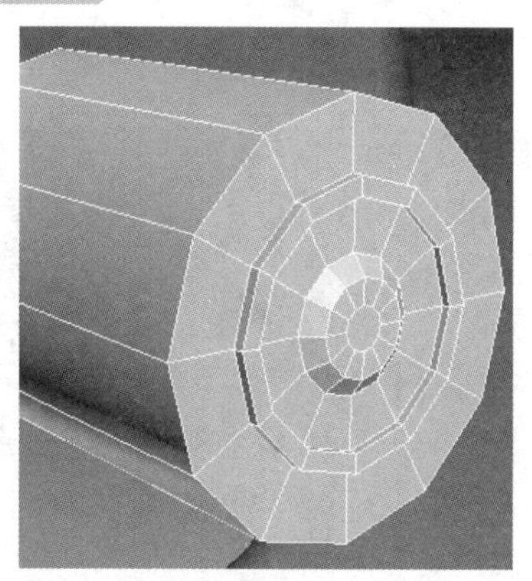

图 4.94

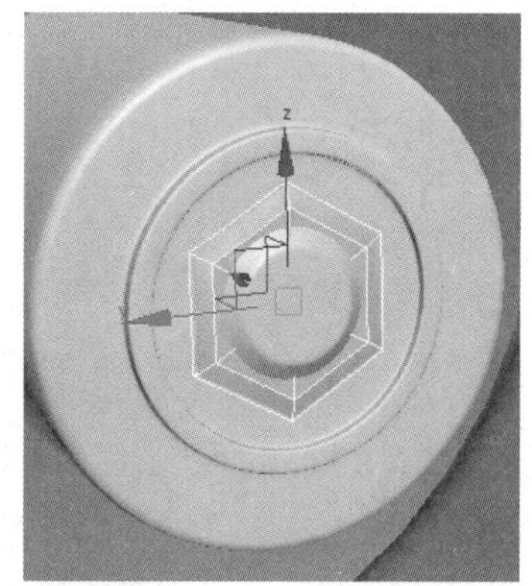

图 4.95

步骤 04　创建长方体模型注意将分段数适当调高，如图 4.96 所示。在修改器下拉列表中添加 Bend（弯曲）修改器，设置 Angle 值为-35，Direction 为 90°，如图 4.97 所示。

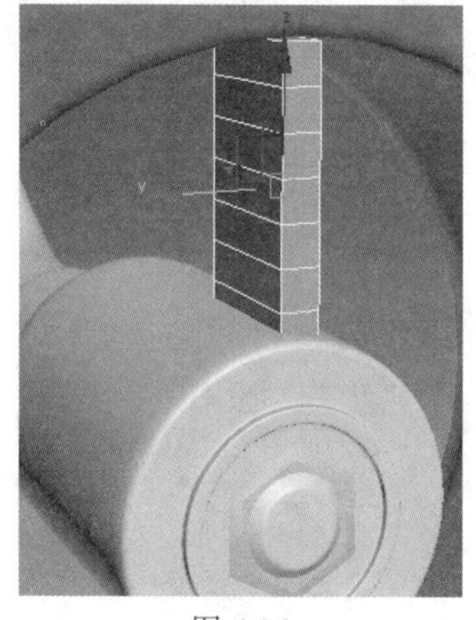

图 4.96

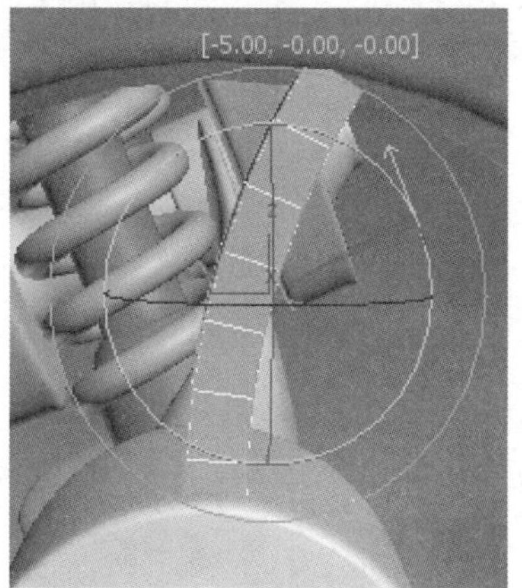

图 4.97

创建一个三角形的样条线，然后添加 Extrude（挤出）修改器，效果如图 4.98 所示。将三角形物体和弯曲的长方体物体镜像复制，如图 4.99 所示。

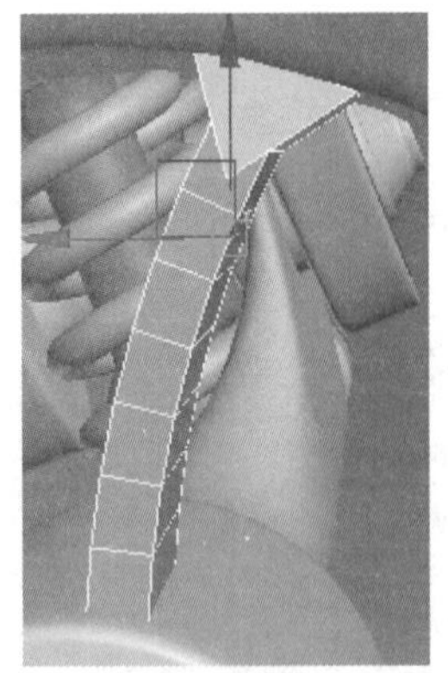

图 4.98

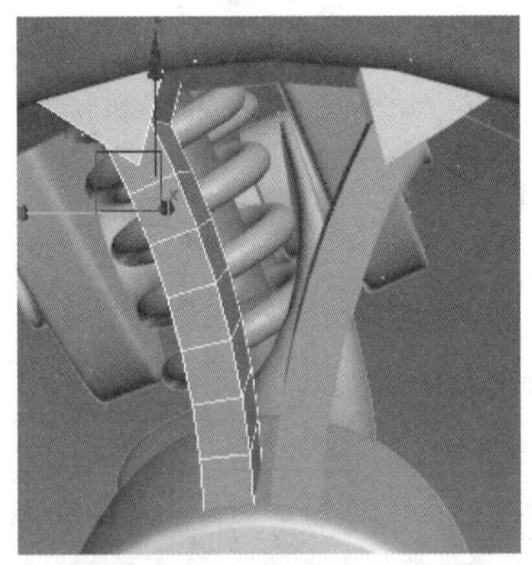

图 4.99

长按 View 右侧小三角，在弹出的下拉列表中选择 Pick ，然后拾取轮胎中心轴物体，长按按钮在下拉列表中选择切换物体的轴心，每隔 60° 复制出 5 个，如图 4.100 所示。然后将所有轮毂模型再次复制，如图 4.101 所示。

最后在轮毂中间位置创建一个管状体，如图 4.102 所示。

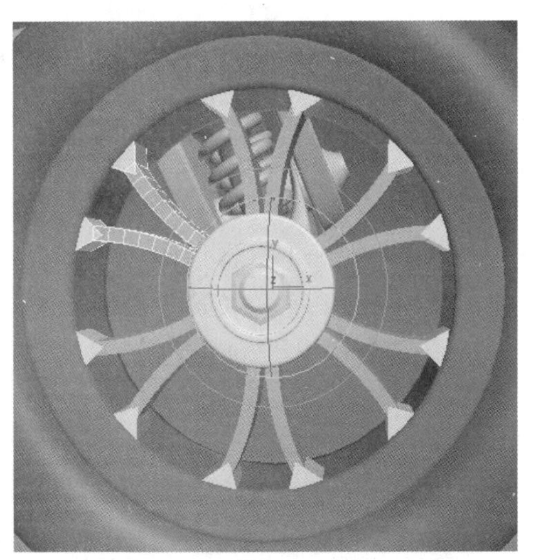

图 4.100

图 4.101

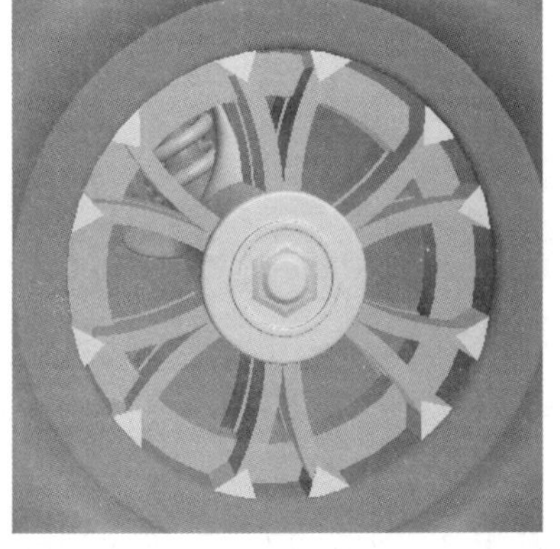

图 4.102

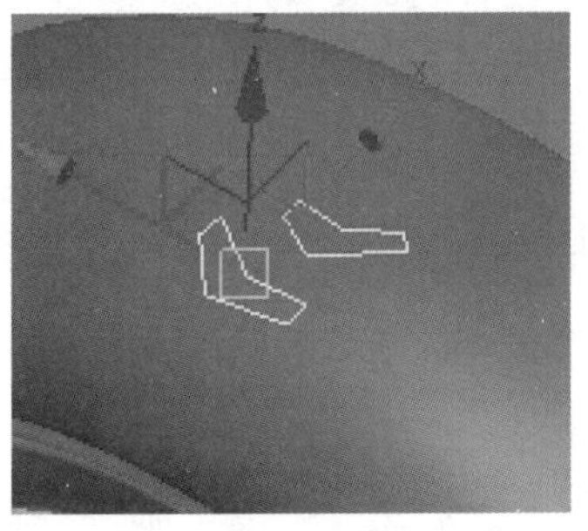

图 4.103

步骤 05 单击 Creat（创建）| Shape（图形）| Line 按钮在轮胎的顶部创建如图 4.103 所示的样条线。在修改器下拉列表中选择 Extrude 修改器，效果如图 4.104 所示，将该物体镜像复制到另一侧，如图 4.105 所示。

选择边缘的线段适当切角设置，如图 4.106 所示。

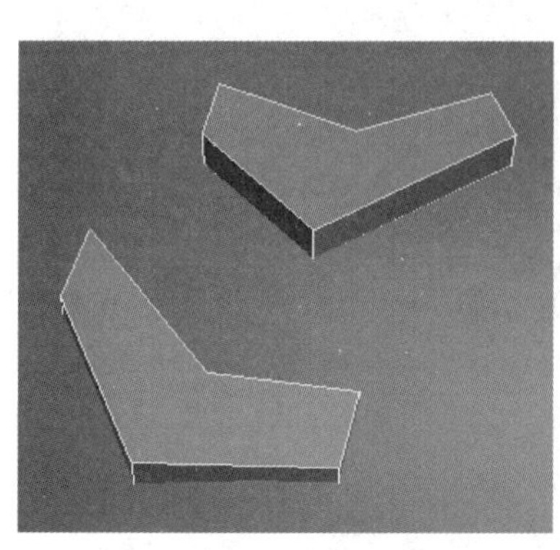

图 4.104

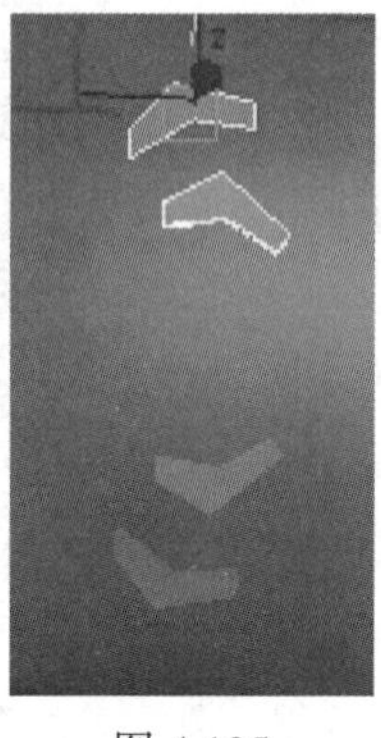

图 4.105

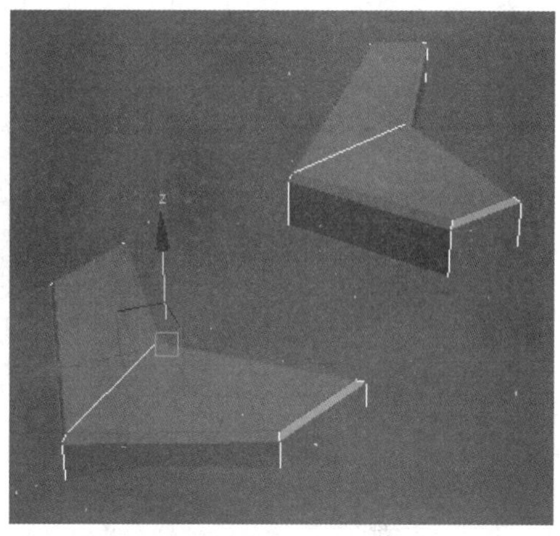

图 4.106

长按 View 右侧小三角，在弹出的下拉列表中选择 Pick，然后拾取轮胎中心轴物体，长按按钮在下拉列表中选择切换物体的轴心，单击 Tools 菜单选择 Array... 阵列工具将物体阵列复制，参数设置和阵列效果如图 4.107 和图 4.108 所示。

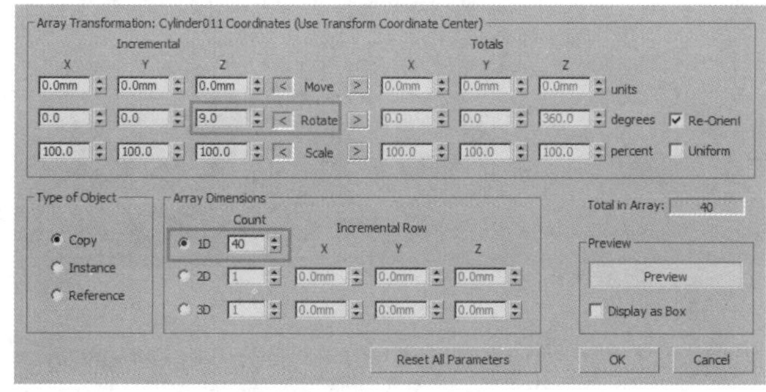

图 4.107

图 4.108

在轮胎边缘位置创建一个如图 4.109 所示形状的物体，阵列复制效果如图 4.110 所示。

图 4.109

图 4.110

在轮胎外侧中心位置创建一个管状体，Sides（分段）数设置为 100，如图 4.111 所示。将该物体转换为可编辑的多边形物体，分别选择图 4.112 中的面。

图 4.111

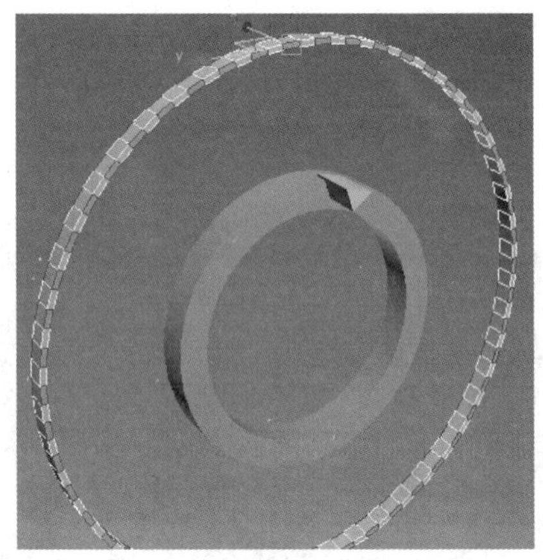

图 4.112

单击 Bevel 按钮后面的▫图标，在弹出的 Bevel 快捷参数面板中设置倒角参数将选择面向内倒角，如图 4.113 所示。倒角后的线段出现了穿插现象，如图 4.114 所示。

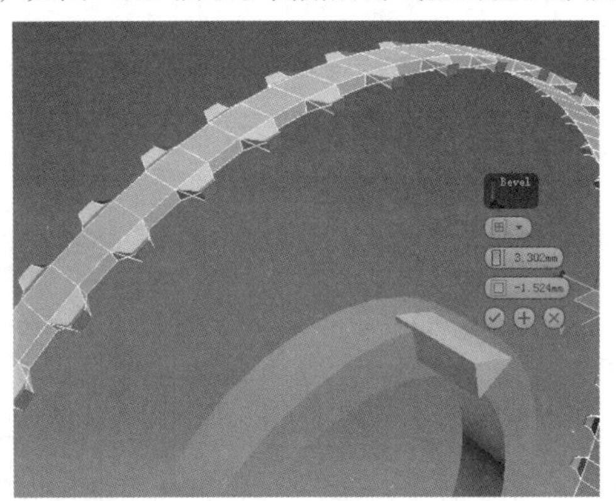

图 4.113

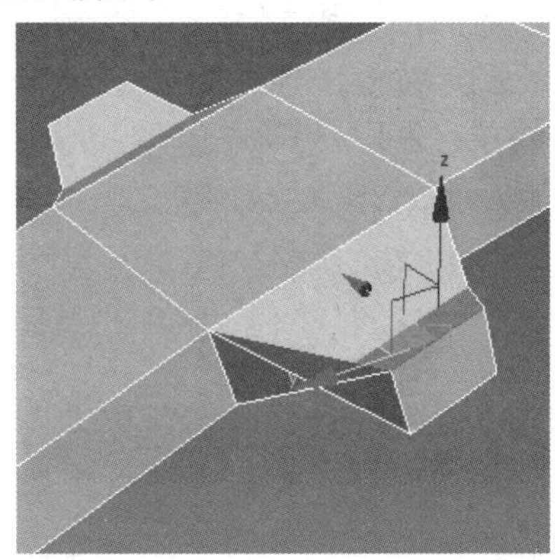

图 4.114

正常情况下是图 4.115 中所示效果，该如何修改呢？选择边缘的一个线段，依次单击 Modeling | Modify Selection | Similar 快速选择相同位置的类似线段，在左视图中用缩放工具缩放调整，用同样的方法选择内侧的所有线段缩放调整，调整后的效果如图 4.116 所示。

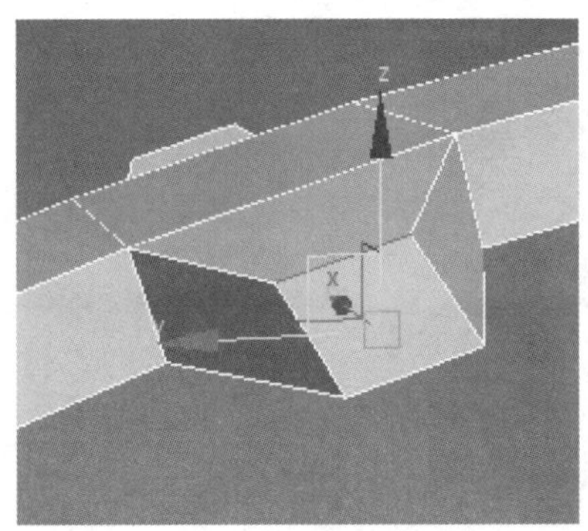

图 4.115

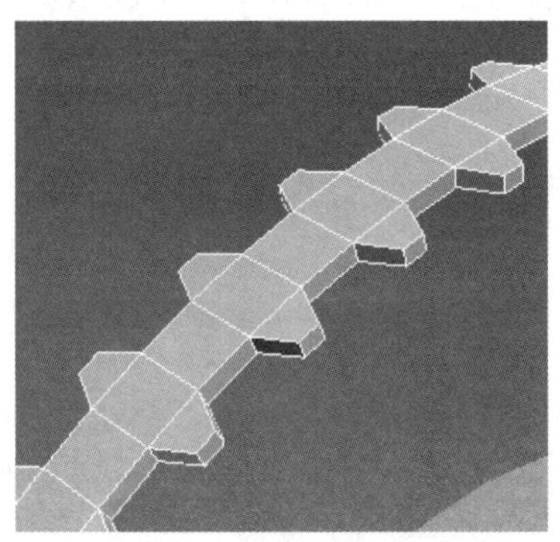

图 4.116

用 Similar 工具快速选择外侧和内侧边缘的线段做切角设置，如图 4.117 所示。制作好的轮胎整体效果如图 4.118 所示。

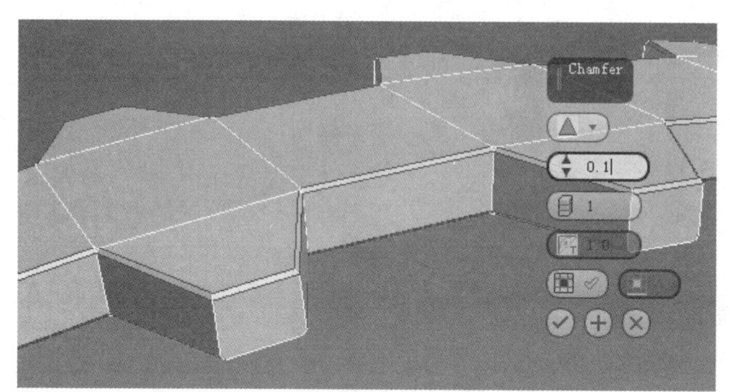

图 4.117

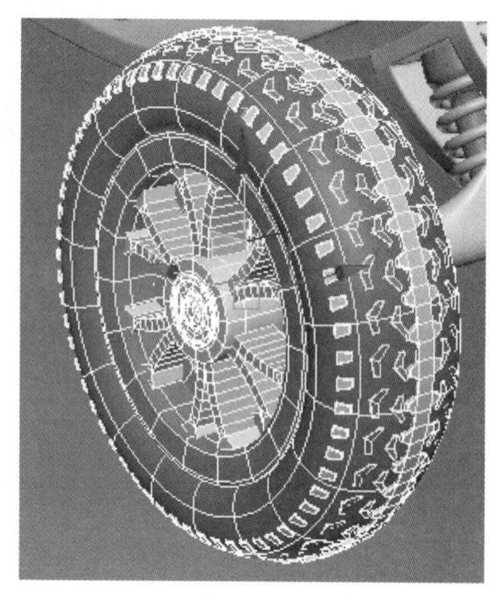

图 4.118

选择制作好的所有轮胎模型，镜像复制出另一侧轮胎，然后再复制出前端的两个轮胎，整体效果如图 4.119 所示。至此为止，滑轮车全部制作完成。

图 4.119

4.2　制作溜冰鞋

步骤 01　首先来设置背景参考图。按 Alt+B 组合键打开背景视图设置面板，选择 Use Files 单选按钮，然后单击 Files... 按钮，选择一张顶视图的图片，选择 Match Bitmap（匹配位图）单选按钮并勾选 Lock Zoom/Pan（锁定缩放/平移）复选框，如图 4.120 所示。

用同样的方法将前视图的背景参考图设置一下。设置好之后先来看一下两张图片在视图当中大小是否匹配，方法为：在视图中创建一个 Box 物体，在前视图中调整 Box 物体的大小和图片中的大小一致，然后再看一下该 Box 物体是否在顶视图中和图片物体的大小一致。从图 4.121 中可以发现两个参考图的大小并不匹配。

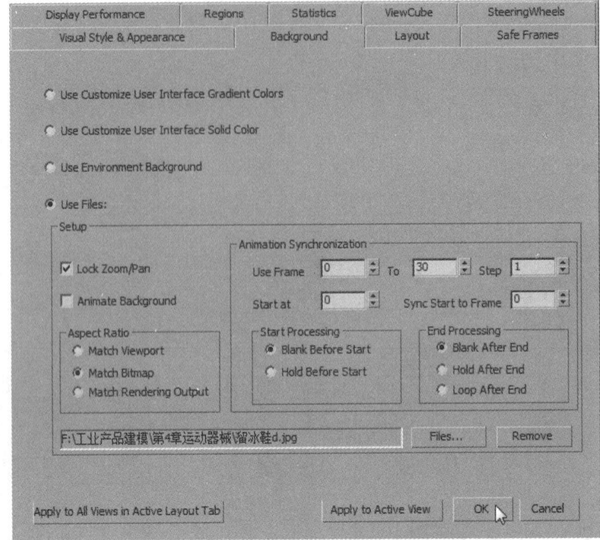

图 4.120

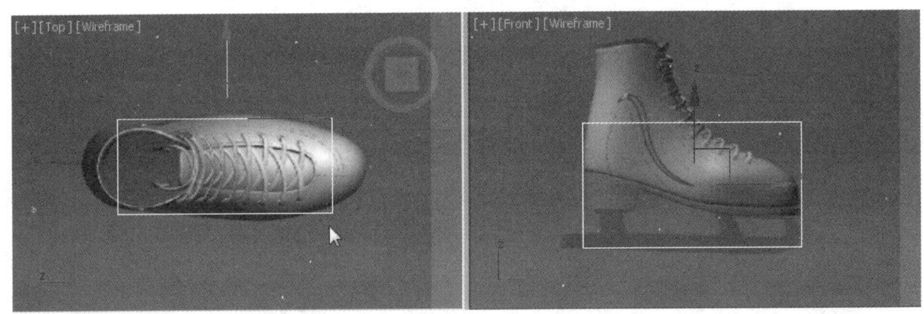

图 4.121

接下来就需要调整参考图片的大小。再次按下 Alt+B 组合键，先取消勾选 Lock Zoom/Pan（锁定缩放/平移），按 Ctrl+Alt+鼠标中键拖动来调整视图的大小，直至 Box 物体和鞋子模型的大小相匹配之后，再次勾选 Lock Zoom/Pan（锁定缩放/平移）。此时该图片的位置可能会发生改变，打开 Photoshop 软件，将鞋子向左移动调整即可。调整时并不是一次性就能将它的位置调整好，需要多次观察调整，比如先向左调整，将图片覆盖保存，在 3ds Max 软件中，按 Ctrl+Shift+Alt+B 组合键更新背景视图，如果发现 Box 物体和鞋子模型还不对位，回到 Photoshop 中继续调整位置，再次保存，然后再次回到 3ds Max 软件中按 Ctrl+Shift+Alt+B 组合键更新背景视图，直至它们的位置完全对位，如图 4.122 所示。参考图中它们的位置对位非常重要，否则在制作时会带来不必要的麻烦。

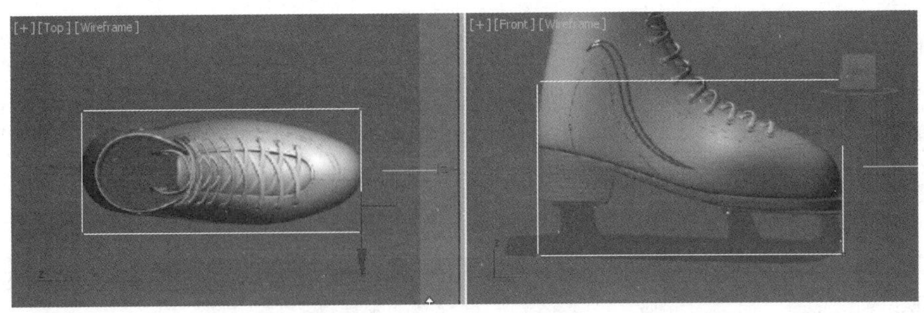

图 4.122

步骤 02 参考图设置好之后，将创建的 Box 物体删除，先从鞋底模型开始制作。在顶视图中创建一个 Box 物体，这里的参数不是固定的，因为我们是根据参考图的大小进行调整的。右击，在弹出的菜单中选择 Convert To|Convert to Editable Poly，将该物体转换为可编辑的多边形物体，选择线段，按 Ctrl+Shift+E 组合键加线并调整点的位置，如图 4.123 所示。

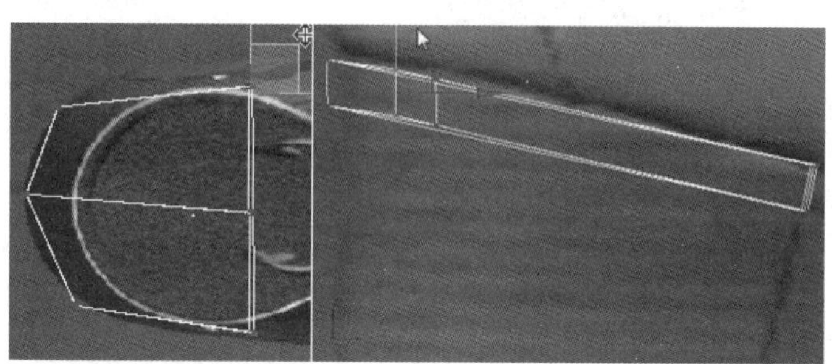

图 4.123

删除图 4.124（左上）所示的面，按 3 键进入边界级别，选择该边界，按住 Shift 键移动复制新的面，边复制边调整点的位置，最后单击 Cap 按钮封闭洞口，如图 4.124 所示。

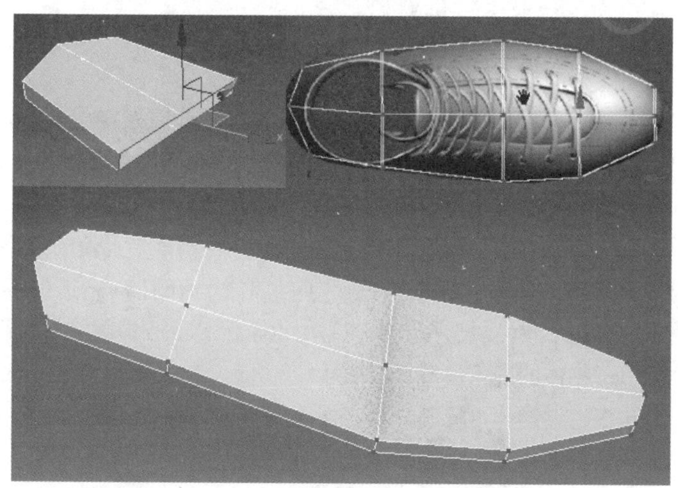

图 4.124

选择鞋跟的面，单击 Extrude 后面的□按钮，将鞋跟的面挤压出来并调整好高度，如图 4.125 所示。

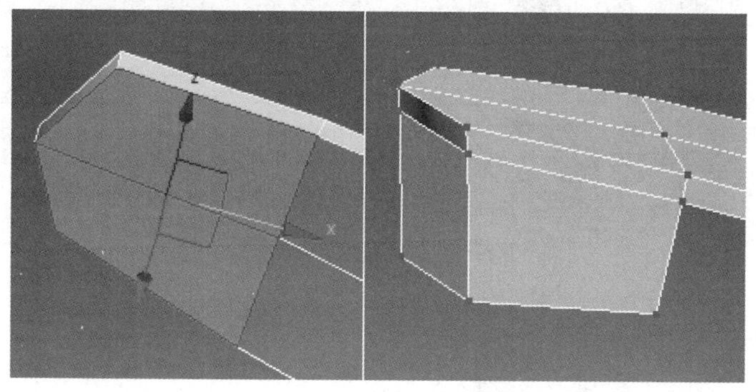

图 4.125

在鞋跟上下边缘和鞋底上下边缘位置加线，如图 4.126 所示。

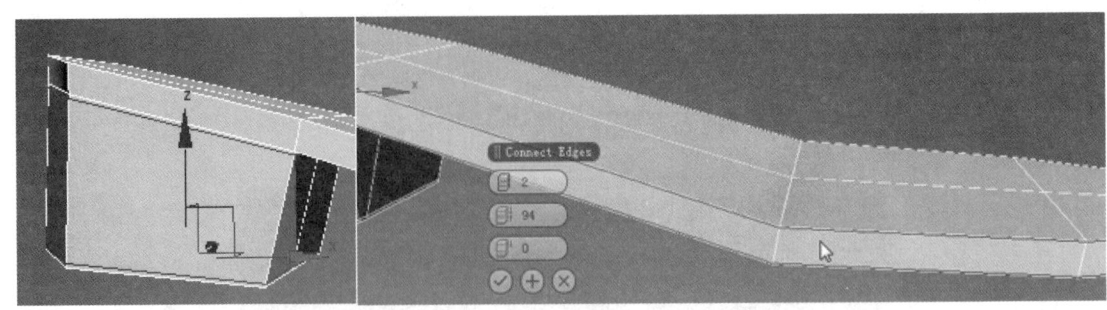

图 4.126

细分光滑后的效果如图 4.127 所示。

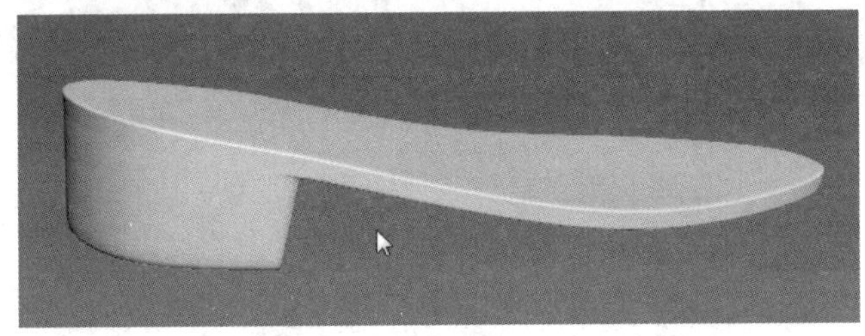

图 4.127

步骤 03 在鞋跟底部创建一个 Box 物体，设置长、宽、高分别为 680mm、680mm、40mm 左右，右击，在弹出的菜单中选择 Convert To|Convert to Editable Poly，将该物体转换为可编辑的多边形物体，然后在长度和宽度的线段上分别加线，将四角的点用缩放工具适当向内缩放调整。按 Ctrl+Shift+E 组合键细分该物体。单击 Sphere 按钮，在视图中创建一个球体，调整半径值的大小为 60mm 左右，分段数为 18。将球体移动到鞋底的底部，右击，在弹出的菜单中选择 Convert To|Convert to Editable Poly，将该物体转换为可编辑的多边形物体。选择上部一半的点，按 Delete 键删除，调整好位置和大小，然后复制出 3 个并调整到 Box 物体的四角位置，如图 4.128 所示。

将底部可编辑的 Box 多边形物体再复制一个，移动到鞋底的前部位置，调整点，然后配合加线工具适当加线，将该物体调整至图 4.129 所示的形状。

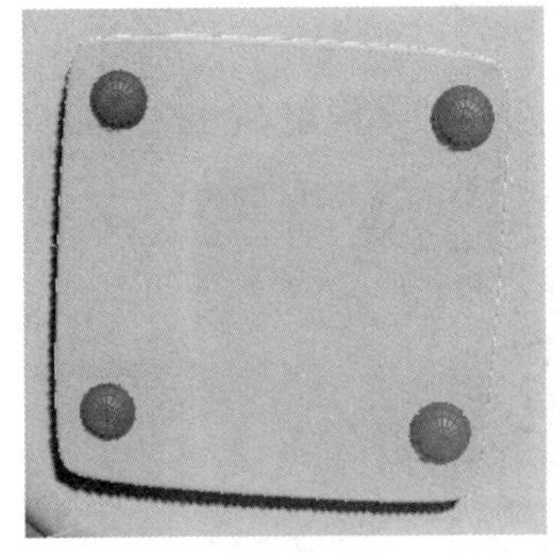

图 4.128

图 4.129

复制半球体模型并调整至如图 4.130 所示。

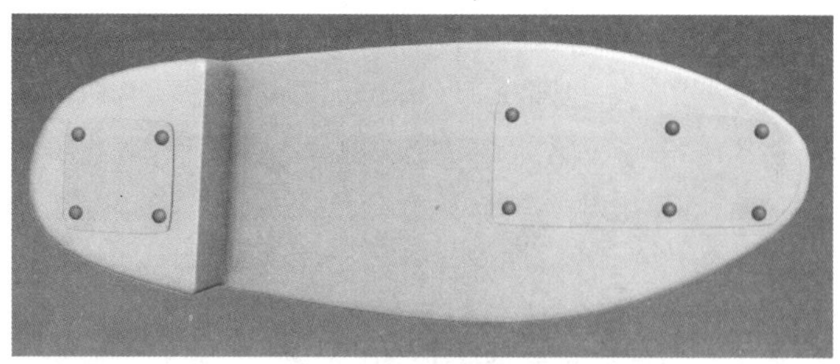

图 4.130

步骤 04 在面板下单击 Line 按钮，根据参考图中溜冰鞋刀刃的形状绘制出样条轮廓线，如图 4.131 所示。

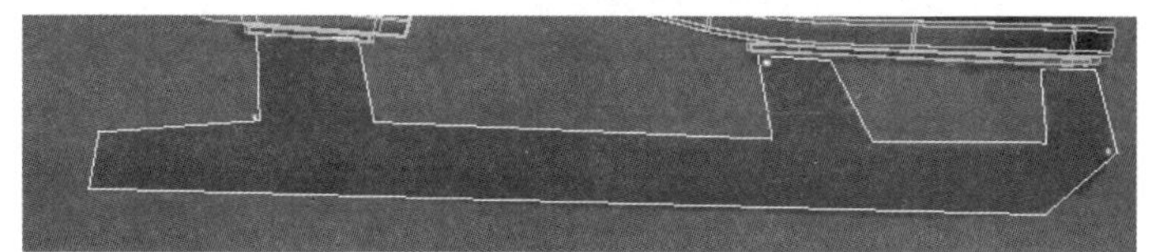

图 4.131

按 1 键进入点级别，单击 Fillet 按钮，将角点处理成圆角点。右击，在弹出的菜单中单击 Refine，然后在右下角的线段上加点并调整形状，如图 4.132 所示。

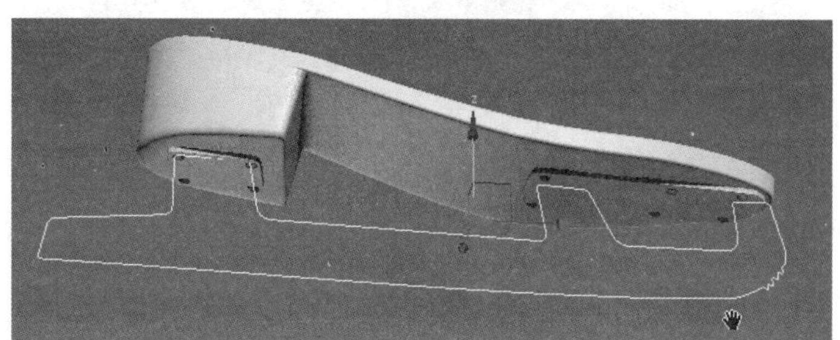

图 4.132

在左视图中创建一条矩形线段，注意将 Corner Radius（圆角）值设置为 11mm 左右，右击，在弹出的菜单中选择 Convert To|Convert to Editable Spline 命令，将其转换为可编辑的样条曲线，删除下半部的线段，如图 4.133 所示。

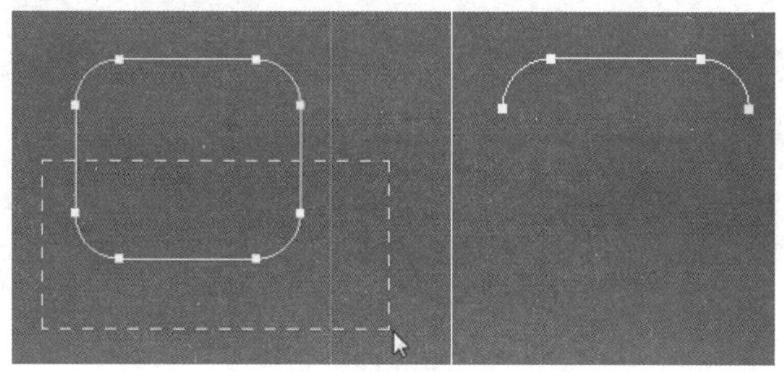

图 4.133

选择溜冰鞋刀刃的轮廓样条线，在修改器下拉列表中添加 Bevel Profile（超级倒角）修改器。单击

Pick Profile 按钮，在视图中拾取该样条线，如果此时的模型显示不正确，可以进入到 Bevel Profile 级别下的 Profile Gizmo 子级别，用旋转工具将它的 Gizmo 旋转 90° 即可，如图 4.134 所示。

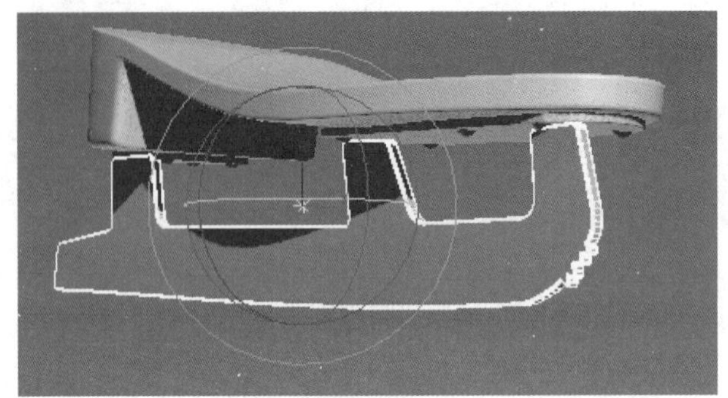

图 4.134

步骤 05 接下来制作鞋身。单击 Plane 按钮，在前视图中创建一个面片，将长、宽的分段数均设置为 1，右击，在弹出的菜单中选择 Convert To|Convert to Editable Poly，将该物体转换为可编辑的多边形物体，按 2 键进入边级别，按住 Shift 键拖动复制出新的面并调整，如图 4.135 所示。

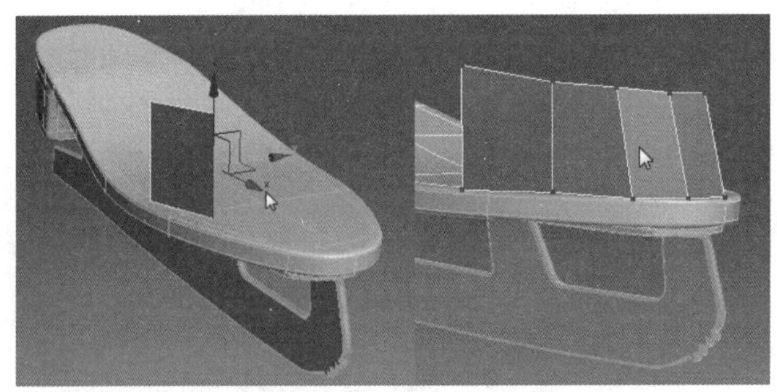

图 4.135

选择顶部的边向上挤出面并调整，注意调整时要根据参考图中的位置把点调整到合适的位置，中间配合 Ctrl+Shift+E 组合键对线段加线处理，如图 4.136 所示。

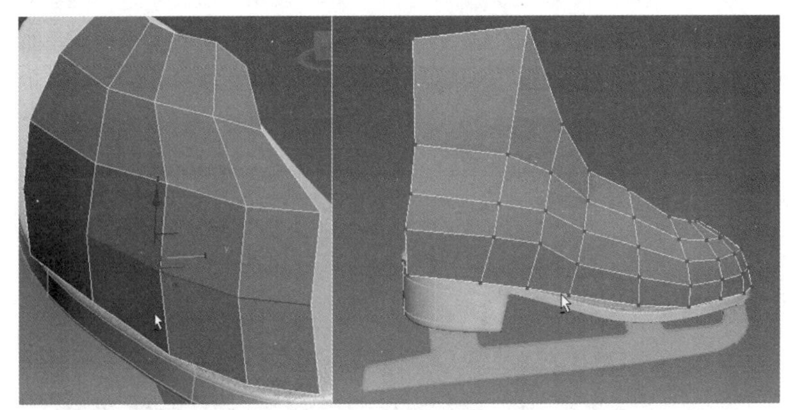

图 4.136

制作时只需将一半的面先制作出来，另外一半的模型通过修改器下拉列表下的 Symmetry 修改器对称出来，如图 4.137 所示（注意：在 Symmetry 修改器下需要选择对称轴心是 X 轴、Y 轴还是 Z 轴，有时在分不清要选择哪个轴心的时候可以一一试验。如果出现对称之后的模型是空白的情况，勾选 Flip 复选框即可）。

右击，在弹出的菜单中选择 Convert To|Convert to Editable Poly，将该物体转换为可编辑的多边形物体，中间没有焊接的地方用 Weld 工具将其焊接起来，如图 4.138 所示。

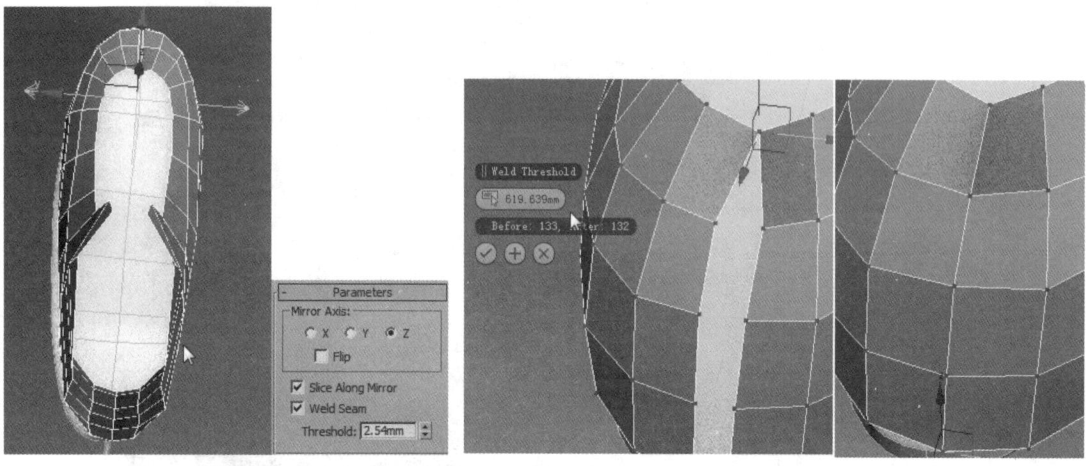

图 4.137　　图 4.138

在石墨工具 Freeform 菜单下单击 Paint Deform，然后选择工具，用偏移笔刷工具调整模型的整体形状，如图 4.139 所示。

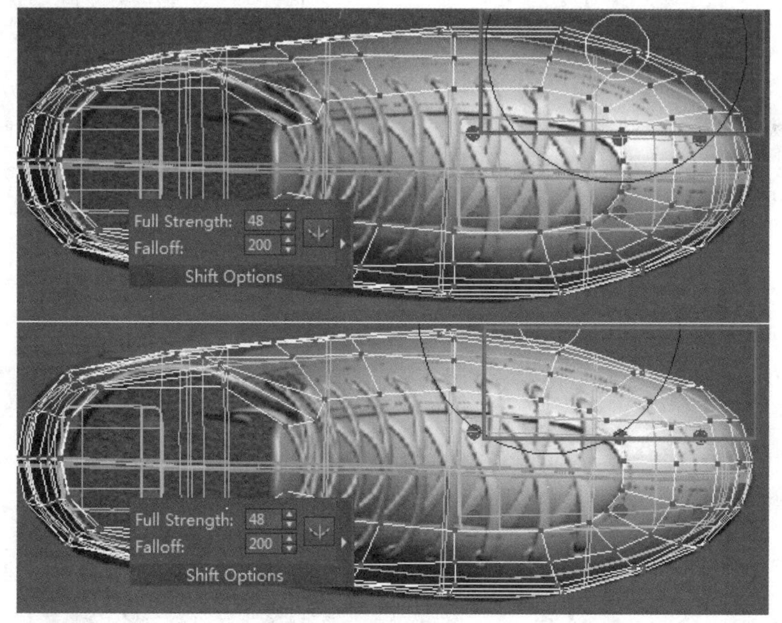

图 4.139

步骤 06 在面板下单击 Affect Pivot Only，然后单击 Center to Object，将该模型的轴心调整到物体的中心位置，然后再次单击 Affect Pivot Only 退出轴心设置。切换到缩放工具，按住 Shift 键缩放并复制出一个模型。单击图 4.140 所示的颜色按钮，在弹出的颜色选择面板中选择一种颜色，单击 OK 按钮，这样就将当前的模型换了一种颜色，便于和之前的模型区分。

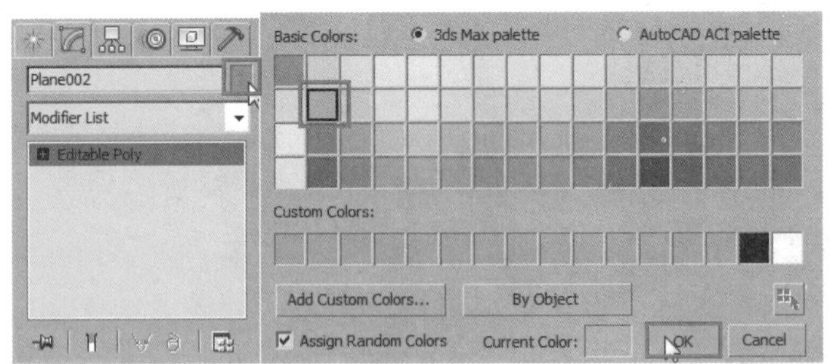

图 4.140

用石墨工具下的偏移笔刷工具将内部模型的形状调整一下，然后选择顶部的边向上拖动复制出新的面。选择外部鞋身的面，进入边界级别，选择开口处的边，按住 Shift 键向内缩放挤出面，然后将点、线的位置调整好。用这种方法来模拟出鞋子的厚度，然后在厚度的边线上加线，如图 4.141 所示。用同样的方法将鞋子底部开口的部分也向内挤出面。

整体效果如图 4.142 所示。

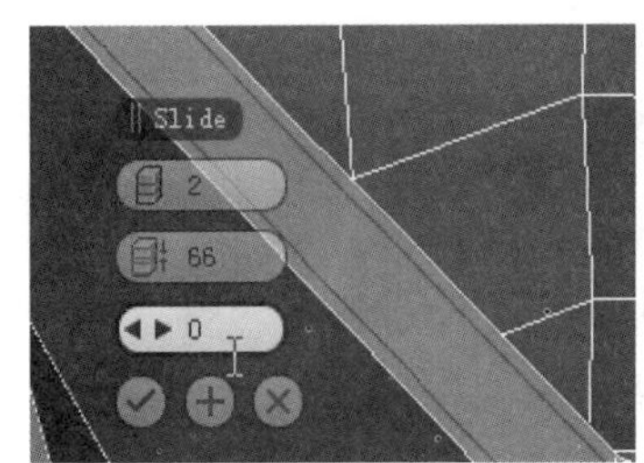

图 4.141

图 4.142

选择内部的模型物体，按 Alt+Q 组合键孤立化显示该物体，将底部的开口用 Cap 工具封闭，用 Cut 工具将各点之间连接起来，如图 4.143 所示。

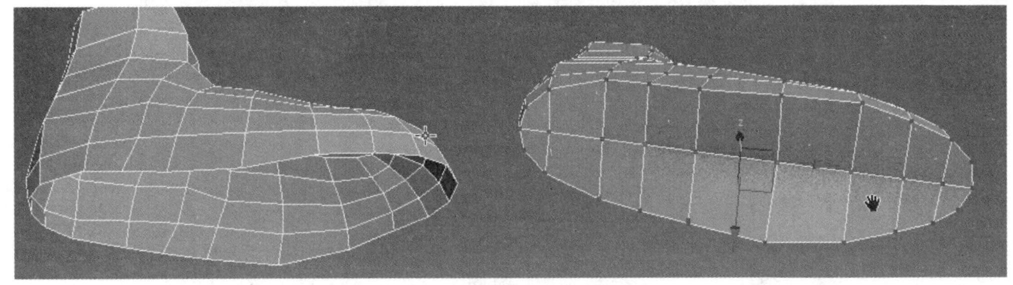

图 4.143

在修改器下拉列表中添加 Shell 修改器，给当前的模型添加厚度，然后再次将该物体转换为可编辑的多边形物体，在厚度的边缘位置加线，如图 4.144 所示。

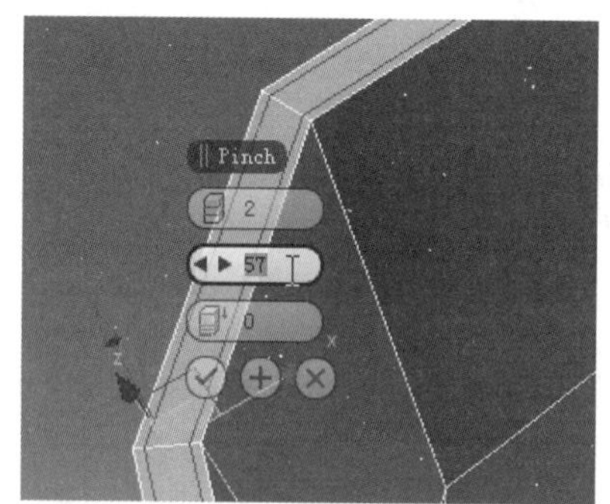

图 4.144

按 Alt+Q 组合键退出孤立化显示，配合石墨工具下的偏移工具整体调整它们之间的形状，最后单击 Attach 按钮将内、外模型焊接成一个模型。选择图 4.145 所示的线段，按 Ctrl+Shift+E 组合键加线，用缩放工具向外缩放调整。

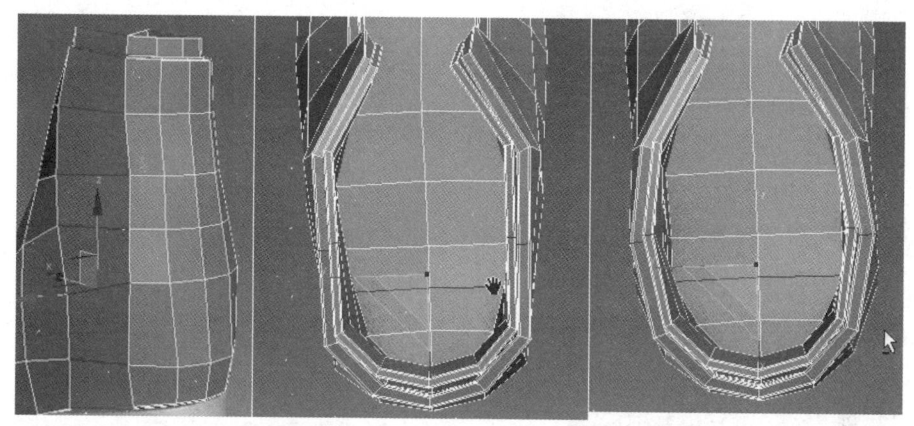

图 4.145

调整之后细分显示效果如图 4.146 所示。

步骤 07 下面制作出溜冰鞋内部模型。在视图中创建一个面片并将其转换为可编辑的多边形物体，对面片进行编辑至如图 4.147 所示。

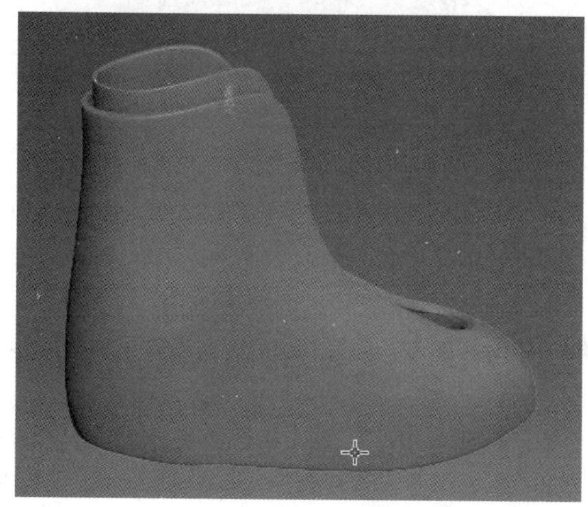

图 4.146

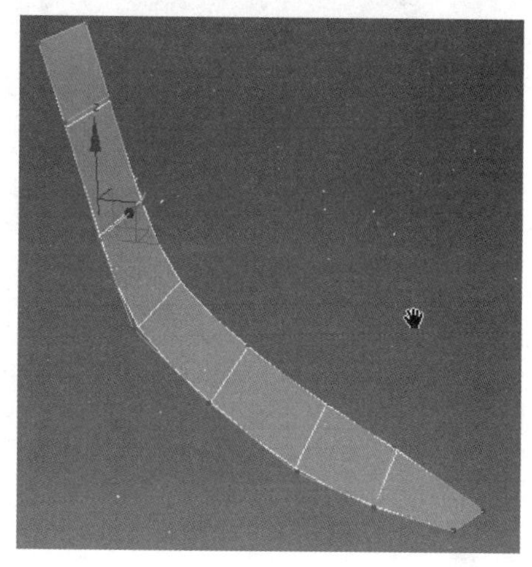

图 4.147

在修改器下拉列表中添加 Shell（壳）修改器，设置 Inner Amount（向内挤出厚度）值为 90mm 左右，再次将其转换为可编辑的多边形物体，在物体厚度的边缘添加分段，如图 4.148 所示。

同时在宽度的线段上添加分段，如图 4.149 所示。

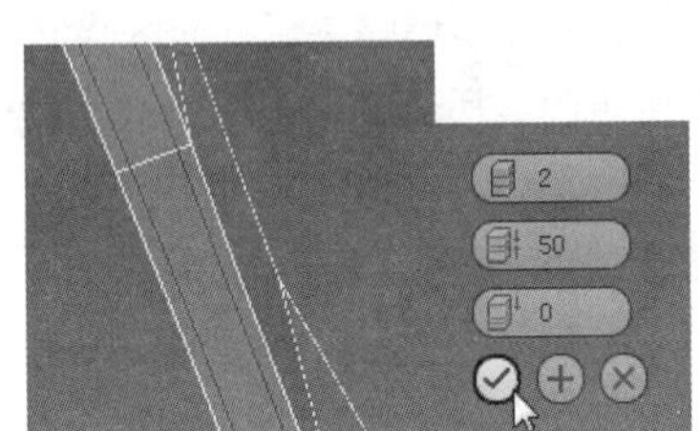

图 4.148

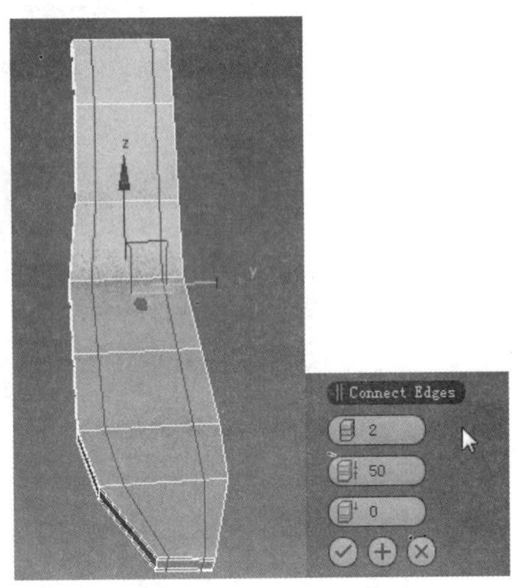

图 4.149

整体效果如图 4.150 所示。

步骤 08 鞋带扣模型的制作。在“创建”面板下单击 Tube （圆管）按钮，在视图中创建一个圆管物体，如图 4.151 所示。

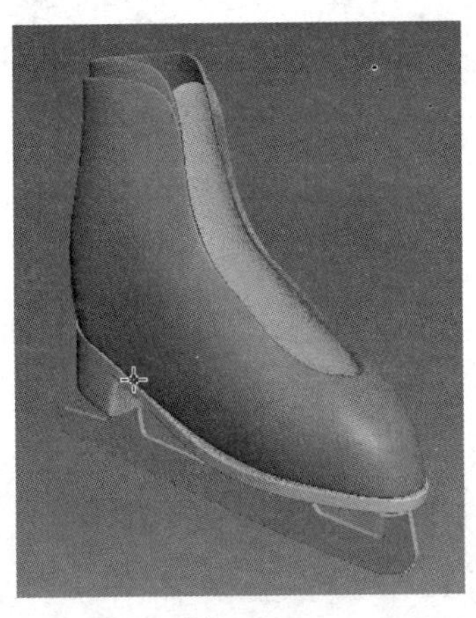

图 4.150

图 4.151

将 Height Segments 和 Cap Segments 分别设置为 1，将 Sides 设置为 10，右击，在弹出的菜单中选择 Convert To|Convert to Editable Poly，将该物体转换为可编辑的多边形物体，在厚度的边缘线段上加线，如图 4.152 所示。

按 Ctrl+Q 组合键细分光滑该物体，然后将该模型移动并旋转到合适的位置。这里除了单独复制调整剩余的物体之外，还有一个快捷的方法：先选择鞋子外部模型，在石墨工具下的 Object Paint （对象绘制）中单击 Paint Objects （绘制对象），在下面的参数面板中单击 （拾取对象）按钮，然后在视图中拾取图 4.151 创建的圆管物体，拾取之后 Paint Objects 面板下就更换成了拾取后模型的名称，如图 4.153 中红色区域所示。

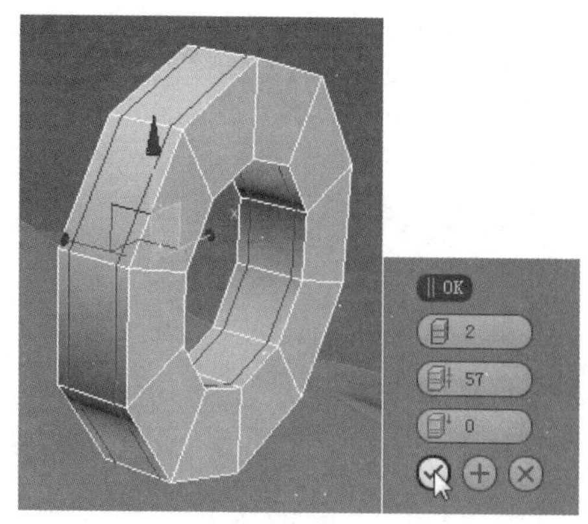

图 4.152

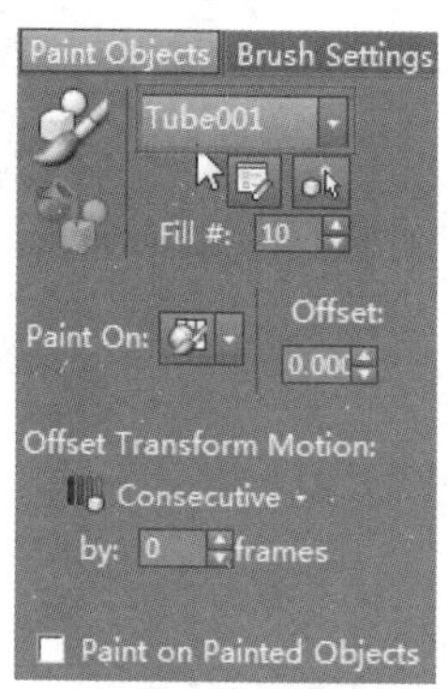

图 4.153

单击Paint On:后面的按钮，在下拉列表中选择Selected Objects（在选择的物体上绘制），再单击按钮，此时就可以在物体表面快速绘制出所需要的圆管物体了。这里绘制的方法有两种：一是可以通过单击一个一个地绘制；二是可以通过按住鼠标左键不放然后在物体的表面拖动鼠标绘制。这两种方法绘制的物体都会自动依附在原有物体表面，如图 4.154 所示。

如果你觉得这些物体的位置通过移动和旋转工具调整起来比较麻烦的话，可以继续在物体表面绘制并删除不需要的模型，调整好之后，单击按钮将另外一半对称复制出来。因为鞋子左右并不是完全对称的模型，所以复制的鞋带扣模型并不能完全贴附于鞋子的表面，需要手动将它们调整到合适的位置，当然快捷的方法还是通过前面介绍的直接用绘制笔刷在需要的位置单击即可，最后删除不需要的部分模型。最后的效果如图 4.155 所示。

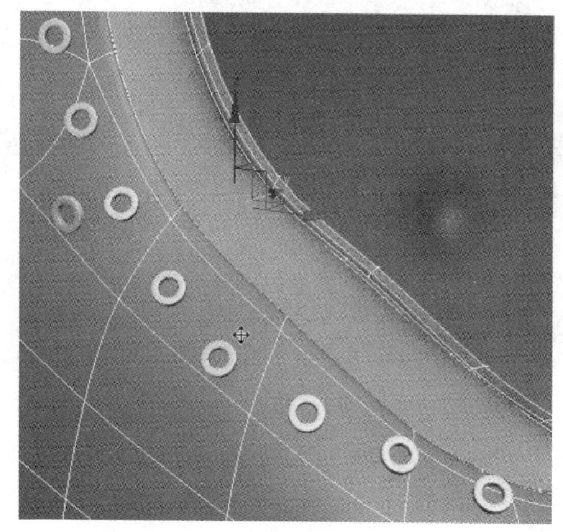
图 4.154

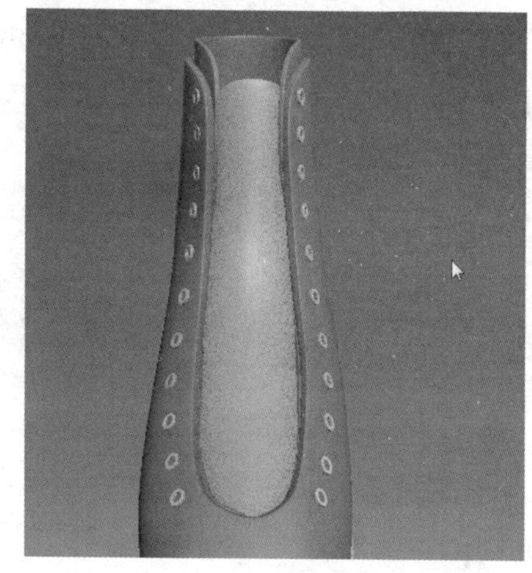
图 4.155

步骤 09 选择鞋子模型，右击，在弹出的菜单中选择 Convert To|Convert to Editable Poly，将该物体转换为可编辑的多边形物体，因为之前已经有了 2 级的细分，所以塌陷之后它的面数会明显增加。这里我们需要的并不是该模型，而是从模型身上提取所需要的样条线。选择图 4.156 所示的线段。

在参数面板中单击Create Shape From Selection（从选择物体中创建样条线）按钮，在弹出的面板中可以修改一下创建样条线的名字，Shape Type（形状类型）中选择默认的 Smooth（平滑）即可。样条线分离出来之后就可以将模型删除了。

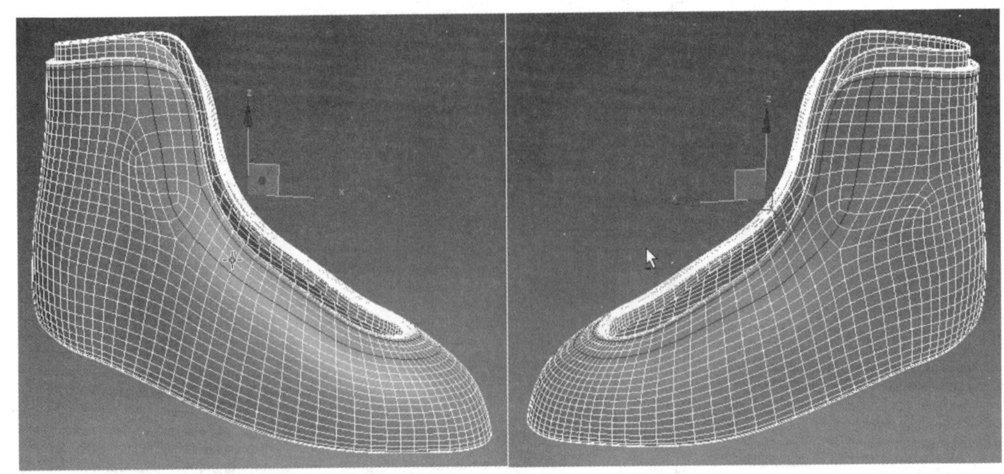

图 4.156

选择刚才创建的样条线，进入边级别，将不需要的线段删除。然后选择下部的线段，单击 Detach 按钮将该部分分离出来，如图 4.157 所示。

步骤 10 在视图中创建一个 Box 物体，右击，在弹出的菜单中选择 Convert To|Convert to Editable Poly，将该物体转换为可编辑的多边形物体，调整 Box 物体的形状至如图 4.158 所示。

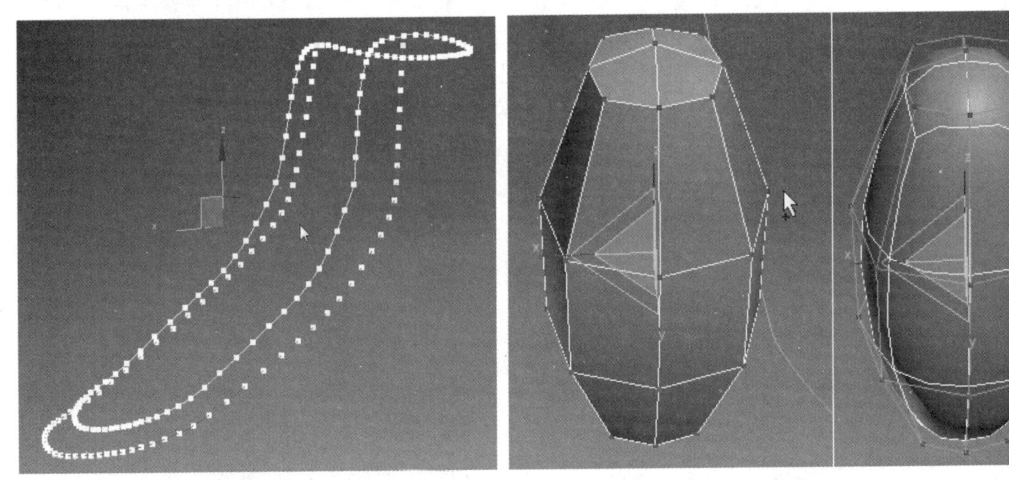

图 4.157　　图 4.158

在 Animation（动画）菜单中选择 Constraints（约束）中的 Path Constraint（路径约束），然后在视图中拾取样条线，这样就把该物体约束到了样条线上，拖动时间滑块就可以看到该物体沿着样条线移动。

在 Tools 菜单中选择 Snapshot...（快照）命令，在打开的快照参数面板中选择 Range（范围）单选按钮，其中 From 和 To 就是从第几帧到第几帧之间总共复制多少个物体，Copies 是复制物体的数量，下面的 Clone Method 是克隆方式，一般选择 Copy 即可。参数面板如图 4.159 所示。

将 Copies（数量）暂时设置为 200，也就是从 0 ~ 100 帧之间复制 200 个物体，单击 OK 按钮，将视图放大，效果如图 4.160 所示。

从图 4.160 中可以发现，所有的模型都是保持在竖直方向的，不会跟着路径的变化而自动改变方向。按 Ctrl+Z 组合键先撤销，在 面板下勾选 Follow，这样该模型就会自动跟随路径的方向变化而自动调整方向。但是第一帧模型此时的效果如图 4.157（左）所示，这个方向不是我们想要的，更改一下参数中的 Axis（轴）轴向即可，如图 4.161（右）所示。

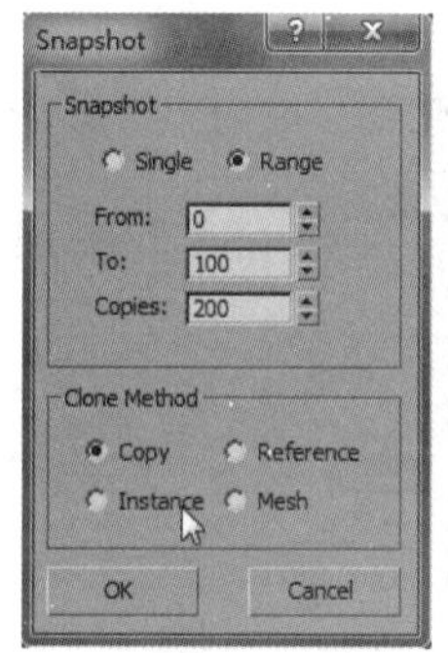

图 4.159

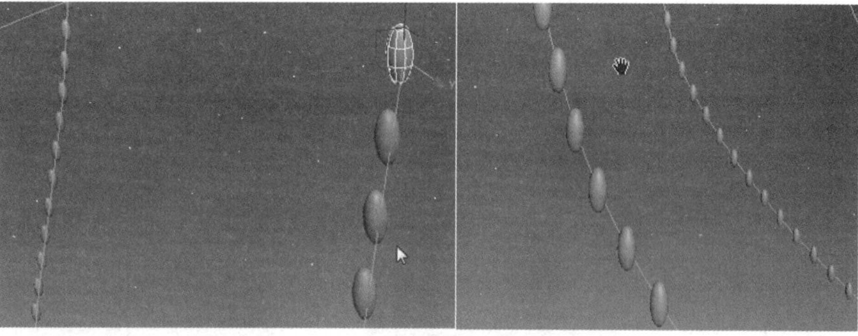

图 4.160

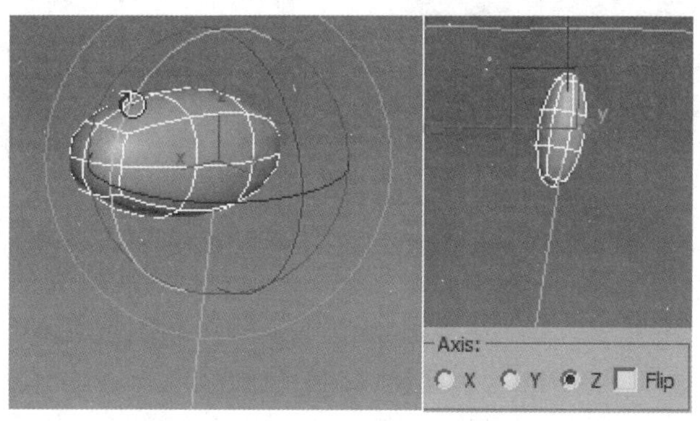

图 4.161

再次执行 Snapshot...（快照）命令，复制的数量可以多试验几次给出一个合适的值。

最后执行快照之后的模型效果如图 4.162 所示。

注意，如果发现物体嵌入到了模型的内部，只需要将样条线适当向外调整一下即可。在调整样条线时，可以勾选 Use Soft Selection（使用软选择），然后调整衰减值，这样在调整点时中间可以很好地过渡调整而不至于显得过于生硬。将样条线复制并适当缩放调整一下，用同样的方法先将物体约束到样条线上，再用快照工具快速复制出模型，效果如图 4.163 所示。

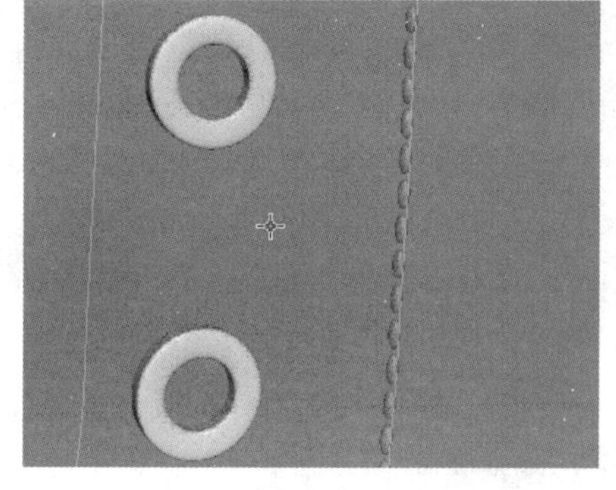

图 4.162

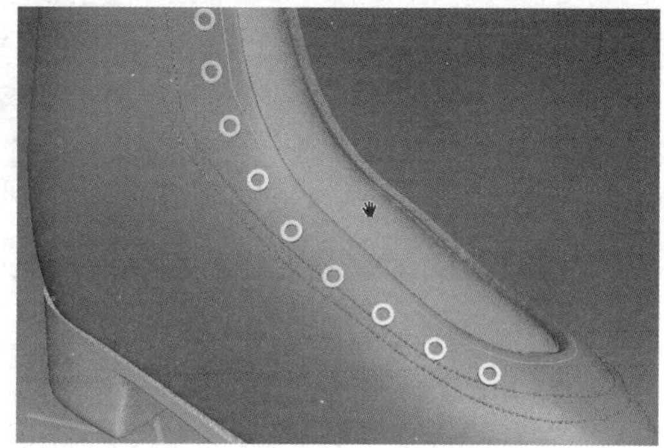

图 4.163

最后用同样的方法制作出剩余物体。在快照复制模型时，中间也出现了一些问题，比如说它只在某一段进行复制，而不是从头到尾，这是因为最初将样条线从模型上分离出的时候，中间的线段有交叉，系统默认它们交叉的点为第一个点。出现这样的问题也不用着急，可以一段一段地进行快照复制。最后的整体效果如图 4.164 所示。

步骤 11 除了上述快照的方法外，也可以用石墨工具下的绘制笔刷工具先拾取要绘制的模型，然后直接在模型的表面进行绘制即可。具体步骤为：在石墨工具下的 Object Paint （对象绘制）中单击 Paint Objects （绘制对象），在下面的参数面板中单击 （拾取对象）按钮，然后在视图中拾取图 4.158 创建的 Box 物体，单击 Paint On: 后面的 按钮，在下拉列表中选择 Selected Objects （在选择的物体上绘制），再单击 按钮，就可以在物体的表面开始绘制了，如图 4.165 所示。

图 4.164

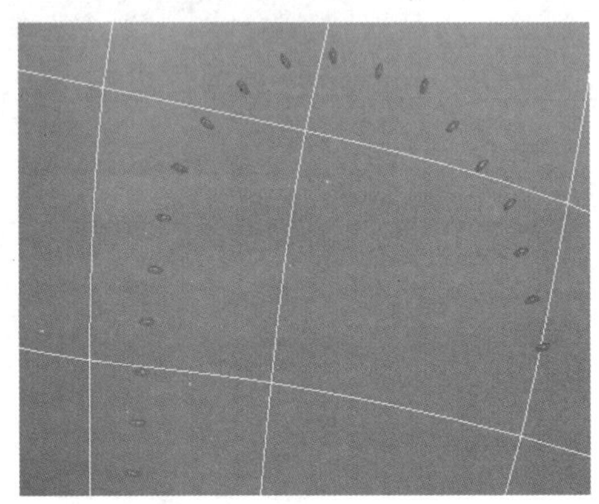

图 4.165

此时绘制的模型方向不是我们想要的，在 Brush Settings 面板中设置 Align 对齐方式为 X 轴，Spacing 值适当降低，此时的绘制效果就如愿以偿了，如图 4.166 所示。

用这种方法绘制出的效果如图 4.167 所示。

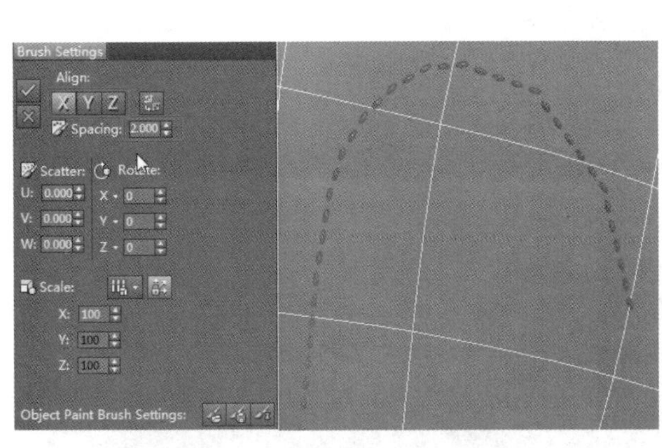

图 4.166

图 4.167

步骤 12 纹理的制作：在石墨工具下的 Freeform（自由形式）菜单的 PolyDraw（多边形绘制）中单击 Draw On 下面的下拉按钮，在弹出的下拉列表中选择 Draw on:Surface（绘制于：曲面）选项，然后单击 Pick 按钮，在视图中拾取要绘制于曲面的模型物体，再单击 （条带）工具，如图 4.168 所示。

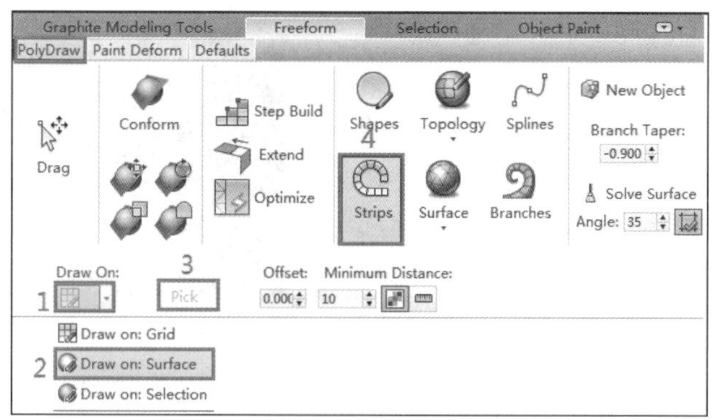

图 4.168

之后就可以在物体表面自由绘制曲面模型了，如图 4.169 所示。

这里绘制的曲面模型的宽度和分段间距与视图的远近有一定的关系，同时还和鼠标绘制的速度有关，速度越慢，间距越小。调整好视图大小之后，在模型上绘制图 4.166 所示的条带形状模型。

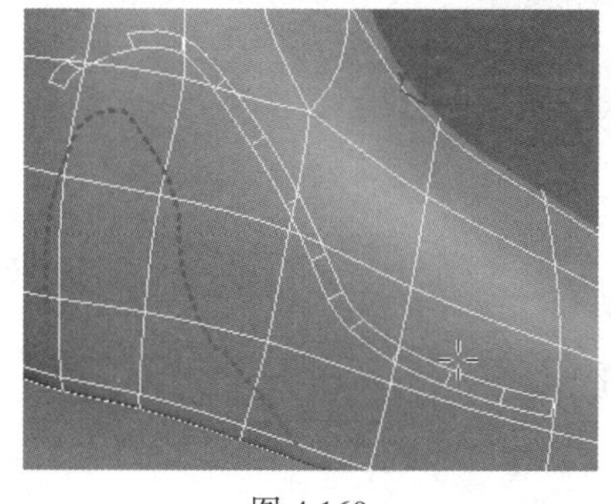

图 4.169

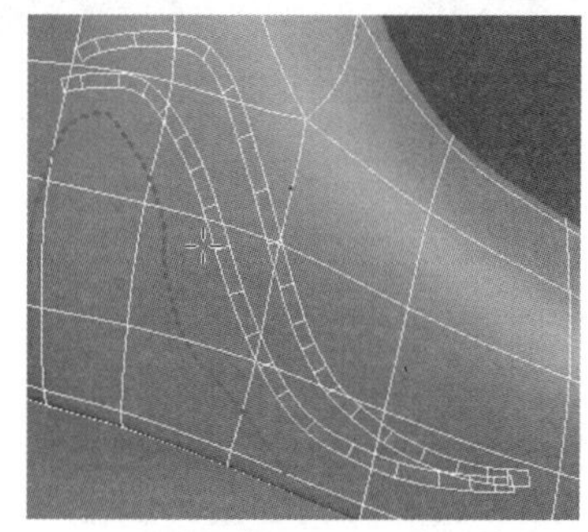

图 4.170

按 Ctrl+Q 组合键先取消细分光滑，按 5 键进入元素级别，选择刚才绘制的条带模型，单击 Detach 按钮将它分离出来。选择该条带模型，再手动调整一下所需要的形状，如图 4.171 所示。

进入面级别，框选所有的面，在修改器下拉列表中添加 Shell（壳）修改器，将挤出的厚度值设置在 23mm 左右，右击，在弹出的菜单中选择 Convert To|Convert to Editable Poly，将该物体转换为可编辑的多边形物体，按 Ctrl+Q 组合键细分光滑显示该物体，最后的效果如图 4.172 所示。

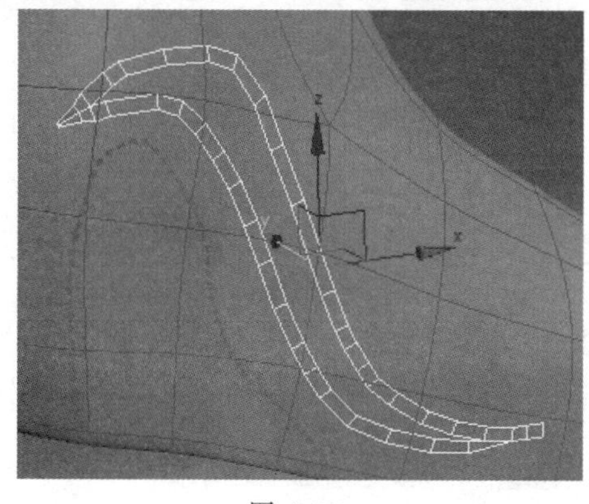

图 4.171

图 4.172

将该条带物体对称复制到左侧，适当调整好位置。

步骤 13 鞋带的制作。在视图中创建一个面片物体并将其转换为可编辑的多边形物体，利用边的挤出复制方法调整至图 4.173 所示的形状（这里说起来简单，在制作过程中其实有很多地方需要调整，因为要考虑各个轴向的位置）。

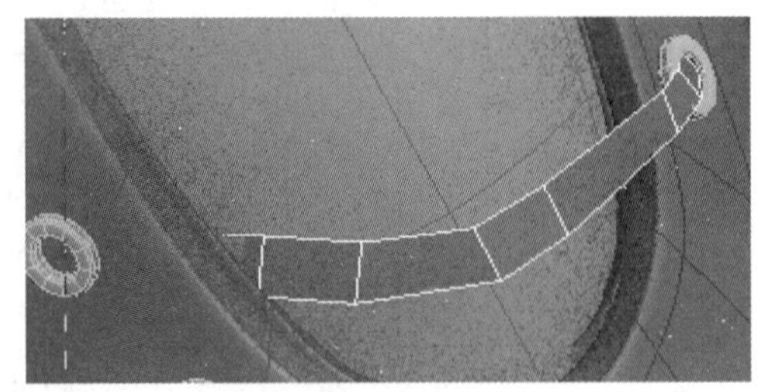

图 4.173

按 4 键进入面级别，框选所有的面，单击 Extrude 按钮将面挤出厚度，注意挤出的时候可以多挤出一些分段，如图 4.174（左）所示，细分之后的效果如图 4.174（右）所示。

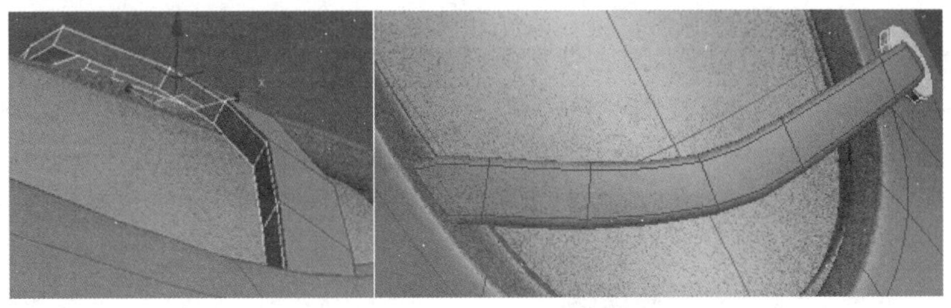

图 4.174

向上复制出一个模型，调整好位置，然后再镜像复制出另一半鞋带模型，调整好它们之间的层叠关系，如图 4.175 所示。

用同样的方法复制调整剩余的鞋带模型，在调整的过程中可以用石墨工具下的偏移笔刷工具来快速调整点的位置，效果如图 4.176 所示。

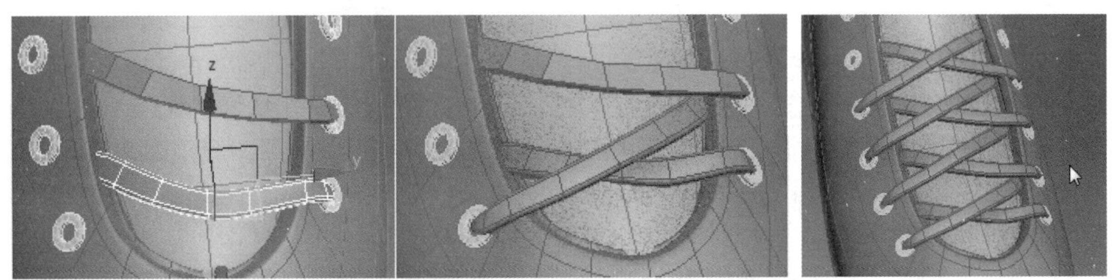

图 4.175　　图 4.176

下部的鞋带模型都是由单独的每个部分拼接而成的，而上部分的鞋带模型在制作时需要注意它的连贯性，如图 4.177 所示。

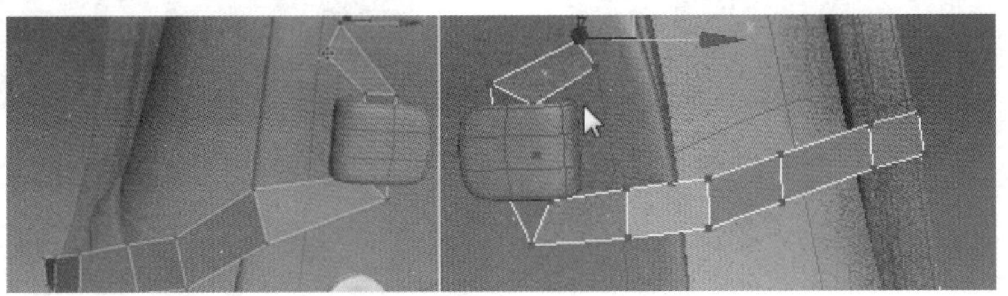

图 4.177

先将单个面片的形状调整出来，然后分别给每个鞋带物体添加 Shell 修改器并塌陷细分显示，效果如图 4.178 所示。

图 4.178

经过反复调整，溜冰鞋的整体效果如图 4.179 所示。

图 4.179

步骤 14 选择场景中的所有模型，在 Group 菜单中选择 Group（群组）将所有的物体组成一个组，然后复制一个，旋转移动它们之间的位置至图 4.180 所示。

图 4.180

按 M 键打开材质编辑器,给场景中所有模型赋予一个默认的材质,然后将线框的颜色设置为黑色,最终的模型效果如图 4.181 所示。

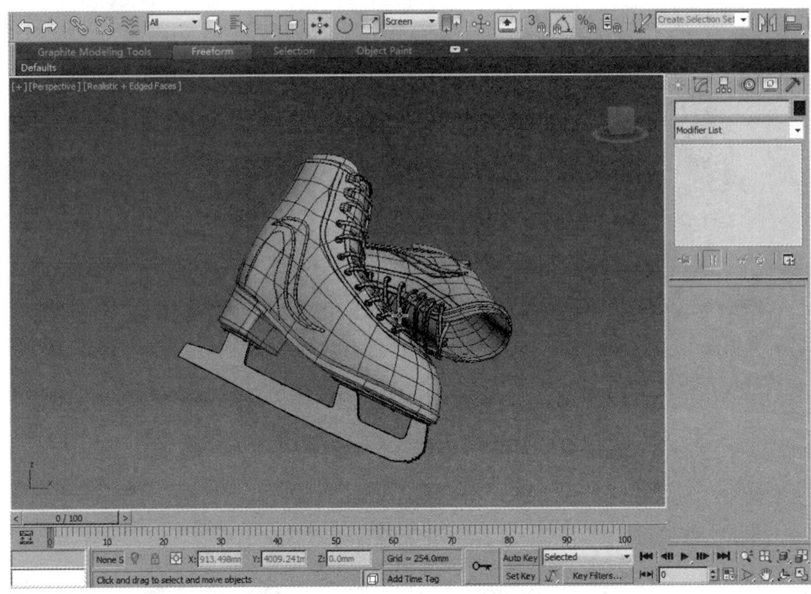

图 4.181

第 5 章　制作照明灯具

照明灯具的作用已经不仅仅局限于照明，它也是家居的眼睛，更多的时候它起到的是装饰作用。因此照明灯具的选择就要复杂得多，它不仅涉及安全、省电，而且还会涉及材质、种类、风格、品位等诸多因素。一个好的灯饰，可能一下成为装修的灵魂。

照明灯具的品种很多，有吊灯、吸顶灯、台灯、落地灯、壁灯、射灯等；照明灯具的颜色也有很多，无色、纯白、粉红、浅蓝、淡绿、金黄、奶白。选购灯具时，不要只考虑灯具的外形和价格，还要考虑亮度，而亮度的定义应该是不刺眼、经过安全处理、清澈柔和的光线。应按照居住者的职业、爱好、情趣、习惯进行选配，并应考虑家具陈设、墙壁色彩等因素。照明灯具的大小与空间的比例有很密切的关系，选购时，应考虑实用性和摆放效果，方能达到空间的整体性和协调感。

5.1　制作地球仪台灯

本实例通过一个类似地球仪的一个复古台灯模型来学习一下此类灯具的模型制作方法。首先来看一下渲染效果图如图 5.1 所示。

图 5.1

5.1.1　制作底座

本实例的制作顺序为先制作底座再制作支撑杆和玻璃球体，最后制作内部的灯泡。

步骤 01 单击 Creat（创建）| Geometry（几何体）| Cylinder（圆柱体）按钮，在视图中创建一个半径为 71mm，高度为 23mm，端面分段为 2，边数为 18 的圆柱体模型。右击，在弹出的菜单中选择 Convert To|Convert to Editable Poly，将模型转换为可编辑的多边形物体。先将顶部适当缩放调整再将顶部中的点向下调整，如图 5.2 所示。然后在高度上添加分段，如图 5.3 所示。

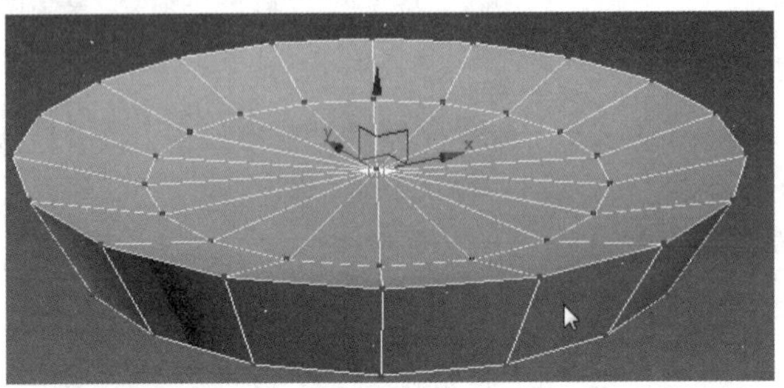

图 5.2

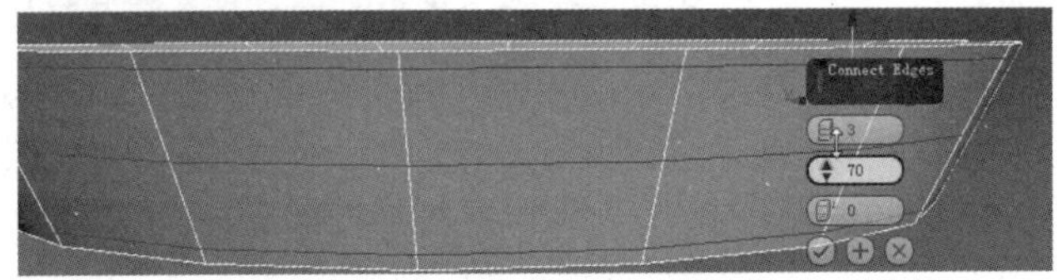

图 5.3

用 Chamfer（切角）工具将图 5.4 中的线段切角，按快捷键 Ctrl+Q 细分该模型，效果如图 5.5 所示。

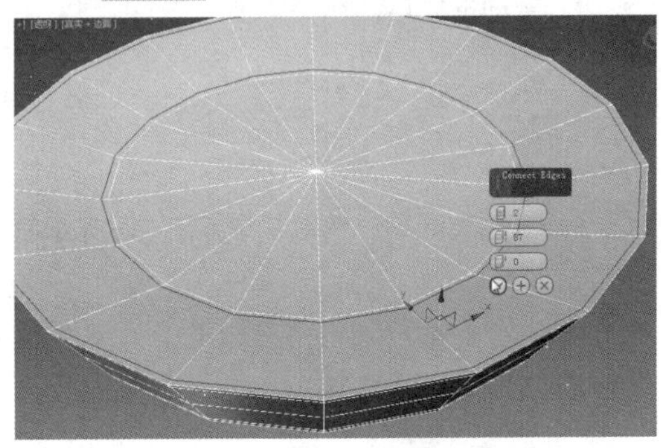

图 5.4

图 5.5

步骤 02 创建一个圆柱体，大小比例如图 5.6 所示，然后在修改器下拉列表中添加 Taper（锥化）修改器，设置参数和效果如图 5.7 所示。

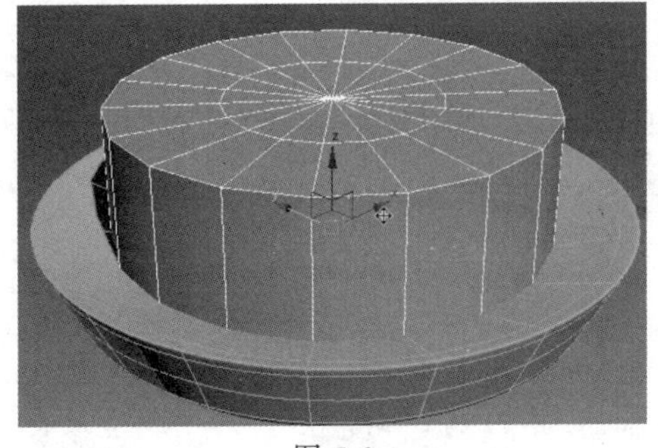

图 5.6

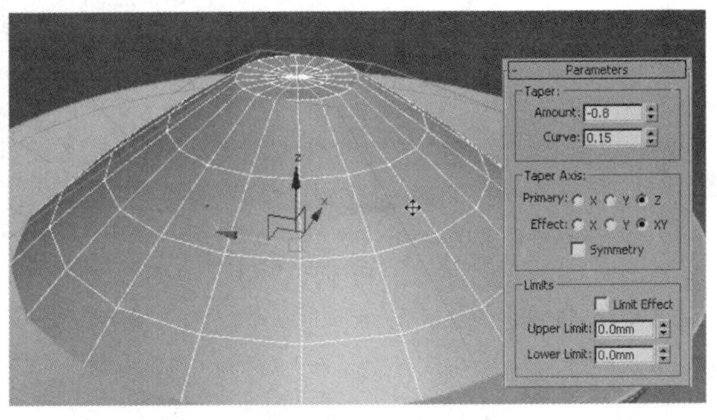

图 5.7

提示　当要使用 Curve 值时，物体的高度分段数必须大于 1，调整 Curve（曲线）值才有作用，该值的作用是将物体向外膨胀或者向内收缩处理，如果模型的高度上没有分段数，那么调整该值时模型是没有任何变化的，只有有了分段数后，模型才会相应地发生形状的改变，如图 5.8 所示。

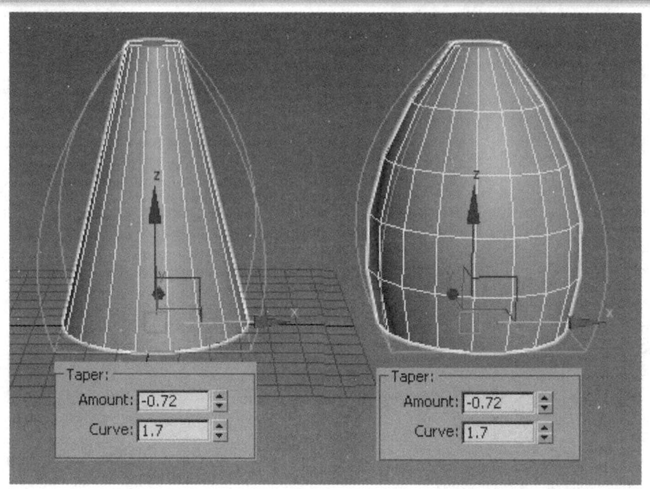

图 5.8

调整完成后将该物体转化为可编辑的多边形物体，删除顶部的面，选择顶部边界线，按住 Shift 键移动缩放挤出面并调整，效果如图 5.9 所示。然后选择挤出面的棱角位置的线段，用切角工具将线段切角处理，如图 5.10 所示。

图 5.9

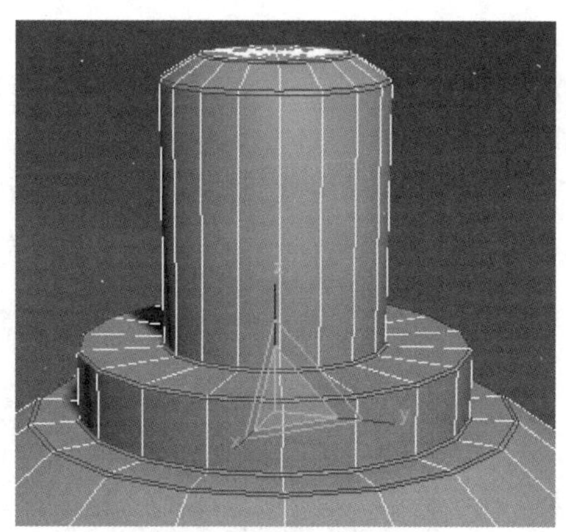

图 5.10

选择底座侧面上的一个点，单击 Chamfer 按钮后面的□图标，在弹出的“切角”快捷参数面板中设置切角的值将一点切成为 4 点，如图 5.11 所示。然后删除切角内部的面，在该开口位置单击 Torus（圆环）按钮创建一个圆环物体并调整到合适位置，如图 5.12 所示。

步骤 03 单击创建面板下的 Tube（管状体）按钮在视图中创建一个管状体，注意高度分段数设置为 1，边数为 18，效果如图 5.13 所示。右击，在弹出的菜单中选择 Convert To|Convert to Editable Poly，将模型转换为可编辑的多边形物体。按 1 键进入顶点级别，删除不需要的面，效果如图 5.14 所示。

图 5.11

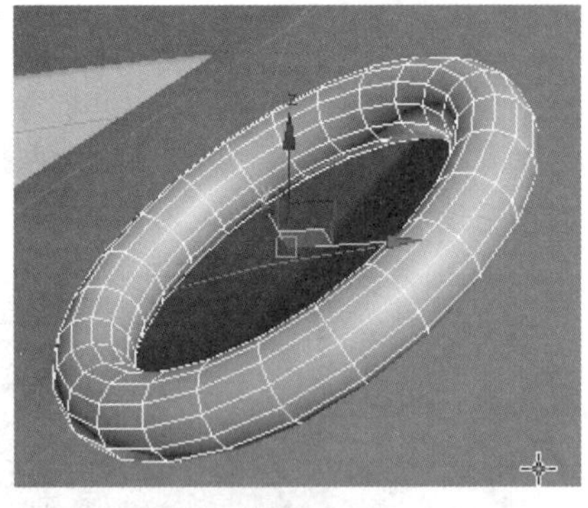

图 5.12

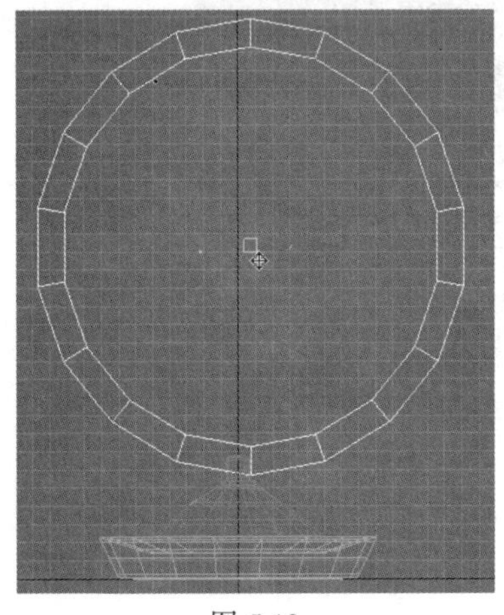

图 5.13

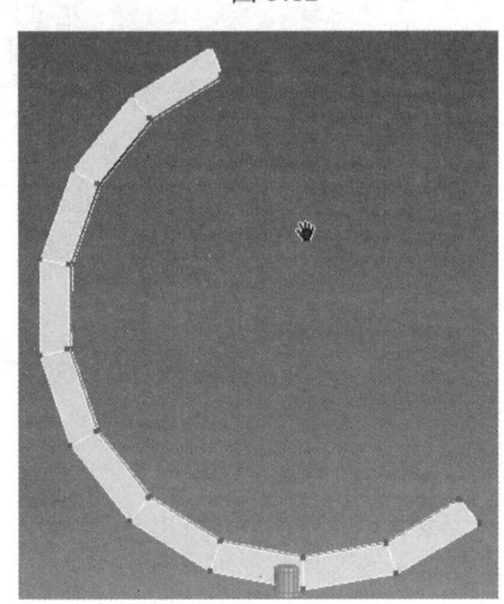

图 5.14

框选边界线，单击 Cap 补洞按钮封口处理，然后分别在厚度边缘以及两端位置加线细分后的效果如图 5.15 所示。

步骤 04 在顶视图中创建一个球体，用旋转工具适当旋转调整到合适位置，如图 5.17 所示。按住 Shift 键沿着 XYZ 轴方向等比例缩放复制（在该球体的内部再复制一个球体）。

图 5.15

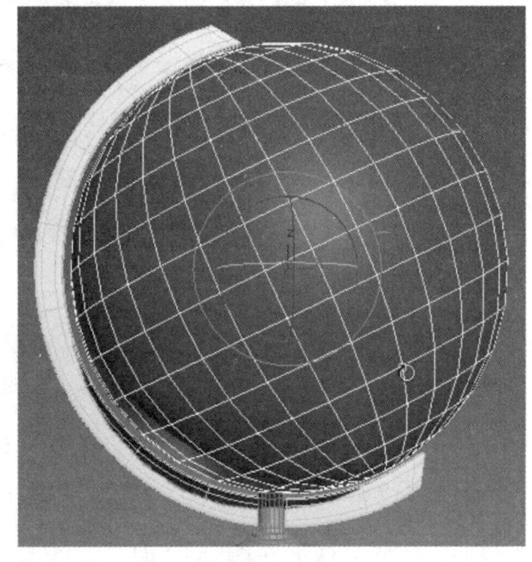

图 5.16

这两个球体作为玻璃灯罩物体肯定是透明的，为了更加直观地观察透明效果先把渲染器设置为

VRay 渲染器。按 F10 键打开渲染设置面板，在渲染器下拉列表中选择 VRay 渲染器，如图 5.17 所示。按 M 键打开材质编辑器，单击 Standard 按钮，在弹出的材质贴图浏览器中选择 VRayMtl V-Ray 材质，这样就把当前的标准材质设置成了 V-Ray 标准材质。

提示

> 如果不选择 VRay 渲染器是没有 VRay 材质的，只有先设置 VRay 渲染器，在材质中才会多出一个 VRay 材质卷展栏，如图 5.19 所示。

设置反射颜色为白色，折射颜色也为白色。（VRay 渲染器的反射和折射是通过颜色的调整来控制的，黑色代表不折射和不反射，白色代表完全反射和折射，如果是灰色则代表了半反射和半透明效果）。设置高光光泽为 0.85，光泽度为 0.99 左右，如图 5.20 所示。

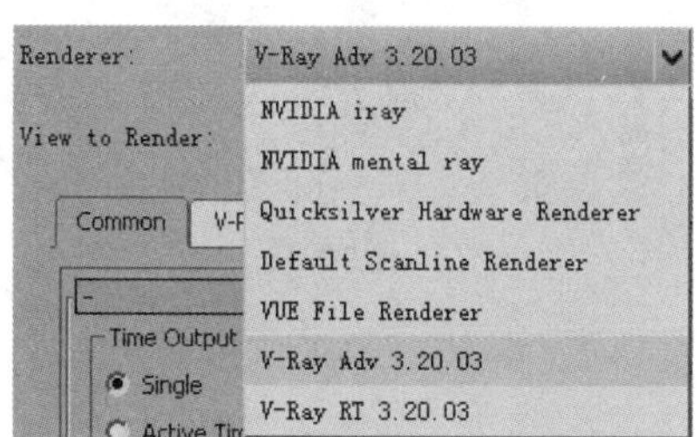

图 5.17

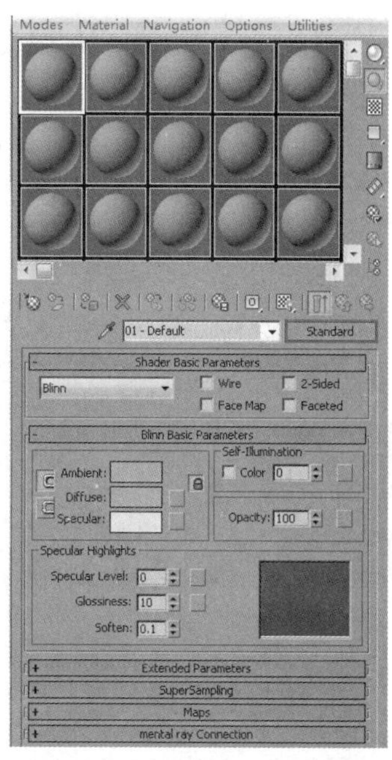

图 5.18

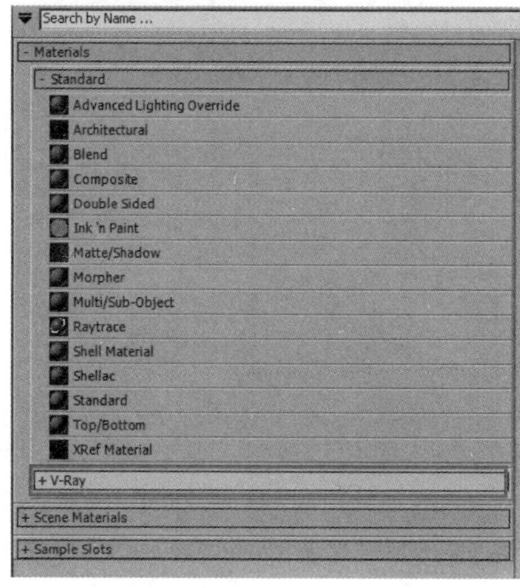

图 5.19

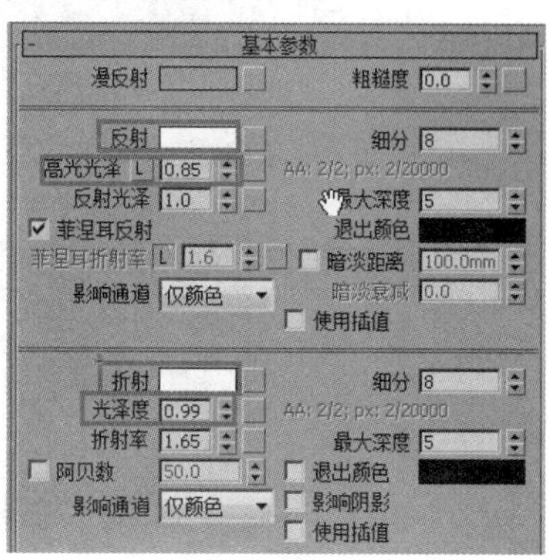

图 5.20

提示 由于我们安装的 VRay 渲染器版本为汉化版本，所以这里涉及到的 VRay 渲染器的的一些参数为中文显示。

再调整烟雾颜色为绿色，参数设置好后（如图 5.21 所示），单击按钮将该材质赋予两个球体模型，此时球体就变得透明了，如图 5.22 所示。

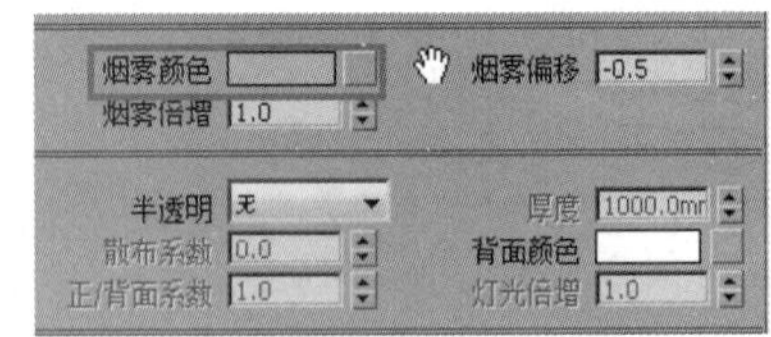

图 5.21

步骤 05 在支撑杆的顶端位置创建一个圆柱体模型并将其转化为可编辑的多边形物体，适当调整形状至图 5.23 所示。

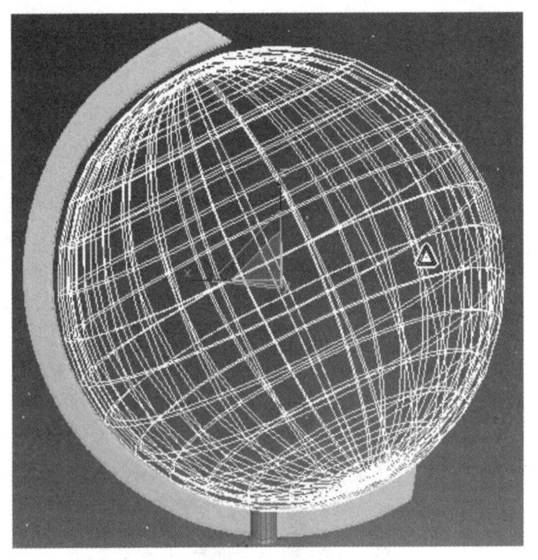

图 5.22

图 5.23

5.1.2 制作灯泡底座

步骤 01 将外部球体再复制一个，进入顶点级别，删除不需要的面只保留底部部分面，如图 5.24 所示。

图 5.24

按 M 键打开材质编辑器，选择一个材质球设置漫反射颜色为绿色，然后将该材质赋予当前面（这样处理是为了便于观察模型），在修改器下拉列表中添加 Shell（壳）修改器，设置厚度后的效果如图 5.25 所示。将该物体再次转换为可编辑的多边形物体后，选择底部中心位置点并删除，然后按 3 键进入边界级别，选择边界线，按住 Shift 键向内挤出面调整，如图 5.26 所示。

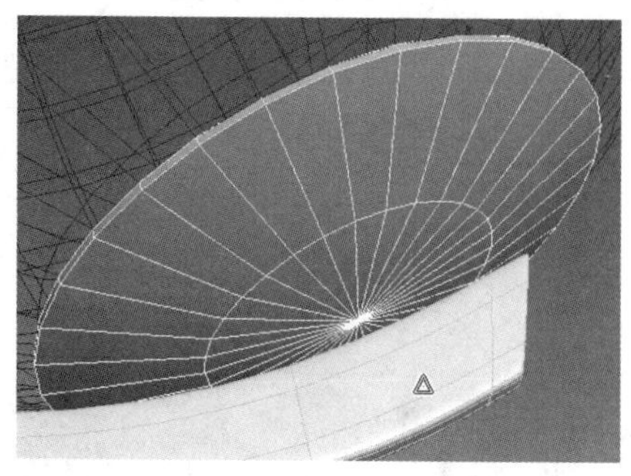

图 5.25

图 5.26

用同样的方法挤出面调整，过程如图 5.27 和图 5.28 所示。

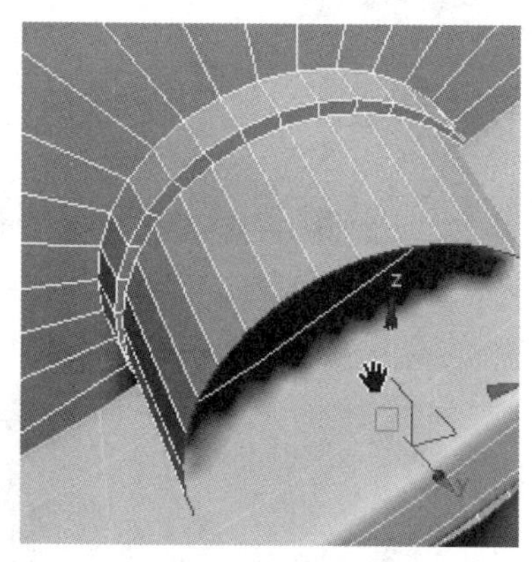

图 5.27

图 5.28

最后将拐角位置线段切角并在需要表现棱角的边缘位置加线，如图 5.29 所示。按快捷键 Ctrl+Q 细分该模型，效果如图 5.30 所示。

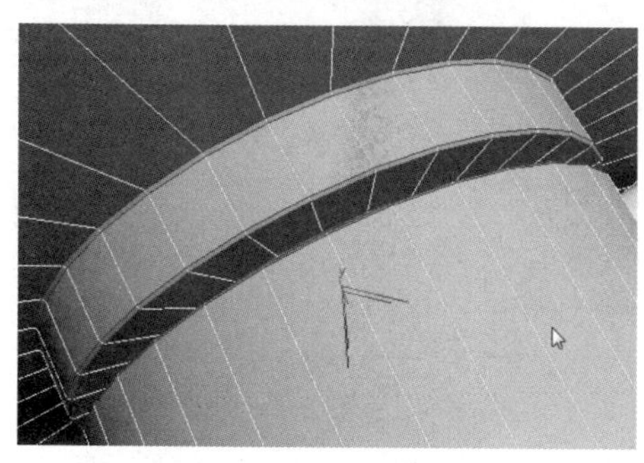

图 5.29

图 5.30

步骤 02 创建一个圆柱体并将其转换为可编辑的多边形物体，删除图 5.31 中的顶部面，选择边界线按住 Shift 键配合移动和缩放工具挤出所需要的面并调整，效果如图 5.32 和图 5.33 所示。调整好形状后，选择拐角位置的环形线段并切角处理，如图 5.34 所示。

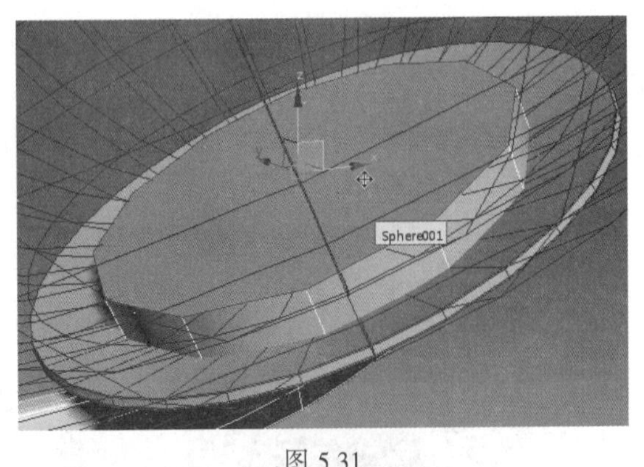

图 5.31

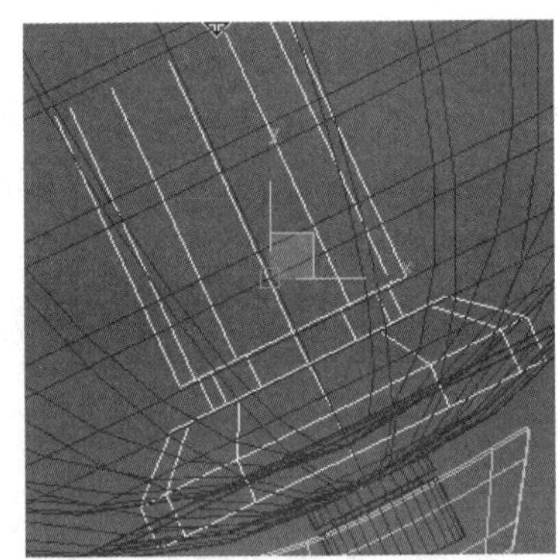
图 5.32

图 5.33

图 5.34

分别在图 5.35 中位置加线或者切线处理，细分后的效果如图 5.36 所示。

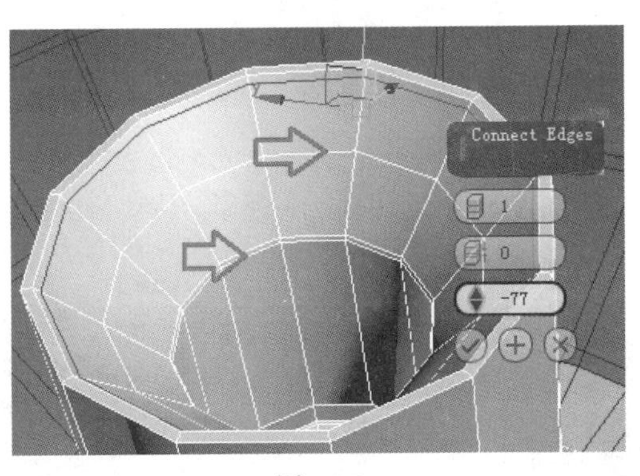

图 5.35

图 5.36

5.1.3 制作灯泡

灯泡是基于球体模型的基础上进行修改而来。

步骤 01 在制作灯泡模型之前，首先将灯泡的底座模型旋转复制一个并调整至水平位置，如图 5.37 所示，这样做的目的是便于轴向的控制。

在底座上方创建一个球体如图 5.38 所示，用缩放工具沿着 Z 轴缩放拉长处理后将其转化为可编辑的多边形物体，删除底部面，如图 5.39 所示。选择边界线向下挤出调整至图 5.40 所示的形状。

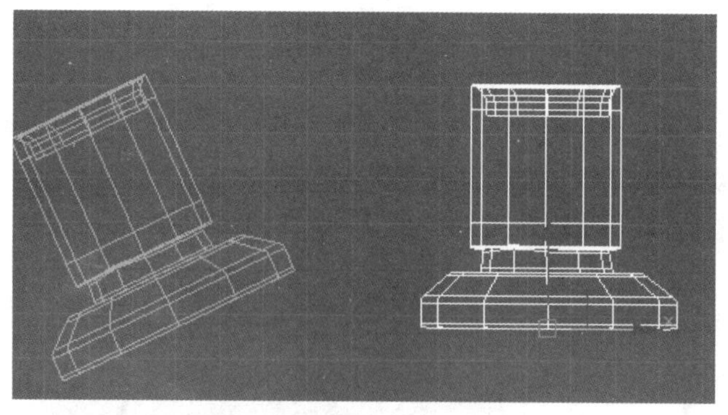

图 5.37

图 5.38

图 5.39

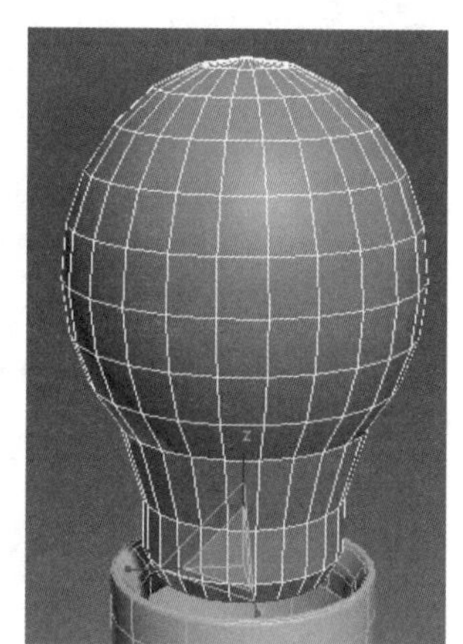

图 5.40

步骤 02 右击，在弹出的菜单中选择隐藏选定对象，先将灯泡隐藏起来，在底座内部创建一个圆柱体并将其转化为可编辑的多边形物体，分别删除顶部和底部面，将该物体以实例方式向右再复制一个（复制的目的在于便于观察制作），如图 5.41 所示。

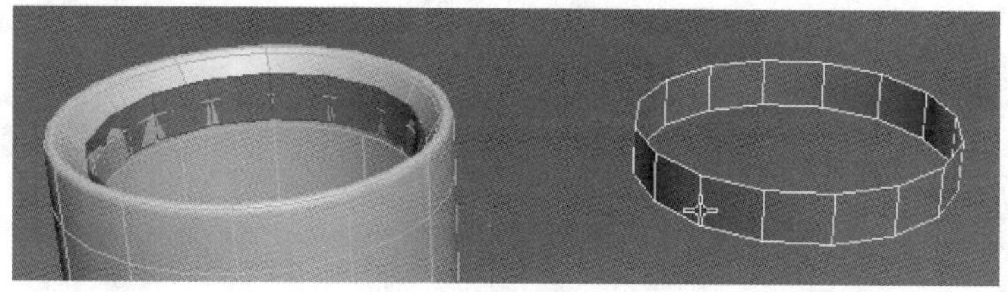

图 5.41

选择顶部边界线，按住 Shift 键分别挤出面处理，如图 5.42 所示，然后选择底部边界线用同样的方法向下挤出面，效果如图 5.43 所示。

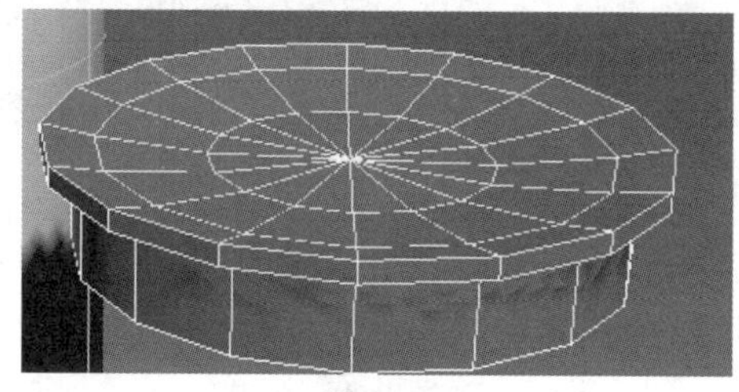

图 5.42

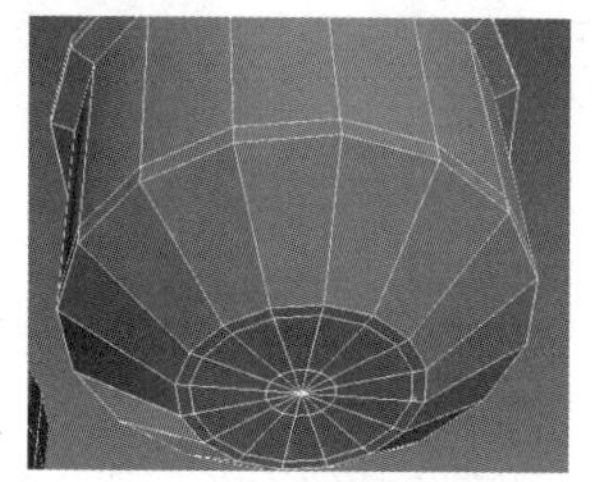

图 5.43

右击，在弹出的菜单中选择全部取消隐藏，将灯泡模型显示出来，赋予一个透明材质，此时模型比例效果如图 5.44 所示。

步骤 03 制作灯丝。单击 Creat（创建）| Shape（图形）| Line 按钮，在图 5.45 中创建样条线。选择所有点，右击，在弹出的菜单中选择 Bezier 点，将角点处理为 Bezier 点，注意灯丝不可能都在一个平面上，所以要在透视图中调整点的位置如图 5.46 所示。勾选 Rendering 卷展栏下的 Enable In Renderer 和 Enable In Viewport，设置 Thickness（厚度值）为 0.6、Sides（边数）值为 10。

同样创建出图 5.47 所示的线段，调整点使之与灯丝模型相扣，如图 5.48 所示。

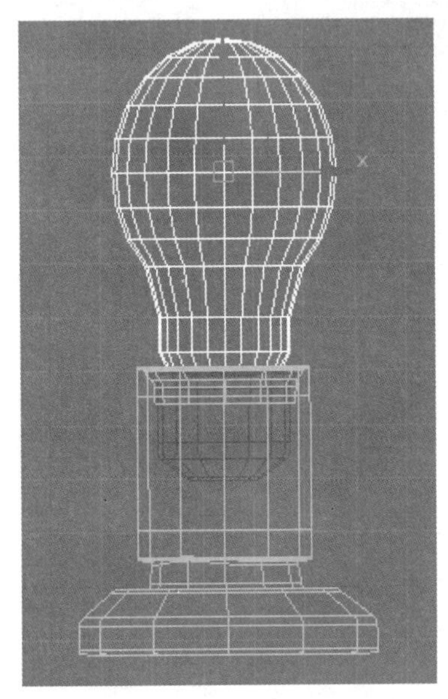

图 5.44

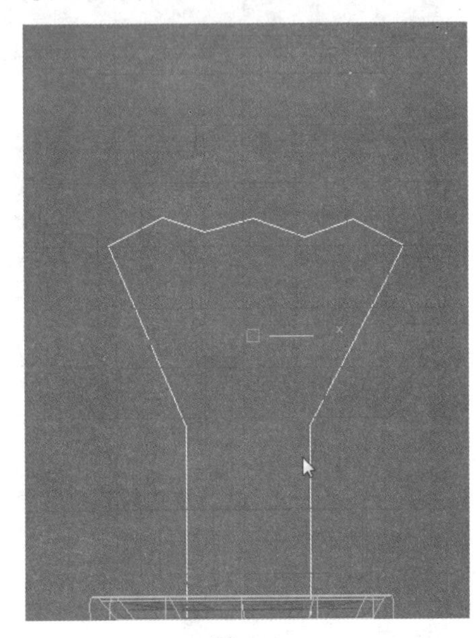

图 5.45

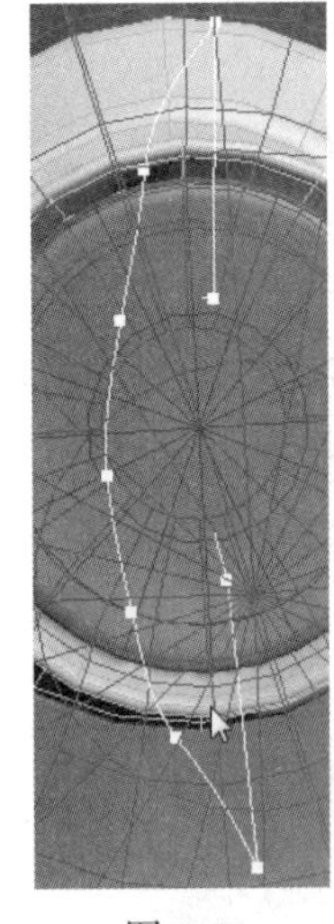

图 5.46

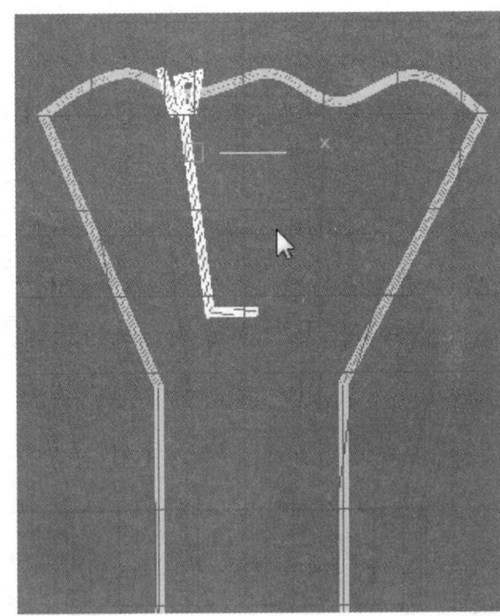

图 5.47

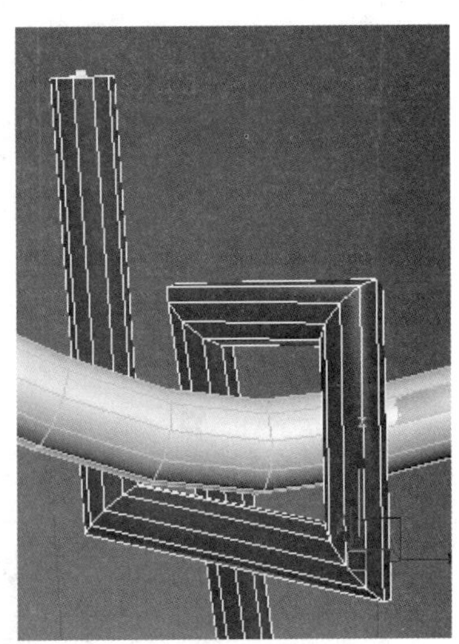

图 5.48

单击 Fillet Fillet（圆角）命令将直角点处理为圆角，如图 5.49 所示。单击 沿着 X 轴方向复制，效果如图 5.50 所示。

单击 Attach 按钮拾取复制的样条线将两者附加起来，附加之后注意要将底部中间位置的点焊接起来。

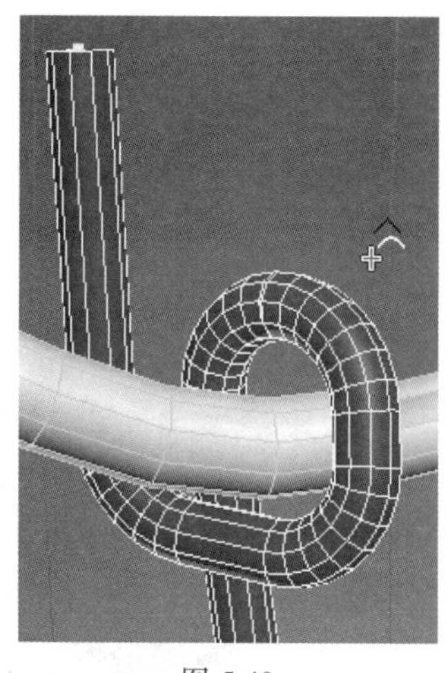

图 5.49

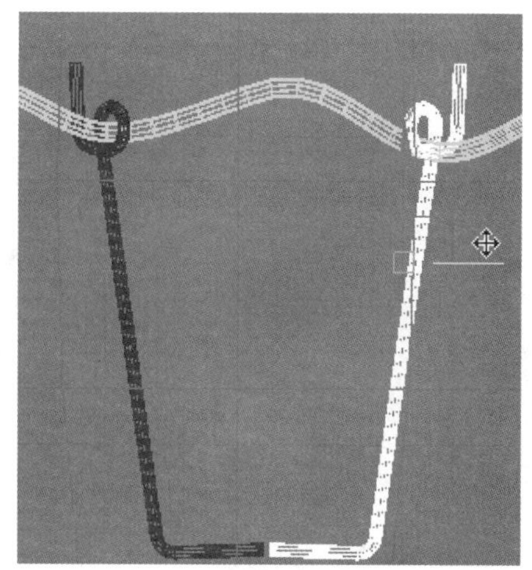

图 5.50

步骤 04 选择灯泡模型，为了便于观察模型，可以先赋予一个绿色材质，底部封口之后，调整布线，选择图 5.51 中的面，向上挤出面，如图 5.52 所示。

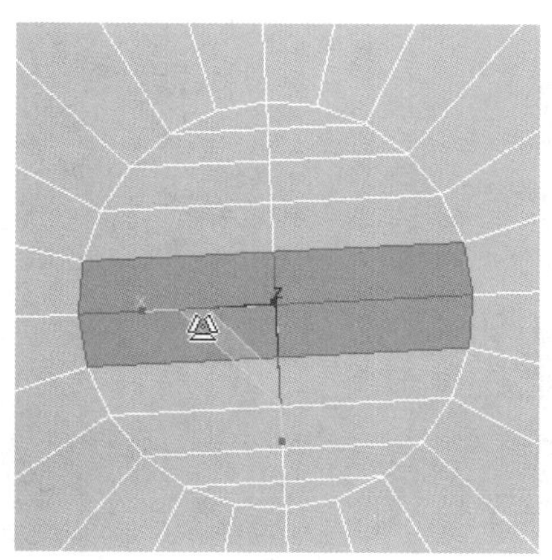

图 5.51

图 5.52

由于这些面的调整在灯泡的内部，观察起来不是很方便，此时可以选择图 5.53 底部的面，单击 Hide Selected（隐藏选择）将选择的面隐藏起来，效果如图 5.54 所示（面的隐藏是把面暂时隐藏起来并不是删除掉，这一点要区别开来）。

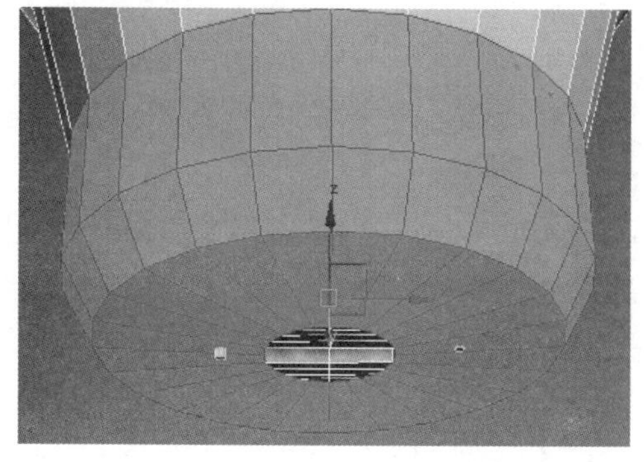

图 5.53

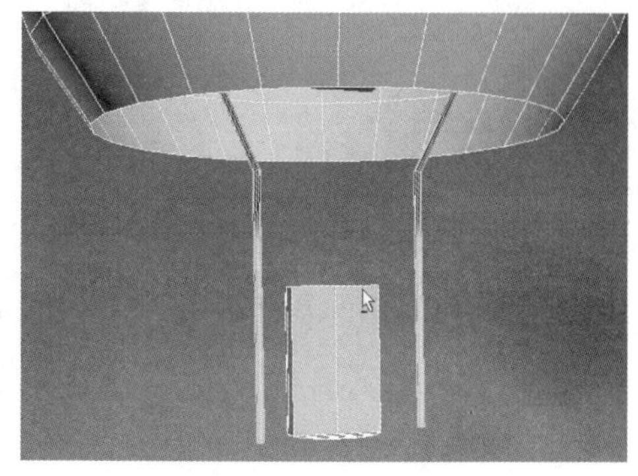

图 5.54

加线继续挤出面调整至图 5.55 所示，调整布线和形状如图 5.56 和图 5.57 所示。选择顶部面挤出向外挤出面再向上挤出，然后在上下两端的位置加线如图 5.58 所示。最后根据模型的变换调整灯丝三维空间位置至图 5.59 所示。

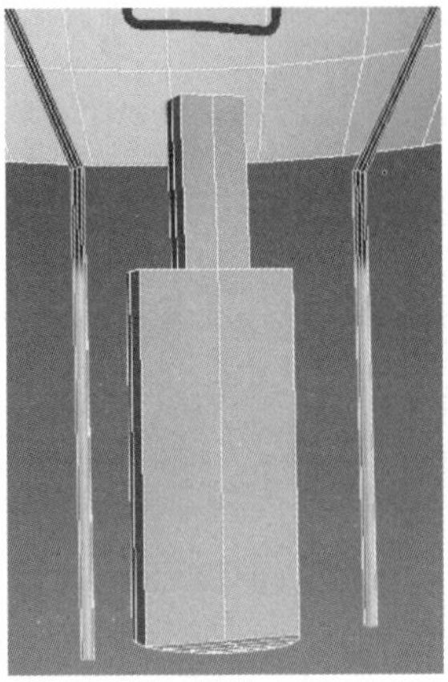

图 5.55

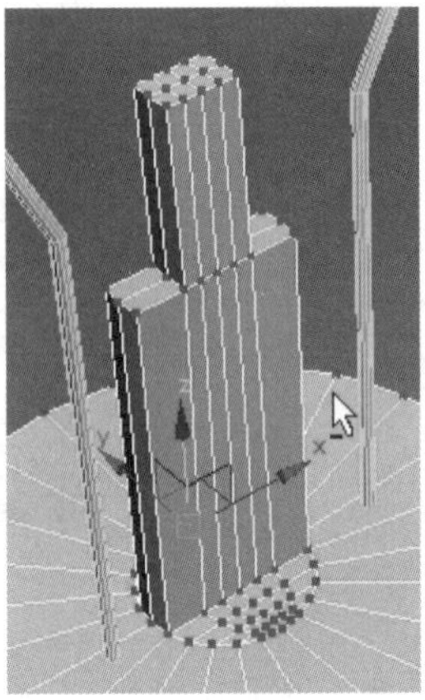

图 5.56

图 5.57

图 5.58

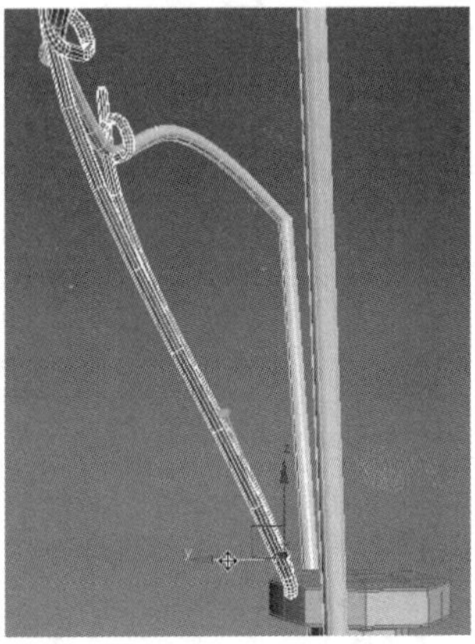

图 5.59

5.1.4 处理其他细节

步骤 01 选择底座侧面上的一个点，单击 Chamfer 按钮在点上单击并拖动将点切角如图 5.61 所示，然后删除切角位置的面，并向内挤出面，如图 5.61 所示。

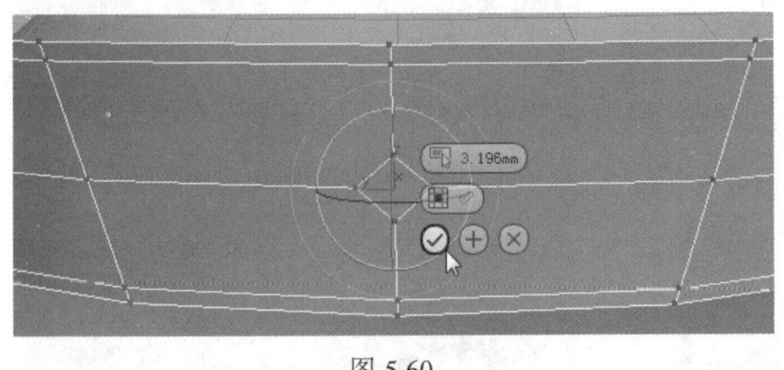

图 5.60

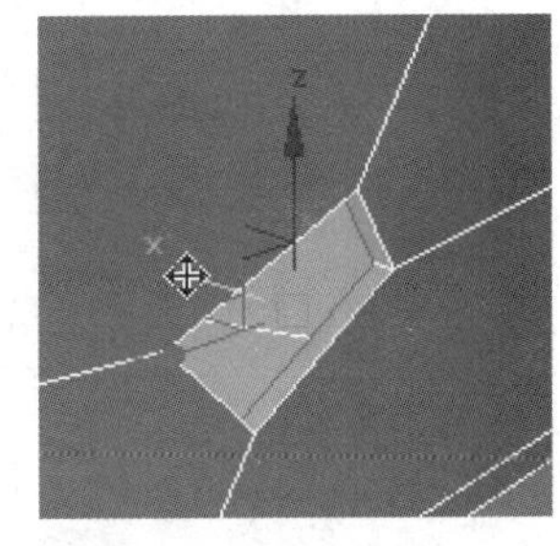

图 5.61

步骤 02 复制前面创建的圆环物体并调整到开口位置，如图 5.62 所示。

单击 Line 按钮在视图中创建一个如图 5.63 所示的样条线，此时注意三维空间的点的调整。再创建一个圆角矩形，如图 5.64 所示。选择创建面板下的复合对象面板，先选择样条线，单击 Loft 按钮，再单击 Get Shape 获取图形按钮拾取圆角矩形完成放样，将参数面板下的图形步数设置为 1，路径步数设置为 4。进入 Loft 下图形子级别，框选图形旋转调整角度，参数模型放样效果如图 5.65 所示。

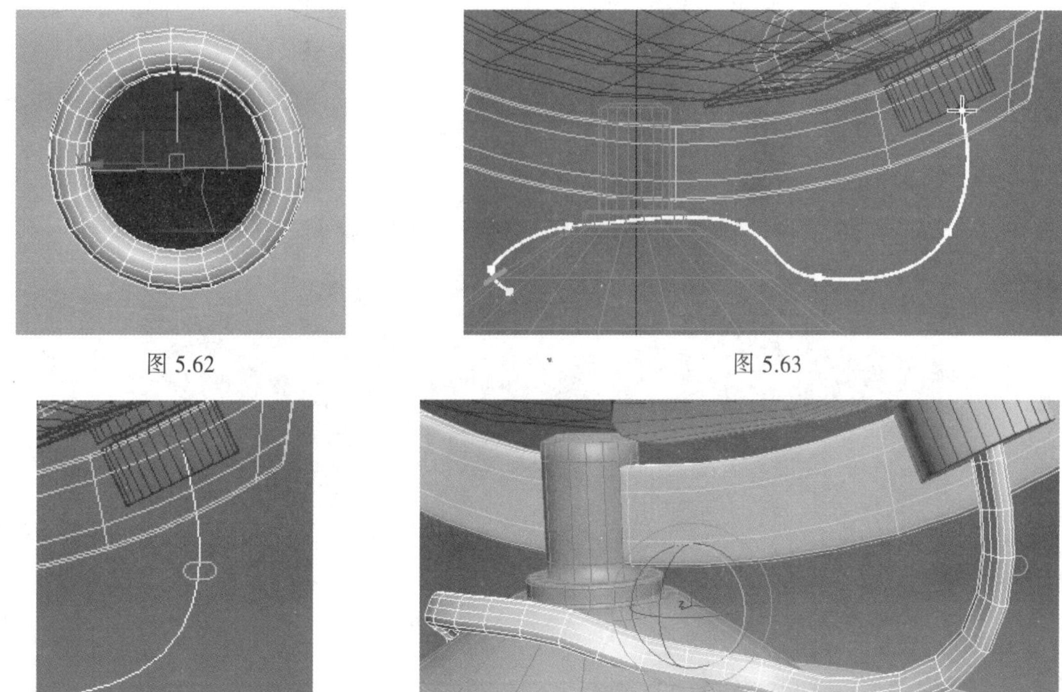

图 5.62　　图 5.63

图 5.64　　图 5.65

单击参数面板下的 Twist （扭曲），打开扭曲曲线编辑器面板，曲线编辑器面板中的线段两端分别对应放样物体的起点和终点，如图 5.67 所示。

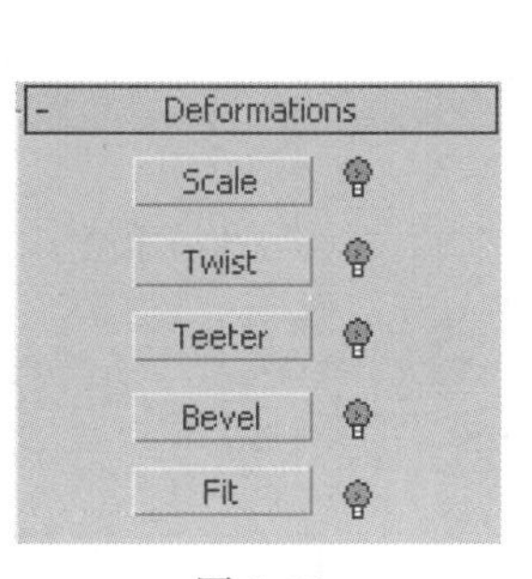

图 5.66

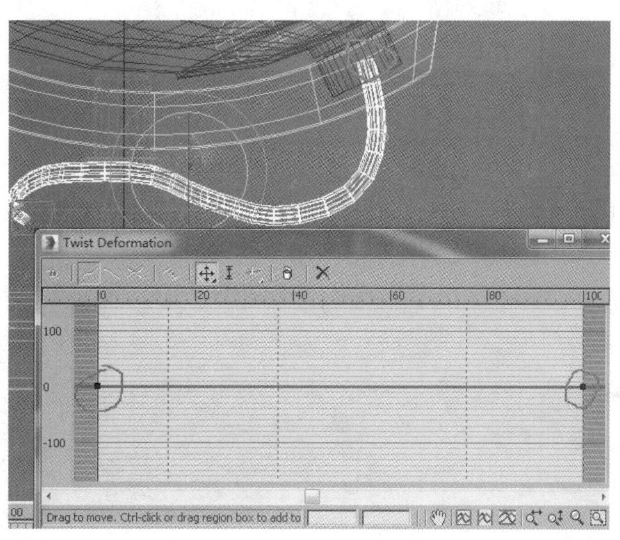

图 5.67

当然可以单击（插入点）按钮在线段上插入一个点，单击按钮拖动右侧点向上调整，如图 5.68 所示。此时放样物体的末端会根据调整值的大小进行旋转，如图 5.69 所示。

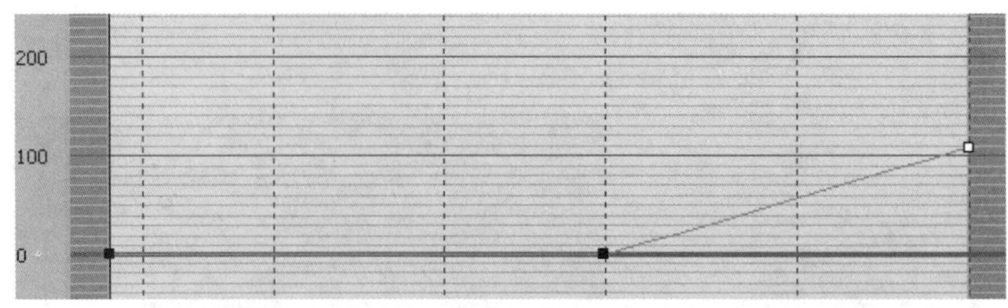

图 5.68

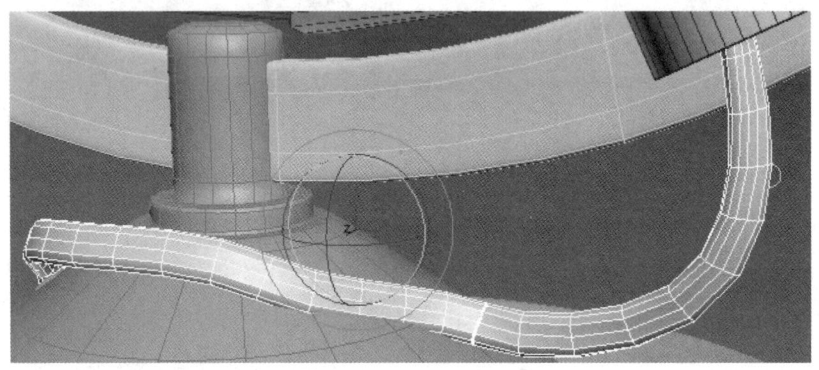

图 5.69

此时模型旋转角度偏小，在曲线面板中单击按钮将曲线参数缩放处理，如图 5.70 所示。

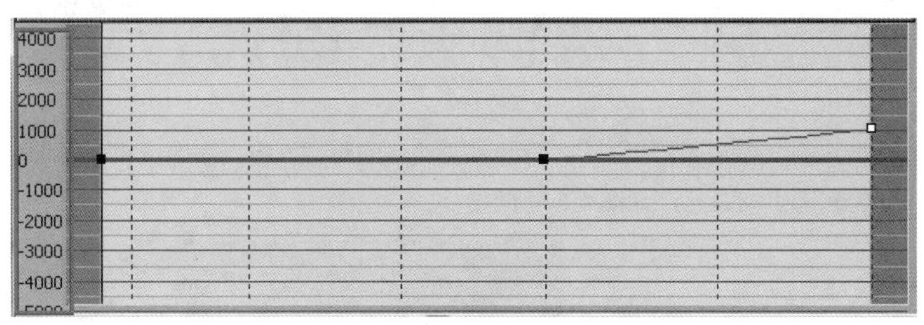

图 5.70

再次拖动右侧点向上调整，此时放样物体扭曲角度大大增加，如图 5.71 所示。如果觉得放样物体扭曲比较生硬，可以将曲线面板下的点设置为 Bezier 平滑点或者 Bezier 角点，调整点使其曲线过渡更加自然，如图 5.72 和图 5.73 所示。

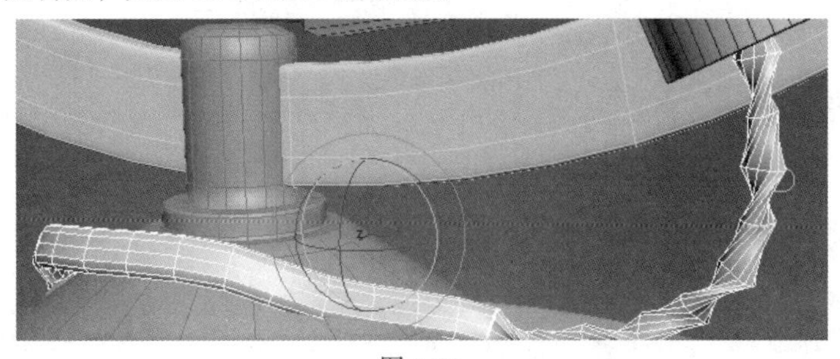

图 5.71

图 5.72

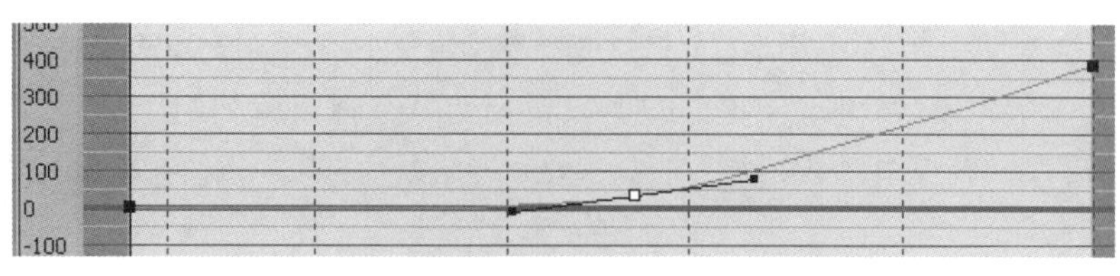

图 5.73

逐步调整数值直至模型扭曲角度比较满意为止，如图 5.74 所示。

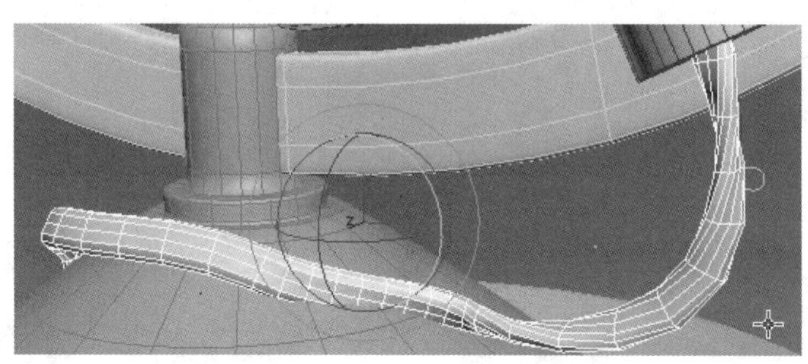

图 5.74

如果发现模型嵌入到其他物体里面，可以回到 Line 级别，调整点的位置即可。调整好后，将该放样物体转化为可编辑的多边形物体，在修改器下拉列表线添加 MeshSmooth （网格平滑）进行细分，通过添加“网格平滑”修改器和多边形级别下的细分效果一样。

步骤 03 在图 5.75 中的位置创建一个样条线，同样勾选 Rendering 卷展栏下的 ☑ Enable In Renderer 和 ☑ Enable In Viewport，然后在台灯底部位置创建并复制出长方体模型作为书本物体，效果如图 5.76 所示。至此，模型部分全部制作完成。

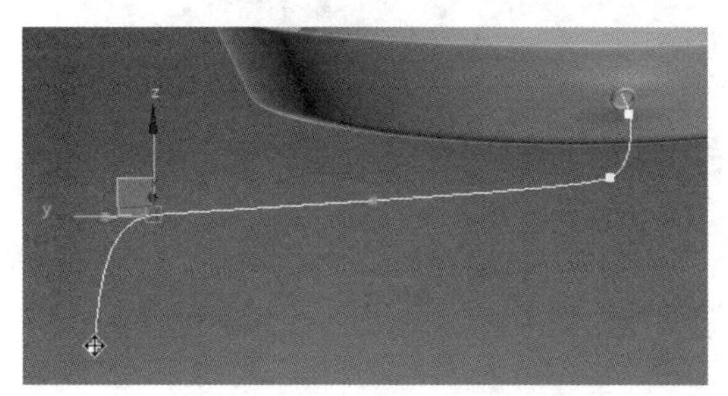

图 5.75

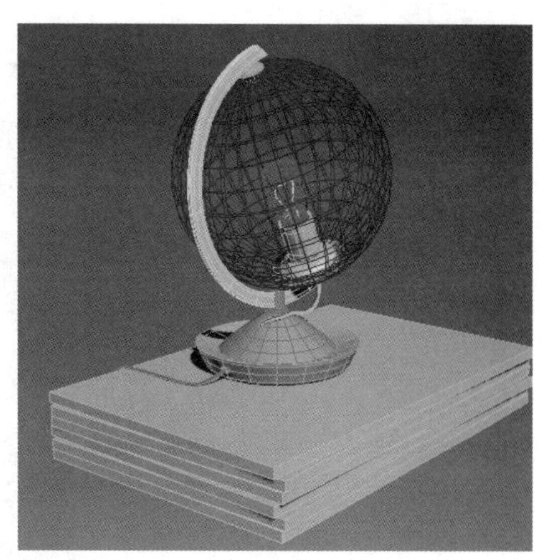

图 5.76

5.1.5　制作刻度尺

刻度尺如果用模型来表现就显得有点复杂了，所以此处可以用贴图的方式来实现。

步骤 01 选择旋转杆模型，先取消模型细分，在修改器下拉列表下添加 UVW Map 修改器，在参数面板中的 Parameters 参数卷展栏中选择 Planar 平面贴图方式，然后在修改器下拉列表中选择

UVWrap UVW（UVW 展开）修改器。按 M 键打开材质编辑器，选择一个空白材质球，将材质类型设置为 VRay 材质，然后在漫反射通道上单击选择“Bitmap 位图”赋予一张如图 5.77 所示的贴图，单击按钮将材质赋予旋转杆模型，单击（视口中显示明暗处理材质）按钮在模型上显示贴图，此时显示效果如图 5.78 所示。

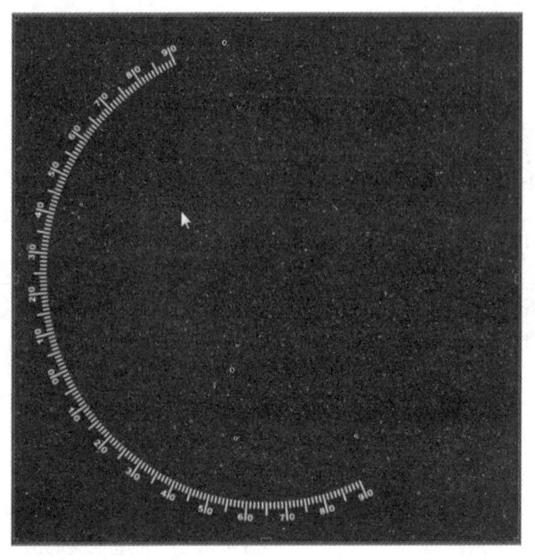

图 5.77

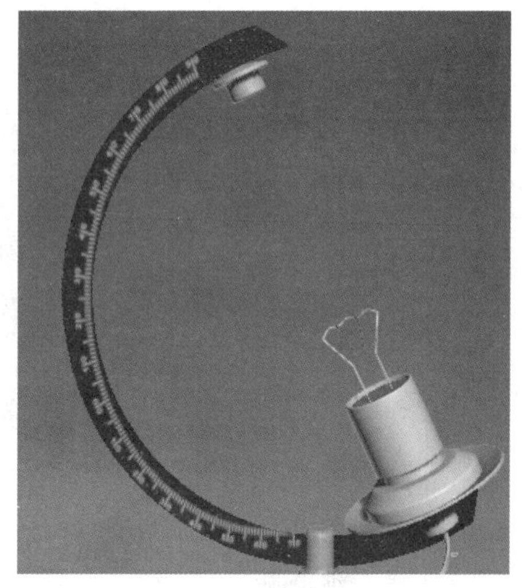

图 5.78

此时贴图和模型非常不和谐。单击 Open UV Editor ...（打开 UV 编辑器）按钮，然后单击 CheckPattern（Checker）下的小三角选择 Pick Textrue（拾取纹理）选项，如图 5.79 所示，在弹出的 Material/Map Browser（材质/贴图浏览器）面板中双击 Bitmap，然后选择标尺贴图文件，此时显示效果如图 5.80 所示。

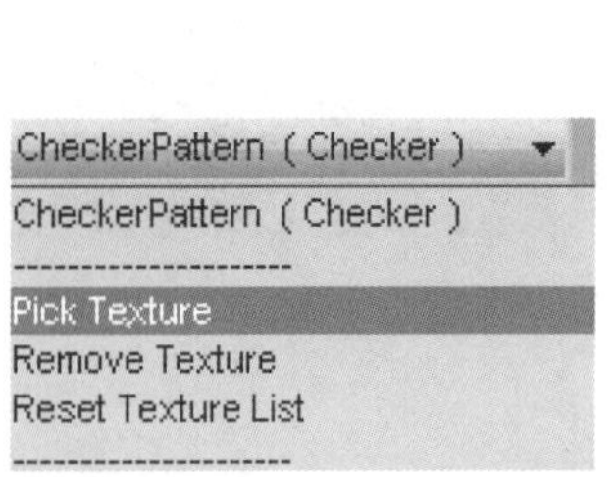

图 5.79

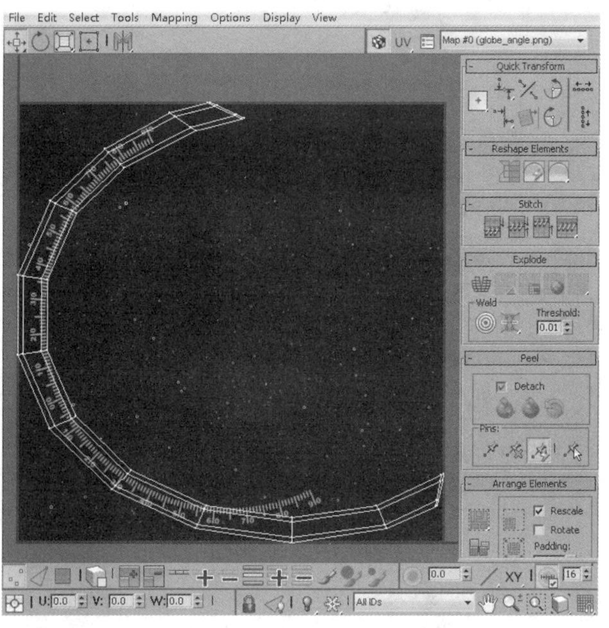

图 5.80

步骤 02 单击底部按钮进入点级别，选择（自由）工具（结合了移动、旋转、缩放工具），整体选择 UV 点进行缩放调整处理，然后再逐步选择部分点细致调整 UV 点与贴图一一对应，效果如

图 5.81 所示。关闭 UVW 展开面板，然后给当前模型添加 TurboSmooth 涡轮平滑修改器，模型显示效果如图 5.82 所示。

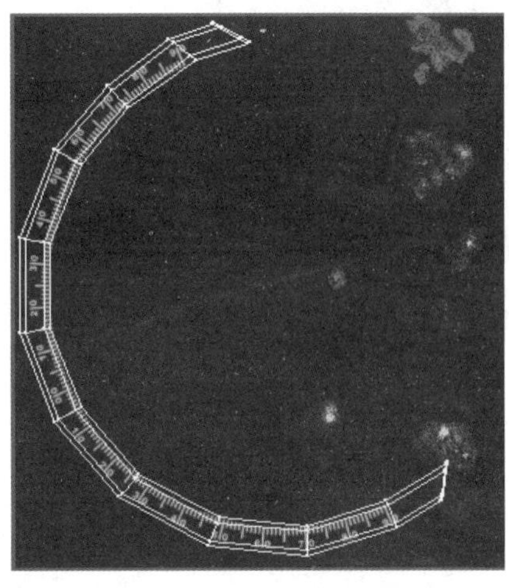

图 5.81

图 5.82

由于取消了线框显示，同时灯泡材质和玻璃罩材质为透明材质贴图类型，所以这里看不到它们的显示效果，后期配合材质贴图灯光设定进行最终的渲染出图时即可看到效果。

5.2　制作玻璃瓶烛灯

本实例制作的模型类似一个烛台，不过蜡烛是放置在瓶子内部的，效果如图 5.84 所示。

图 5.83

本实例的难点在于瓶子上透明部分和不透明部分的贴图设置以及内部蜡烛灯光的模拟。接下来学习一下它的制作方法。

步骤 01 单击 Creat（创建）| Shape（图形）| Line 按钮分别制作出不同瓶子的轮廓线，如图 5.84 所示。

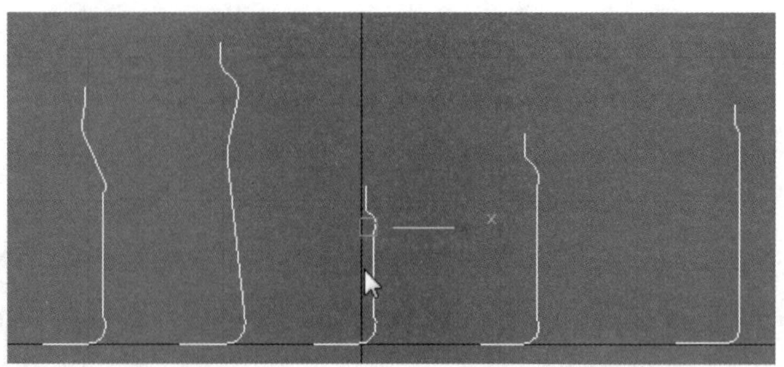

图 5.84

提示　创建样条线时注意点的创建方式，考虑到后期还要对其进行多边形的形状调整，所以此处创建的点均为角点方式，这样可以节省模型面数从而进行多边形编辑调整。如果开始创建的为“Bezier 角点”，那么在转化为多边形物体后模型面数较高，不易调整。

单击按钮进入修改面板，单击“修改器列表”右侧的小三角按钮，在修改器下拉列表中添加 Lathe （车削）修改器，单击参数面板中的 Min （最小）按钮，设置 Segments 分段数为 16 左右，勾选 Weld Core （焊接内核）。

此时的模型都是单面，没有厚度，如图 5.85 所示，很显然不符合生活中的物体属性。处理方法有两种，第一，将该物体添加 Shell（壳）修改器，调整 Inner Amount: （内部量）和 Outer Amount: （外部量）值，效果如图 5.86 所示。

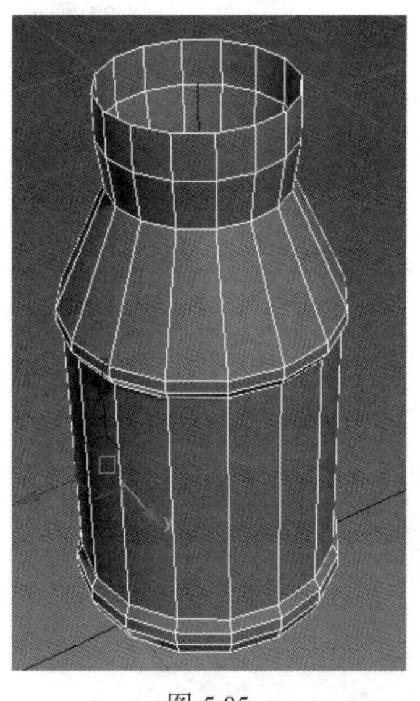

图 5.85

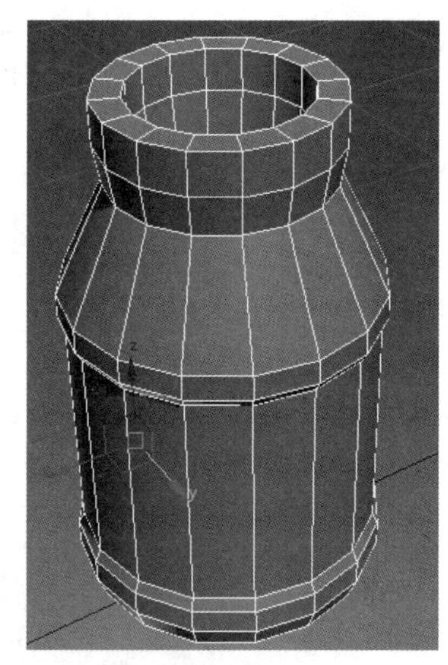

图 5.86

另一种方法是回到起初创建的样条线级别，按“3”键进入“样条线”级别，框选样条线，单击 Outline （轮廓）按钮，在样条线上单击并拖动鼠标给它一个轮廓的修改，如图 5.87 所示。顶部角点可以用 Chamfer （切角）工具切角设置，如图 5.88 所示。按“2”键进入线段级别，选择对称中心位置的线段，按 Delete 键删除，如图 5.89 所示。

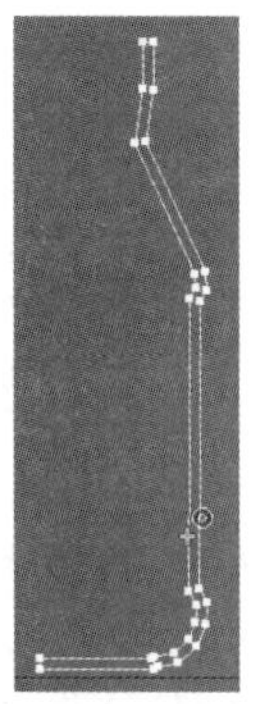
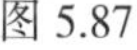

图 5.87

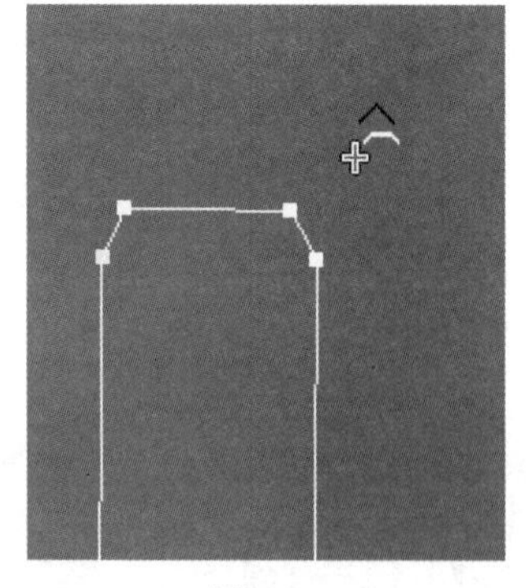

图 5.88

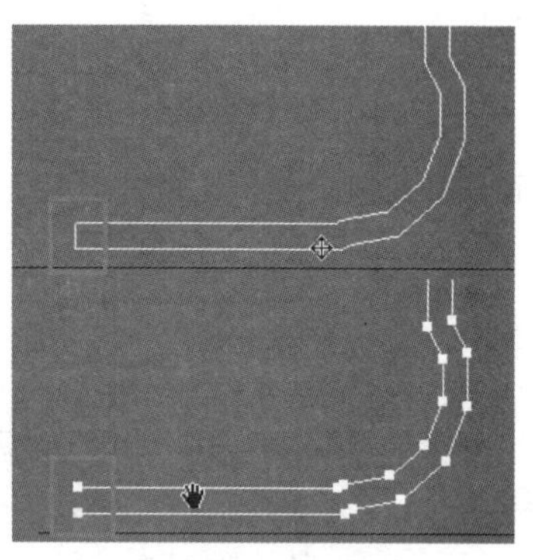

图 5.89

注意

为什么要删除中心位置的线段呢？为了便于讲解，将样条线复制一个，其中一个删除对称中心位置的线段，另一个不删除中心线段。两条线段均添加 Lathe（车削）修改器，将添加车削后的模型轴心再往左侧调整一下，此时对比发现，删除中心线段后的车削物体中心位置没有生成面，而没有删除中心线段的物体中心位置会生成面，如图 5.90 和图 5.91 所示。如果后期进行多边形的中心点焊接调整，还要先删除中心位置的面，操作比较麻烦。另外还有一个原因就是添加 Lathe（车削）修改器后，对称中心位置的点会自动焊接，如果中心位置线段没有删除可能会造成这些点不能焊接的情况。

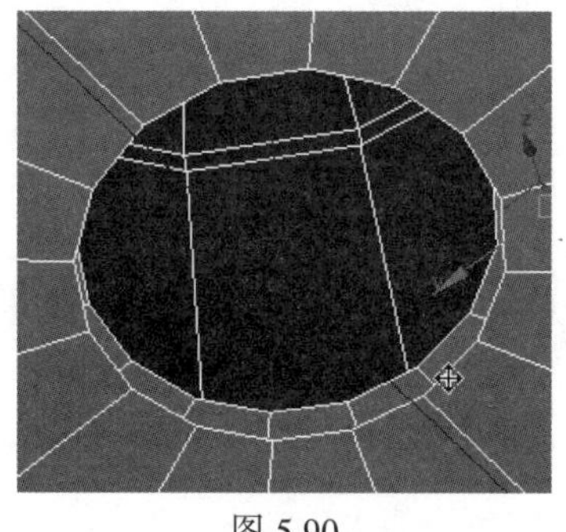

图 5.90

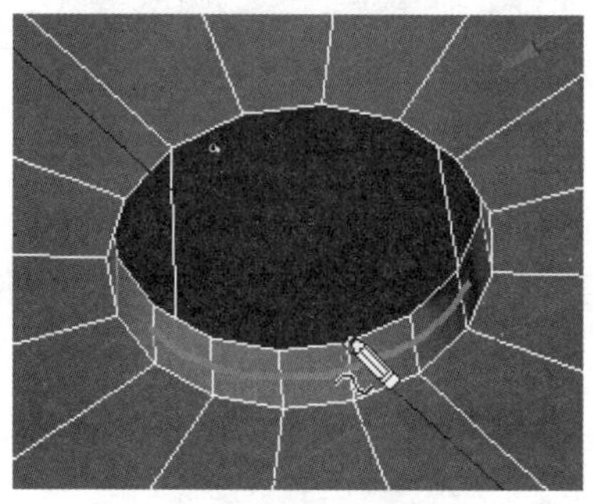

图 5.91

步骤 02 将模型转换为可编辑的多边形物体，选择图 5.92 中的线段进行切角设置，细分后的效果如图 5.93 所示。

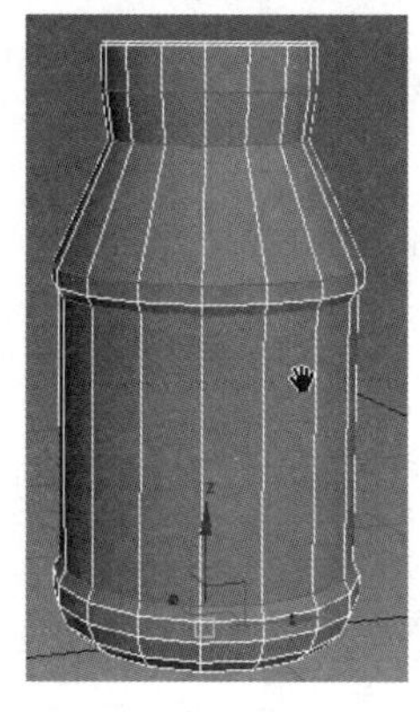

图 5.92

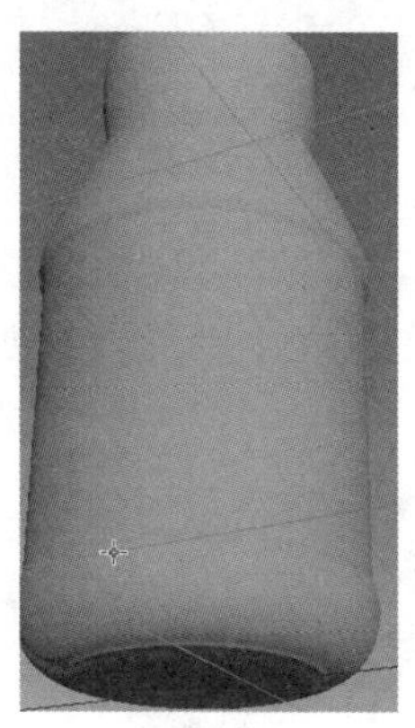

图 5.93

步骤 03 瓶口螺旋纹的制作。螺纹的制作是本节的一个重点和难点。接下来重点学习一下它的制作方法。

在瓶口位置创建一个圆形，勾选 Rendering 卷展栏下的 Enable In Renderer，设置 Thickness（厚度值）和 Sides（边数）值，如图 5.94 所示。右击，在弹出的菜单中选择 Convert To|Convert to Editable Poly，将模型转换为可编辑的多边形物体。进入顶点级别删除多余的部分，如图 5.95 所示（只保留大概四分之一多一点的面）。

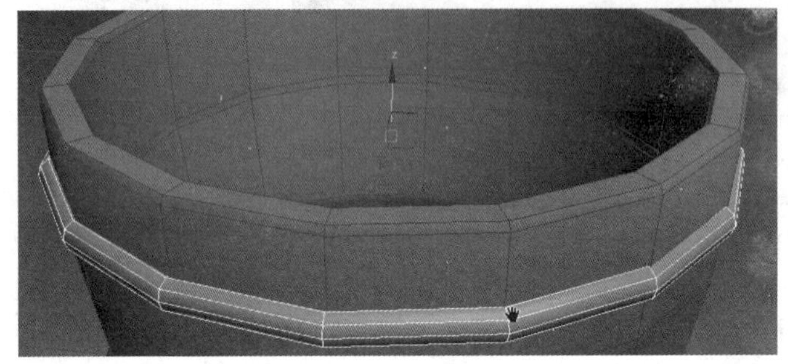

图 5.94

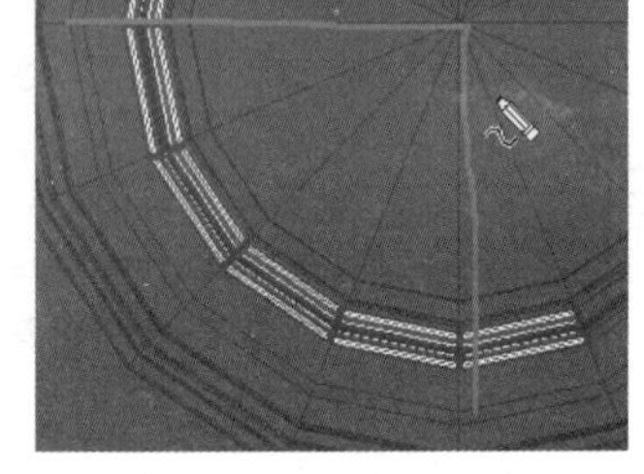

图 5.95

选择嵌入到瓶子内部的面并将其删除，如图 5.96 所示。然后调整剩余面的形状至图 5.97 所示。

图 5.96

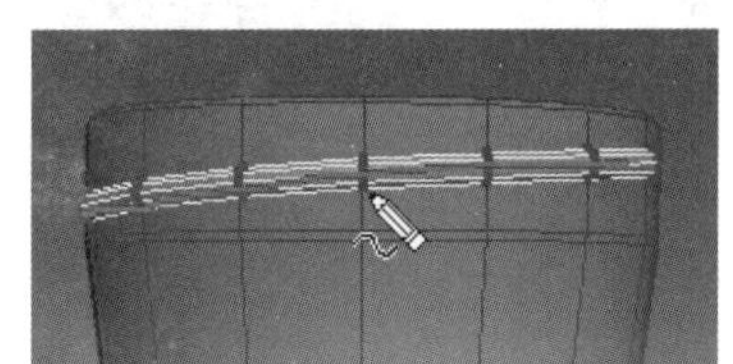

图 5.97

根据螺纹模型走向，在瓶口上用剪切工具依次剪切加线处理，如图 5.98 所示。然后删除剪切位置的面，如图 5.99 所示。

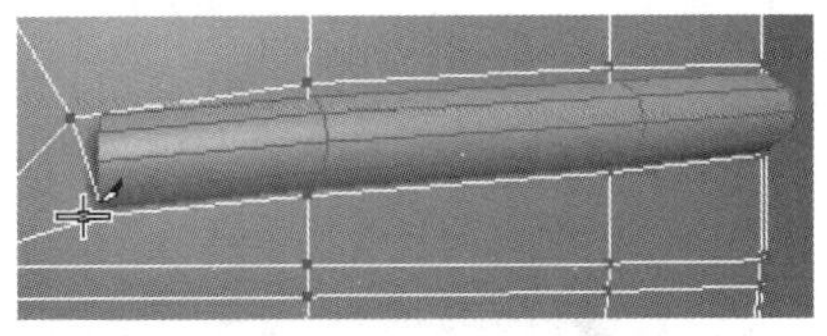

图 5.98

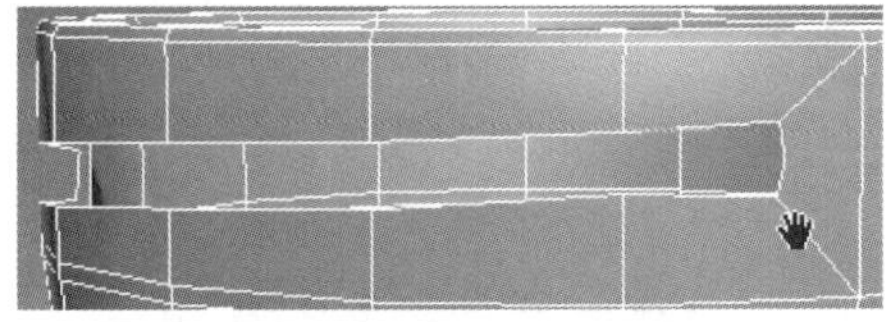

图 5.99

单击 Attach 按钮拾取螺纹面将其附加在一起，如图 5.100 所示，单击 Target Weld（目标焊接）工具按钮将对应的点依次焊接调整，如图 5.101 所示，之后两端的边界可以用 Cap（封口）命令封口处理，如图 5.102 所示。最后进一步加线调整布线，效果如图 5.103 所示。

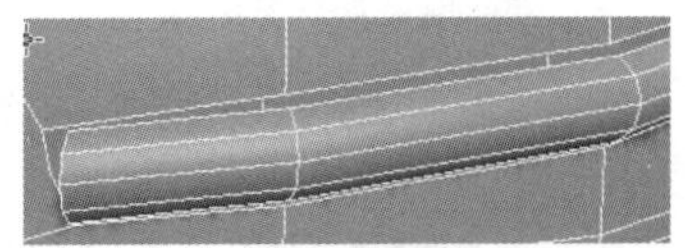

图 5.100

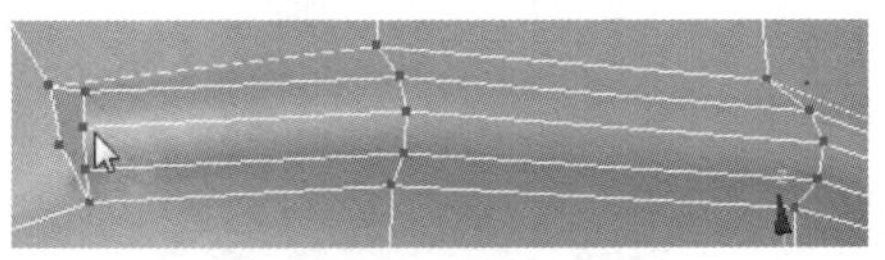

图 5.101

细分后的显示效果如图 5.104 所示。

图 5.102

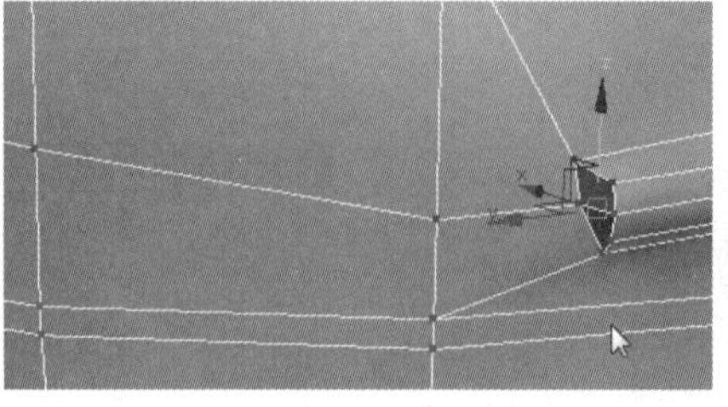

图 5.103

图 5.104

此时只做出了其中的一个螺纹模型，一个瓶口不可能只有一个螺纹，所以接下来把剩余的螺纹制作出来。

步骤 04 选择螺纹中的面，按住 Shift 键轻轻移动，此时会弹出克隆复制面板提示，如图 5.105 所示。Clone To Object 为克隆到物体，Clone To Element 为克隆到元素，两者区别前面已经介绍过。

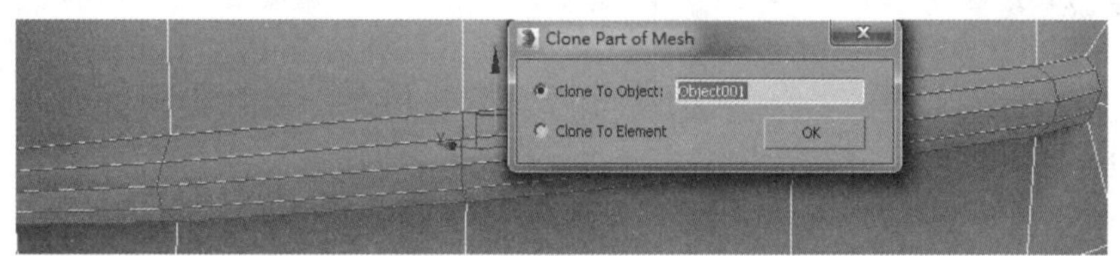

图 5.105

选择复制的物体，在顶视图中旋转 90 度然后再每隔 90 度复制 2 个（旋转的轴心一定为瓶子的轴心），复制调整后将瓶子和螺纹模型附加在一起，根据螺纹的走向在瓶身上剪切调整布线，删除剪切位置螺纹内侧的面，用目标焊接工具依次焊接点调整。其他位置的螺纹做相同的处理（该操作比较麻烦，但是要有耐心）。最后调整后的细分效果如图 5.106 所示。

图 5.106

最后根据模型形状整体调整布线，该加线的地方加线，该剪切线段的地方剪切线段处理，调整过程可以参考视频部分。

有些读者会问为什么要将螺纹模型和瓶身模型附加在一起还要花费大量的时间剪切调整布线，而不用布尔运算工具直接布尔运算呢。那么接下来用布尔运算工具来制作看看会是什么效果。用同样的方法创建出螺纹部分的模型，如图 5.107 所示，选择瓶子模型，单击复合面板下的 ProBoolean （超级布尔运算）按钮，在参数中选择 Merge 合集，单击 Start Picking （按钮拾取）螺纹，运算后的效果如图 5.108 所示。

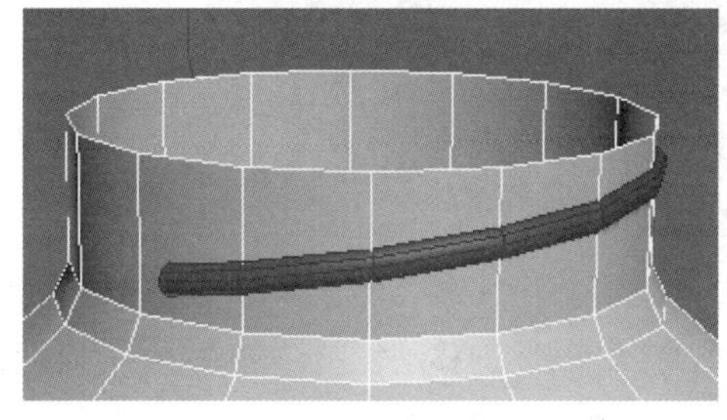

图 5.107

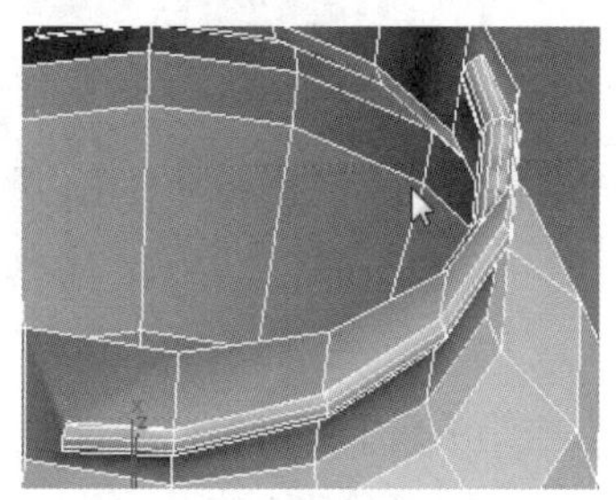

图 5.108

转化为多边形物体后的布线效果如图 5.109 所示，可以发现它的布线较乱细分后更会出现一些问题，如图 5.110 所示。如果出现这样的现象，同样需要花费大量的时间来调整布线，而且这种布线非常不容易把握，更不便于调整。这就是我们为什么不用该方法的原因。

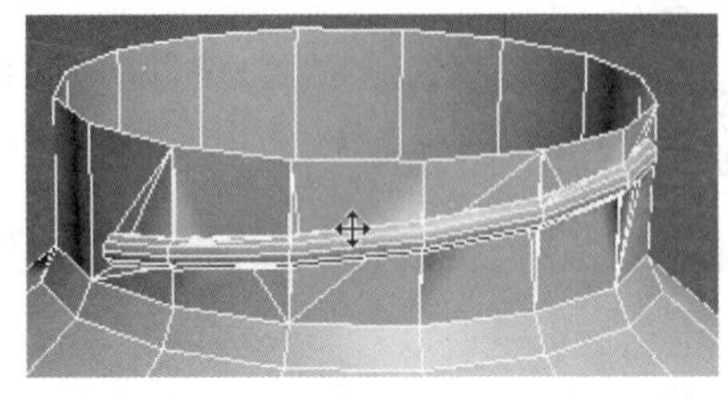

图 5.109

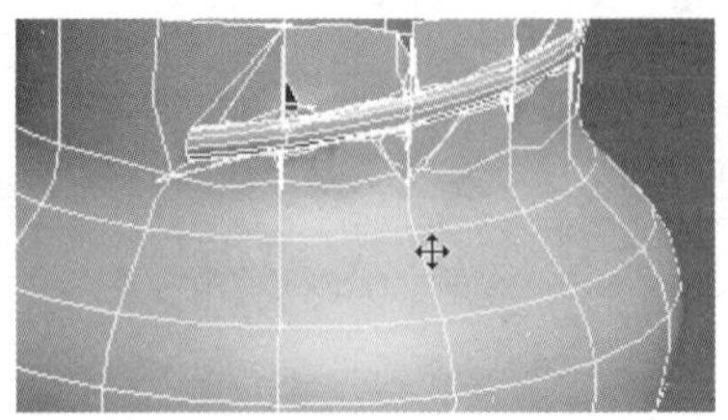

图 5.110

步骤 05 其他瓶子的制作。

首先，选择第二个瓶子样条线，用 Outline 命令给它一个轮廓修改，删除中心位置线段，如图 5.111 所示。单击按钮进入修改面板，单击“修改器列表”右侧的小三角按钮，在修改器下拉列表中添加 Lathe（车削）修改器，单击参数面板中的 Min（最小）按钮，设置 Segments 分段数为 16，选择 Weld Core（焊接内核）。后面三个瓶子直接添加 Lathe（车削）修改器，效果如图 5.112 所示。再添加 Shell（壳）修改器，设置 Inner Amount:（内部量）Outer Amount:（外部量）的值，整体效果如图 5.113 所示。

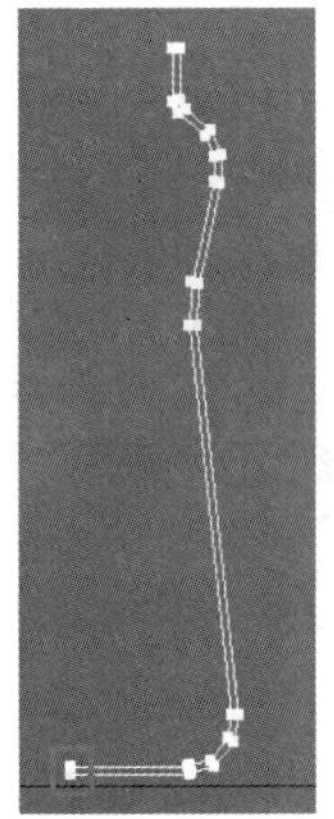

图 5.111

图 5.112

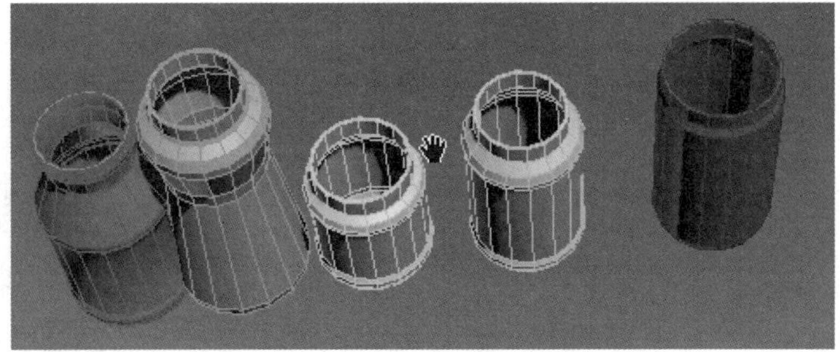

图 5.113

选择第一个瓶子瓶口部位的面，如图 5.114 所示，按住 Shift 键移动复制，在弹出的克隆面板中选择 Clone To Objet（克隆到对象），如图 5.115 所示。

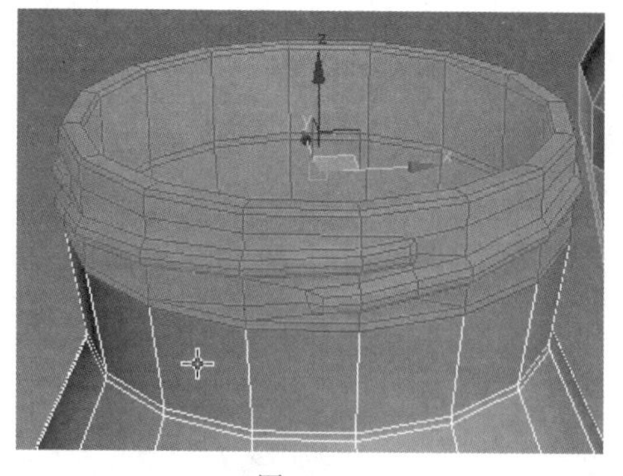

图 5.114

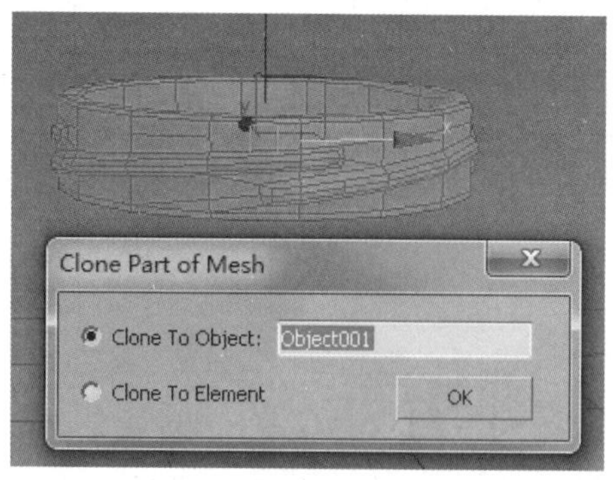

图 5.115

将复制的面移动到另一个瓶子瓶口位置，用同样的方法复制到其他瓶子瓶口位置并根据瓶口大小调整该模型大小。

瓶口螺纹复制出来了，但是它和原有的瓶子是分别独立的物体，如图 5.116 所示，先删除瓶子自身瓶口位置的面，如图 5.117 所示，然后用 Attach 命令附加在一起。

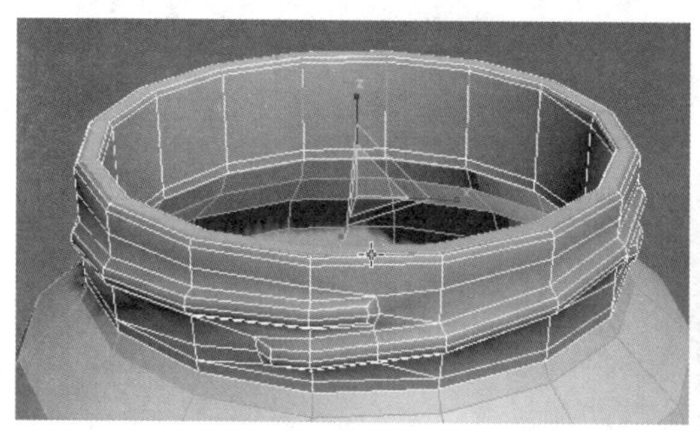

图 5.116

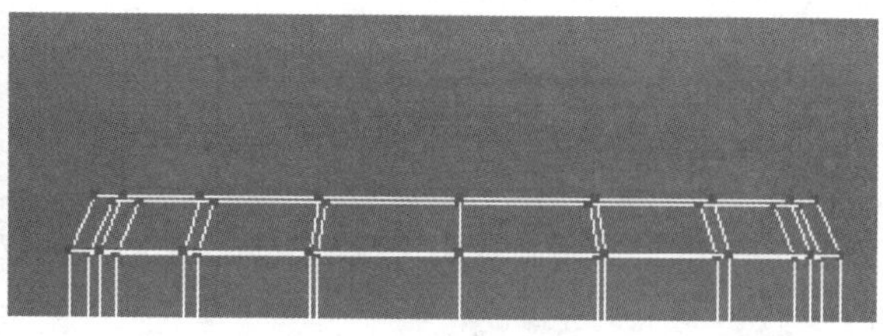

图 5.117

注意此时瓶口和瓶身是有缝隙的，如图 5.118 所示。在侧视图中框选该位置的点，单击 Weld （焊接）后面的□按钮，调整焊接距离值的大小，一次性将这些对应的点焊接起来。

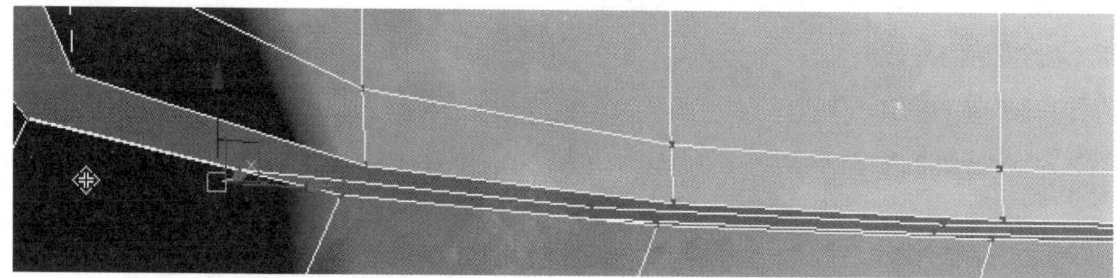

图 5.118

当然还有一个快捷的方法处理这些缝隙，那就是进入边界级别，框选该位置所有的边界线，单击 Bridge （桥接）按钮自动生成中间的面，然后选择其中的一条环形线段，按 Ctrl+Backspace 键移除即可。其他瓶子瓶口位置处理方法相同。

通过这种方法我们只需要细致制作出一个瓶口位置的螺旋纹即可，其他瓶子的螺旋纹就可以直接复制调整而来。

最后根据模型需要在相应的拐角位置切线即可。细分后的效果如图 5.119 所示。

图 5.119

步骤 06 创建蜡烛。在视图中创建一个切角圆柱体，如图 5.120 所示，再创建一个球体，将球体分段数设为 12 并将其转换为可编辑的多边形物体，用缩放工具沿着 Z 轴拉长处理并简单调整点来调整物体形状至图 5.121 所示。

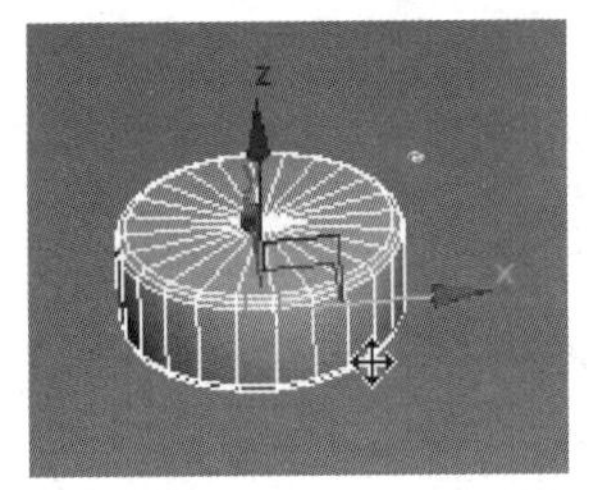

图 5.120

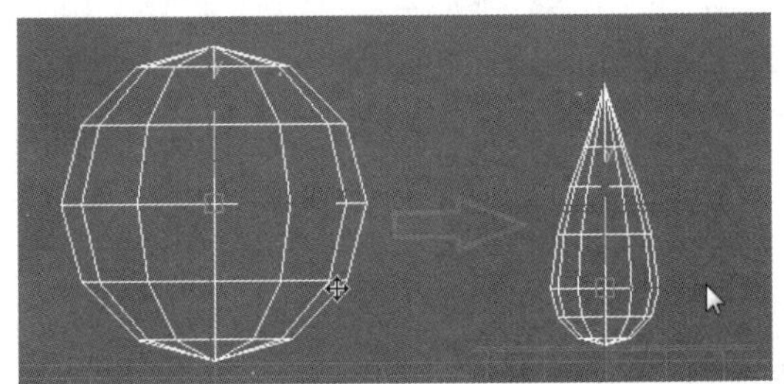

图 5.121

在创建面板下的灯光面板中选择 VRay，如图 5.122 所示。单击 VR-灯光 按钮在视图中创建一个 VRay 的灯光，单击按钮进入修改面板，在 VRay 灯参数面板下的类型中选择网格，如图 5.123 所示，然后在网格灯光卷展栏中单击 拾取网格 按钮拾取图 5.121 中的网格物体，这样我们就设置了该网格物体作为 VRay 灯光的光源。

图 5.122

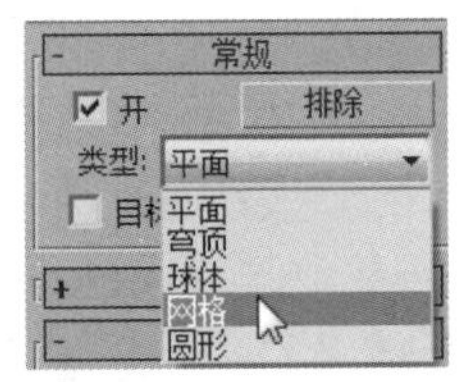

图 5.123

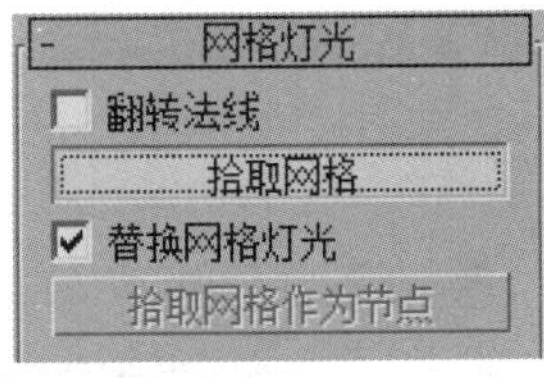

图 5.124

设置灯光颜色如图 5.125 所示，倍增值设置为 150 左右，通过网格物体的灯光模拟来模拟烛光效果。

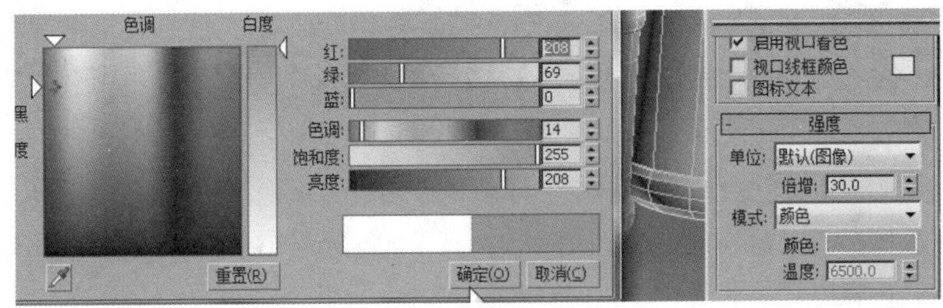

图 5.125

步骤 07 设置瓶身材质。首先将渲染器设置为 VRay 渲染器，按 M 键打开材质编辑器，选择一个空白材质球，单击 Standard 按钮选择 VRayMtl 将材质设置为 VRay 标准材质，然后在 VRay 材质总共将漫反射设置为白色，反射颜色为白色，高光光泽设置为 0.33 左右，折射颜色为灰白色（半透明）效果。

单击高光光泽后面的通道按钮，在弹出的材质/贴图浏览器中选择 Mix（混合）贴图，在 Mix（混合）贴图参数中设置 Color1 和 Color2 颜色，然后在 Color1 通道上单击右侧的 None 按钮，选择 Bitmap（如图 5.126 所示），在弹出的材质/贴图浏览器中选择如图 5.127 所示的贴图。

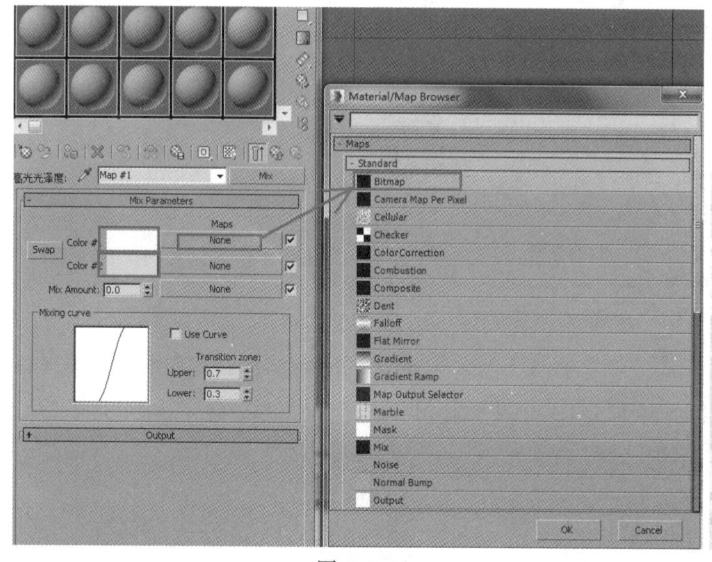

图 5.126

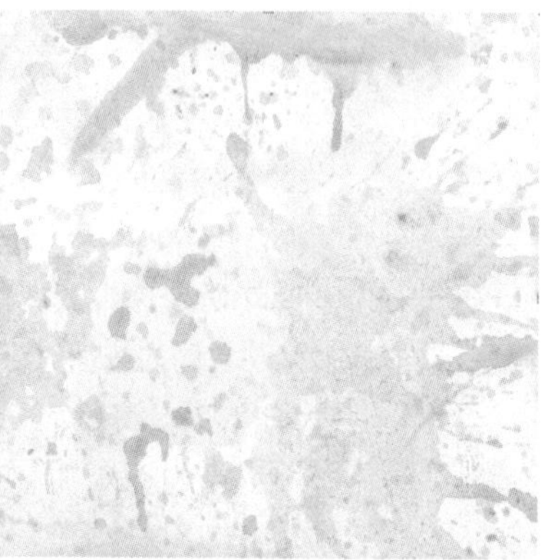

图 5.127

在 Mix Amount（混合两）贴图通道中也设置为 Bitmap（位图），如图 5.128 所示，设置一张如图 5.129 所示的贴图。

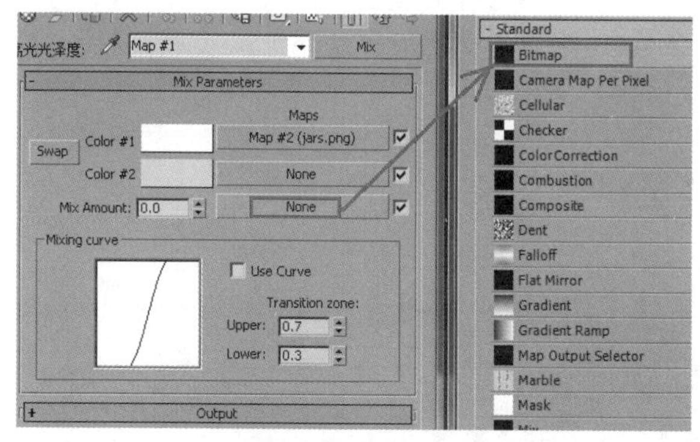

图 5.128

图 5.129

在 Mix Amount 贴图通道上右击，选择 Copy，如图 5.130 所示，回到 VRay 基本参数面板在反射光泽通道中右击，然后选择 Paste（Instance）（关联粘贴），这样就快速设置了该通道贴图，如图 5.131 所示。

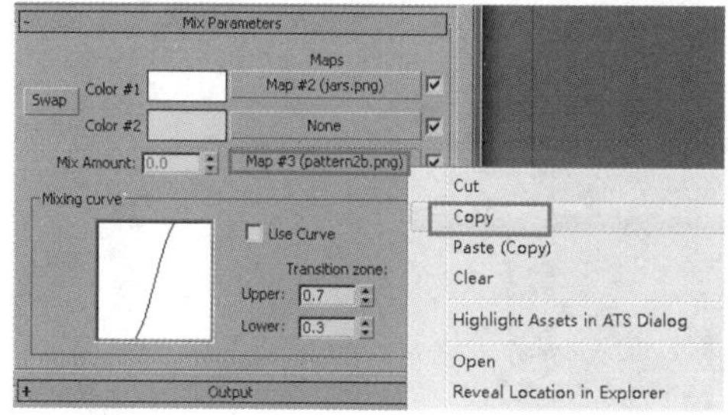

图 5.130

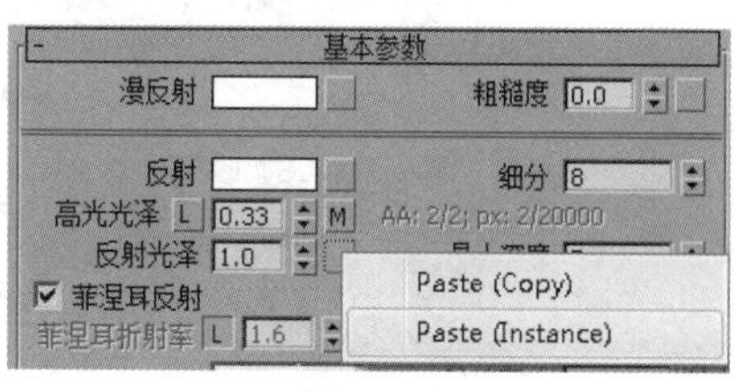

图 5.131

用同样的方法在折射通道上关联复制位图的贴图，如图 5.132 所示。最后，将高光光泽通道材质拖放到光泽度通道上，如图 5.134 所示，在弹出的面板中选择 Instance 选项，如图 5.134 所示。

最后调整烟雾颜色，如图 5.135 所示。

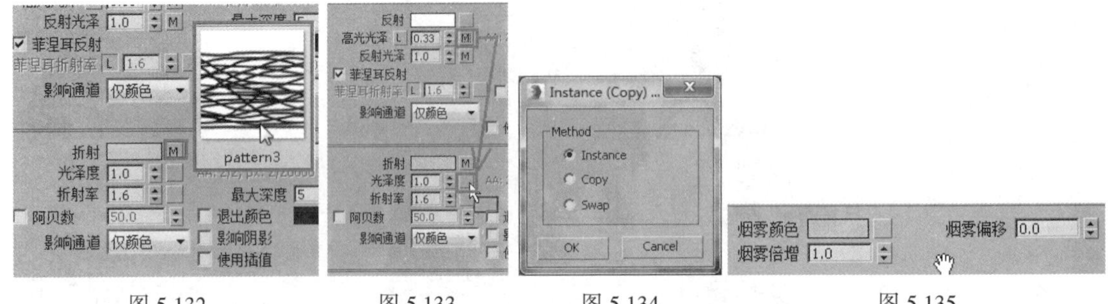

图 5.132　　图 5.133　　图 5.134　　图 5.135

步骤 08　制作蜡烛材质。选择一个空白材质球，设置为 VR-混合材质，混合材质面板如图 5.136 所示。单击基本材质右侧的按钮，将 Standard 材质设置为 VRayMtl 材质，基本材质参数如图 5.137 所示。

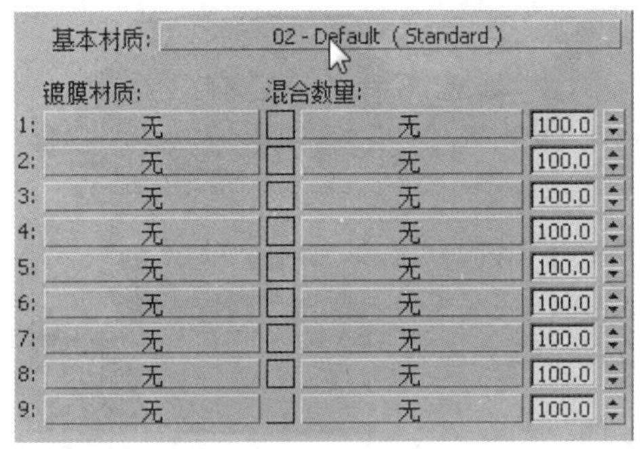

图 5.136

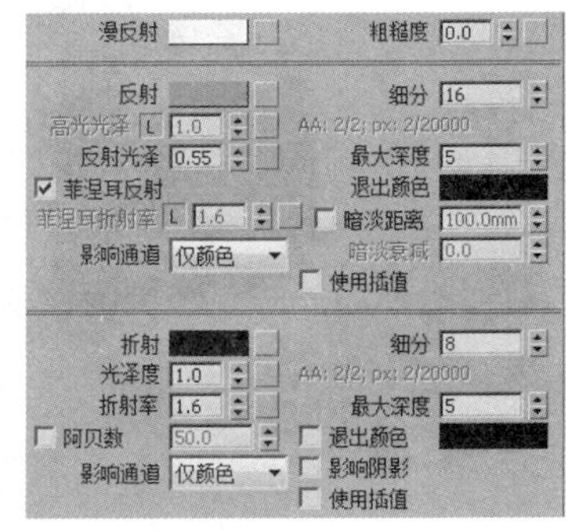

图 5.137

在镀膜材质中单击第一个贴图通道按钮，选择 VR-灯光材质，如图 5.138 所示。

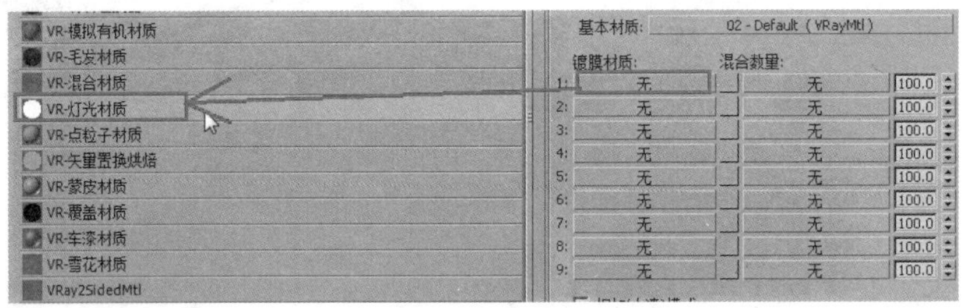

图 5.138

然后在灯光材质中单击颜色通道上的 None 按钮，选择 GradientRamp（渐变），如图 5.139 所示。

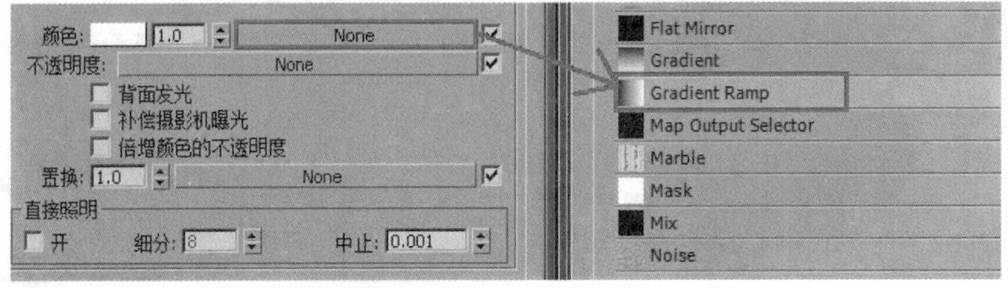

图 5.139

在 GradientRamp 参数面板下设置渐变颜色如图 5.140 所示，此时材质效果如图 5.141 所示。

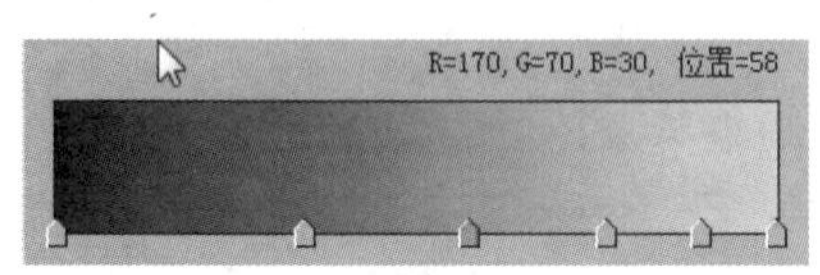

图 5.140

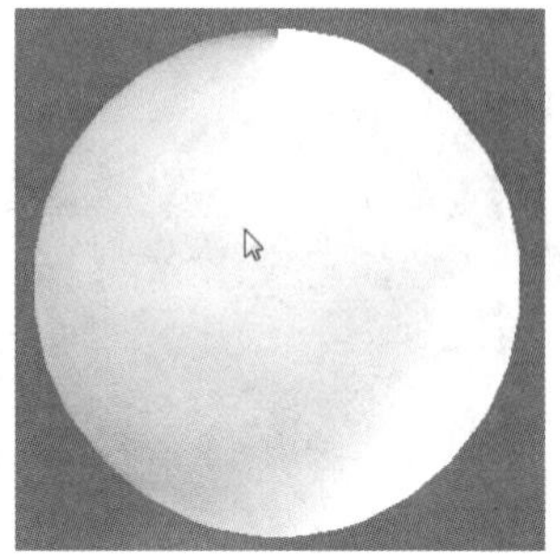

图 5.141

如果觉得蜡烛材质较暗，可以将颜色: 6.0 的值设置为 6 以提高亮度。

回到 VRay 混合材质中，在混合数量通道上同样赋予一个 GradientRamp 贴图，如图 5.142 所示，渐变贴图颜色设置如图 5.143 所示。设置完成后将该材质赋予蜡烛模型。

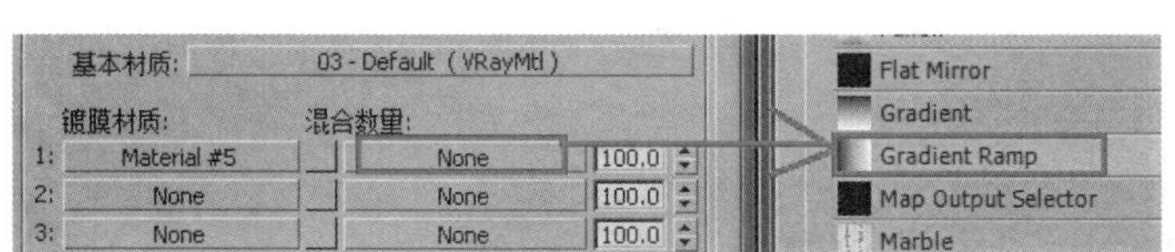

图 5.142

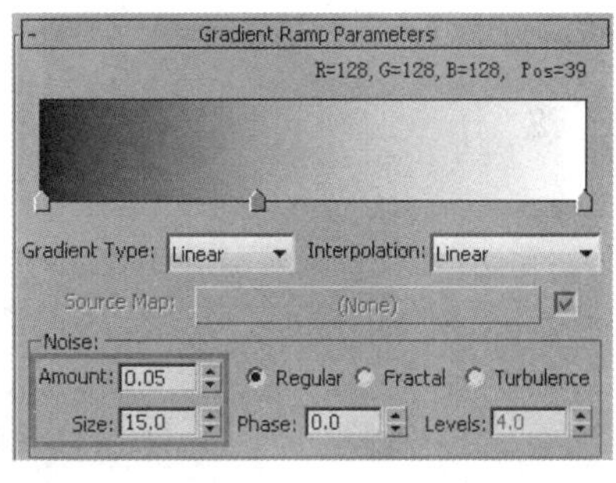

图 5.143

单击玻璃材质，单击 VRayMtl 按钮，选择 VRay2SidedMtl 双面材质，如图 5.144 所示，在弹出的对话框中选择 Keep old material as sub-material（保留旧材质作为子材质），如图 5.145 所示。第一个选项 Discard old material 为丢弃旧材质，第二个是将旧材质保存为子材质，可以保留原有的材质设定。

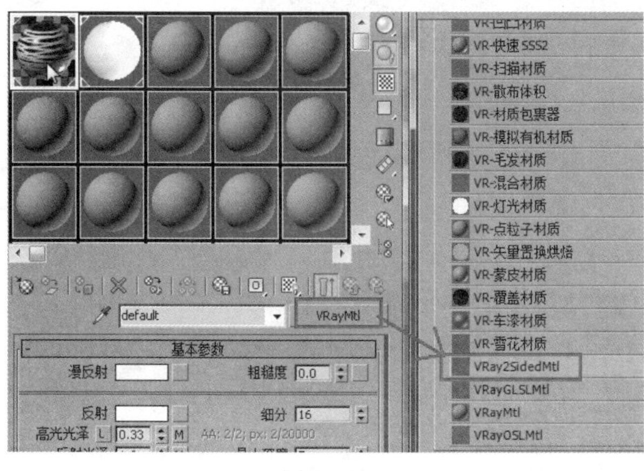

图 5.144

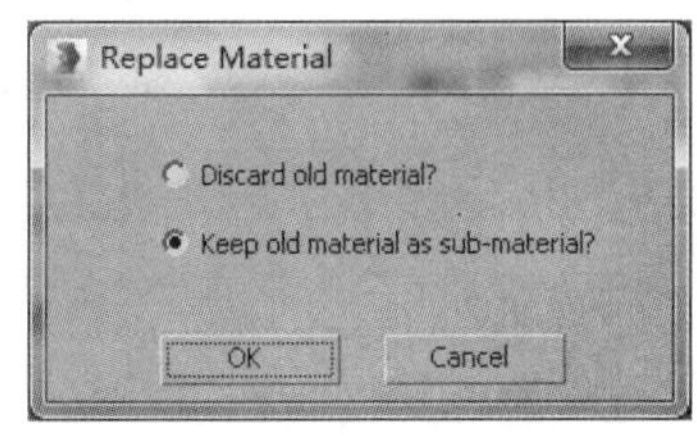

图 5.145

然后在 VRay2SidedMtl 材质中设置半透明贴图如图 5.146 所示。

将第一个玻璃材质复制 N 个，注意一定要将复制的材质改名，如图 5.147 所示，最后分别将涉及到的纹理贴图更换成其他的纹理，如图 5.148 中的不同纹理。

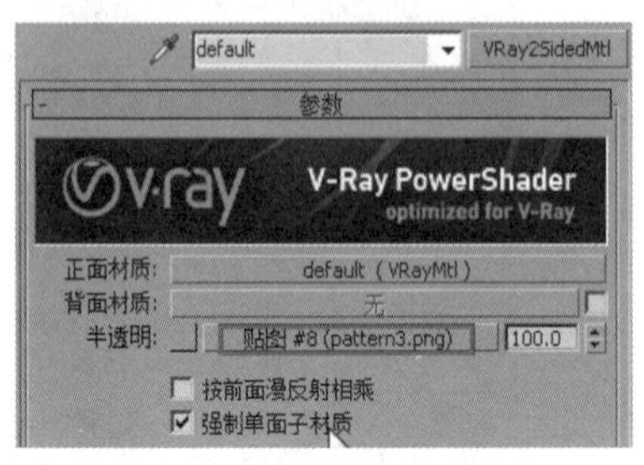

图 5.146

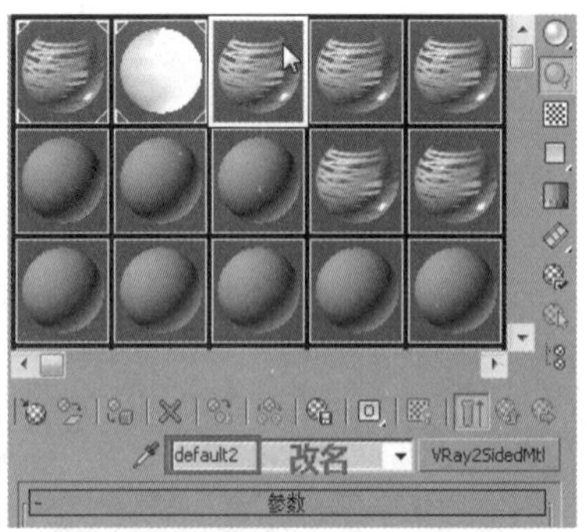

图 5.147

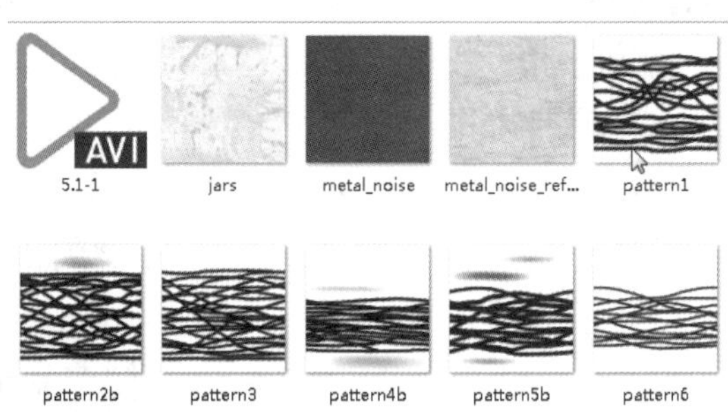

图 5.148

步骤 09 复制玻璃瓶模型并给它一个合理的摆放位置，如图 5.149 所示。

图 5.149

将不同纹理的玻璃材质分别赋予不同的玻璃瓶，测试渲染如图 5.150 所示。

图 5.150

此时发现瓶子的纹理和透明区域不是想要的结果。选择一个玻璃材质，将贴图的模糊参数设置为 0.1，同时勾选 Bitmap 参数下 Output 卷展栏中的 Invert（翻转）选项，如图 5.151 和图 5.152 所示。（注意，所有涉及纹理贴图的位图都要勾选该选项）

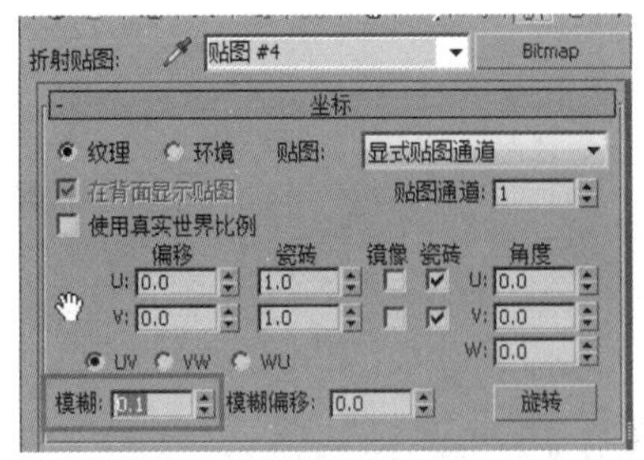

图 5.151

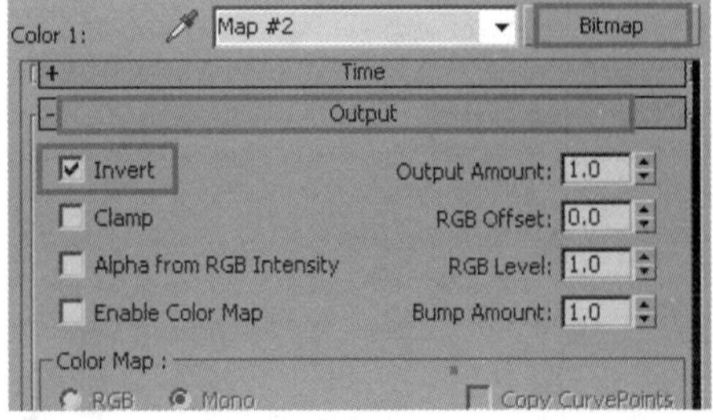

图 5.152

场景中整体显示效果如图 5.153 所示，再次测试渲染效果如图 5.154 所示。

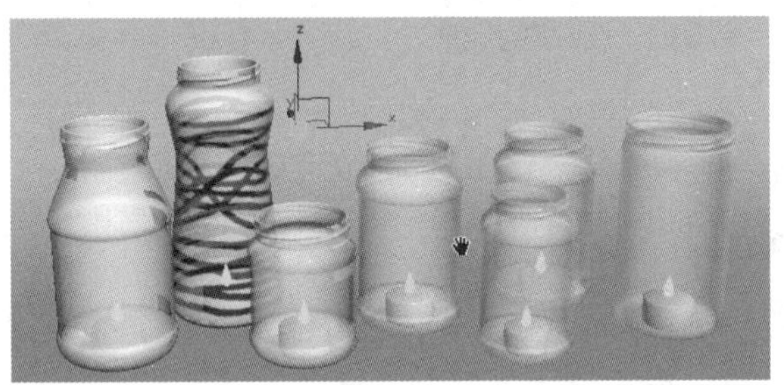

图 5.153

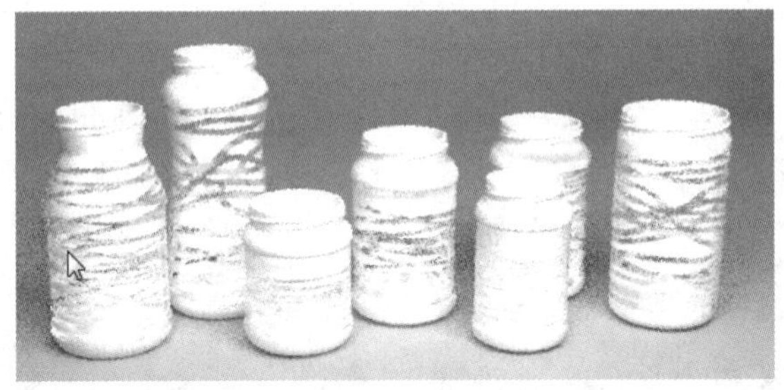

图 5.154

在最终渲染时，可以再创建一个台面，最后将渲染参数整体提高，得到的最终渲染效果如图 5.155 所示。

图 5.155

提示

通过本实例的学习发现，要想表现一个物体的属性，光靠模型来完成是不太现实的，所以有时配合材质贴图的设定可以达到所需要的效果，同时还能节省一些模型制作上的时间和精力。这就要求我们在学习过程中灵活运用模型、材质、灯光、渲染的配合使用！

第 6 章 制作家居产品

家居指的是家庭装修、家具、电器等一系列和居室有关的，甚至包括地理位置（家居风水）都属于家居范畴。本章就以热水壶和电熨斗为例来学习一下这类模型的制作方法。

6.1 制作咖啡机

在制作咖啡机模型时，可以先整体制作出轮廓形状，然后着重处理一些细节。

步骤 01 单击 Creat（创建）| Geometry（几何体）| Box（长方体）按钮，在透视图中创建一个盒子物体，右击，在弹出的菜单中选择 Convert To|Convert to Editable Poly，将模型转换为可编辑的多边形物体。框选高度上所有线段，按快捷键 Ctrl+Shift+E 键加线并调整位置，在纵向的前后、左右两侧上加线调整，然后选择图 6.1 中的面并按 Delete 键删除，选择图 6.2 中的线段，单击 Bridge 按钮桥接出中间的面。

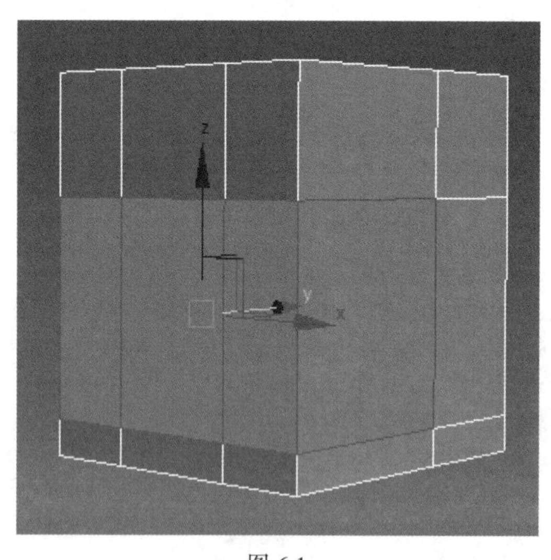

图 6.1

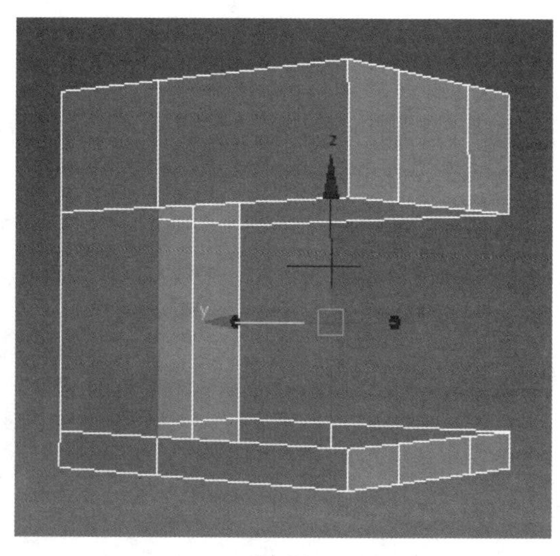

图 6.2

按“3”键进入边界级别，选择上下两个边界线，如图 6.3 所示，单击 Cap 按钮封口，然后加线调整布线如图 6.4 所示。

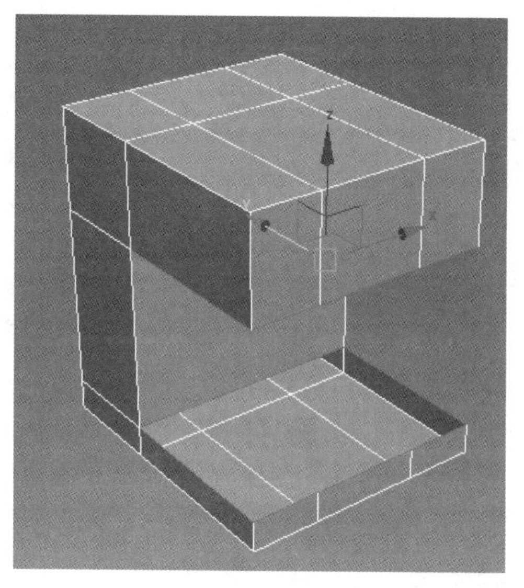

图 6.3

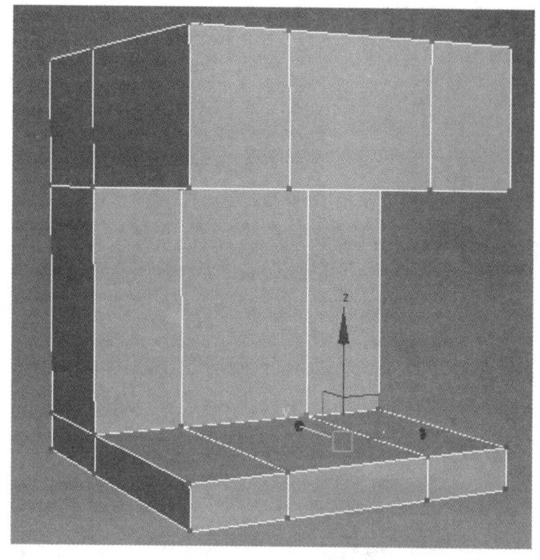

图 6.4

选择内部上方的面单击 Bevel 按钮后面的□图标，设置参数将面向下倒角挤出，如图 6.5 所示。然后在中心位置加线，删除左侧一半模型如图 6.6 所示，单击 （镜像）按钮镜像关联复制，如图 6.7 所示。

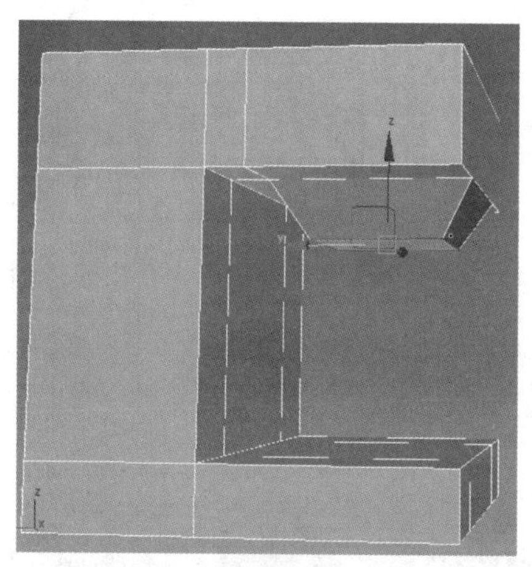

图 6.5

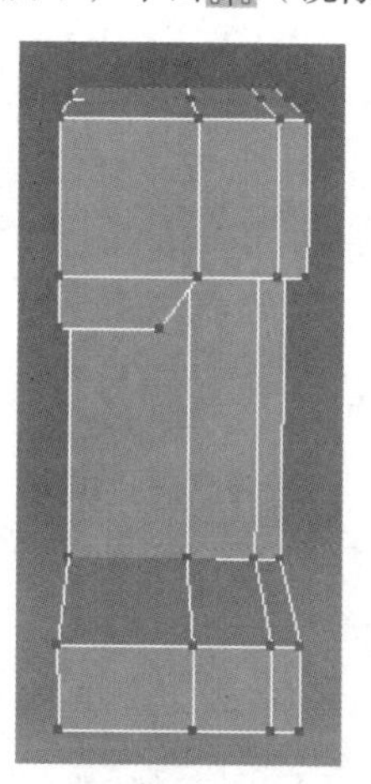

图 6.6

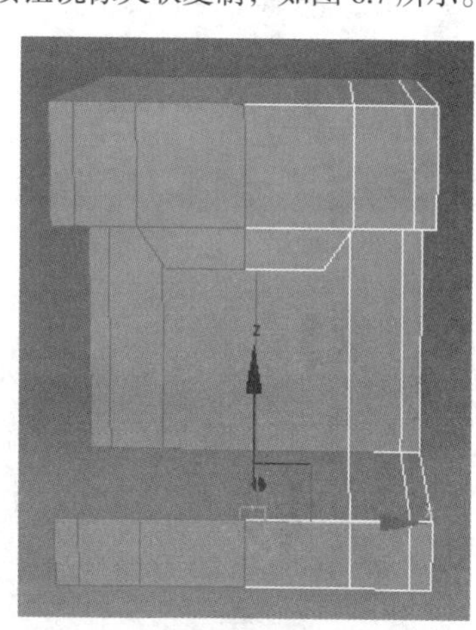

图 6.7

分别在边缘位置加线，将边缘的线段向内移动调整，使其边缘调整出斜边效果。过程如图 6.8 ~ 图 6.11 所示。

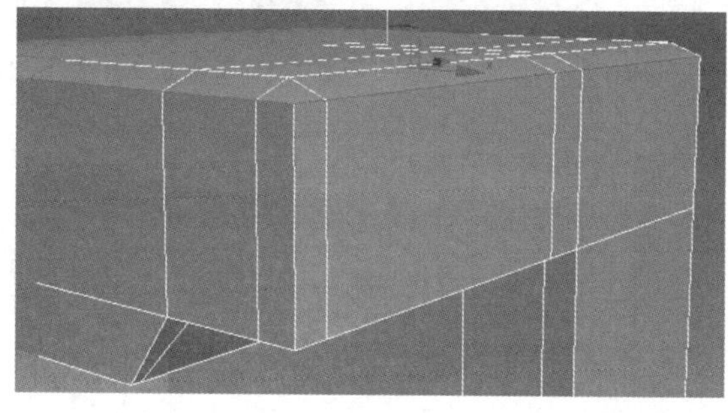

图 6.8

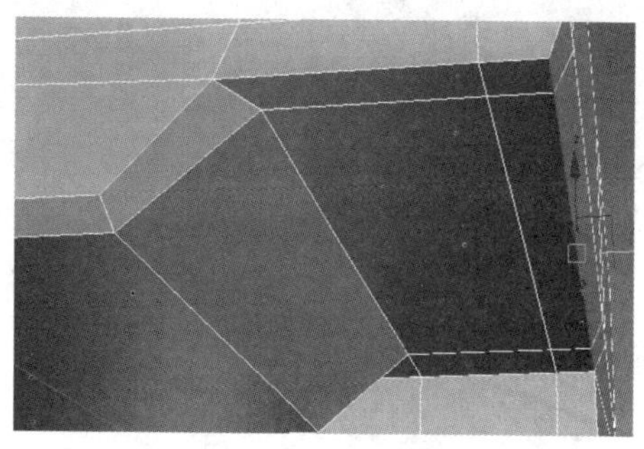

图 6.9

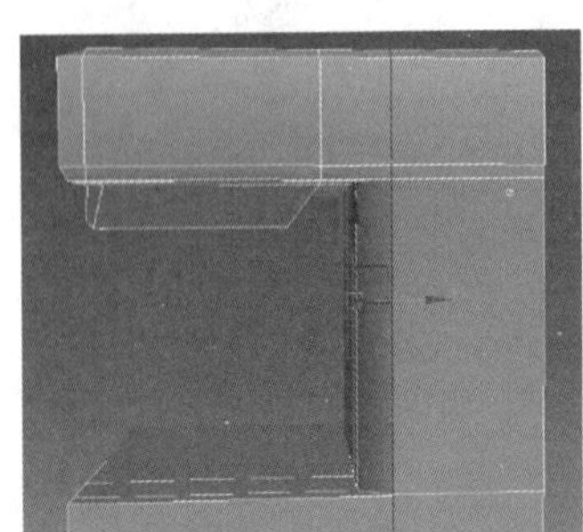
图 6.10

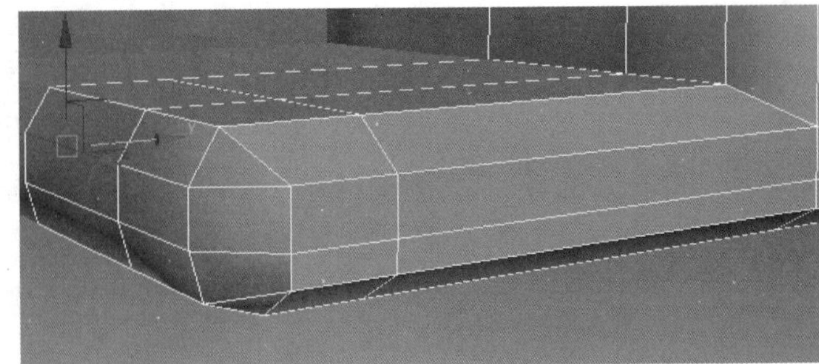
图 6.11

继续加线调整后选择图 6.12 中底部的面向上移动调整，然后在图 6.13 中两点之间连接出线段调整。

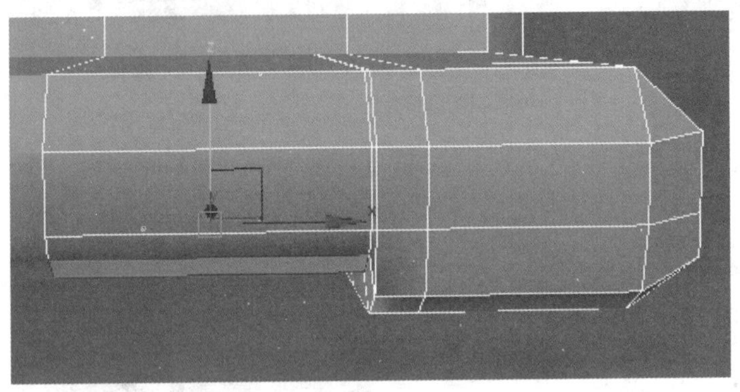
图 6.12

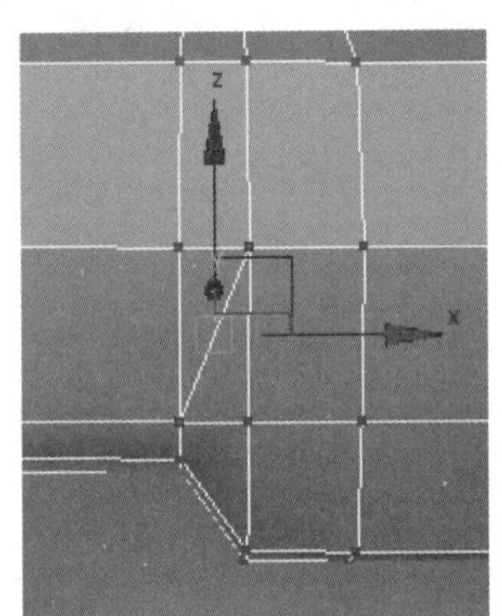
图 6.13

选择图 6.14 中的线段按快捷键 Ctrl+Backspace 键将线段移除。继续选择内侧顶部面用挤出或者倒角工具向下挤出面，如图 6.15 所示。

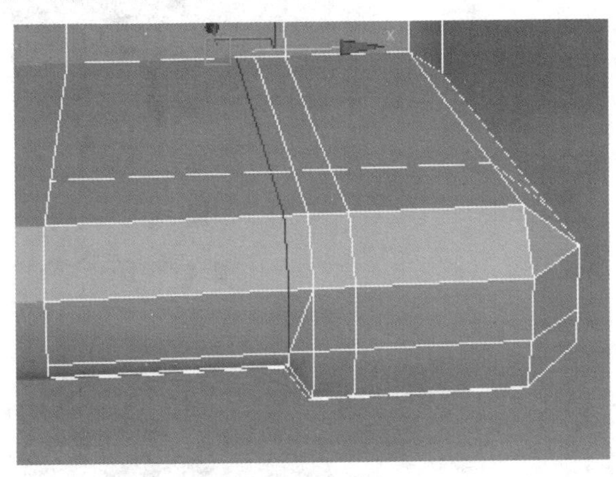
图 6.14

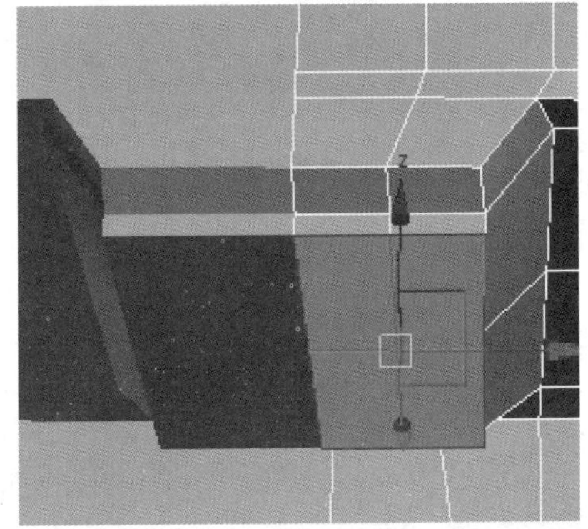
图 6.15

挤出面后一定记得将对称中心位置的面（如图 6.16 中所选面）删除，否则在细分后会出现如图 6.17 所示的效果。

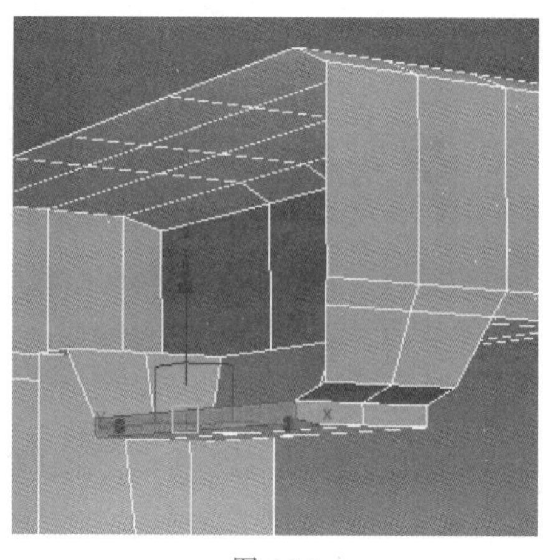
图 6.16

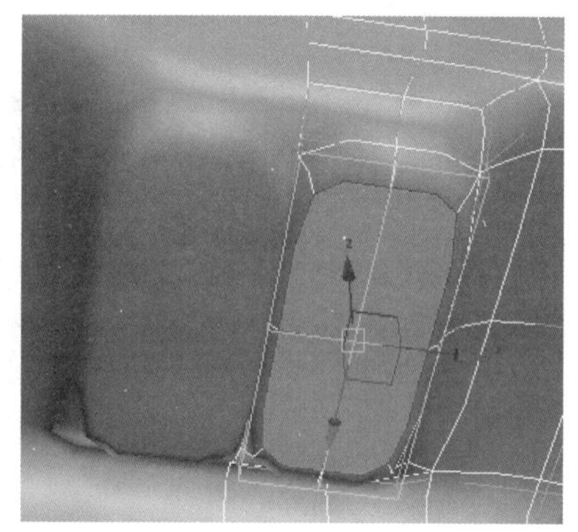
图 6.17

删除面后的细分效果如图 6.18 所示。然后在该位置创建一个圆柱体作为参考物体，如图 6.19 所示。

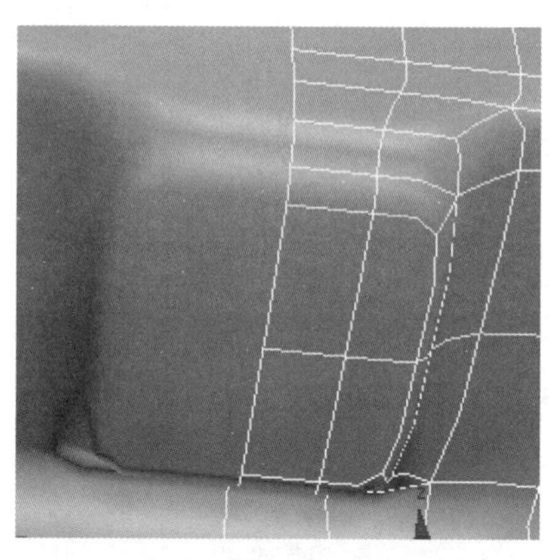
图 6.18

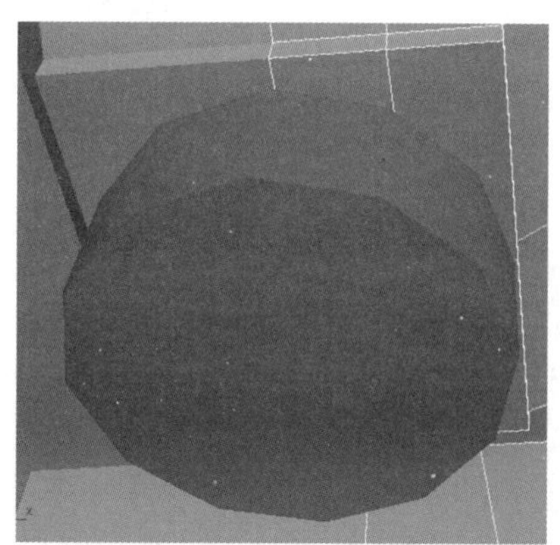
图 6.19

根据圆柱体形状调整咖啡机表面的点使其成为一个圆形，如图 6.20 所示。调整好后删除圆柱体并删除咖啡机另一半物体，在修改器下拉列表中选择 Symmetry 修改器，对称出另一半物体后将模型塌陷，选择圆形的面用倒角工具向下挤出面，如图 6.21 所示。

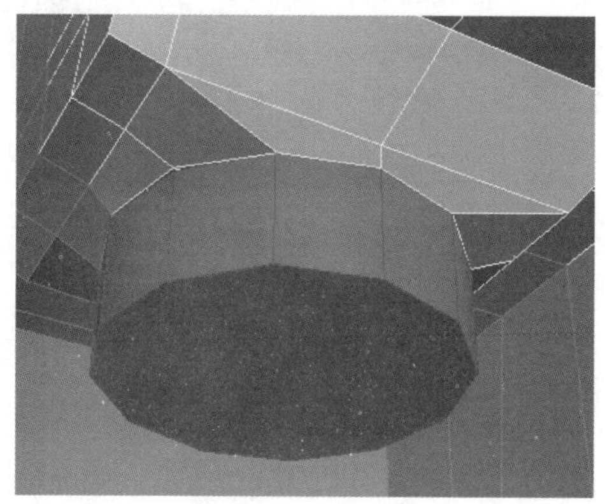
图 6.20

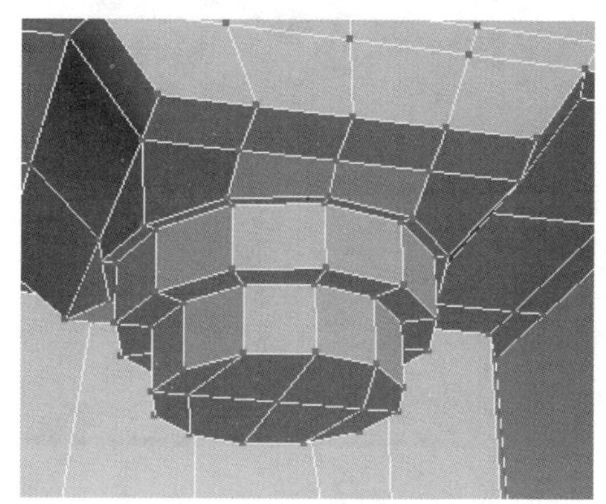
图 6.21

将图 6.22 中边缘线段切角设置后细分效果如图 6.23 所示。

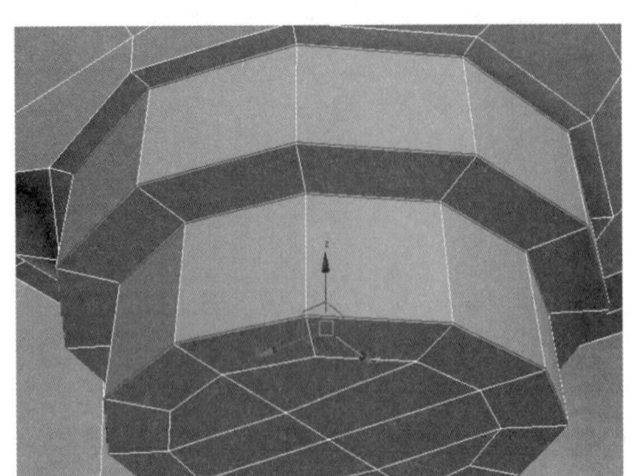
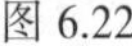
图 6.22

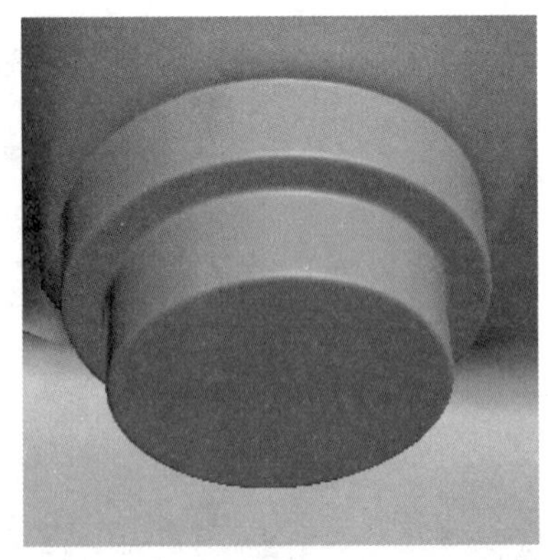
图 6.23

步骤 02 接下来制作圆形按钮，方法也很简单，但是前提是要先切线调整出所需要的圆形的面。为了更加精确地调整出圆形切线的面，可以先创建一个圆柱体作为参考，如图 6.24 所示，右击，在弹出的菜单中选择 Cut 工具在模型表面切线处理，精确调整点、线位置后删除圆柱体参考物体，如图 6.25 所示。

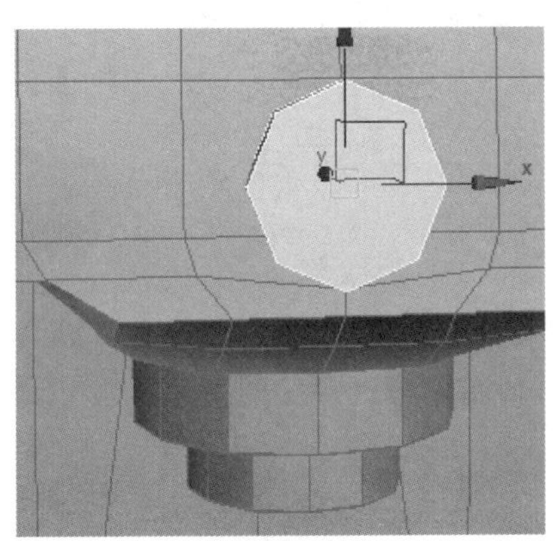
图 6.24

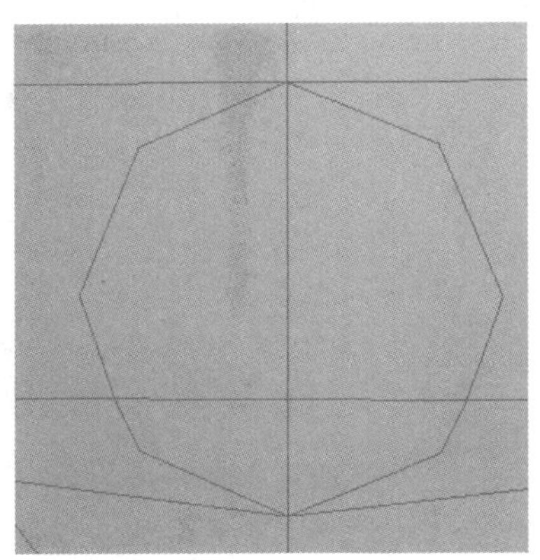
图 6.25

通过加线调整此处布线，如图 6.26 所示。选择圆形面用倒角方法倒角挤出所需要的形状，如图 6.27 所示。

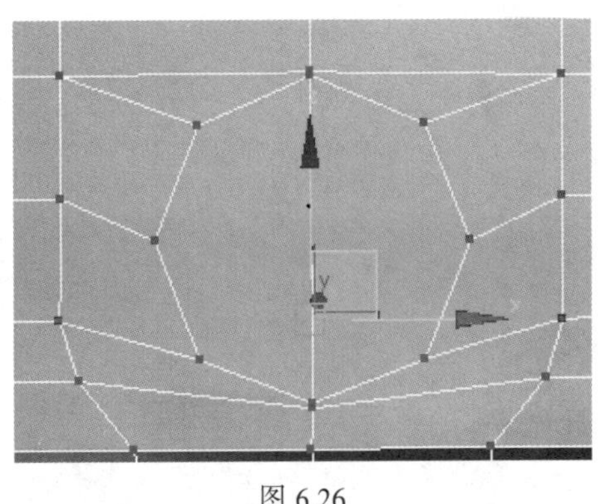
图 6.26

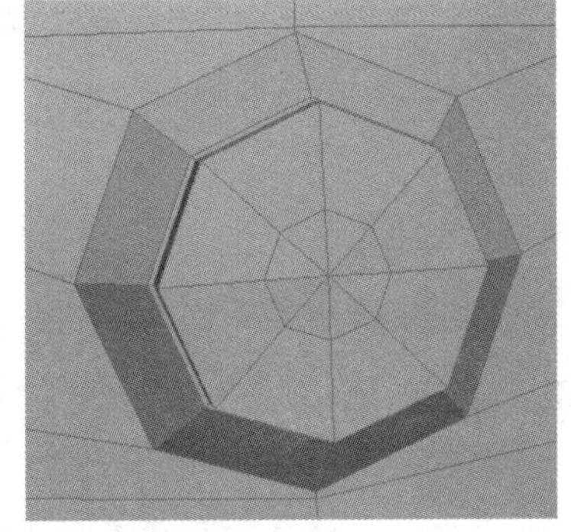
图 6.27

分别在拐角位置加线或者将线段切角，细分后效果如图 6.28 所示。为了表现咖啡机边缘的棱角效果，选择边缘的线段如图 6.29 所示，将线段切角设置。

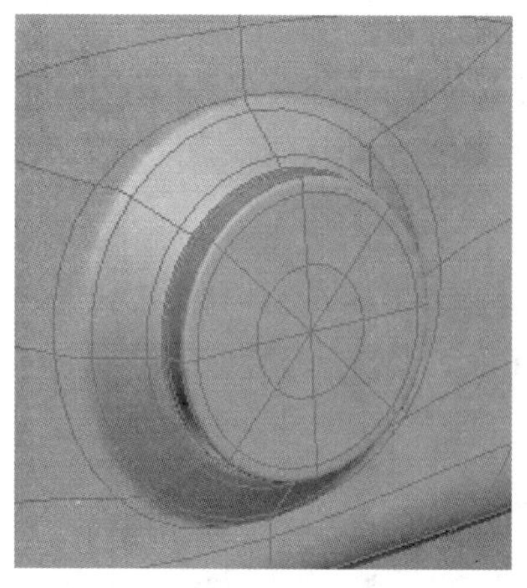
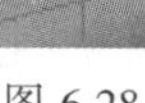

图 6.28

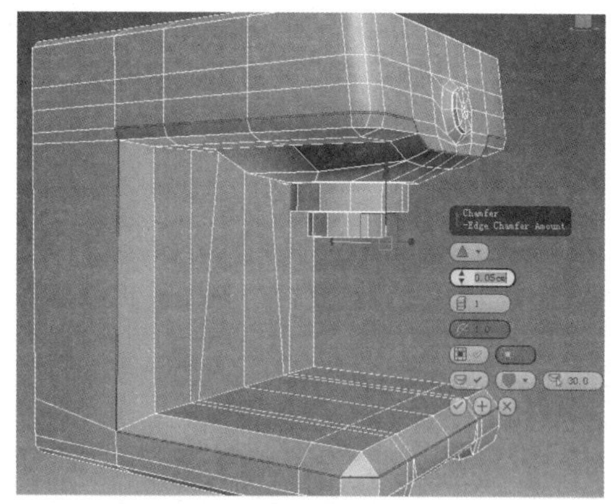

图 6.29

选择图 6.30 中多余的线段，按快捷键 Ctrl+Backspace 键将它们移除，效果如图 6.31 所示。

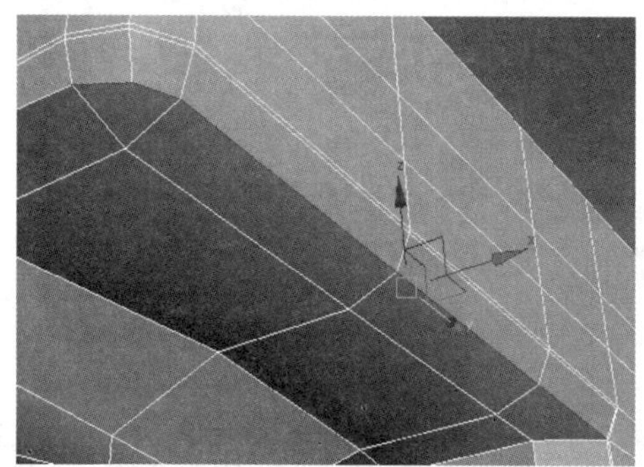

图 6.30

图 6.31

单击 Target Weld 按钮，分别将下方多余的点焊接到拐角位置的点上，如图 6.32 和图 6.33 所示，这也是调整布线的其中一种方法。

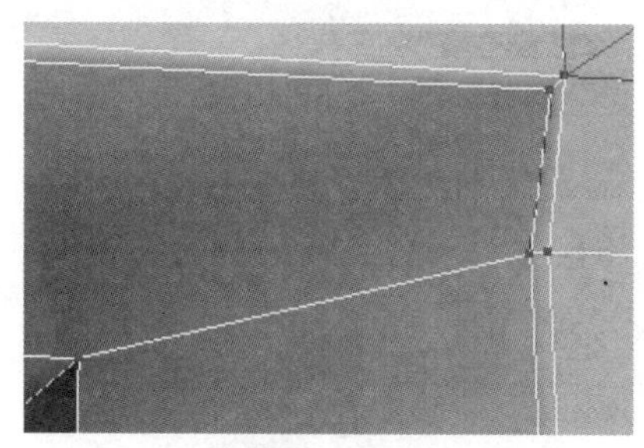

图 6.32

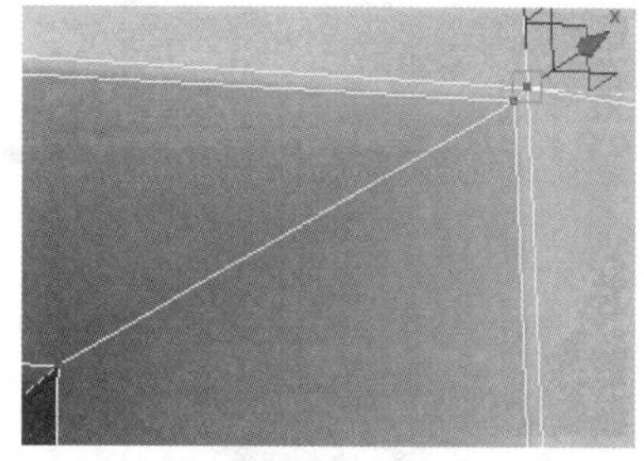

图 6.33

对另外一边也做同样的处理，然后选择多余的线段移除即可，如图 6.34 所示。

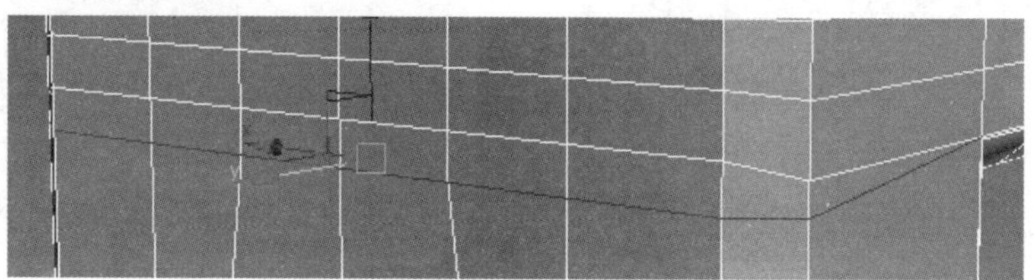

图 6.34

选择图 6.35 和图 6.36 中一圈的线段进行切角设置，目的也是为了表现光滑的棱角效果。

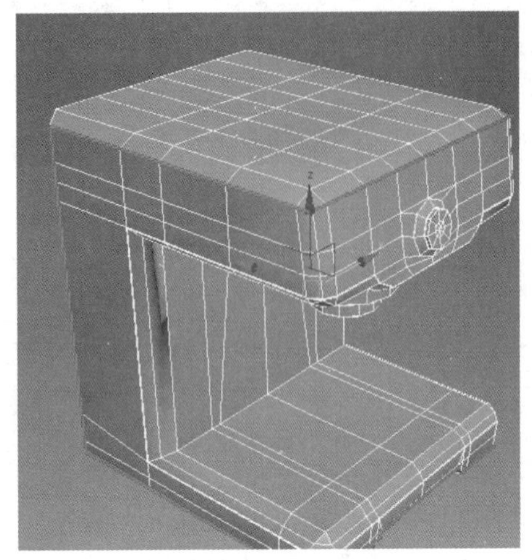

图 6.35

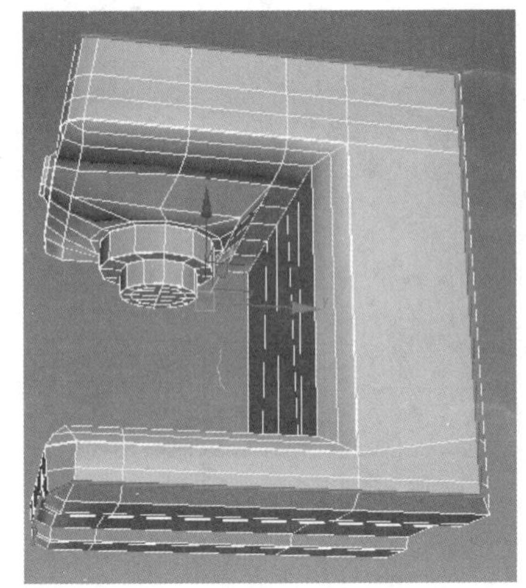

图 6.36

在拐角位置加线约束调整，如图 6.37 所示。然后将底部图 6.38 中的面向下挤出调整。

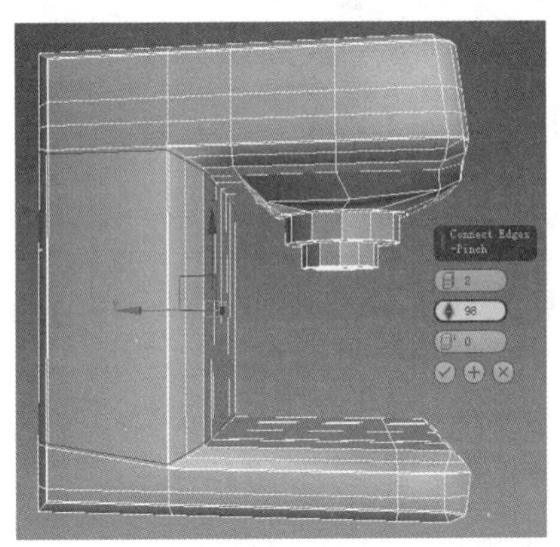

图 6.37

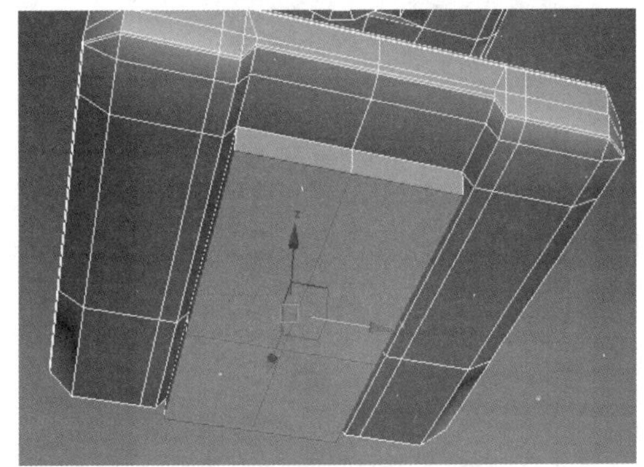

图 6.38

选择图 6.39 中的面将其删除，单击 Target Weld 按钮将对应的点焊接起来，效果如图 6.40 所示。

图 6.39

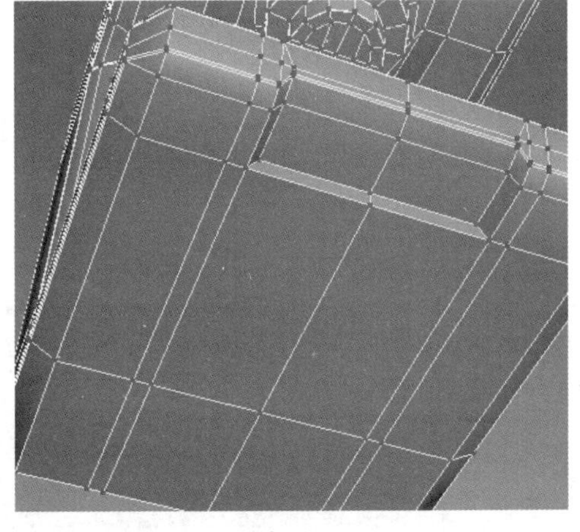

图 6.40

选择图 6.41 中的线段切角。

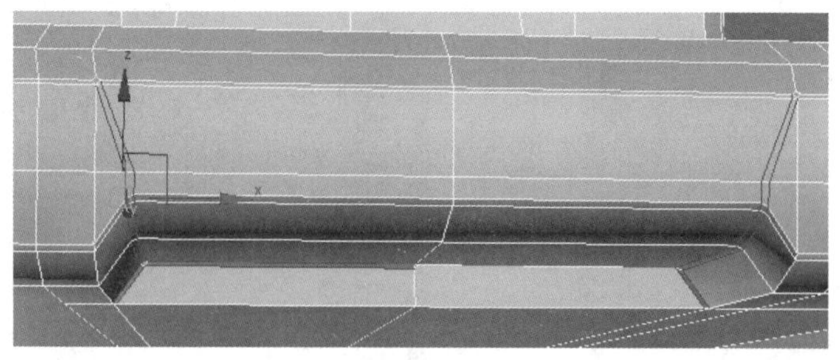

图 6.41

切角后随手用目标焊接工具将多余的点焊接调整，如图 6.42 和图 6.43 所示。

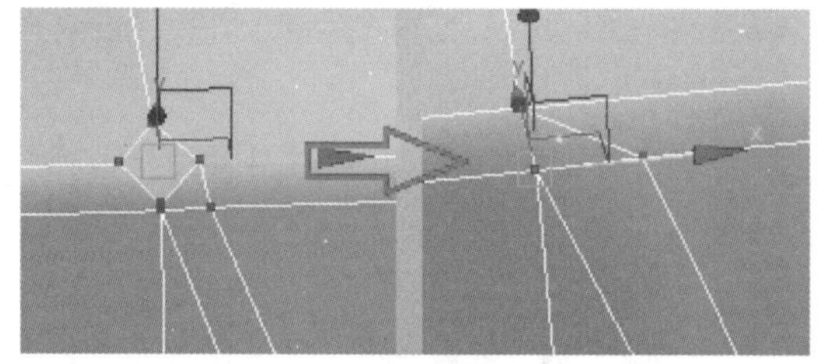

图 6.42

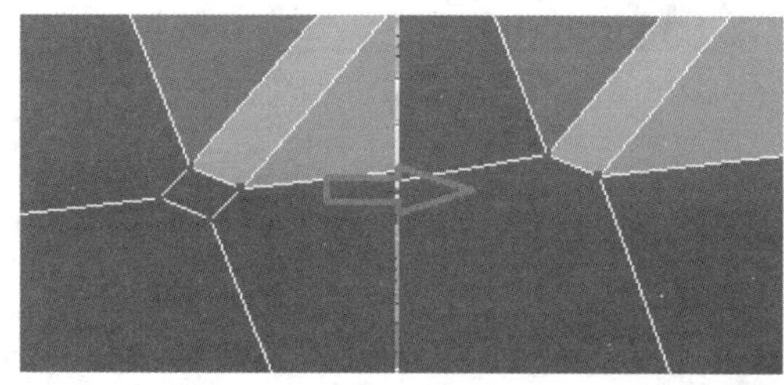

图 6.43

选择模型右侧一半的点并将其删除，然后在修改器下拉列表中选择 symmetry 修改器，将修改好的一半对称出来，注意参数中的 Threshold 值一定不能设置过大，过大的值会将对称中心处的点全部焊接到一起。细分该物体的效果如图 6.44 所示，图中红色弧线的位置圆角太大，所以要将图 6.45 中的线段切角设置，再次细分后的效果如图 6.46 所示。

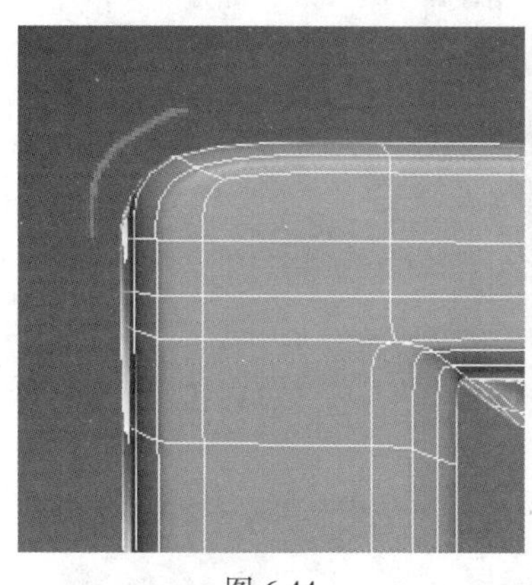

图 6.44

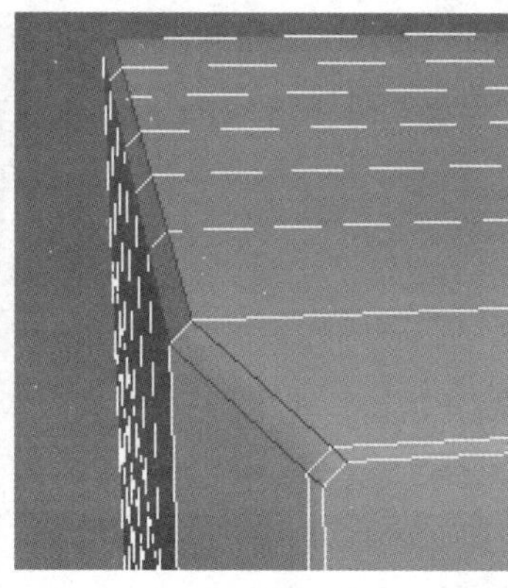

图 6.45

图 6.46

步骤 03 细节调整。接下来需要在图 6.47 中的红色线框的位置制作出向内凹陷的效果，所以要先加线调整好对应的位置，如图 6.48 所示。

加线之后选择要凹陷调整的面用倒角工具向下倒角挤出面，如图 6.49 所示，然后继续加线约束拐角位置的圆角效果，如图 6.50 所示。最后针对该位置的布线重新调整，如图 6.51 所示。细分后的效果如图 6.52 所示。

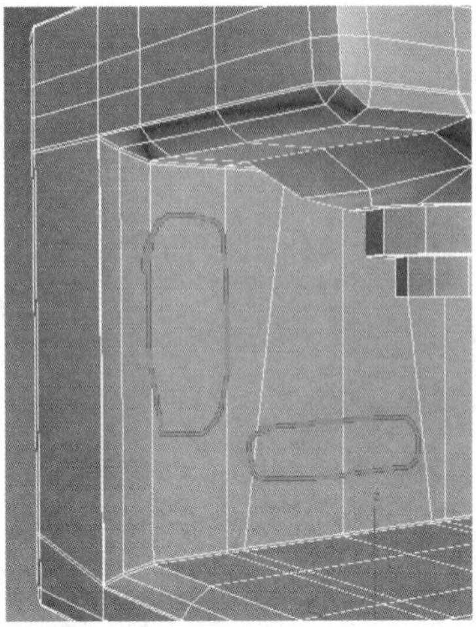

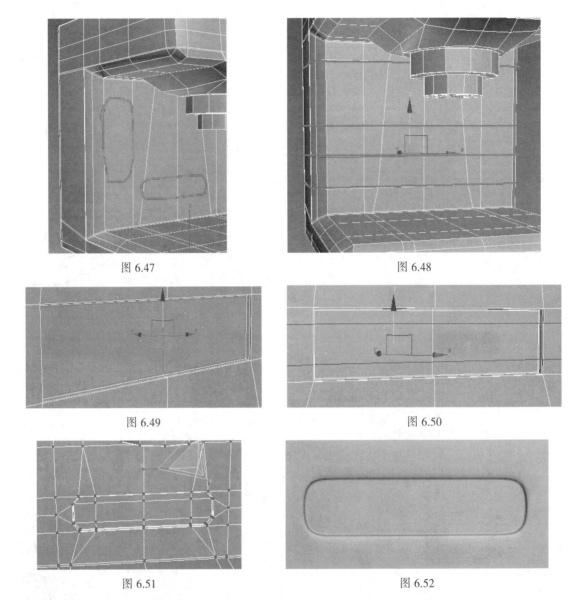

图 6.47

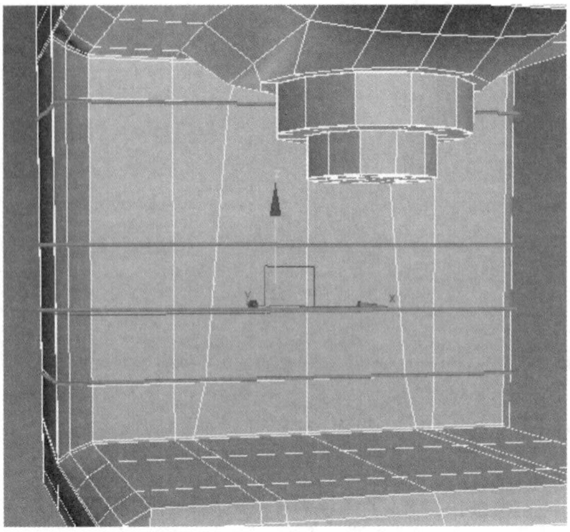

图 6.48

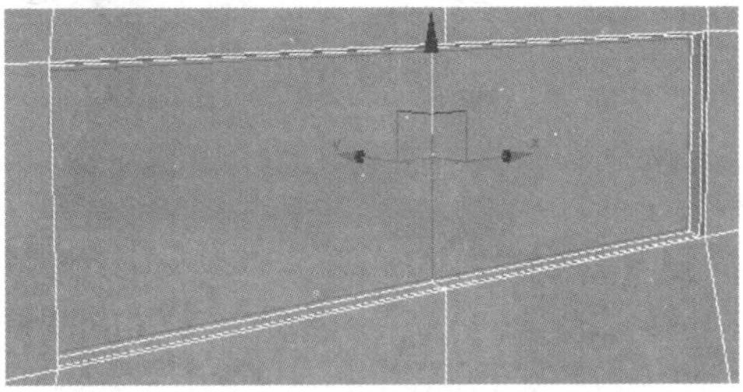

图 6.49

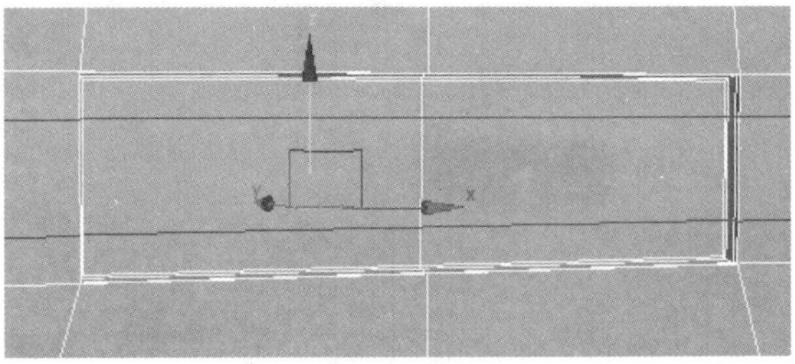

图 6.50

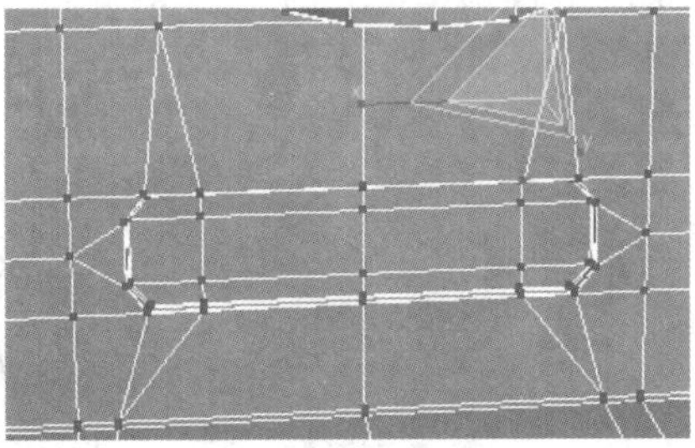

图 6.51

图 6.52

用同样的方法将底部的面向下倒角挤出，如图 6.53 所示，单击按钮和选择按钮，框选四角的线段后进行切角设置，如图 6.54 所示。细分后整体效果如图 6.55 所示。

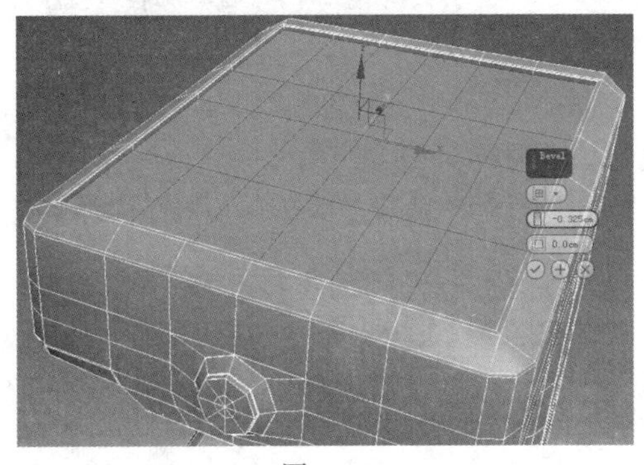

图 6.53

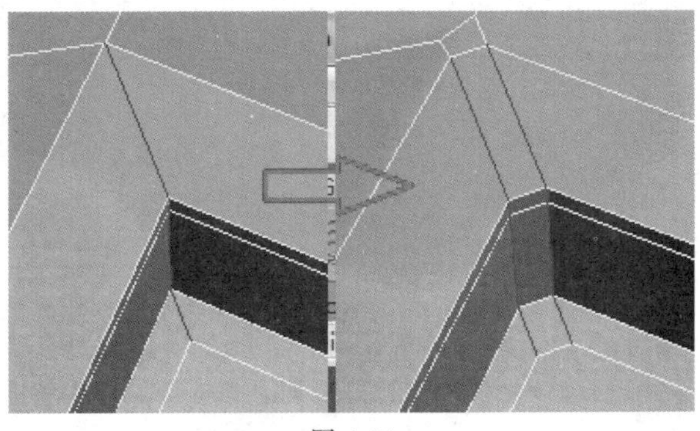

图 6.54

步骤 04 选择图 6.56 中一圈的线段，单击 Extrude 按钮将线段向下挤出，如图 6.57 所示，然后选择挤出的内部环形线段，单击 Chamfer 按钮后面的□图标，设置切角值将线段切角，如图 6.58 所示。最后选择切角位置的面（如图 6.59 中的面）并将其删除。

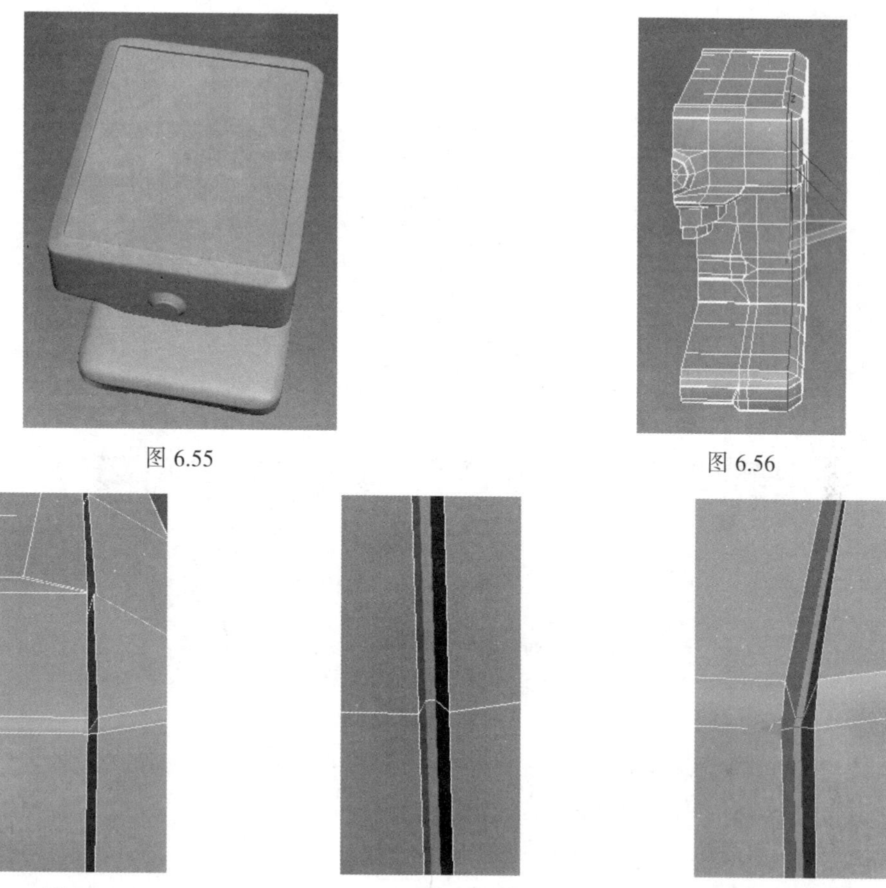

图 6.55

图 6.56

图 6.57

图 6.58

图 6.59

按快捷键“5”进入元素级别，如果能单独选择图 6.60 中的面，说明它们是两个独立的元素级别，即分为了两个部分。移动一些距离可以更加直观的观察，如图 6.61 所示。

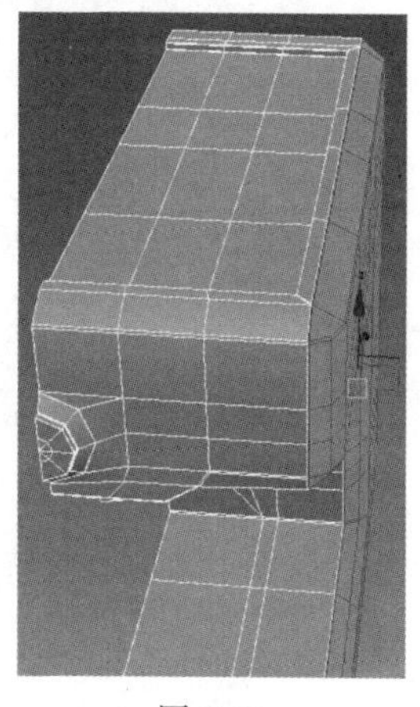

图 6.60

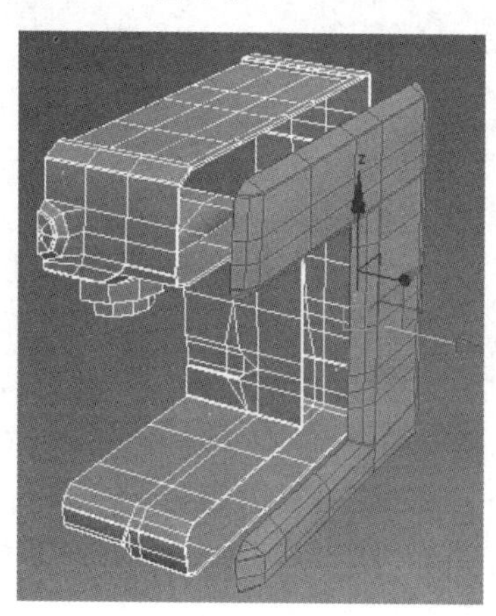

图 6.61

将右侧元素面的部分镜像复制调整到左侧位置，效果如图 6.62 所示。

步骤 05 在物体表面创建复制出圆柱体，如图 6.63 所示，参考圆柱体的形状在物体表面进行切线处理，如图 6.64 所示。

图 6.62

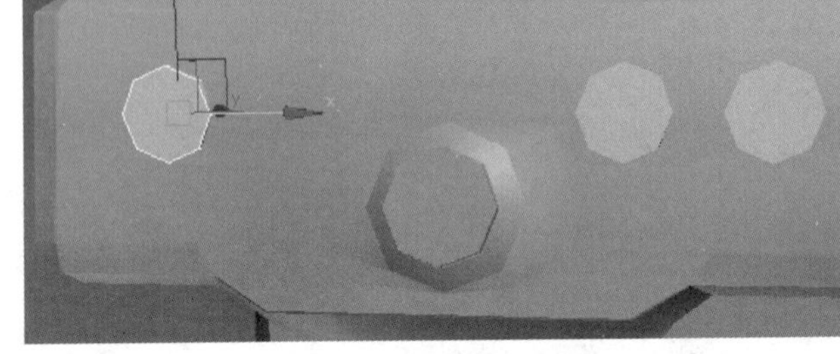
图 6.63

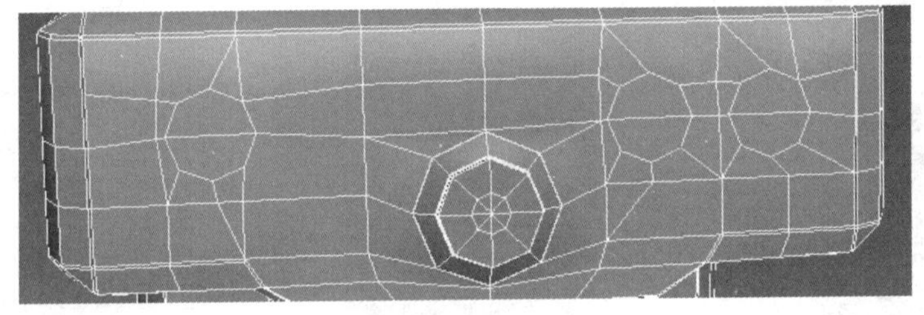
图 6.64

选择圆形的面，单击 Bevel 按钮后面的▣图标，在弹出的“倒角”参数面板中设置倒角参数将面倒角挤出，过程如图 6.65 和图 6.66 所示。

拐角位置线段切角设置后细分效果如图 6.67 所示。

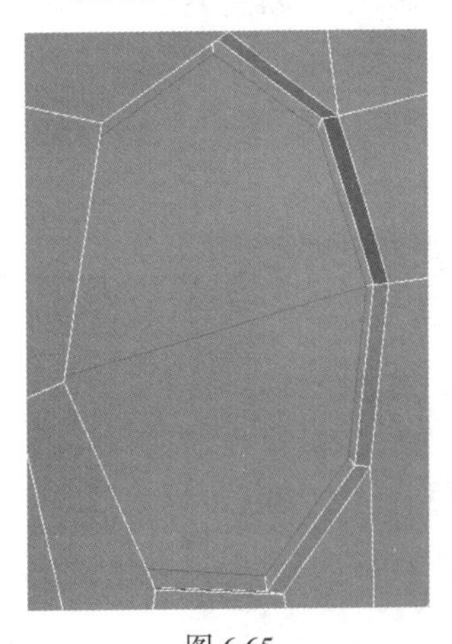
图 6.65

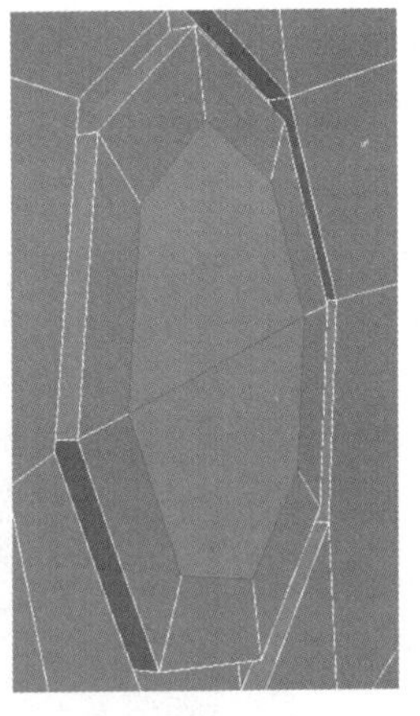
图 6.66

图 6.67

选择图 6.68 中的点，单击 Chamfer 按钮后面的▣图标，在弹出的“切角”快捷参数面板中设置切角的值将点进行切角，如图 6.69 所示。

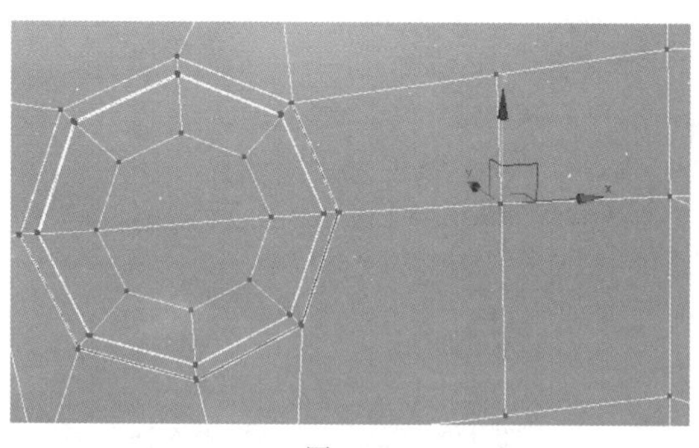
图 6.68

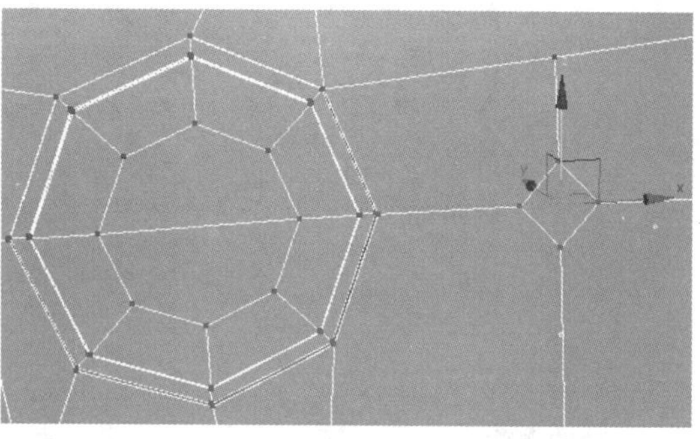
图 6.69

选择四方面，用倒角工具倒角挤出，如图 6.70 所示。

然后加线后选择图 6.71 中的面同样进行倒角设置，效果如图 6.72 所示，细分后的效果如图 6.73 所示。可以发现上方两角圆角过大，所以在下方位置加线约束调整，如图 6.74 所示。

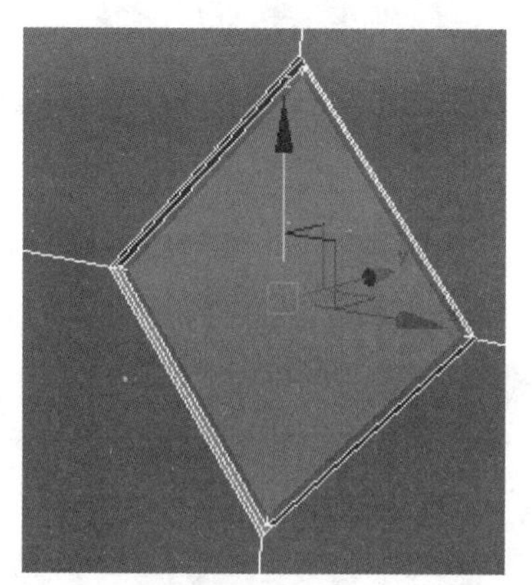
图 6.70

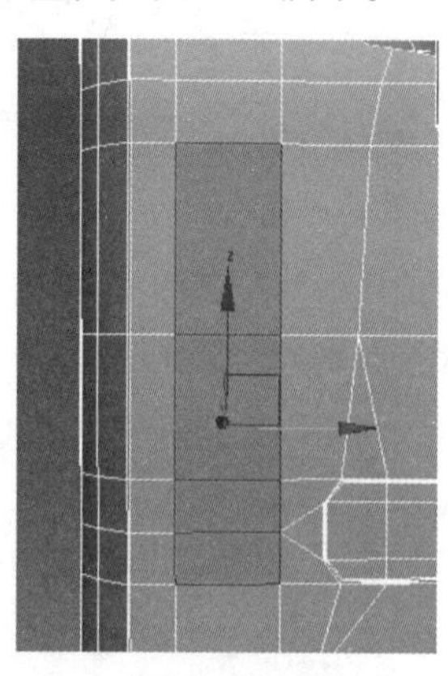
图 6.71

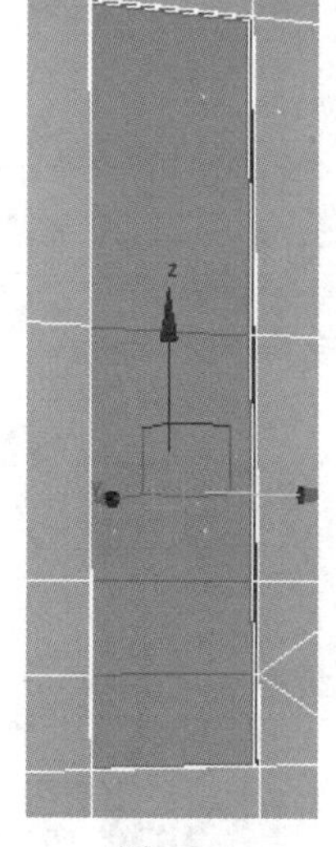
图 6.72

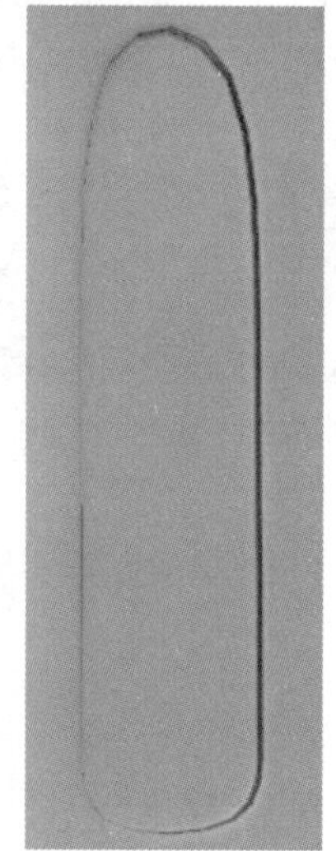
图 6.73

图 6.74

步骤 06 单击 Slice Plane 按钮，移动切片平面到物体的顶端位置（如图 6.75 中的位置），单击 Slice 按钮切线。

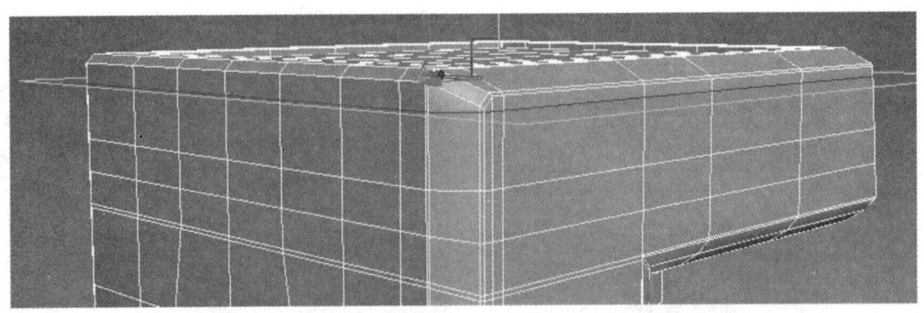

图 6.75

选择两侧部分的面，按快捷键 Alt+H 将选择的面隐藏起来，然后将线段切角，如图 6.76 所示。

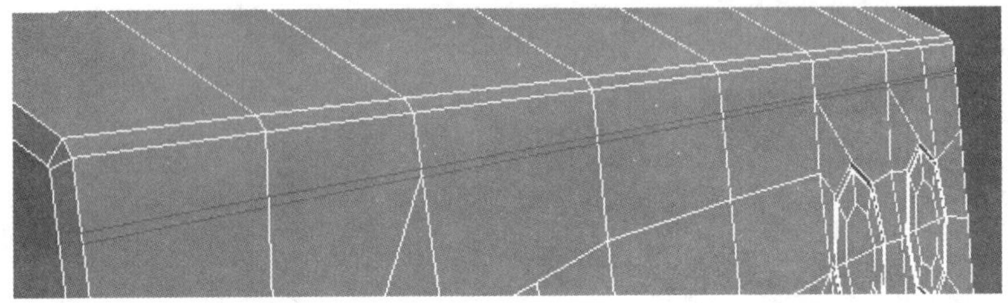

图 6.76

选择切线位置的面（如图 6.77 中的面）向内挤出调整，挤出效果如图 6.78 所示。挤出面后需要将对应的点焊接起来，需要删除图 6.79 中的面，才可以用目标焊接工具进行焊接点调整。

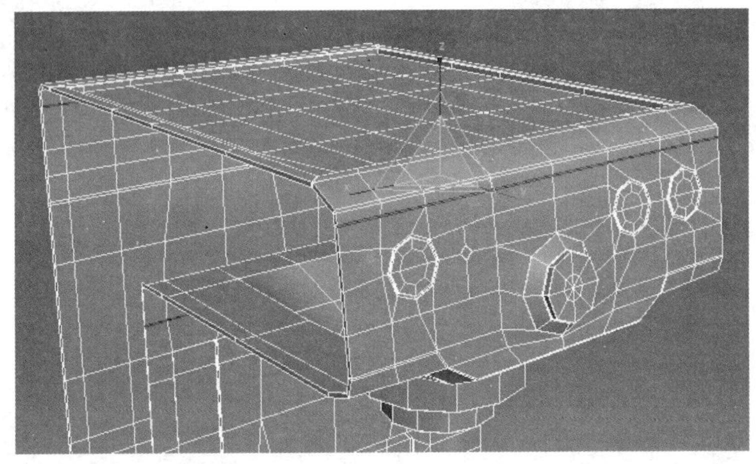

图 6.77

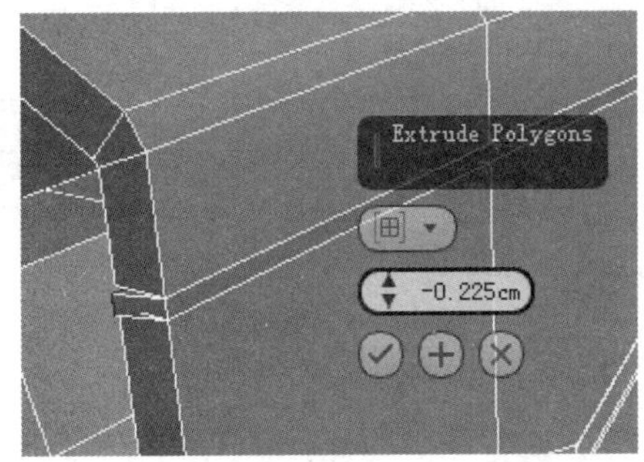

图 6.78

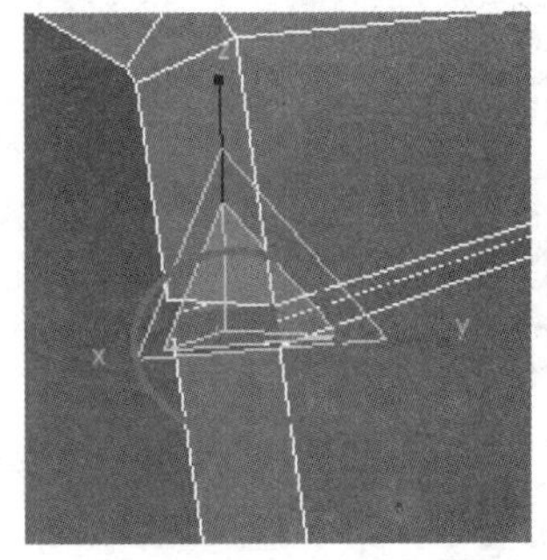

图 6.79

该位置的点焊接调整效果如图 6.80 所示，然后在边缘位置加线约束，如图 6.81 所示。

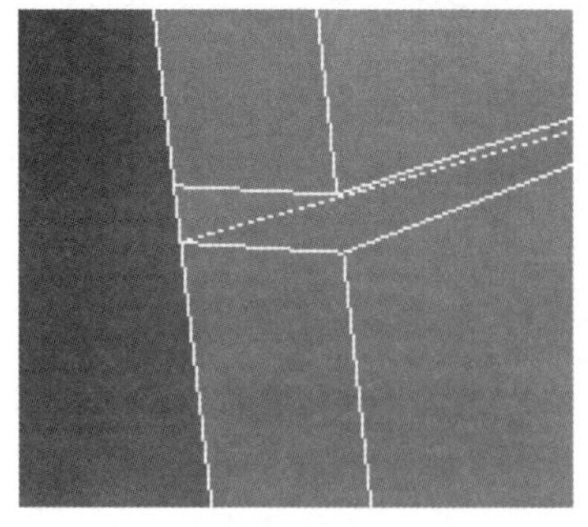

图 6.80

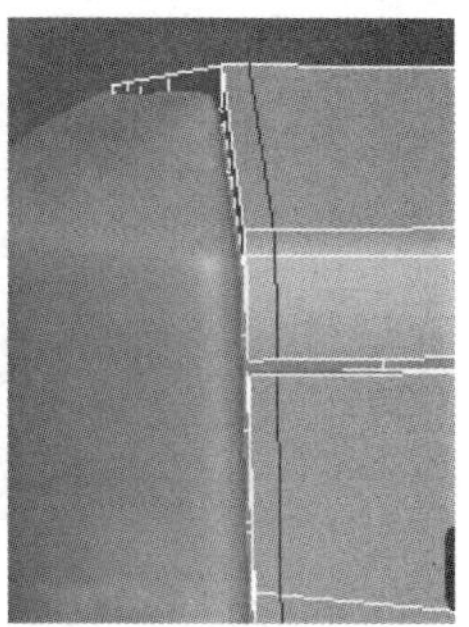

图 6.81

步骤 07 在视图中创建两个圆形和一个矩形并调整好它们之间的位置，如图 6.82 所示。

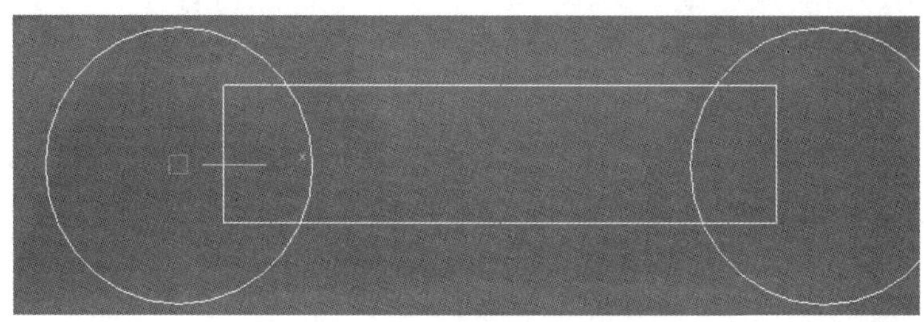

图 6.82

选择其中任意一个样条线，右击，在弹出的菜单中选择 Convert To|Convert to Editable Spline，将模型转换为可编辑的样条线，单击 Attach 按钮拾取其他两个样条线将它们附加在一起，调整矩形形状如图 6.83 所示。

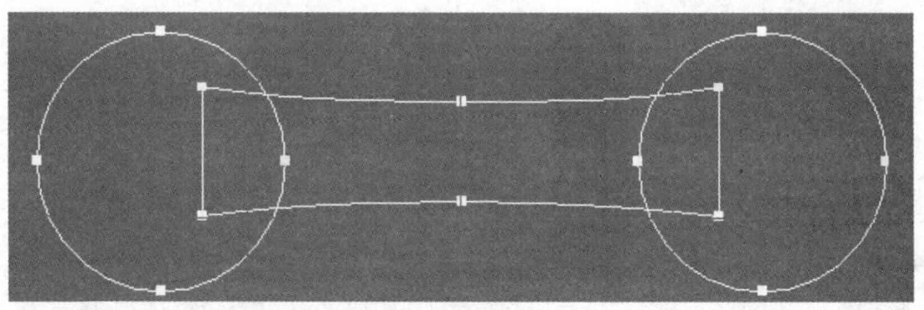

图 6.83

按“3”键进入样条线级别，选择矩形，选择交集，单击 Boolean 按钮拾取两个圆完成交集的布尔运算，如图 6.84 所示。

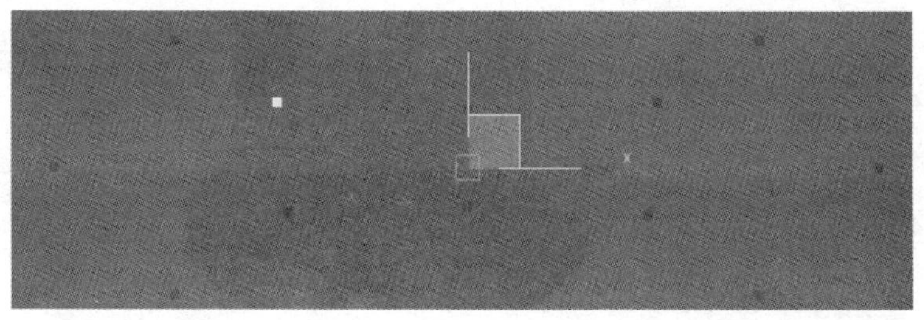

图 6.84

在内部继续创建两个圆形并附加起来，如图 6.85 所示。

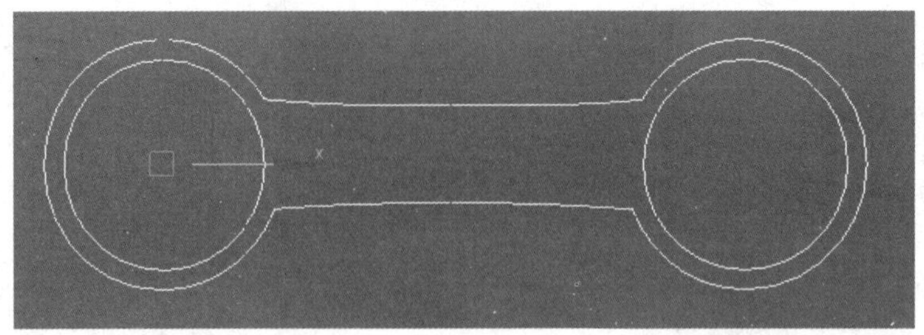

图 6.85

在参数面板中设置 Steps: 1，降低样条线细分级别，如图 6.86 所示。

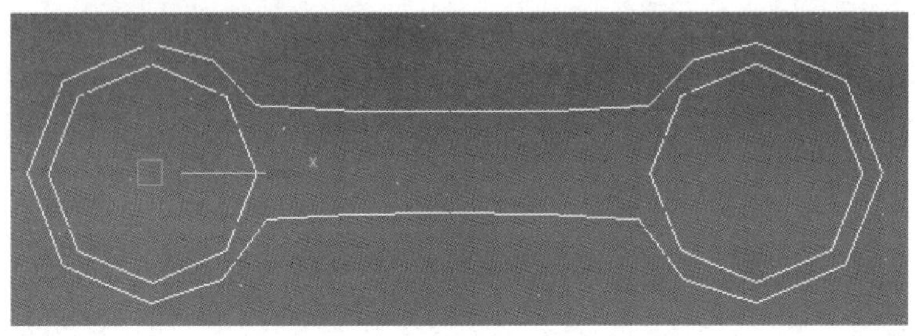

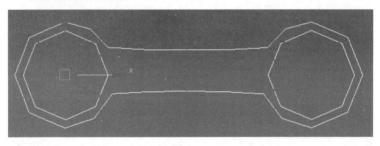

图 6.86

在修改器下拉列表中添加 Extrude（挤出）修改器，效果如图 6.87 所示，调整布线后在顶部和底部边缘位置加线，如图 6.88 所示。

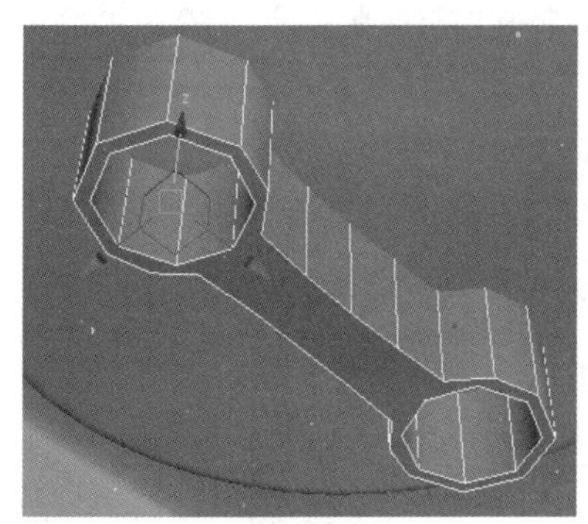

图 6.87

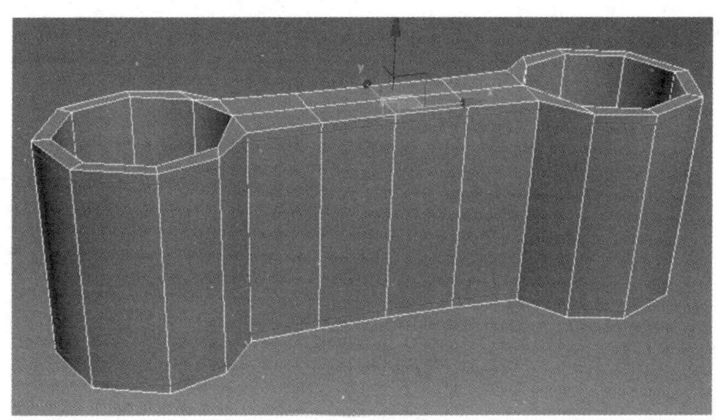

图 6.88

细分后效果如图 6.89 所示，在圆的内部创建一个管状体并将其转换为可编辑的多边形物体后，选择底部点用缩放工具缩小调整，如图 6.90 所示。

图 6.89

图 6.90

加线细分后复制调整如图 6.91 所示，然后在右侧位置创建一个圆柱体并将其转化为可编辑的多边形物体，如图 6.92 所示。

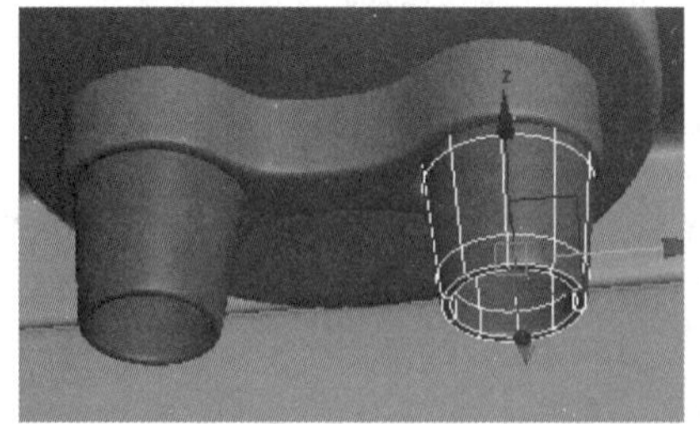

图 6.91

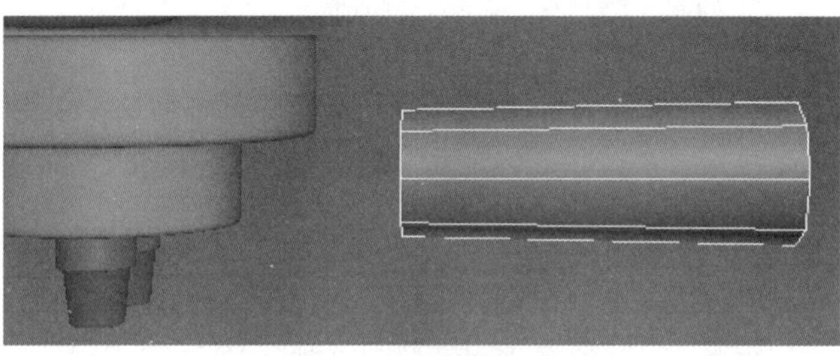

图 6.92

删除左侧面，选择边界线，按住 Shift 键移动挤出面调整至图 6.93 所示的形状。

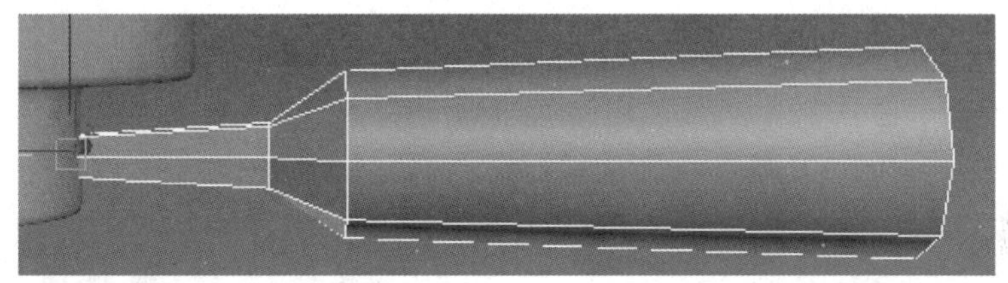

图 6.93

线段切角细分后再创建一个圆环物体，如图 6.94 所示。同时调整右侧面形状至图 6.95 所示。

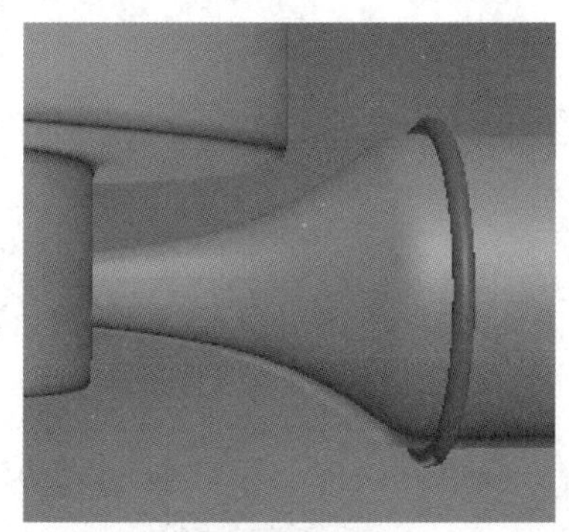

图 6.94

图 6.95

步骤 08 创建一个切角圆柱体，如图 6.96 所示，将该物体向下复制，调整参数后将其转换为可编辑的多边形物体，删除顶部的面，如图 6.97 所示。

图 6.96

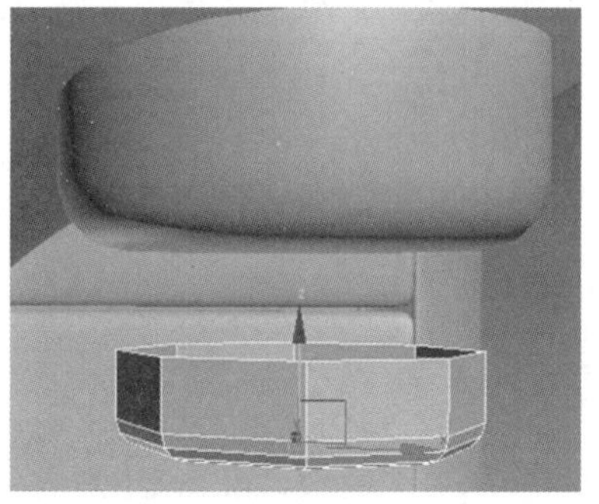

图 6.97

选择边线，连续切角设置，如图 6.98 所示，调整好位置后的效果如图 6.99 所示。

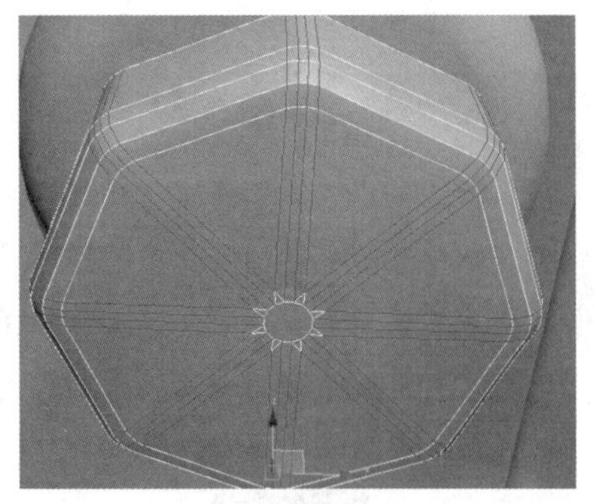

图 6.98

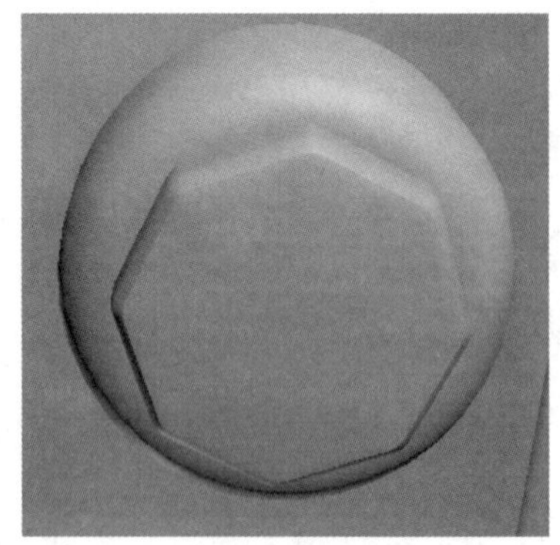

图 6.99

单击 Creat（创建）| Shape（图形）| Line 按钮在视图中创建一个如图 6.100 所示的样条线，勾选 Rendering 卷展栏下的 Enable In Renderer 和 Enable In Viewport，设置 Thickness: 0.6cm 和 Sides: 8，效果如图 6.101 所示。

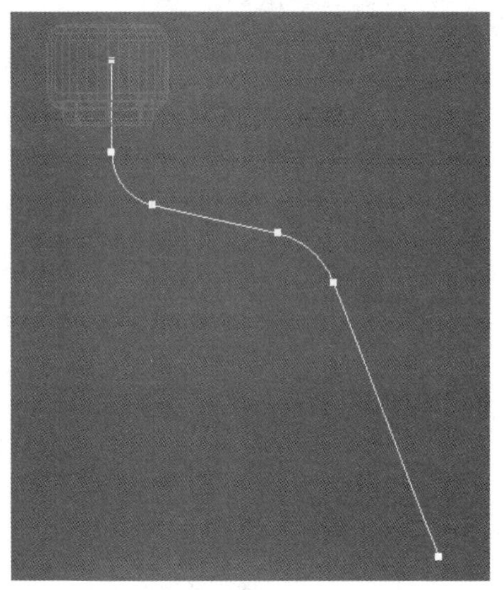

图 6.100

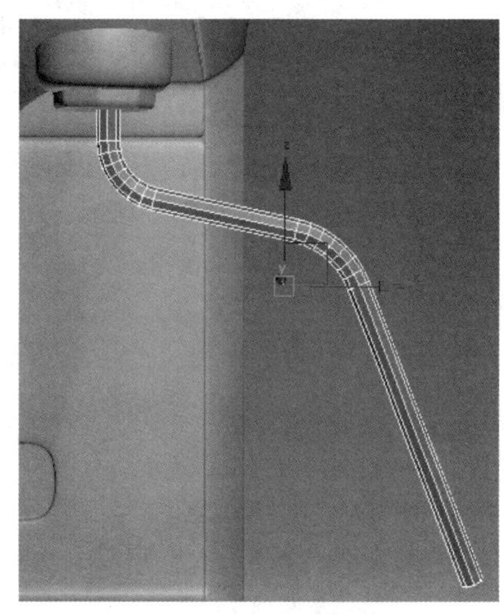

图 6.101

将该样条线转换为可编辑的多边形物体，分别选择对应的边向外挤出倒角设置，如图 6.102 和图 6.103 所示。

图 6.102

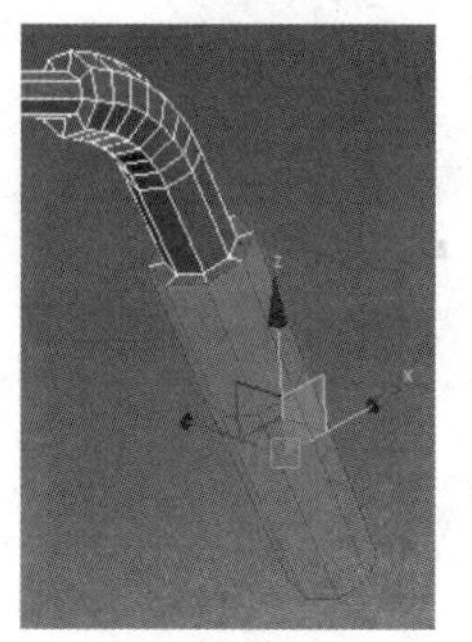

图 6.103

调整后整体效果如图 6.104 所示。

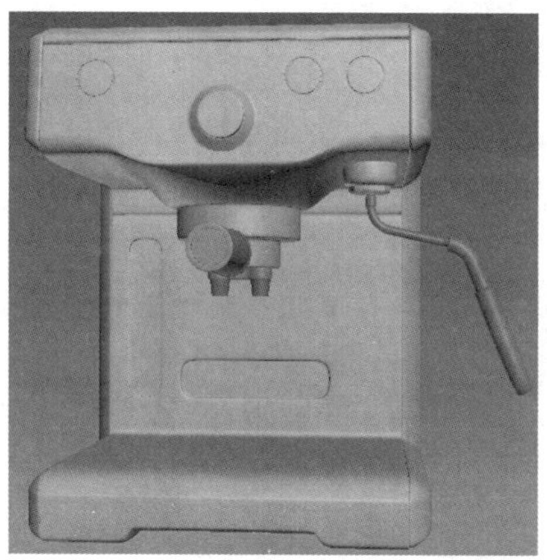

图 6.104

步骤 09 在底部位置创建四个等长的长方体，如图 6.105 所示。

图 6.105

参考长方体模型的边缘位置，在咖啡机底座部分加线，调整至如图 6.106 所示。同样在横向方向加线，调整至如图 6.107 所示。

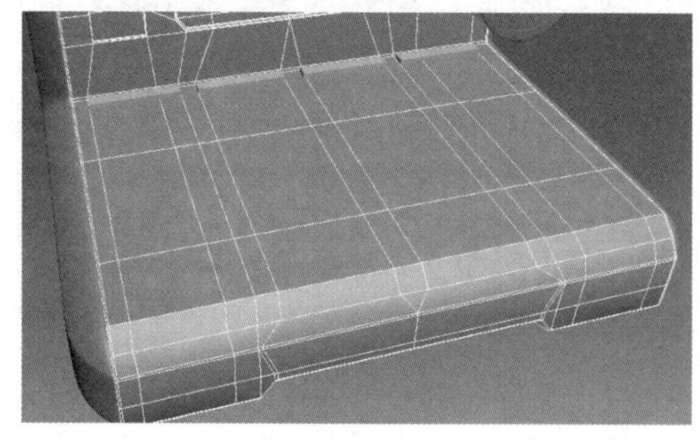

图 6.106

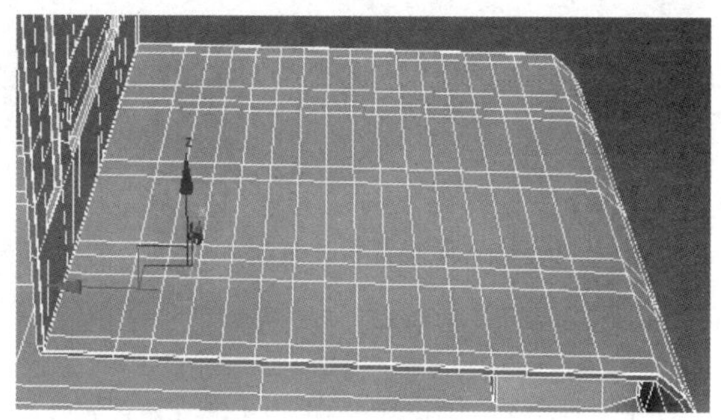

图 6.107

图 6.107 中横向方向上的加线空间有些地方并不相等，如何快速将其设置为距离相等的效果呢？先选择图 6.108 中的线段，单击 Modeling | Loops | 工具，在打开的 Loop Tools 面板中单击 Space 按钮，如图 6.109 所示，该功能可以快速设置线段使其平均分配，效果如图 6.110 所示。

将横向上的线段切角，如图 6.111 所示，然后选择图 6.112 中的面向下倒角，效果如图 6.113 所示。

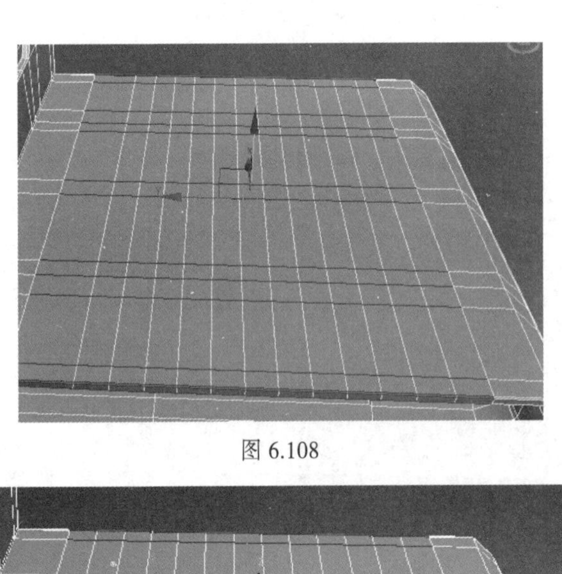

图 6.108

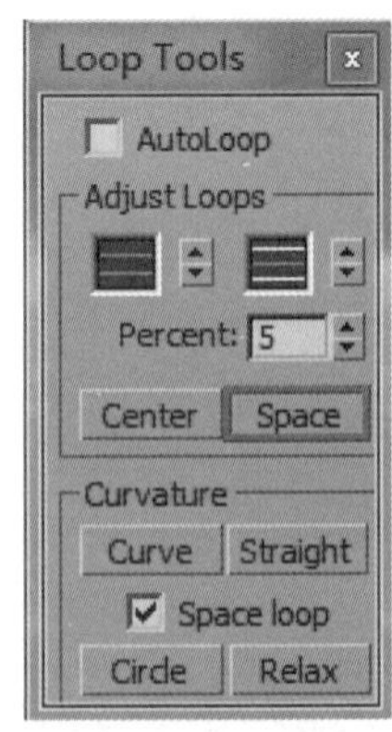

图 6.109

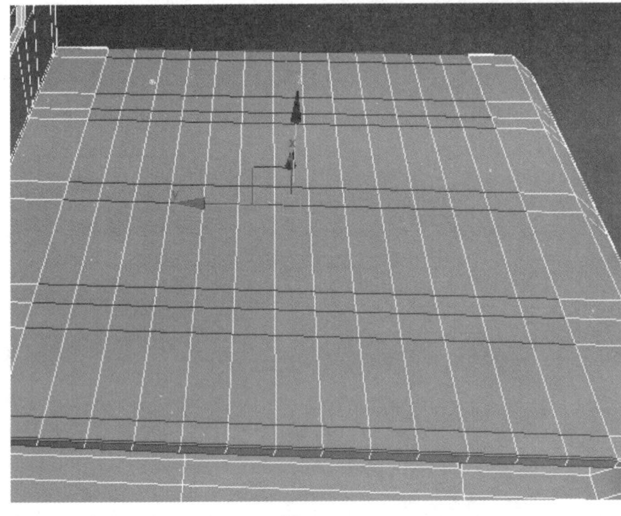

图 6.110

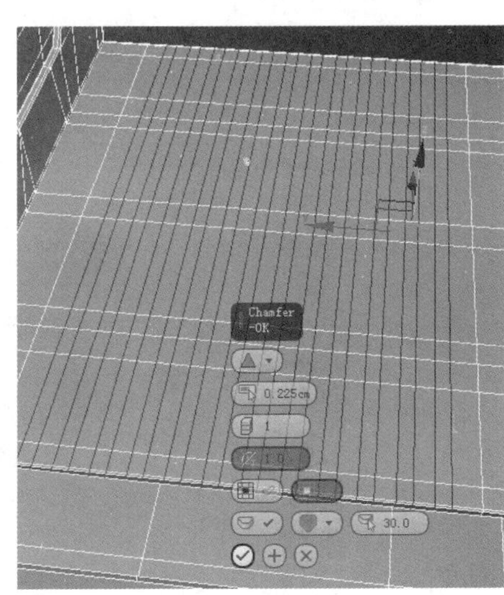

图 6.111

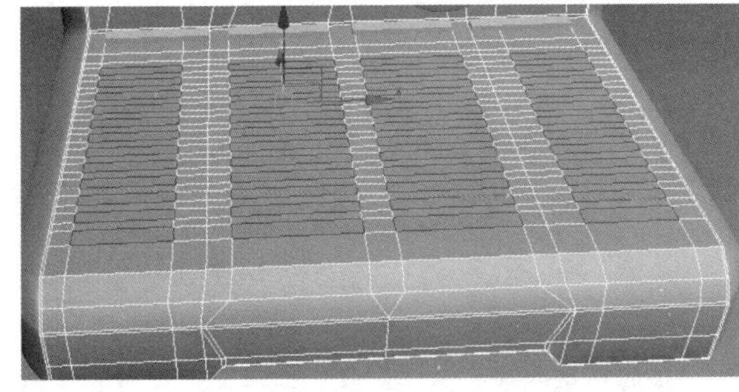

图 6.112

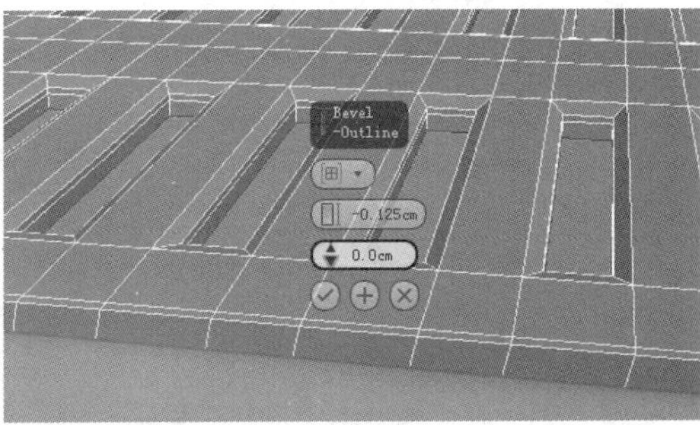

图 6.113

在图 6.114 中的位置分别加线，细分后的效果如图 6.115 所示。

步骤 10 创建一个图 6.116 中的样条线，按“3”键进入样条线级别，选择样条线，单击 Outline 按钮挤出轮廓，如图 6.117 所示。在修改器下拉列表中选择 Lathe（车削）修改器，单击 Min 按钮沿着样条线最小位置对齐，车削后的效果如图 6.118 所示。

如果车削后出现图 6.118 中黑边的情况，可以勾选 Weld Core 焊接内核，将中心点的位置焊接，效果如图 6.119 所示，黑边效果得到改善。最后在旋钮上创建一个如图 6.120 所示的切角长方体。

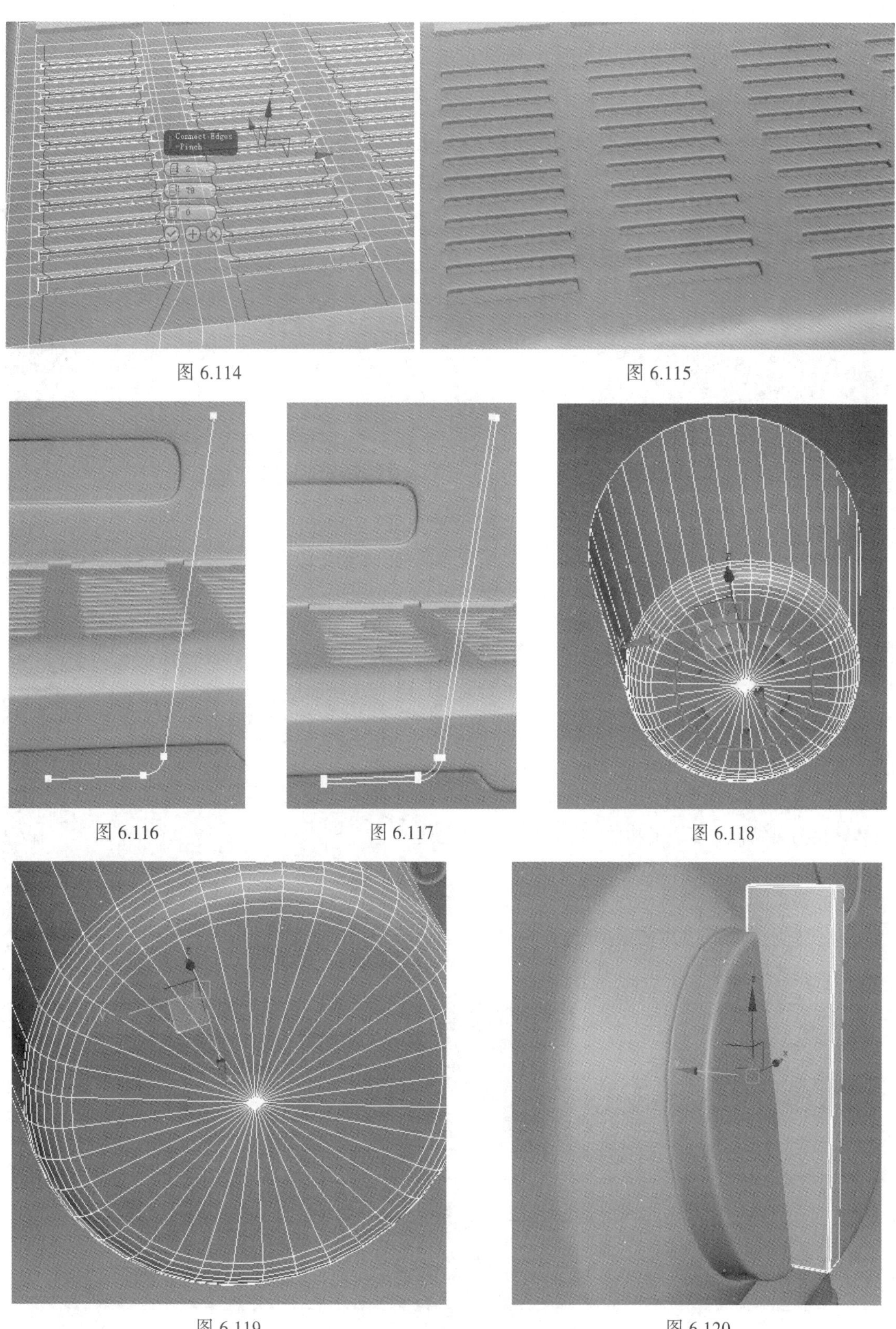

图 6.114

图 6.115

图 6.116

图 6.117

图 6.118

图 6.119

图 6.120

单击 Shape（图形）下的 Text 按钮，在 Text 文本框中输入想要的字母或汉字，然后在视图中单击即可创建出对应的字母和汉字，如图 6.121 所示。

在修改面板中调整 Size 值来调整文字大小，然后添加 Extrude（挤出）修改器，移动到合适的位置，如图 6.122 所示。最后的整体效果如图 6.123 所示。

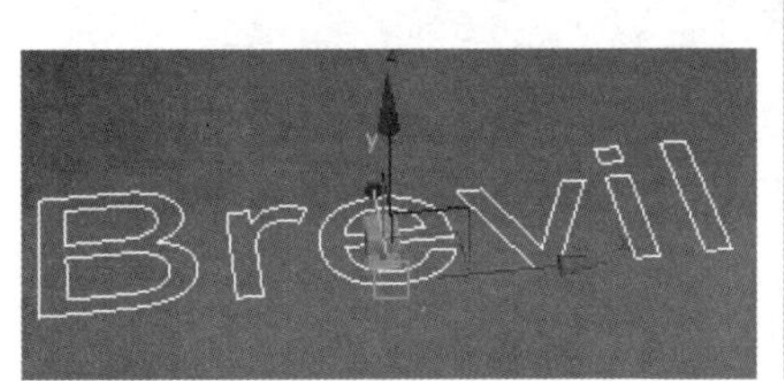

图 6.121

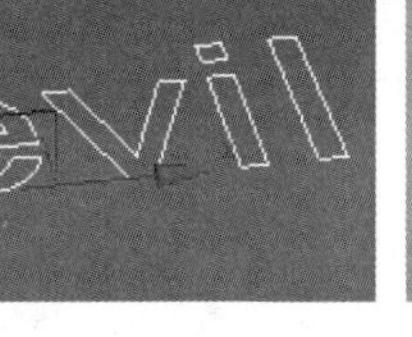

图 6.122

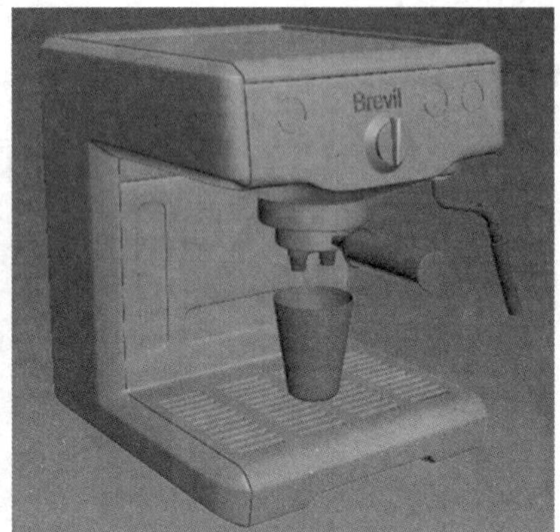

图 6.123

到此为止，咖啡机模型全部制作完成。该模型的难点在于物体边缘形状的把握和棱角的效果表现，同时，还要注意它们每一部分的衔接处的凹陷处理。

6.2 制作电熨斗

步骤 01 在视图中创建一个 Box 物体，设置长、宽、高分别为 125mm、260mm、5mm，右击，在弹出的菜单中选择 Convert To|Convert to Editable Poly，将该物体转换为可编辑的多边形物体，然后在长度和宽度上加线至如图 6.124 所示。

图 6.124

删除对称的一半模型，单击 按钮，选择关联的方式镜像复制，如图 6.125 所示。

调整物体的形状至图 6.126 所示。

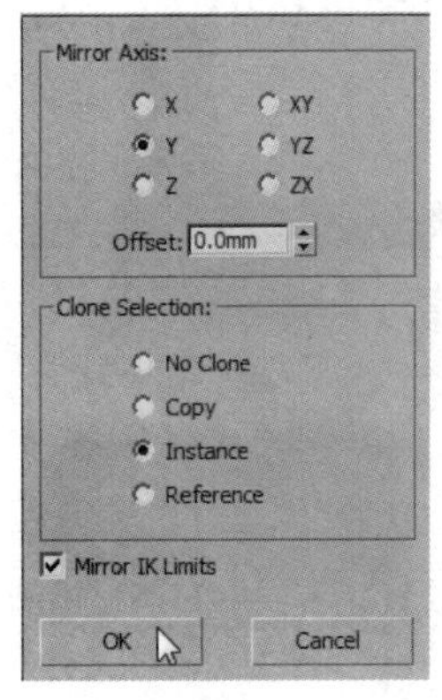

图 6.125

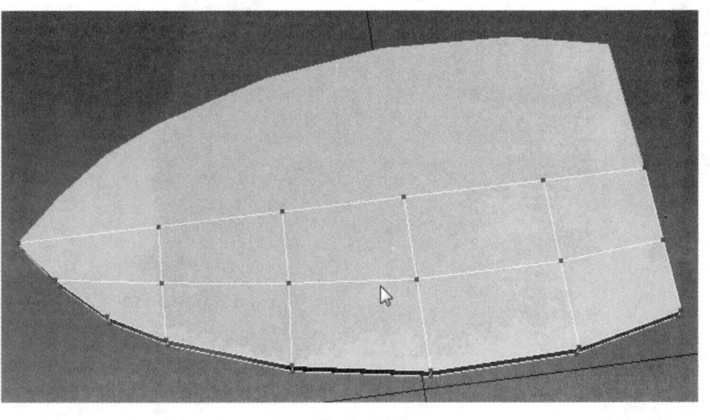
图 6.126

将该物体复制一个。选择顶部的面先向内收缩然后再挤出高度，如图 6.127 所示。

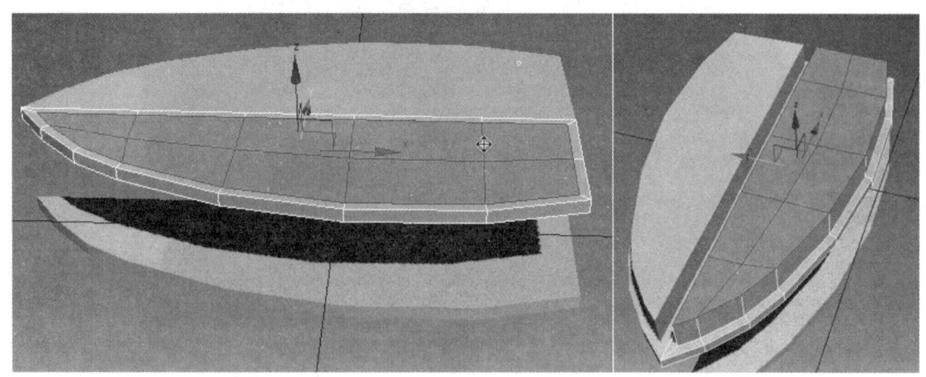

图 6.127

选择内侧的面按 Delete 键删除，然后按 3 键进入边界级别，选择中心处的边界用缩放工具将该线段缩放成水平的位置，如图 6.128 所示。

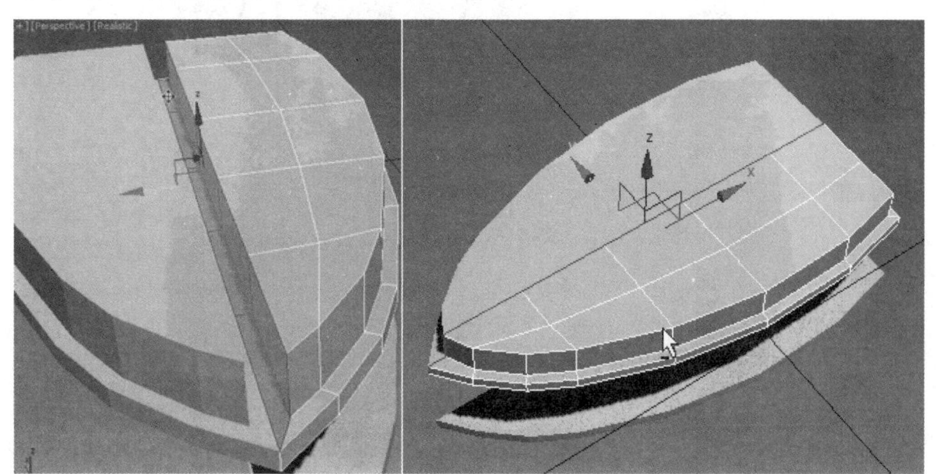

图 6.128

步骤 02 删除原物体顶部的面，然后将刚才复制的模型调整到合适的位置并给它换一种颜色显示便于区别。将底部的面和尾部的面分别挤出并调整形状至图 6.129 所示。

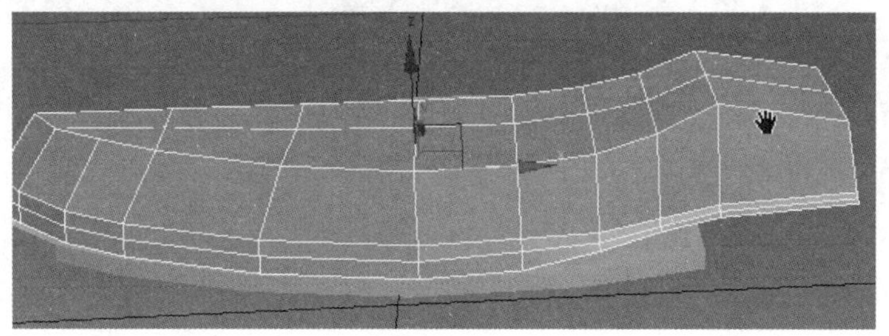

图 6.129

选择尾部上方的面继续挤出调整至图 6.130 所示。

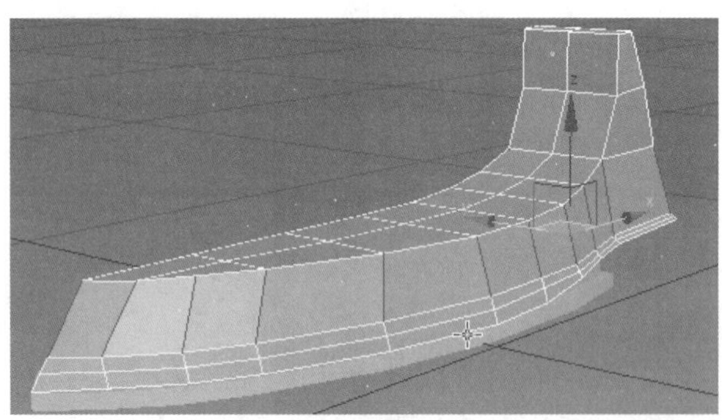

图 6.130

按照图 6.131 所示的顺序添加线。因为有时选择所有线段一次性添加线时，在调整偏移之后线段的偏移方向有所偏差，所以这里分两次添加，然后将中间的点连接起来并焊接。

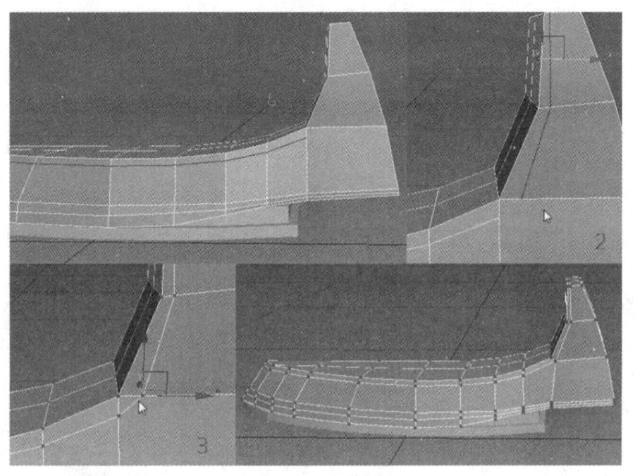

图 6.131

选择对称中心处所有的面并删除，继续调整点来控制整体形状，在调整的过程中随时按下 Ctrl+Q 组合键细分光滑来观察模型细节，如图 6.132 所示。

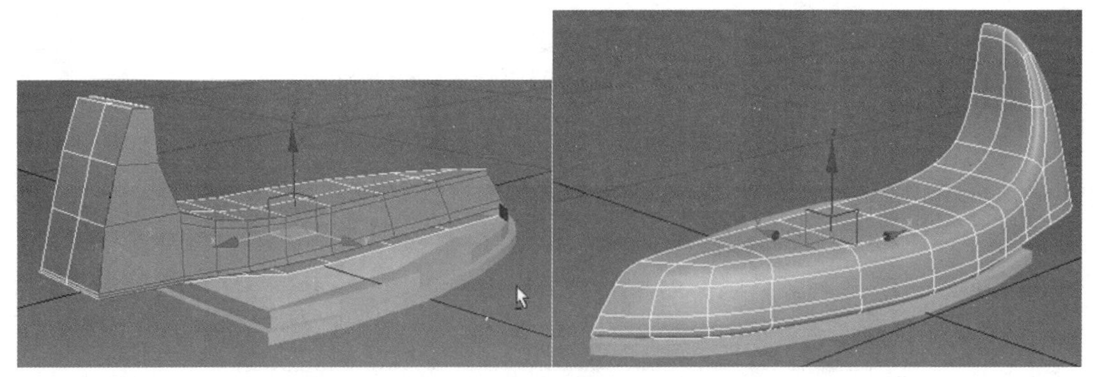

图 6.132

取消光滑，在修改器下拉列表中选择 Symmetry 修改器来镜像出另外一半的模型，注意观察对称中心的点是否焊接在了一起，有没有出现两点之间距离过大而没有焊接的情况，如果发现问题要及时解决。用同样的方法将底部物体也镜像出来。

选择图 6.133（上）所示的线段，单击 Chamfer 后面的□按钮，将该线段切出很小的角，如图 6.133（下）所示。

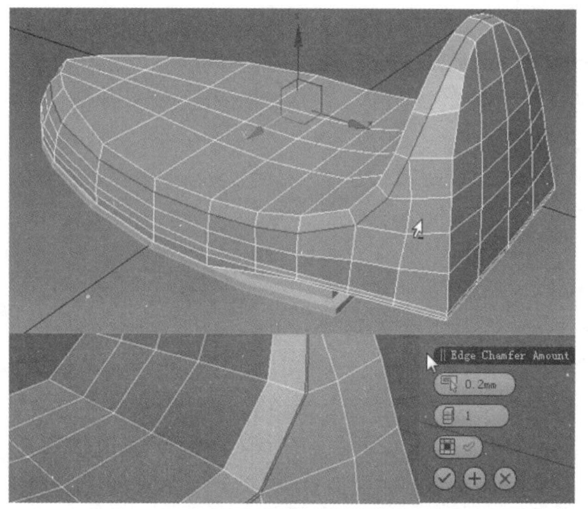

图 6.133

选择切角处的面，注意如果此处的面不易选择的话，可以先选择中间的某一条线段，然后单击 Ring 按钮选择环形所有的线段，再右击，在弹出的菜单中选择 Convert to Face（转换到面选择），这样可以很方便地选择所需的面。将该部分的面向内挤出，如图 6.134 所示。

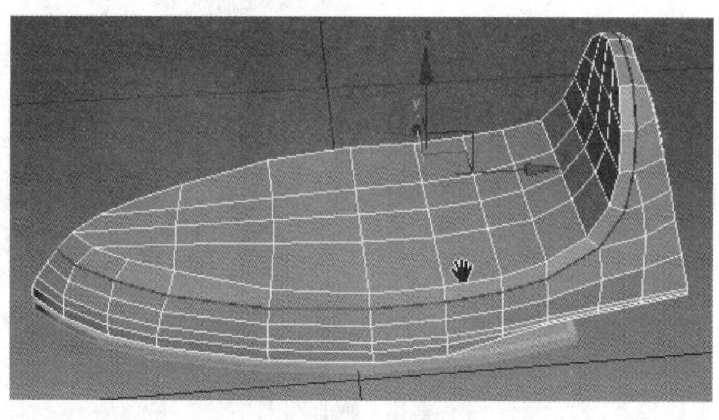

图 6.134

用同样的方法将图 6.135 所示的线段做同样的处理。

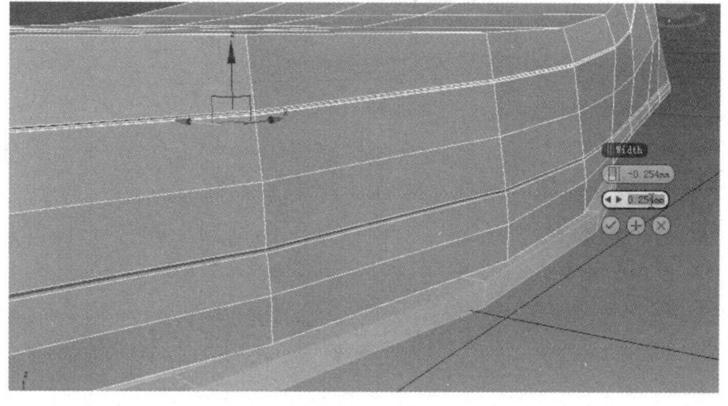

图 6.135

按 Ctrl+Q 组合键细分光滑显示之后的效果如图 6.136 所示。

选择底座处拐角的线段和对称中心处的线段，用 Bevel 工具切角处理，然后在边缘位置加线，细分之后的效果如图 6.137 所示。

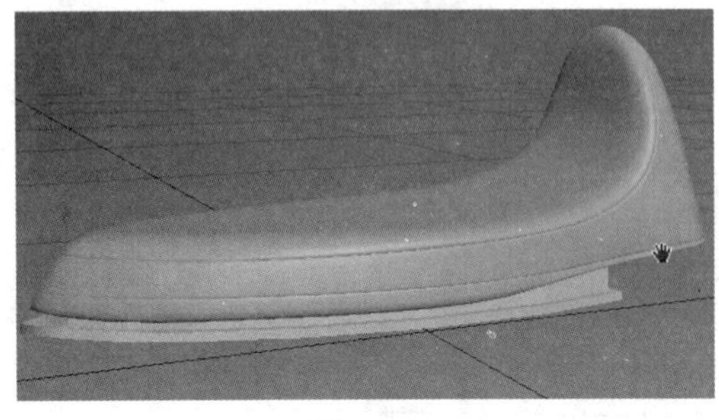

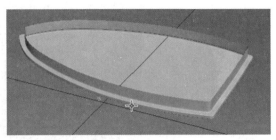

图 6.136

图 6.137

步骤 03 在视图中创建一个面片，右击，在弹出的菜单中选择 Convert To|Convert to Editable Poly，将该物体转换为可编辑的多边形物体，选择右侧的边，按住 Shift 键边挤出边调整它的形状，如图 6.138 所示。

继续加线来增加可控的点并调整。选择下侧的线段，向下挤出一个很小的面，再次向下挤出面，然后选择中间挤出的小部分面并删除，将下部分的面用 Detach 工具分离出来，如图 6.139 所示。然后给分离出来的面换一种颜色显示。

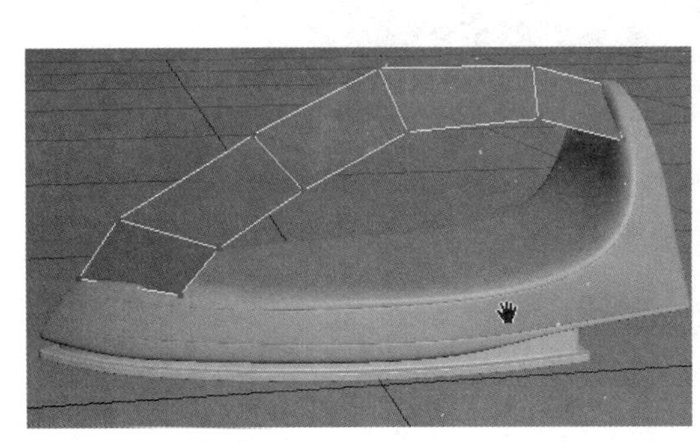

图 6.138

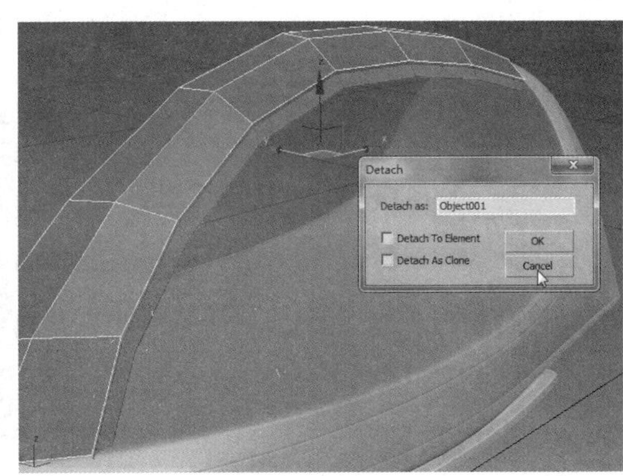

图 6.139

添加镜像修改器对称出另外一半，如图 6.140 所示。

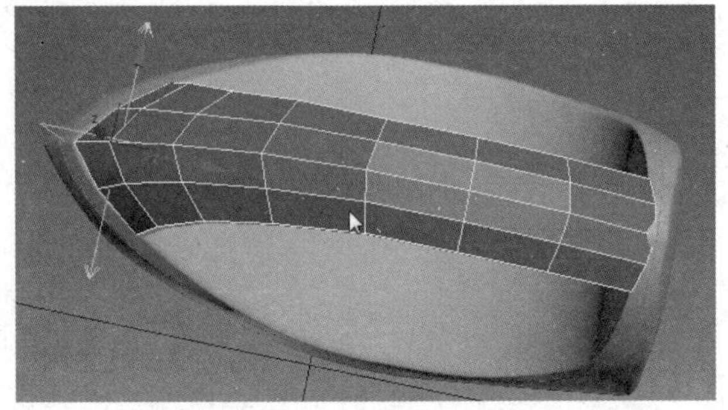

图 6.140

调整好之后再次将该物体转换为可编辑的多边形物体。选择边界线段，按住 Shift 键向内挤出面来模拟出该物体的厚度，物体有了厚度就需要在厚度的边缘加线，这样模型看上去棱角处的细节才更加美观，如图 6.141 所示。

步骤 04　将刚才分离出来的面物体做同样的挤出厚度修改，效果如图 6.142 所示。

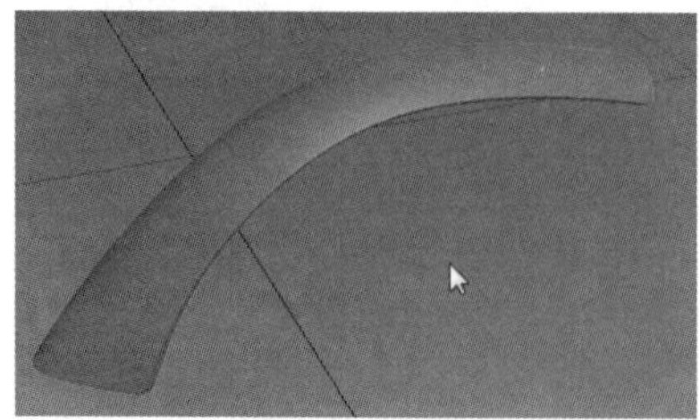

图 6.141

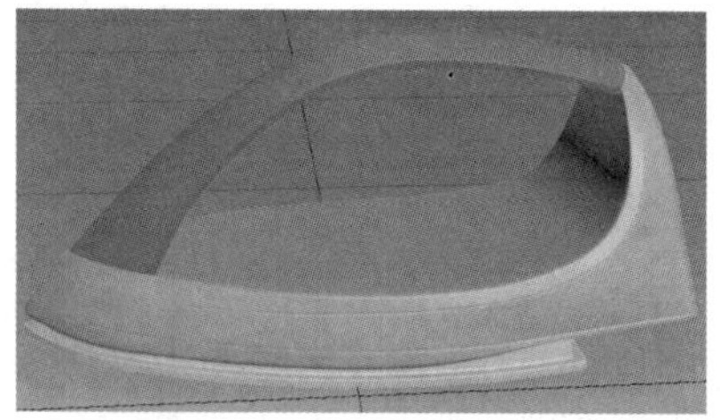

图 6.142

步骤 05　在视图中创建一个面片物体并进行可编辑的多边形修改，过程如图 6.143 所示。

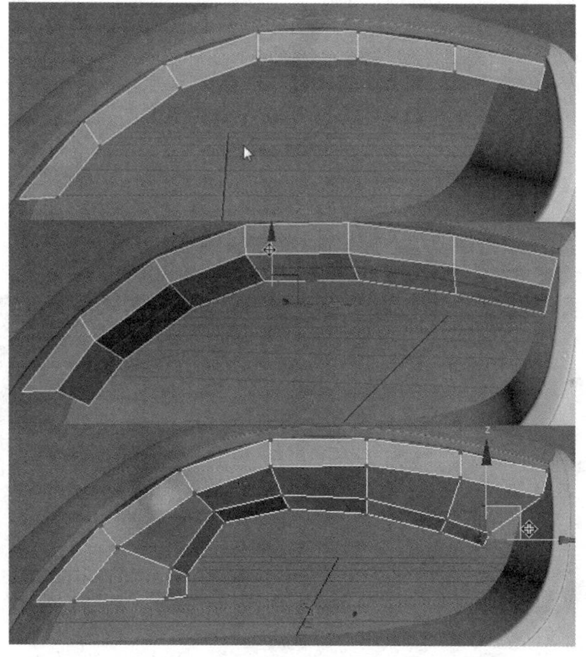

图 6.143

步骤 06　继续创建面片来创建出所需的形状物体，如图 6.144 所示。

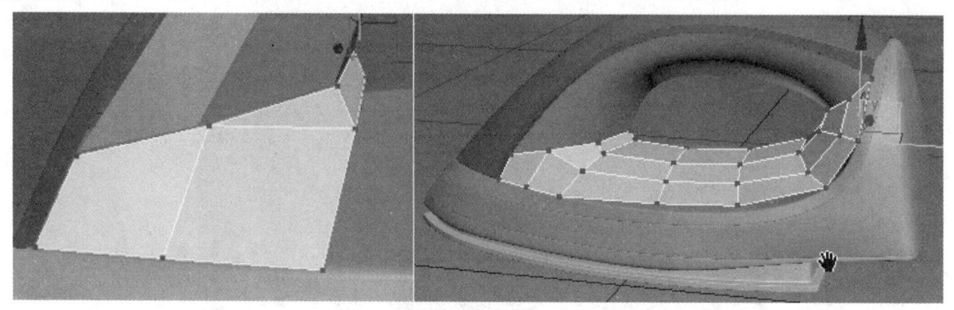

图 6.144

虽然这些物体的制作与修改我们一笔带过，但是观看视频的话可以发现里面要注意的地方实在太多了，移动每一个点时都要考虑到与其他物体的边缘连接，有时一个物体调整好了，突然发现另外一个物体没有和它过渡好，又要回头调整另外一个模型，每个点还要涉及 X、Y、Z 轴的同时调整，所以工作量还是很大的，而且要有非常好的耐心。这里看似简单，只有真正动手才能发现问题并学到知识。

形状调整好之后，选择边界处的边向内挤出面来挤出模拟物体的厚度。有时并不是想象中选择边界线按住 Shift 键缩放挤压出面那么简单，而是需要单独对边挤出，然后将对应的点进行焊接，这些中间环节这里就不再赘述，详细操作可以观看视频。调整之后的效果如图 6.145 所示。

模型的一半制作好之后，在修改器下拉列表中添加 Symmetry 修改器镜像复制出另外一半即可。最后效果如图 6.146 所示。

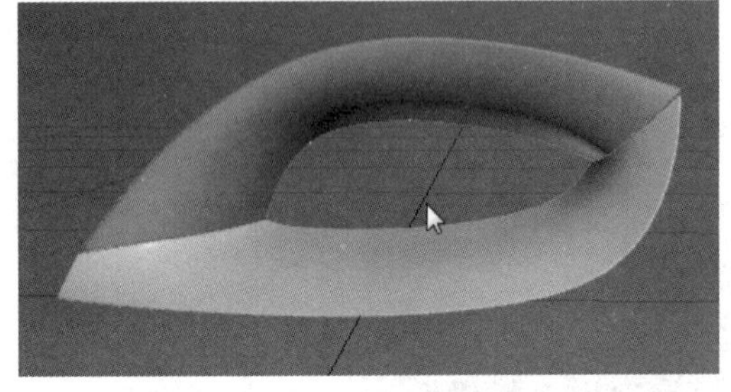

图 6.145

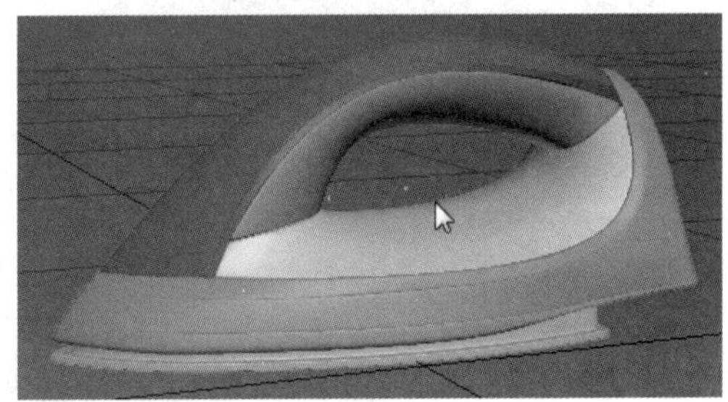

图 6.146

步骤 07 在图 6.147（左）所示的位置加线，然后选择旁边的面并将其删除，如图 6.147（右）所示。

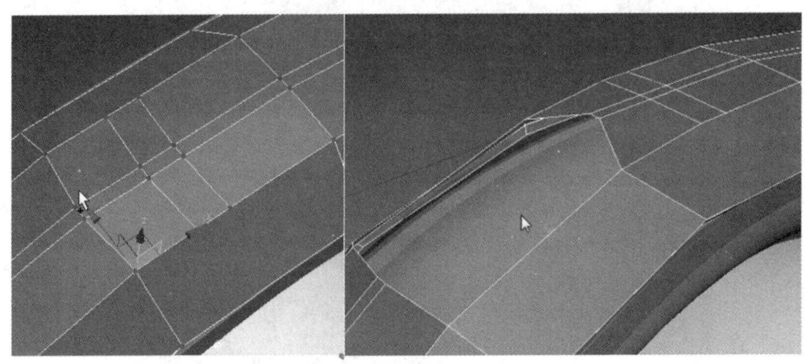

图 6.147

按 3 键进入边界级别，选择开口处的边，按住 Shift 键向下挤出面，将内侧边缘的线段切角，然后将多余的点用目标焊接工具焊接到另外的点上，如图 6.148 所示。

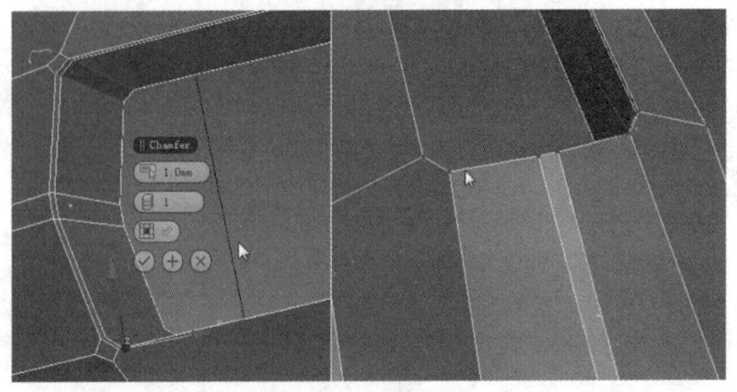

图 6.148

删除图 6.149（左）所示的面，然后挤出边界处的面，细分之后的效果如图 6.149 右所示。

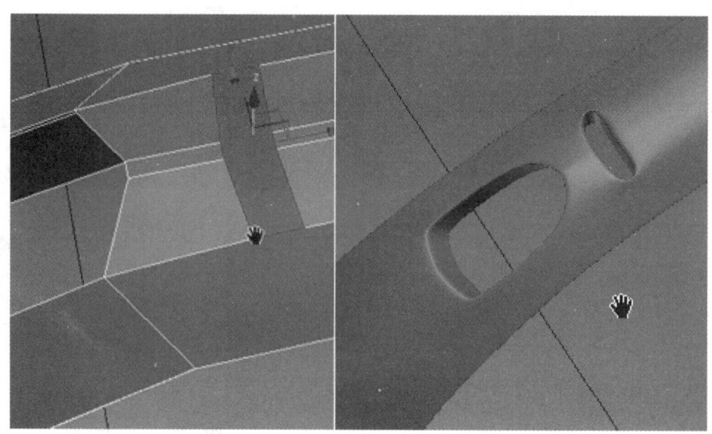

图 6.149

步骤 08 在洞口位置创建一个 Box 物体，并将其转换为可编辑的多边形物体，加线调整点、线位置，调整好之后镜像复制一个，如图 6.150 所示。

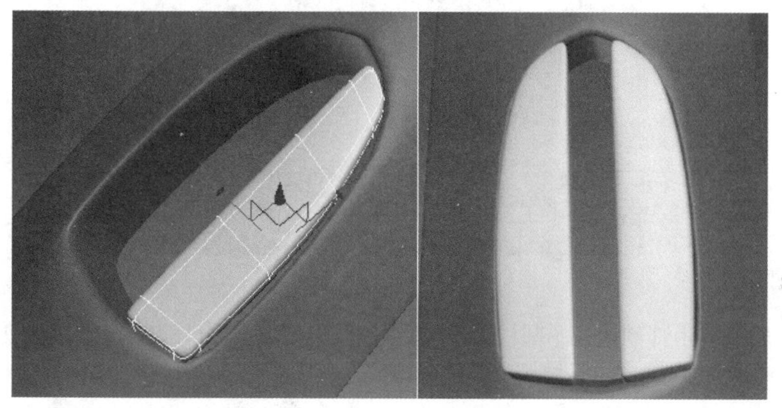

图 6.150

步骤 09 继续创建 Box 物体和圆柱体进行可编辑的多边形修改，效果如图 6.151 所示。

图 6.151

步骤 10 创建出喷水口处的模型，如图 6.152 所示。

步骤 11 在视图中创建一个 Box 物体，设置长、宽、高分别为 60mm、60mm、15mm 左右，右击，在弹出的菜单中选择 Convert To|Convert to Editable Poly，将该物体转换为可编辑的多边形物体，在长度和宽度上分别加线，将四角处的点向内收缩，效果如图 6.153 所示。

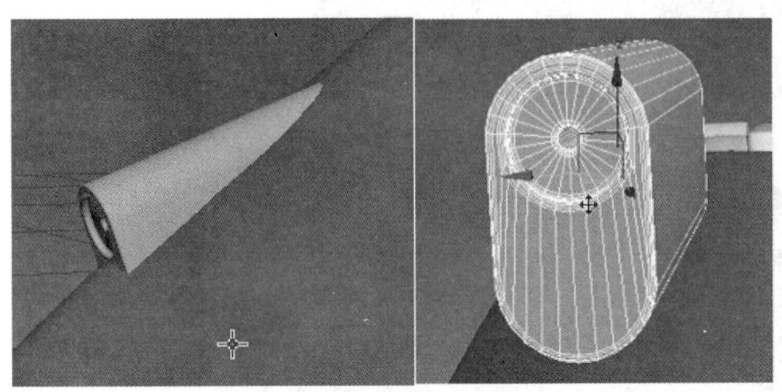

图 6.152

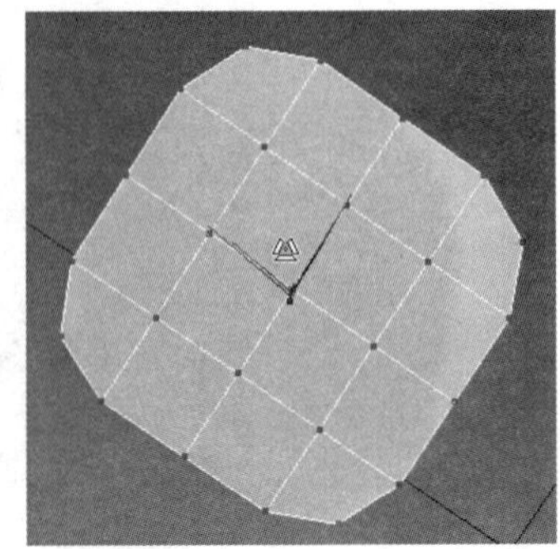

图 6.153

选择底部的面并删除，在高度的上部边缘加线，细分 2 级整体效果如图 6.154 所示。

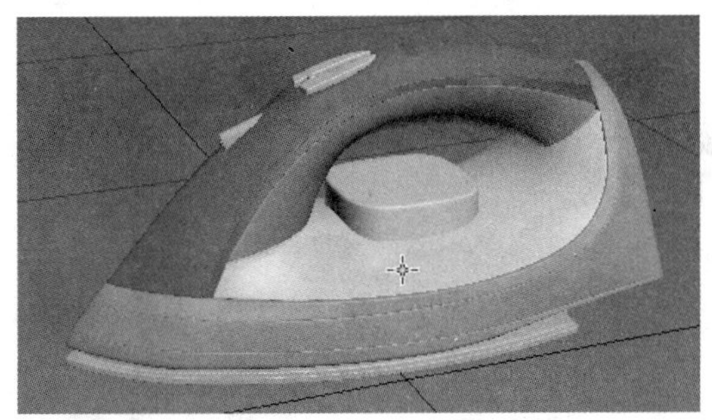

图 6.154

步骤 12 在物体上部创建一个圆柱体，设置 Cap Segments（分段数）为 2，边数为 18，右击，在弹出的菜单中选择 Convert To|Convert to Editable Poly，将该物体转换为可编辑的多边形物体，删除底部的面，在顶部的边缘内侧加线，然后选择图 6.155（左）所示的面，将该面向上挤出，然后将拐角处的线段切角，光滑之后的效果如图 6.155（右）所示。

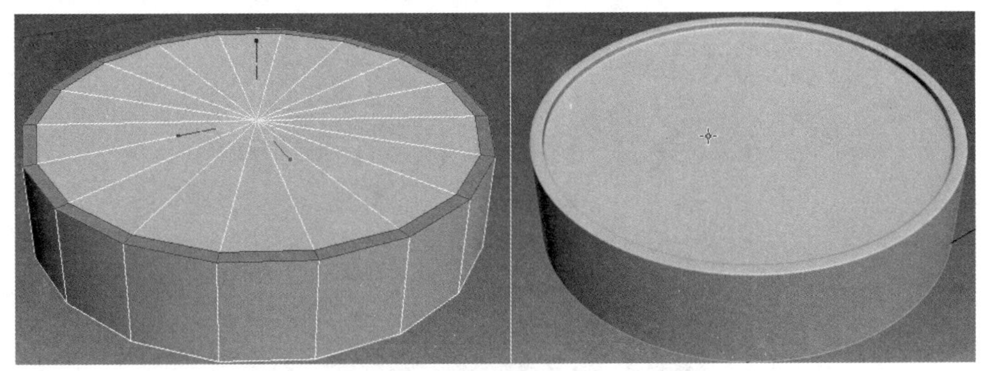

图 6.155

在高度上添加分段，如图 6.156 所示。

将该模型细分光滑 1 级，然后塌陷，选择图 6.157 所示的线段，按 Backspace 键移除。

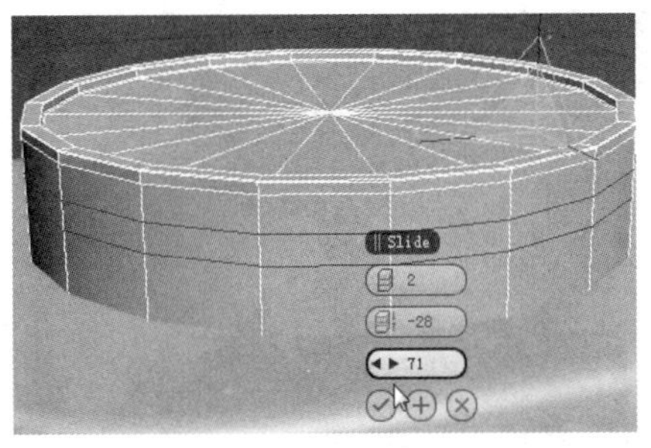

图 6.156

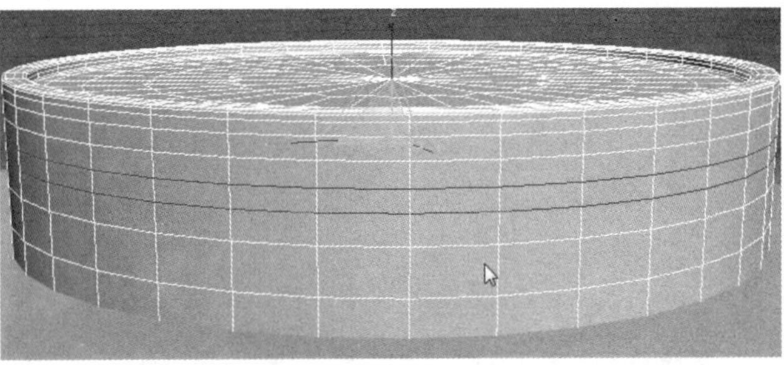
图 6.157

选择图 6.158 左所示的面，用 Bevel 工具以 Local Normal 的方式将每个面向外挤出并缩放，如图 6.158 右所示。

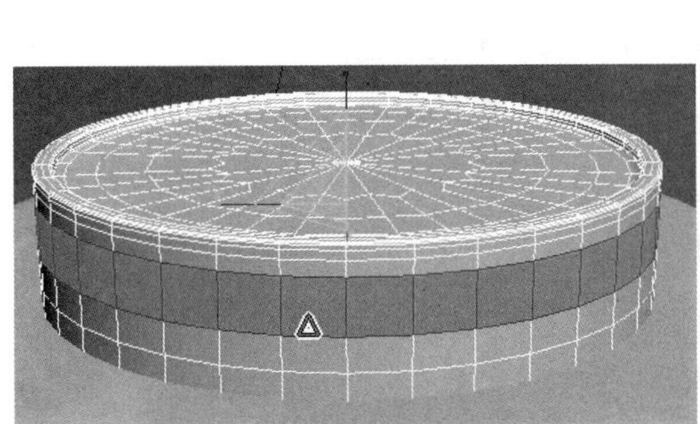
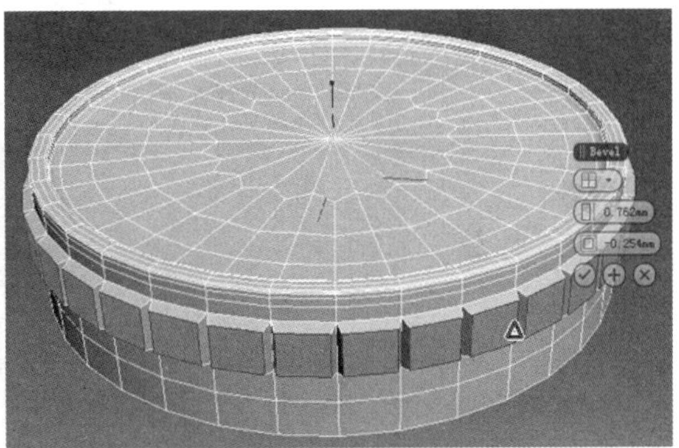

图 6.158

在边缘位置加线，如图 6.159 所示。

细分光滑之后的效果如图 6.160 所示。

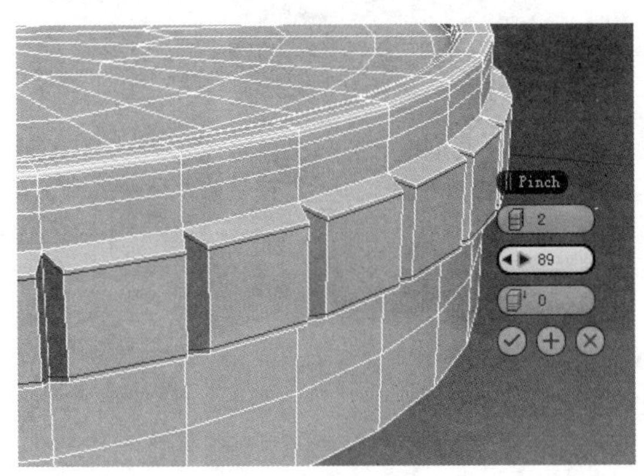

图 6.159

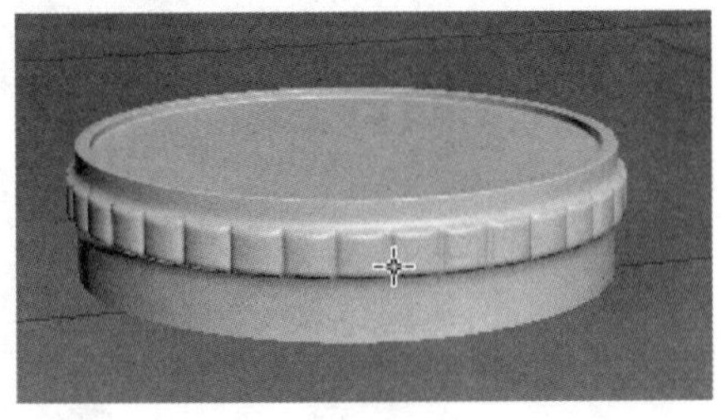
图 6.160

步骤 13 将下部物体也处理一下。先来加线，细分之后并塌陷模型，如图 6.161 所示。

框选中间的点，单击 Chamfer 按钮，将这些点切角，如图 6.162 所示。

先选择一个图 6.163（左）所示的面，在石墨工具下单击 Graphite Modeling Tools 中 Modify Selection 里的 Similar 按钮，快速选择类似的所有面，如图 6.163（右）所示。

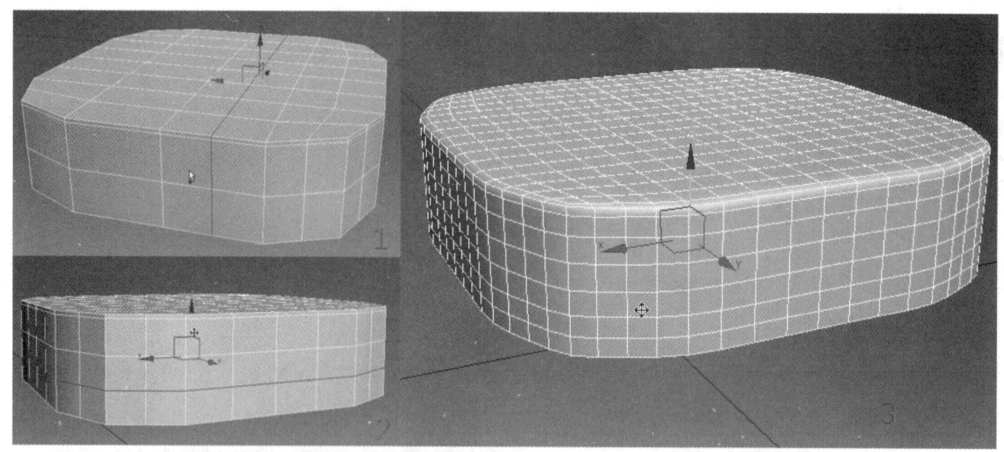

图 6.161

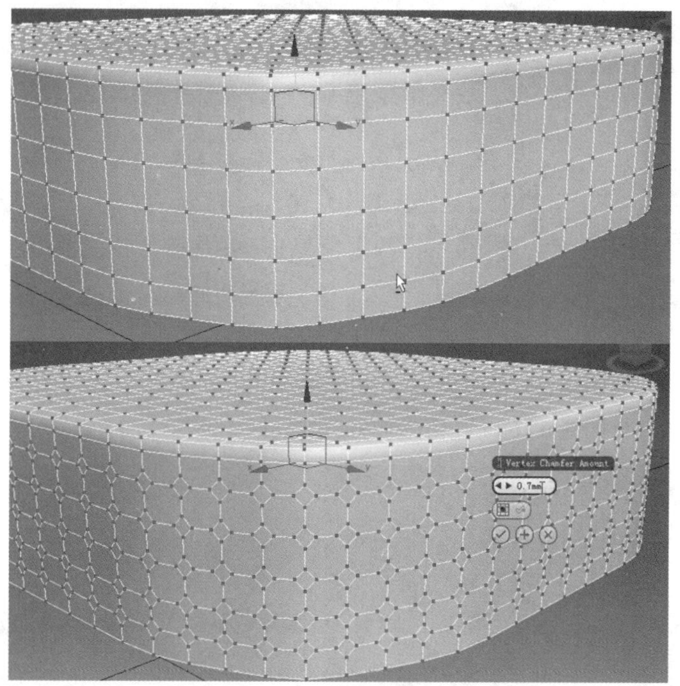

图 6.162

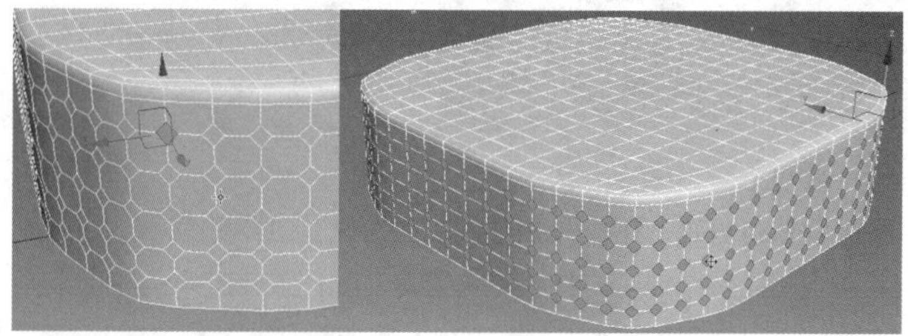

图 6.163

按 Delete 键删除这些面，进入边界级别，框选所有开口处的边，切换到缩放工具，按住 Shift 键向内缩放挤出面，然后细分光滑一下，效果如图 6.164 所示。

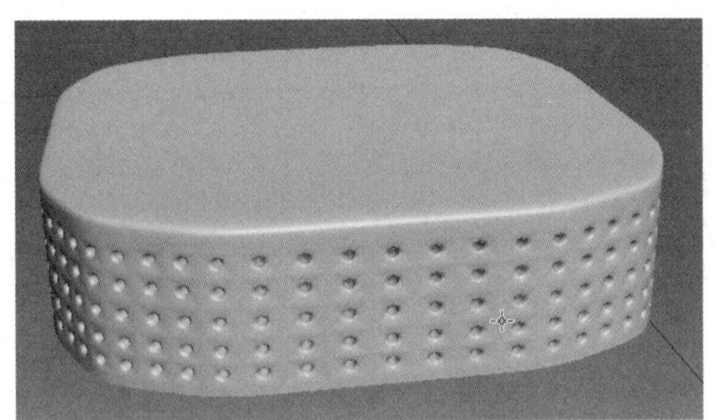

图 6.164

步骤 14　模型最后的整体效果如图 6.165 所示。

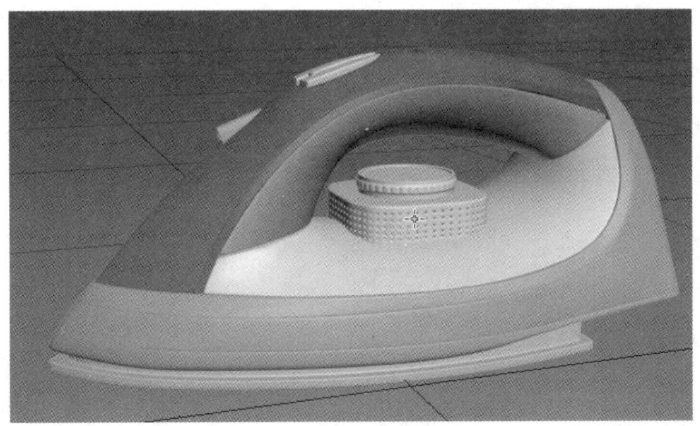

图 6.165

第 7 章 制作厨卫产品

本章将通过茶具和洗手池模型的制作来学习一下厨卫产品建模的方法。随着现代生活水平的提高，人们的生活也变得越来越有品位，其中茶具也是生活中必不可少的一部分，同时也是人们闲情逸致生活的重要体现。

7.1 制作茶具

1. 茶壶制作

步骤 01 依次单击 Creat（创建）| Geometry（几何体）| Teapot 按钮，在视图中创建一个 Radius（半径）为 8cm，Segments（分段）为 4 的茶壶模型，右击，在弹出的菜单中选择 Convert To|Convert to Editable Poly，将模型转换为可编辑的多边形物体。按“5”键进入元素级别，选择茶壶盖和壶把及壶嘴模型，Alt+H 键把它们隐藏起来，按“2”键进入线段级别，选择壶身顶部的环形线段，按 Delete 键将其删除，用缩放工具调整壶身中间大小，如图 7.1 所示。然后选择图 7.2 中的线段单击 Chamfer 按钮后面的□图标，在弹出的“切角”快捷参数面板中设置切角的值将线段切角设置。切角后的效果如图 7.3 所示。

依次选择图中的点用缩放工具调整距离和大小，勾选 ☑ Use Soft Selection 使用软选择，选择中间线段放大处理，如图 7.4 和图 7.5 所示。

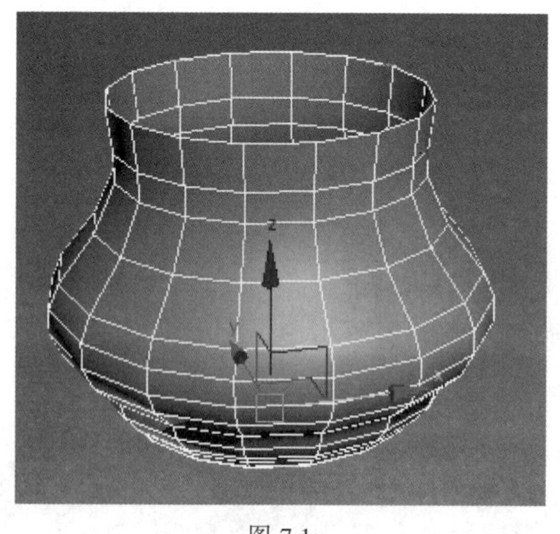

图 7.1

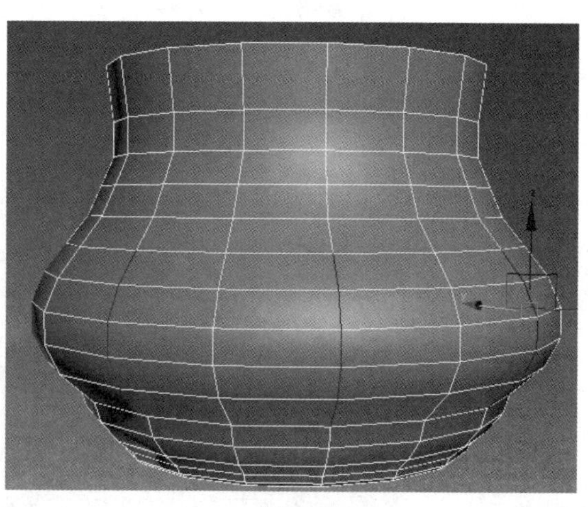

图 7.2

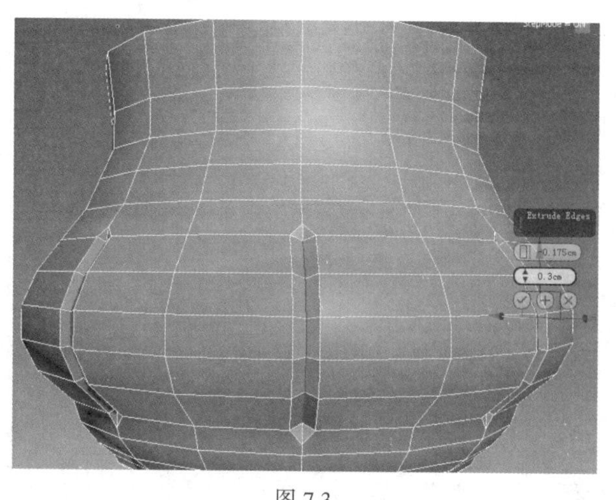

图 7.3

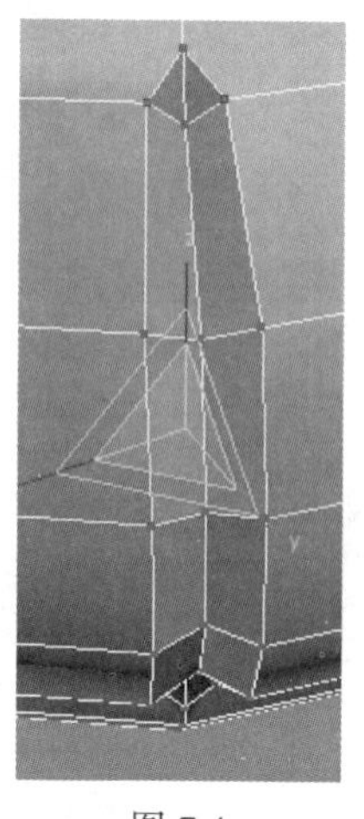

图 7.4

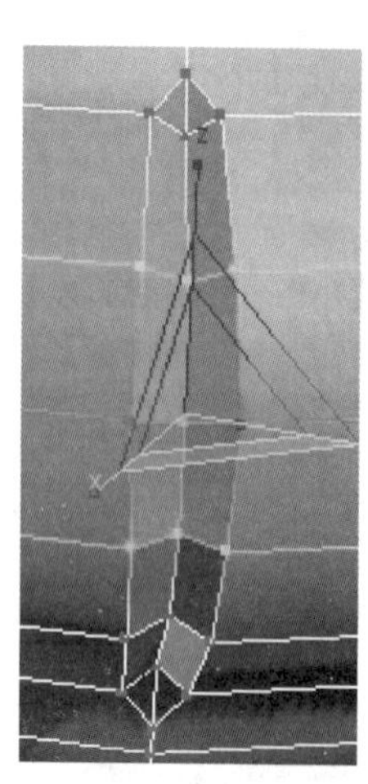

图 7.5

选择图 7.6 中的点，单击 Weld 按钮将它们焊接成一个点，如果单击 Weld 按钮后没有反应，可以单击后面的图标，调大焊接距离值即可。焊接后的效果如图 7.7 所示。

在图 7.8 中的位置加线，然后调整布线，如图 7.9 所示。

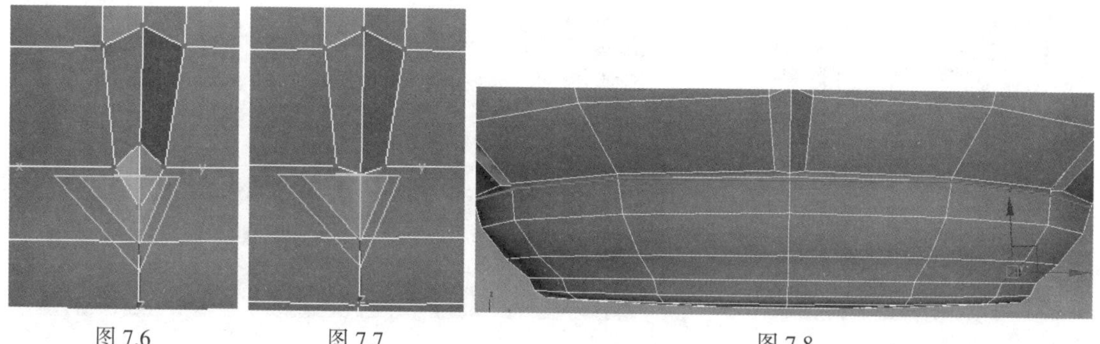

图 7.6　　图 7.7　　图 7.8

对其他位置的点做同样处理后按快捷键 Ctrl+Q 细分该模型，效果如图 7.10 所示。按“4”键进入面级别，按 Alt+U 键将隐藏的面全部显示出来，右击，在弹出的菜单中选择 Cut，在壶嘴与壶身的交界位置切线处理，如图 7.11 所示。

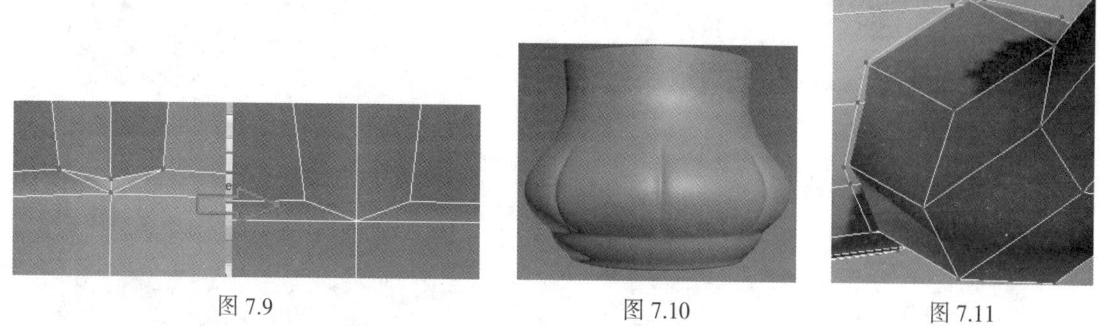

图 7.9　　图 7.10　　图 7.11

单击 Target Weld（目标焊接）按钮将多余的点逐步焊接调整至图 7.12 所示效果，然后删除壶嘴部分的面，如图 7.13 所示。

选择开口边界线，按住 Shift 键移动挤出面，如图 7.15 所示。在壶嘴上继续加线细化调整效果如图 7.16 所示。

选择顶部边界线向下挤出面调整出壶口的形状，然后在修改器下拉列表中选择 Shell 修改器将茶壶模型设置为带有厚度的物体，右击，在弹出的菜单中选择 Convert To|Convert to Editable Poly，将模型转换为可编辑的多边形物体。按快捷键 Ctrl+Q 细分该模型，设置细分级别为 1，再次将模型塌陷。效果如图 7.17 所示。

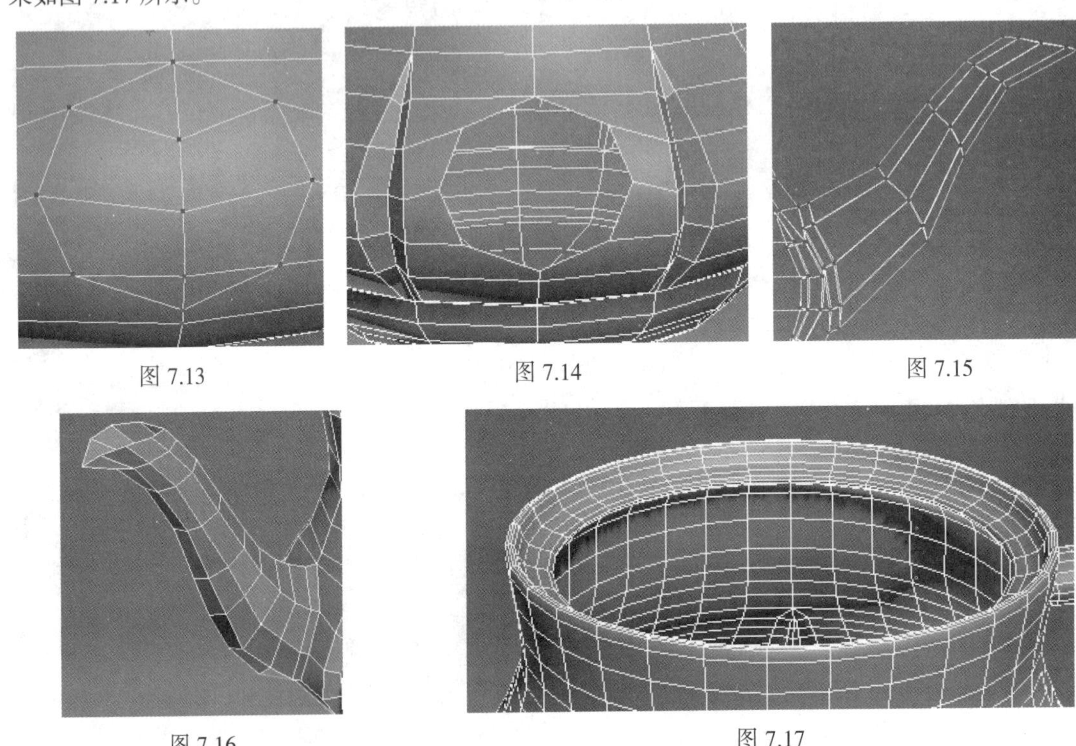

图 7.13　图 7.14　图 7.15

图 7.16　图 7.17

在壶口边缘加线，如图 7.18 所示。然后将所加线段向上移动调整，如图 7.19 所示。

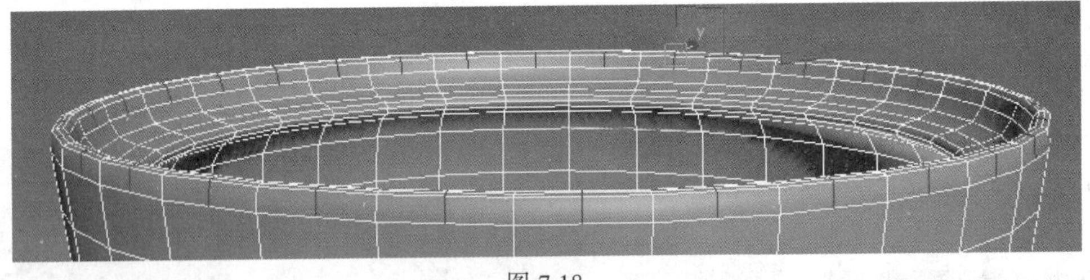

图 7.18

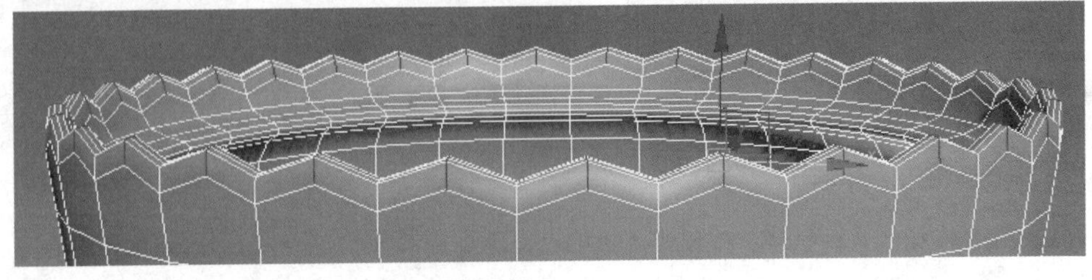

图 7.19

按快捷键 Ctrl+Q 细分该模型，效果如图 7.20 所示。

图 7.20

步骤 02 在壶把的位置创建一个长方体并将其转换为可编辑的多边形物体，调整其形状至图 7.21 所示。单击 Line 按钮在视图中创建两条如图 7.22 所示形状的样条线。

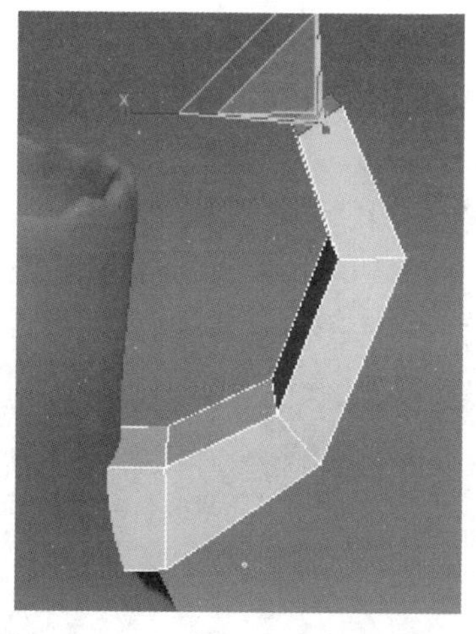

图 7.21

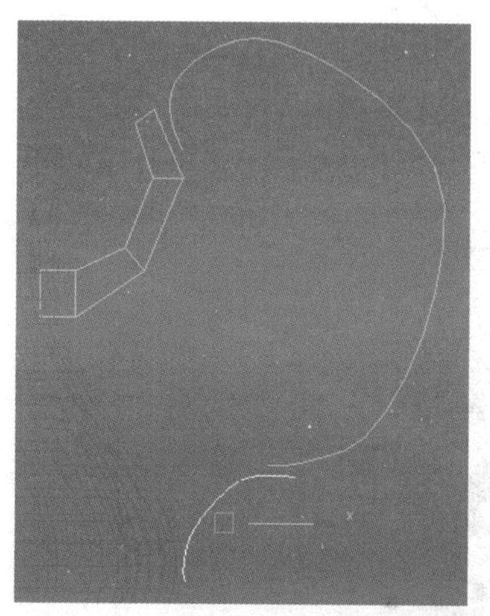

图 7.22

单击 Rectangle 按钮再创建一个矩形，如图 7.23 所示，选择样条线，单击 Compound Objects 下的 Loft 按钮，打你 Get Shape 拾取矩形完成放样操作，放样后的形状如图 7.24 和图 7.25 所示。

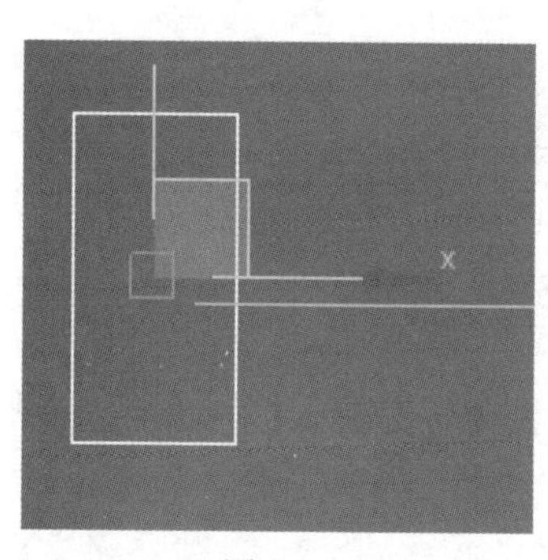

图 7.23

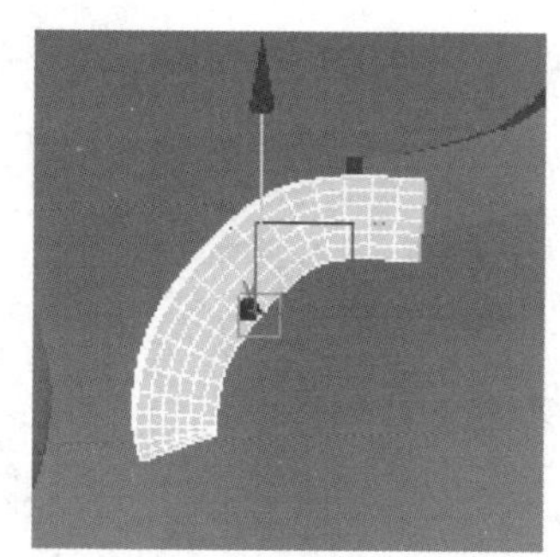

图 7.24

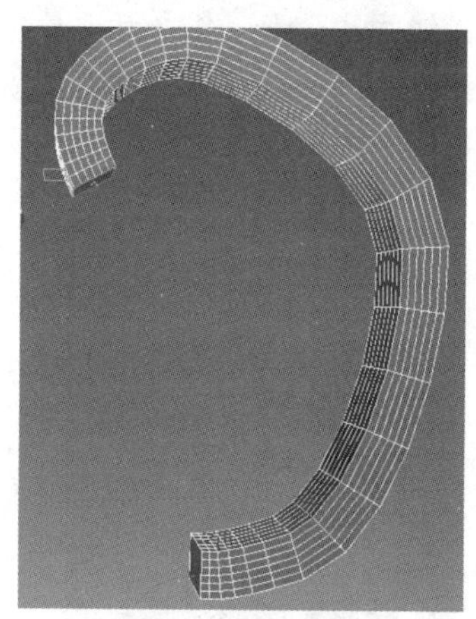

图 7.25

放样后的模型布线较密，在参数面板中 Shape Steps: 5 和 Path Steps: 5 的默认值均为 5，调整 Shape Steps: 0 和 Path Steps: 1 的值分别为 0 和 1，效果如图 7.26 所示。将放样后的物体转换为可编辑的多边形物体，单击 Attach 按钮拾取其他部分模型完成附加，如图 7.27 所示。

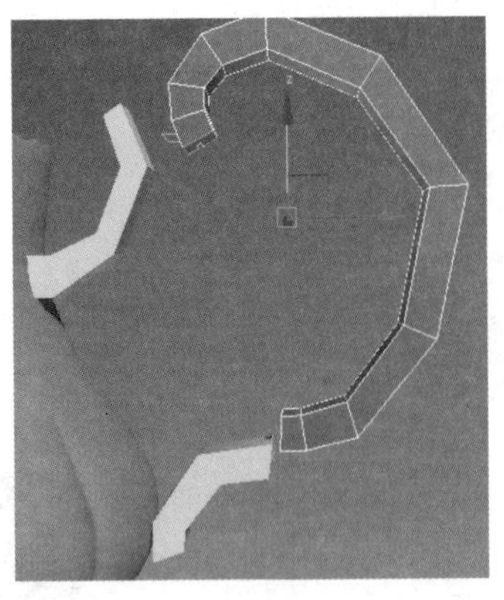
图 7.26

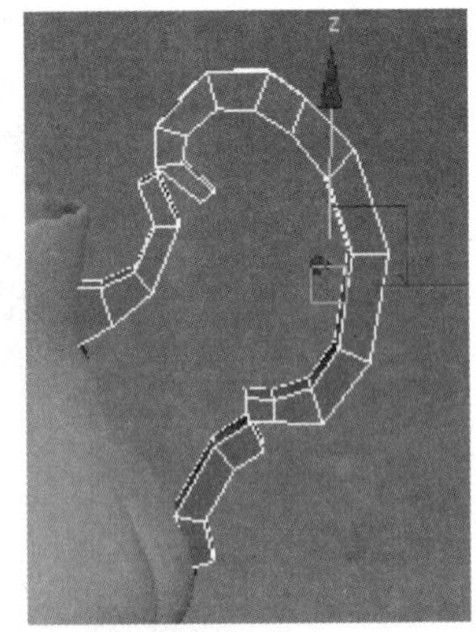
图 7.27

选择图 7.28 中对应的面，单击 Bridge 按钮桥接出中间的面，用同样的方法将图 7.29 中的面也桥接出来。按快捷键 Ctrl+Q 细分该模型，效果如图 7.30 所示。

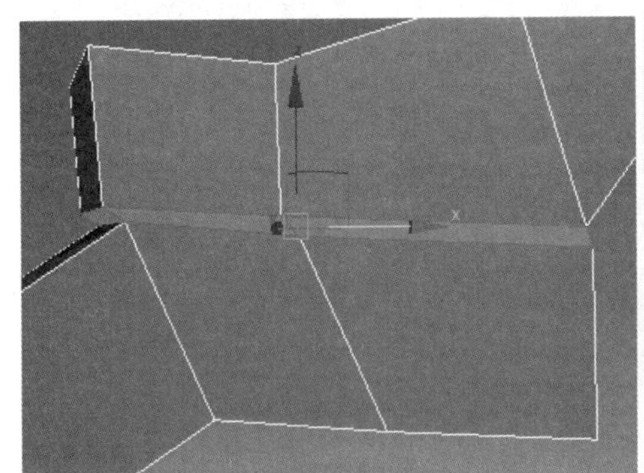
图 7.28

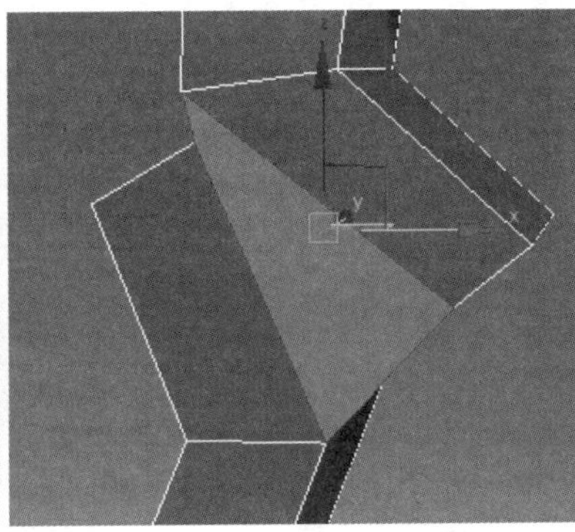
图 7.29

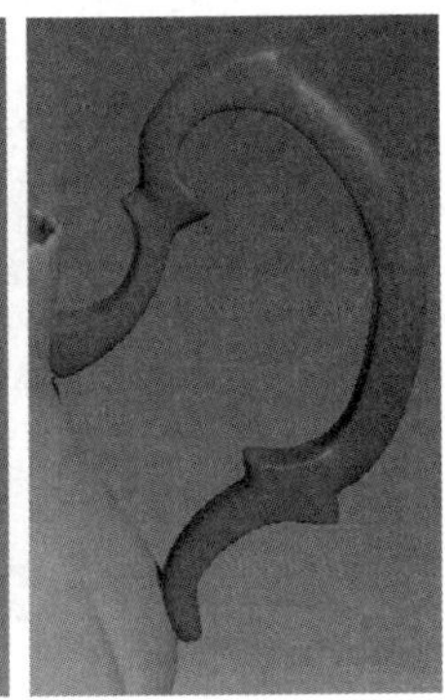
图 7.30

步骤 03 在壶盖的位置创建一个如图 7.31 所示的样条线。按“3”键进入样条线级别，选择样条线后单击 Outline 按钮向外挤出轮廓，如图 7.32 所示。删除最左侧的线段后在修改器下拉列表中添加 Lathe 修改器，单击 Min 按钮将旋转轴心设置在 X 轴的 Minimum（最小）值位置，旋转车削效果如图 7.33 所示。

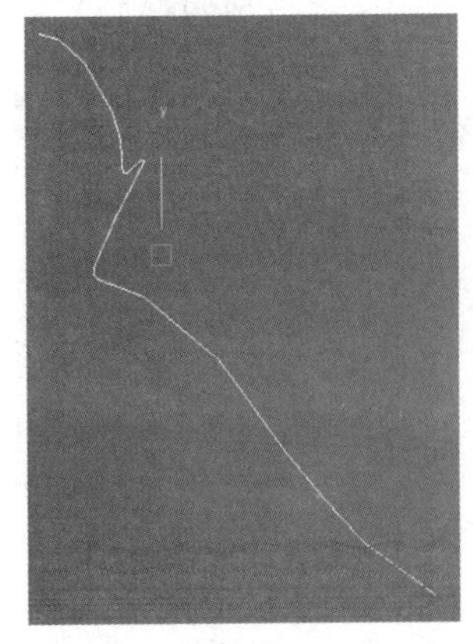
图 7.31

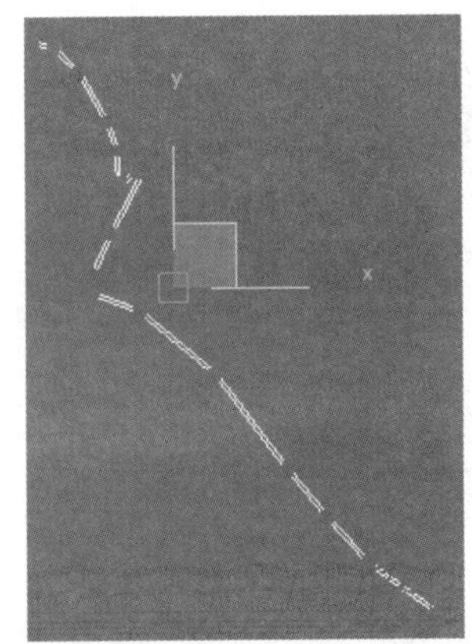
图 7.32

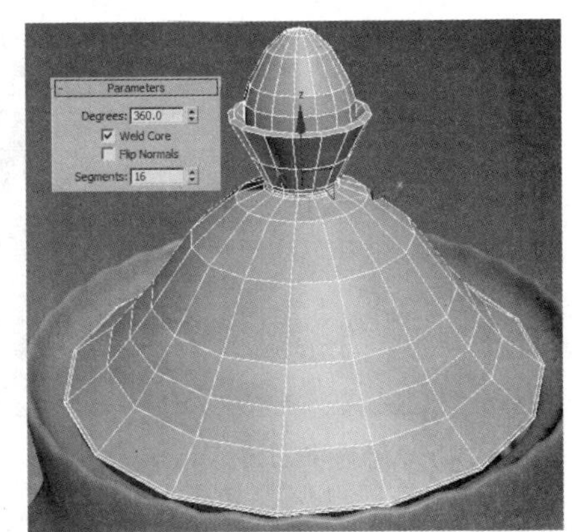

图 7.33

将该物体转换为可编辑的多边形物体后，在图 7.34 中的位置加线后再向上移动调整。

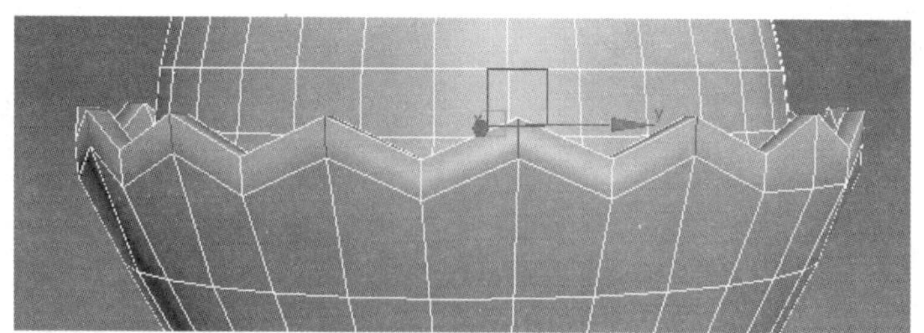

图 7.34

步骤 04 在茶壶底部位置创建一个圆柱体并将其转换为可编辑的多边形物体，删除顶部和底部的面，选择图 7.35 中的点，沿着 XY 轴方向向内缩放调整，然后选择边界线挤出面，如图 7.36 所示。

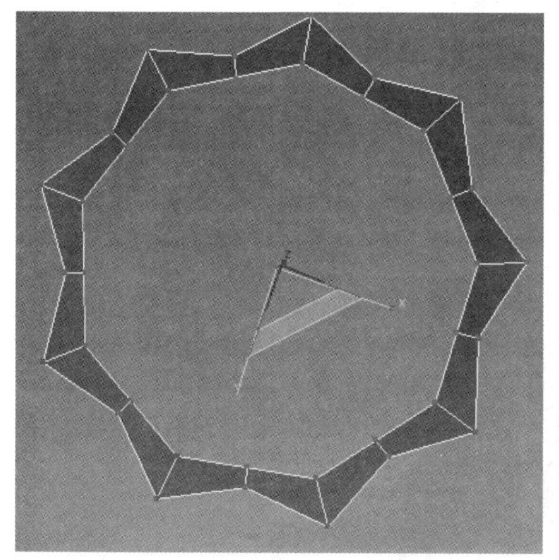

图 7.35

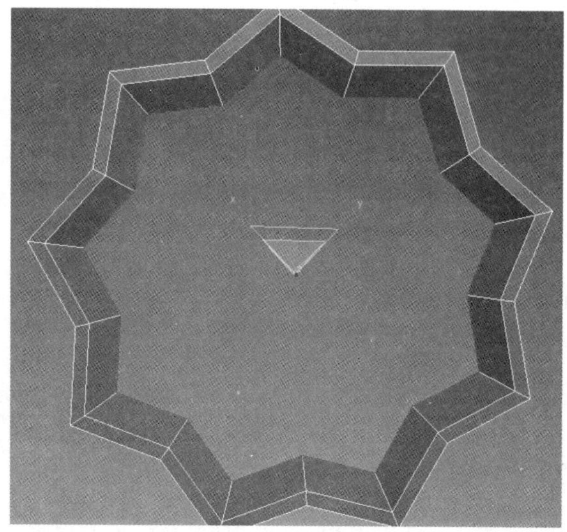

图 7.36

单击 Modeling | Loops | 按钮打开 Loop Tools 工具面板，单击 Circle 按钮将内侧的形状快速设置为一个圆形，如图 7.37 所示。

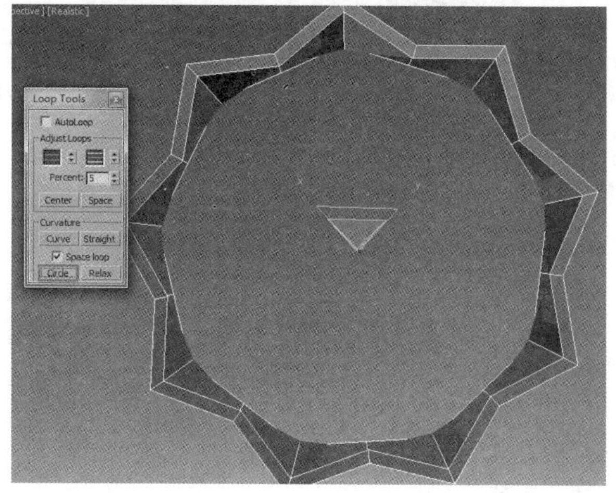

图 7.37

按住 Shift 键向内缩放挤出面，如图 7.38 所示。用同样的方法选择外圈边界线向上挤出面，如图 7.39 所示。

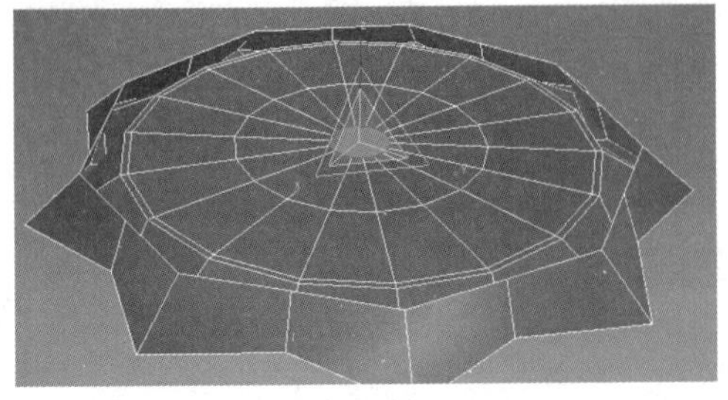

图 7.38

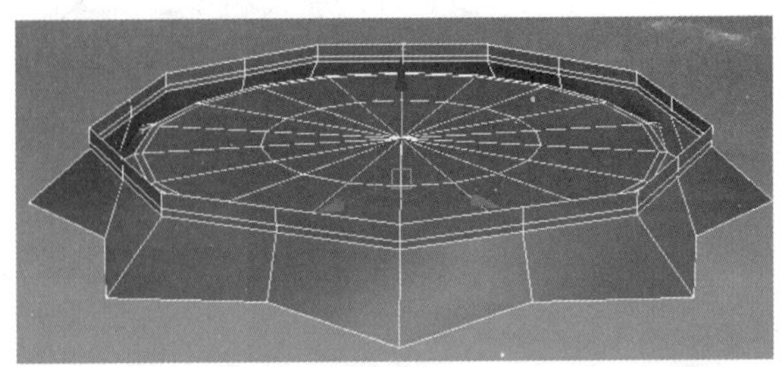

图 7.39

进入面级别，选择底部面，向下倒角挤出面，如图 7.40 所示，细分后的效果如图 7.41 所示。

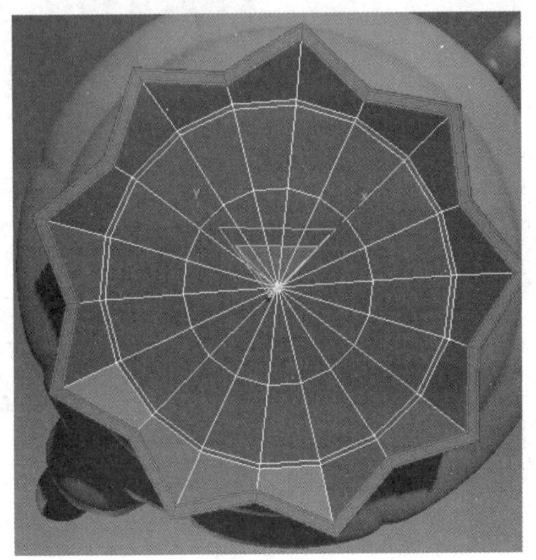

图 7.40

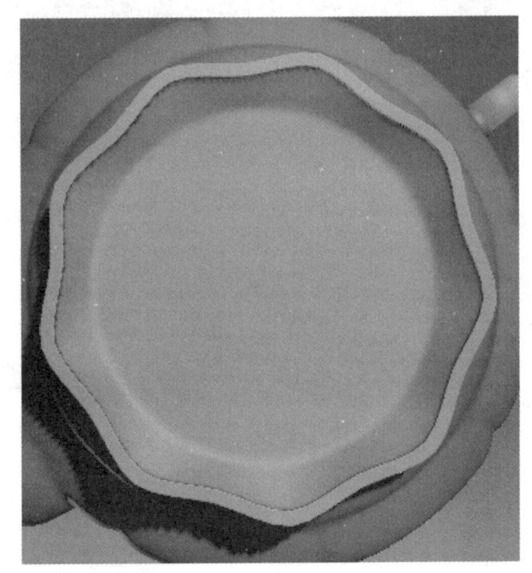

图 7.41

最后的茶壶整体效果如图 7.42 所示。

图 7.42

2. 瓦罐等物体制作

步骤 01 将制作好的茶壶复制一个，删除壶身一半模型，然后在修改器下拉列表中选择 Symmetry 修改器，调整好对称 Center（中心）和焊接值的大小后将模型塌陷，如图 7.43 所示。用缩放工具沿着 Z 轴压扁缩放调整，如图 7.44 所示。

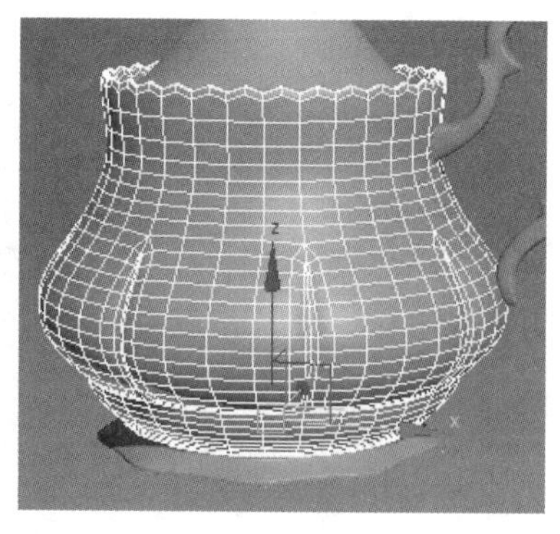

图 7.43

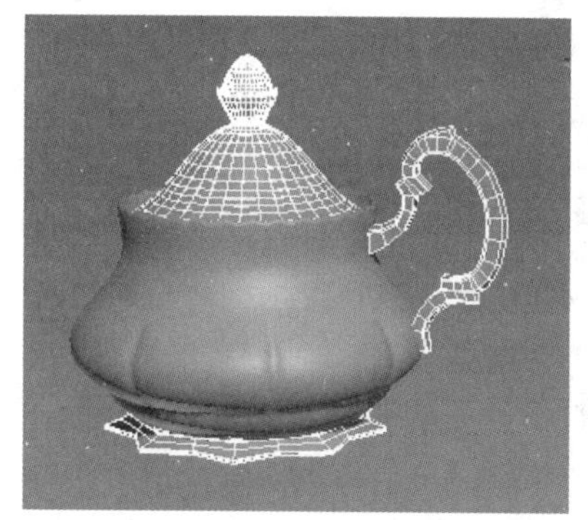

图 7.44

调整壶把和壶盖的大小和比例，细致调整壶身形状，在调整时可以勾选软选择开关，调整好衰减值后配合缩放工具调整，如图 7.45 所示。调整好后的大小和比例如图 7.46 所示。

图 7.45

图 7.46

步骤 02 复制壶身和底座模型沿着 Z 轴缩放，如图 7.47 所示。选择顶部的点配合移动和旋转工具调整出所需形状，如图 7.48 ~ 图 7.50 所示。

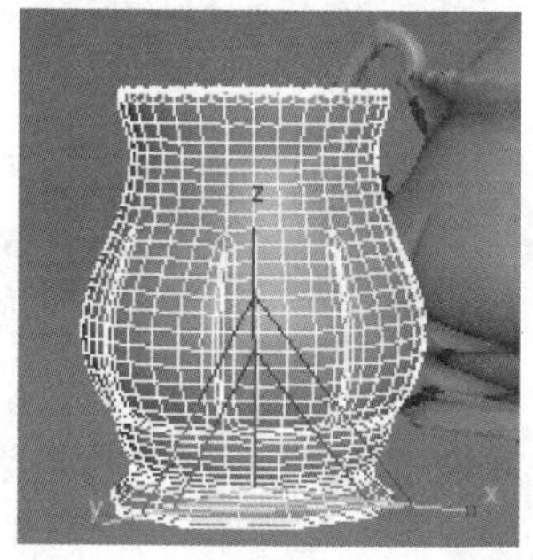

图 7.47

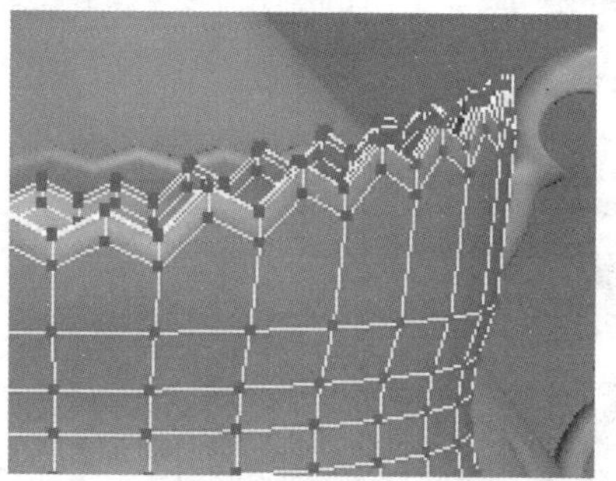

图 7.48

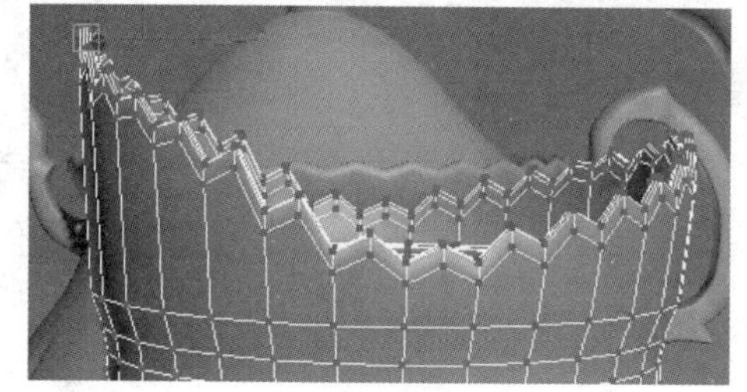

图 7.49

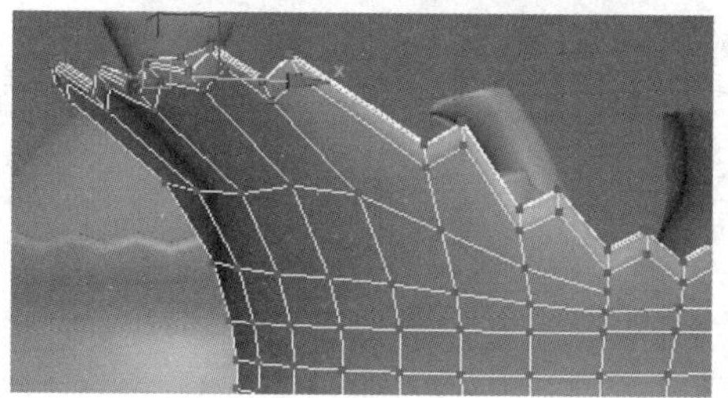

图 7.50

调整好后的壶嘴模型细分效果如图 7.51 所示。

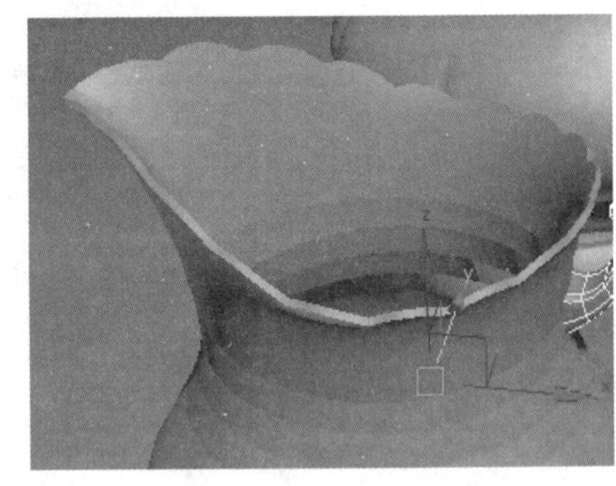
图 7.51

步骤 03 创建茶杯。单击 Line 按钮在视图中创建一个如图 7.52 所示的样条线，单击 Outline 按钮将样条线挤出轮廓，如图 7.53 所示。删除底部内侧的线段，如图 7.54 所示，右击，在弹出的菜单中选择 Refine 命令，在线段上单击加点，然后移动点位置调整样条线形状至图 7.55 所示。

在修改器下拉列表中选择 Lathe 修改器，效果如图 7.56 所示。单击 Min 按钮设置旋转轴心，如图 7.57 所示。如果 Center（中心）位置出现黑边的情况可通过勾选 ☑ Weld Core（焊接内核）解决。最后调整效果如图 7.58 所示。将该模型塌陷为多边形物体细分后效果如图 7.59 所示。

复制壶把模型旋转移动到合适位置，细分效果如图 7.60 所示。

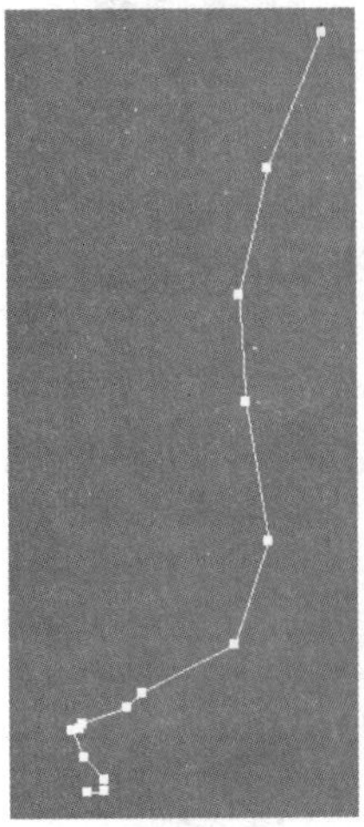

图 7.52 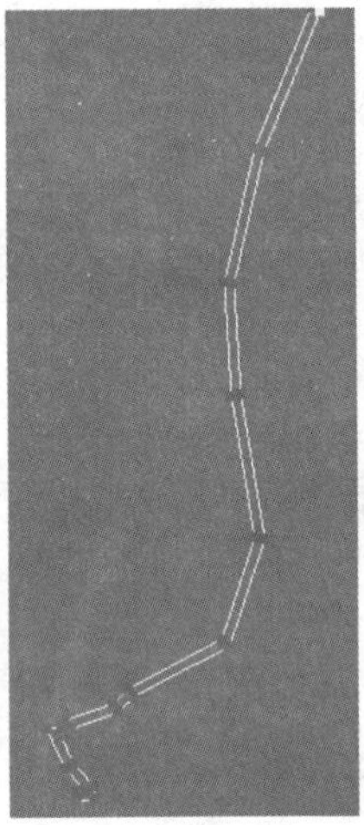　图 7.53 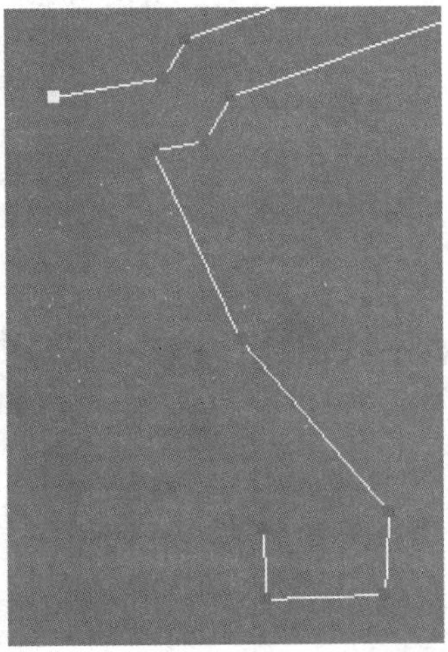　图 7.54 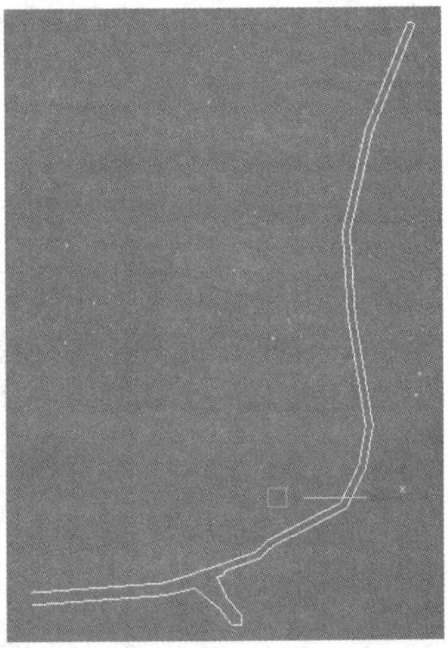　图 7.55

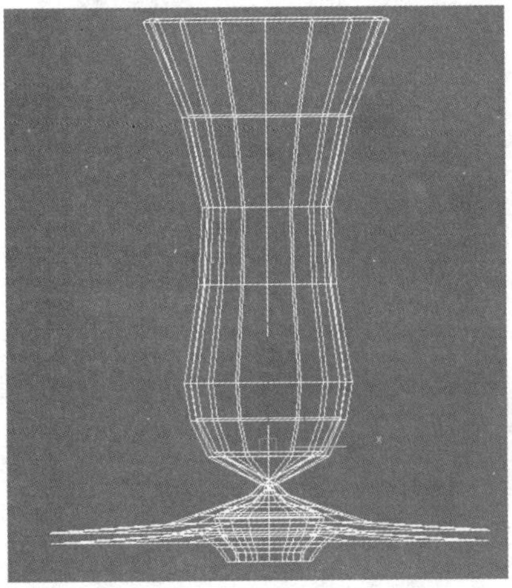

图 7.56 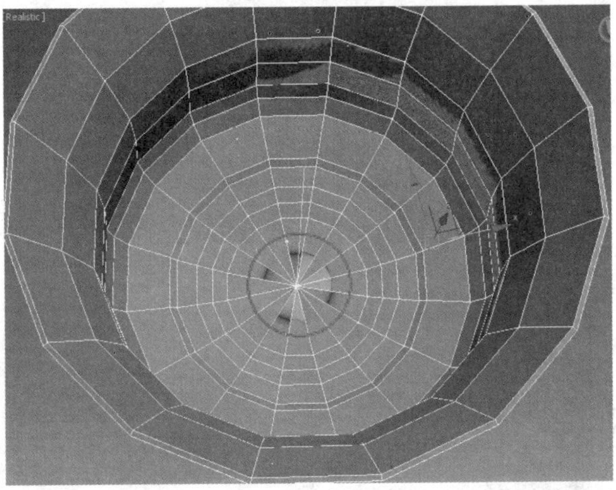　图 7.57

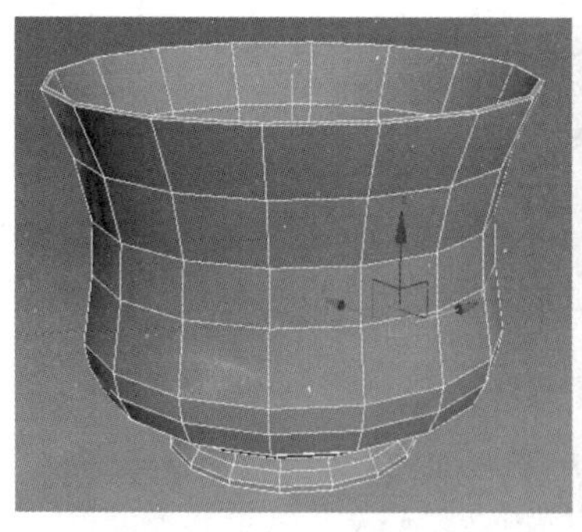
图 7.58

图 7.59

图 7.60

步骤 04 在视图中创建一个如图 7.61 所示的样条线。

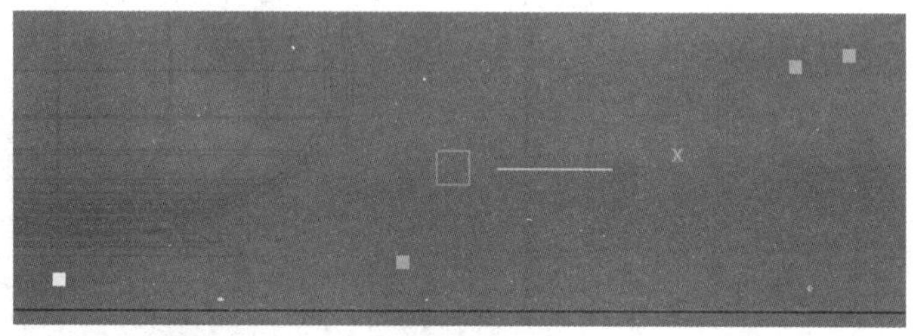
图 7.61

单击 Outline 按钮将线段向外挤出轮廓后，加点调整形状至图 7.62 所示。

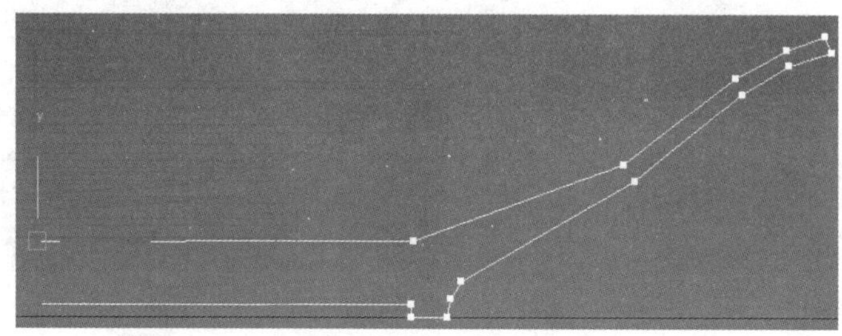
图 7.62

添加 Lathe 修改器将曲线生成三维模型，效果如图 7.63 所示。

图 7.63

细分一级后塌陷，在边缘顶部加线并用缩放工具向外缩放，如图 7.64 所示。细分后的效果如图 7.65 所示。

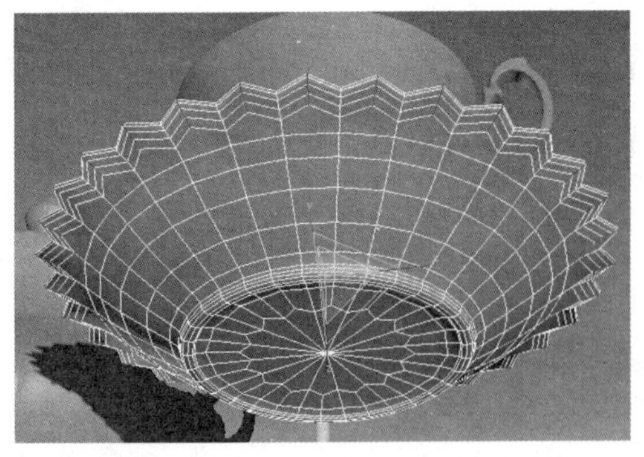

图 7.64

图 7.65

步骤 05 将托盘模型复制两个，缩放调整大小，然后选择两边顶部的点移动调整至如图 7.66 所示。调整好后的形状如图 7.67 所示。

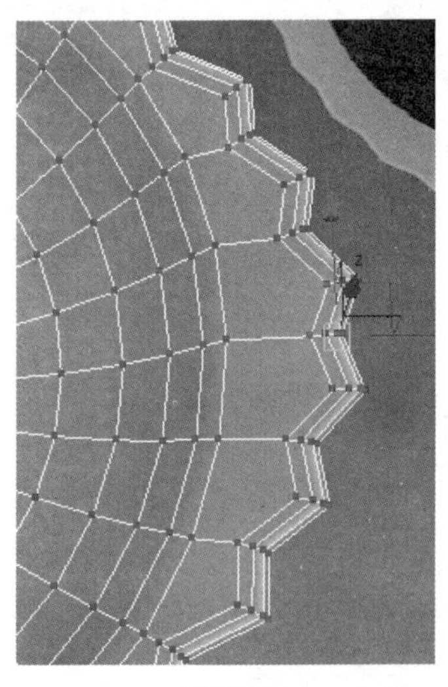

图 7.66

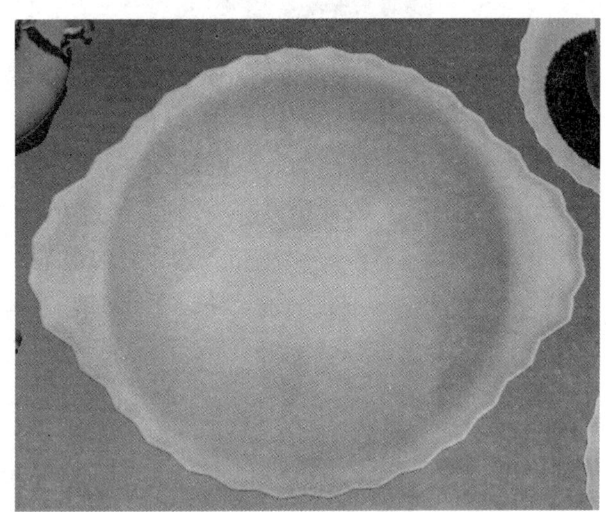

图 7.67

步骤 06 单击图形面板下的 Star 按钮在视图中创建星形线，效果和参数如图 7.68 和图 7.69 所示。

图 7.68

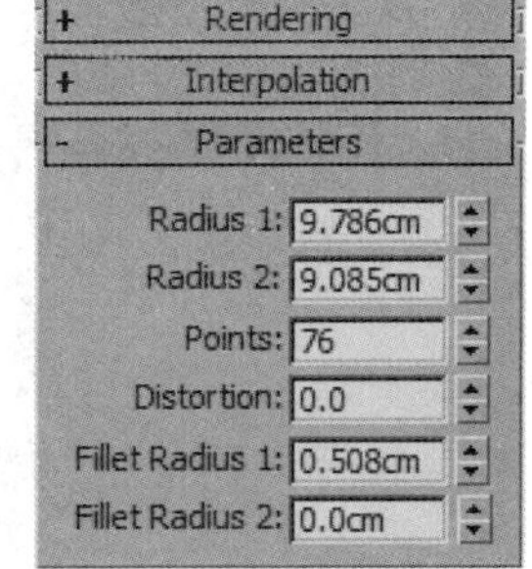

图 7.69

在修改器下拉列表中选择 Extrude（挤出）修改器，设置挤出高度值，然后将模型转换为可编辑的多边形物体。选择底部所有的点向内缩放，调整大小如图 7.70 所示。此时细分模型效果如图 7.71 所示。

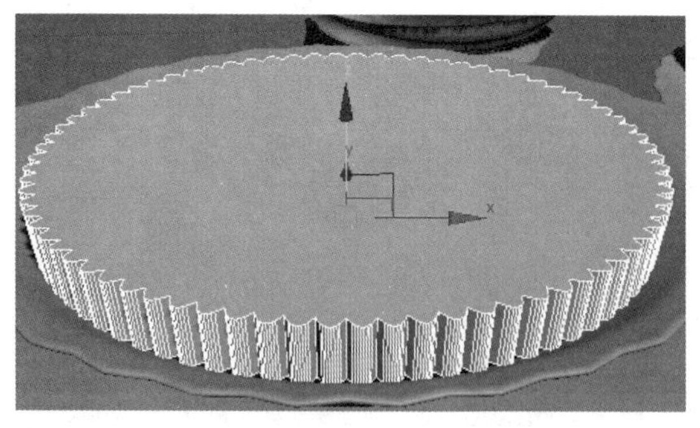
图 7.70

图 7.71

出现线这样的问题时因为顶部面是一个由很多点组成的面，所以如果想达到所需效果需要将顶部面设置为 4 边面或者 3 角面，如果通过手动加线一点一点调整就显得太麻烦了。有没有什么好的快捷的方法呢？肯定有。在修改器下拉列表中选择 Quadify Mesh 修改器，此时系统会自动将当前模型转换为三角面或者四边面，如图 7.72 所示。其中 Quad Size %: 值是用来控制布线的疏密程度，值越小，布线越密。然后单击 Modeling | Geometry (All) | Quadrify All 按钮，快速将三角面处理为四边面，如图 7.73 所示。

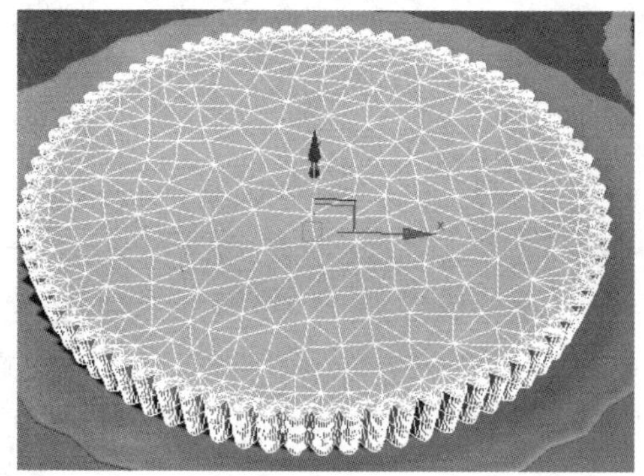
图 7.72

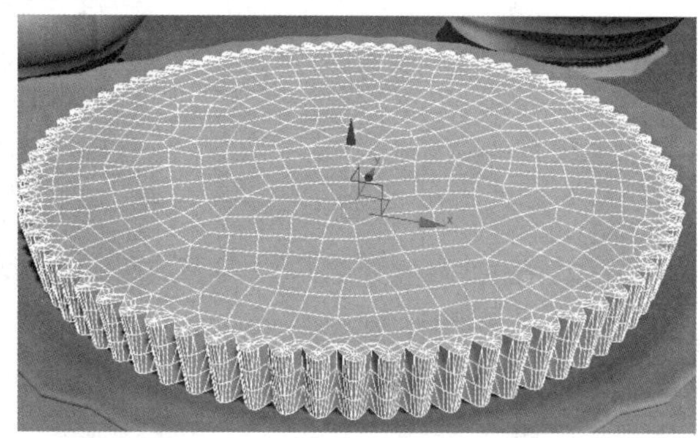
图 7.73

细分后的效果如图 7.74 所示。效果得到了很明显的改善。为了表现更加真实的披萨效果，选择图 7.75 中的面。在修改器下拉列表中选择 Noise 修改器，调整 Strength 参数下的 Z 轴强度值和噪波大小值等，如图 7.76 所示。细分后的效果如图 7.77 所示。

图 7.74

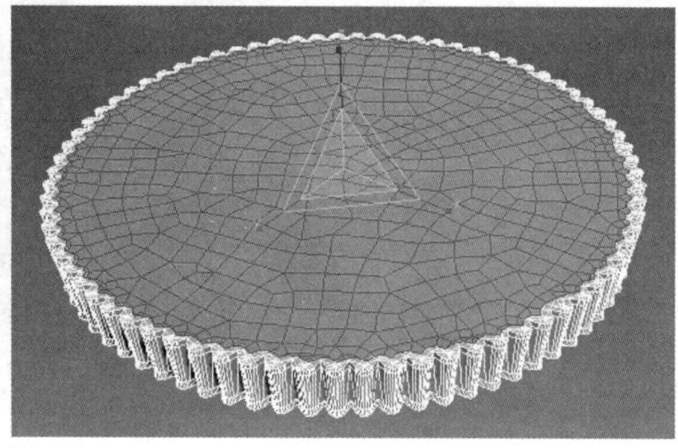
图 7.75

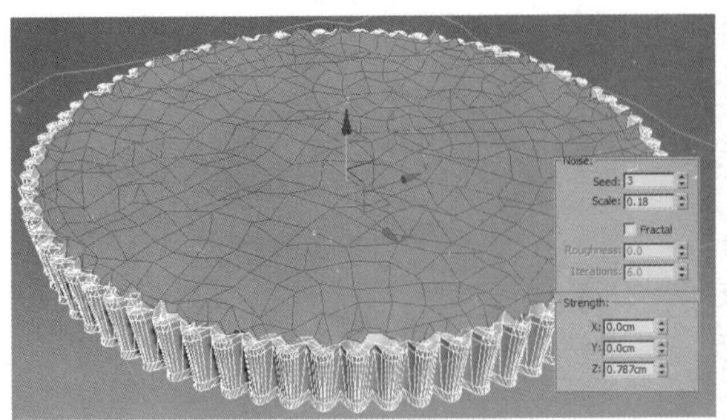

图 7.76

图 7.77

为了使表面凹凸效果更加明显，可以单击 Paint Deformation 中的 Push/Pull 按钮，调整 Brush Size（笔刷大小）和 Brush Strength（笔刷强度）的数值在模型边面雕刻处理，其中按住 Alt 键是向下凹陷处理，雕刻效果如图 7.78 所示。然后创建复制一些球体模型如图 7.79 所示。

图 7.78

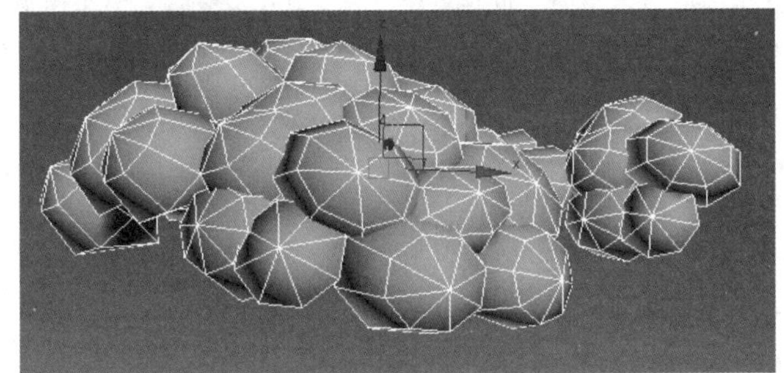

图 7.79

将该部分模型复制调整，复制时注意随机删除一些球体使效果更加逼真，如图 7.80 所示。

步骤 07 最后导入刀叉模型，如图 7.81 所示。

按快捷键 M 键打开材质编辑器，在左侧材质类型中单击 Standard 标准材质并拖动到右侧材质视图区域，选择场景中的所有物体，单击按钮将标准材质赋予所选择物体，效果如图 7.82 所示。

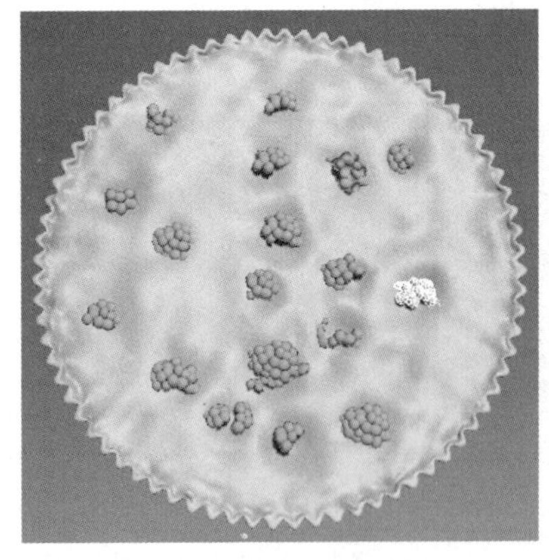

图 7.80

图 7.81

图 7.82

7.2　制作洗手池

本实例中洗手池模型制作比较简单，在制作是需要注意它们之间的尺寸和比例。

步骤 01　单击 Creat（创建）| Geometry（几何体）| Extended Primitives（扩展基本体）下的 ChamferBox（切角长方体），将长、宽、高分别设为 510mm、1270mm、20mm，设置圆角值为 1.2mm 左右，圆角分段为 2，在视图中创建切角长方体，效果如图 7.83 和图 7.84 所示。

图 7.83

图 7.84

将该模型旋转 90 度复制，调整长度为 400mm，再旋转 90 度复制，调整宽度为 400mm，高度为 15mm，用同样的方法再次复制一个，调整长、宽、高分别为 280mm、850mm、15mm，效果如图 7.85 所示。接下来用对齐工具对齐调整。

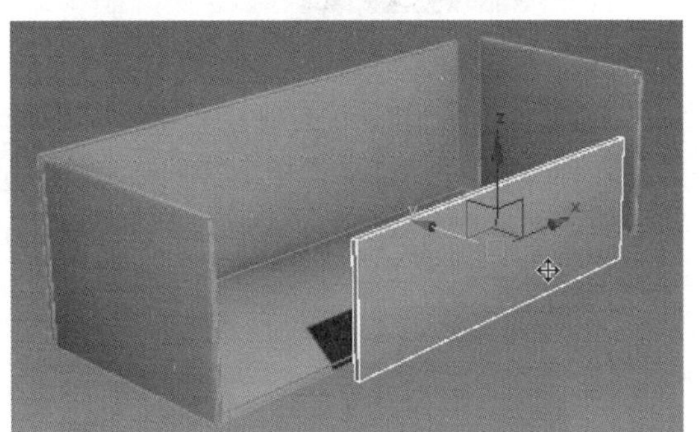

图 7.85

在对齐之前先来详细介绍一下对齐工具的使用方法。在视图中创建一个圆柱体和一个圆锥体，如图 7.86 所示。先选择圆锥体模型，单击按钮，然后在视图中单击圆柱体，此时会弹出对齐参数面板。对齐参数面板中有很多对齐方式，首先勾选 X 位置，Y 位置以及 Z 位置，对齐对象和 Target Object（目标对象）选择默认的 Center 对 Cente（中心对中心）对齐，效果和参数如图 7.87 和图 7.88 所示。

单击“应用”按钮先将当前的对齐效果保留下来。然后再次选择红色圆锥体，单击对齐按钮后拾取视图中绿色圆柱体物体，此时取消勾选 XY 轴对齐，只保留 Z 轴对齐，Current Object（当前对象）选择 Minimum（最小），Target Object（目标对象）选择 Minimum（最大），对齐效果和参数如图 7.89

和图 7.90 所示。注意：Current Object（当前对象）就是指开始选择的物体，Target Object（目标对象）是对齐拾取的物体，Current Object（当前对象）的 Minimum（最小）值是指 Z 轴负方向的边缘位置也就是红色物体的底座，Target Object（目标对象）的 Minimum（最大）值是拾取对象 Z 轴正方向的边缘位置也就是绿色圆柱体最上方，所以它们的对齐效果就是红色物体的最底部对齐绿色物体的最上方。

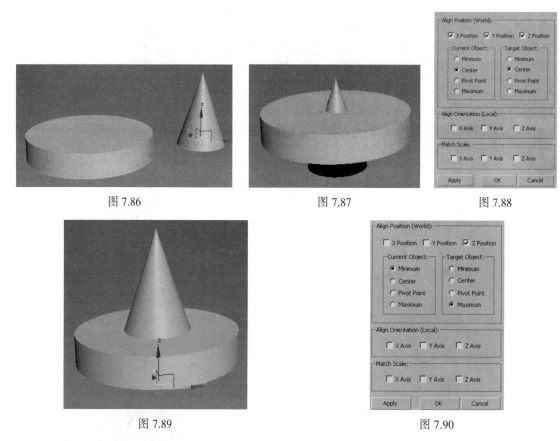

图 7.86

图 7.87

图 7.88

图 7.89

图 7.90

当选择 Current Object（当前对象）的 Maximum（最大）值对齐 Target Object（目标对象）的 Minimum（最小）值时的效果和参数如图 7.91 和图 7.92 所示。

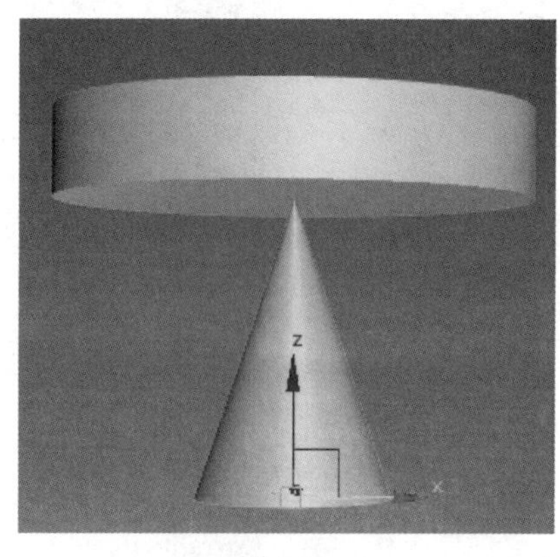

图 7.91

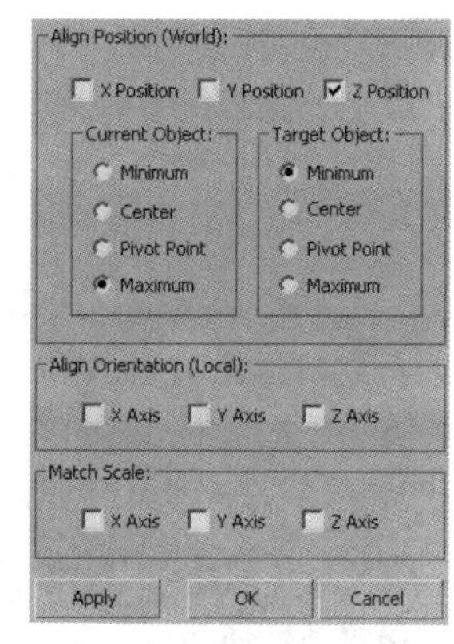

图 7.92

Current Object（当前对象）的 Minimum（最小）值对齐 Target Object（目标对象）的 Minimum（最小）值的效果和参数如图 7.93 和图 7.94 所示。

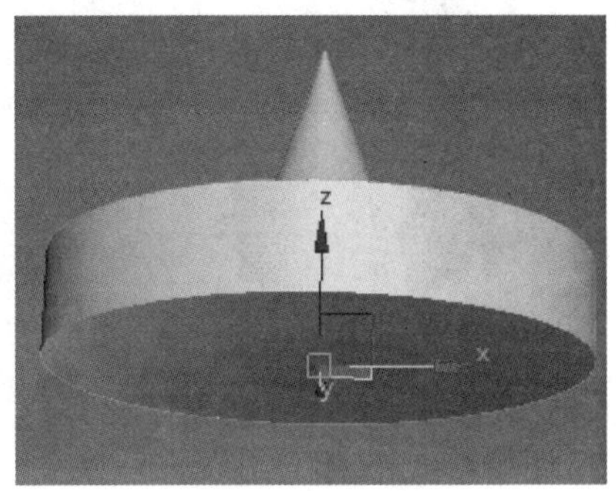

图 7.93

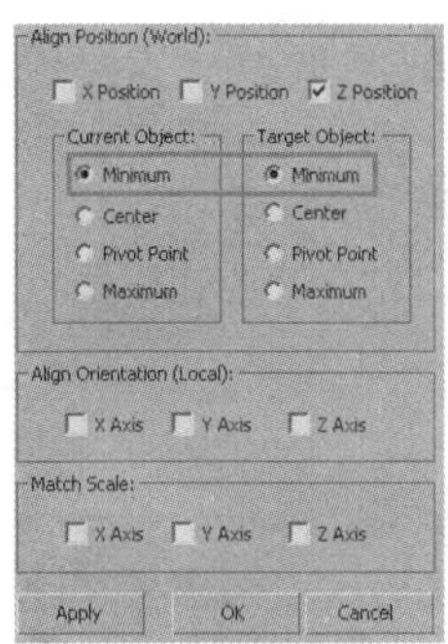

图 7.94

Current Object（当前对象）的 Maximum（最大）值对齐 Target Object（目标对象）Maximum（最大）值的效果和参数如图 7.95 和图 7.96 所示。

图 7.95

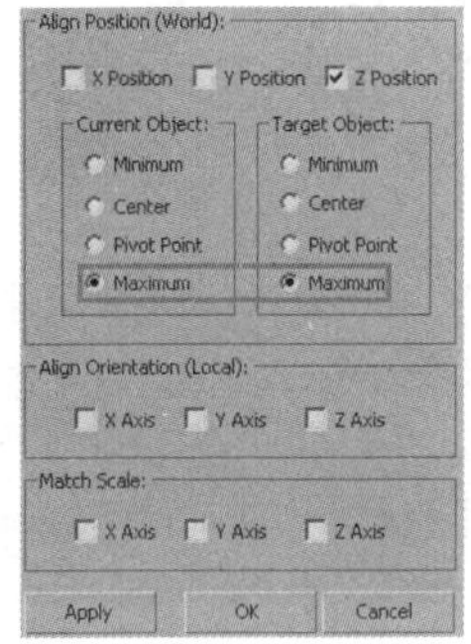

图 7.96

对齐效果除了和参数有关以外，还和最开始选择的顺序有关。如果开始选择的是绿色圆柱体那么它就变成了 Current Object（当前对象），对齐红色圆锥体时，红色圆锥体就变成了 Target Object（目标对象）。对齐效果也就不一样了。所以一定要判断好哪个是 Current Object（当前对象），哪个是 Target Object（目标对象）。

回到当前场景中，场景中 Y 轴的正方向和负方向如图 7.98 所示，也就代表了最大值和最小值方向，X 轴正方向和负方向，如图 7.98 所示。

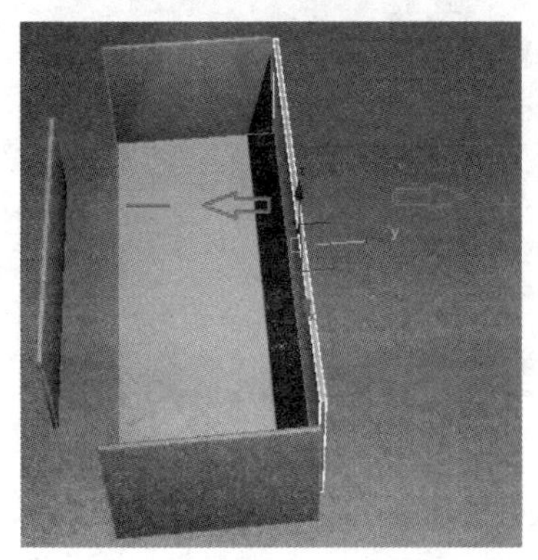

图 7.97

图 7.98

用对齐工具分别将场景中的模板模型对齐，效果如图 7.99 所示，然后再复制调整大小并对齐调整效果如图 7.100 所示。

图 7.99

图 7.100

步骤 02 在顶部位置创建一个切角长方体作为顶部板模型，如图 7.101 所示，用同样的方法再创建一个长方体调整到合适位置，如图 7.102 所示。

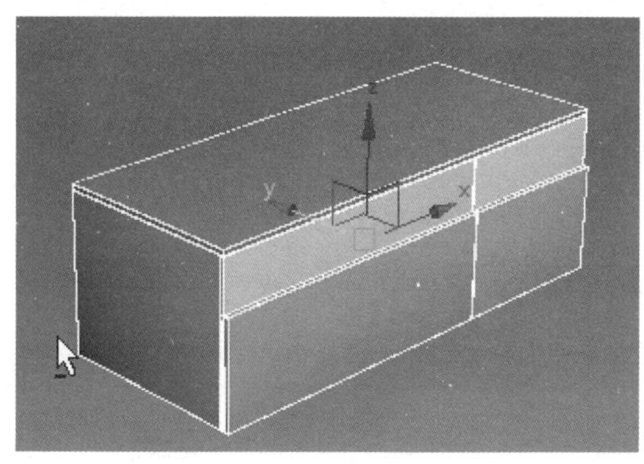
图 7.101

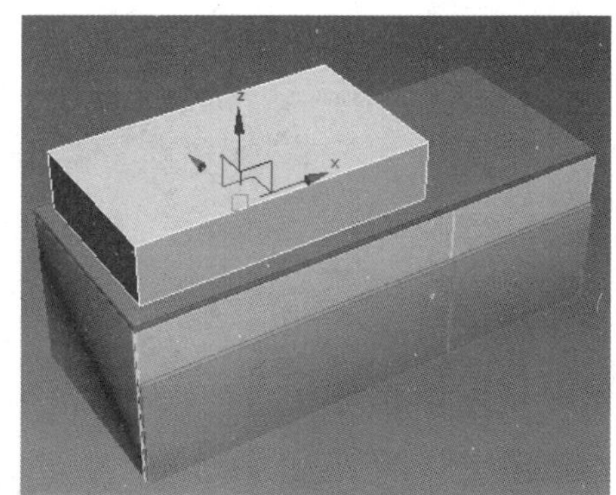
图 7.102

将该物体转化为可编辑的多边形物体，分别在图 7.103 中的位置加线，然后按“4”键进入面级别，选择图 7.104 中的面向下倒角挤出。

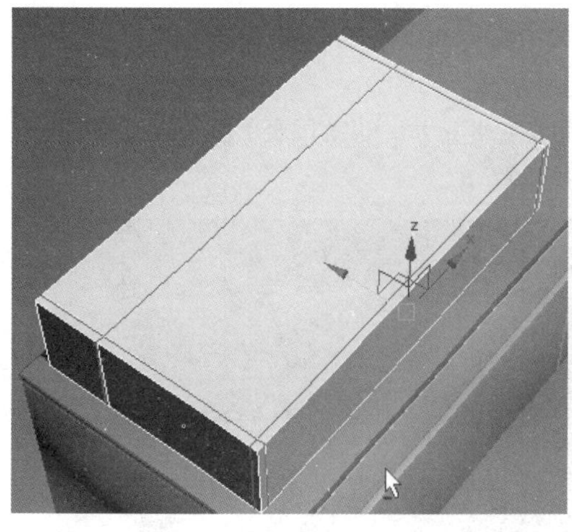
图 7.103

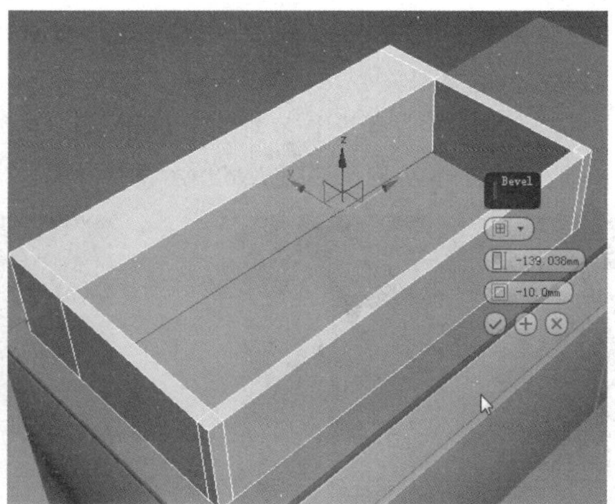

图 7.104

在图 7.105 中的位置加线，然后选择交叉点位置的点，用切角工具将该点切角，效果如图 7.106 所示。选择切角位置的面，用倒角工具向下倒角挤出，如图 7.107 所示，细分后的效果如图 7.108 所示。

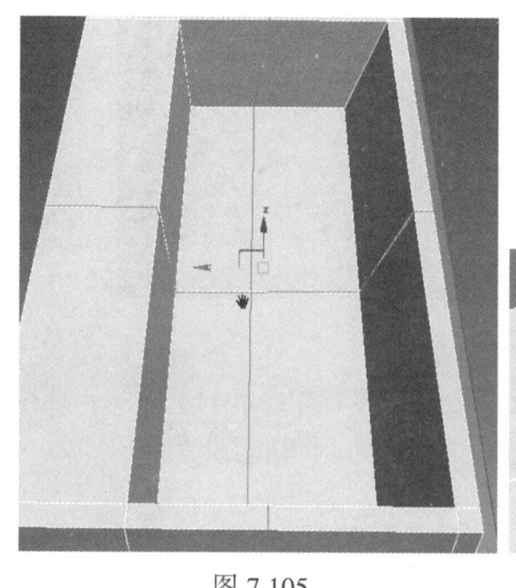

图 7.105

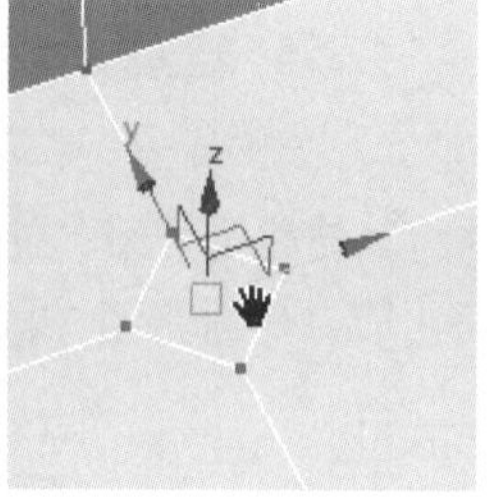

图 7.106

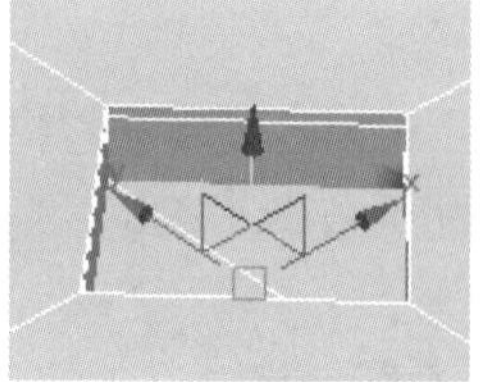

图 7.107

图 7.108

此时模型的整体细分效果如图 7.109 所示，由此发现，细分后模型大部分圆角过大，失去了原有模型的形状，处理方法也很简单，分别在棱角位置加线约束即可，如图 7.110 所示。

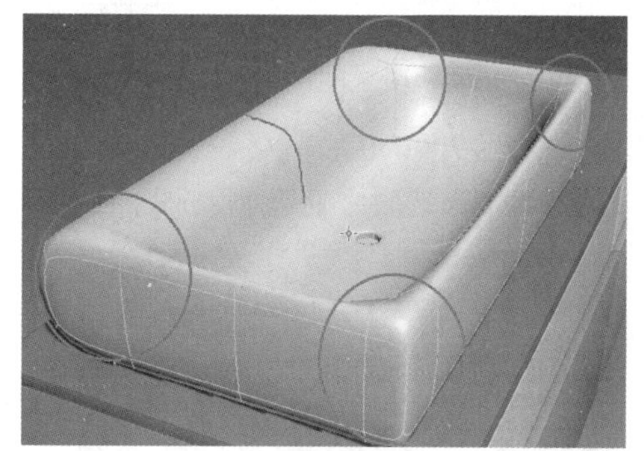

图 7.109

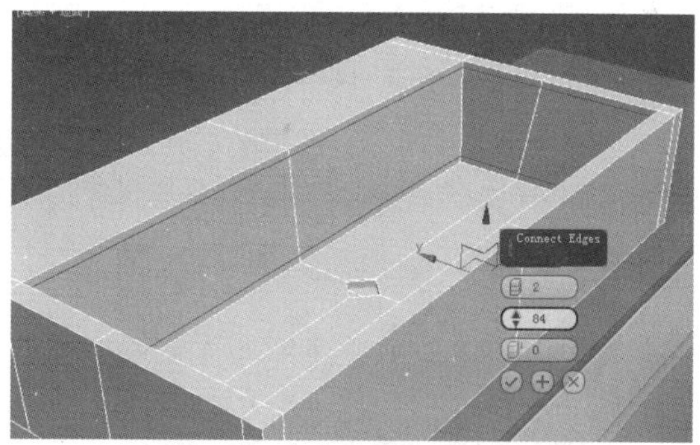

图 7.110

在其他边缘位置同样加线，对比效果如图 7.111 所示（左侧加线右侧没有加线）。

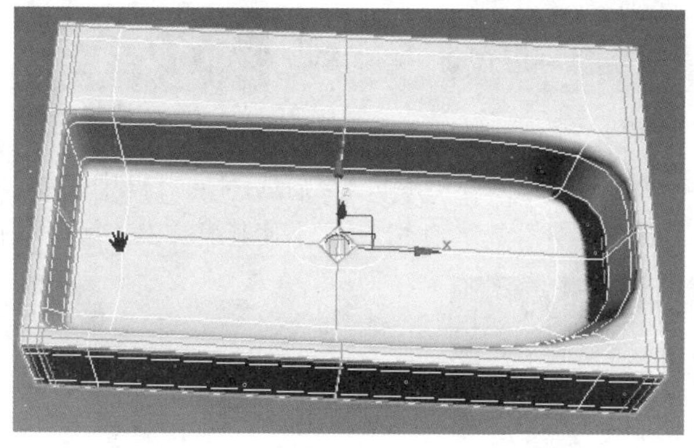

图 7.111

删除右侧一半的面，单击按钮进入修改面板，单击“修改器列表”右侧的小三角按钮，在修改器下拉列表中选择 Symmetry（对称）修改器，单击 Symmetry 前面的+号，然后单击 Mirror 进入镜像子级别，在视图中移动对称中心的位置，如果模型出现图 7.112 所示空白的情况，可以勾选“翻转”参数，此时模型效果如图 7.113 所示。

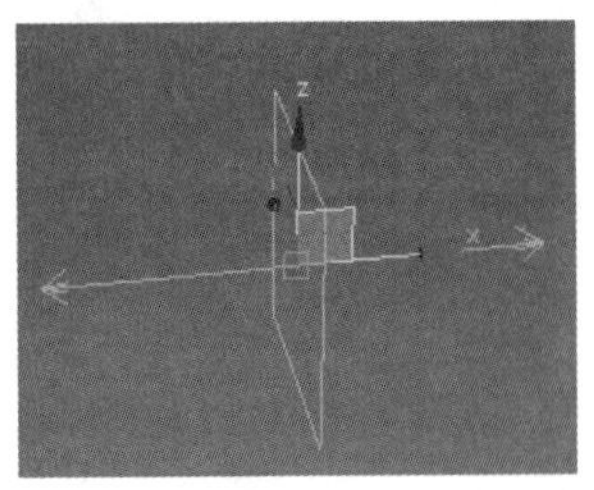
图 7.112

图 7.113

步骤 03 在视图中创建一个圆柱体并将其转化为可编辑的多边形物体，如图 7.114 所示。选择顶部中心位置的面，用倒角或者挤出工具挤出面，然后将图 7.115 中的线段进行切角设置。

图 7.114

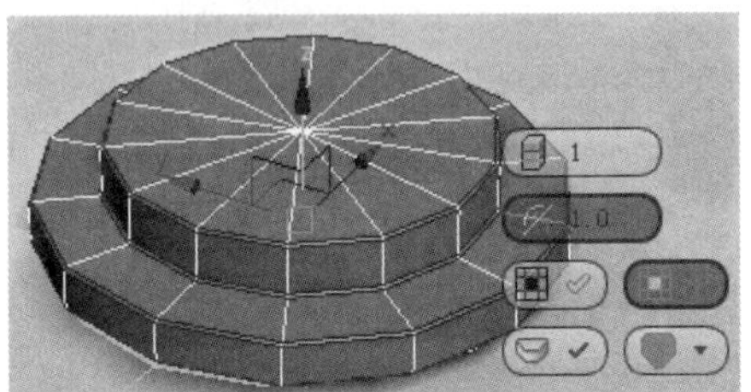
图 7.115

再创建一个圆柱体模型并将其转化为可编辑的多边形物体，选择图 7.116 中底部中心位置的点，右击，在弹出的菜单中选择 Convert to Face （转换到面），这样就快速把点选择转化为了面选择，如图 7.117 所示。

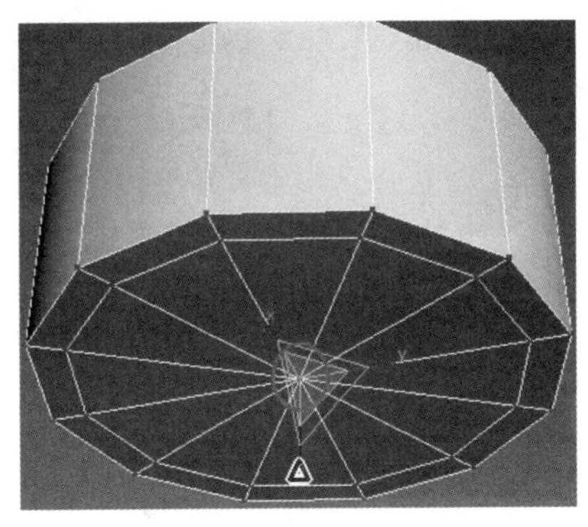
图 7.116

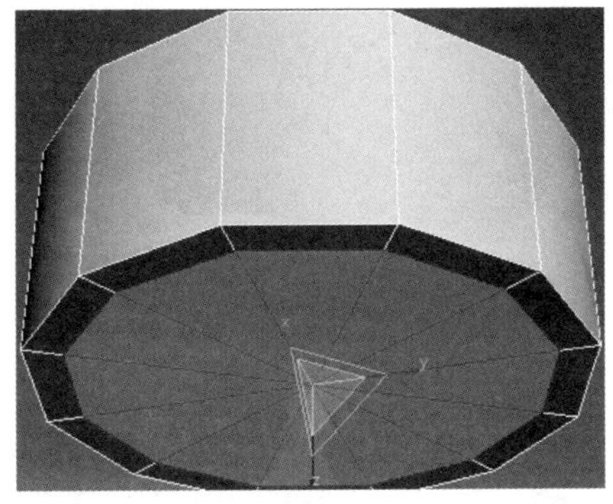
图 7.117

用倒角工具挤出面调整出图 7.118 所示的形状，然后选择图 7.119 中的面，单击 Extrude 按钮向后挤出面，如图 7.120 所示。用缩放工具沿着 Y 轴多次缩放，使其缩放在一个平面内，效果如图 7.121 所示。

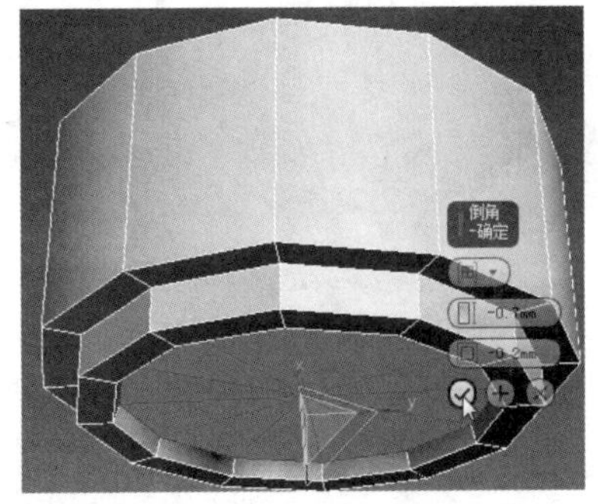

图 7.118

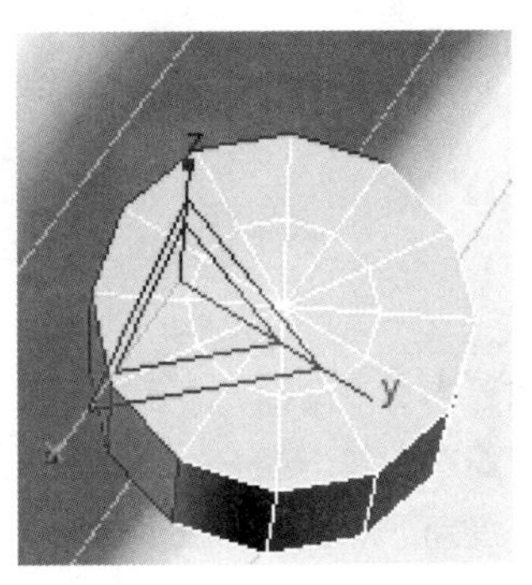
图 7.119

图 7.120

图 7.121

将该面继续向后挤出再向下挤出，如图 7.122 所示。然后分别在边缘位置加线，如图 7.123 所示。

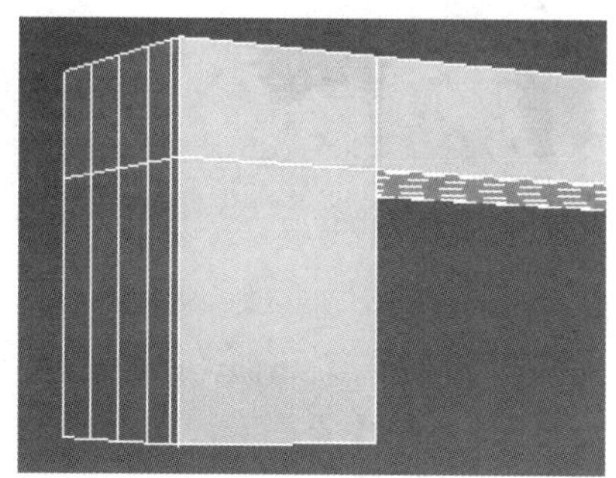

图 7.122

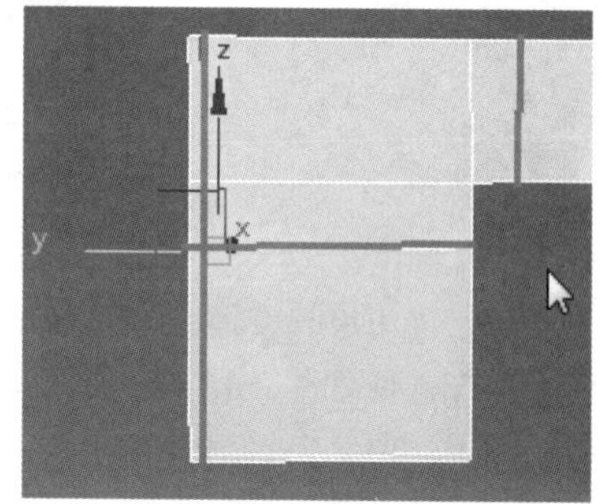

图 7.123

在厚度上下边缘位置也加线处理，如图 7.124 所示。然后将图 7.125 中的线段切角设置。

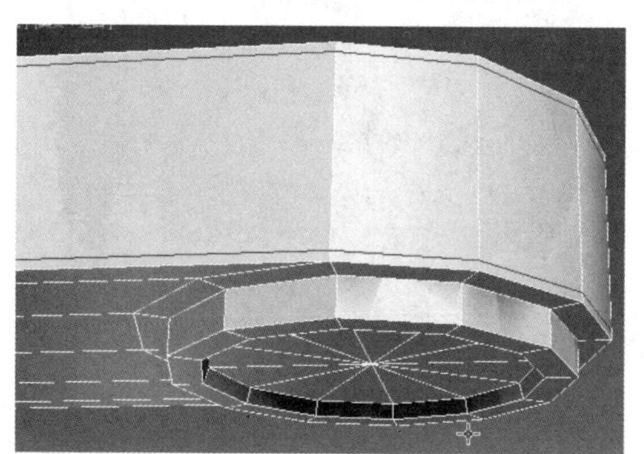

图 7.124

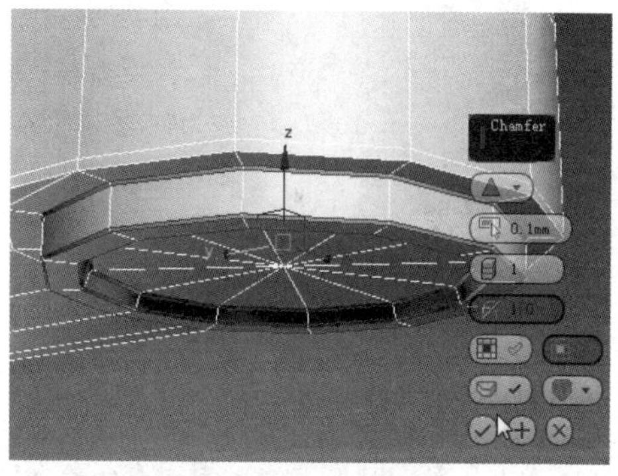

图 7.125

模型细分后的效果如图 7.126 所示。

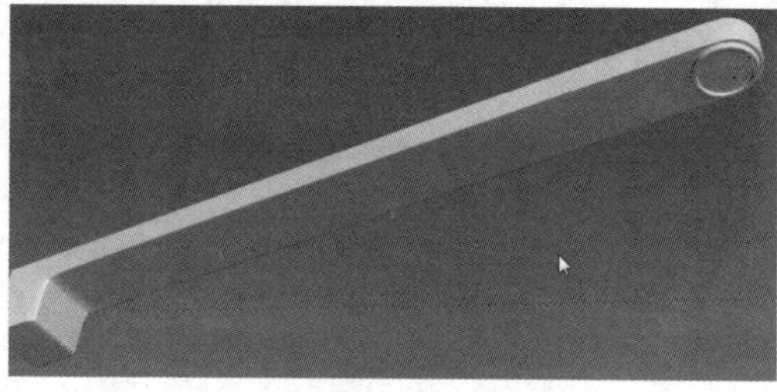

图 7.126

步骤 04 再创建一个切角长方体，如图 7.127 所示。将其转化为可编辑的多边形物体后，将图 7.128 中的线段移除（注意是移除不是删除），选择背部面向前轻微调整，如图 7.129 所示，最后在图 7.130 中的位置加线处理。

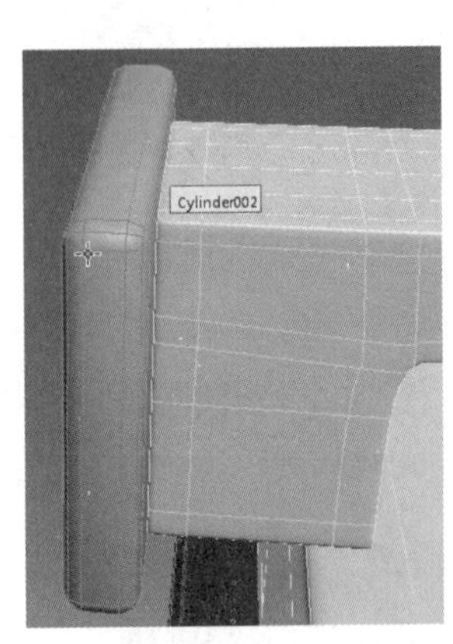

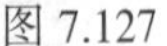
图 7.127

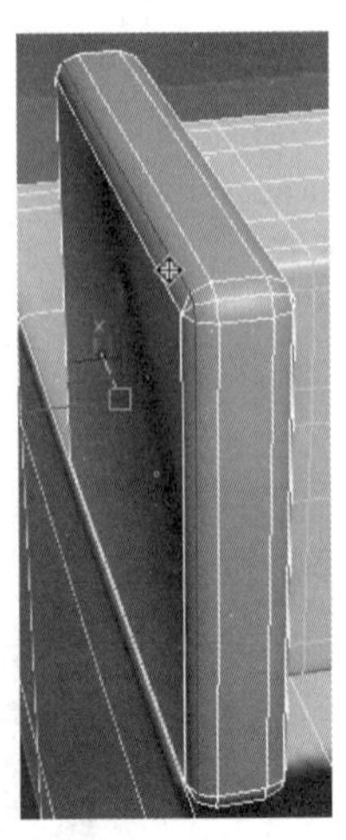
图 7.128

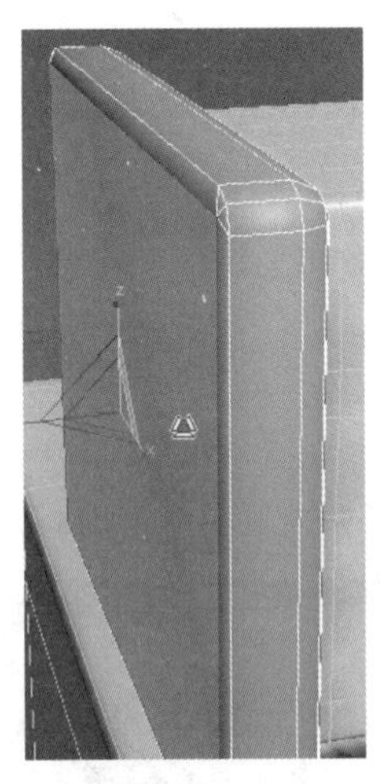
图 7.129

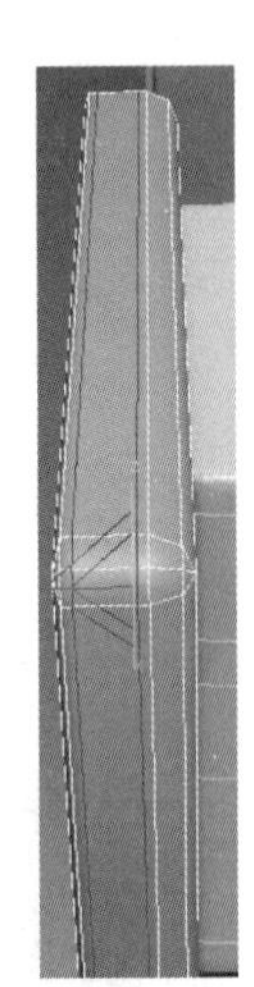
图 7.130

步骤 05 将切角长方体模型复制一个，然后在它的侧面再创建一个圆柱体，将其转化为多边形物体后删除顶部的面如图 7.131 所示。选择边界线，按住 Shift 键缩放移动挤出面，如图 7.132 所示。注意最后的圆形线段，可以通过单击 Collapse（塌陷）按钮直接塌陷为一个点即可。

图 7.131

图 7.132

参考水龙头的制作方法，同样将部分面向上挤出，如图 7.133 所示，用缩放工具沿着 Z 轴适当缩放后在图 7.134 中位置加线，最后调整形状细分后的效果如图 7.135 所示。

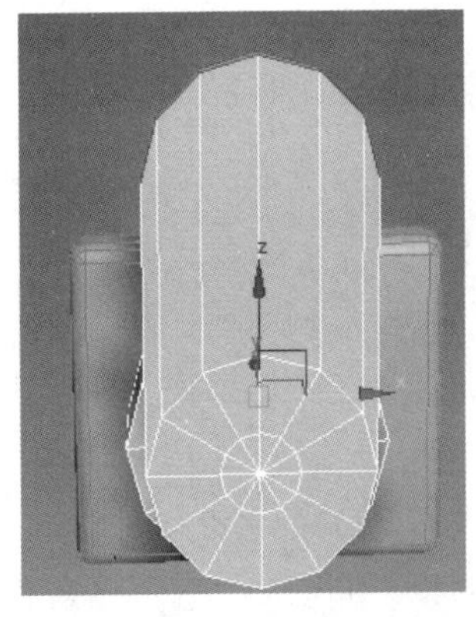
图 7.133

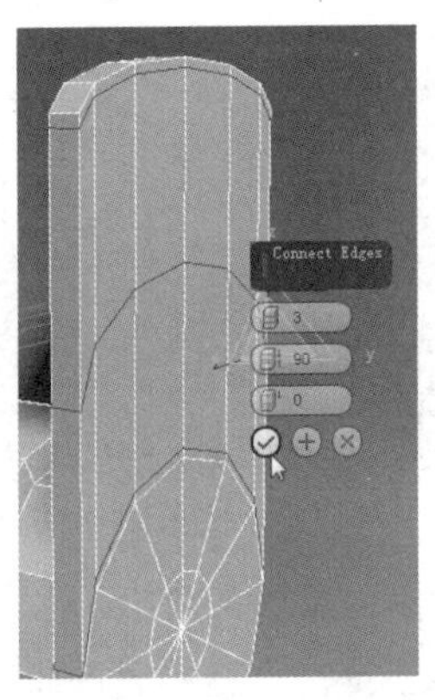

图 7.134

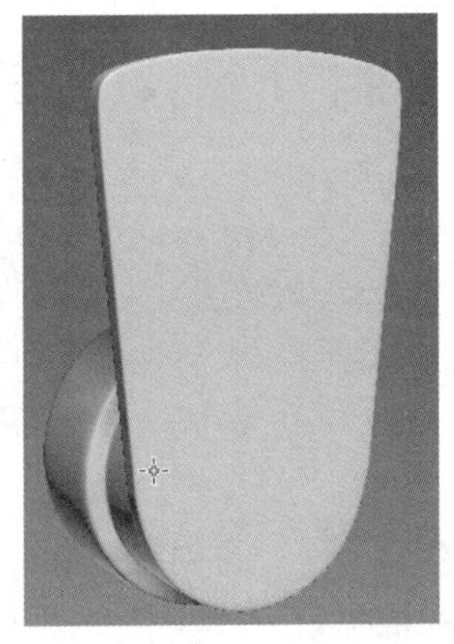
图 7.135

步骤 06 创建摆件。创建一个切角长方体，长、宽、高分别设置为 80mm、80mm、260mm，圆角设置为 3mm 左右，转换为可编辑的多边形物体后，删除顶部的面，选择边界线先向内挤出面，再向下挤出面，最后封口处理，效果如图 7.136 所示。再创建一个管状体，半径 1 设置为 41mm，半径 2 设置为 38mm，高度设置为 325mm 左右，如图 7.137 所示。

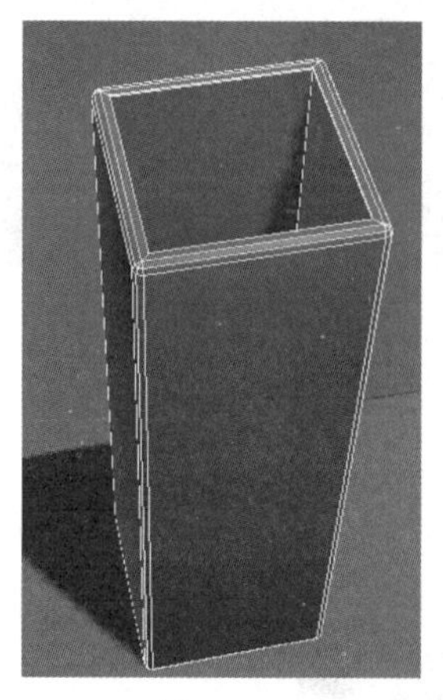

图 7.136

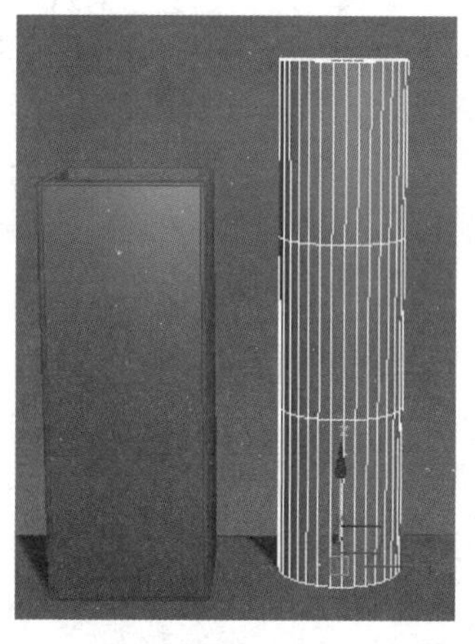

图 7.137

将红色盒子再复制一个，删除内侧和底部的面，将顶部边界向内缩放挤出，如图 7.138 所示。分别在长度和宽度上加线后，将中心洞口调整为一个圆形，如图 7.139 所示。

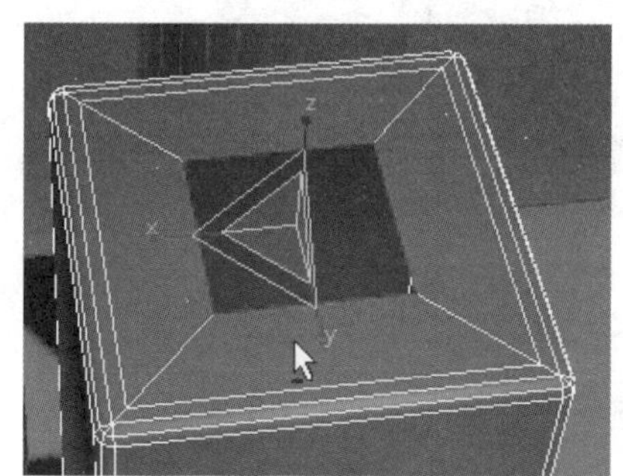

图 7.138

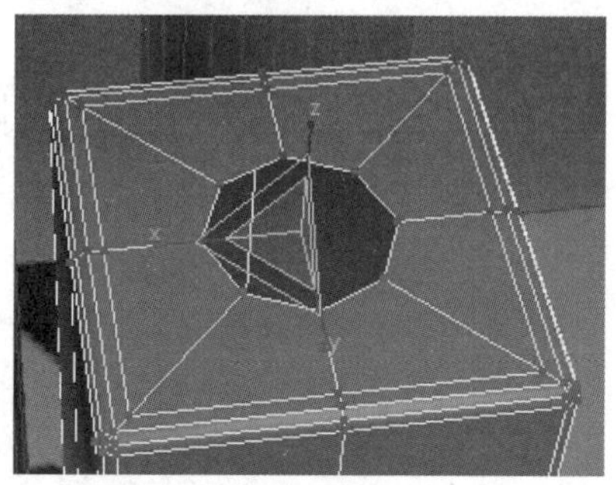

图 7.139

选择洞口边界线，按住 Shift 键向下挤出面然后进行封口处理，如图 7.140 所示。

在洞口位置创建一个圆柱体，如图 7.141 所示。将该圆柱体转化为可编辑的多边形物体后，删除顶部面，用同样的方法选择顶部边界线分别向内再向下挤出面，如图 7.142 所示。然后再创建一个圆柱体，注意此时将端面分段数适当调整，如图 7.143 所示。

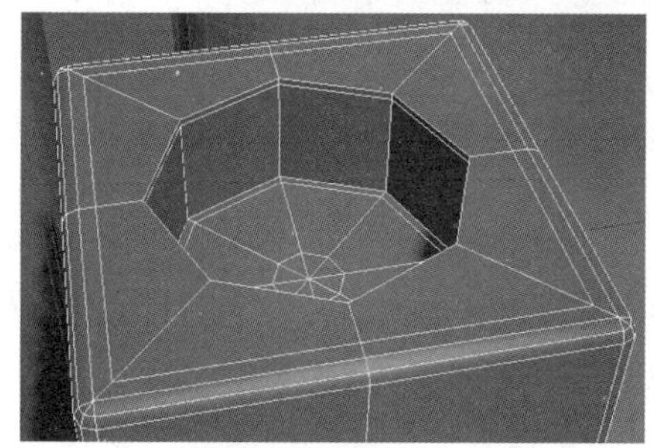

图 7.140

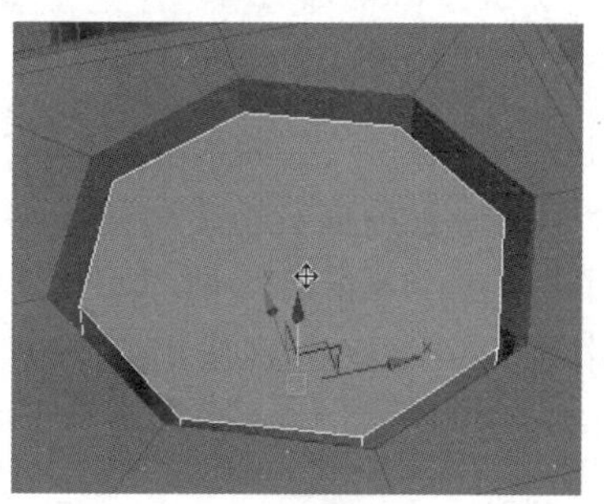

图 7.141

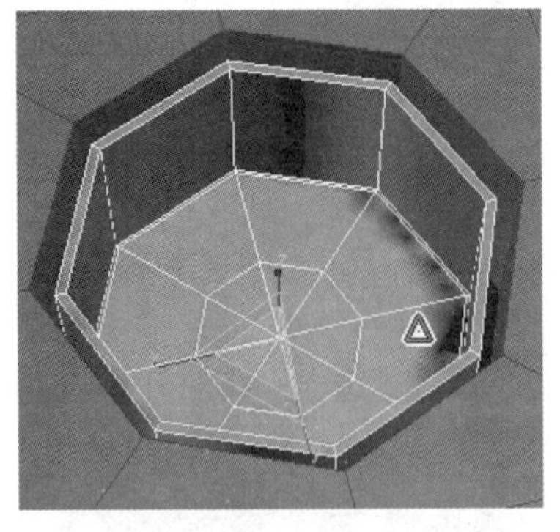

图 7.142

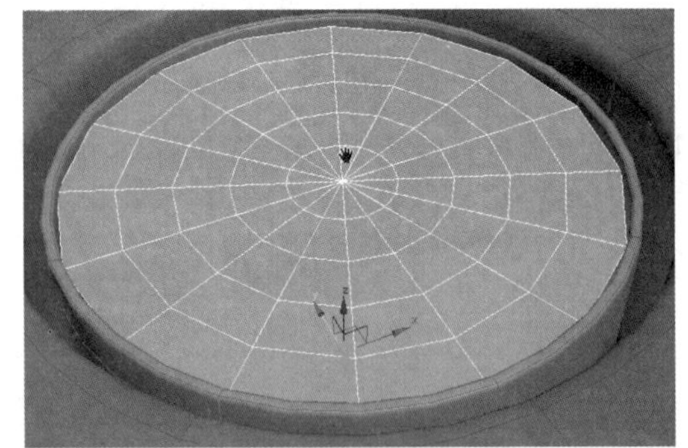

图 7.143

选择中心位置的面用倒角工具向上倒角挤出面，如图 7.144 所示，在边缘位置加线后细分，效果如图 7.145 所示。摆件整体效果如图 7.146 所示。

步骤 07 再创建出毛巾架模型，如图 7.147 所示。在毛巾架上方位置创建一个面片物体，注意分段数一定要足够，比如长度分段为 40，宽度分段为 20 左右，如图 7.148 所示。

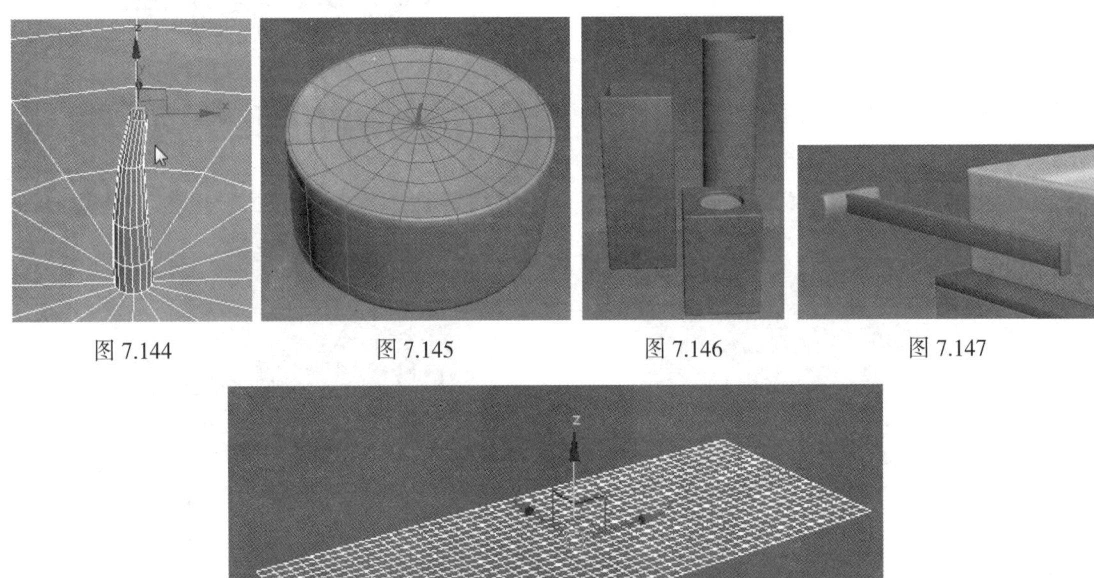

图 7.144　　图 7.145　　图 7.146　　图 7.147

图 7.148

选择面片物体，在修改器下拉列表中选择 Cloth（布料）修改器，单击 Object Properties 对象属性按钮，在弹出的对象属性面板中单击 Add Objects 按钮，然后选择 ChamferBox016 物体（也就是下方的毛巾架模型）将其添加到当前列表中，如图 7.149 所示。

选择 ChamferBox016 将其设置为 Collision（碰撞物体），如图 7.150 所示，将 Plane001 面片物体设置为 Cloth（布料），然后在下方预设中选择 Cotton（棉布）如图 7.151 所示。

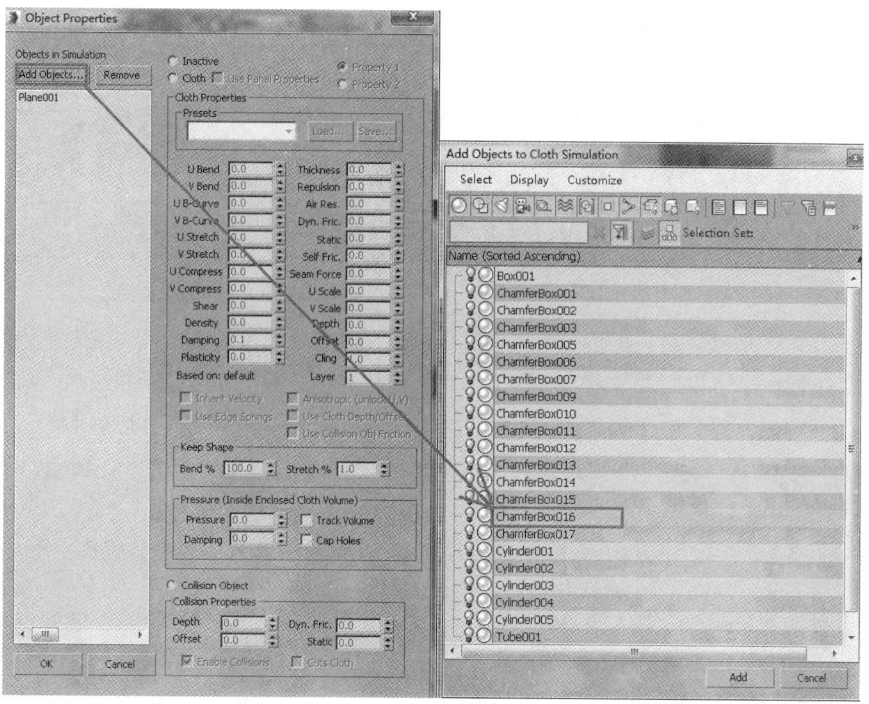

图 7.149

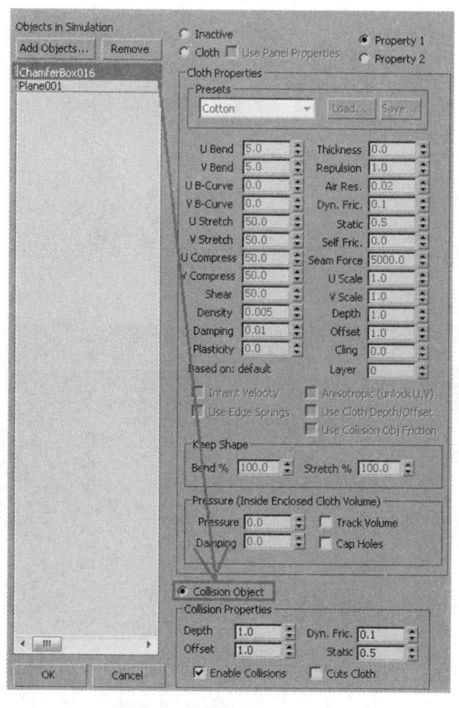

图 7.150

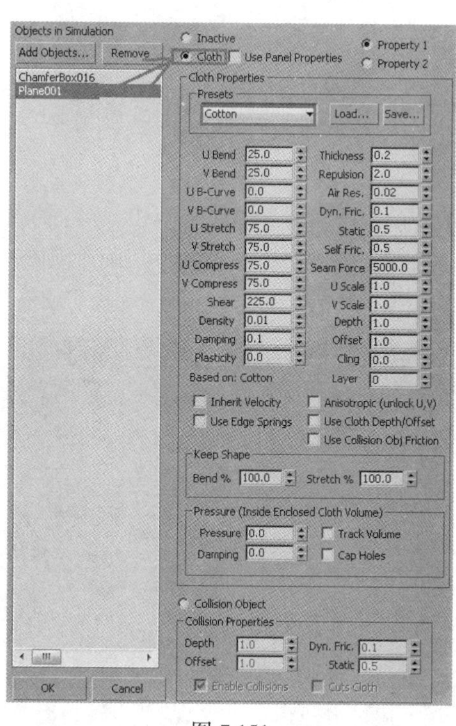

图 7.151

设置完成后单击 OK（确认）按钮，再单击 Simulate Local (damped) [模拟局部（阻尼）]按钮来模拟局部运算效果。按下按钮时该按钮会变成黄色 Simulate Local (damped)，计算过程如图 7.152～图 7.155 所示，当效果满意时，再次按下 Simulate Local (damped) 按钮结束运算即可。

图 7.152

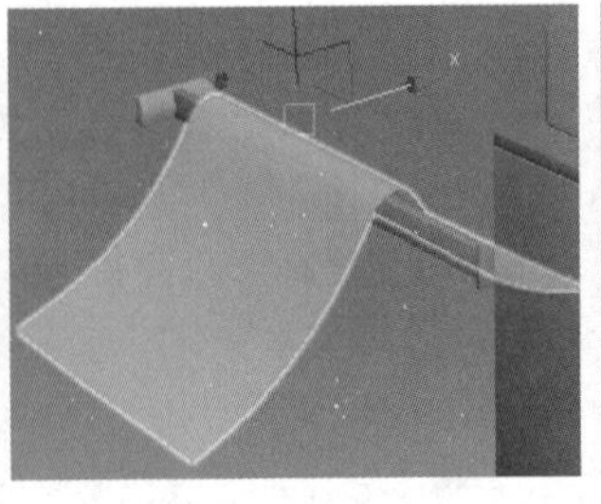
图 7.153

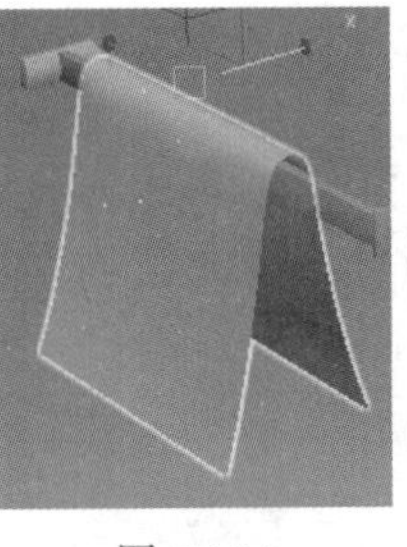
图 7.154

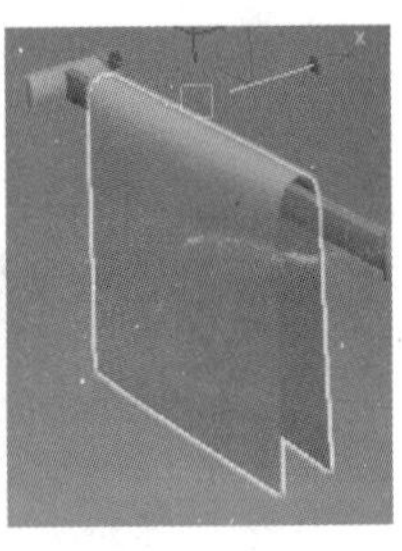
图 7.155

此时的面片物体是单面的，我们希望它是折叠效果并且是带有厚度的，所以要对它再简单调整一下。将该面片物体再次转化为可编辑的多边形物体，在侧视图中我们发现顶部线段由于线段分段数不够，效果不是很理想，如图 7.156 所示，将顶端的线段切线后适当调整至图 7.157 所示。

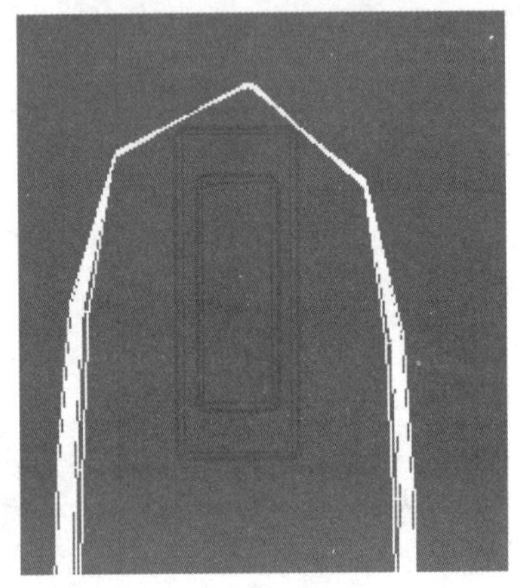
图 7.156

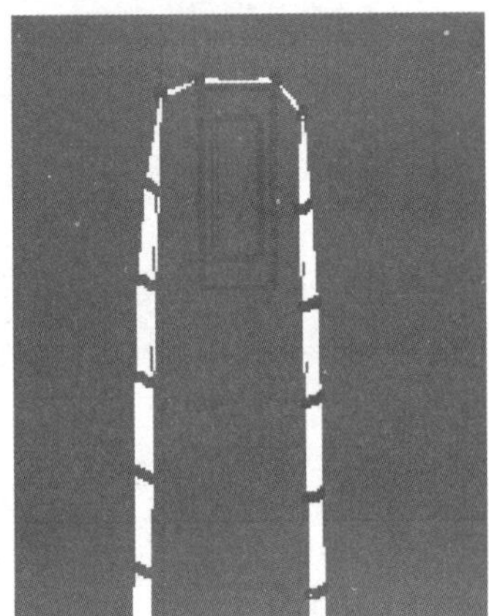
图 7.157

在修改器下拉列表中添加 Shell（壳）修改器，设置好厚度，如图 7.158 所示，再次将其转换为可编辑的多边形物体，选择图 7.159 中的面并将其删除，再次添加 Shell（壳）修改器并设置厚度，此时的效果如图 7.160 所示。通过该方法我们就快速把单面的物体转成了折叠效果的双面物体。

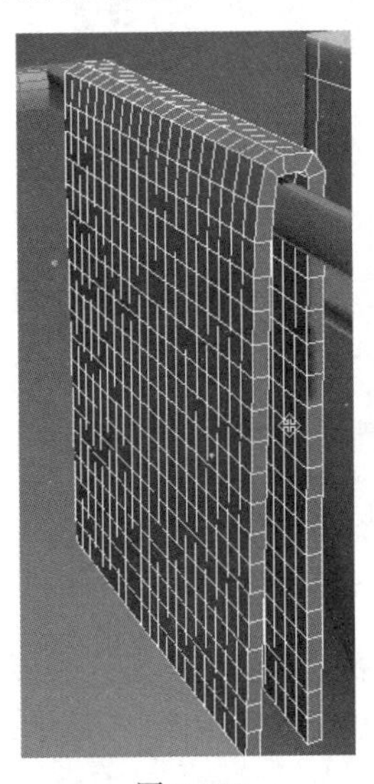
图 7.158

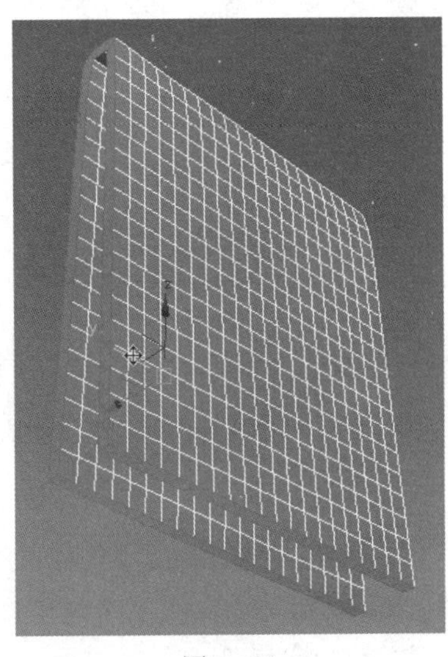
图 7.159

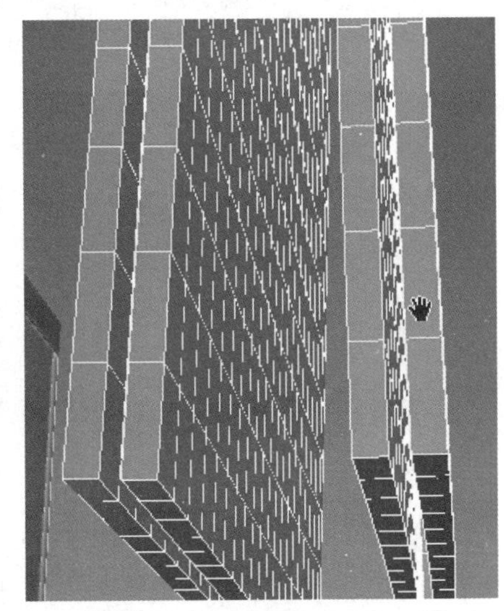
图 7.160

为了使模型更加逼真，可以单击石墨建模工具下的 Freeform （自由形式）|Paint Deform（绘制变形）|（推拉笔刷）在物体表面雕刻，使其有一定的凹凸变化，如图 7.161 所示，最后用（平移笔刷）调整两角细分后的效果，如图 7.162 所示。

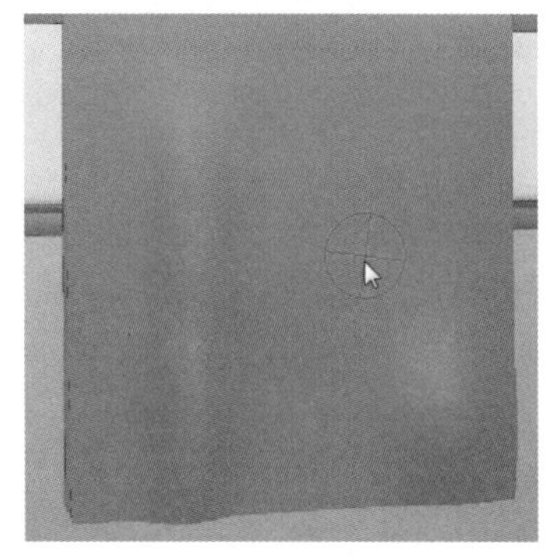

图 7.161

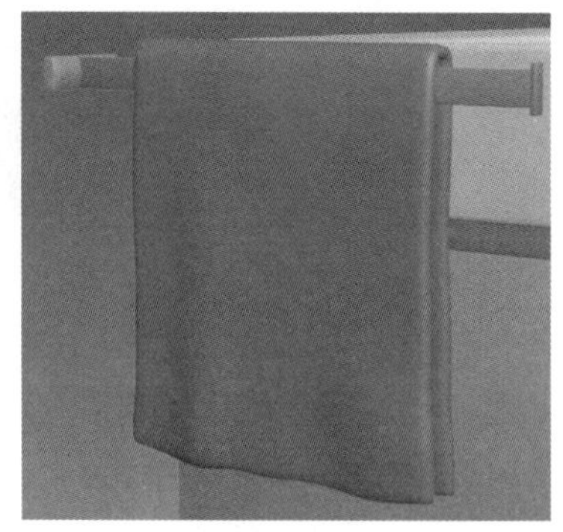

图 7.162

步骤 08 最后导入一些花朵模型放置在花瓶中，如图 7.163 所示，整体效果如图 7.164 所示。

图 7.163

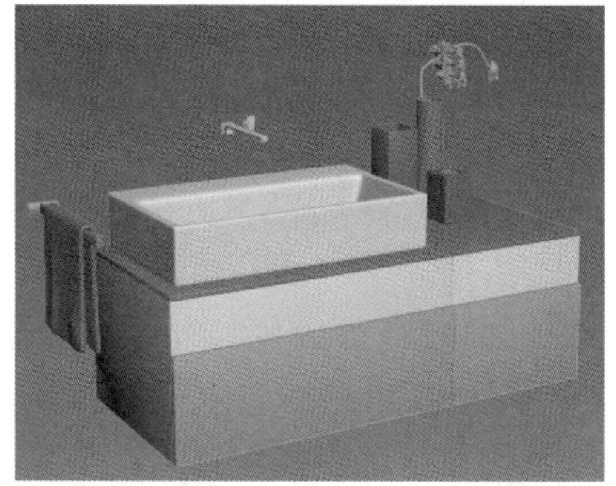

图 7.164

最终渲染效果如图 7.165 所示。

图 7.165

第 8 章 制作儿童玩具

玩具是儿童把想象、思维等心理过程转向行为的支柱。儿童玩具能发展运动能力，训练知觉，激发想象，唤起好奇心，为儿童身心发展提供了物质条件。作为儿童玩具，它拥有一个关键性的因素，那就是必须能吸引儿童的注意力。这就要求玩具具有鲜艳的色彩、丰富的声音、易于操作的特性。就其材质来说，常见的儿童玩具有木制玩具、金属玩具、布绒玩具等。

8.1 制作卡通蜜蜂

8.1.1 制作头部

本实例学习制作一个卡通玩偶——小蜜蜂，它的特点是造型可爱，色彩以黄色为主，效果如图 8.1 所示。

图 8.1

步骤 01 在制作之前先来设置一下参考图，有了参考图在制作时可以更好地把握模型的比例以及结构。首先创建两个面片物体，将其尺寸设置为 800mm*800mm，如图 8.2 所示。

注意 创建面片的大小取决于参考图像素的大小，比如参考图像素为 600*600，那么创建的面片大小可以为 600mm*600mm 或者等比例放大缩小的尺寸也可以，但是长宽比一定不能改变，否则后面设置的参考图会出现变形的情况。

单击面板下的 Asset Browser（资源浏览器）按钮，找到参考图的保存目录，直接将参考图拖放到片面上，如图 8.3 所示。如果面片上显示效果不正确，可以将面片旋转 180 度调整角度，效果如图 8.4 所示。注意在旋转视图时会有阴影（如图 8.5 所示），影响我们观察，单击视图左上角的 [Realistic]（真实）中的 Shaded（明暗处理），如图 8.6 所示即可关闭真实的阴影显示效果。

右击，在弹出的菜单中选择“冻结当前选择”，此时面片上的图片显示会变成灰色，如图 8.7 所示。那么该怎样解决呢？此时可以右击，在弹出的菜单中选择全部解冻。选择两个面片物体，右击，在弹出的菜单中选择 Object Properties...（对象属性），在弹出的对象属性面板中取消勾选 Ignore Extents（以灰色显示冻结对象）选项，再次右击，在弹出的菜单中选择“冻结当前选择”时，参考图即可正常显示。那么为什么要将这两个面片物体冻结呢？因为在制作模型时，会经常误选面片造成不必要的麻烦，冻结设置后，面片物体就不能被选择移动操作了。

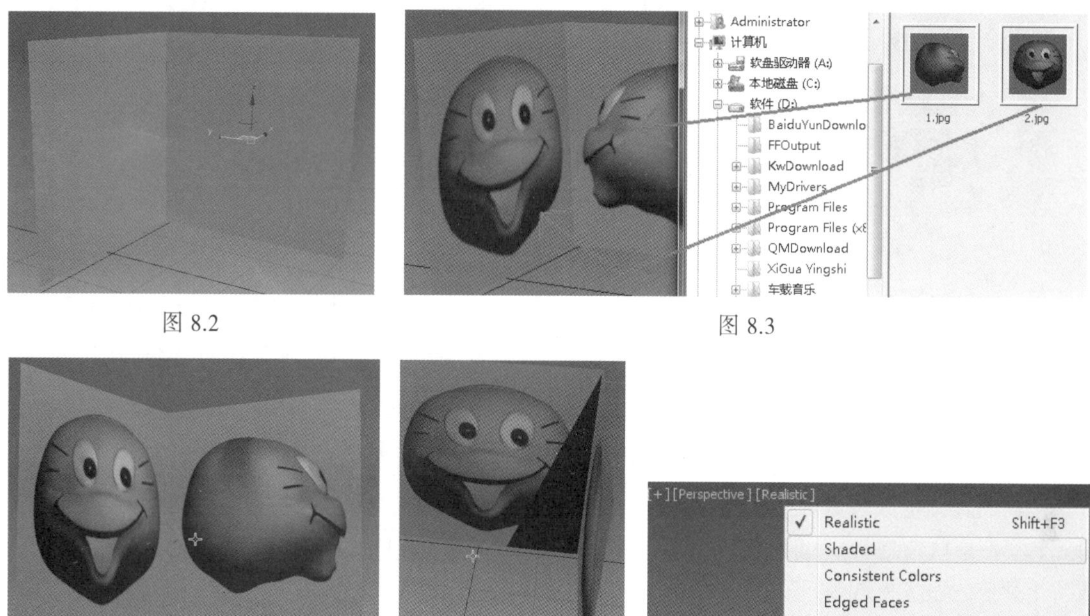

图 8.2　　图 8.3

图 8.4　　图 8.5　　图 8.6

设置完成后还有一个重要的步骤需要操作，那就是设置两个参考图的大小比例保持一致。如何观察他们大小是否相符呢，只需要再创建一个面片移动到一个参考图图片的顶部位置，然后观察该面片在另一个参考图片上的显示位置是否也在同一个水平位置，如图 8.8 所示。如果不在同一个水平位置，只需先取消冻结的面片，然后选择其中的一个面片物体，根据顶部面片物体的位置，适当缩放调整该面片使其两个图片顶部和底部的图片处于同一个水平即可，如图 8.9 和图 8.10 所示。调整好后再把红色面片删除，将参考图面片重新冻结起来。

图 8.7

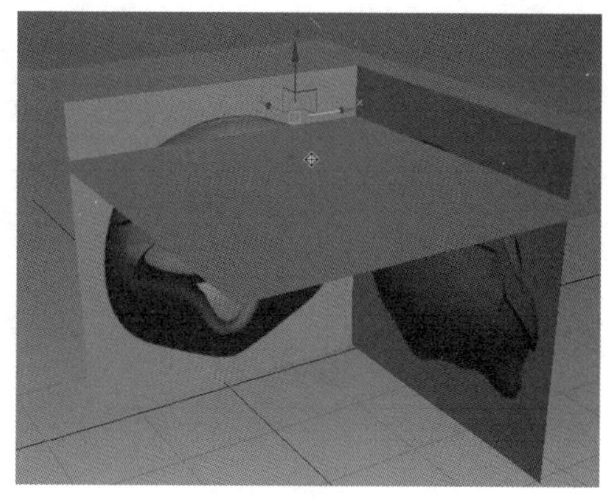

图 8.8

调整好后的两个面片物体大小有时并不相同，但是图像的最顶端和最底端处于同一个水平高度，如图 8.11 所示。

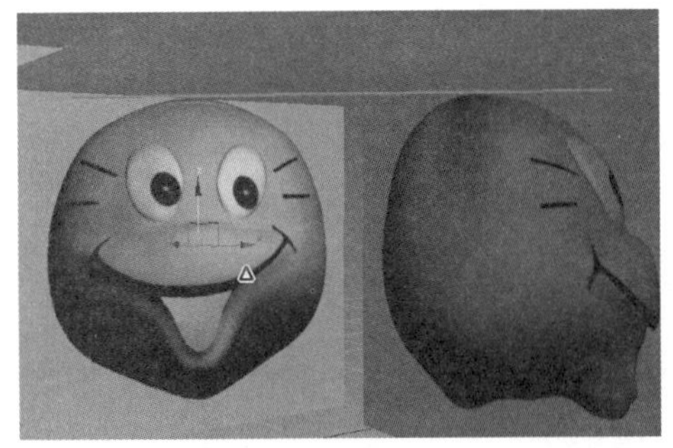

图 8.9

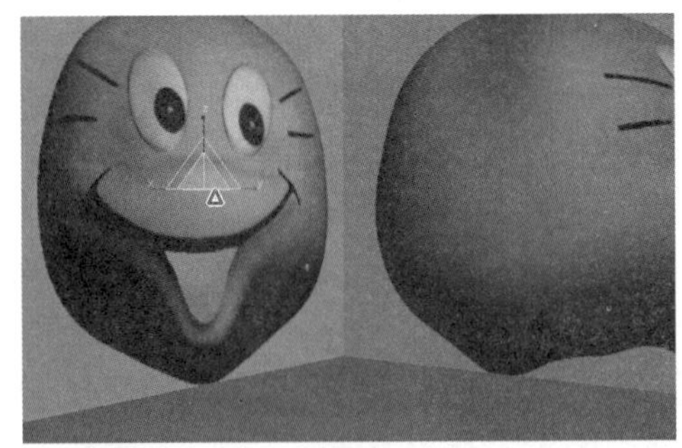

图 8.10

步骤 02 创建一个球体，大小比例如图 8.12 所示。右击，在弹出的菜单中选择 Convert To|Convert to Editable Poly，将模型转换为可编辑的多边形物体。

依次单击石墨建模工具面板下的 Freeform（自由形式）|Paint Deform（绘制变形）|（偏移笔刷），通过该笔刷的拖动可以快速调整多边形上的点的位置从而调整模型形状，在调整时可以按快捷键 Alt+X 将物体透明化显示，如图 8.13 所示。

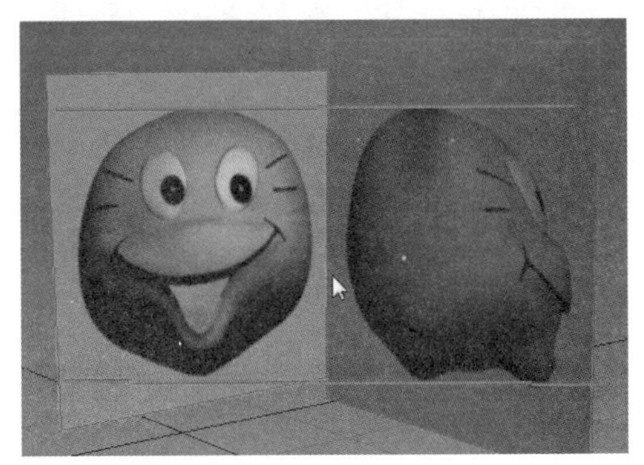

图 8.11

进入点级别，框选球体一半的点并删除，单击按钮以实例方式镜像出另一半，这样在调整任意一半模型形状时另一半也会随之跟随改变，如图 8.14 所示。除了用偏移笔刷之外，还可以勾选命令面板下 Soft Selection（软选择）卷展栏下的 Use Soft Selection（使用软选择），调整 Falloff（衰减）值大小后选择部分点即可快速调整形状，如图 8.15 所示。

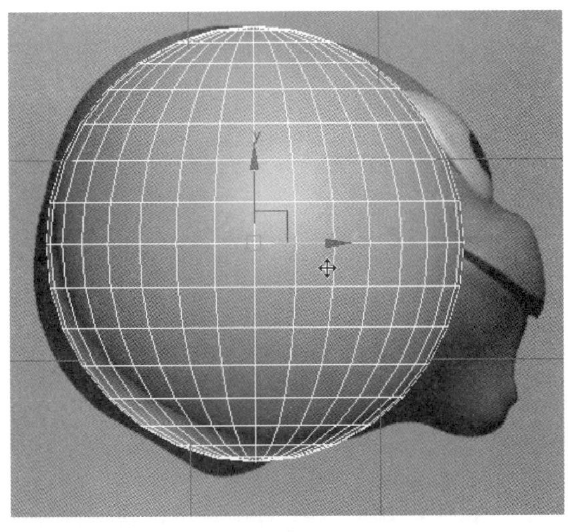

图 8.12

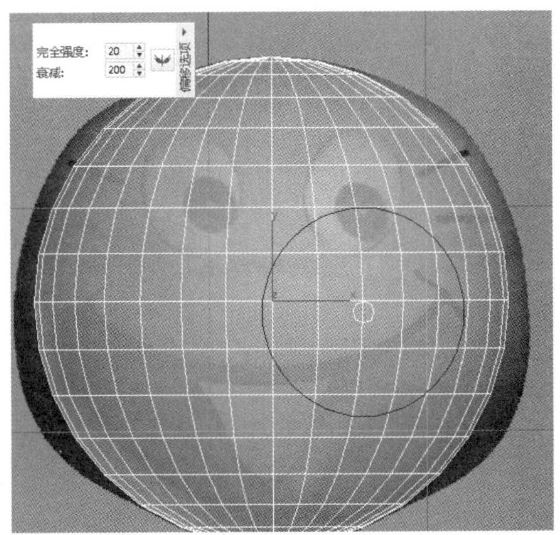

图 8.13

将球体先大致调整至图 8.16 所示形状。在调整模型形状时可以配合（松弛笔刷）在物体表面雕刻光滑处理。如果面数不够，可以将模型细分一次后塌陷，再雕刻出鼻子嘴巴部分，如图 8.17 所示。

图 8.14　　　　图 8.15

图 8.16　　　　图 8.17

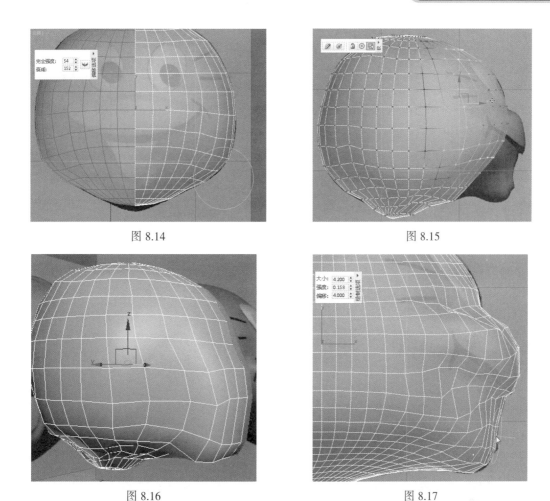

选择物体横向中心位置的环形线段以及垂直位置中心的上半部分线段，用挤出工具将线段向内挤出，效果如图 8.18 所示，然后用松弛笔刷将图 8.19 中的部分点松弛处理。

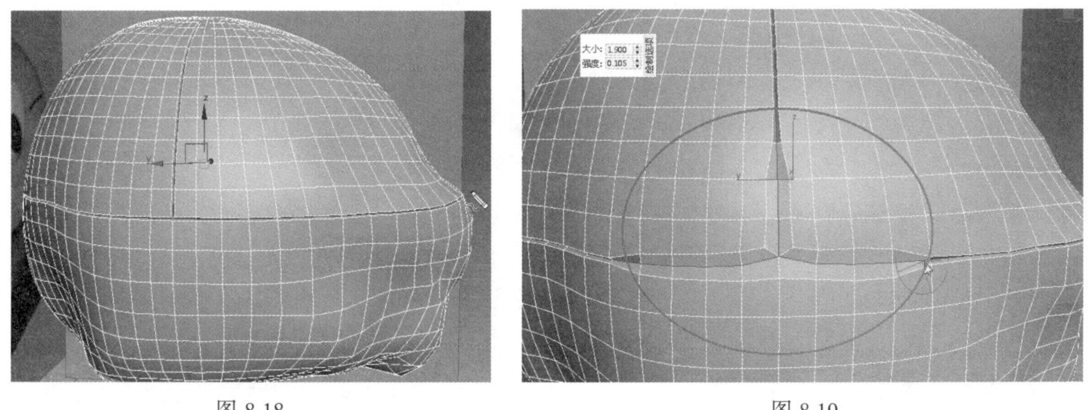

图 8.18　　　　图 8.19

删除镜像复制的物体，然后在修改器下拉列表中选择 Symmetry（对称）修改器对称出另一半。

步骤 03 再创建一个球体，调整好角度后用缩放工具缩放调整出一只眼睛的效果，如图 8.20 所示，然后镜像复制出另一只眼睛，如图 8.21 所示。

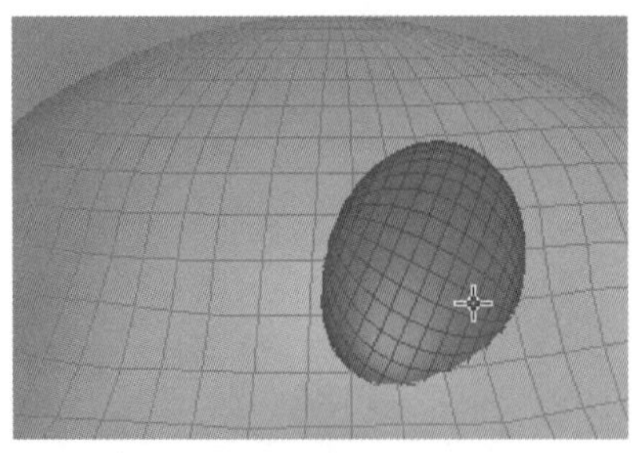

图 8.20

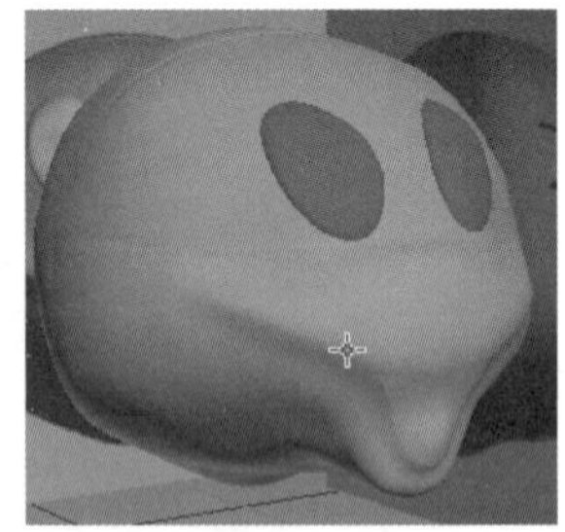

图 8.21

8.1.2 制作身体

制作好头部后接下来制作身体部分。

步骤 01 用同样的方法先更改参考图设置，如图 8.22 所示。整体选择头部所有物体，用缩放工具缩放调整使其和参考图大小一致，如图 8.23 所示。

图 8.22

图 8.23

步骤 02 在顶视图中创建一个圆柱体，设置分段数为 24，高度分段为 5，端面分段数为 2，将其转化为可编辑的多边形物体后，简单调整形状后删除模型的一半，如图 8.24 所示，用偏移笔刷快速调整形状（也可以配合软选择工具进行调整），如图 8.25 所示。

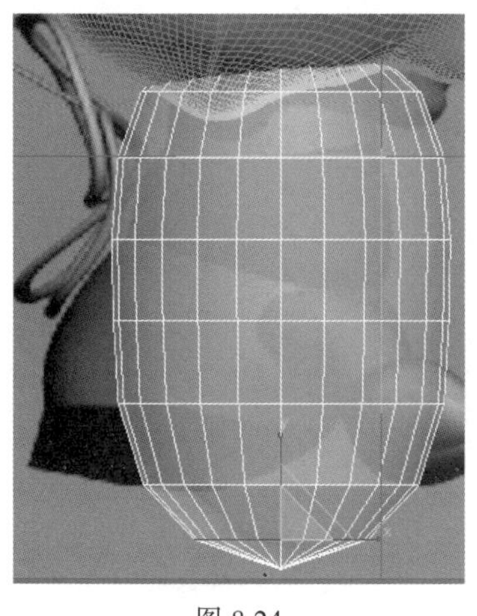

图 8.24

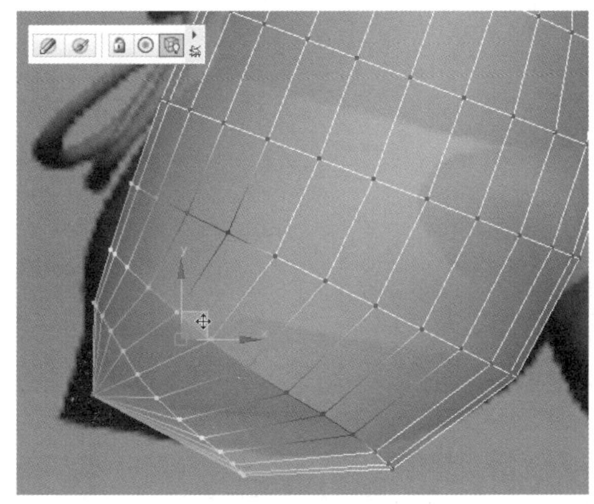

图 8.25

步骤 03 进一步细化调整细节至图 8.26 所示，选择图 8.27 中的面用挤出或者倒角工具将面挤出。

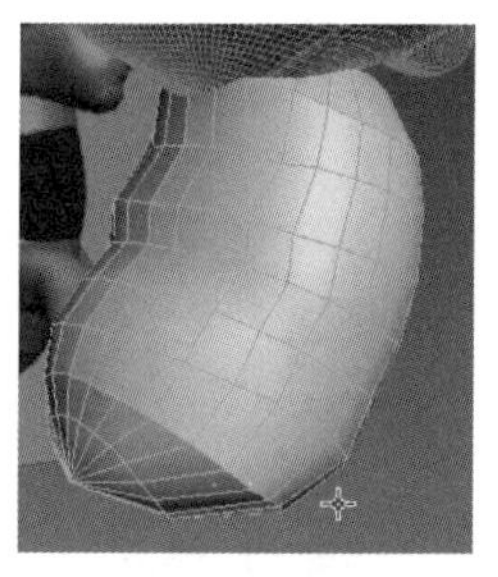
图 8.26

图 8.27

注意此时一定要删除内侧的面，如图 8.28 所示。进一步调整尾巴部位的形状至图 8.29 所示。细分后的整体效果如图 8.30 所示。

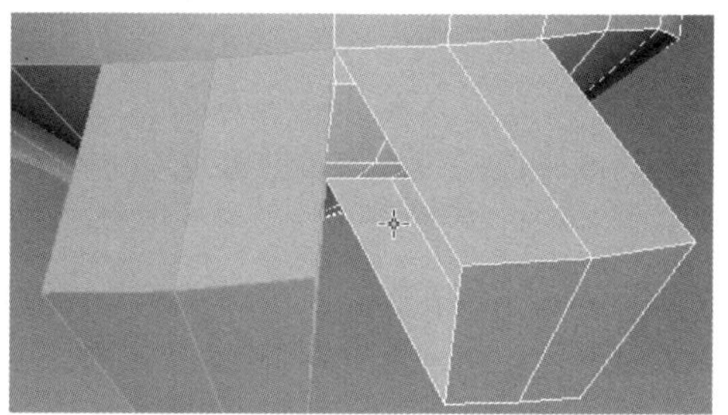
图 8.28

图 8.29

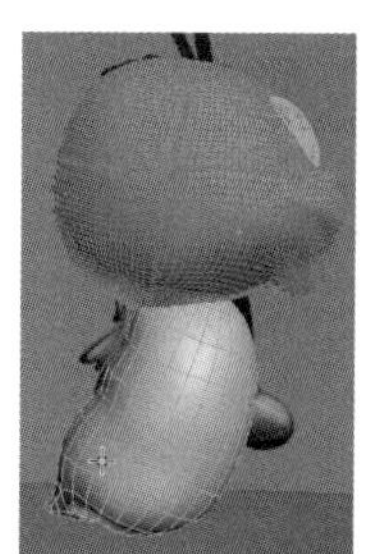
图 8.30

步骤 04 在胳膊位置创建一个圆柱体并将其转化为可编辑的多边形物体，简单调整形状至图 8.31 所示，然后删除顶部的面，如图 8.32 所示。选择边界线，按住 Shift 键配合移动缩放工具挤出面并调整出手部位的大致形状，如图 8.33 所示。

用推拉笔刷在手掌和手背上雕刻，雕刻出凸起和凹陷效果，如图 8.34 所示。

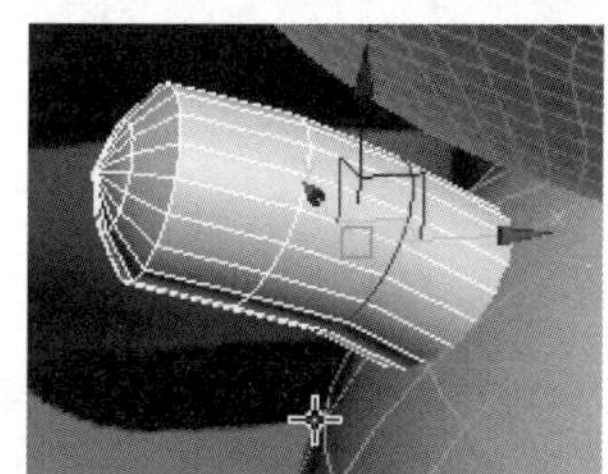
图 8.31

图 8.32

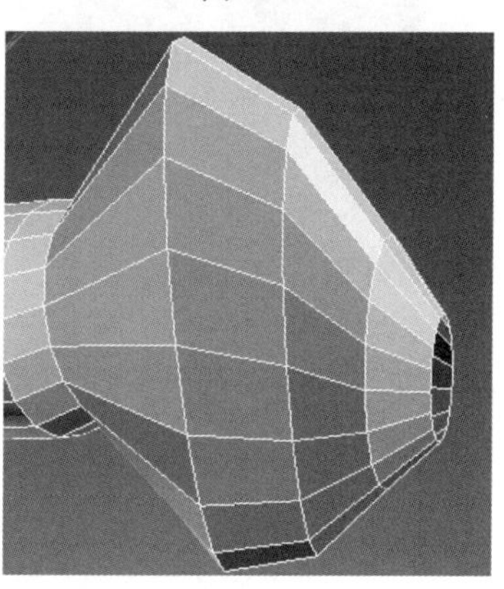
图 8.33

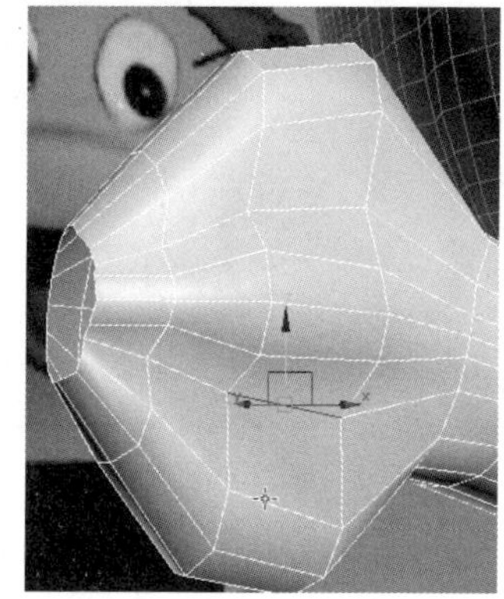
图 8.34

根据模型需要适当加线继续调整，如图 8.35 所示。最后选择开口边界，单击 Cap 按钮封口处理，如图 8.36 所示。右击，在弹出的菜单中选择剪切工具调整布线，如图 8.37 所示。

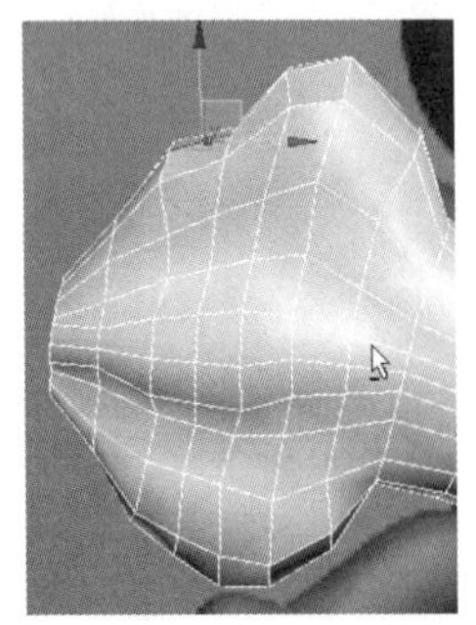

图 8.35

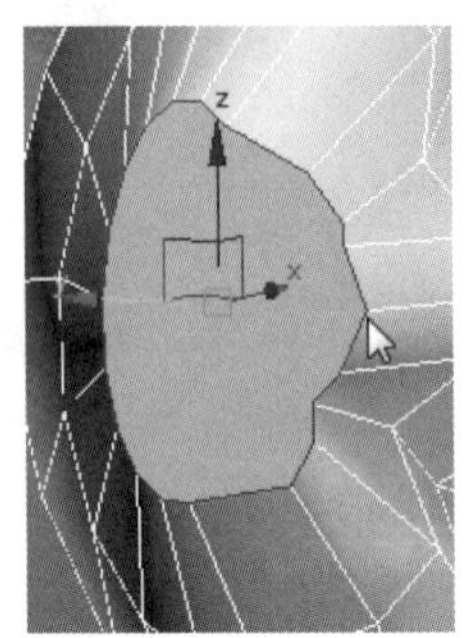

图 8.36

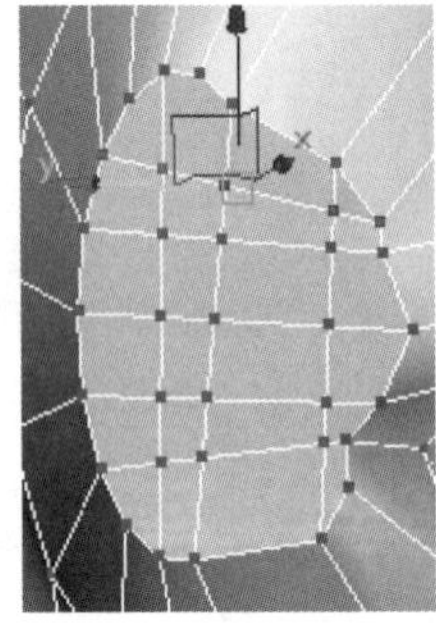

图 8.37

用松弛笔刷松弛雕刻处理，效果如图 8.38 所示。此时我们需要在图 8.39 中红色线段的位置添加凹陷纹理细节，而它的布线走向不符合我们的要求，怎么办呢？很明显需要在表现凹痕纹理的地方调整布线的走向。

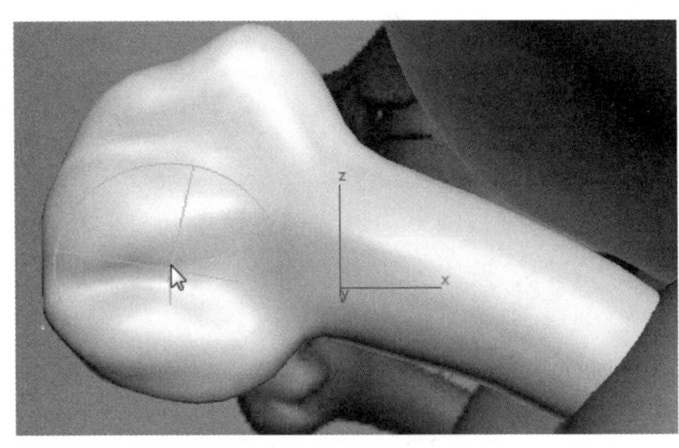

图 8.38

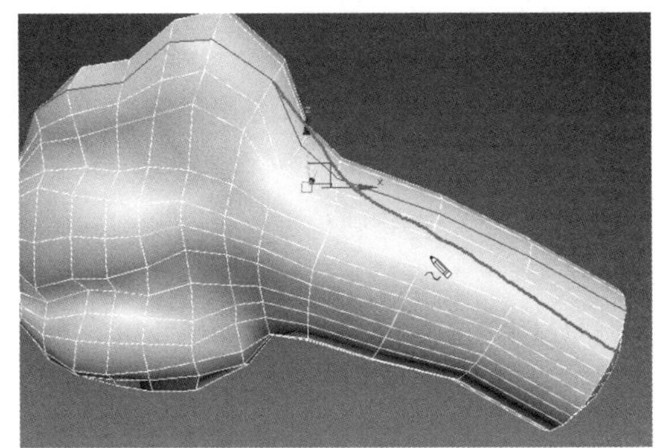

图 8.39

右击，在弹出的菜单中选择剪切工具手动加线，配合点的焊接、多余线段的移除等方法来调整布线，调整好后的效果如图 8.40 和图 8.41 所示。

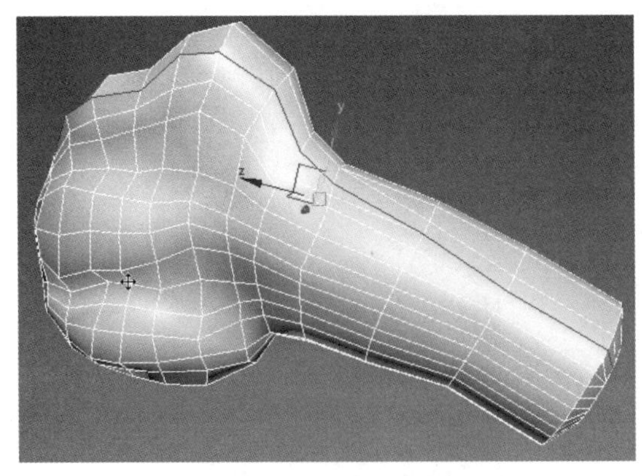

图 8.40

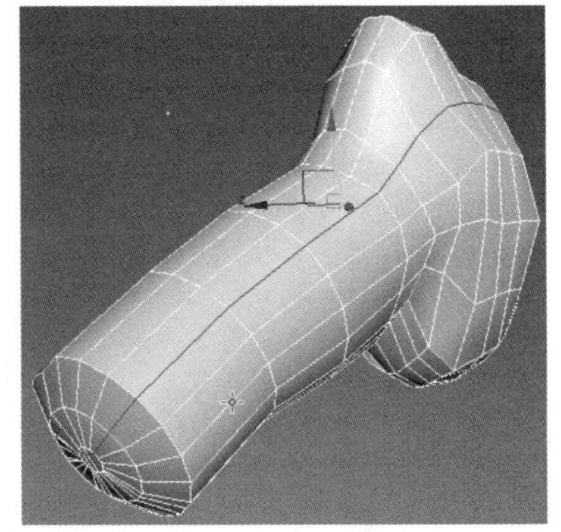

图 8.41

单击 Extrude （挤出）后的□按钮设置参数将当前选择的线段向下凹陷处理，如图 8.42 所示。然后用松弛笔刷将不需要表现凹痕的区域松弛雕刻处理，如图 8.43 所示。

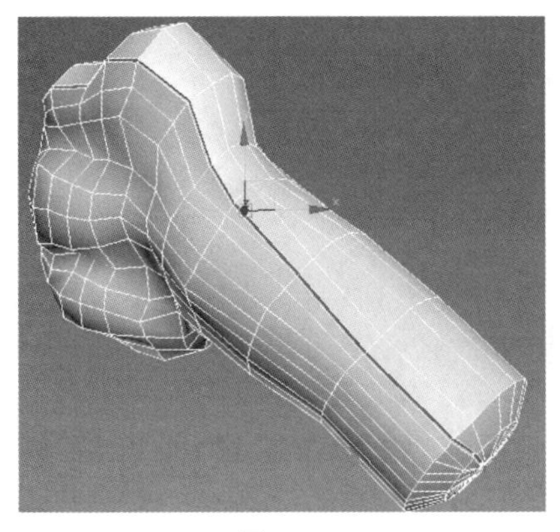

图 8.42

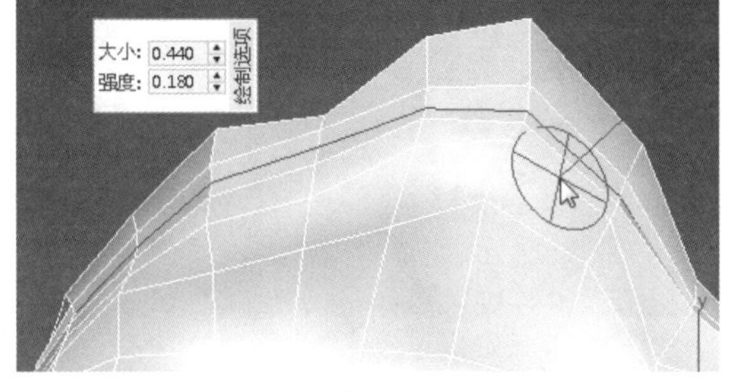

图 8.43

细分后的效果如图 8.44 所示。注意：雕刻笔刷也可以在细分级别下进行雕刻修改，如图 8.45 所示，在细分级别下雕刻会更加直观。

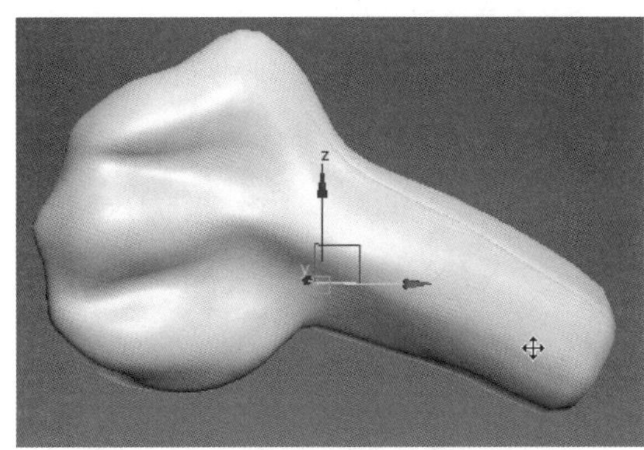

图 8.44

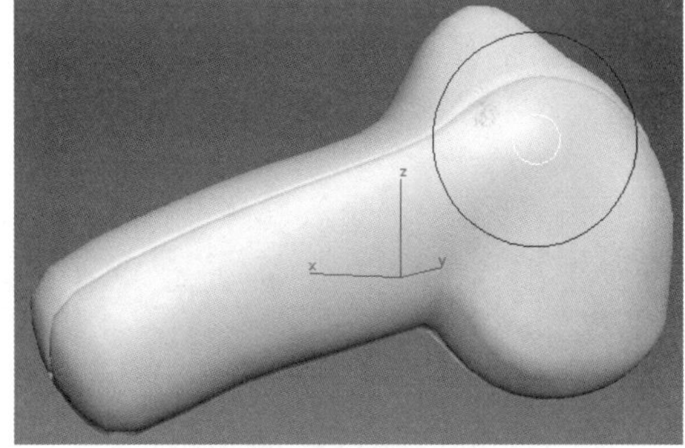

图 8.45

步骤 05 制作脚。脚的制作方法和胳膊手的制作方法类似，同样先创建一个圆柱体并将其转化为可编辑的多边形物体，简单调整形状至图 8.46 所示。然后删除顶部的面，选择边界线并挤出调整出图 8.47 所示的形状。

将图 8.48 中的线段向下挤出调整，细分后的效果如图 8.49 所示。

单击（镜像）按钮镜像出另一只腿模型，整体效果如图 8.50 所示。

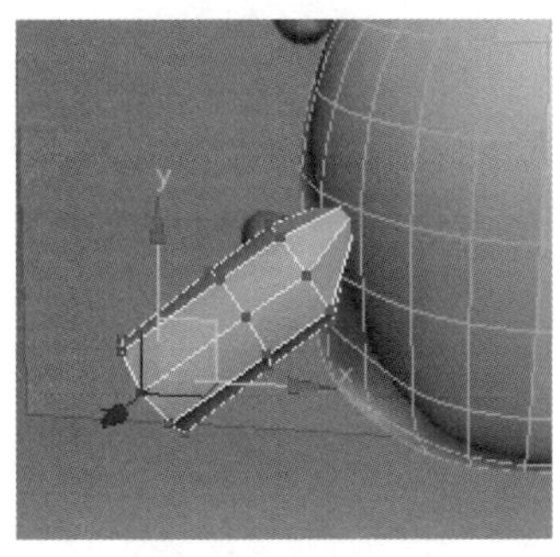

图 8.46

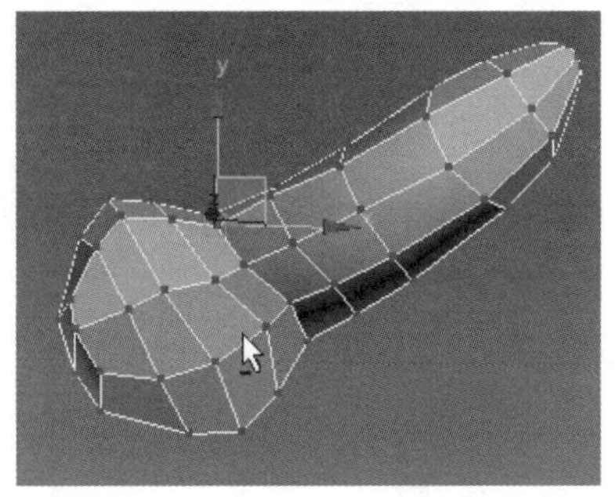

图 8.47

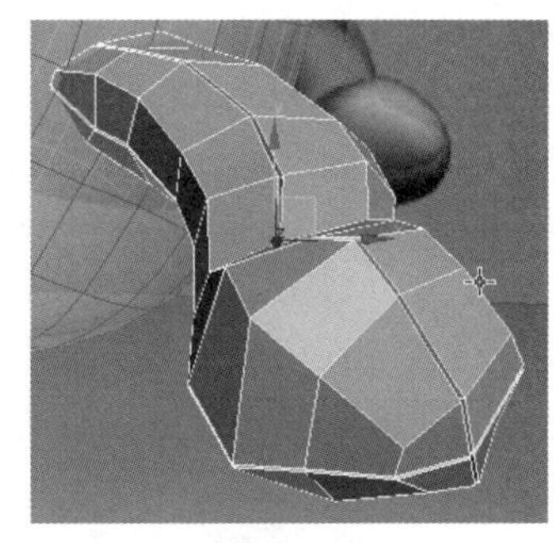

图 8.48

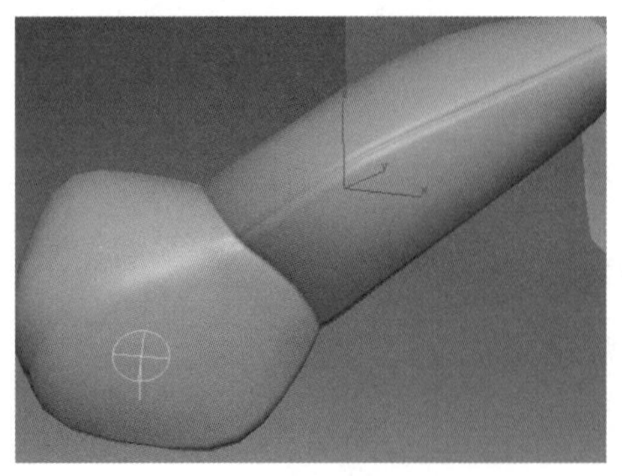

图 8.49

图 8.50

8.1.3 制作触角、翅膀以及头发

身体和腿部胳膊部位制作好后，接下来制作出触角、头发等模型。

步骤 01 制作触角。单击 Line 按钮根据参考图中触角位置创建两条样条线，如图 8.51 所示，勾选 Rendering 卷展栏下的 Enable In Renderer 和 Enable In Viewport，设置 Thickness（厚度值）和 Sides（边数）值，然后再创建两个球体，效果如图 8.52 所示。

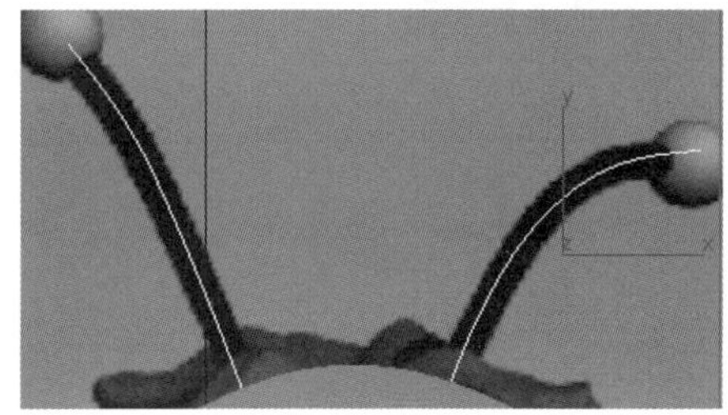

图 8.51

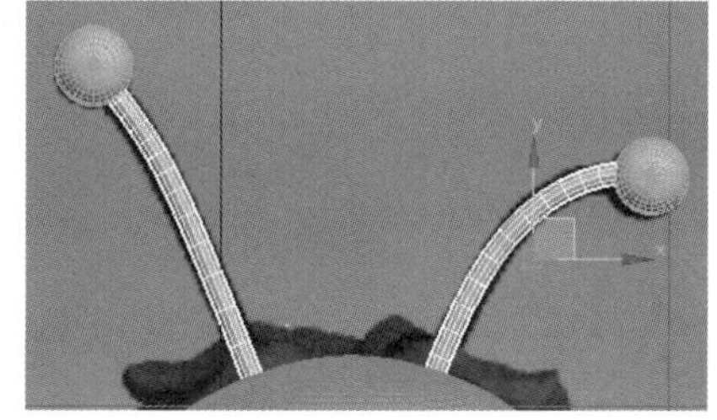

图 8.52

注意　当前创建的样条线是在一个水平面内的，需要再在不同的轴向调整形状，如图 8.53 所示。

步骤 02 制作翅膀。在制作翅膀之前，先将背部参考图拖放到参考面片物体上，然后再创建一个如图 8.54 所示的面片并将其转化为可编辑的多边形物体后，选择其中的一条边按住 Sfhit 键配合移动和旋转工具挤出如图 8.55 所示的形状。

图 8.53

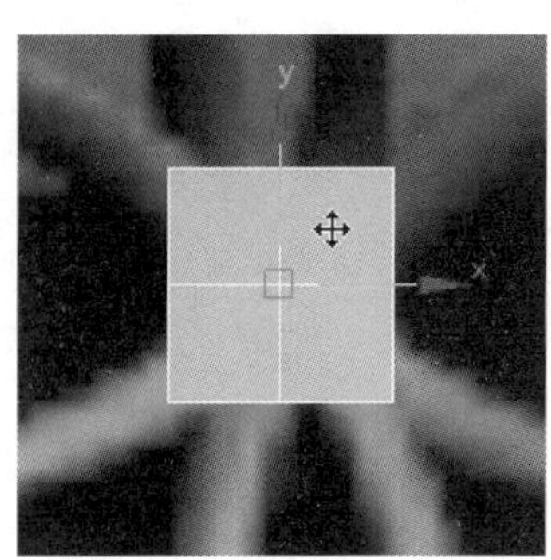

图 8.54

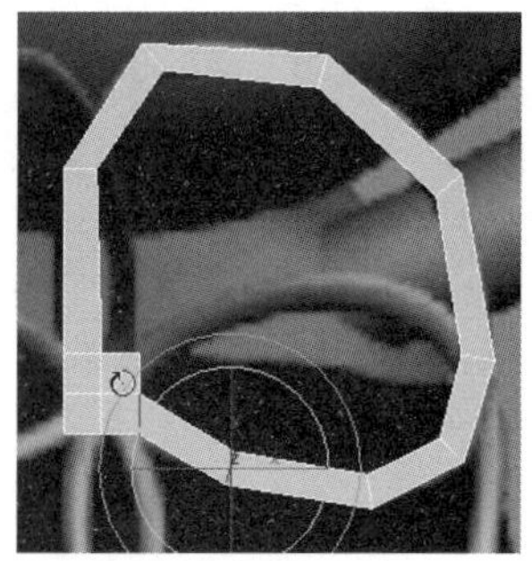

图 8.55

用同样的方法挤出 8.56 所示的形状，按快捷键 Alt+Q 孤立化显示该模型，在不同的轴向上调整模型的空间变化，效果如图 8.57 所示。

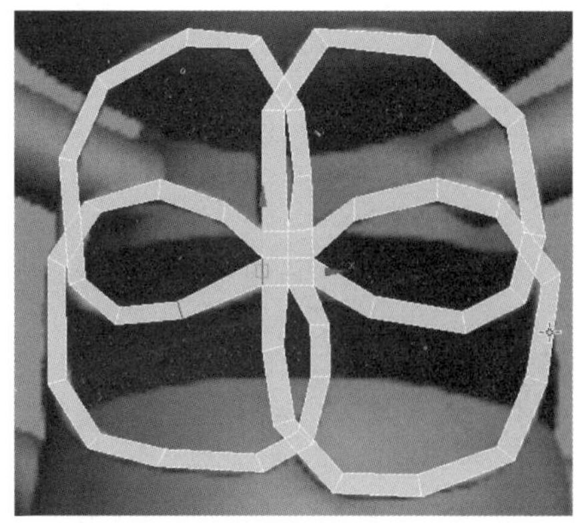

图 8.56

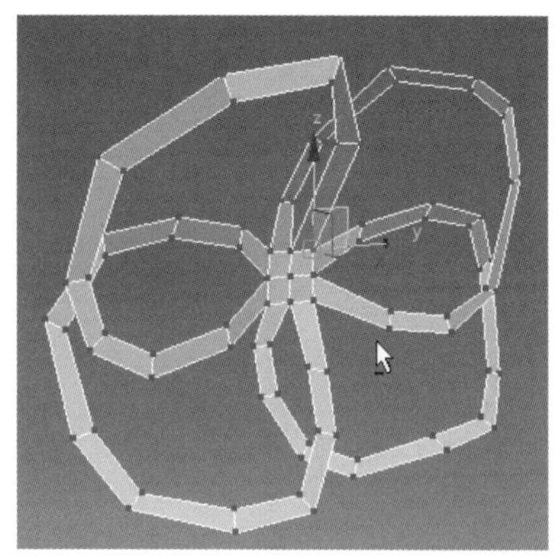

图 8.57

单击按钮进入修改面板，单击“修改器列表”右侧的小三角按钮，在修改器下拉列表中选择 Shell（壳）修改器，设置好厚度后将该模型再次塌陷为多边形并细分后效果如图 8.58 所示。此时有些拐角位置的棱角没有表现出来显得太圆润，所以在需要的地方将线段切角处理，再次细分后效果如图 8.59 所示。

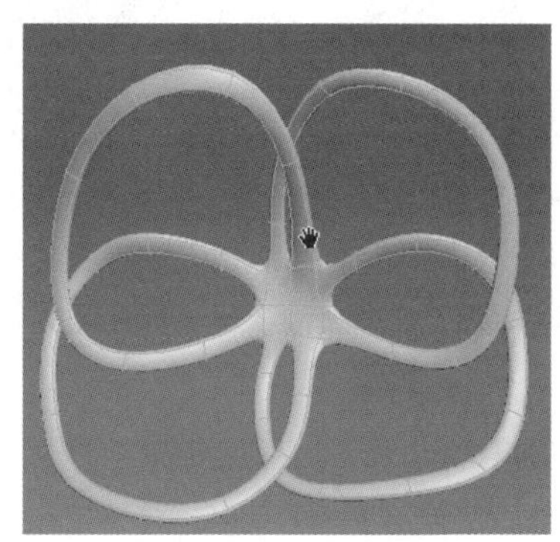

图 8.58

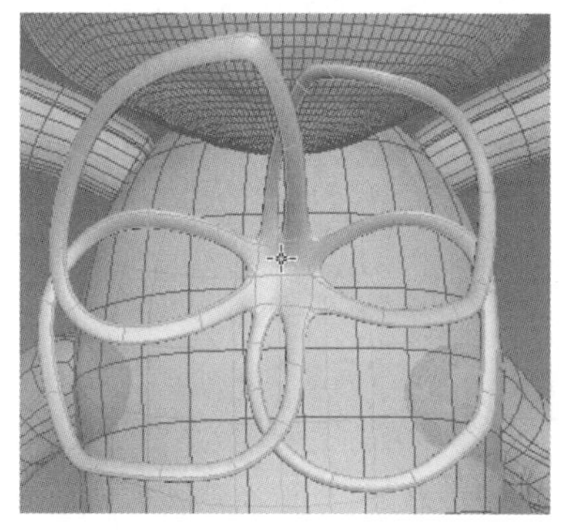

图 8.59

步骤 03 制作头发。头发的制作也是基于面片物体进行多边形编辑调整。

首先，创建一个面片并将其转化为可编辑的多边形物体后先调整至图 8.60 所示，然后进一步细化调整形状至图 8.61 所示。在修改器下拉列表中选择“壳”修改器，设置好厚度后细分一级塌陷，如图 8.62 所示。

图 8.60

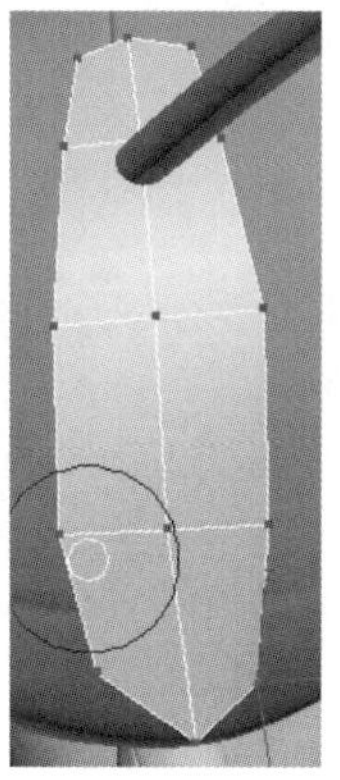

图 8.61

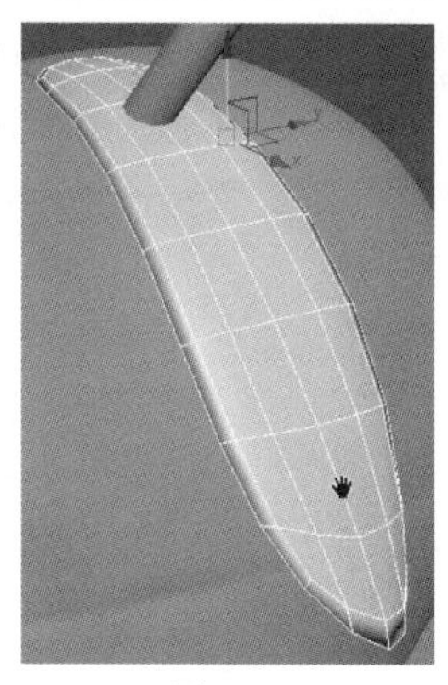

图 8.62

用推拉笔刷在物体表面上雕刻凹凸纹理，如图 8.63 所示。最后在边缘位置将环形线段向内挤出，效果如图 8.64 所示。调整好后的细分效果如图 8.65 所示。

用同样的方法复制制作出剩余的头发模型，整体效果如图 8.66 所示。（该过程需要大量的时间慢慢调整，所以这里就一笔带过了）

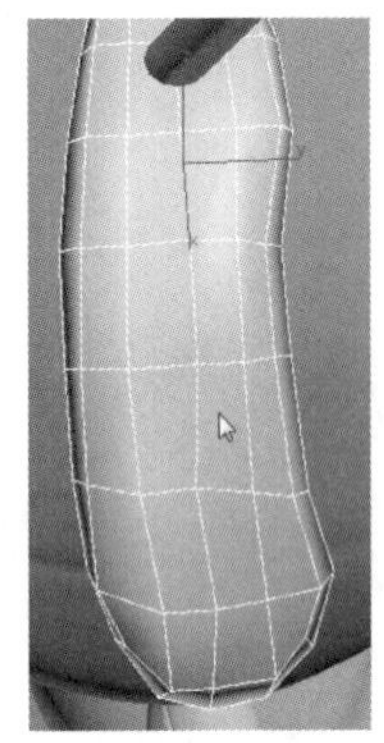

图 8.63

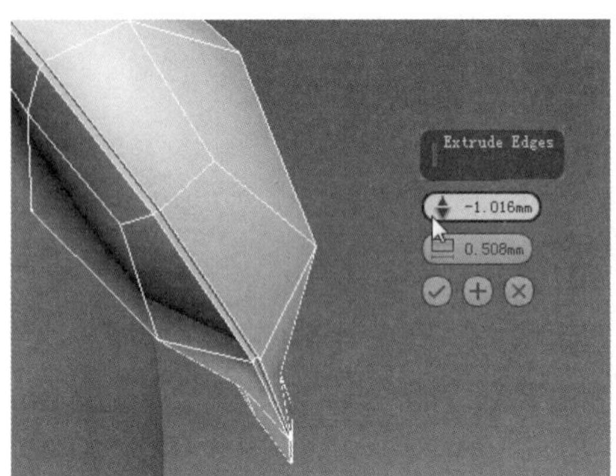

图 8.64

图 8.65

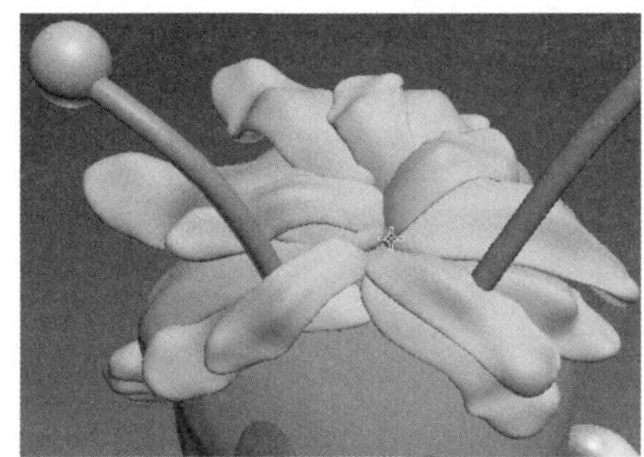

图 8.66

步骤 04 最后将身体模型通过 Symmetry（对称）修改器对称出来，选择图 8.67 中的面，在参数面板下设置 ID 为 2（其他面默认为 1 号 ID），按 M 键打开材质编辑器，单击 Standard 按钮，在弹出的面板中选择 Multi/Sub-Object （多维子材质），然后单击 Delete 按钮删除多余的材质，至保留 2 个即可，如图 8.68 所示。

单击 None 按钮，进入 1 号 ID 材质，将漫反射颜色设置为黄色，然后将 2 号材质漫反射颜色设置为黑色，单击按钮将多维子材质赋予给身体模型，显示效果如图 8.69 所示。

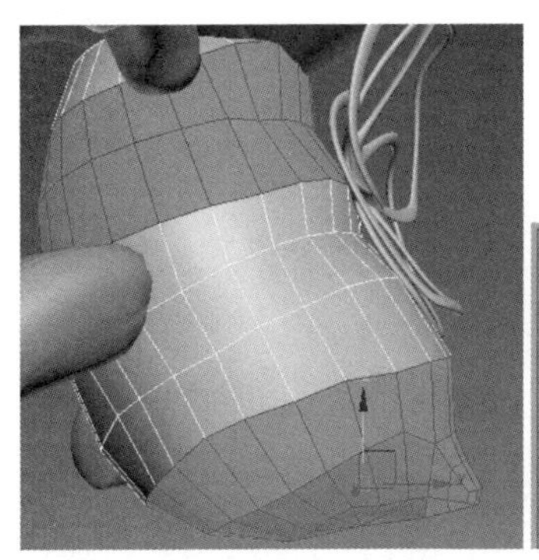

图 8.67

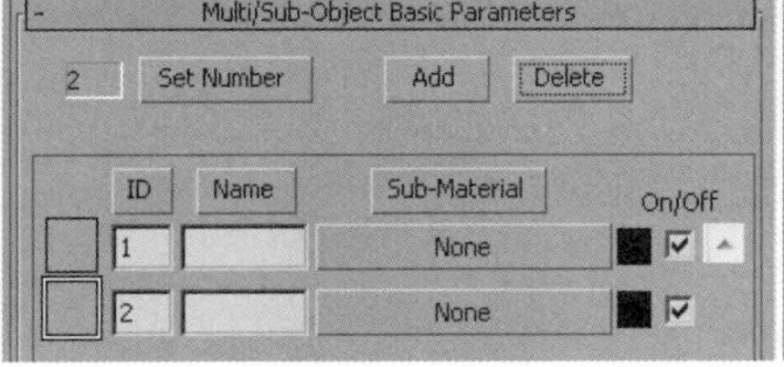

图 8.68

图 8.69

其他材质设置以及贴图绘制这里不再详细讲解，至此本实例模型制作全部讲解完毕。通过本实例学习重点掌握了石墨建模工具下的偏移笔刷、推拉笔刷和松弛笔刷的使用方法，这 3 个笔刷也是比较常用的雕刻工具，所以一定要熟练掌握。

8.2　制作卡通潜艇

本实例来学习制作一个卡通潜艇模型的制作，它和上一节的卡通蜜蜂模型相比，注重硬表面的处理。制作的最终效果如图 8.70 所示。

图 8.70

步骤 01 创建一个球体，设置半径值为 840mm 左右，分段数为 32，然后用缩放工具沿着 X 轴方向拉长，沿着 Z 轴压扁处理，如图 8.71 所示。将该模型转化为可编辑的多边形物体后，删除前部分的面，如图 8.72 所示。

按“3”键进入“边界”级别，选择边界线，按住 Shift 键配合移动和缩放工具挤出面调整成所需形状，调整过程如图 8.73 ~ 图 8.75 所示。

图 8.71

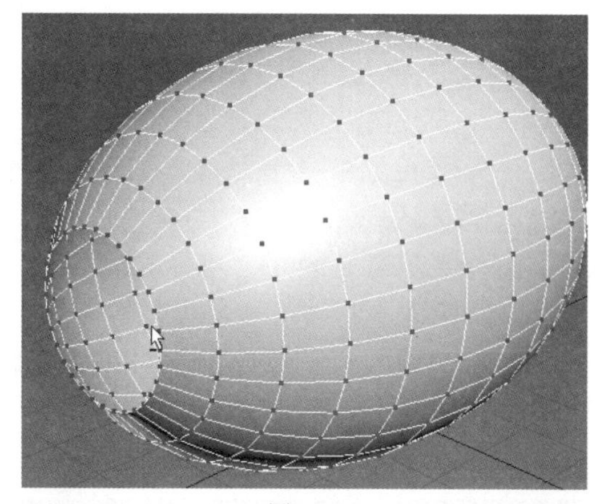

图 8.72

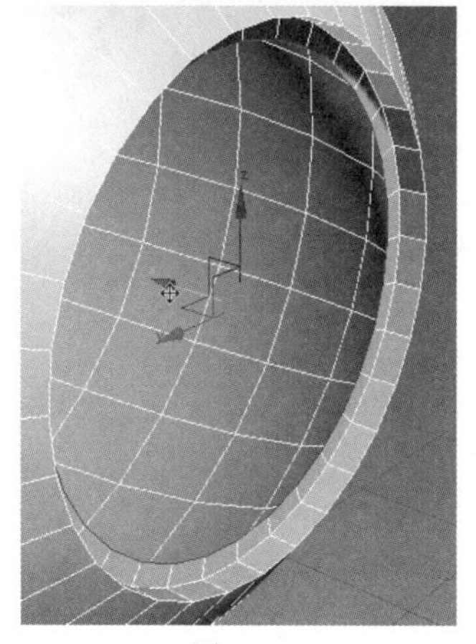

图 8.73

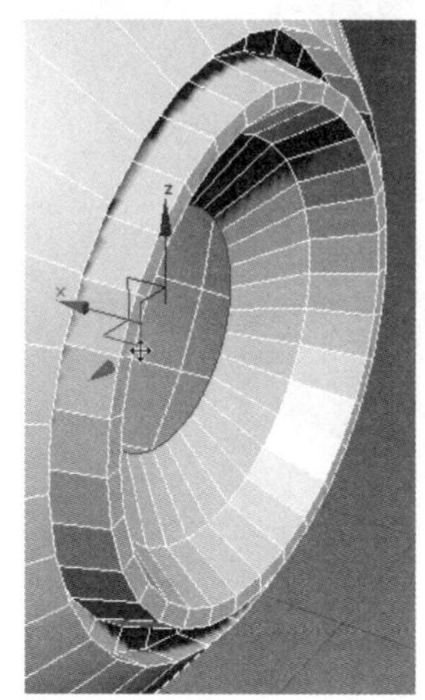

图 8.74

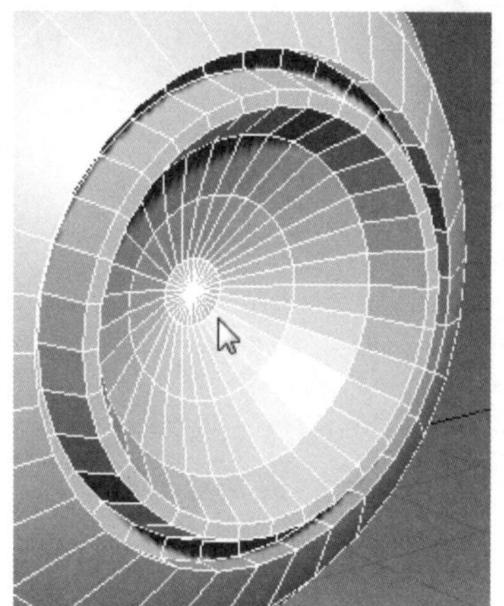

图 8.75

步骤 02 接下来制作出侧面细节。先删除一半的面，在侧面位置创建圆柱体并复制调整位置如图 8.76 所示，同样的在侧面中间位置再创建两个圆柱体。

接下来用复合对象面板下的布尔和超级布尔运算制作出所需要的效果。首先来学习一下两者区别。超级布尔运算大家应该都很了解了，单击 ProBoolean 按钮选择 Subtraction（差集）然后单击 Start Picking 拾取绿色圆柱体即可快速完成布尔运算，如图 8.77 所示。

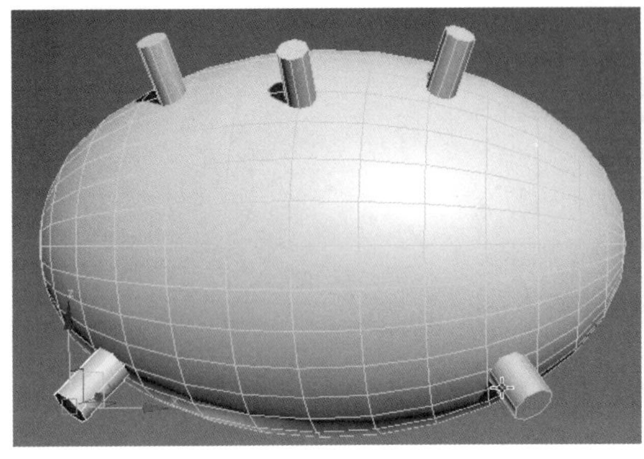
图 8.76

图 8.77

图 8.77 中紫色物体在布尔运算时，希望保留它与黄色物体相交的表面，单击 Boolean 布尔按钮，此时参数选择 Cut，如图 8.78 所示。单击 Pick Operand B 按钮拾取紫色圆柱体，布尔运算之后效果如图 8.79 所示。继续下一个布尔运算时，一定要在视图中空白处单击右键结束当前命令，重新单击 Boolean 按钮，再次单击 Pick Operand B 按钮重新拾取下一个对象，如果拾取第一个物体后直接再次拾取第二个物体就会出现如图 8.80 所示的错误效果（第一次布尔运算效果不见了），而正确的效果如图 8.81 所示。

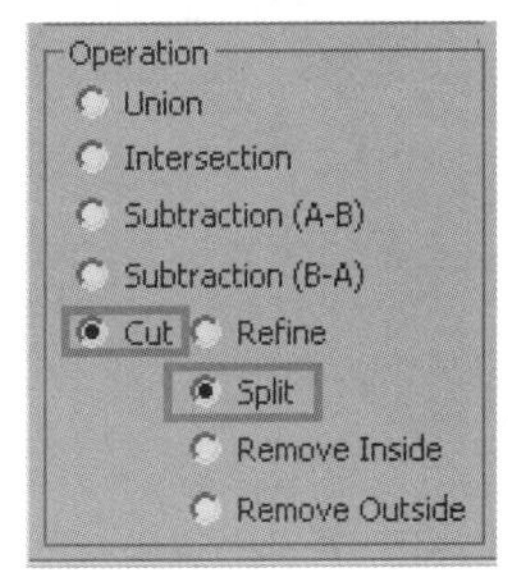

图 8.78

单击按钮进入元素级别，当选择切割部位面片时，可以发现它已经是一个独立的元素级别了可以直接被选中，如图 8.82 所示。单击 Detach（分离）将其分离出来，用同样的方法将第二次布尔运算的面片也分离出来。

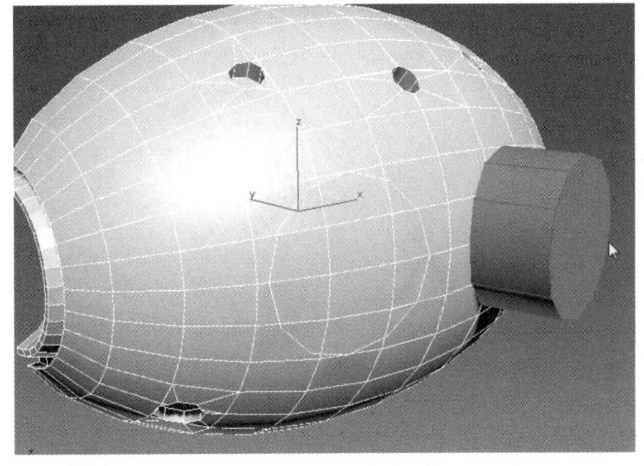
图 8.79

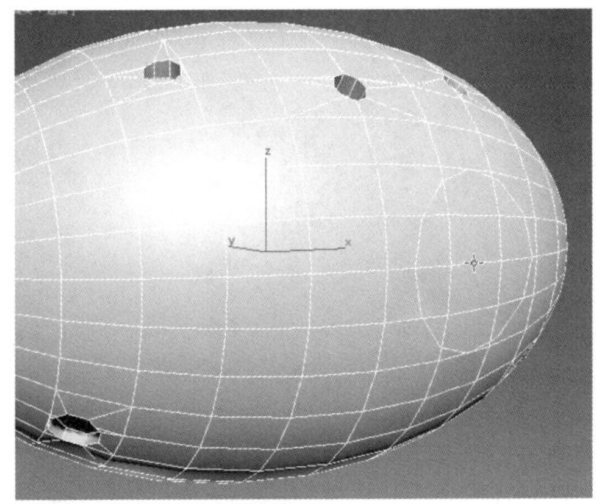
图 8.80

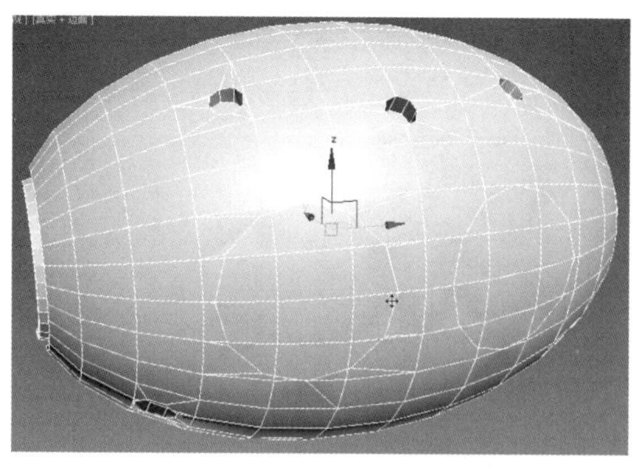

图 8.81

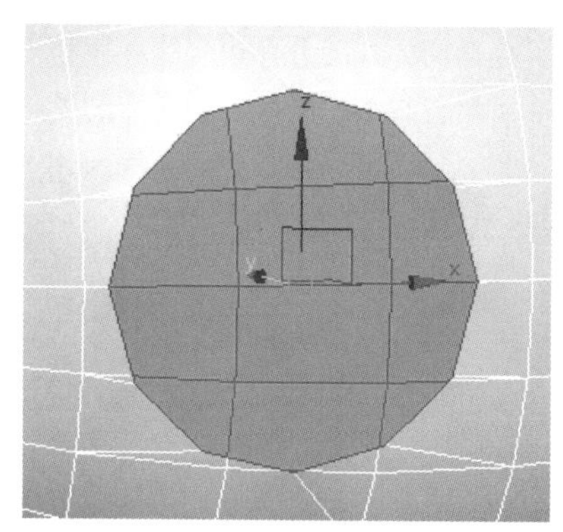

图 8.82

步骤 03 删除图 8.83 中选择的面，由于这些位置参与了布尔运算，在转化为多边形物体后，它的布线不是很规整，如图 8.84 所示，所以此处需要手动来调整一下。单击 Target Weld（目标焊接）按钮将多余的点焊接起来，如图 8.85 所示，用同样的方法将剩余部位开口位置的布线也做优化调整。

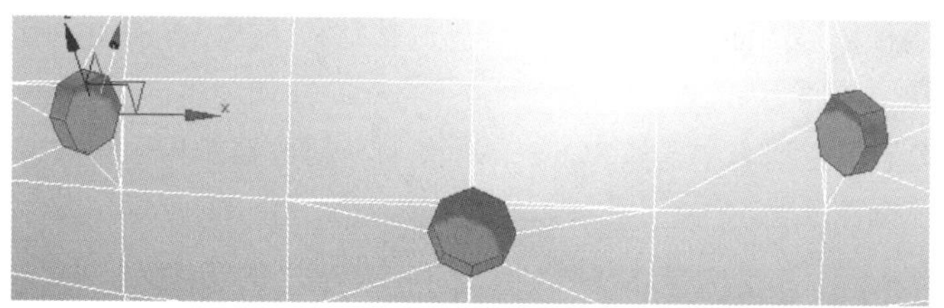

图 8.83

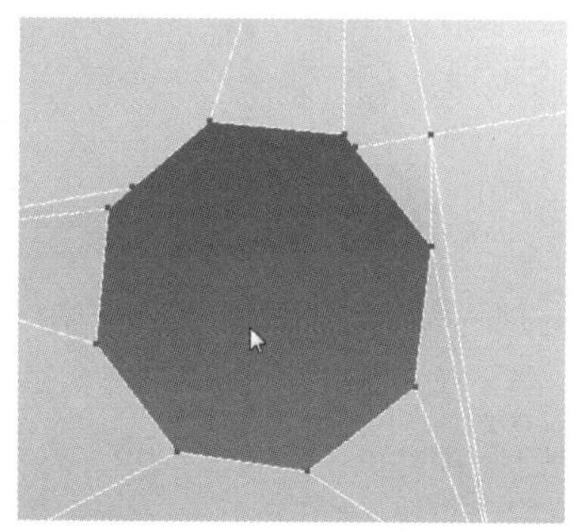

图 8.84

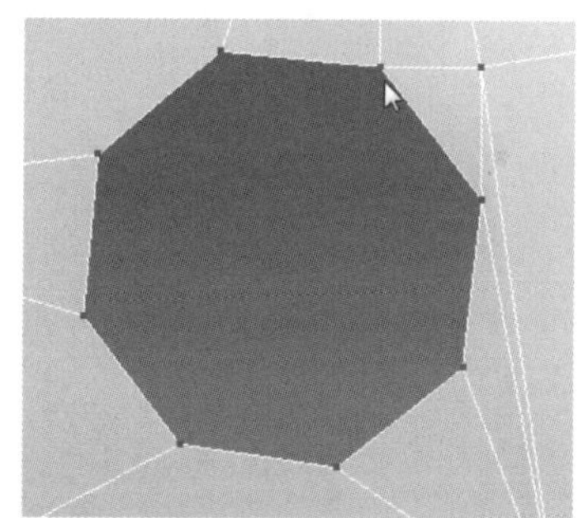

图 8.85

调整布线后的效果如图 8.86 所示。分别选择上下开口边界线，按住 Shift 键向下挤出面并调整，然后将开口封闭起来，最后分别在两端位置加线处理，如图 8.87 所示。

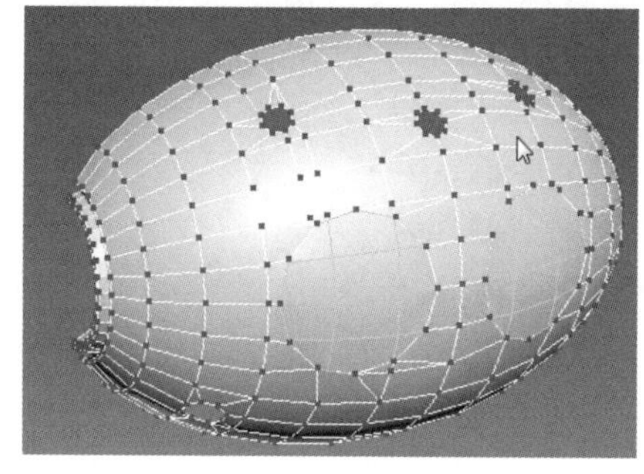

图 8.86

图 8.87

选择侧面大的开口边界线，按住 Shift 键向内挤出面然后用缩放工具沿着 X 轴方向缩放调整，如图 8.88 所示，右侧的洞口也做同样的处理，之后分别在边缘位置加线约束，细分后的效果如图 8.89 所示。

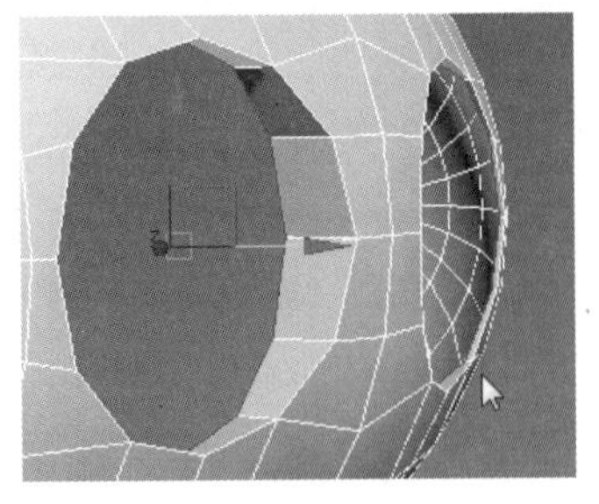

图 8.88

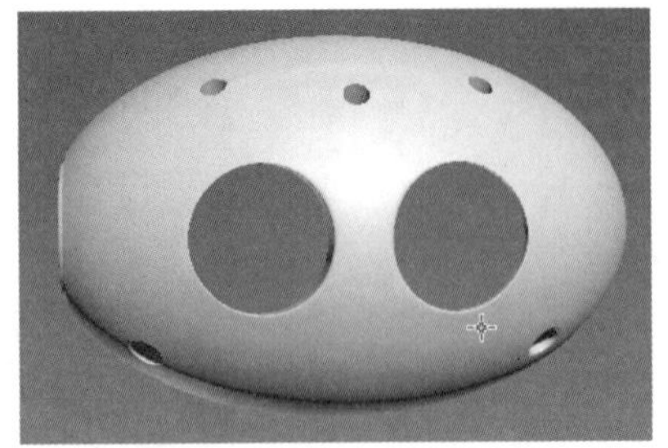

图 8.89

步骤 04 将前面布尔运算留下的洞口位置的面孤立化显示出来，从图 8.90 中发现它的表面上也有很多多余的点，同样用目标焊接工具依次将这些多余的点焊接起来，调整后的效果如图 8.91 所示。

该面片为什么要用布尔运算保留下来而不是直接再创建一个呢？因为它的表面是带有弧度效果的，如图 8.92 所示，直接创建的面片是一个平面，想调整到和球体一样的曲率有点困难，这也是为什么要用布尔工具运算保留的原因。

步骤 05 在修改器下拉列表中选择 Symmetry（对称）修改器对称出另一半然后将其塌陷，在窗口位置创建一个圆环，如图 8.93 所示。

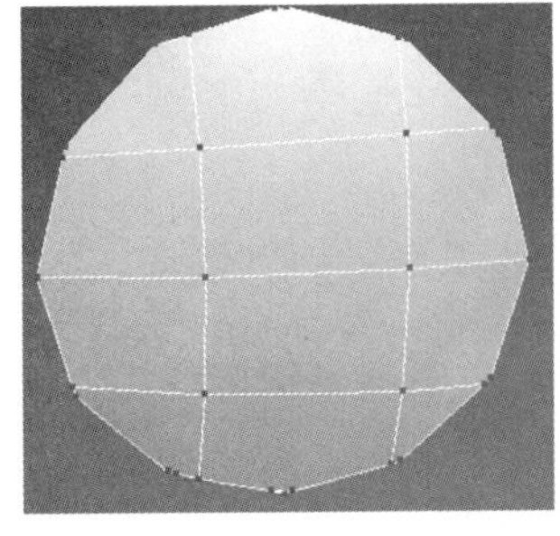

图 8.90

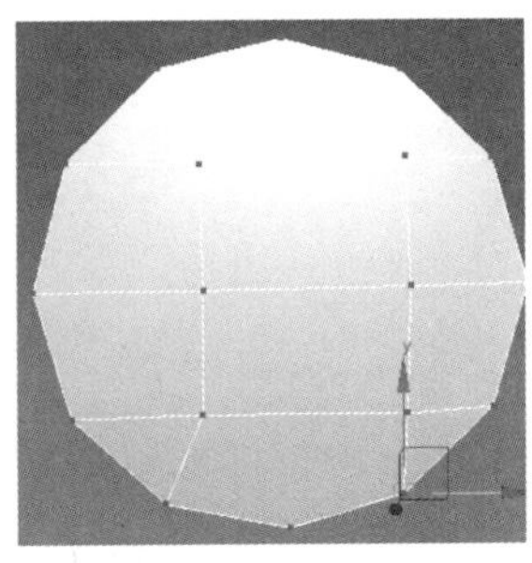

图 8.91

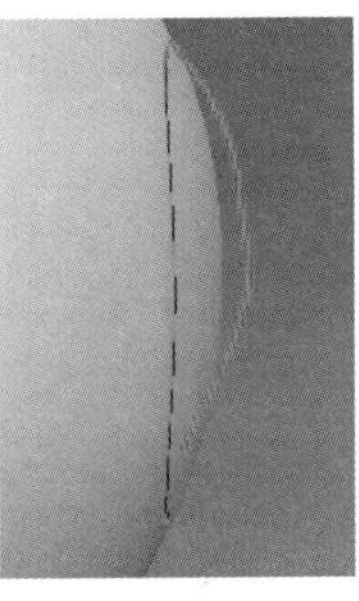

图 8.92

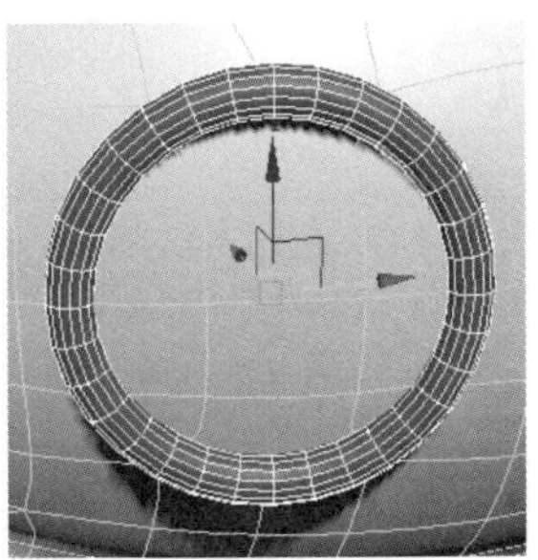

图 8.93

将该圆环转化为多边形物体后，用偏移笔刷调整圆环的形状，如图 8.94 所示，使之与黄色物体表面进行贴合。

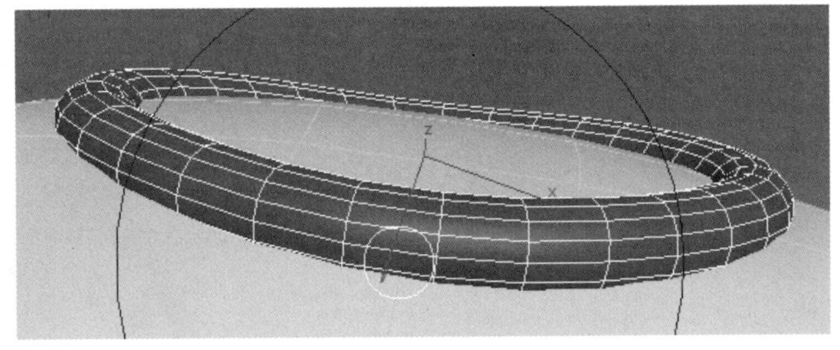

图 8.94

将调整好后的圆环物体复制到另一个窗口位置，如图 8.95 所示，然后选择图 8.96 中的线段切角设置，最后再选择切角位置的面用倒角或者挤出工具向内挤出面并调整，如图 8.97 所示。最后一定记得分别在边缘和棱角的位置加线约束处理，如图 8.98 所示。

图 8.95

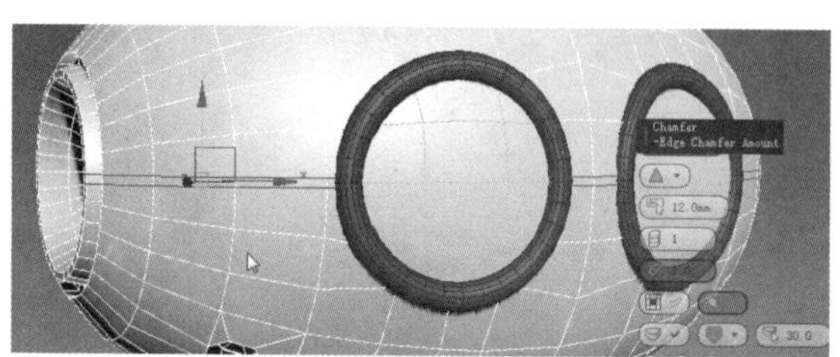

图 8.96

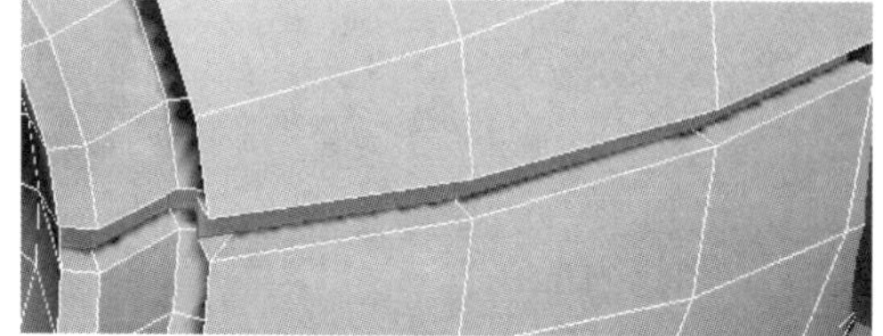

图 8.97

图 8.98

细分后的效果如图 8.99 所示。然后在游艇的前端位置再创建一个圆环物体，如图 8.100 所示。

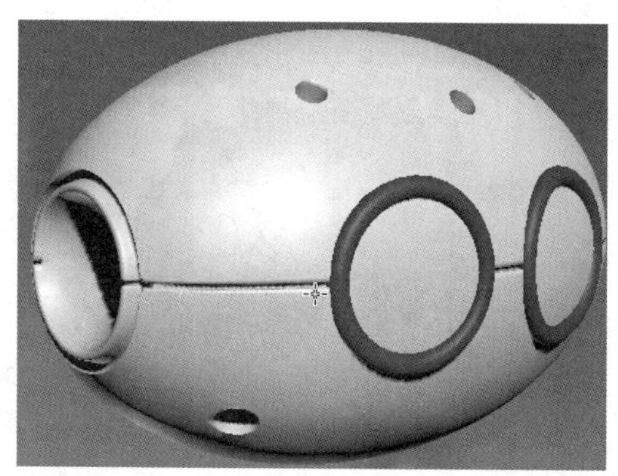

图 8.99

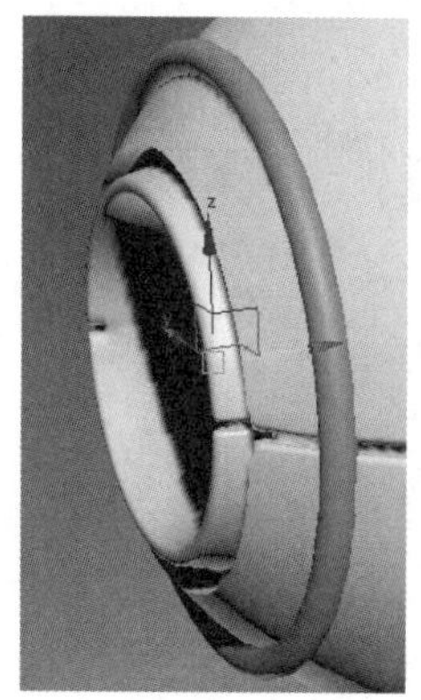

图 8.100

步骤 06 在尾部创建一个胶囊物体并将其转化为可编辑的多边形物体，删除前半部分的面然后选择边界线按住 Shift 键配合缩放和移动工具挤出面并调整至图 8.101 所示形状。然后选择图 8.102 中的线段进行切角处理。将该模型细分后，在图 8.103 中的位置创建一个长方体模型。

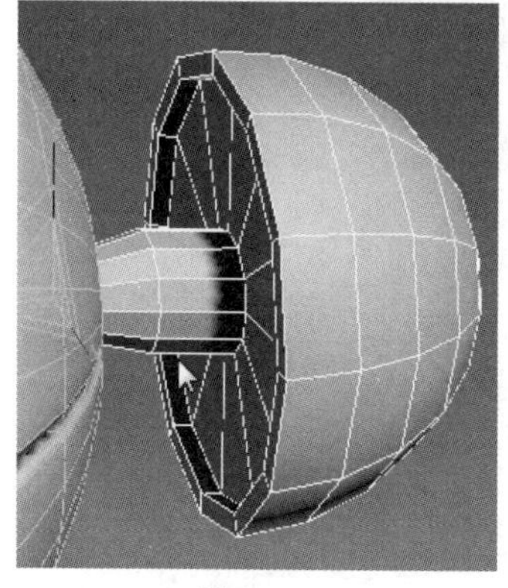

图 8.101

图 8.102

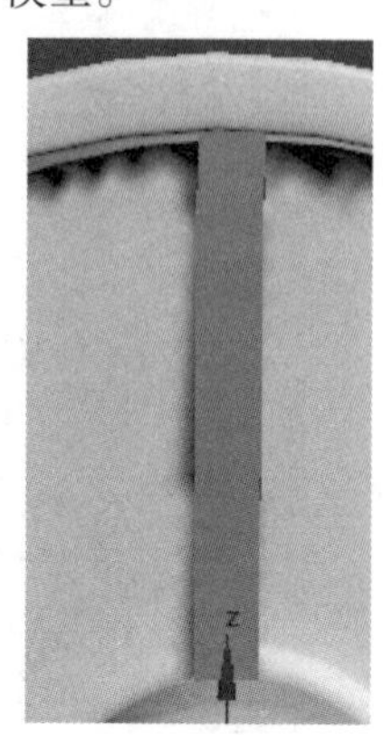

图 8.103

将该模型围绕绿色物体的轴心旋转复制两个，效果如图 8.104 所示。注意，在旋转复制时需要先调整物体的选转轴心。

图 8.104

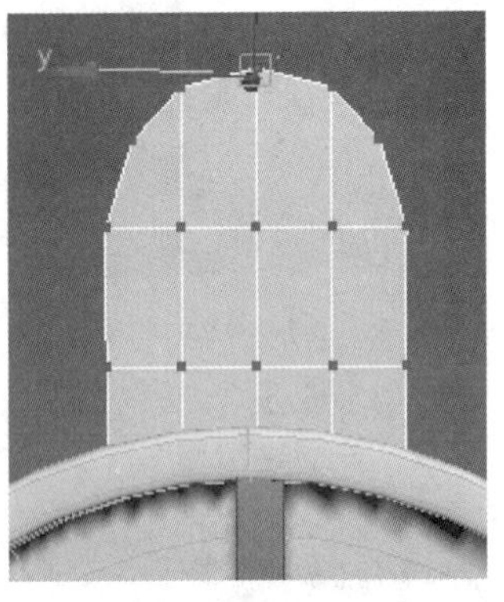

图 8.105

步骤 07 制作螺旋桨。首先创建一个长方体并将其转换为可编辑的多边形物体，先调整形状至图 8.105 所示，然后在修改器下拉列表中选择 Bend（弯曲）修改器，调整 X 轴弯曲角度效果如图 8.106 所示，再次添加 Bend（弯曲）修改器，调整 X 轴角度和方向分别为-26 和-34 左右，效果如图 8.107 所示。

将该物体塌陷为多变形物体，然后调整侧面弧度至图 8.108 所示，细分后的效果如图 8.109 所示。

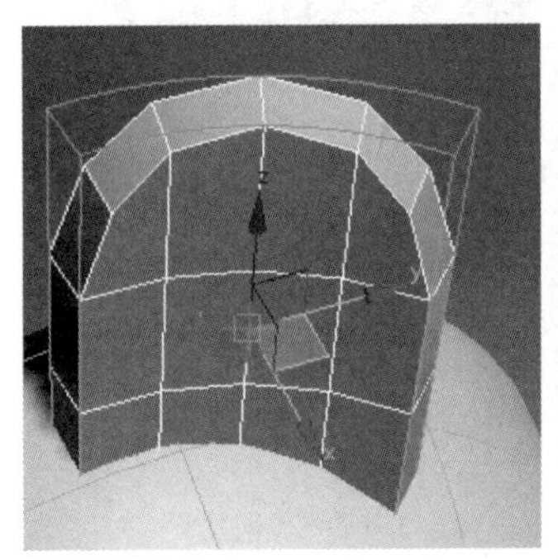

图 8.106

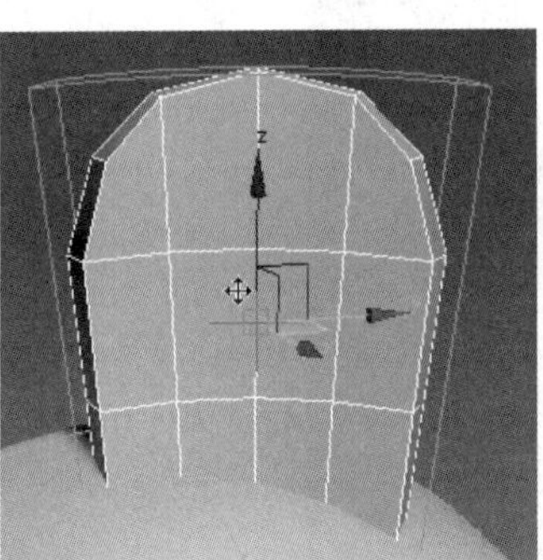

图 8.107

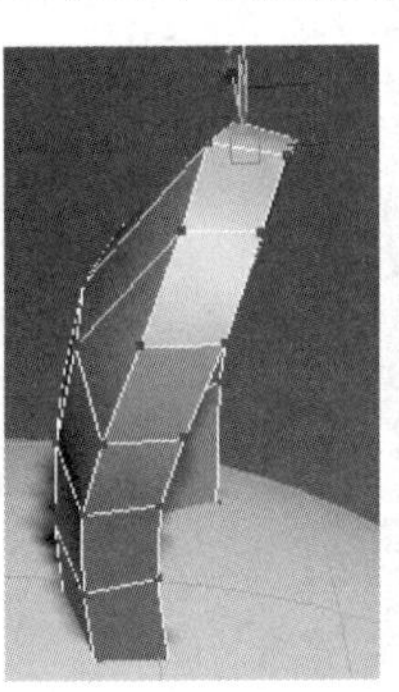

图 8.108

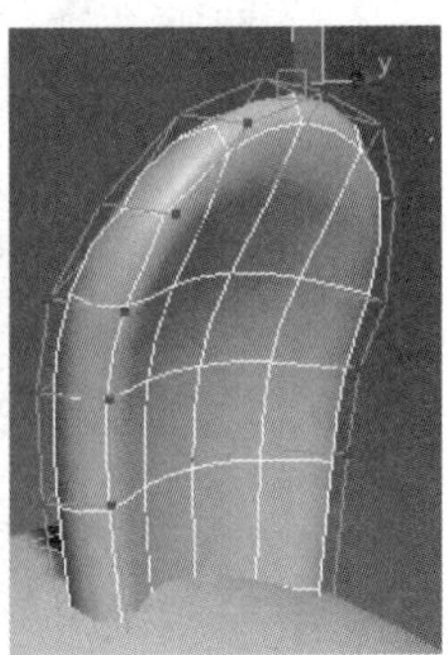

图 8.109

单击面板下的 Affect Pivot Only（紧影响轴）按钮，调整它的轴心到绿色物体的轴心位置，如图 8.110 所示，然后旋转复制两个如图 8.111 所示。

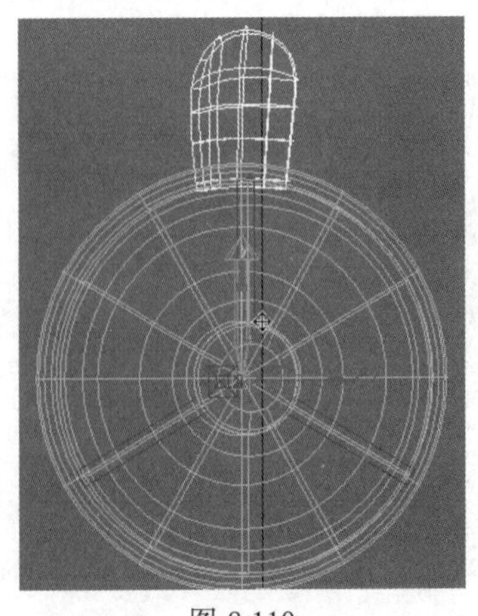

图 8.110

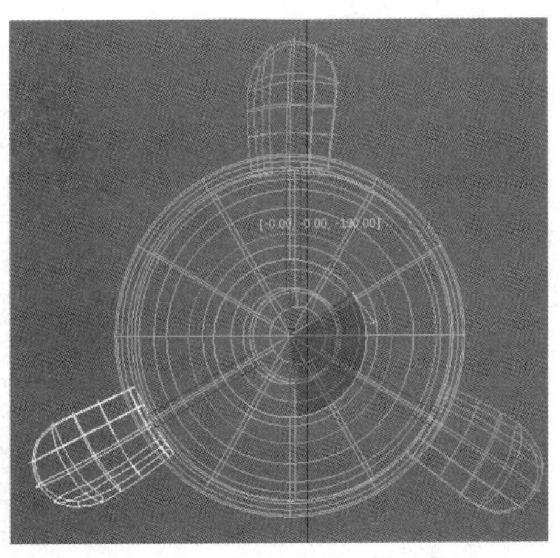

图 8.111

步骤 08 在游艇的顶部创建一个长方体并简单编辑调整至图 8.112 所示。继续细化调整（配合面的挤出和倒角工具），调整过程参考图 8.113 ~ 图 8.115 所示。

图 8.112

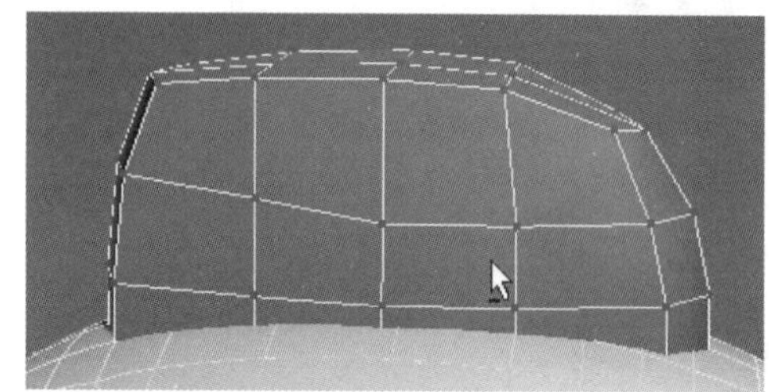

图 8.113

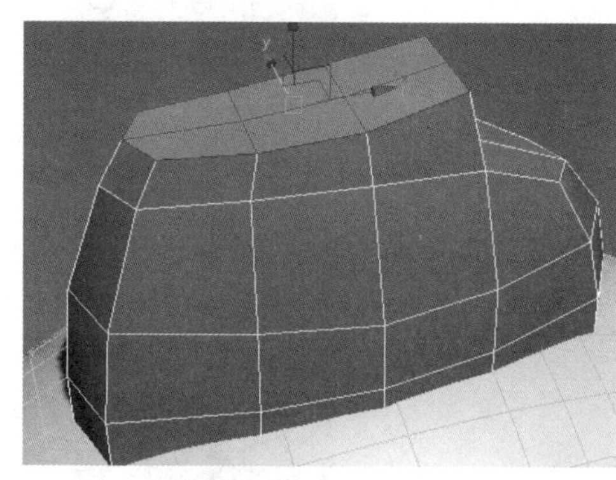

图 8.114

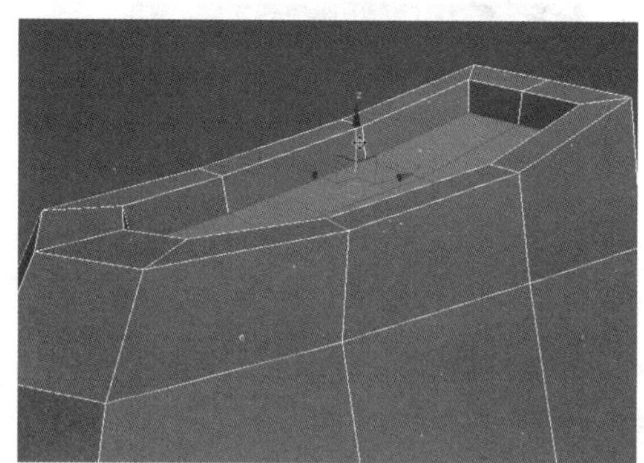

图 8.115

创建一个弧形样条线，勾选 Rendering 卷展栏下的☑ Enable In Renderer 和☑ Enable In Viewport，设置 Thickness（厚度值）和 Sides（边数）的值，效果如图 8.116 所示，将该样条线直接转化为可编辑的多边形物体后，先删除顶端的面，然后选择顶端的边界线挤出面调整至图 8.117 所示，最后在该位置再创建一个圆环物体，如图 8.118 所示。

图 8.116

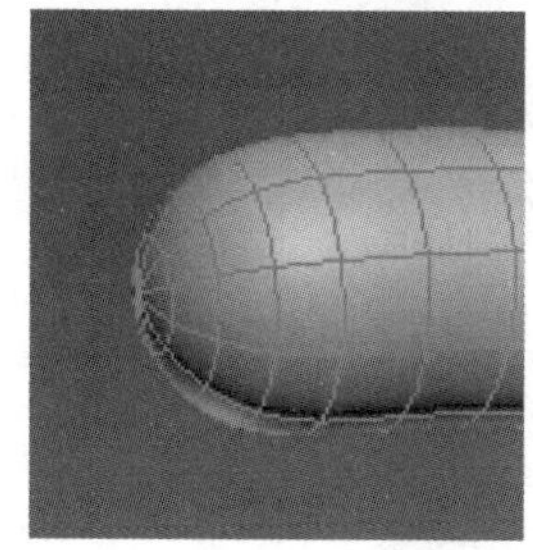

图 8.117

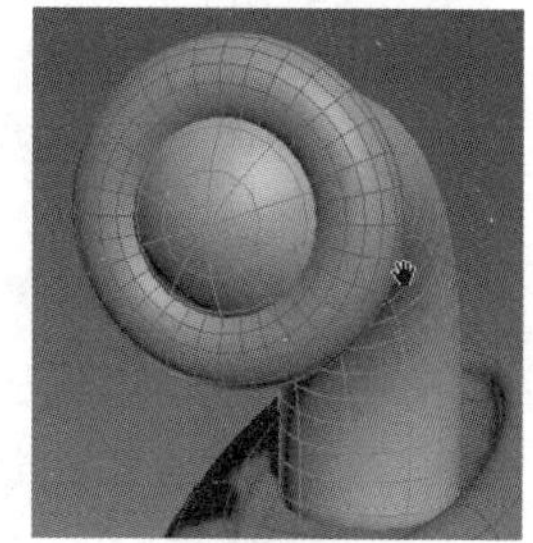

图 8.118

此时整体效果如图 8.119 所示。

步骤 09 制作章鱼模型。章鱼模型的制作是需要一定的技巧的，注意配合石墨工具下的一些命令来快速制作。

首先，创建一个球体，大小和位置如图 8.120 所示，分段数为 24 左右。将该球体转换为可编辑的多边形物体后，将图 8.121 中的面倒角挤出，或者先删除面后再选择边界线，直接按住 Shift 键移动挤出面，注意将开口形状逐步调整成圆形，继续挤出至图 8.122 所示形状。

图 8.119

图 8.120

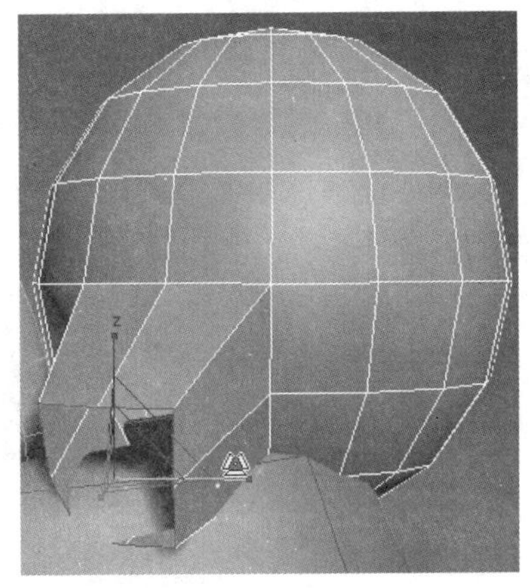
图 8.121

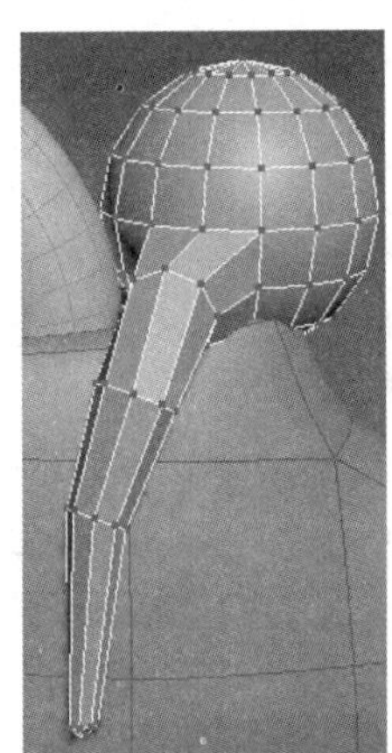
图 8.122

用同样的方法将图 8.123 中的面挤出，依次单击 Freeform（自由形式）| PolyDraw（多边形绘制）Branches（分枝工具）按钮，调整 Minimum Distance:（最小距离）改为 25，在该面上直接单击并拖动可以快速拖动出面，如图 8.124 所示。

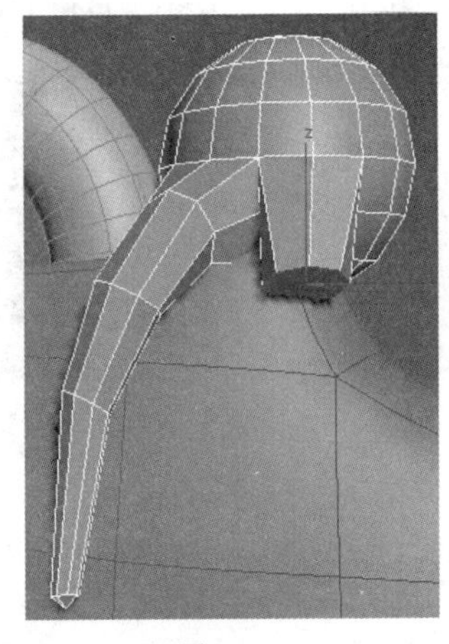
图 8.123

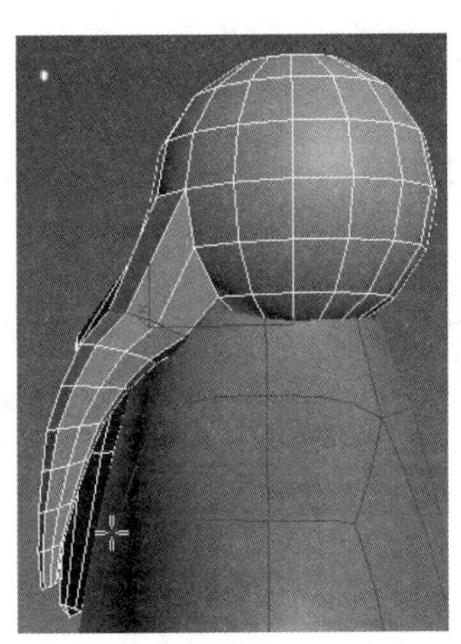
图 8.124

同样，将图 8.125 中的面挤出，然后删除面，选择边界线，单击石墨工具面板下的 Modeling（建模）| Loops（循环）|（循环工具），在打开的循环工具面板中单击 Circle（圆形）按钮可以快速将该位置的线段调整为圆形，如图 8.126 所示，然后单击 Cap 封口命令封口处理（为什么要封口，因为分枝工具的使用是基于面的基础上的，没有面该工具也就没有作用了）。

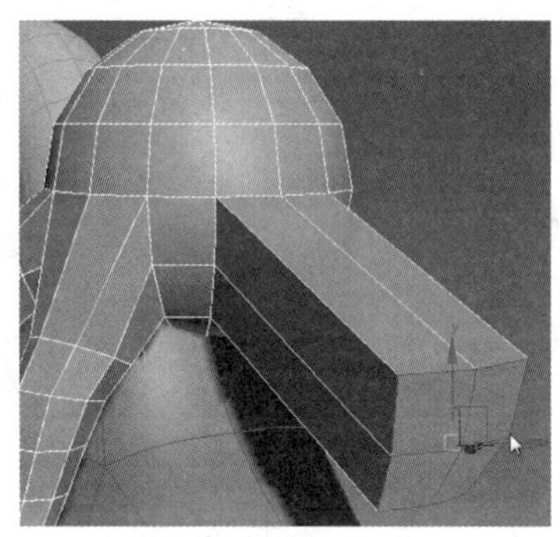

图 8.125

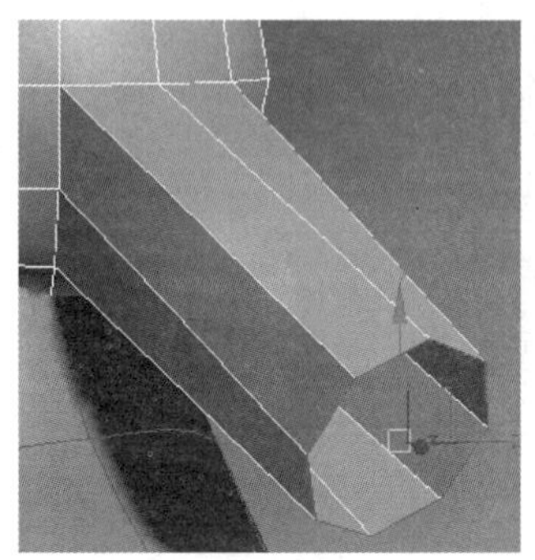

图 8.126

先调整一下该面的位置，如图 8.127 所示。然后用分枝工具拖动出尾巴效果，如图 8.128 所示，此时一些面嵌入到了其他物体内部，可以用偏移笔刷调整位置形状使嵌入到其他物体内部的点调整出来，如图 8.129 所示。

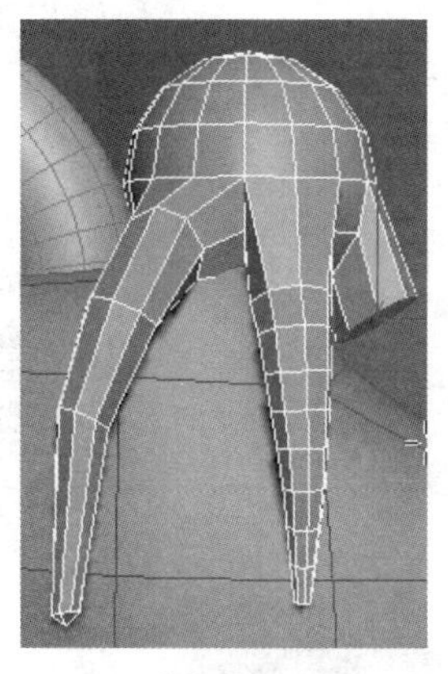

图 8.127

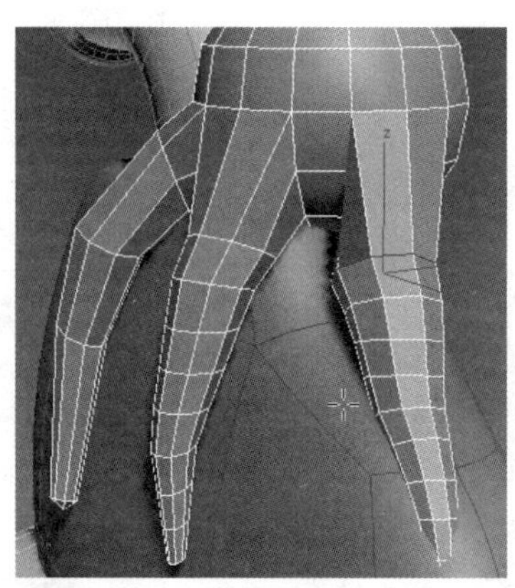

图 8.128

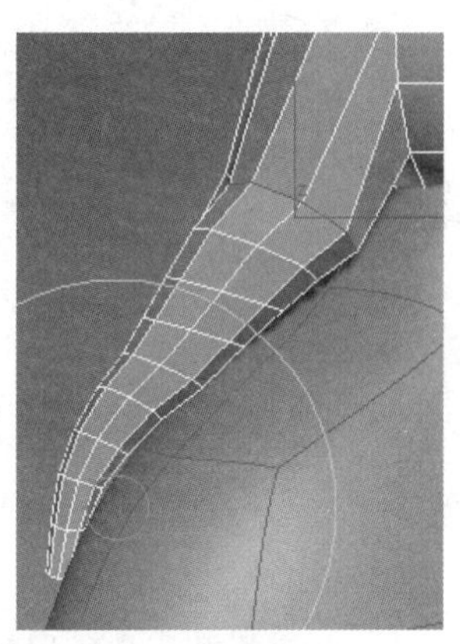

图 8.129

用同样的方法制作出其他爪子模型，如图 8.130 所示，调整后的细分效果如图 8.131 所示。

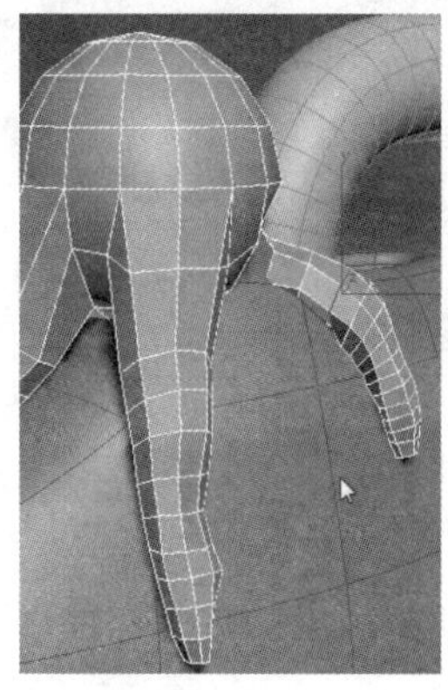

图 8.130

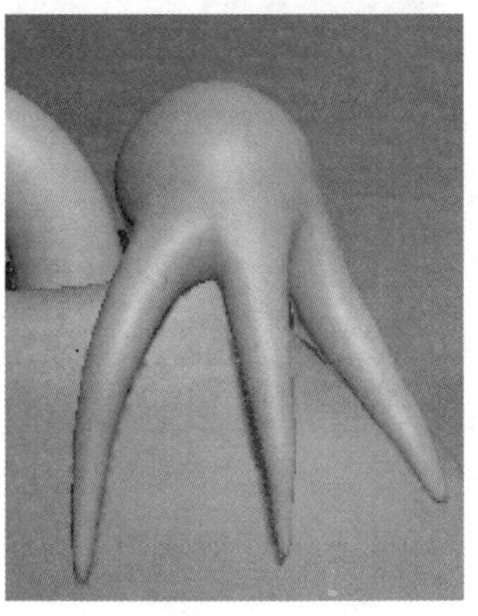

图 8.131

步骤 10 在头部上方再创建一个圆柱体，如图 8.132 所示，在将其转化为可编辑的多边形物体后修改形状至图 8.133 所示，细分后的效果如图 8.134 所示。

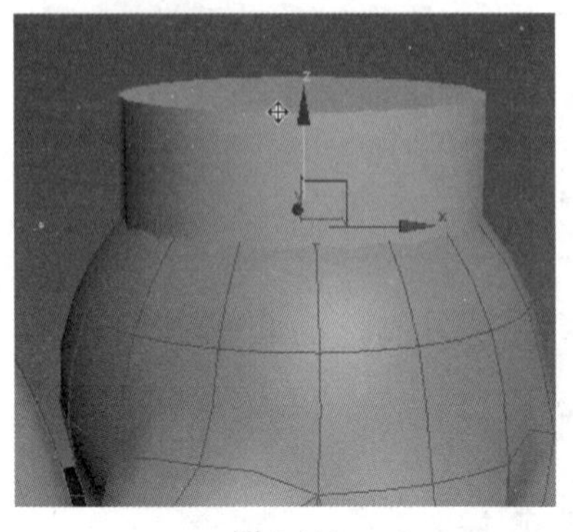

图 8.132

图 8.133

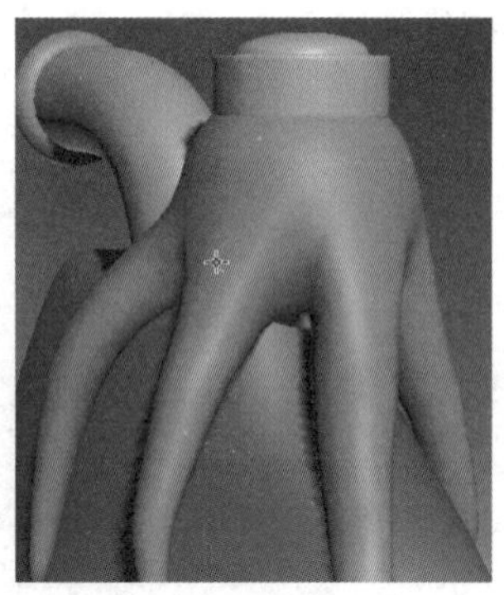

图 8.134

步骤 11 在游艇的前方位置创建一个球体沿着 X 轴缩放压扁调整后将其转化为可编辑的多边形物体，适当调整形状至图 8.135 所示。将该球体复制调整至图 8.136 所示，快速制作出身体以及腿部部位，用同样的方法复制出手臂部位模型后细致调整形状至图 8.137 所示。然后镜像复制出另一只手臂，如图 8.138 所示。最后在两手臂之间创建一些圆环物体、胶囊物体拼接出方向盘效果，如图 8.139 所示。

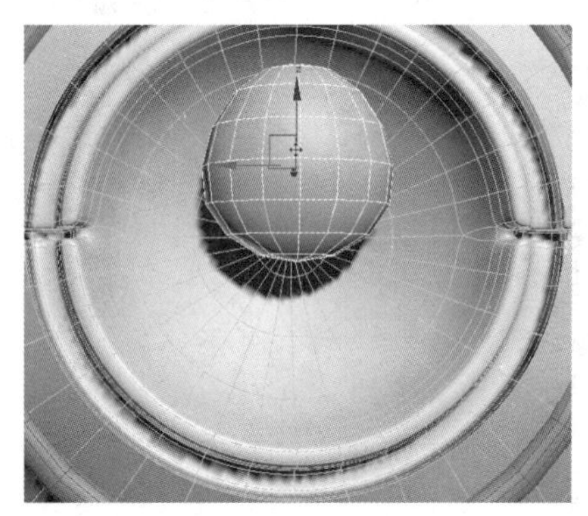

图 8.135

图 8.136

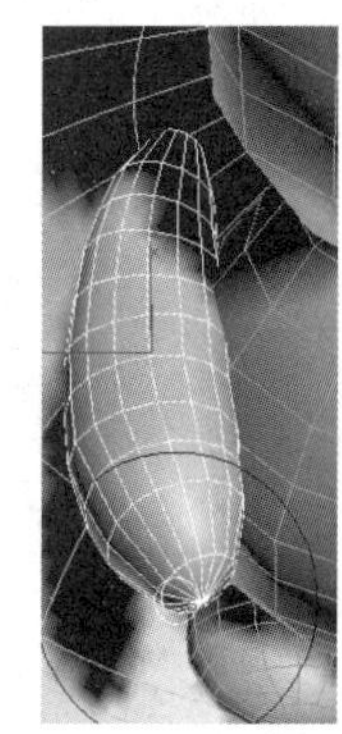

图 8.137

图 8.138

图 8.139

创建一个球体模型，删除部分面调整位置和大小至图 8.140 所示，按 Alt+X 快捷键透明化显示，并缩放复制一个整体效果，如图 8.141 所示。

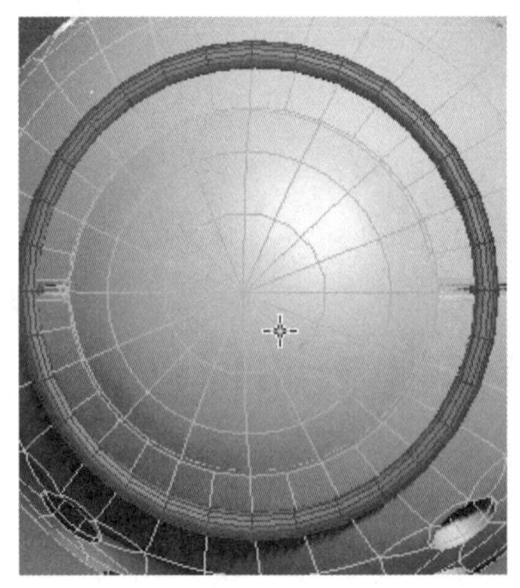
图 8.140

图 8.141

步骤 12 绘制贴图。

单击 Tools 菜单下的 Viewport Canvas...（视口画布）按钮，在打开的视口画布面板中单击（笔刷）按钮，此时会弹出指定材质面板，单击 Assign Standard Material 按钮，在弹出的选项中选择 Diffuse Color（漫反射颜色）通道，然后在 Create Texture:Diffuse Color(创建纹理：漫反射颜色)面板中设置尺寸为 1024，单击 ... 按钮选择贴图保存位置，并将 Color 面板设置一个蓝色，过程如图 8.142 ~ 图 8.144 所示。

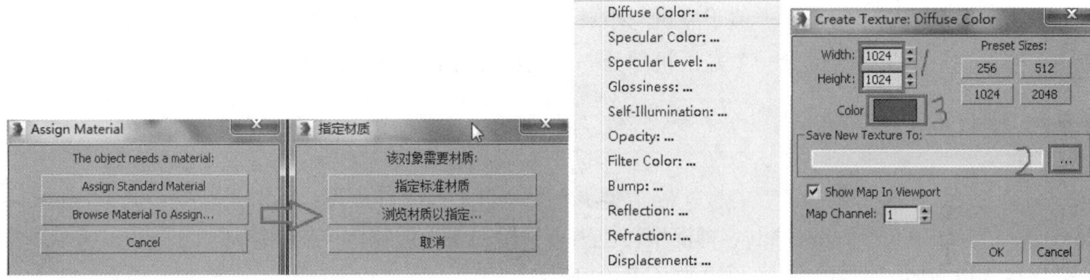

图 8.142　　图 8.143　　图 8.144

设置好贴图大小和位置后就可以在模型表面进行绘制了。选择一个黑色在章鱼表面上简单绘制出眼睛和嘴巴，如图 8.145 所示，绘制完成后右键结束绘制即可。

最终的效果如图 8.146 所示。至此，本实例中的卡通游艇模型全部制作完成，其他贴图的设置不再详细讲解。

图 8.145

图 8.146

第 9 章　制作电子通信产品

随着时代的发展，电子产品更新换代的速度也越来越快，特别是电子通信产品是每个人必备的电子器材，特别是像手机等更是人们必不可少的信息沟通工具。本章将介绍手机和 MP4 的制作来学习一下这类模型的制作方法。

9.1　制作子母机电话

本实例中学习制作的电话类似于座机与小灵通的结合体，适合家庭不同房间组网使用。它可以分为两个部分，一个是母机部分一个是子机部分。首先从母机的座机开始制作。

9.1.1　制作母机

步骤 01　在视图中创建一个长、宽、高均为 200mm 的长方体模型，右击，在弹出的菜单中选择 Convert To:|Convert to Editable Poly，将模型转换为可编辑的多边形物体。先调整形状至图 9.1 所示，然后分别在物体横向、纵向上加线并调整至图 9.2 所示。

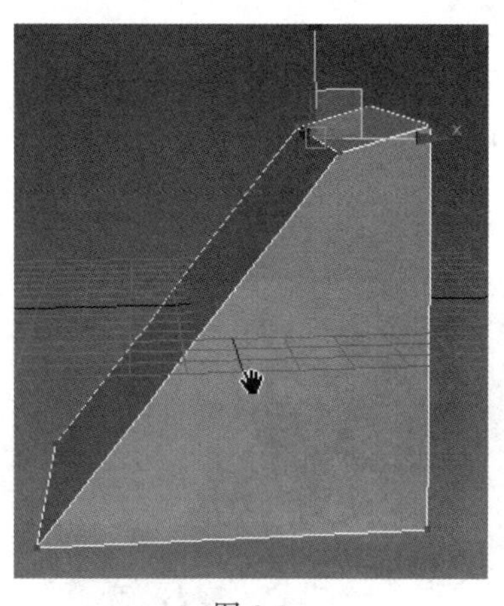

图 9.1

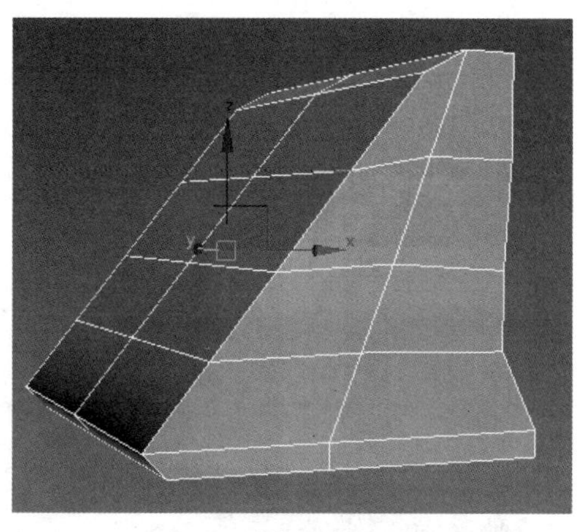

图 9.2

侧面调整：为了更好地把握侧面形状，先在侧面位置创建一个圆柱体，如图 9.3 所示，然后在侧视图中根据圆柱体的形状来调整黄色物体的侧边面的布线，如图 9.4 所示。

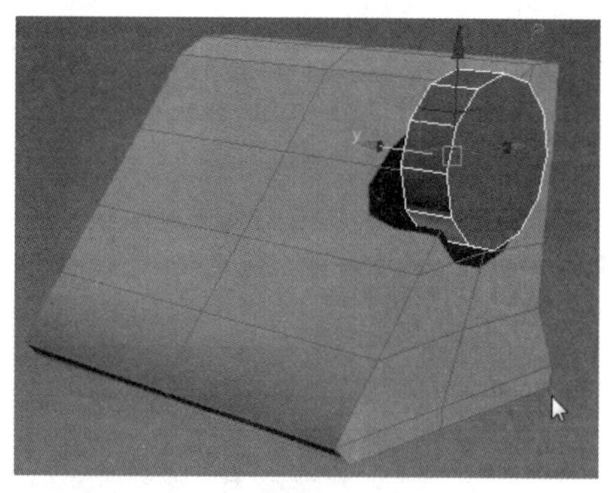

图 9.3

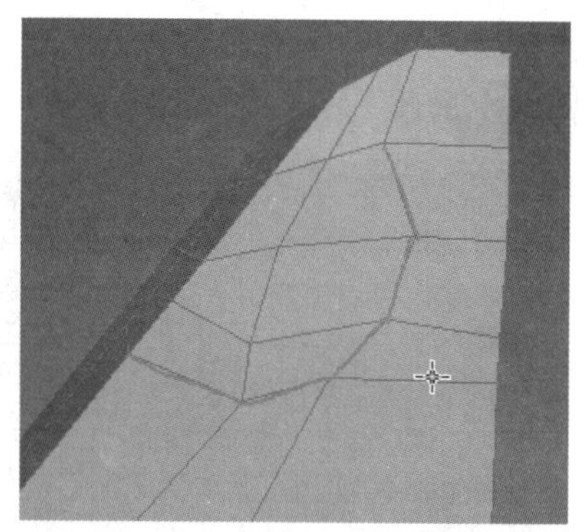

图 9.4

右击，在弹出的菜单中选择 Cut（剪切）命令剪切调整布线至图 9.5 所示，之后选择图 9.6 中的面挤出调整。

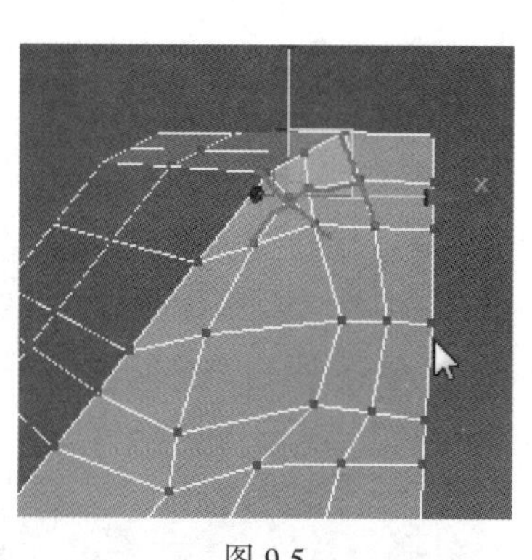

图 9.5

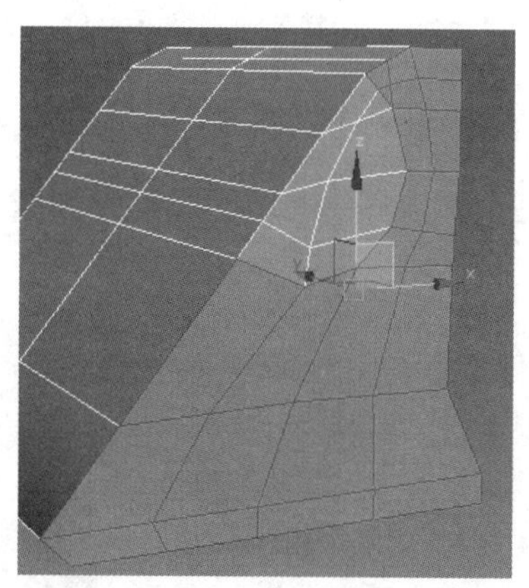

图 9.6

如果挤出面后发现有部分面是不需要挤出的，此时可以选择图 9.7 中不需要挤出的面将其删除，然后在边级别下选择边向内侧挤出面然后在点级别下用目标焊接工具将点焊接调整，最后补洞即可，效果如图 9.8 所示。

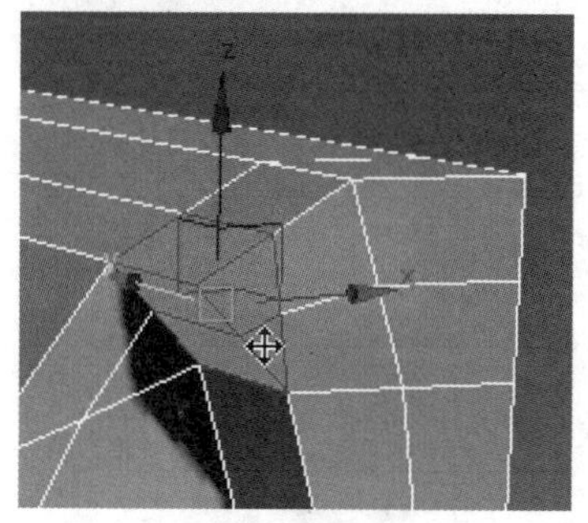

图 9.7

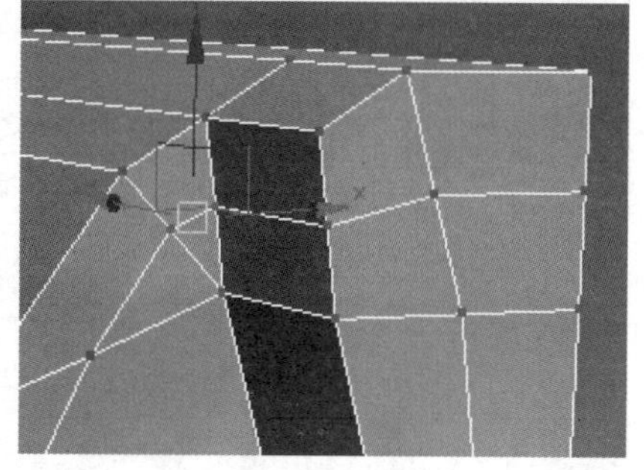

图 9.8

步骤 02 在图 9.9 中所示的一圈位置加线然后选择该线段，用挤出工具将线段向内挤出，如图 9.10 所示。这样操作的目的是为了在该位置表现凹痕纹理。

分别在右端和左端位置加线，如图 9.11 和图 9.12 所示，然后选择图 9.13 中的面先向内再向外倒角挤出制作出凹痕效果，细分后效果如图 9.14 所示。凹痕效果已经制作出来了，但是模型也发生了较大的变形，特别是拐角位置，所以需要在拐角位置加线约束，如图 9.15 所示，这样在细分后拐角就不会出现较大的圆弧效果了。

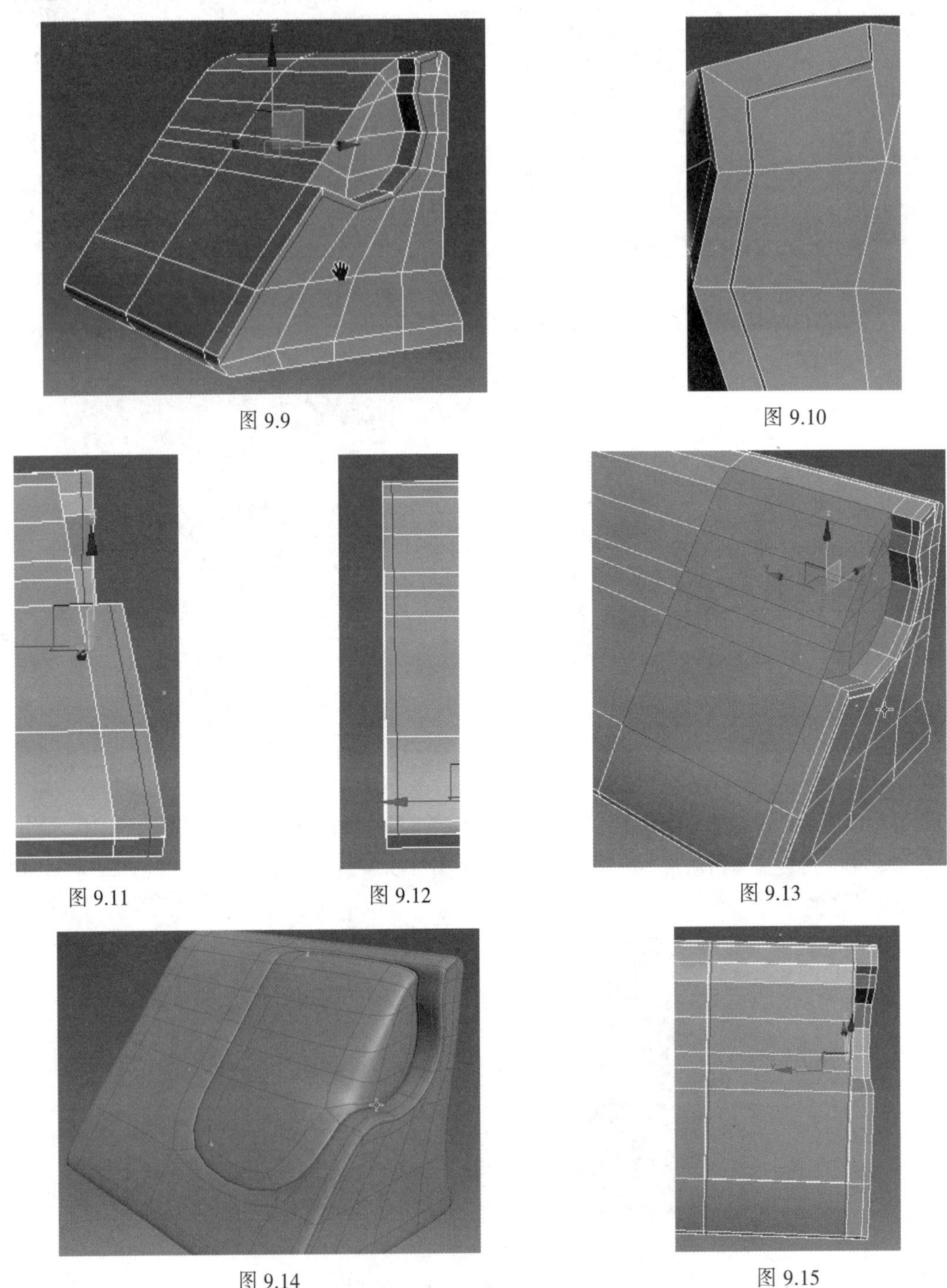

图 9.9　图 9.10

图 9.11　图 9.12　图 9.13

图 9.14　图 9.15

步骤 03 如果模型需要表现圆角效果怎么办呢？比如图 9.16 底部两个角需要表现圆角效果，那么就可以在底部位置加线后，将两角的点适当向内侧收索移动调整，如图 9.17 所示。用同样的方法对顶角也作同样的圆角处理。

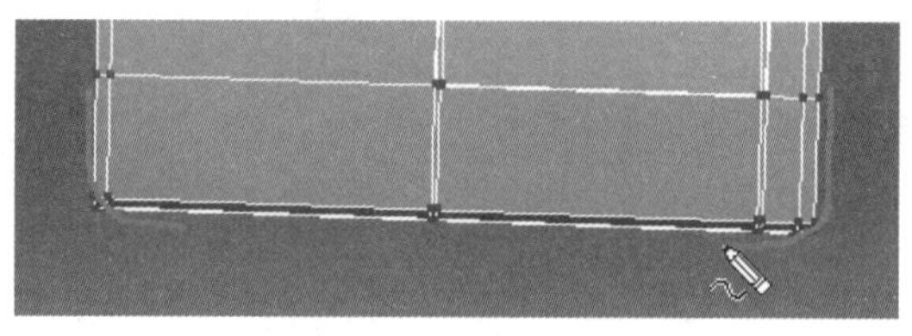
图 9.16

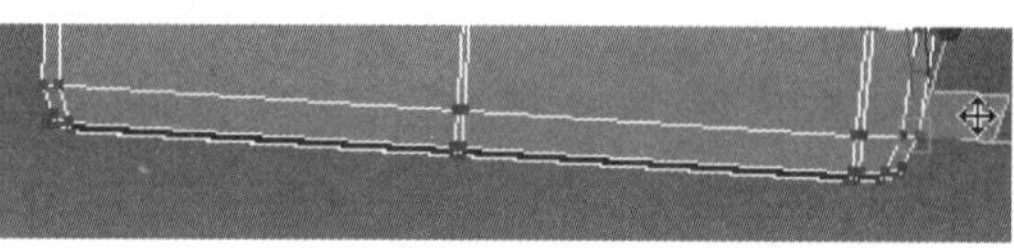
图 9.17

步骤 04 为了更好地表现背部的一些细节，先在图 9.18 中的位置分别加线处理然后选择图 9.19 中背部的面用倒角工具倒角挤出。

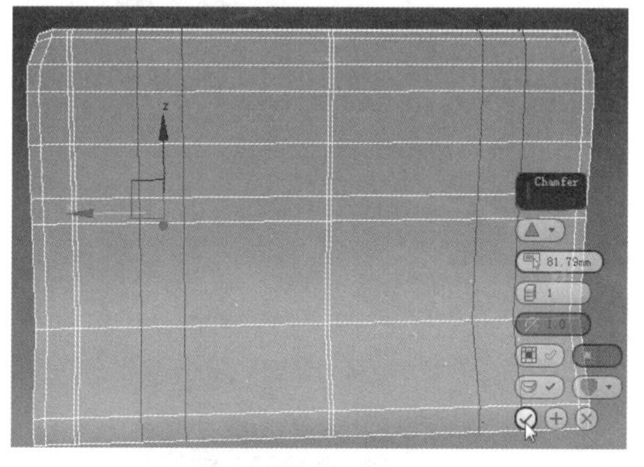

图 9.18

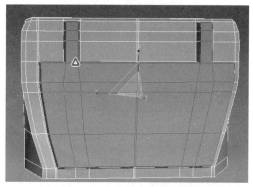

图 9.19

同样用倒角工具将图 9.20 中的面向内倒角挤出，最后分别在上下边缘位置加线约束，如图 9.21 和图 9.22 所示。

图 9.20

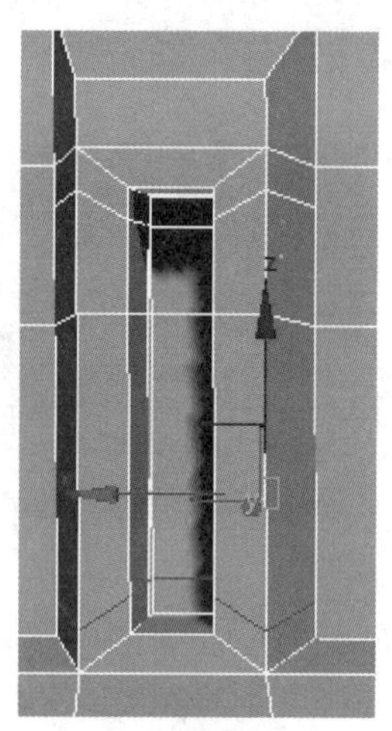
图 9.21

图 9.22

同理，也需要在模型厚度的边缘位置加线，如图 9.23 所示，细分后的效果如图 9.24 所示。

选择图 9.25 中底部部分面，单击 Bevel （倒角）后的按钮进行倒角设置，挤出方式以 Group 组的方式挤出，调整效果如图 9.26 所示。

面挤出后，在细分后四角肯定出现较大的变形，除了加线约束之外，还可以将四角的线段切角处理，如图 9.27 和图 9.28 所示。

线段切角后注意将多余的点用目标焊接工具焊接起来，同时点与点之间该连接线段的一定要在两点之间连接出线段，如图 9.29 所示。

同样正面形状调整需要加线后选择图 9.30 中的面直接挤出，此时挤出的面的方向如图 9.31 所示。我们需要手动调整挤出的面至水平位置如图 9.32 所示。

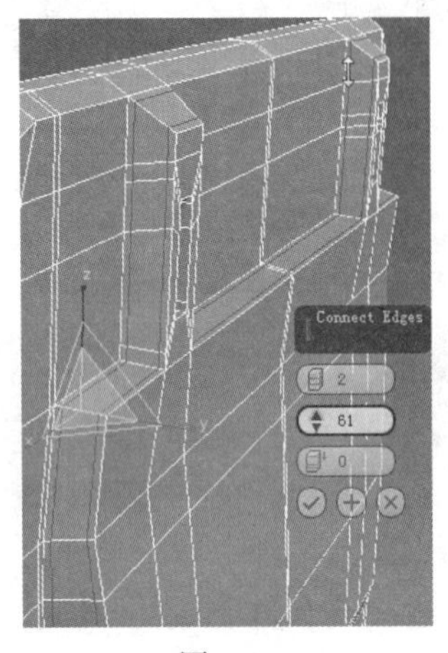

图 9.23

图 9.24

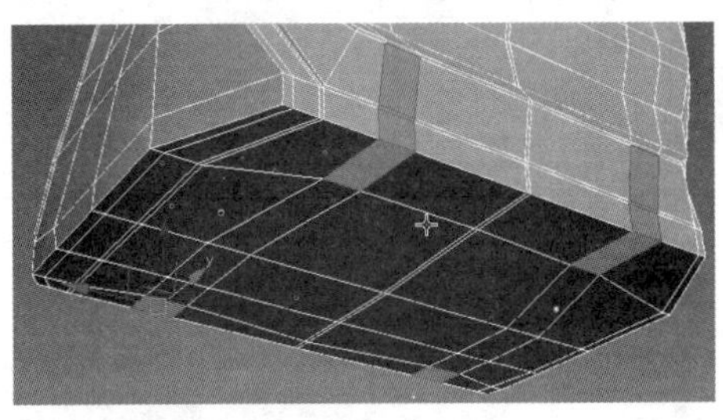

图 9.25

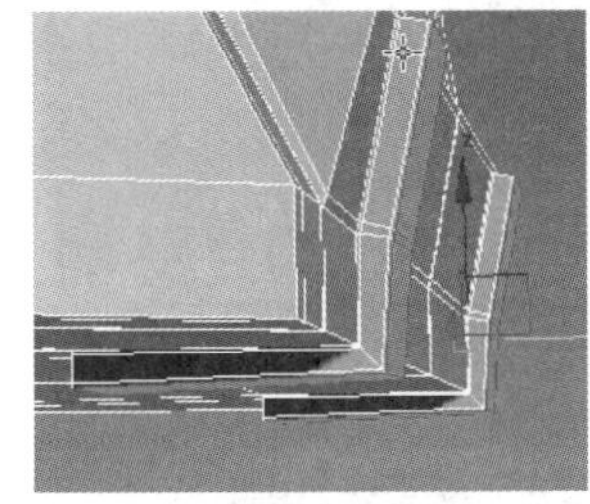

图 9.26

图 9.27

图 9.28

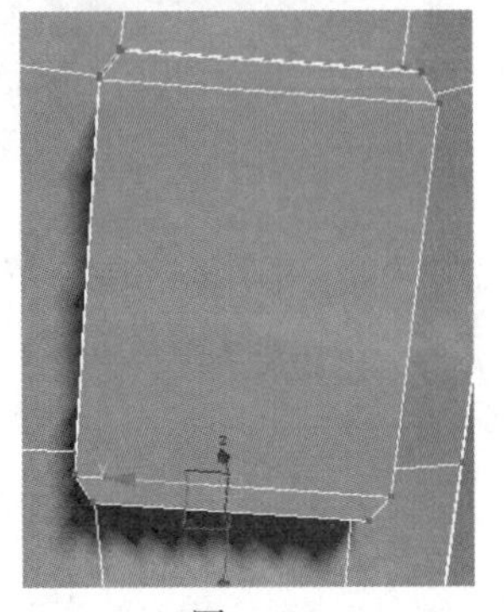

图 9.29

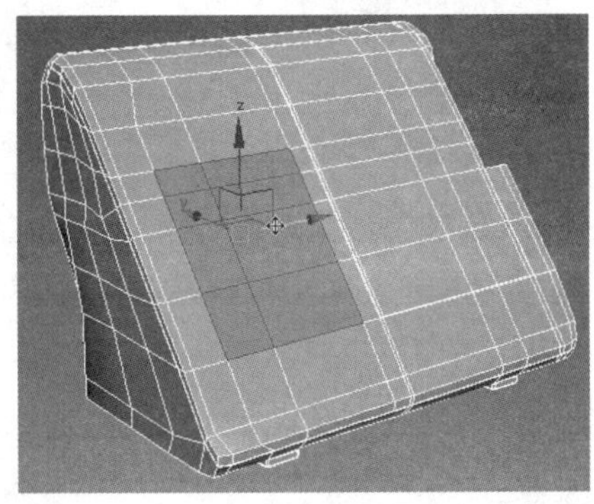

图 9.30

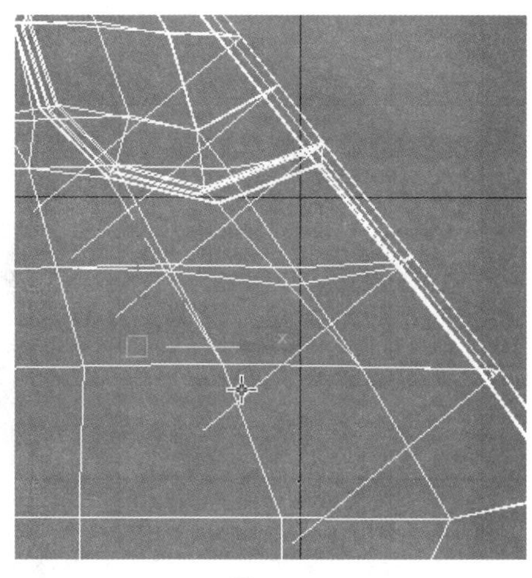

图 9.31

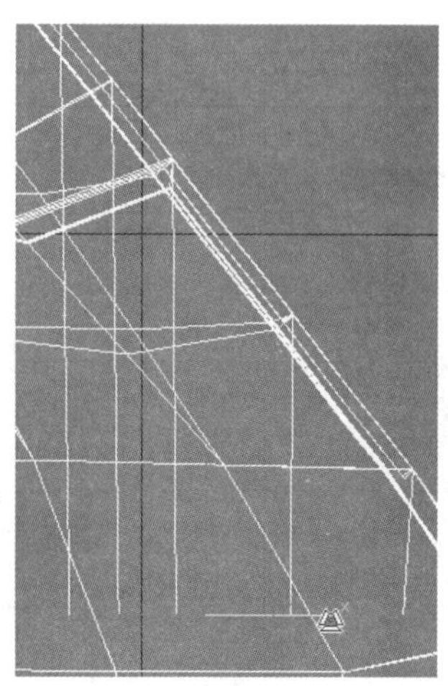

图 9.32

调整好面的位置和方向后，在高度上加线，如图 9.33 所示，细分后的效果如图 9.34 所示。

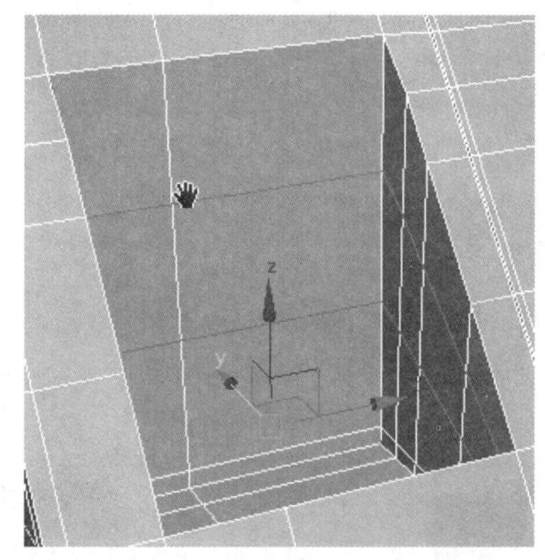

图 9.33

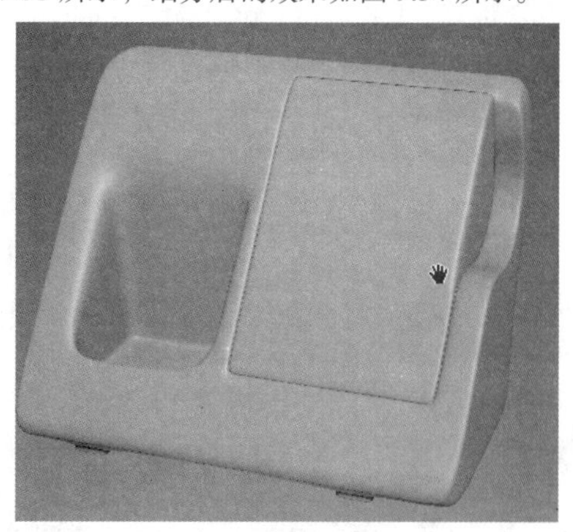

图 9.34

步骤 05 在图 9.35 中的位置创建一个圆柱体和一个长方体模型并简单调整形状至图 9.36 所示。

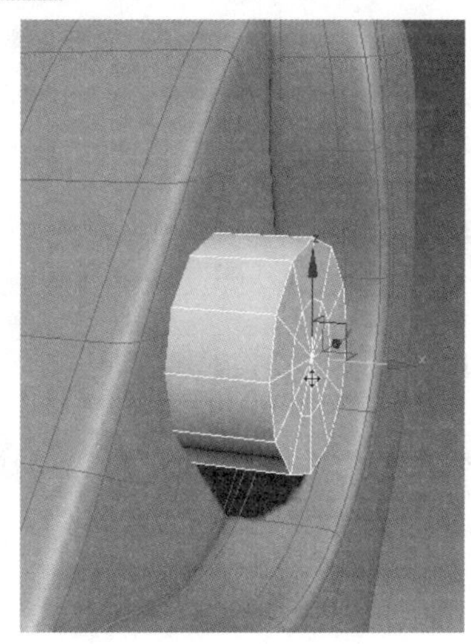

图 9.35

图 9.36

在该长方体模型的上下位置分别加线后，选择底部侧面的面倒角挤出，如图 9.37 所示。然后将侧面两边的面向内倒角挤出制作出凹痕效果，最后再加线约束即可，如图 9.38 所示，细分后的效果如图 9.39 所示。

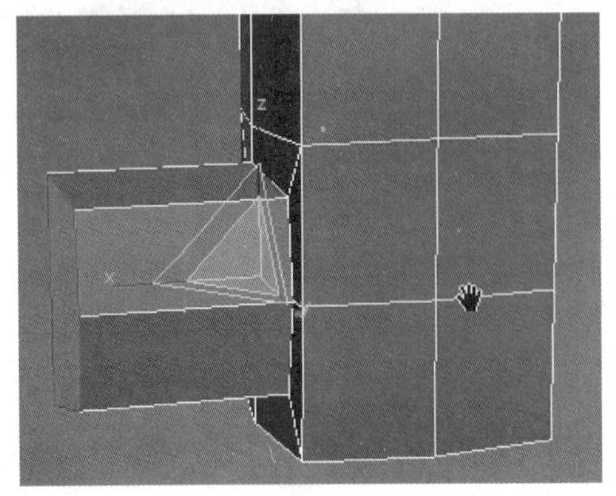
图 9.37

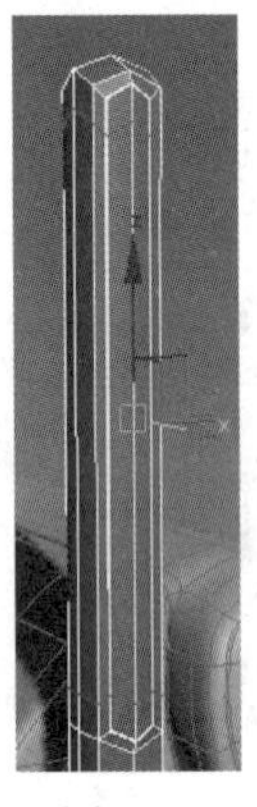
图 9.38

图 9.39

步骤 06 制作按钮。按钮的制作也很简单，首先选择一个点用切角工具切角，然后选择图 9.40 中切角位置的面将其删除，选择边界线后按住 Shift 键配合缩放和移动工具快速挤出所需形状，如图 9.41 所示。细分后的效果如图 9.42 所示。

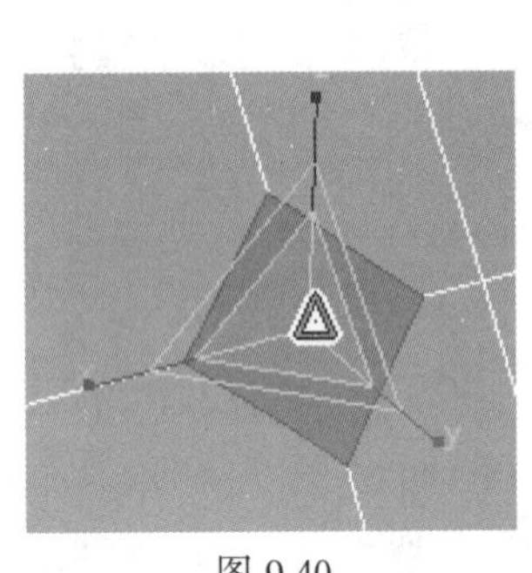
图 9.40

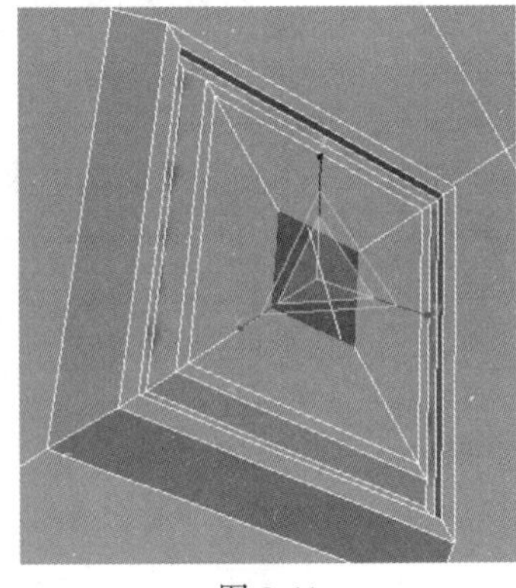
图 9.41

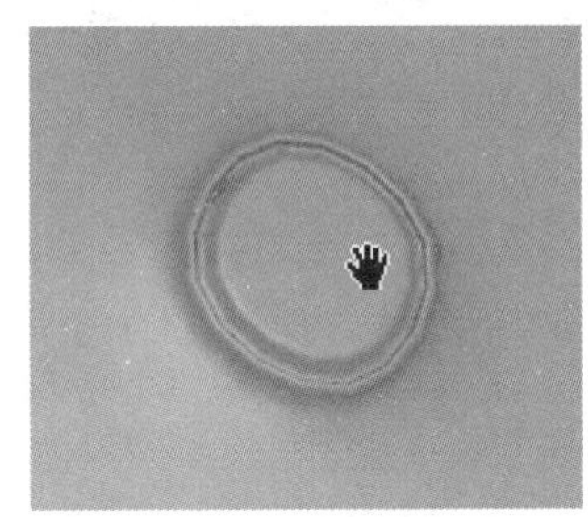
图 9.42

细分后如果发现精度不够，可以在图 9.43 中的位置加线，然后用缩放工具向外缩放调整至图 9.44 所示形状。注意加线后要根据整体布线效果调整模型布线如图 9.45 所示。用同样的方法将图 9.46 中的面倒角挤出。然后在两边位置加线，如图 9.47 所示，进一步细致调整布线至图 9.48 所示。

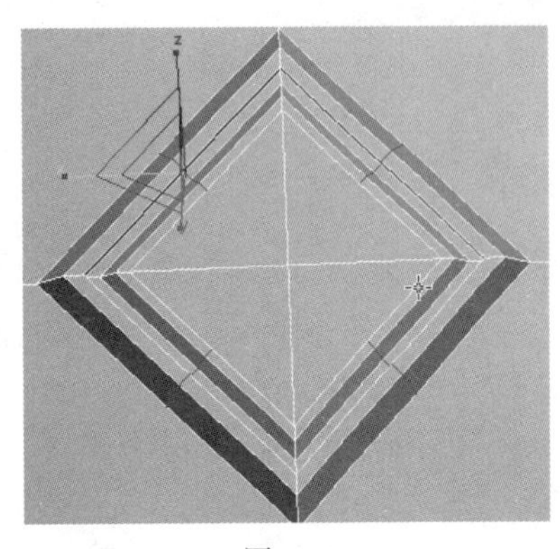
图 9.43

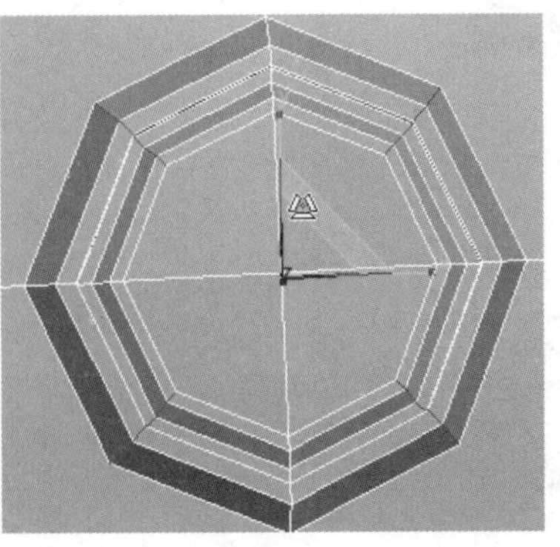
图 9.44

图 9.45

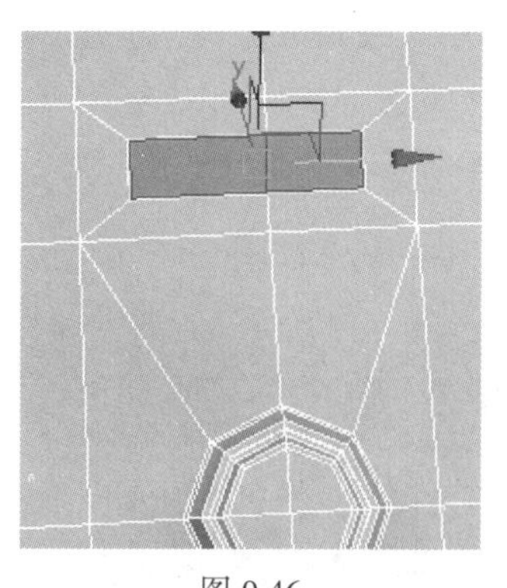

图 9.46

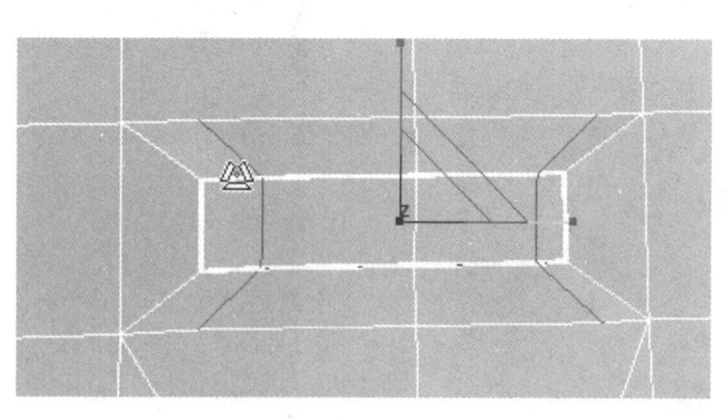

图 9.47

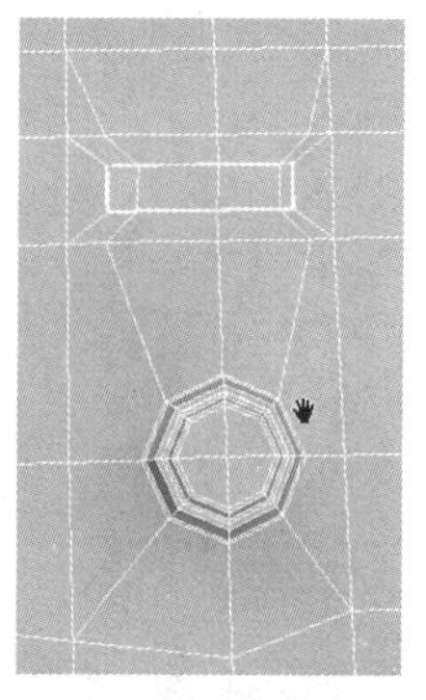

图 9.48

9.1.2　制作子机

子机电话由听筒、话筒、屏幕以及拨号键等组成。下面分别讲解它们的制作方法。

步骤 01 首先创建一个长方体模型，大小和比例如图 9.49 所示。将其转化为可编辑的多边形物体后加线调整至图 9.50 所示的形状。

为了更好地把握比例和结构，首先设置一个参考图，缩放调整模型大小，按 Alt+X 快捷键透明化显示，如图 9.51 所示。根据参考图可以先把听筒、屏幕和键盘区域加线调整出来，如图 9.52 所示。

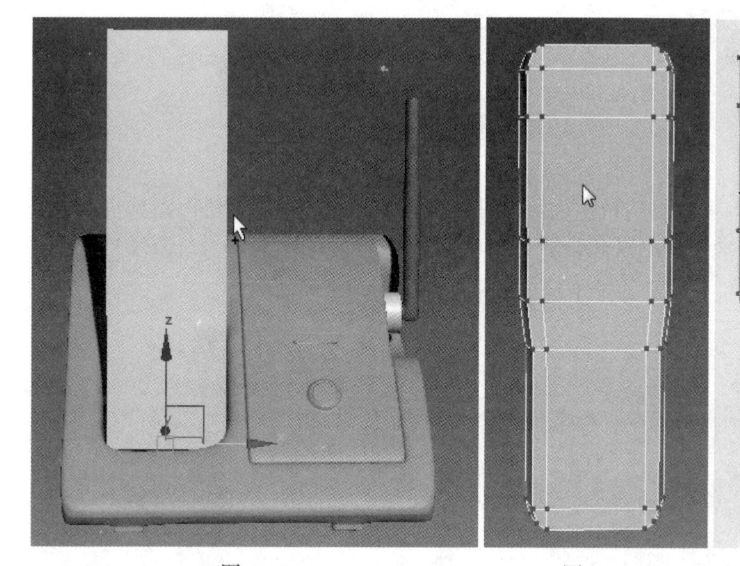

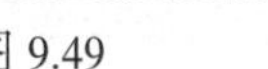

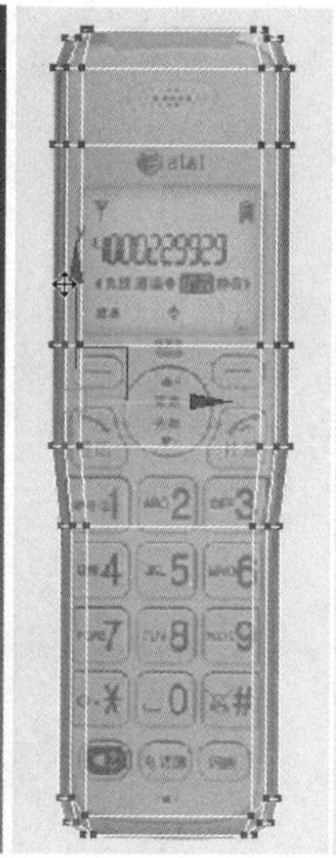

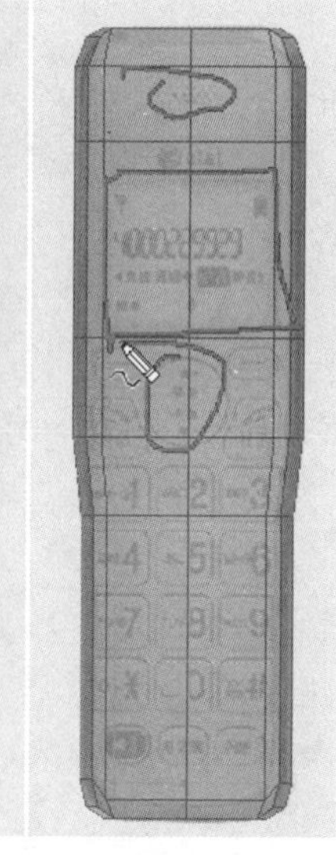

图 9.49　　图 9.50　　图 9.51　　图 9.52

步骤 02 在制作圆形拨号键时可以先创建一个圆柱体模型，根据圆柱体点的位置调整模型上点的位置，如图 9.53 所示，用同样的方法加线调整出其他拨号键位置的线段，如图 9.54 所示。

选择图 9.55 中听筒位置的面，单击 Detach 按钮将其分离出来，分离出面后要将开口位置的边界线分别向后移动挤出面并调整，如图 9.56 所示，这样操作模型才会显得更有立体感。细分后的效果如图 9.57 所示。

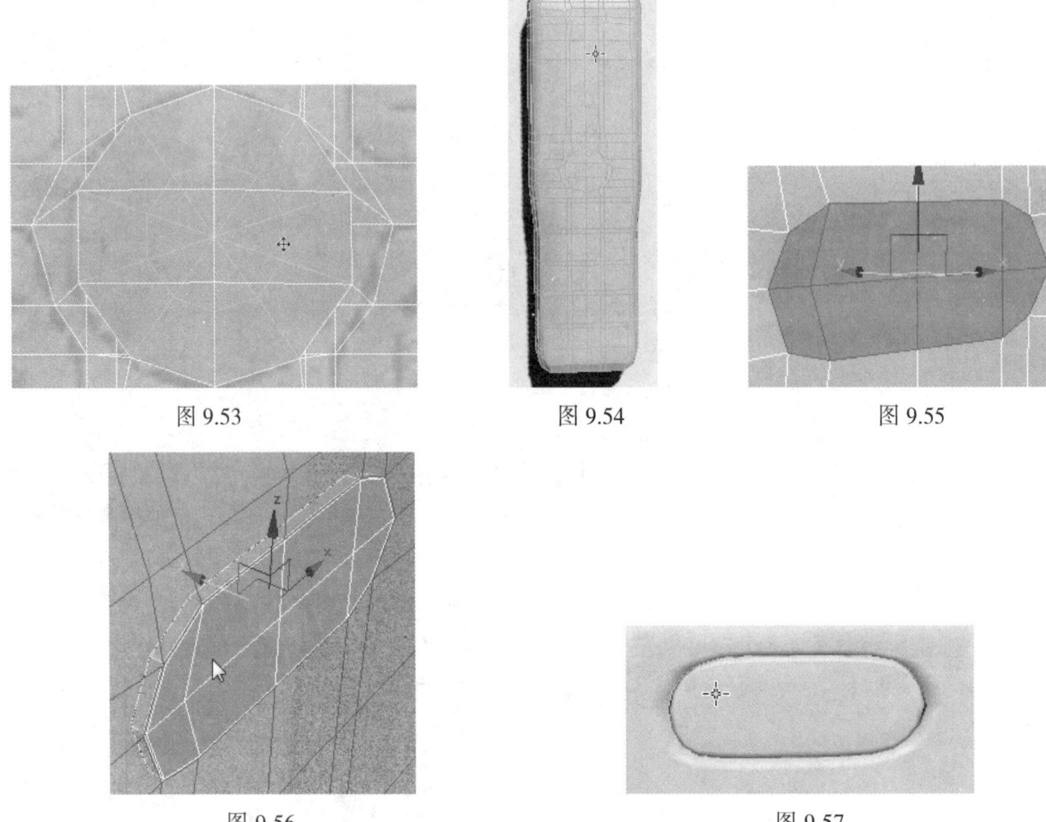

图 9.53　　图 9.54　　图 9.55

图 9.56　　图 9.57

屏幕中的面先向下再向内再向上依次倒角挤出面，如图 9.58 所示，用同样的方法倒角挤出拨号键盘上的按键，如图 9.59 所示。此时细分模型后的效果如图 9.60 所示。很明显有些拨号键不是我们所需要的效果，我们需要它们是方形的，如图 9.61 中红色线形状。

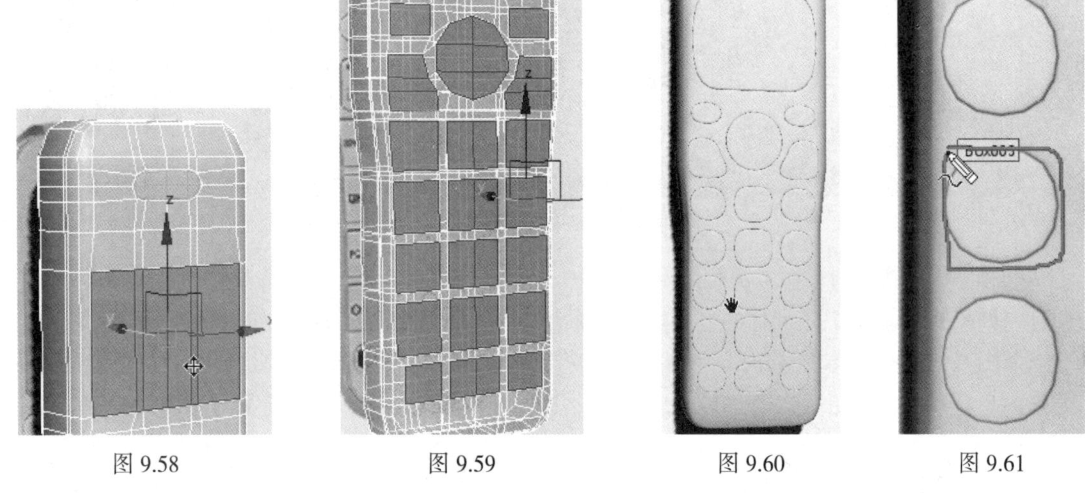

图 9.58　　图 9.59　　图 9.60　　图 9.61

处理的方法也很简单，分别加线即可。最后在底部位置将中心点切角，然后将切角位置的面向内挤出，如图 9.62 所示，调整后的细分效果如图 9.63 所示。

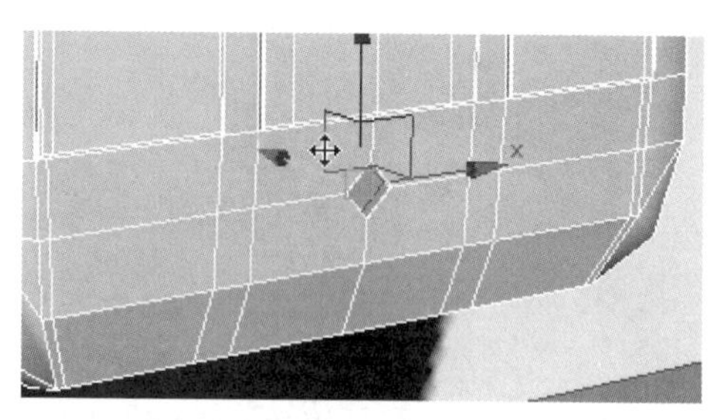

图 9.62

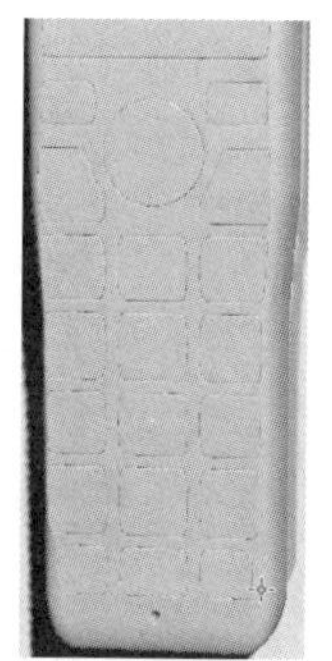

图 9.63

步骤 03 制作侧面按键。侧面按钮的制作方法和正面拨号键的制作方法一致，都需要先加线将按键位置线段调整出来，如图 9.64 所示。然后选择面倒角挤出即可，如图 9.65 所示。选择图 9.66 中的背部面分离出来。注意：在选择时可以打开 Step Mode 步模式，先选择左侧一个面，按住 Ctrl 键再选择最右侧一个面，中间的面会自动选择。分离出面后，分别选择边界线向内侧挤出面调整。

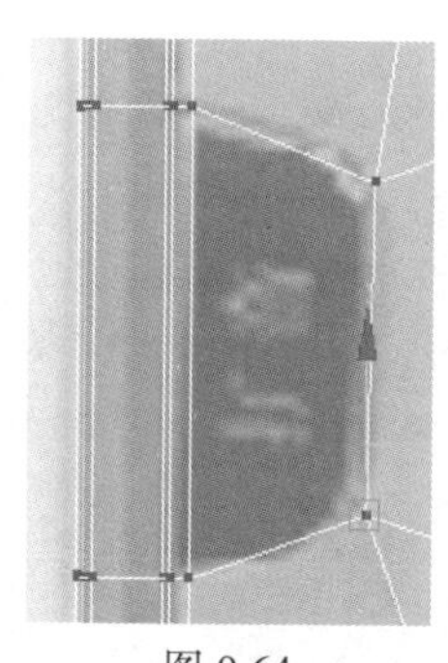

图 9.64

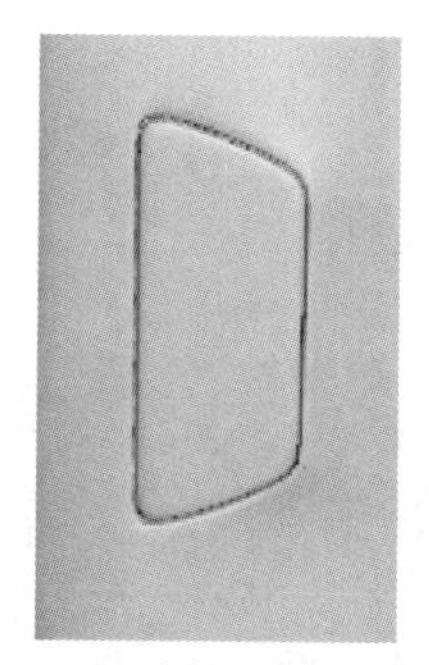

图 9.65

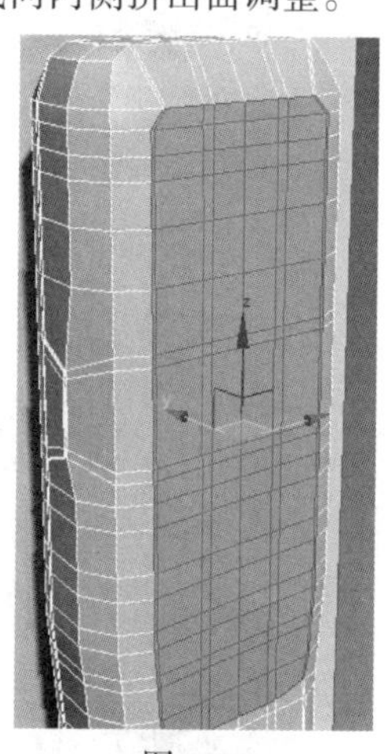

图 9.66

为什么要将这些面分离出来呢？大家都知道在经过布尔运算后会改变模型规则的布线效果，分离出这些面是为了后面布尔运算时模型布线不至于整体遭到破坏。在听筒位置和背部位置分别创建并复制出一些圆柱体模型，如图 9.67 和图 9.68 所示。

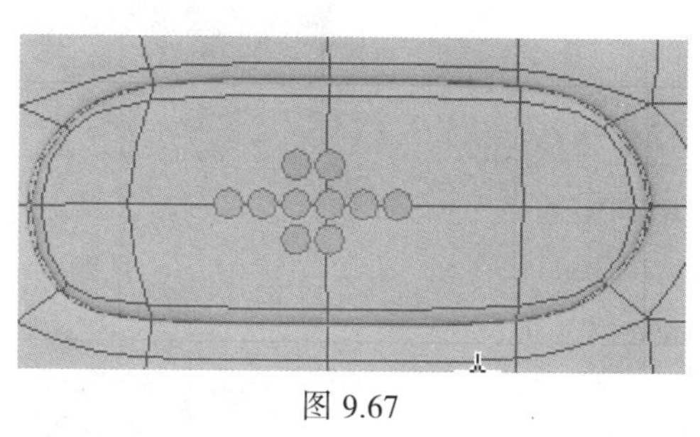

图 9.67

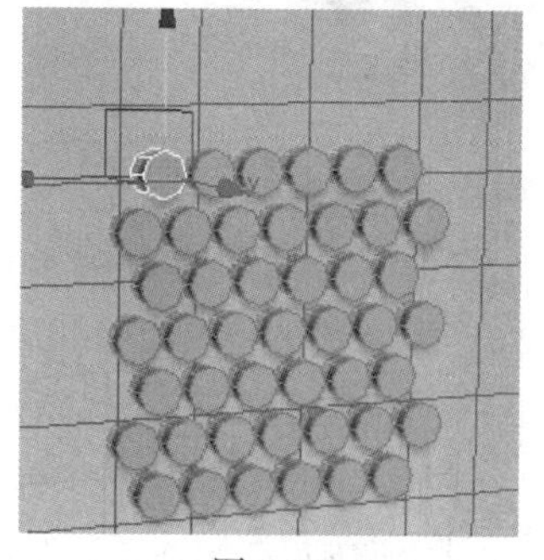

图 9.68

此时可以用超级布尔运算工具依次拾取这些圆柱体完成布尔运算，如果场景中要布尔运算的物体比较多，那么一个个拾取会不会太麻烦了，肯定会。所以这里可以先单击 Attach 后面的□按钮，在弹出的列表中选择所有圆柱体模型的名称，如图 9.69 所示，将所有圆柱体附加为一个整体，如图 9.70 所示。

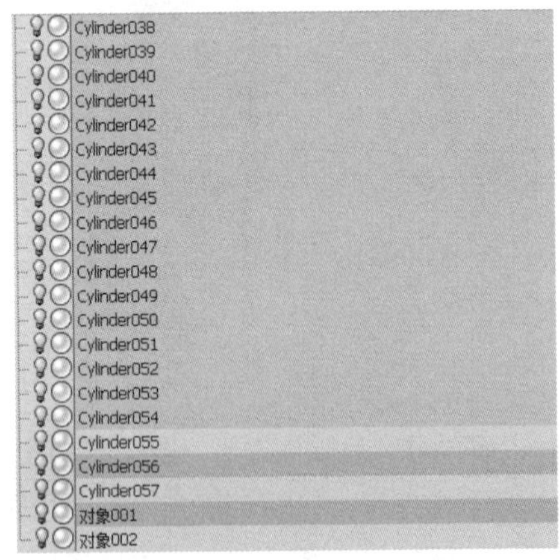

图 9.69

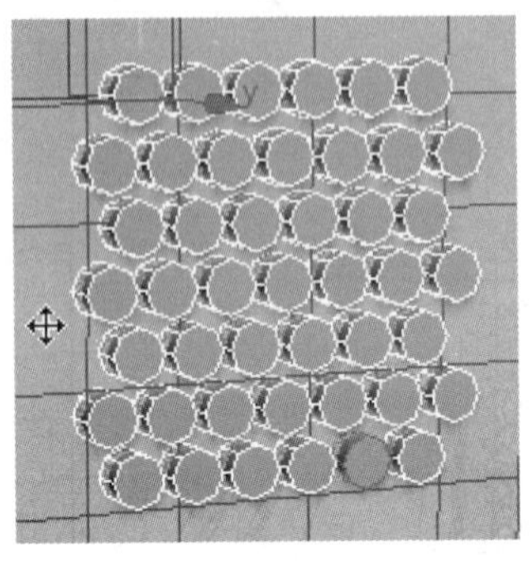

图 9.70

然后在单击 ProBoolean（超级布尔运算）按钮后单击 Start Picking（开始拾取）按钮拾取整体圆柱体一次性完成布尔运算即可，如图 9.71 所示。用同样的方法将听筒位置也做布尔运算处理，如图 9.72 所示。

最后整体调整电话角度，最终的效果如图 9.73 所示。

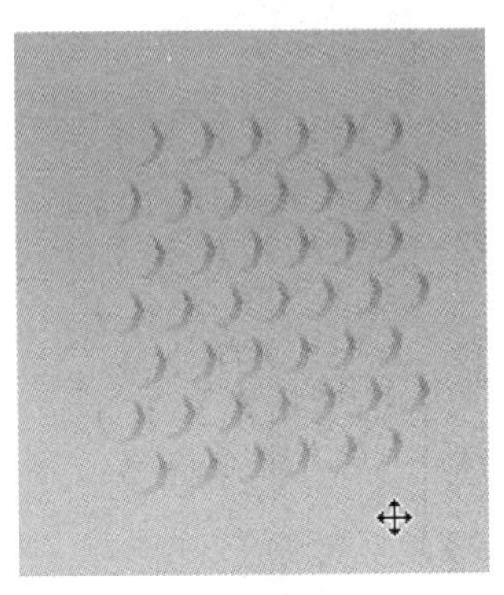

图 9.71

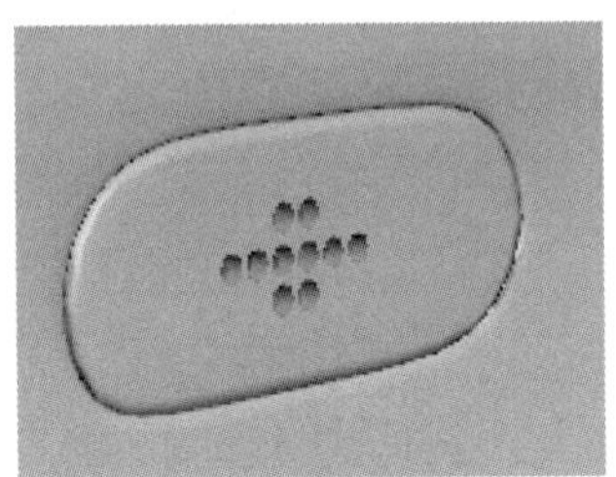

图 9.72

图 9.73

9.2 制作手机

1. 制作前盖部分

步骤 01 单击 Customize 菜单选择 Units Setup...（单位设置），在单位设置面板中设置单位为 Millimeters，如图 9.74 所示。

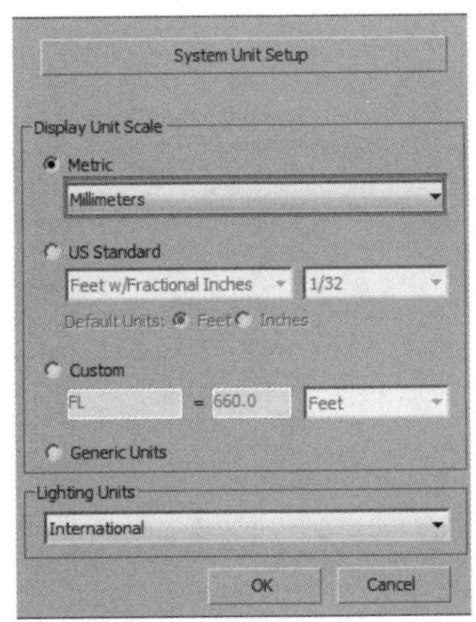

图 9.74

在透视图中创建一个长、宽、高分别为 120.4mm、61.1mm、5.1mm 的长方体，右击，在弹出的菜单中选择 Convert To|Convert to Editable Poly，将模型转换为可编辑的多边形物体。由于该手机分为上下盖两部分，上盖部分大约占据 2/5，所以在高度上加线将其平均分为 5 部分，如图 9.75 所示。然后移除其他不需要的线段，如图 9.76 所示。

图 9.75

图 9.76

将该长方体复制，移除中间的线段，参考原物体的加线位置，调整高度，复制调整出上下两个物体。为了便于区分，单击修改面板右侧的颜色框，在弹出的颜色选择面板中选择另一种颜色单击确定，如图 9.77 所示。

图 9.77

步骤 02 创建一个圆柱体，设置边数为 8，如图 9.78 所示。参考圆柱体点的位置，在手机模型上加线调整，如图 9.79 所示。然后用 Cut 剪切工具在边缘位置加线调整，如图 9.80 所示。

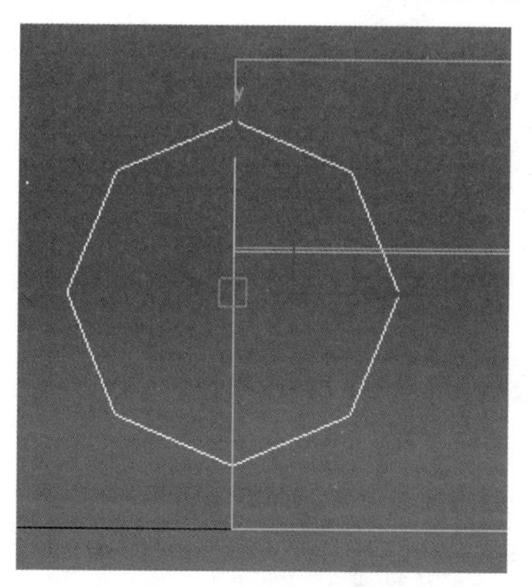
图 9.78

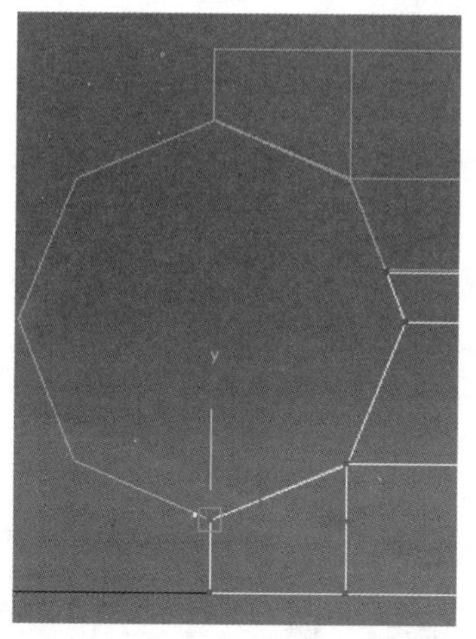
图 9.79

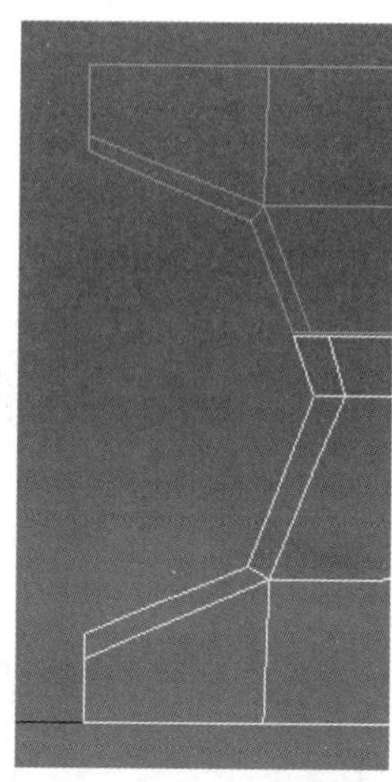
图 9.80

调整手机边缘的线段向内移动调整，使其边缘调整出倾斜的圆角效果，如图 9.81 所示。

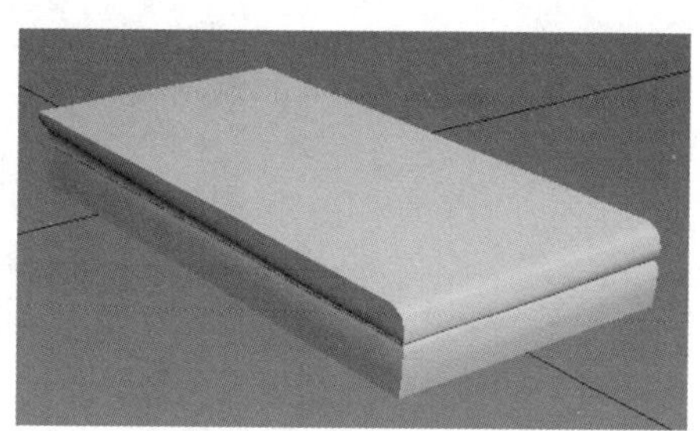
图 9.81

在透视图中按快捷键 Alt+B，打开背景视图设置面板，选择 Use Files，单击 Files... 按钮，打开一张手机参考图片，单击 OK 按钮。缩放视图使其模型和图片大小相匹配，如图 9.82 所示。单击左上角“+”在弹出的列表中选择 2D Pan Zoom Mode ，这样在缩放调整视图时图片也会跟谁着整大小（2D Pan Zoom Mode 只针对透视图有效其他视图中无法使用该功能）。

按 Alt+X 快捷键透明化显示模型，可以根据图片参考进行加线位置的移动调整等，如图 9.83 所示。

按 Alt+B 快捷键打开背景视图设置面板，单击 Remove 按钮将图片移除。

图 9.82

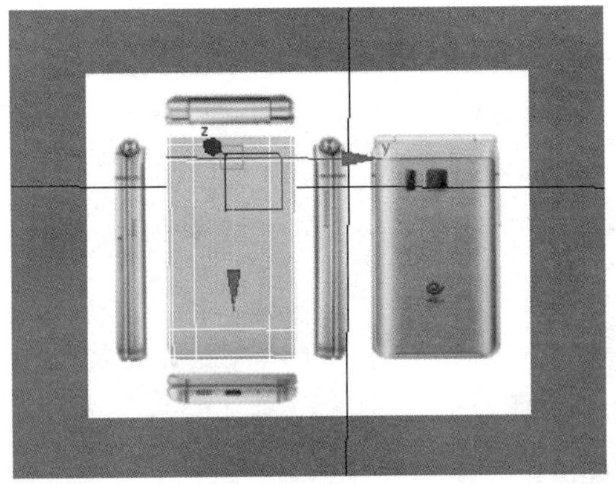

图 9.83

除此方法外，还可以创建一个面片物体，通过贴图的方法设置参考图片，如图 9.84 所示。

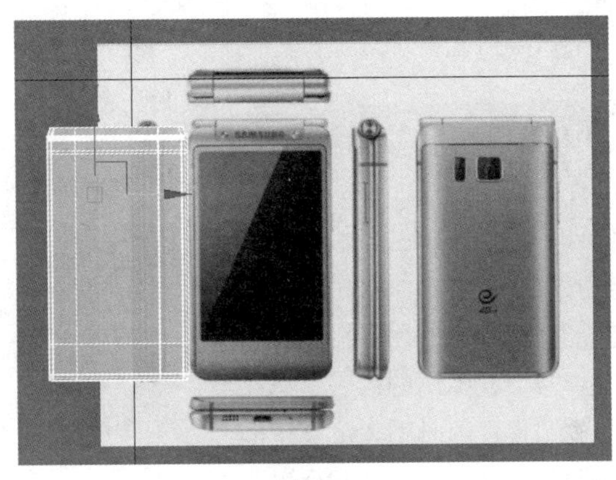

图 9.84

步骤 03 调整底部其中一角的点，如图 9.85 所示，使拐角调整出圆滑的自然过渡效果，然后调整底部上下两端的点，调整出坡度效果，如图 9.86 所示。

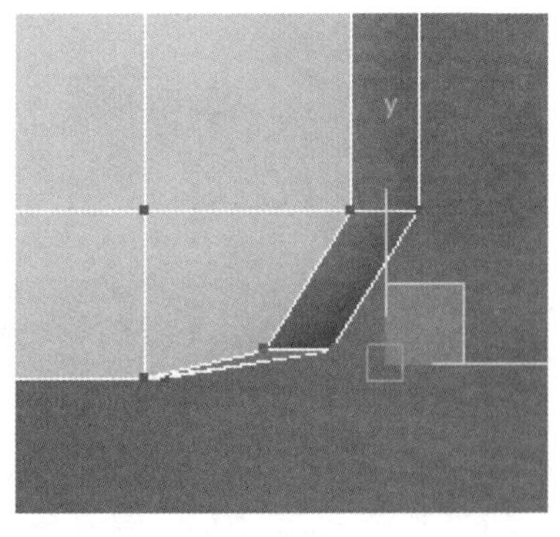

图 9.85

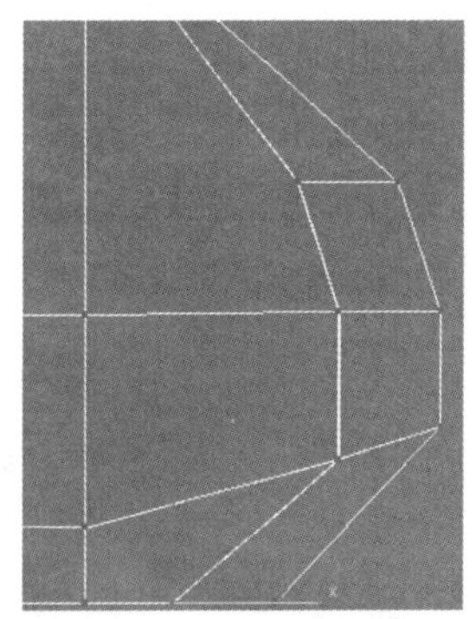

图 9.86

选择图 9.87 中的面，单击 Chamfer 按钮后面的□图标，在弹出的“切角”快捷参数面板中设置切角的值，先向下挤出倒角面，再向上挤出面调整，如图 9.88 所示。

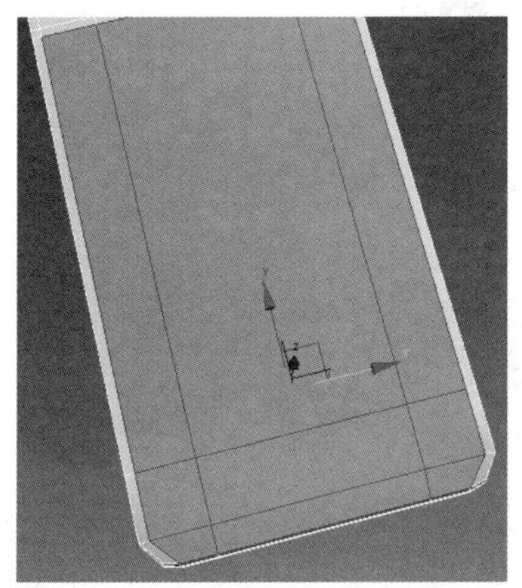

图 9.87

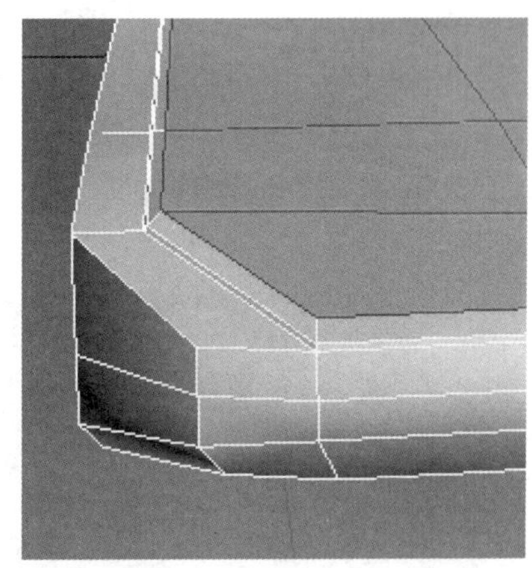

图 9.88

注意 当制作的模型太小时，放大某个区域进行观察调整时容易出现面的穿插镂空现象，调整观察起来造成视觉的困惑，比如当前场景中的模型大小如图 9.89 所示。通常情况下制作模型时要至少占据栅格网格的三分之一大小以上才不容易出现问题，所以可以用缩放工具将场景模型整体等比例放大调整，如图 9.90 所示。

图 9.89

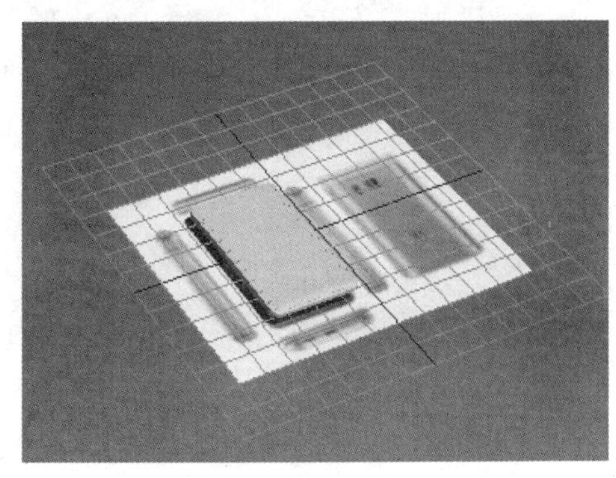

图 9.90

同样用倒角工具选择屏幕位置的面分别倒角设置，效果如图 9.91 所示。

步骤 04 在手机顶端位置创建一个圆柱体并将其转换为可编辑的多边形物体，如图 9.92 所示。删除两端的面，然后选择边界线，按住 Shift 键向内挤出面调整至图 9.93 所示。将拐角位置线段切角处理，细分后的效果如图 9.94 所示。

图 9.91

图 9.92

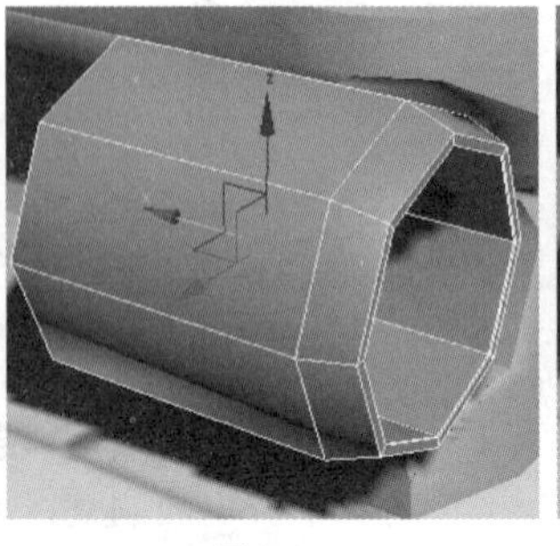

图 9.93

图 9.94

复制该物体到另一端位置，如图 9.95 所示，然后再创建一个圆柱体模型将顶端外轮廓线段切角处理，如图 9.96 所示。

单击按钮进入修改面板，单击“修改器列表”右侧的小三角按钮，在修改器下拉列表中选择 Symmetry（对称）修改器，对称出另一半模型后塌陷，细分效果如图 9.97 所示。

图 9.95

图 9.96

图 9.97

步骤 05 单击 Line 按钮创建一个如图 9.98 所示的样条线，设置 Steps: 1 值为 1 降低样条线分段数，然后单击 Outline 按钮向外挤出轮廓，如图 9.99 所示。

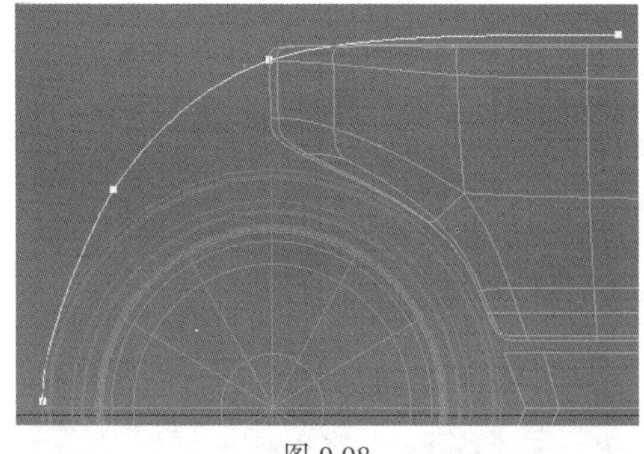

图 9.98

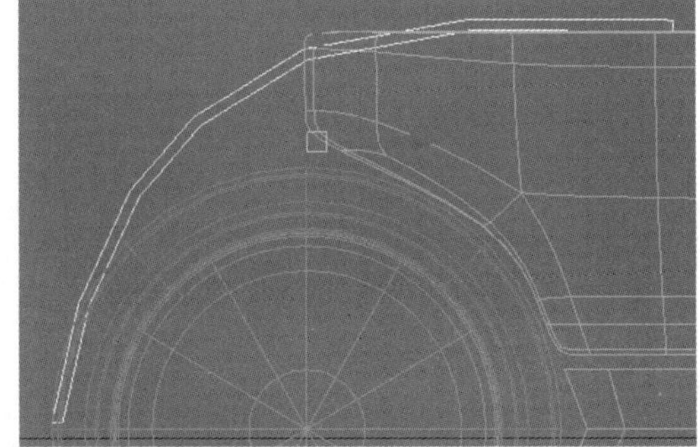

图 9.99

选择手机模型删除前端部分面，选择线段向下挤出面调整，如图 9.100 所示，单击 Target Weld 按钮将相邻的点与点焊接调整。

单击 Cap 按钮将边界封闭，在对应的点之间加线连接，如图 9.101 所示。选择拐角位置的线段进行切线处理，如图 9.102 所示，然后用 Target Weld 工具将点焊接到下方的点上，如图 9.103 所示。

选择图 9.104 中的面向内倒角挤出设置，细分后的效果如图 9.105 所示。

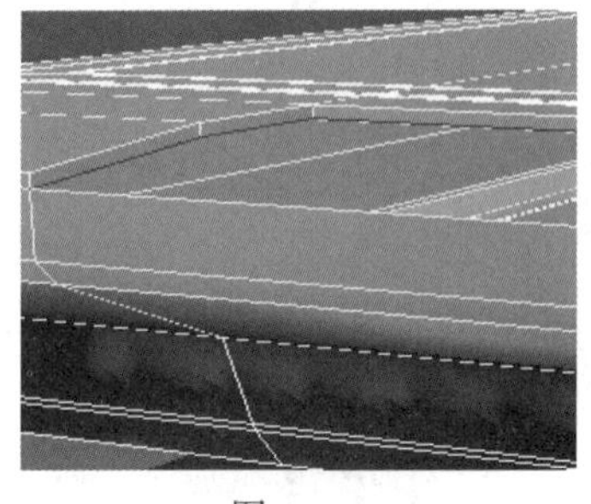

图 9.100

图 9.101

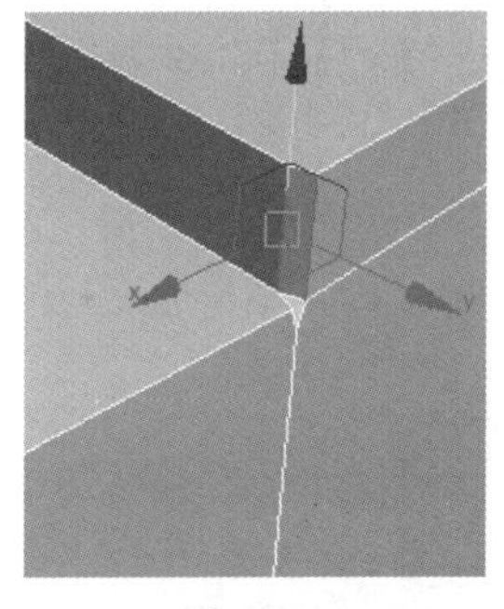

图 9.102

图 9.103

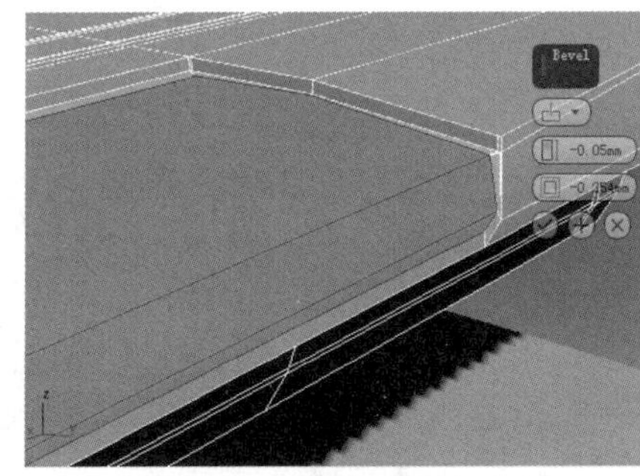

图 9.104

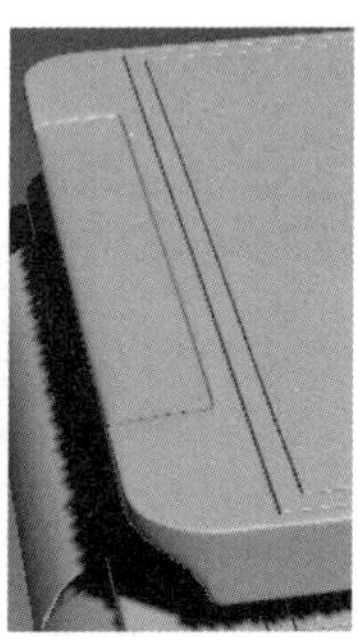

图 9.105

将创建的样条线添加 Extrude 修改器，设置挤出高度后效果如图 9.106 所示。

利用这种方法制作的模型中和连接杆的内部链接效果不美观，中间出现了镂空效果，所以暂时将该模型删除。选择旋转轴物体，按 Alt+Q 快捷键孤立化显示，删除另一半，如图 9.107 所示。选择图 9.108 中的面，单击 Bevel 按钮后面的□图标，在弹出的"倒角"快捷参数面板中设置倒角参数将面向外倒角挤出，效果如图 9.108 所示。然后单击 Target Weld 将挤出的面底部的点焊接起来，如图 9.109 所示。

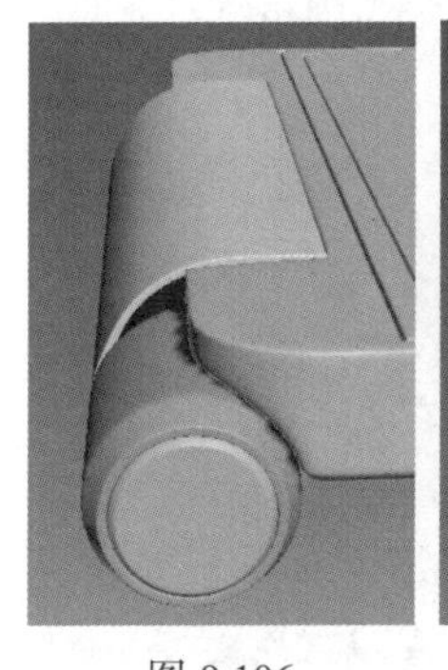

图 9.106

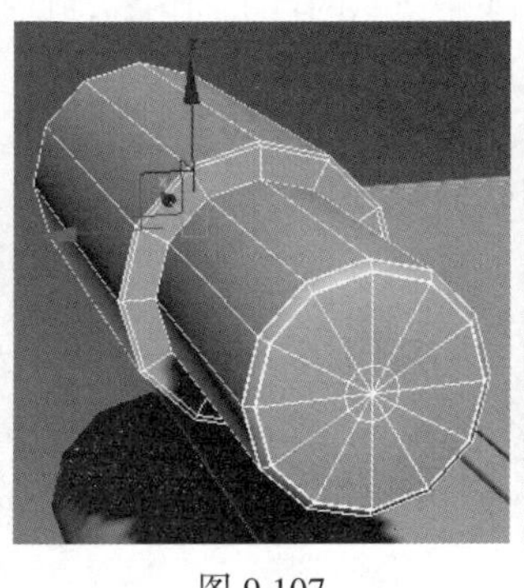

图 9.107

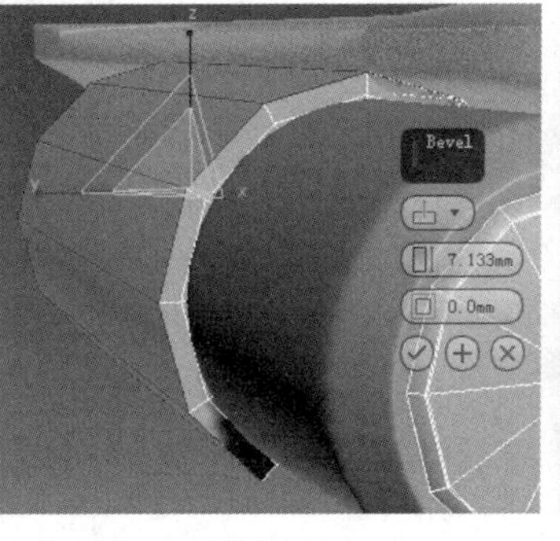

图 9.108

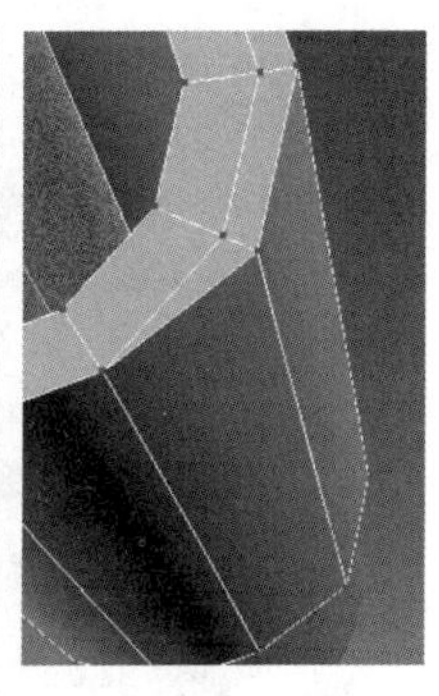

图 9.109

选择图 9.110 中顶部的点用缩放工具沿着 Z 轴缩放调整后加线，选择图 9.111 中所示的面将其删除。

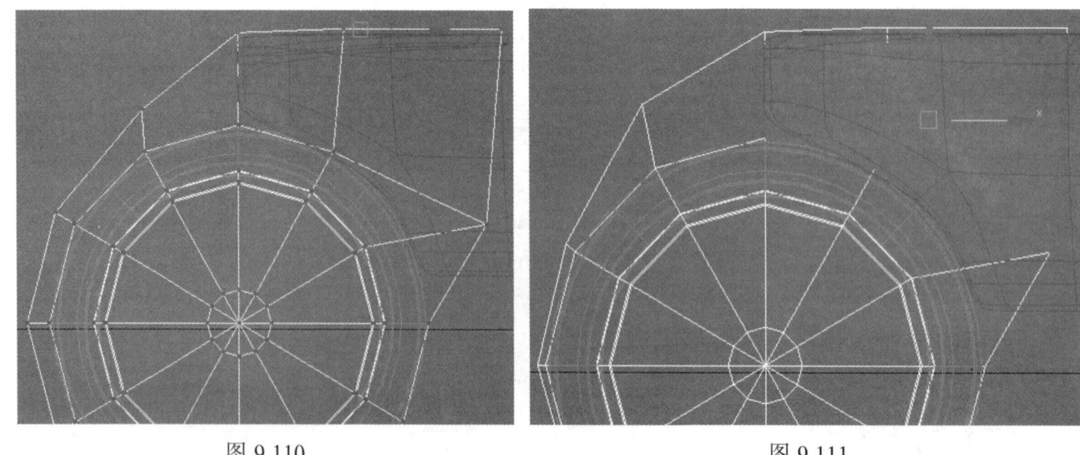

图 9.110　　图 9.111

删除面后，选择左右两侧相对应的线段，如图 9.112 中的面，单击 Bridge 按钮桥接出中间的面，依此类推，桥接后的效果如图 9.113 所示。

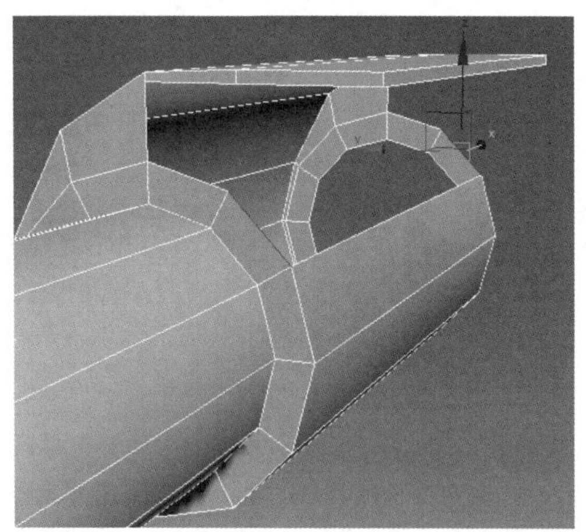

图 9.112

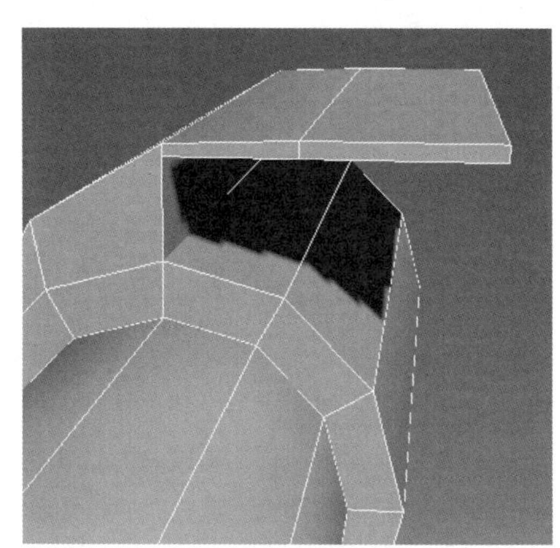

图 9.113

继续加线调整，注意将拐角位置的点（如图 9.114 中所示的点）向内移动调整出圆角效果。然后选择内侧拐角位置的线段进行切线设置，如图 9.115 和图 9.116 所示。

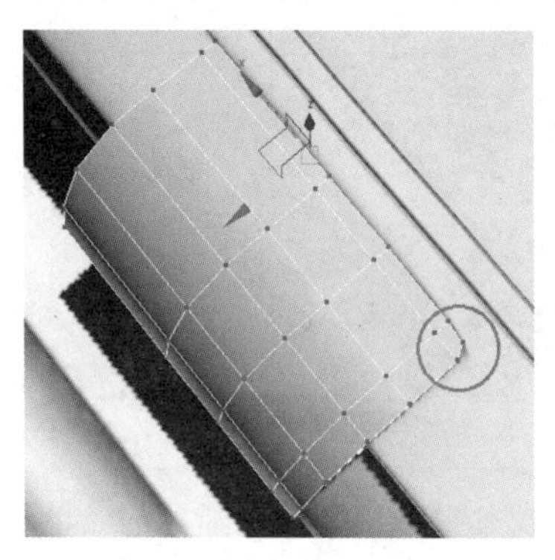

图 9.114

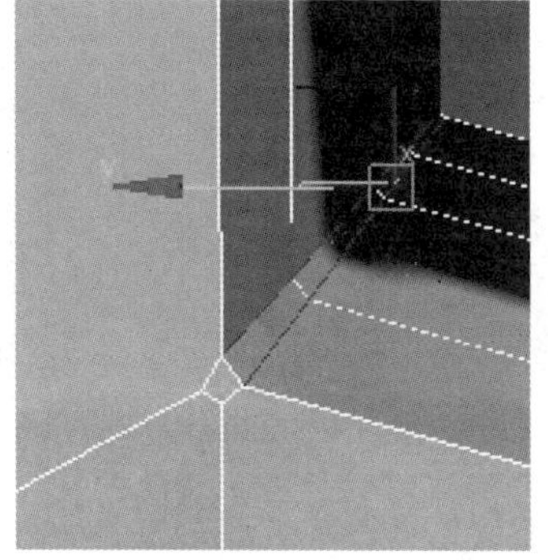

图 9.115

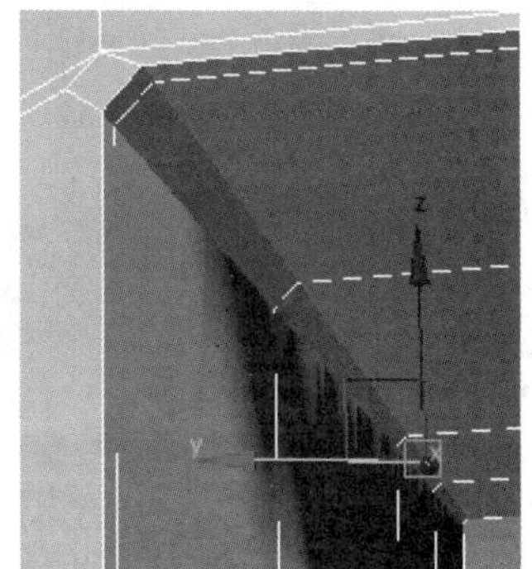

图 9.116

在厚度的上下边缘位置加线如图 9.117 所示。

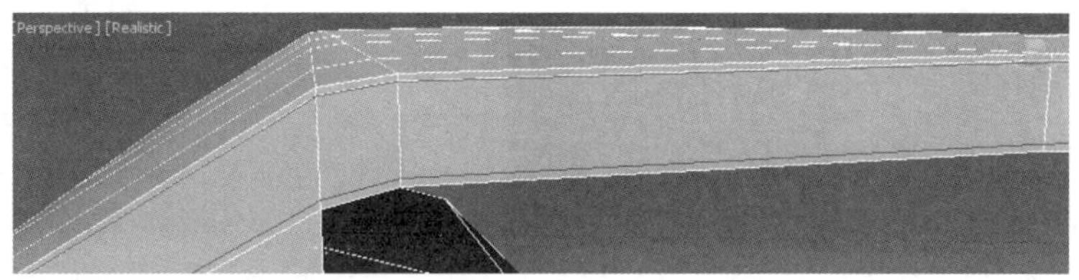

图 9.117

删除对称中心位置所有的面，按快捷键 Ctrl+Q 细分该模型，效果如图 9.118 所示。单击按钮进入修改面板，单击“修改器列表”右侧的小三角按钮，在修改器下拉列表中选择 Symmetry（对称）修改器，对称出另一半模型。细分后整体效果如图 9.119 所示。

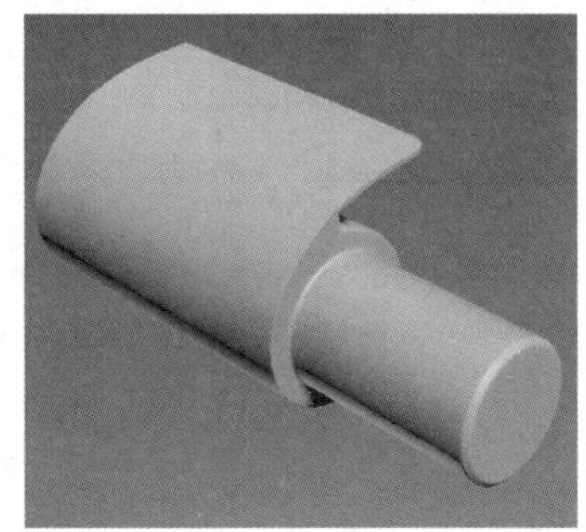

图 9.118

图 9.119

2. 制作手机底部部分

步骤 01　选择图 9.120 和图 9.121 中的线段，单击 Chamfer 按钮后面的图标，设置切角值进行切角设置。

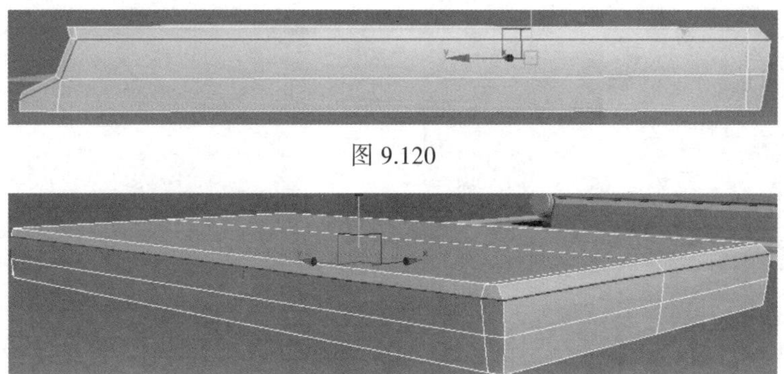

图 9.120

图 9.121

将图 9.122 中底部一圈的线段也做切角处理。

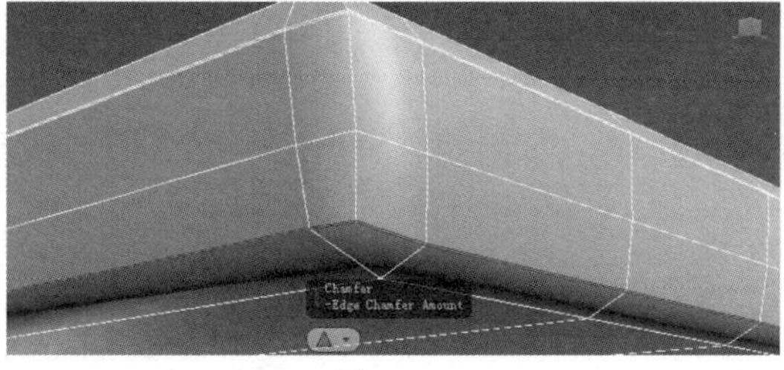

图 9.122

删除模型另一半，细分效果如图 9.123 所示。

加线后选择背部（图 9.124 中）的面单击 Bevel 按钮后面的□图标，在弹出的“倒角”快捷参数面板中设置倒角参数，先将面向内再向上倒角挤出，按快捷键 Ctrl+Q 细分该模型，效果如图 9.125 所示。细分后顶端两角圆角过大，所以在图 9.126 中的位置加线后将线段切角设置。

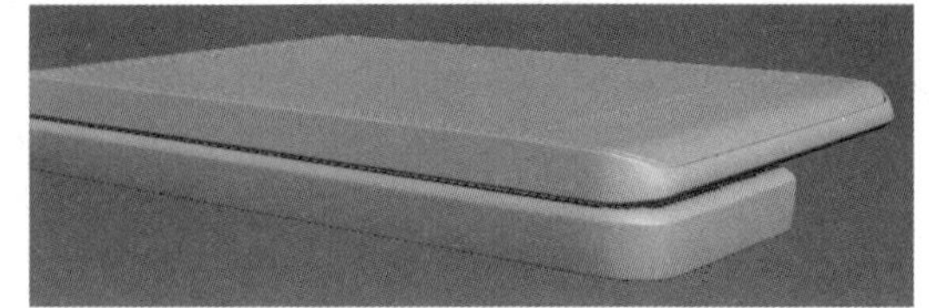
图 9.123

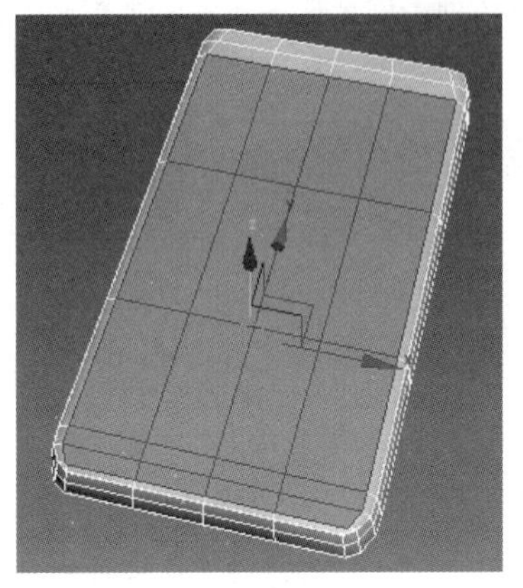
图 9.124

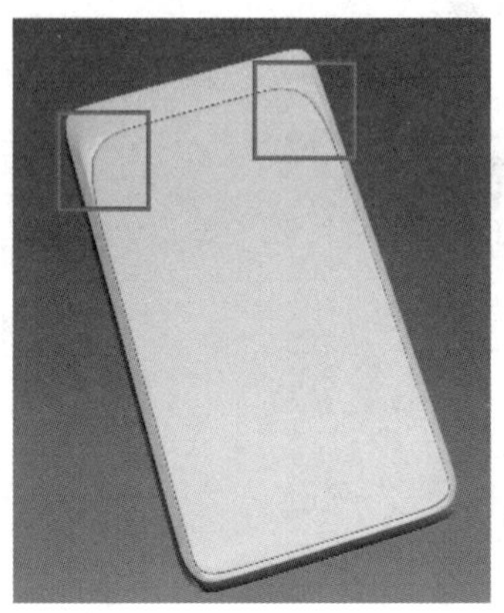
图 9.125

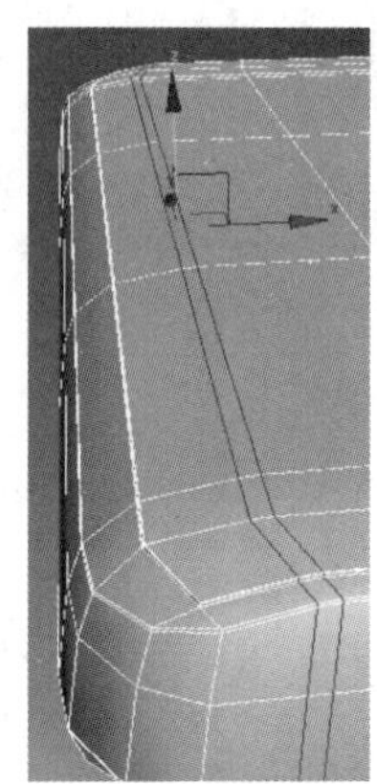
图 9.126

步骤 02 制作摄像头。在图 9.127 和图 9.128 中的位置加线和切线设置。

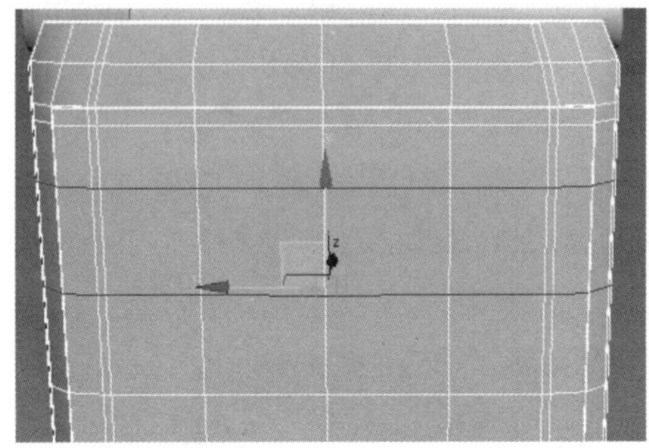
图 9.127

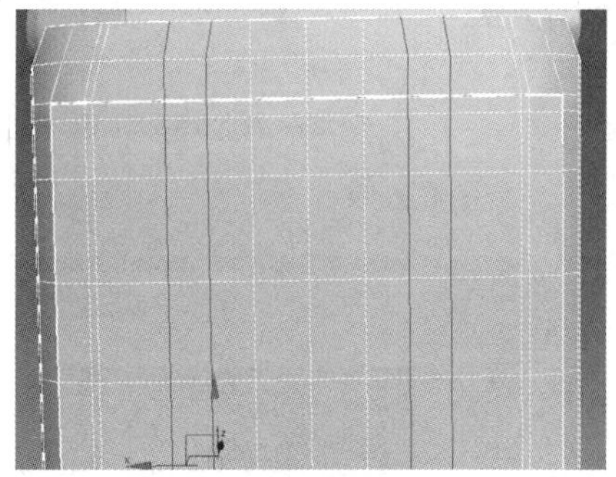
图 9.128

选择图 9.129 中红色线框内的面进行倒角设置，效果如图 9.130 所示。

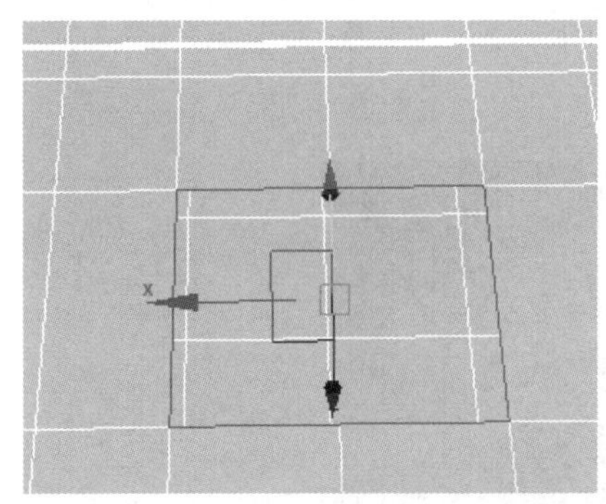
图 9.129

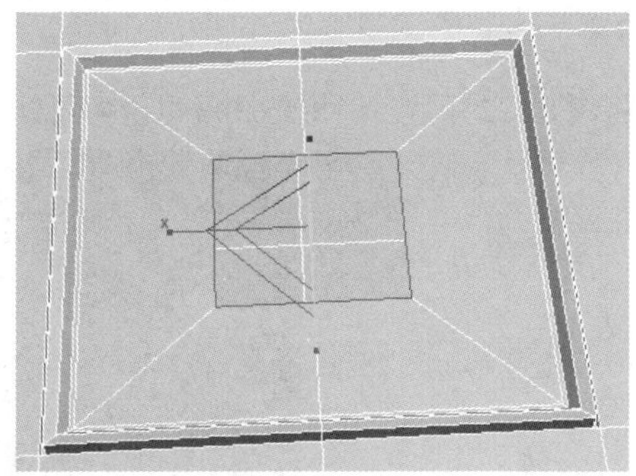
图 9.130

单击 Modeling | Loops | ，打开 Loop Tools 面板，单击 Relex 按钮将图 9.131 中的方形线段处理为类似圆形线段。

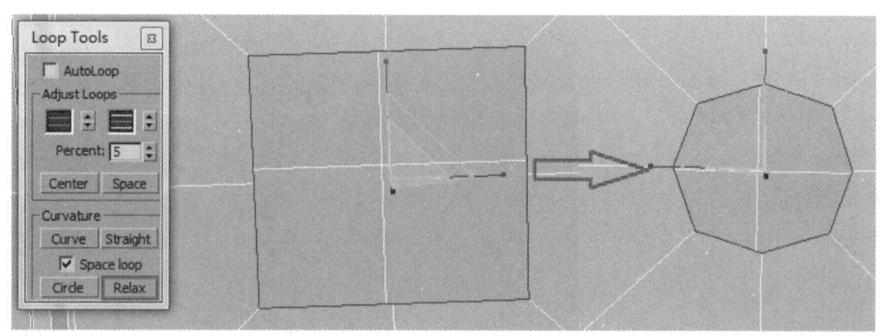

图 9.131

然后选择中间的圆形面进行挤出倒角设置，效果如图 9.132 所示，细分后摄像头的整体效果如图 9.133 所示。

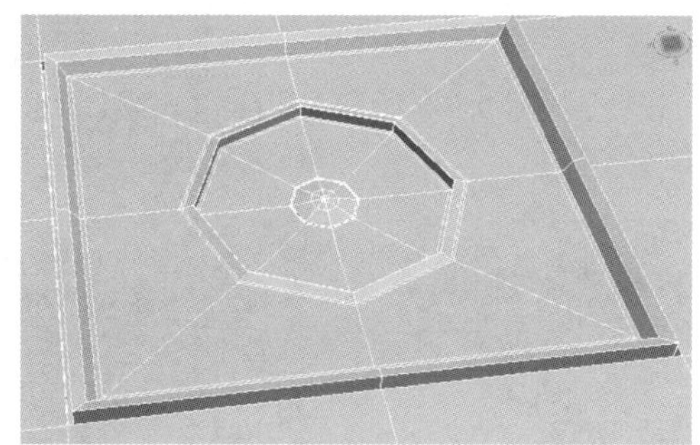

图 9.132

图 9.133

步骤 03 用同样的方法选择图 9.134 中所示闪光灯位置的面做倒角设置，效果如图 9.135 所示。

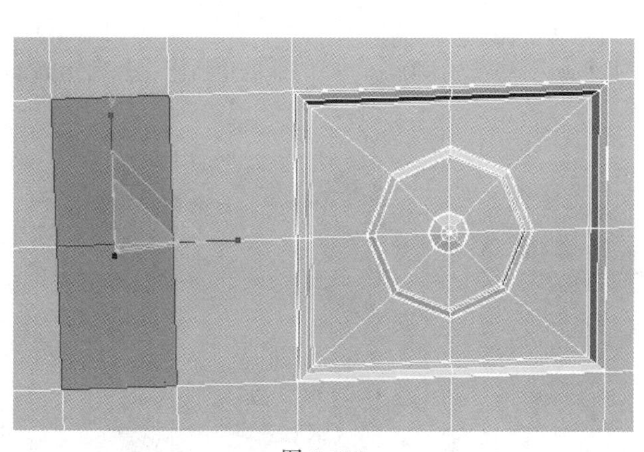

图 9.134

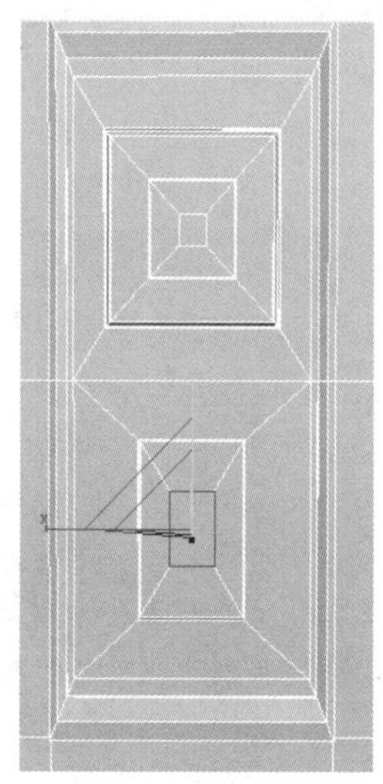

图 9.135

选择图 9.136 中的线段，单击 Chamfer 按钮后面的 图标，在弹出的“切角”快捷参数面板中设置切角的值将线段切角，如图 9.137 所示。

图 9.136

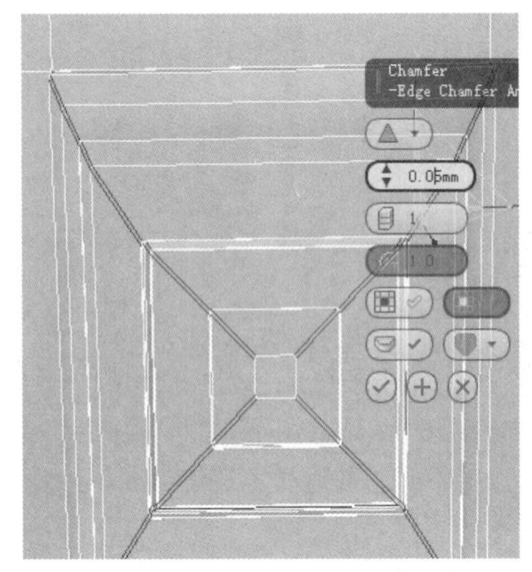

图 9.137

用同样的方法将摄像头拐角位置线段也进行切角设置，如图 9.138 所示。用 Target Weld（目标焊接）工具和 Cut 工具调整布线，如图 9.139 所示。

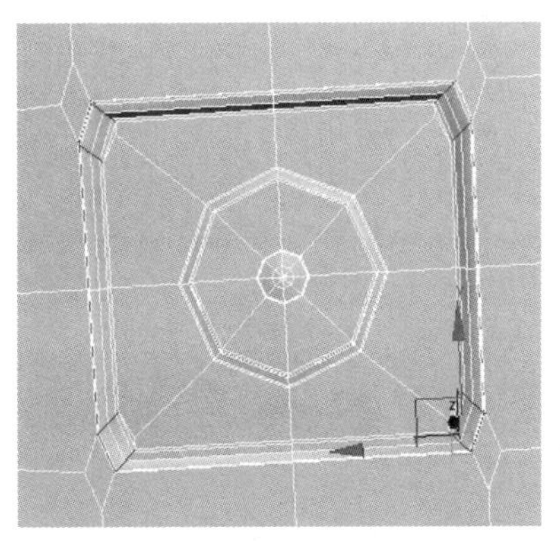

图 9.138

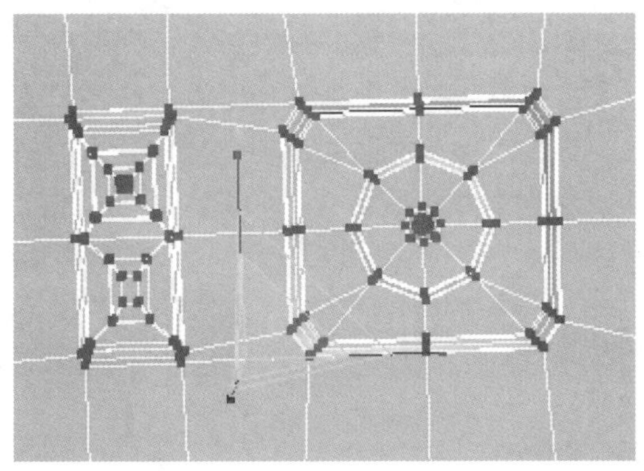

图 9.139

步骤 04 制作旋转轴与手机部位连接部分。将图 9.140 中的面向外倒角挤出，然后用 Bridge 工具桥接出对应的面，如图 9.141 所示。

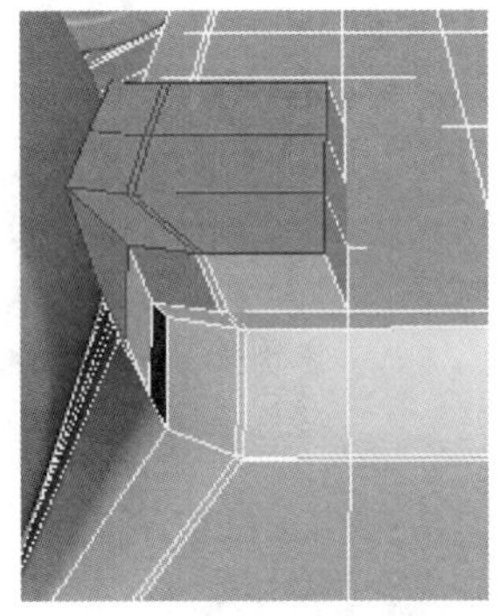

图 9.140

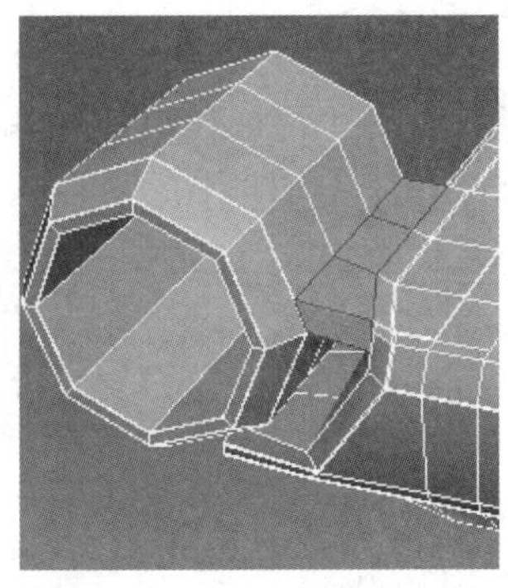

图 9.141

将旋转轴向右移动，如图 9.142 所示，细分后的效果如图 9.143 所示。

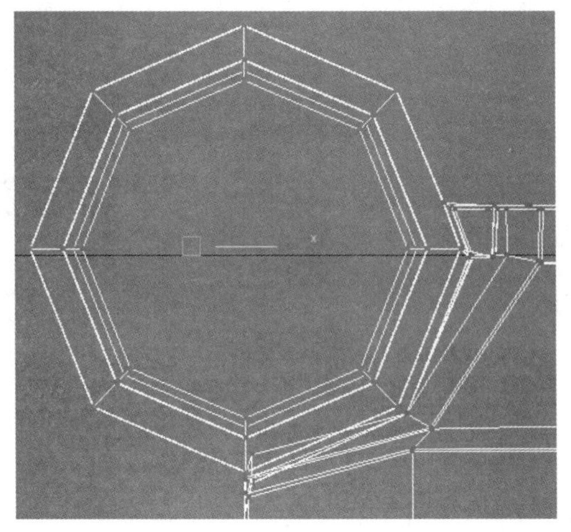

图 9.142

图 9.143

同时注意将图 9.144 中红色线框内的面向下挤出调整，用目标焊接工具与旁边的点焊接调整布线。

图 9.144

步骤 05 制作侧边按钮。首先在按钮的位置加线调整，确定好位置后选择对应的面将其删除，如图 9.145 所示。选择边界线先向内再向外挤出面，如图 9.146 所示。

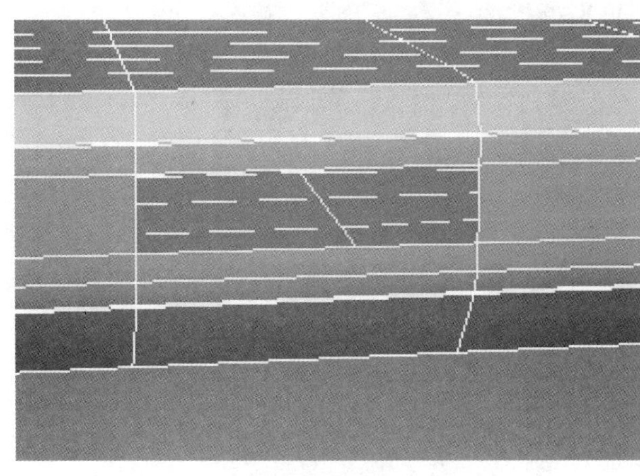

图 9.145

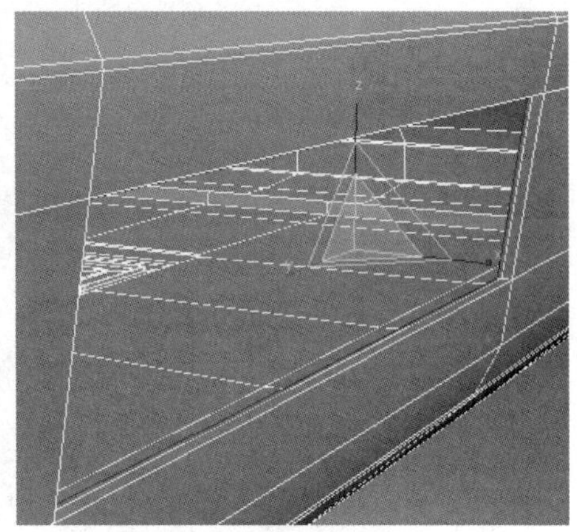

图 9.146

单击 Cap 按钮将其封口，并在内侧位置加线，如图 9.147 所示。用同样的方法在另一侧也做同样的处理制作出音量增减按键。如果在环形线段上加线影响到了背部的摄像头位置，可以选择四角线段切角设置，如图 9.148 所示。

按键的细分效果如图 9.149 所示。

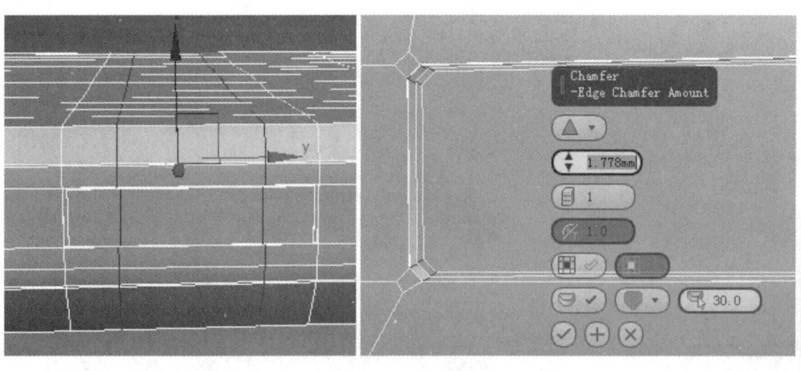

图 9.147　　图 9.148　　图 9.149

步骤 06 制作数据线结构和扬声器口。选择底部数据线位置的面将其删除，然后选择两侧的点用缩放工具向内缩放调整，如图 9.150 所示。选择边界线，按住 Shift 键向内挤出面后单击 Cap 按钮进行封口处理，如图 9.151 所示。最后将拐角位置的线段切角，如图 9.152 所示。

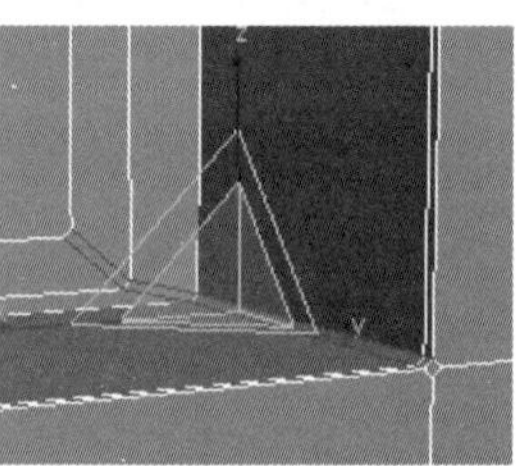

图 9.150　　图 9.151　　图 9.152

下面制作扬声器开口圆孔。在图 9.153 中红色线框的位置加线。

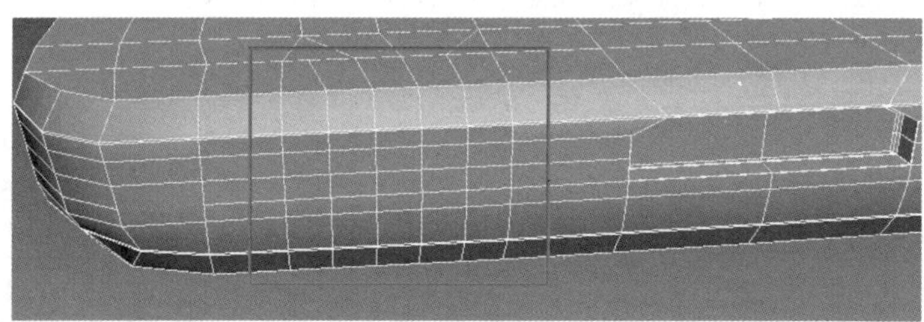

图 9.153

选择中间的点，单击 Chamfer 按钮后面的□图标，设置切角大小，效果如图 9.154 所示。

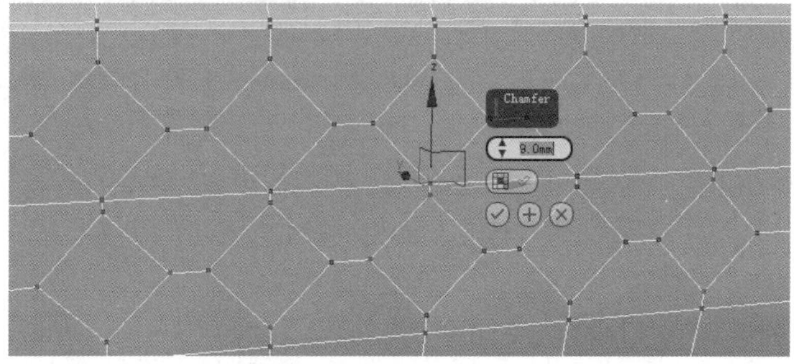

图 9.154

选择切角位置的面，单击 Extrude 按钮后面的▫图标，在弹出的 Extrude 快捷参数面板中设置挤出值将面向内连续挤出，如图 9.155 所示。按快捷键 Ctrl+Q 细分该模型，效果如图 9.156 所示。

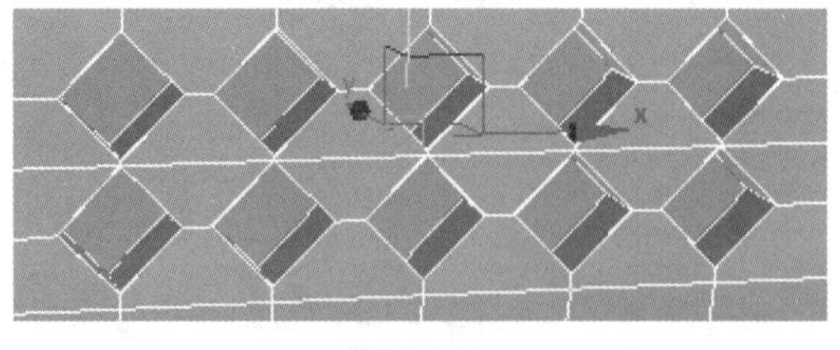

图 9.155

图 9.156

用同样的方法将图 9.157 中的麦克圆孔制作出来。

图 9.157

3. 制作按键

步骤 01 由于手机底部表面布线较密，可以将多余的点焊接调整，如图 9.158 所示。然后选择图 9.159 中的面做连续倒角设置，边缘线段切角后细分效果如图 9.160 所示。

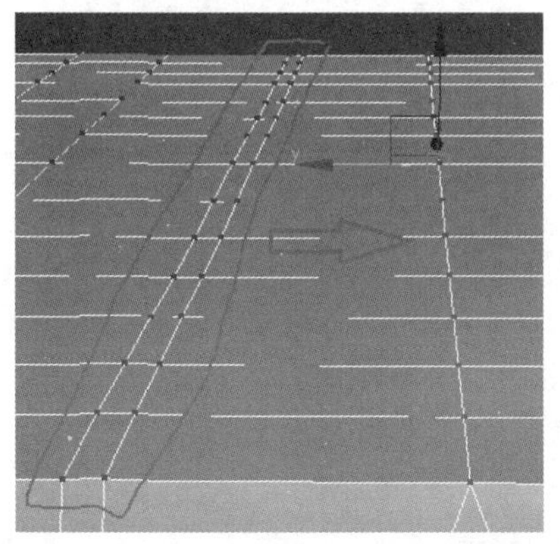

图 9.158

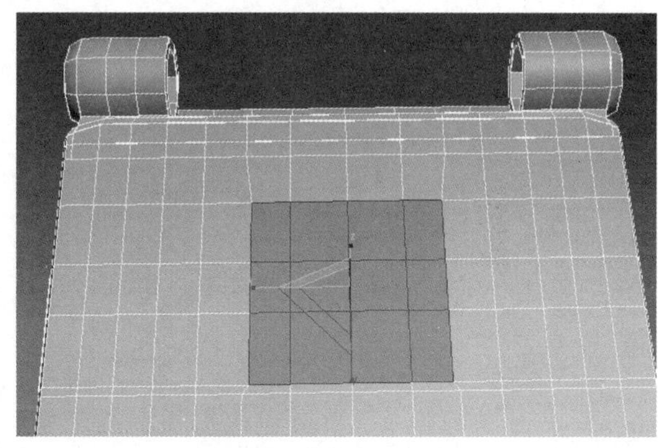

图 9.159

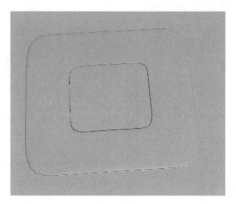

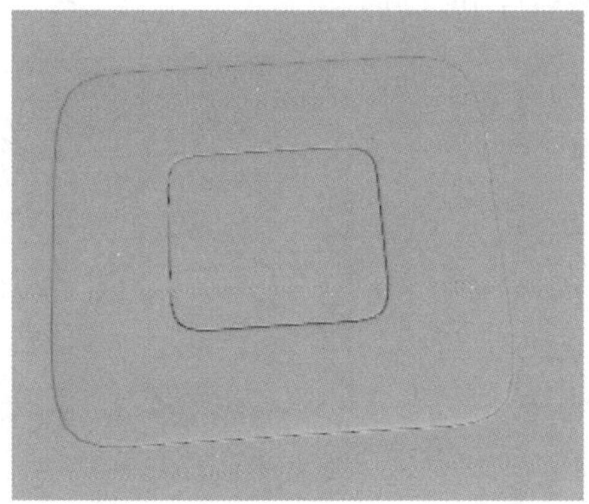

图 9.160

将图 9.161 和图 9.162 中的线段切角。

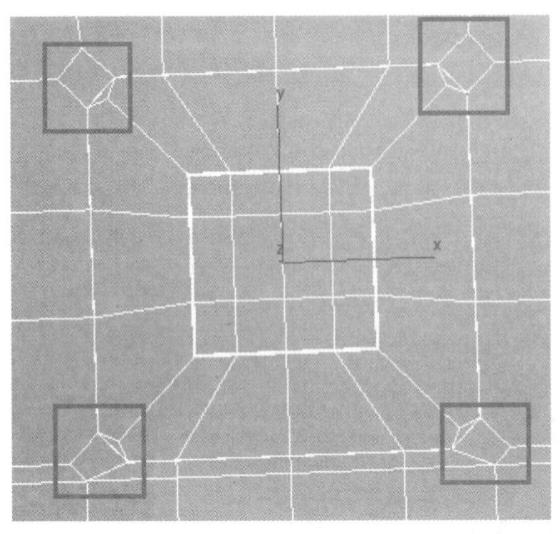

图 9.161

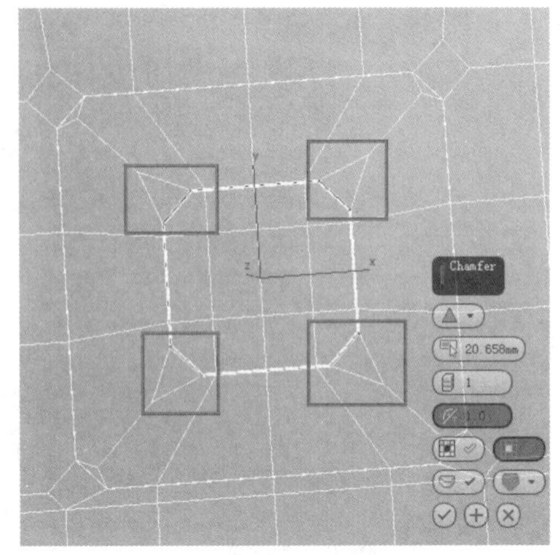

图 9.162

用点的目标焊接、剪切等工具加线再调整布线如图 9.163 所示，细分后的效果如图 9.164 所示。

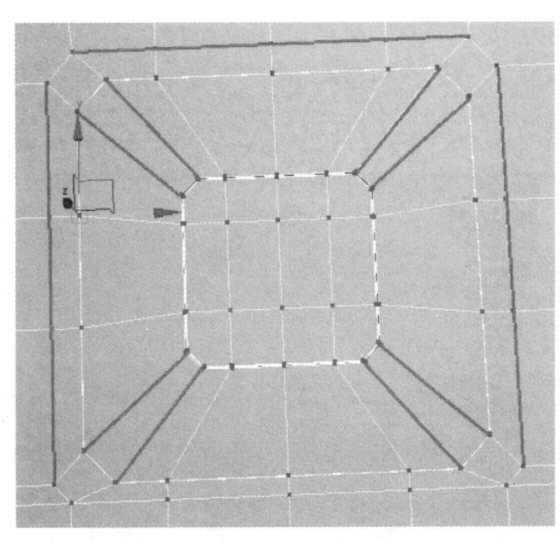

图 9.163

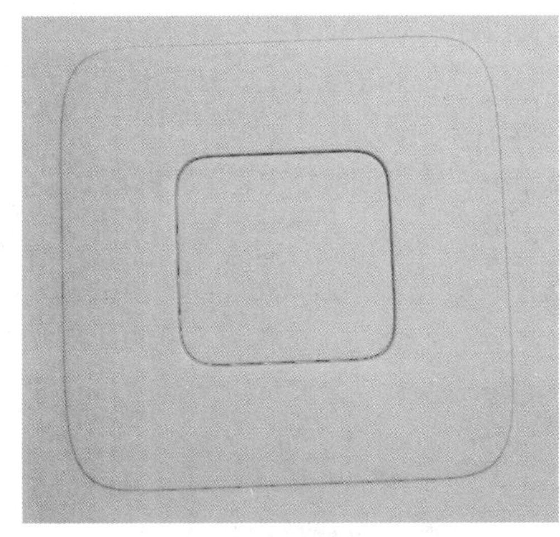

图 9.164

步骤 02 在图 9.165 中的位置创建一个长方体模型，单击 Tools | Array... 阵列工具，沿着 X 轴方向向右阵列复制，效果和参数如图 9.166 所示。

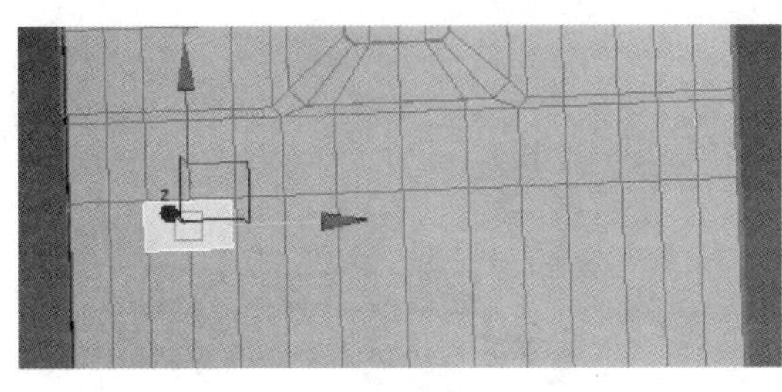

图 9.165

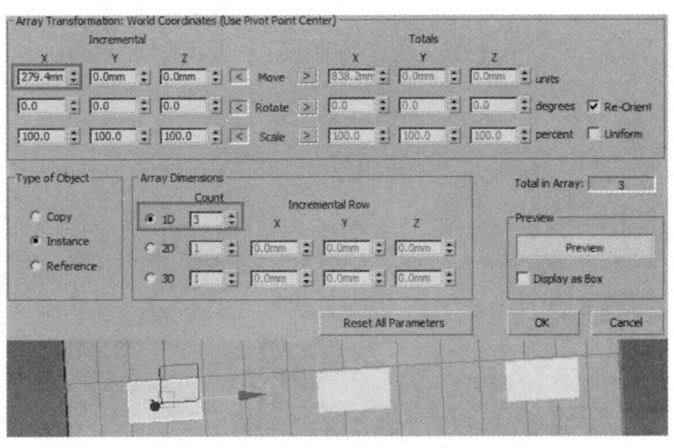

图 9.166

用同样的方法沿着 Y 轴方向向下阵列关联复制，效果如图 9.167 所示。此时长方体大小不合适，调整长方体的长宽参数，由于在阵列时是关联复制，所以调整任意一个参数，其他物体也会随之变化，如图 9.168 所示。

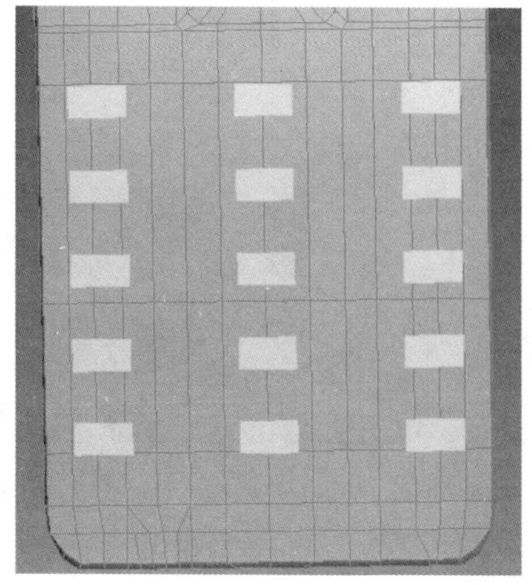

图 9.167

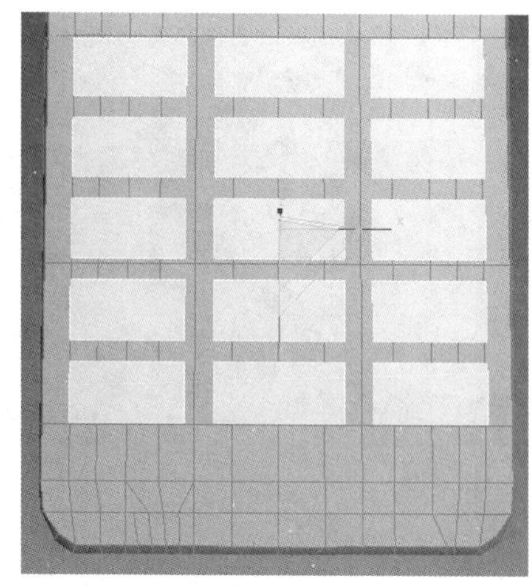

图 9.168

根据长方体的位置在手机上加线调整，如图 9.169 和图 9.170 所示。此处加线是为了确定按键方格的大小和位置。

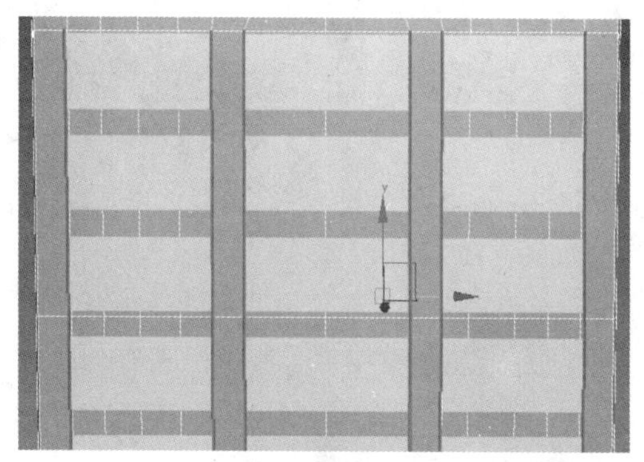

图 9.169

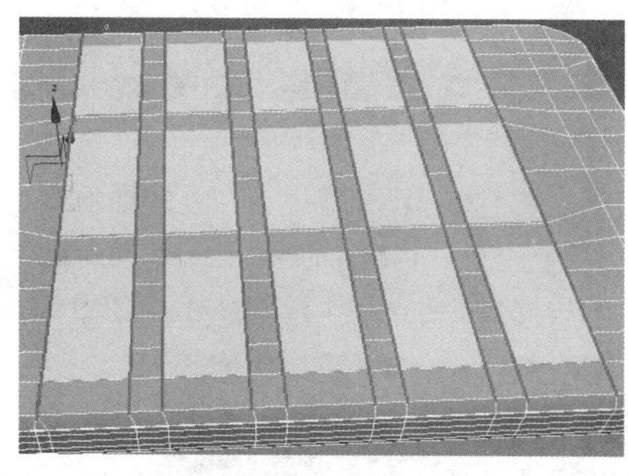

图 9.170

选择图 9.171 中的面先向下再向上倒角挤出面调整，细分后的效果如图 9.172 所示。

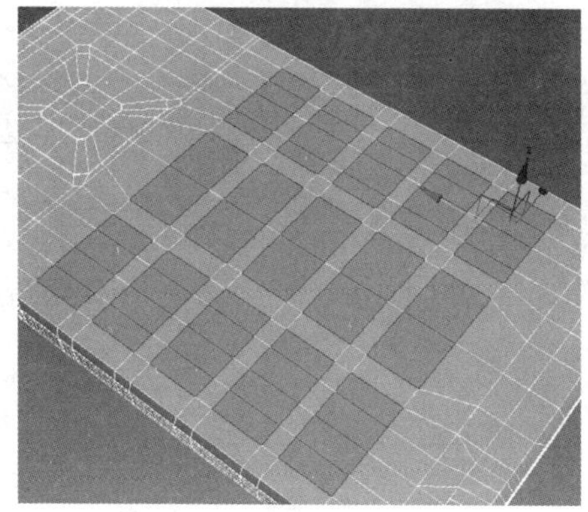

图 9.171

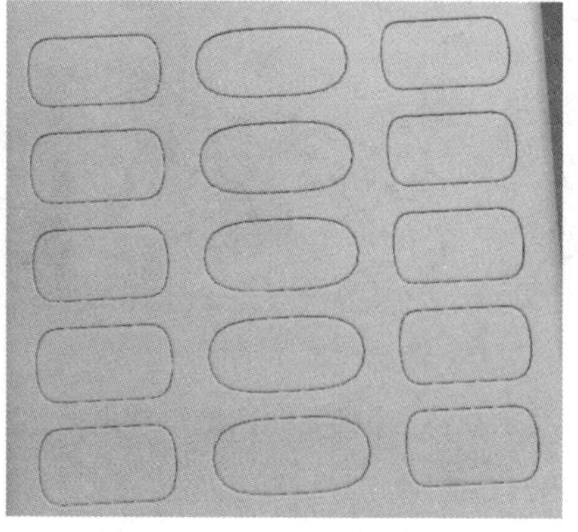

图 9.172

细分后的按钮有的方有的圆，在图 9.173 和图 9.174 中的位置分别加线约束调整。此处加线是为了约束按键细分后四角的圆角大小。

按快捷键 Ctrl+Q 细分该模型，效果如图 9.175 所示。

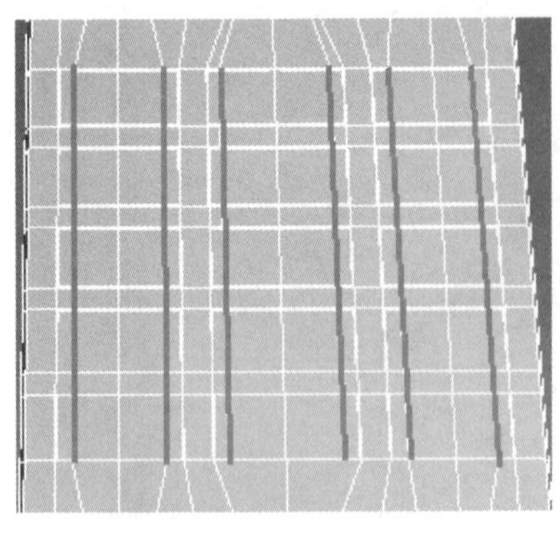

图 9.173

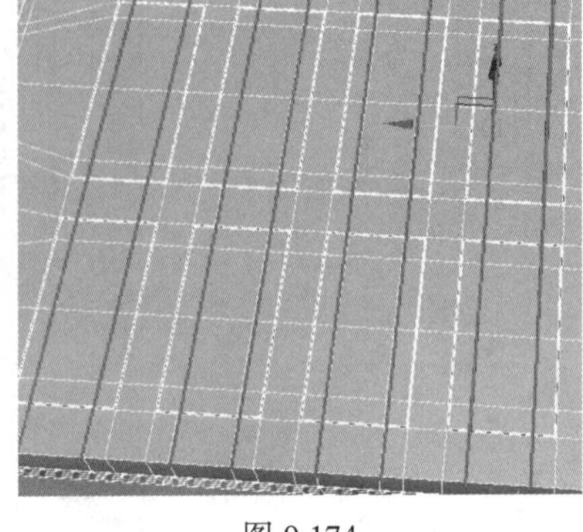

图 9.174

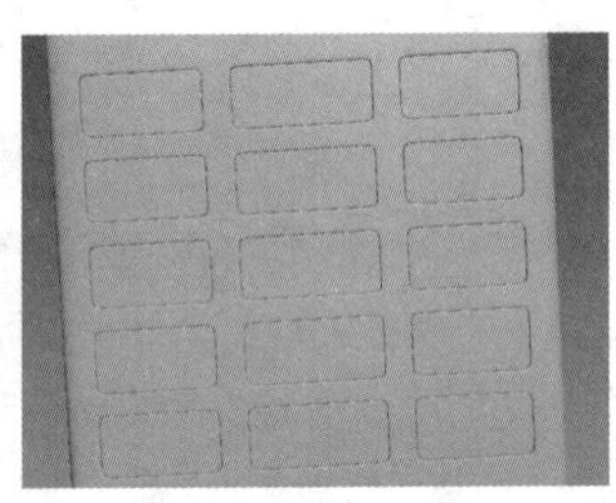

图 9.175

步骤 03 选择图 9.176 中的点用切角工具将点切角，然后选择面向上倒角挤出，如图 9.177 所示。细分后的效果如图 9.178 所示。

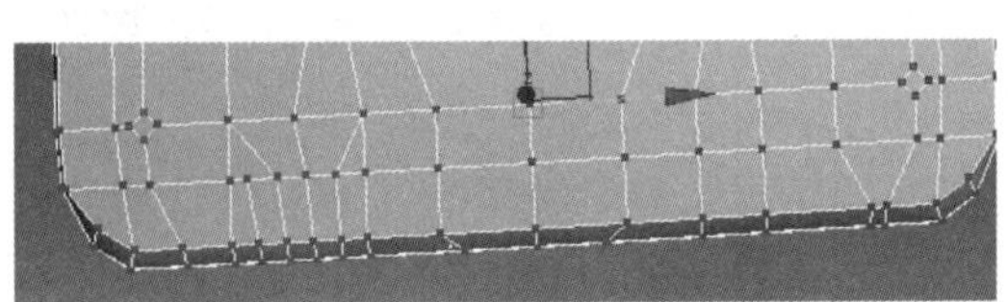

图 9.176

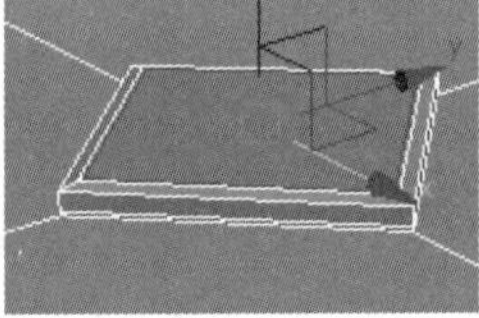

图 9.177

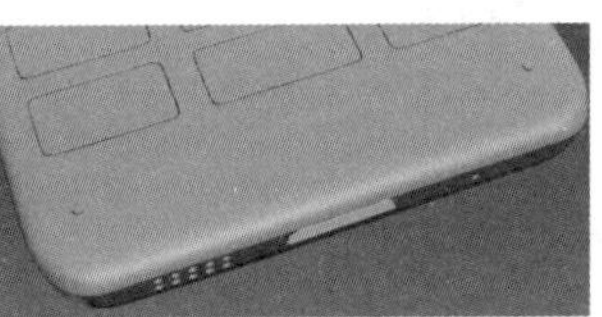

图 9.178

步骤 04 选择翻盖模型和旋转轴物体，选择 Tools|Groups 命令设置一个组，单击中的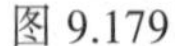按钮，将设置的组的轴心移动到旋转轴心上，如图 9.179 所示。

将手机翻盖部分旋转 180 度调整，如图 9.180 所示。这样调整是为了制作内屏上的一些细节。

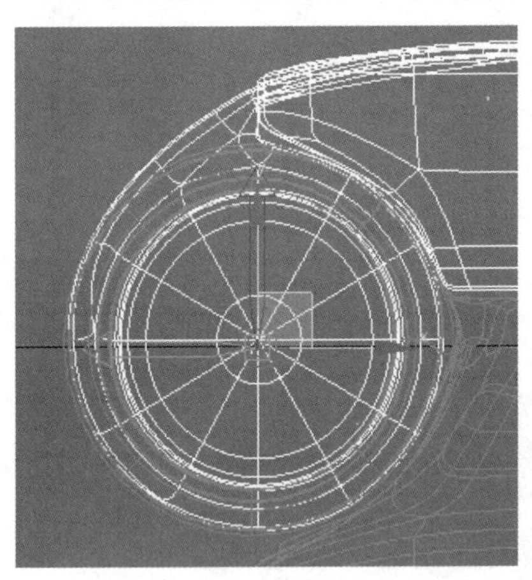

图 9.179

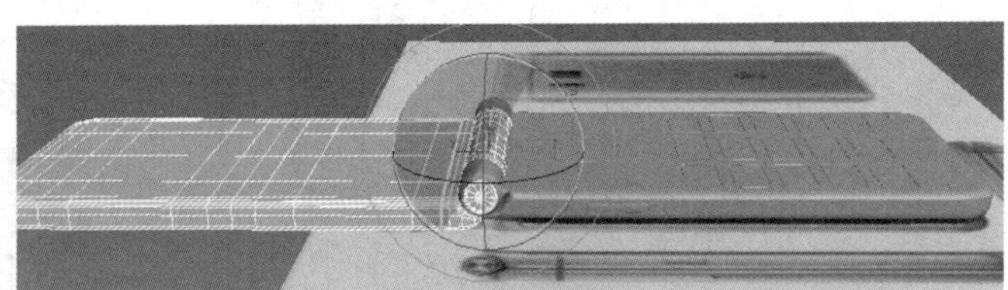

图 9.180

选择图 9.181 中的面向内倒角挤出，如图 9.182 所示。

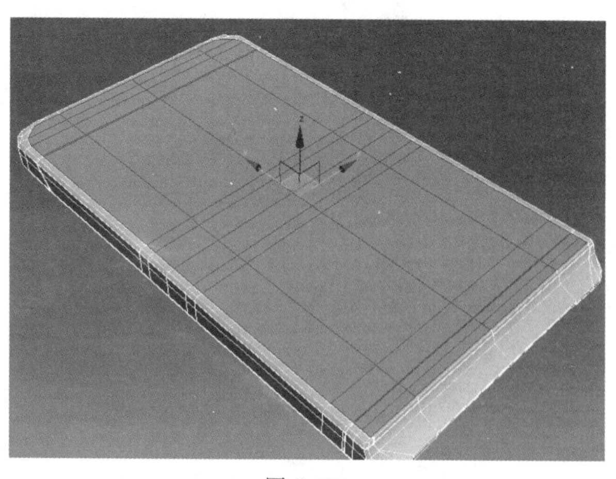

图 9.181

图 9.182

步骤 05 制作前置摄像头和听筒细节。在制作时，首先要确定好它们的位置，然后在相应的位置加线，选择对应的面用倒角工具挤出面调整所需形状即可，如图 9.183 和图 9.184 所示。

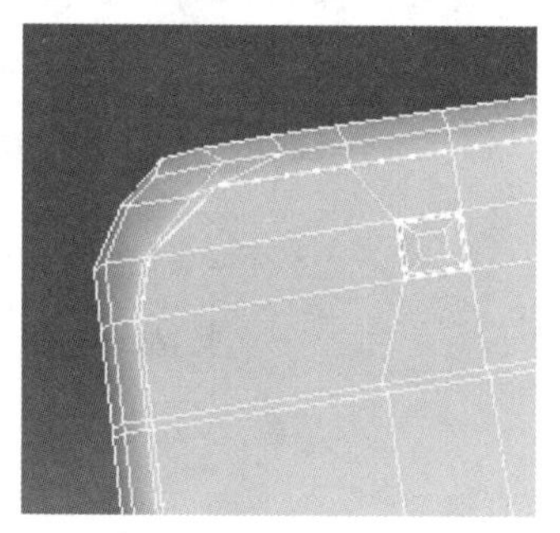

图 9.183

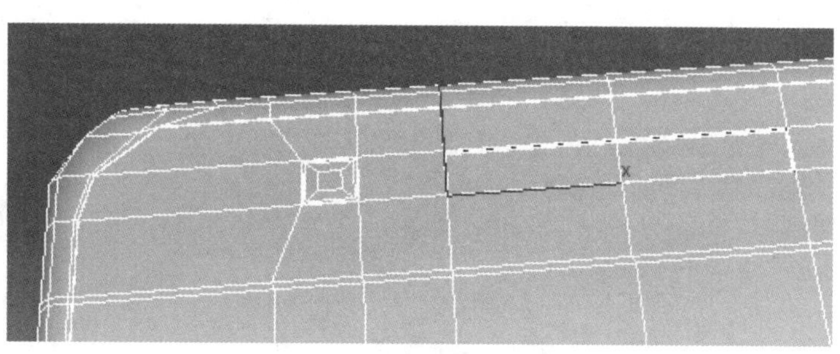

图 9.184

将拐角位置线段切角后再在内侧位置加线约束，如图 9.185 所示。调整好后的细分效果如图 9.186 所示。

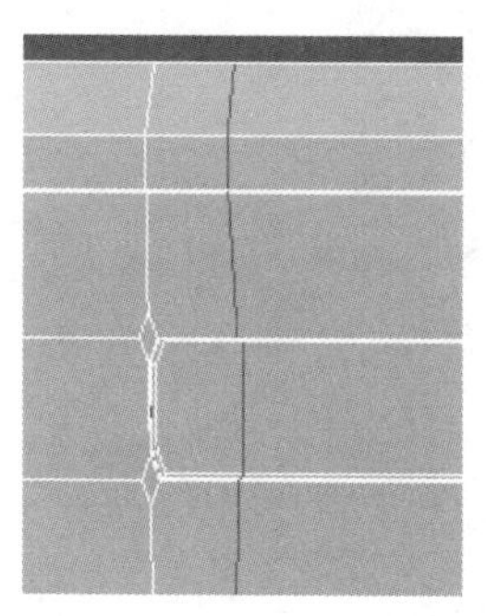

图 9.185

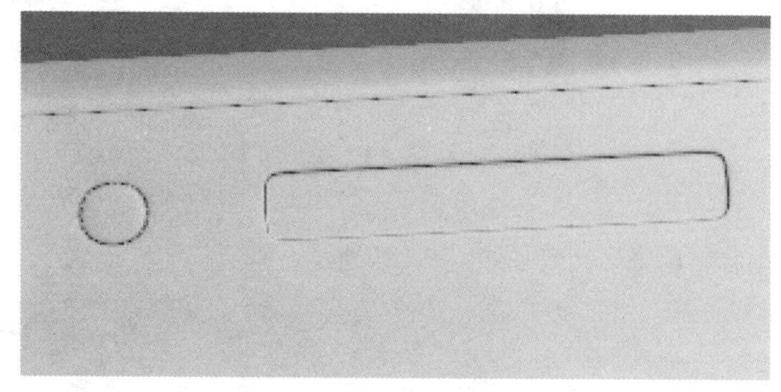

图 9.186

选择图 9.187 中的面，按住 Shift 键向上移动复制面，在弹出的 Clone Part of Mesh 面板中选择 Clone To Object，选择复制处的面向上倒角挤出，然后加线调整，如图 9.188 所示。

在该物体上加线调整，如图 9.189 所示。

选择中间的点（如图 9.190 中的点）单击 Chamfer 按钮后面的□图标，在弹出的“切角”快捷参数面板中设置切角的值将点切角设置，如图 9.191 所示。

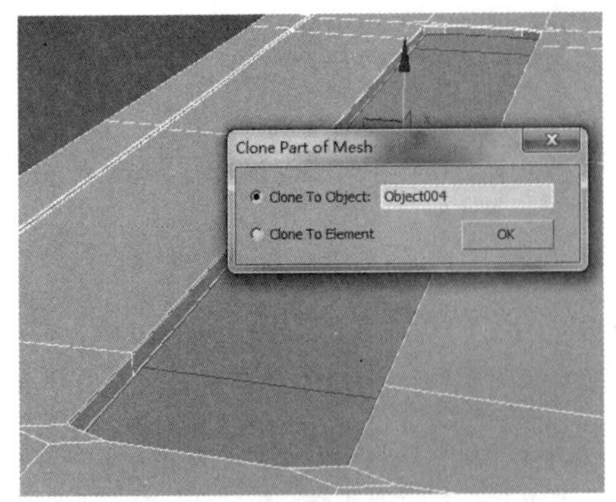

图 9.187

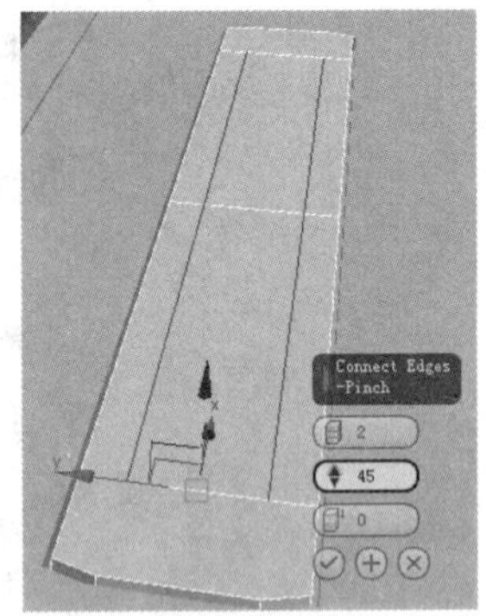

图 9.88

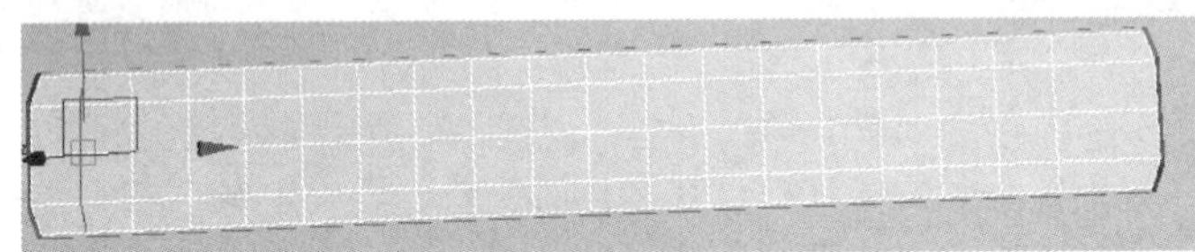

图 9.189

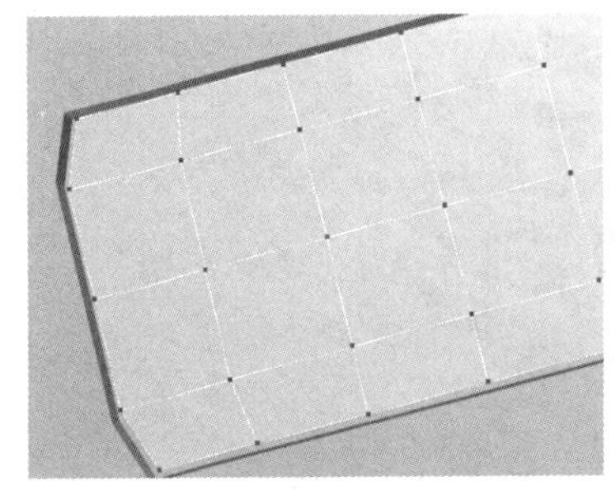

图 9.190

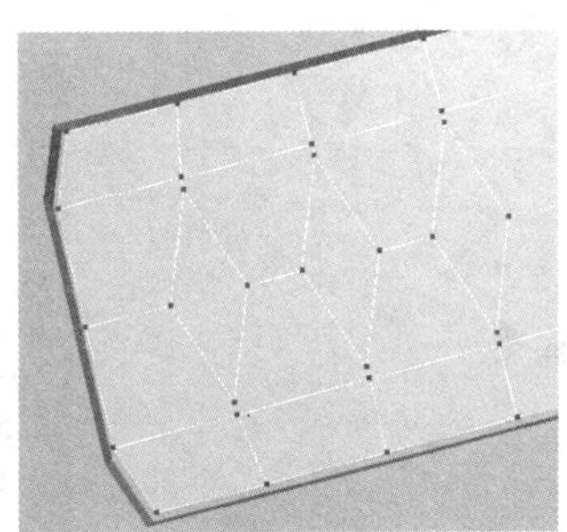

图 9.191

此处点的切角不是一个正方形形状，可以用缩放工具缩放调整，如图 9.192 所示。

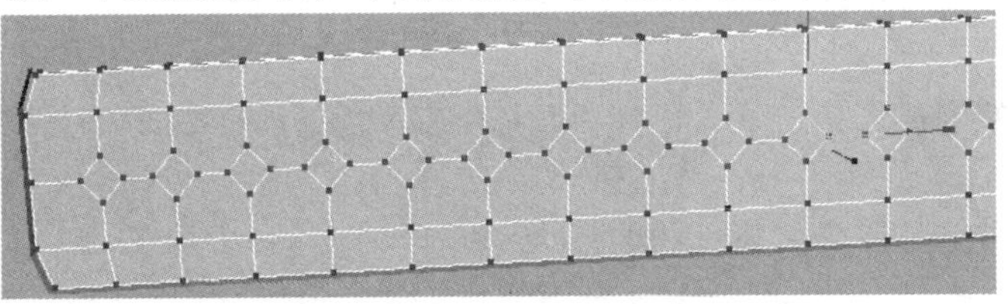

图 9.192

细分后调整比例效果如图 9.193 所示。

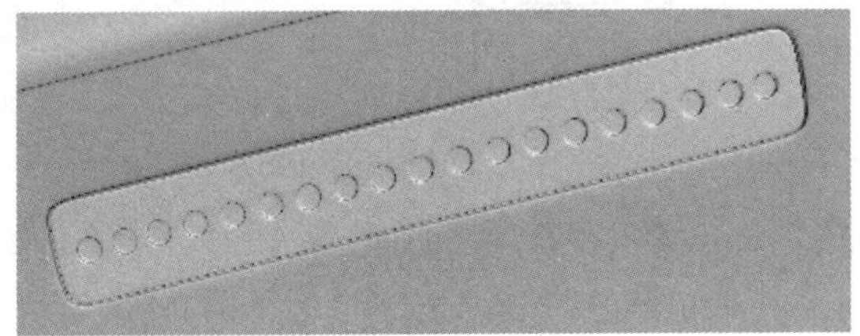

图 9.193

步骤 06 在图形面板中单击 Text 按钮，输入数字，在视图中单击创建出数字，然后在修改面板中选择合适的字体，此处选择 IrisUPC 字体较为合适。通过这种方法分别在每个按键上创建

出数字，如图 9.194 所示。选择任意一个数字，右击，在弹出的菜单中选择 Convert To|Convert to Editable Spline，将模型转换为可编辑的样条线，单击 Attach 按钮拾取其他数字完成附加，然后在修改器下拉列表中选择 Extrude 修改器，设置高度值后移动到按键的表面上，如图 9.195 所示。

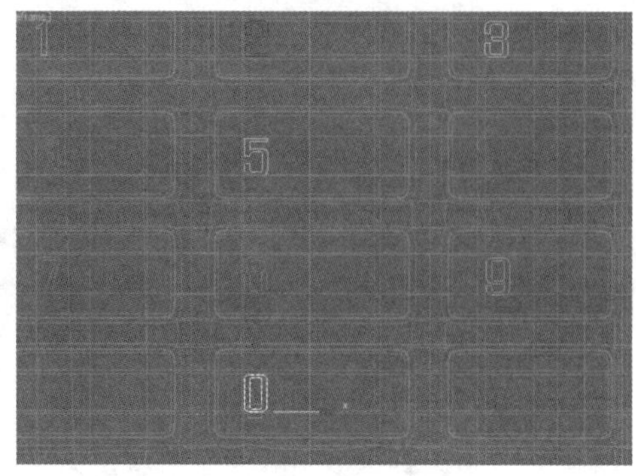
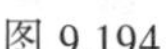

图 9.194

图 9.195

用同样的方法创建出按键上的符号和字母等。由于一些符号输入法无法直接输入，需要手动创建样条线调整出形状，然后再挤出设置。最后的挤出效果如图 9.196 所示。

图 9.197 中所示的创建方法也一样，都是手动创建样条线细致调整出来的。

图 9.196

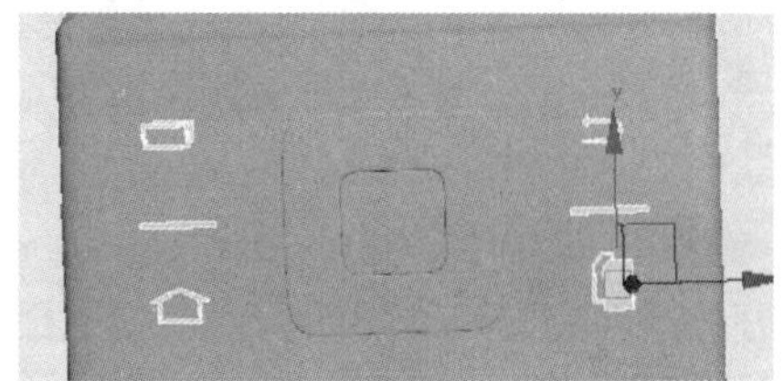

图 9.197

至此，手机模型全部制作完成。最后将翻盖模型适当旋转一定角度，整体效果如图 9.198 所示。

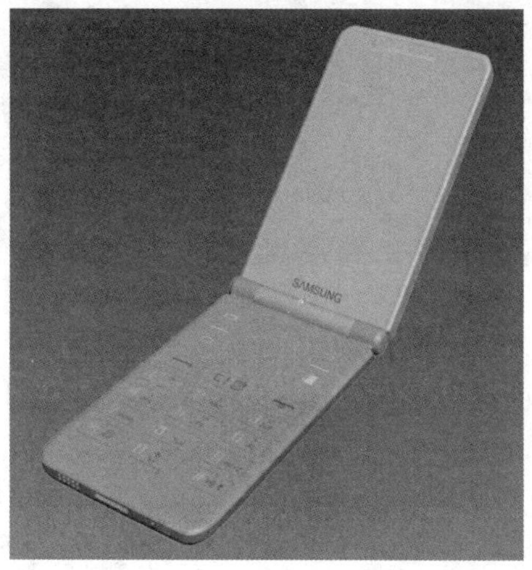

图 9.198

第 10 章 制作家电设备

家用电器主要是指在家庭及类似场所中使用的各种电气和电子器具。家用电器使人们从繁重、琐碎、费时的家务劳动中解放出来，为人类创造了更为舒适优美、更有利于身心健康的生活和工作环境，提供了丰富多彩的文化娱乐条件，已成为现代家庭生活的必需品。常见的家电有冰箱、空调、电视机、洗衣机等。

10.1 制作家庭音响

本实例中音箱的制作方法主要是先创建出它们的轮廓线，然后再挤出形状即可。

步骤 01 单击 Creat（创建）|Shape（图形）| Line 样条线，在视图中创建一个如图 10.1 所示的样条线。再单击 Creat（创建）|Shape（图形）| Rectangle （矩形）按钮在视图中创建一个矩形，右击，在弹出的菜单中选择 Convert To|Convert to Editable Spline，将模型转换为可编辑的样条线，调整底部点的距离，并拖动四个点的手柄按图 10.2 所示进行调整，调整至图 10.3 所示效果。

图 10.1

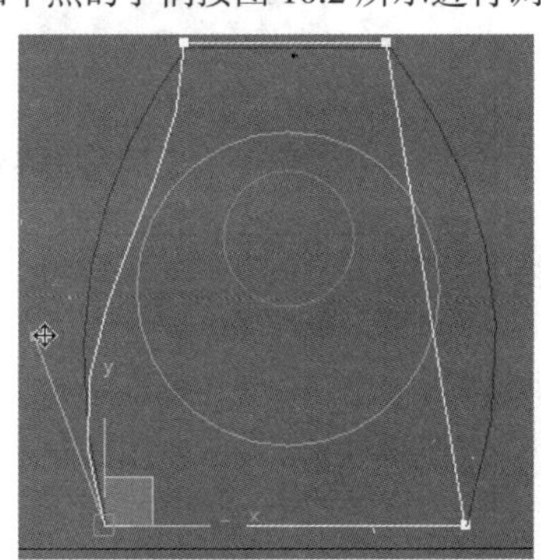

图 10.2

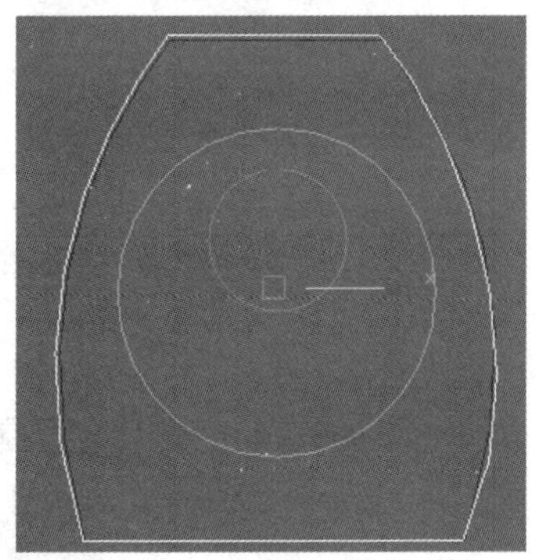

图 10.3

单击 Ellipse （椭圆）按钮，在场景中创建一个如图 10.4 所示的椭圆，再创建一些圆形，整体样条线的形状大小和位置如图 10.5 所示。

选择左侧一个样条线，单击参数面板下的 Attach（附加）按钮，拾取两个圆形，如图 10.6 所示。为了更好地给大家讲解一下挤出、倒角、超级倒角的区别，这里先把附加后的样条线复制两个，然后再创建一个如图 10.7 所示的曲线。 Extrude 修改器大家都比较熟悉了，它的参数比较简单只有 Amount（挤出高度）和 Segments（分段数），如图 10.8 所示。 Bevel 修改器和挤出修改器有些类似，但是它对比挤出修改器多了几个控制层次，如图 10.9 所示中 Level 2 和 Level 3 级别，当然这几个级别也很好理解，Level 1 和 Level 3 级别控制挤出高度和扩展或者收缩量，Level 2 控制挤出高度，经常使用的方法是级别 1 和级别 3 中的挤出高度一致，Outline 值相等只不过一个是正值一个是负值（正值扩展，负值收缩），然后再根据需要调整级别 2 的挤出高度即可。比如图 10.9 中的参数设置下倒角的效果如图 10.10 所示，它的作用就是给模型两边一定的倒角设置。Bevel Profile 修改器需要配合曲线来完成，它会根据曲线的形状来进行倒角。单击图 10.11 中的 Pick Profile（拾取剖面）按钮拾取图 10.7 中创建的曲线，此时模型效果如图 10.12 所示。

我们会发现倒角剖面后的模型并不是需要的效果，这是因为当前的角度有些问题，解决的方法也很简单，进入 Profile Gizmo（剖面 Gizmo）子级别，在模型上框选，旋转调整角度即可，如图 10.13 所示，也就是说我们创建的曲线是什么形状，物体的边缘也是什么形状。这就是它们 3 者的区别。

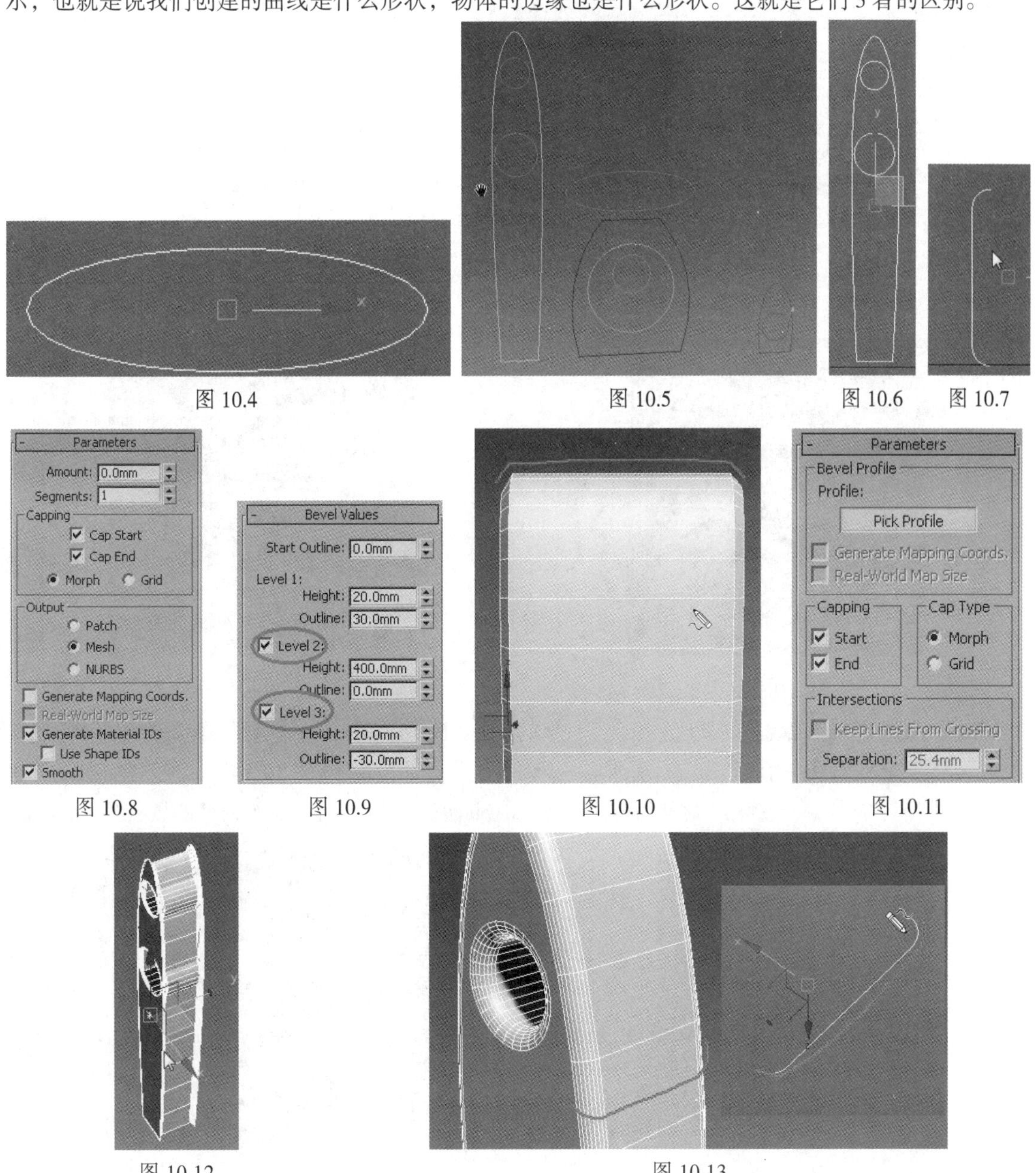

图 10.4　图 10.5　图 10.6　图 10.7

图 10.8　图 10.9　图 10.10　图 10.11

图 10.12　图 10.13

此处用 Bevel 修改器来制作即可，参数设置如图 10.14 所示，效果如图 10.15 所示。右击，在弹出的菜单中选择 Convert To|Convert to Editable Poly，将模型转换为可编辑的多边形物体。分别删除内部面和背部面，如图 10.16 所示，然后选择背部边界线单击 Cap 按钮封口处理，如图 10.17 所示。

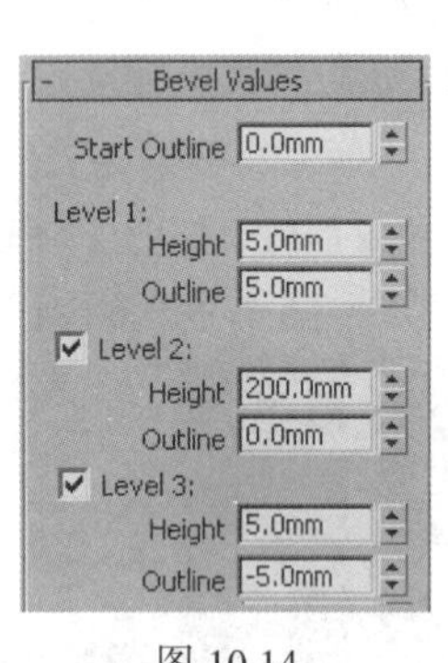

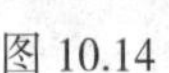
图 10.14

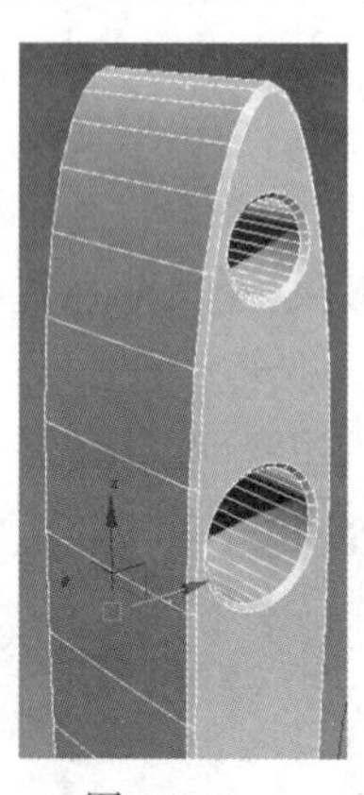
图 10.15

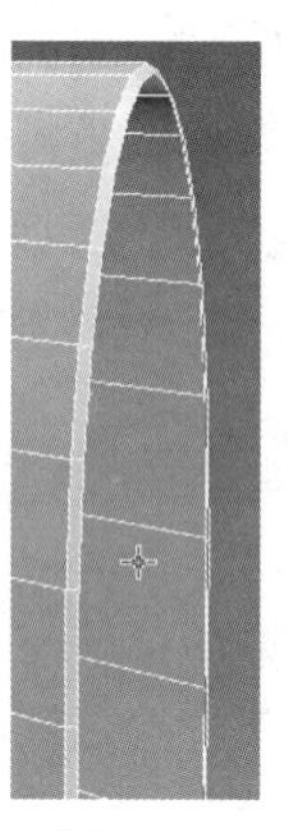
图 10.16

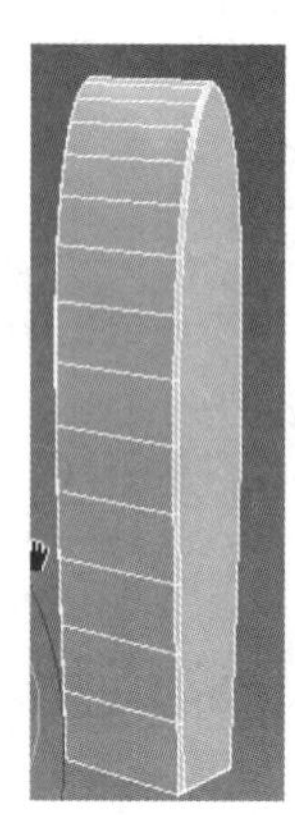
图 10.17

步骤 02 用同样的方法将第二个音箱样条线进行附加后添加 Bevel 修改器，参数和图 10.14 中的参数设置基本相同，只是将级别 2 高度设置为 400，然后将模型转换为可编辑的多边形物体，删除空口中间部位的面，同时将背部的圆用缩放工具调整大小，如图 10.19 所示。

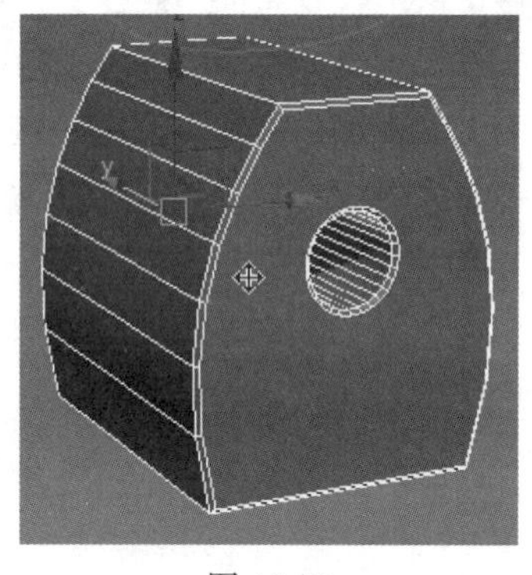
图 10.18

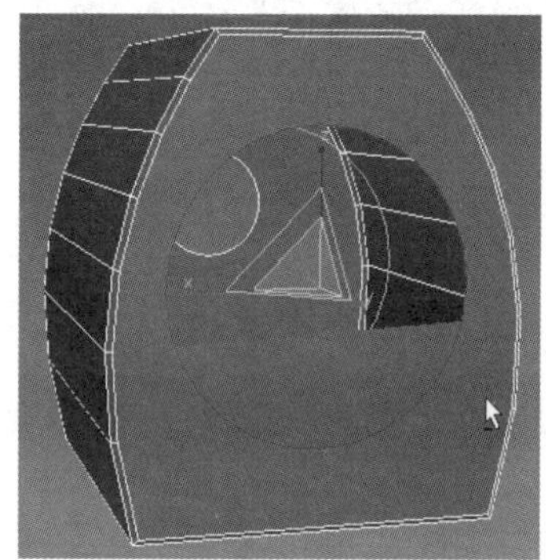
图 10.19

当进入面级别时会发现面的显示上出现了一些问题，如图 10.20 所示，这是因为模型在转化为多边形物体后，有些布线不是很合理，需要重新调整一下即可，手动调整布线至图 10.21 所示（调整布线的方法有通过 Cut 剪切命令；有选择两点，然后按快捷键 Ctrl+Shift+E 加线命令等）。此时面的显示就正常了。

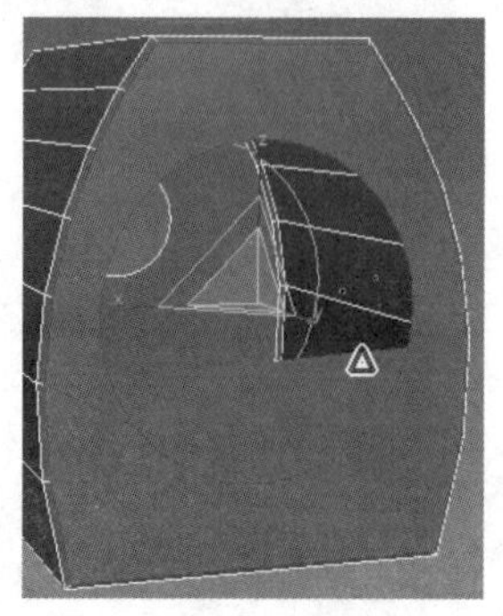
图 10.20

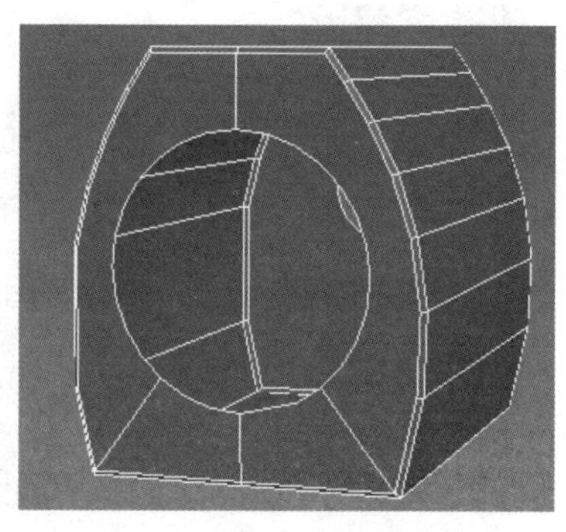
图 10.21

用同样的方法制作出剩余的形状，如图 10.22 所示。

步骤 03 单击创建面板下Extended Primitives（扩展基本体）下的ChamferBox（切角长方体）按钮，在绿色物体底部创建一个切角长方体，如图 10.23 所示。将该切角长方体转换为可编辑的多边形物体，根据上面物体的曲线形状加线调整自身的曲线形状如图 10.24 所示。

图 10.22

图 10.23

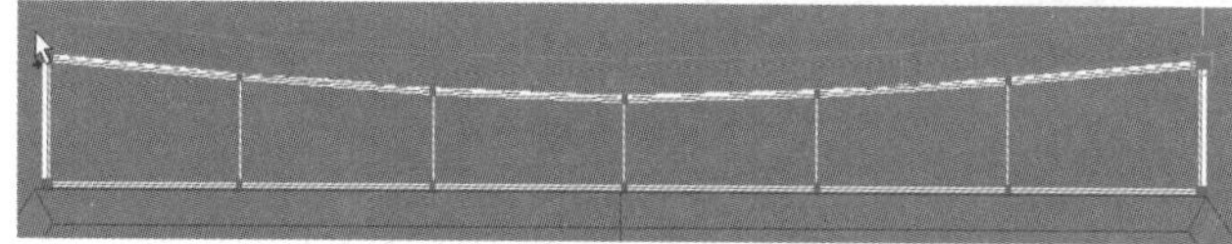

图 10.24

步骤 04 在音箱洞口位置创建一个圆柱体并将其转换为可编辑的多边形物体，删除面至图 10.25 所示。选择边界线按住 Shift 键配合缩放和移动工具分别挤出面调整，过程如图 10.26 和图 10.27 所示。

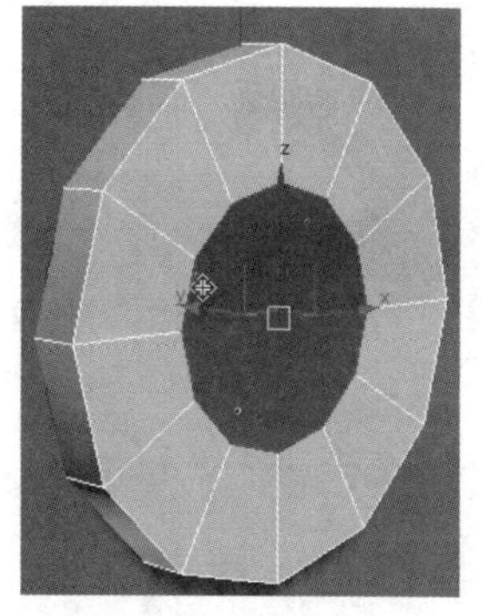

图 10.25

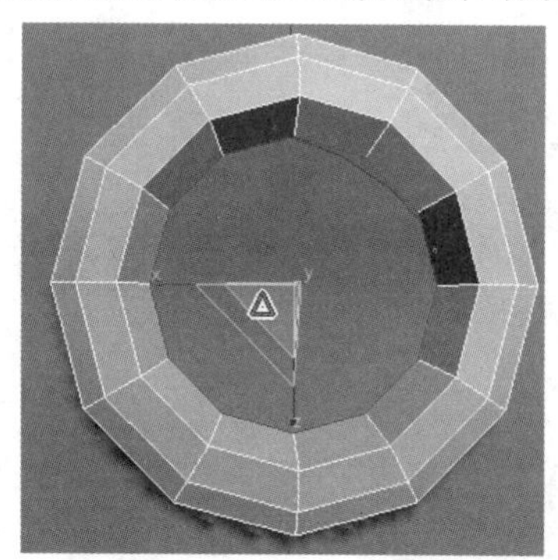

图 10.26

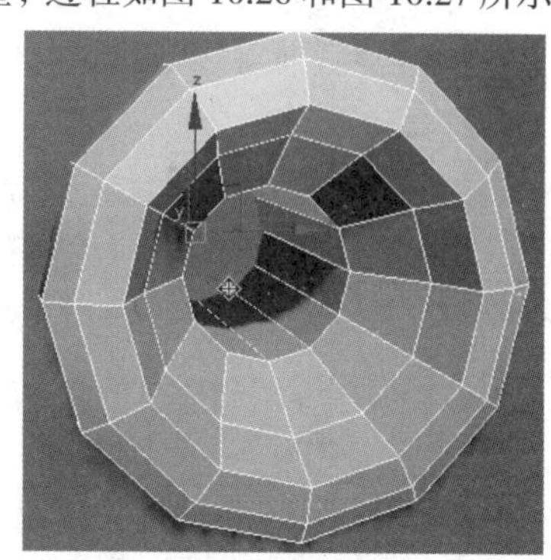

图 10.27

根据形状需求，在需要表现硬边的线段位置进行切线设置，如图 10.28 所示。细分效果如图 10.29 所示。

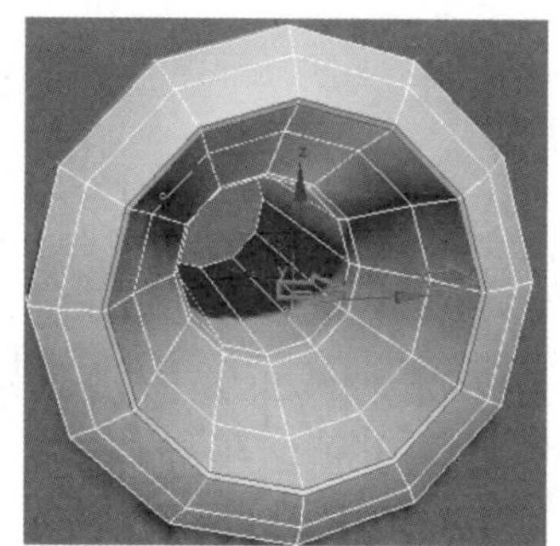

图 10.28

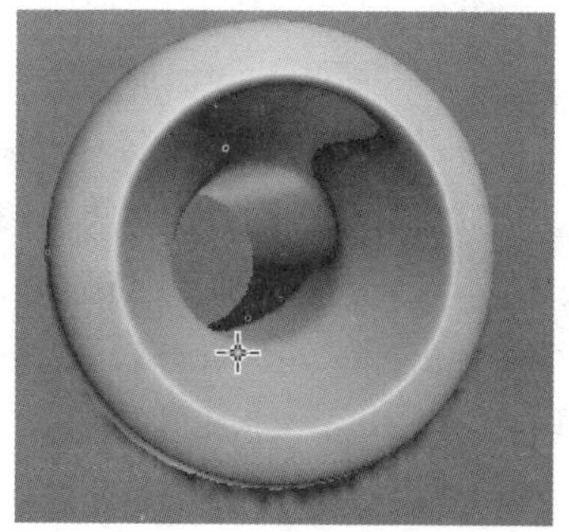

图 10.29

将上述物体再复制一个，修改至图 10.30 所示形状。将该物体再复制如图 10.31 所示。

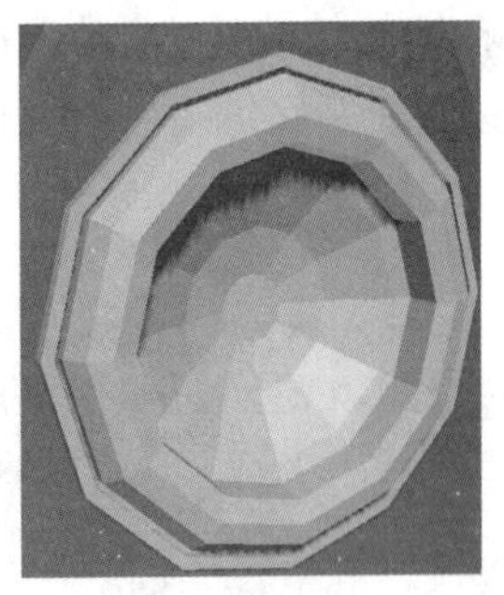

图 10.30

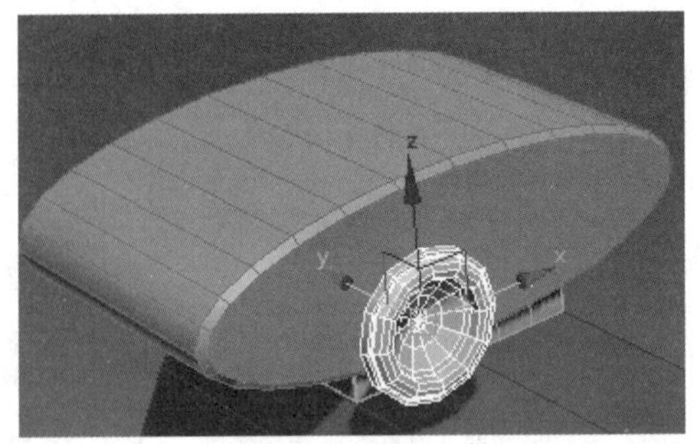

图 10.31

先创建两个圆柱体并利用布尔运算工具运算出如图 10.32 所示形状的洞口，然后塌陷为多边形物体后手动调整布线至图 10.33 所示。

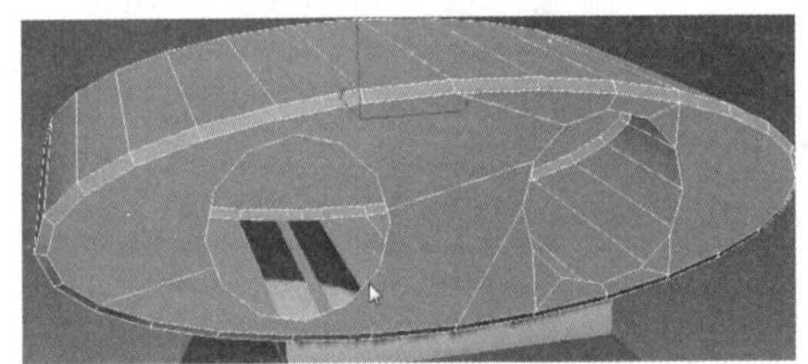

图 10.32

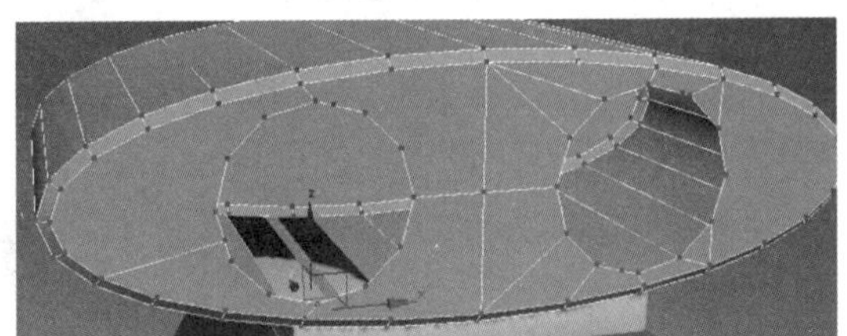

图 10.33

将复制的物体调整到洞口位置，如果模型嵌入到了其他物体内部（比如图 10.34 所示），可以简单调整形状将面向前移动调整，如图 10.35 所示。选择部分线段切线后细分再复制调整一个，整体效果如图 10.36 所示。

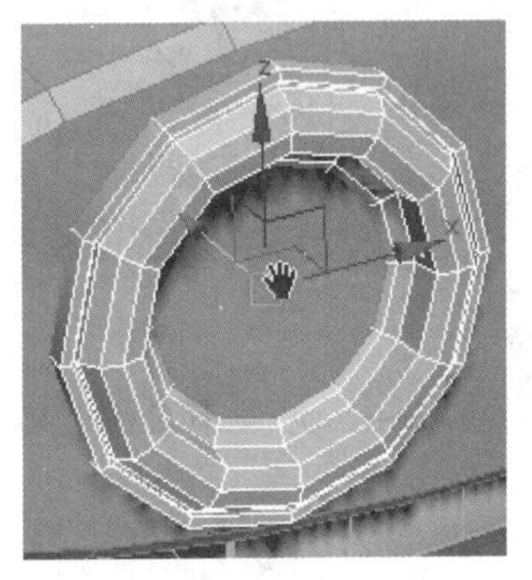

图 10.34

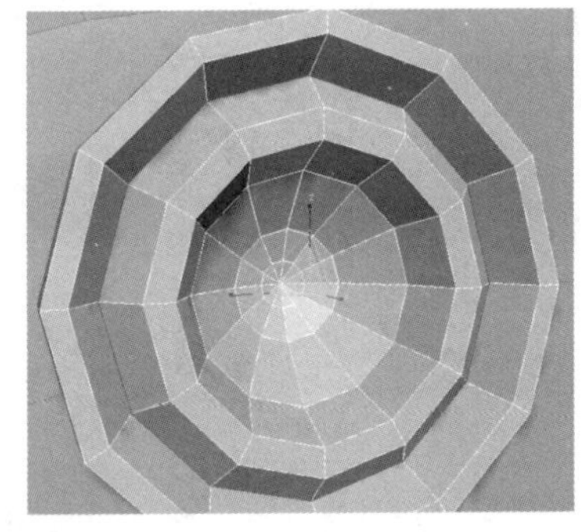

图 10.35

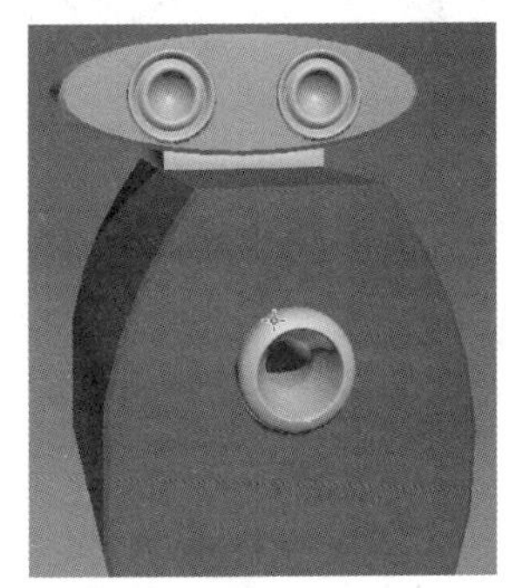

图 10.36

步骤 05 创建矩形、圆形形状至图 10.37 所示，将其中的任意一条转换为可编辑的样条线后，单击 Attach 按钮拾取其他样条线将其附加在一起。然后按“3”键进入样条线级别，选择中间的矩形，利用样条线之间的布尔运算方法运算出图 10.38 所示形状。

在修改器下拉列表下添加 Extrude 修改器，此时模型效果如图 10.39 所示，将该物体转换为可编辑的多边形物体后，删除背部和圆内部的面，如图 10.40 所示。然后选择背部边界线单击 Cap 封口按钮将开口封闭起来，再选择前方的圆形洞口边界线，按住 Shift 键向内缩放挤出面，如图 10.41 所示。再创建一个球体，删除一半的面，剩余的半球体用缩放工具压扁调整，如图 10.42 所示。此时整体效果如图 10.43 所示。

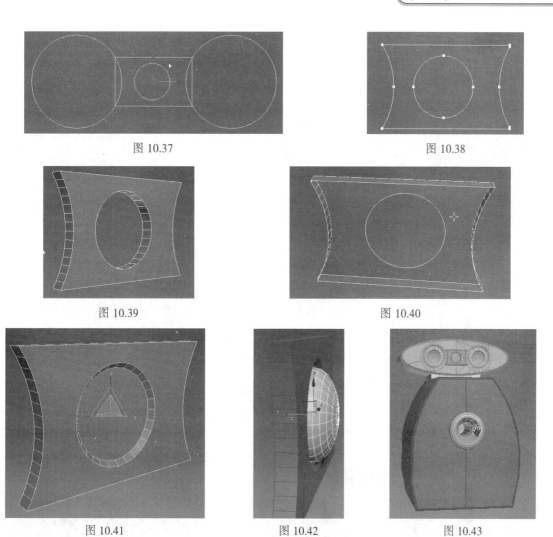

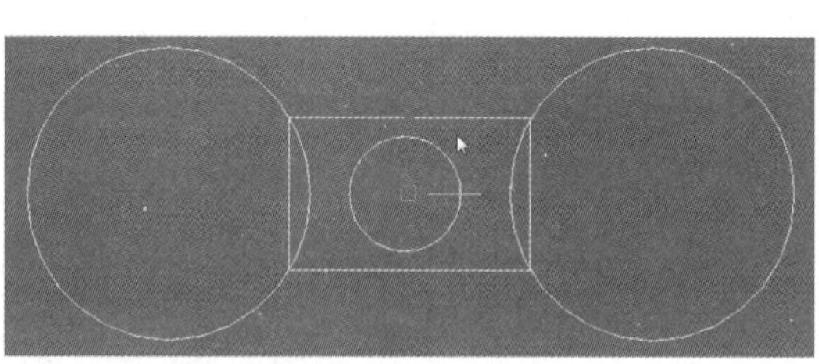

图 10.37

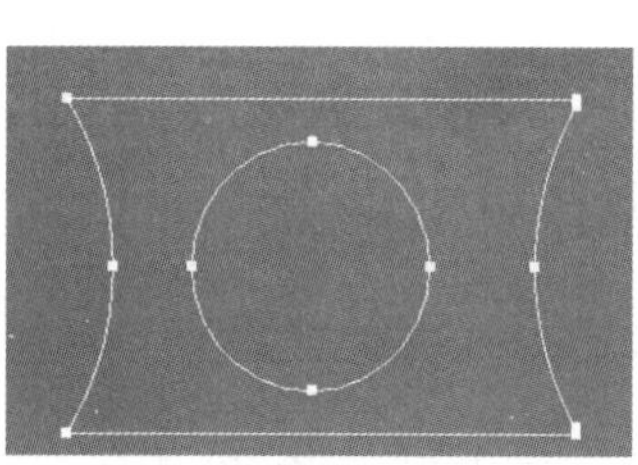

图 10.38

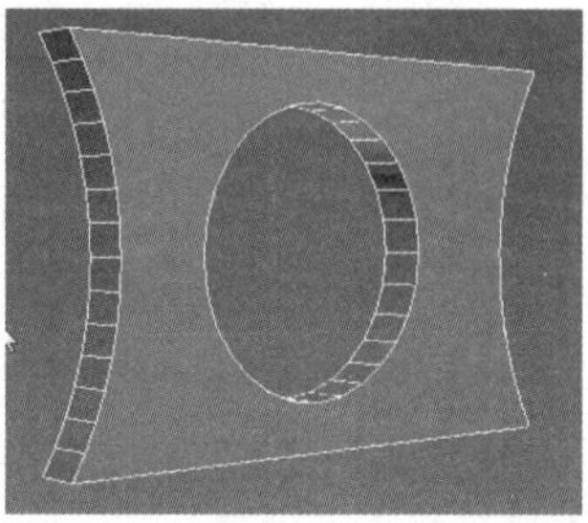

图 10.39

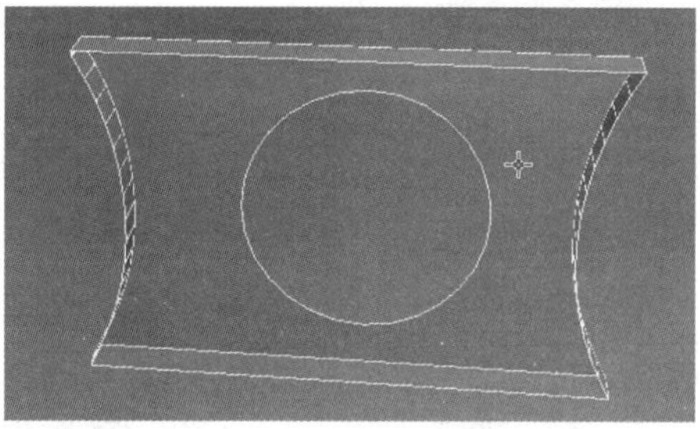

图 10.40

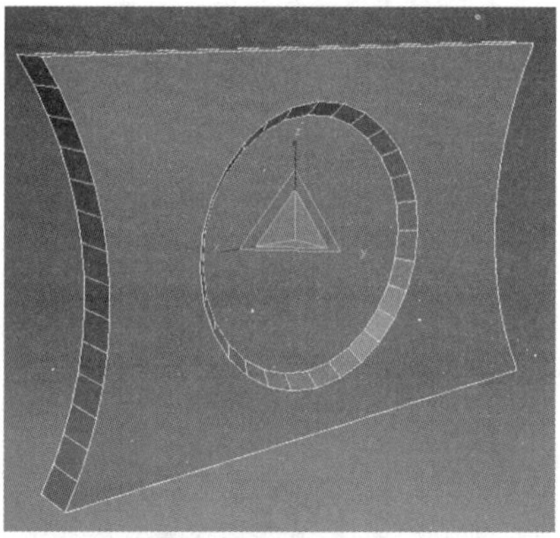

图 10.41

图 10.42

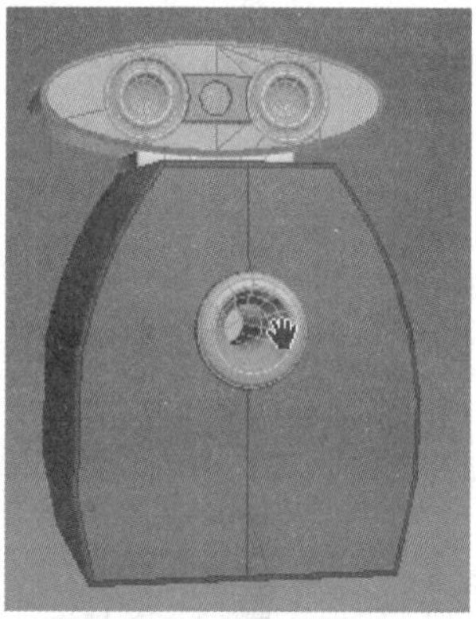

图 10.43

步骤 06 将压扁的半球体模型复制调整大小至左侧的音箱上，如图 10.44 所示，然后创建如图 10.45 中所示的圆形和矩形，布尔运算出如图 10.46 中所示的形状（操作方法参考上述样条线的布尔运算步骤），然后添加挤出修改器后将模型塌陷，编辑调整至图 10.47 所示形状。同样将编辑过的半球体模型复制到洞口位置，如图 10.48 所示，整体效果如图 10.49 所示。

图 10.44

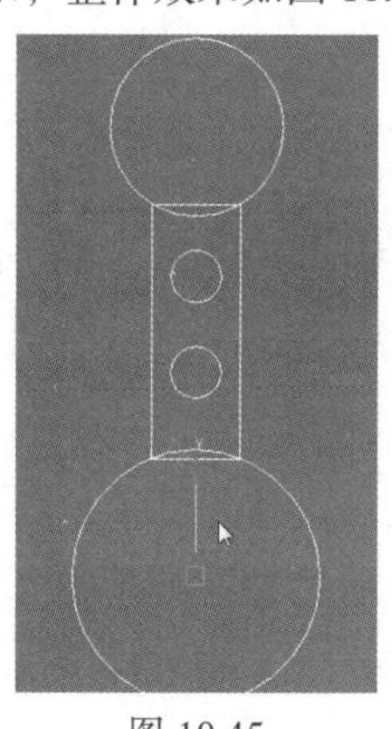

图 10.45

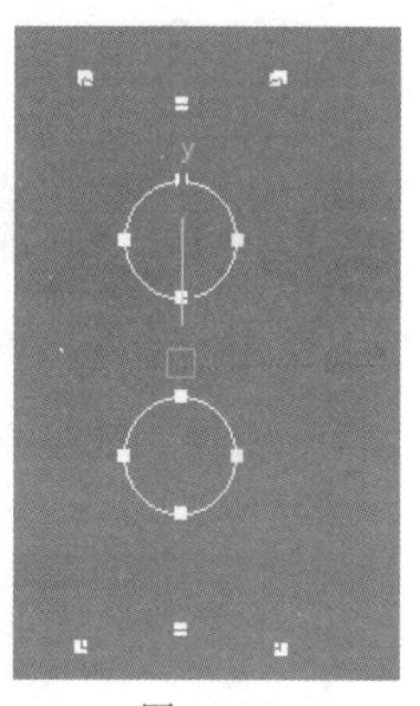

图 10.46

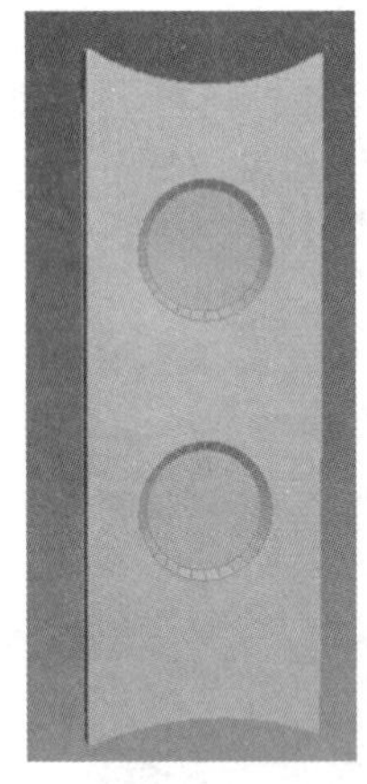

图 10.47

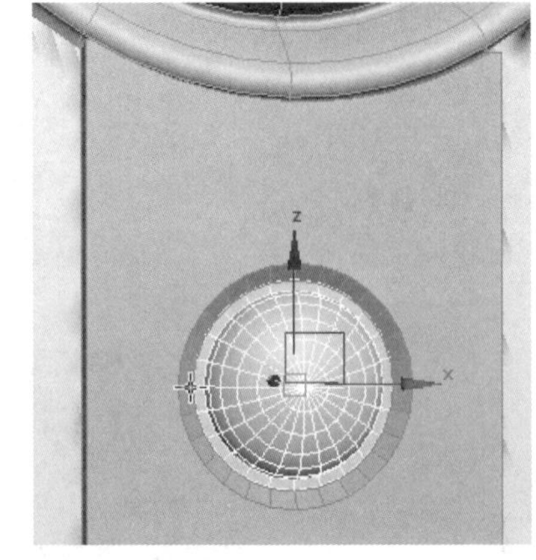

图 10.48

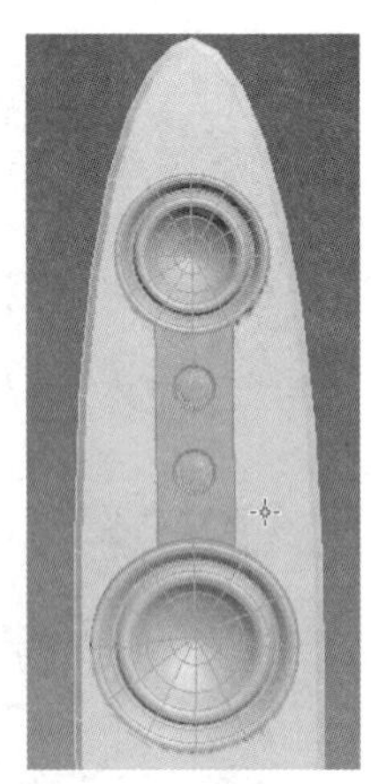

图 10.49

步骤 07 在图 10.51 中位置创建一个矩形，调整角半径，然后再创建两个圆形，如图 10.52 所示，同样利用样条线之间的布尔运算计算出如图 10.53 所示形状，添加挤出修改器命令后将模型塌陷为多边形物体编辑形状至图 10.54 所示。

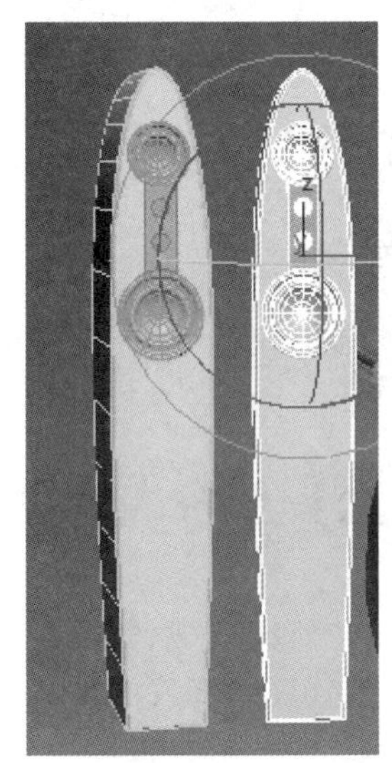

图 10.50

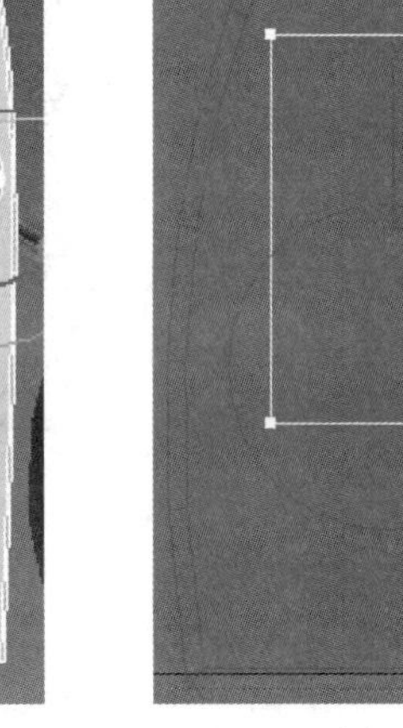

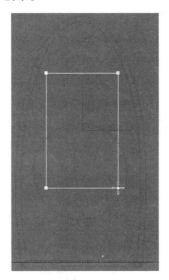

图 10.51

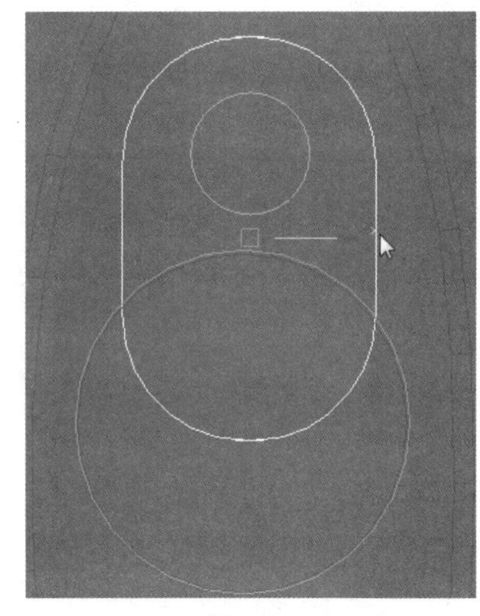

图 10.52

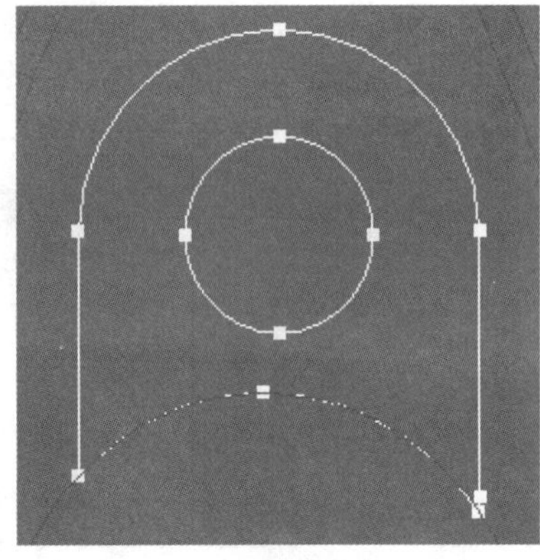

图 10.53

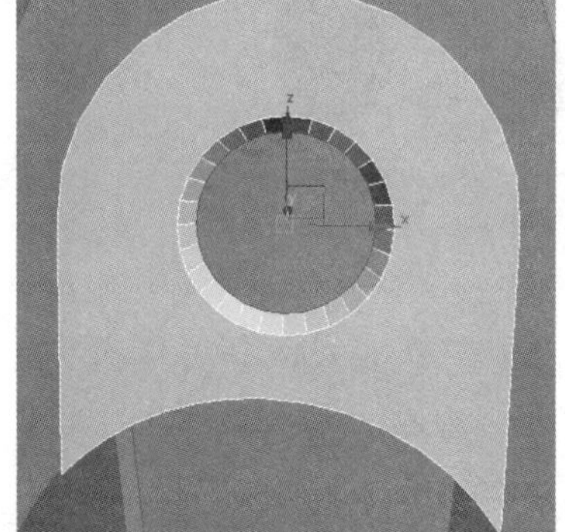

图 10.54

在洞口位置复制出半球体形，状模型效果如图 10.55 所示。最后将音箱再整体复制，调整位置最终效果如图 10.56 所示。

图 10.55

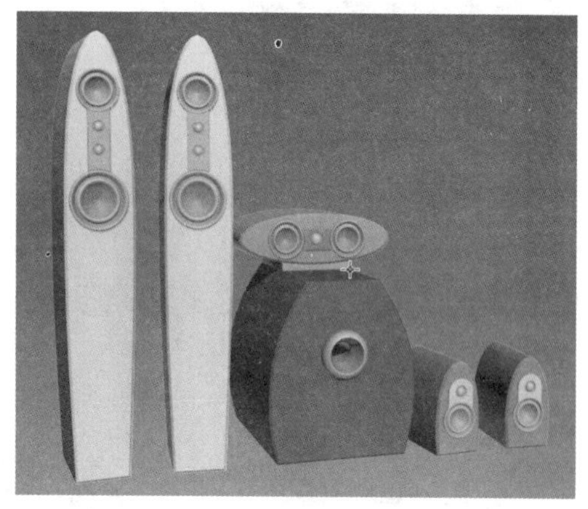
图 10.56

10.2 制作双开门冰箱

这一节学习制作一个双开门冰箱，先制作外部框架再制作内部结构，最后再制作出门细节即可。

步骤 01 首先创建一个长、宽、高分别为 900、665、1760 的长方体模型，右击，在弹出的菜单中选择 Convert To|Convert to Editable Poly，将模型转换为可编辑的多边形物体。分别在上下、左右边缘位置加线，如图 10.57 所示。选择顶部面，用面的挤出工具将面挤出，如图 10.58 所示。

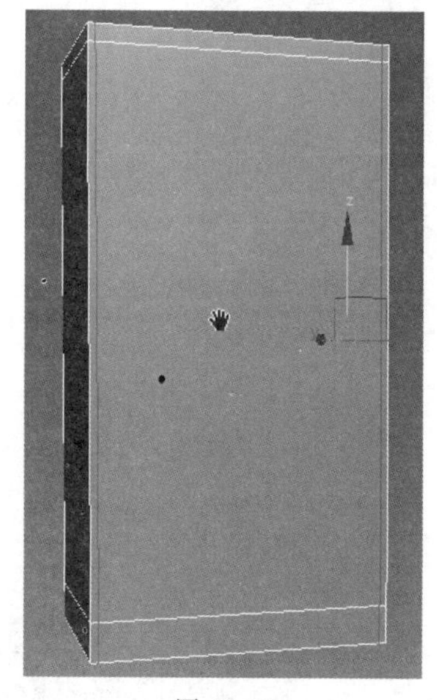
图 10.57

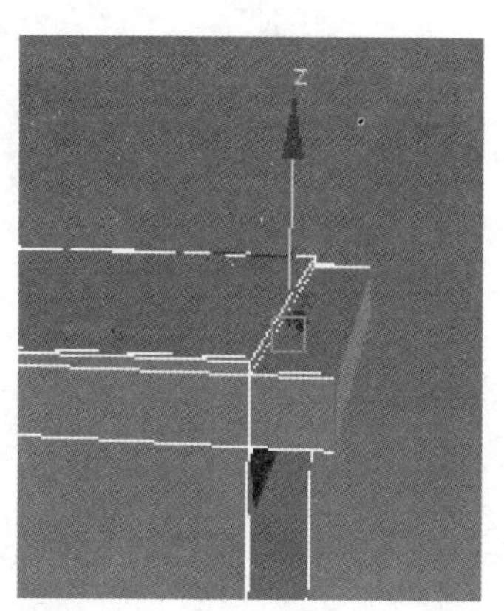
图 10.58

用同样的方法将底部两个面也挤出调整，此时底部前方位置需要制作出一些洞口（比如图 10.60 所示的规则洞口），制作的前提是要有足够的线段和面，所以首要任务就是加线调整，分别在底部位置加线，如图 10.61 所示。

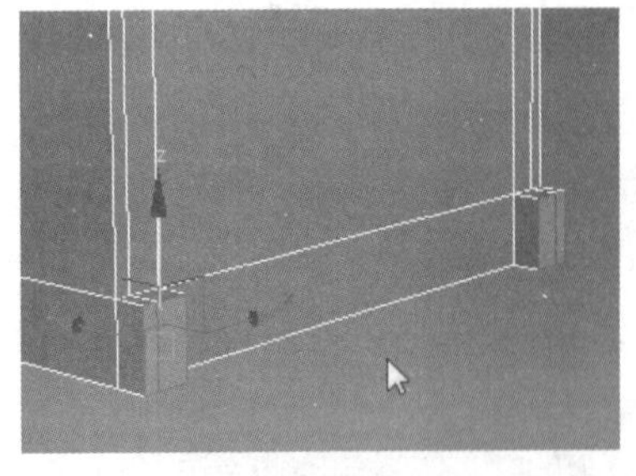

图 10.59

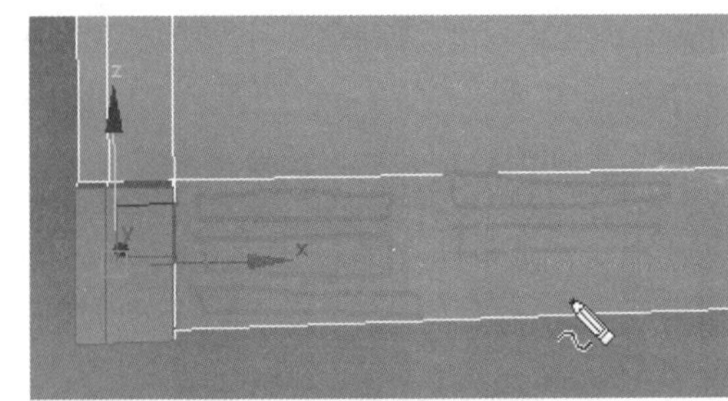

图 10.60

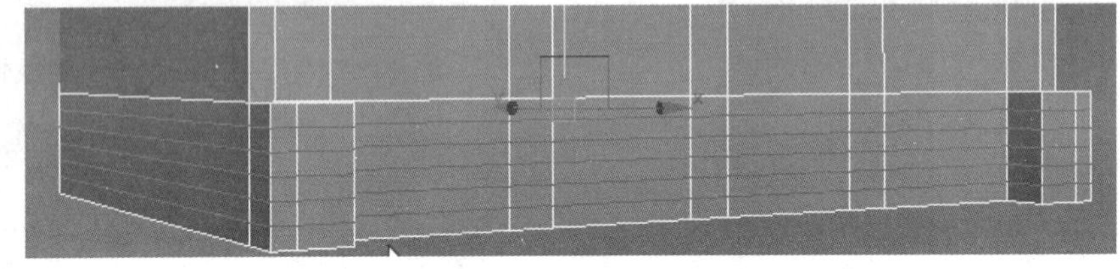

图 10.61

选择图 10.62 中的面按 Delete 键将它们删除，然后按“3”键进入“边界”级别，框选所有边界线按住 Shift 键向内挤出面，如图 10.63 所示。栅格效果虽然制作出来，但是细分后肯定会出现变形，分别在栅格的两端位置加线约束，如图 10.64 所示。除此之外，还需要在模型的拐角位置均加线处理，如图 10.65 ~ 图 10.73 所示。注意加线后，选择冰箱前方的面将其删除后，选择边界线向后部方向挤出面给它模拟出厚度感，效果如图 10.71 所示。

图 10.62

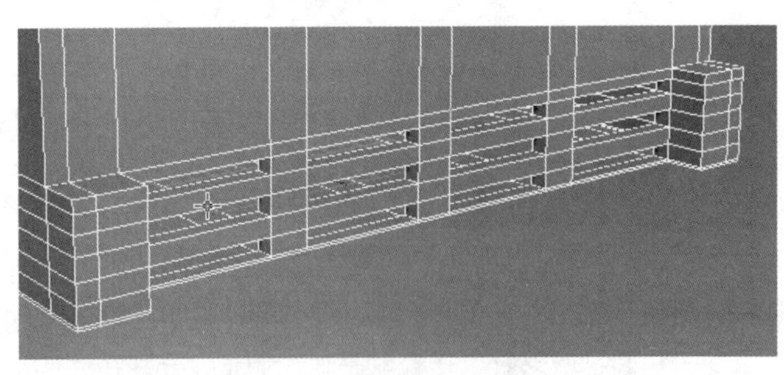

图 10.63

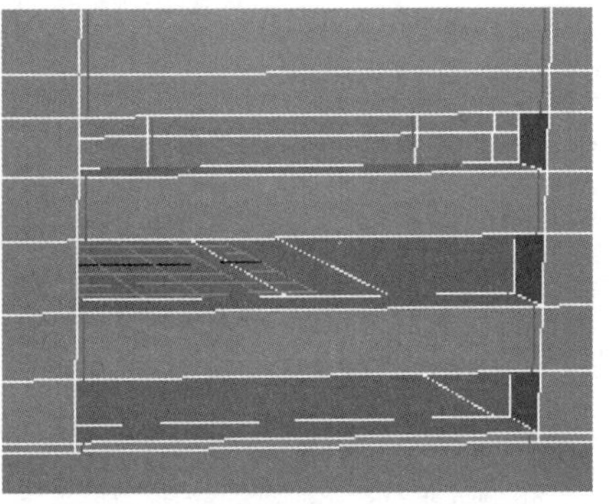

图 10.64

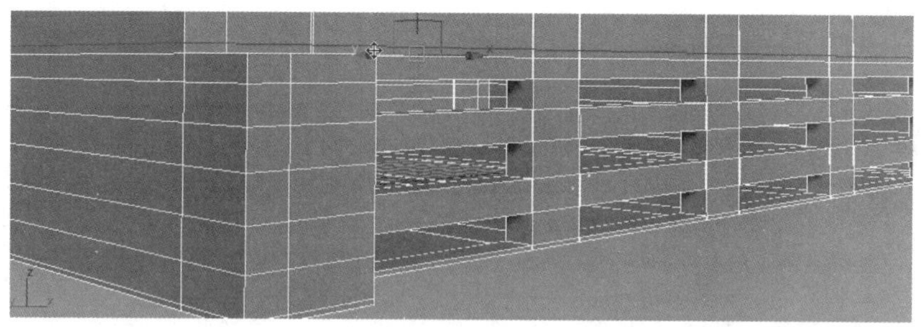

图 10.65

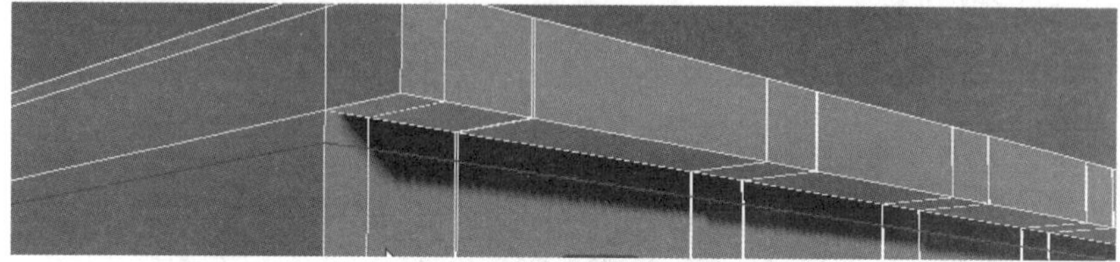

图 10.66

图 10.67

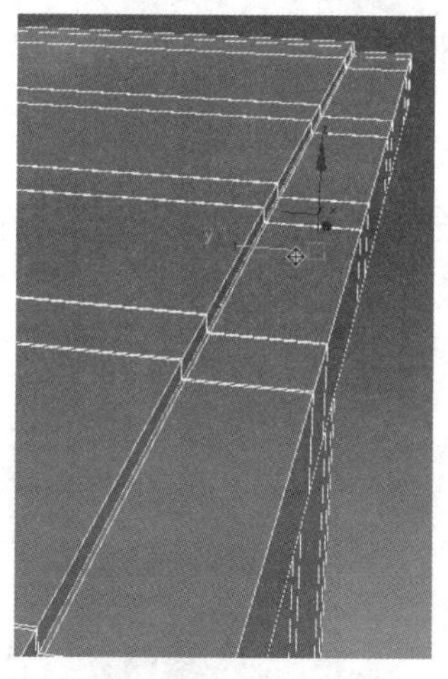

图 10.68

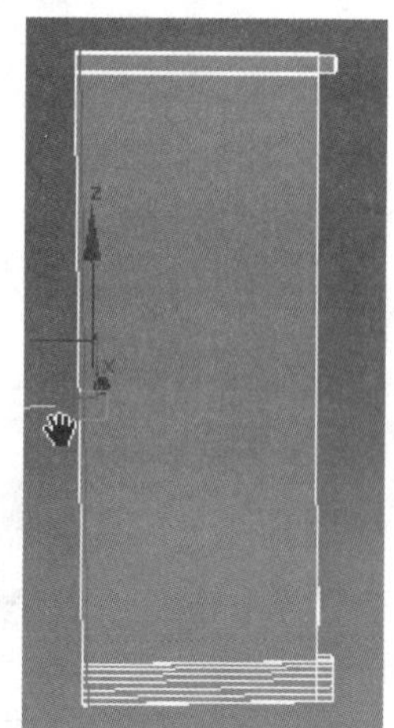

图 10.69

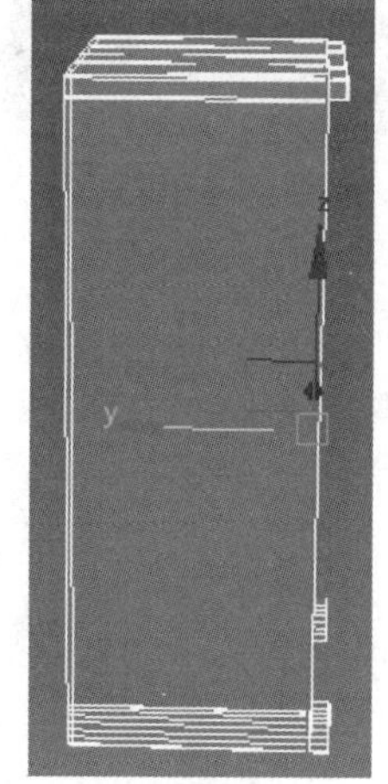

图 10.70

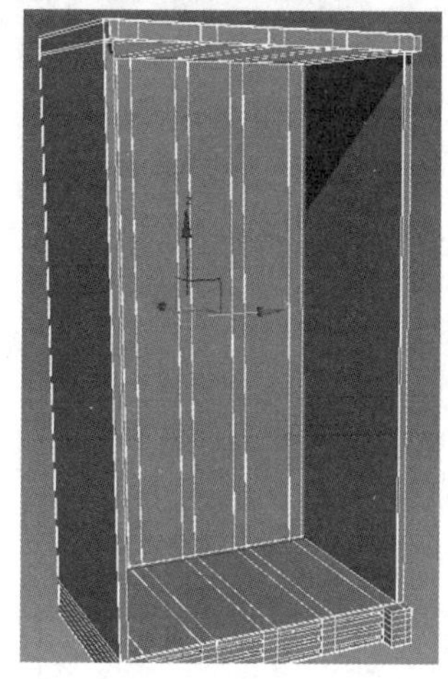

图 10.71

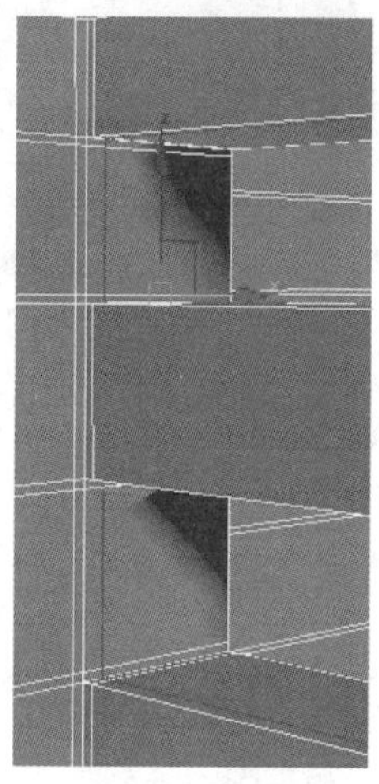

图 10.72

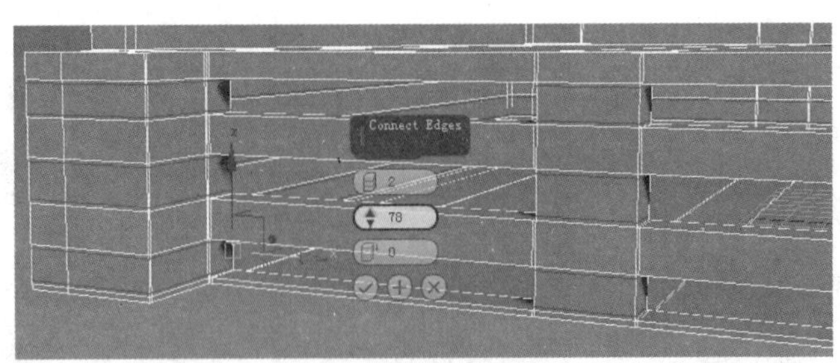

图 10.73

为什么这里加线讲解的这么详细？因为假如漏掉一处细节，模型细分后的效果都会不满意，如图 10.74 所示。

图 10.74

步骤 02 创建一个片面物体并将其转换为可编辑的多边形物体，在图 10.75 中的位置加线（先将两门的大小确定下来），将该线段切角后根据需要分别在上下左右边缘位置加线，然后选择图 10.76 中的面向背部挤出，如图 10.77 所示。用同样的方法在每一个直角边缘位置分别加线约束处理。

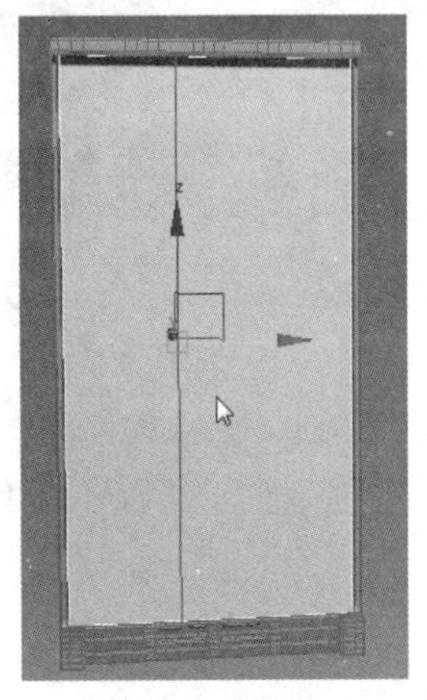

图 10.75

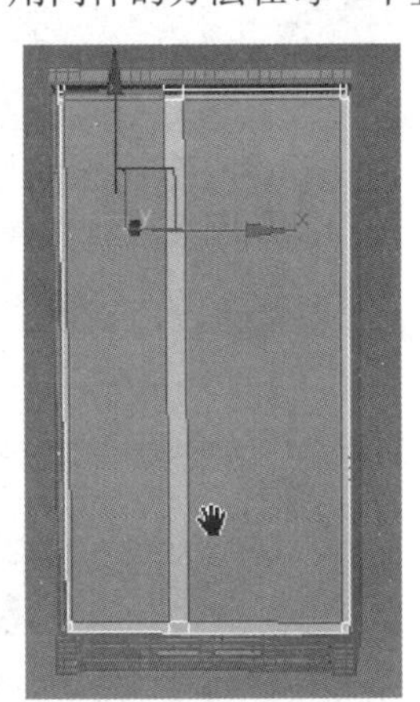

图 10.76

图 10.77

步骤 03 创建一个长方体模型如图 10.78 所示作为冰箱内部的玻璃隔板，将该长方体转换为可编辑的多边形物体后，将图 10.79 中的线段切角处理，单击“+”按钮后再次调整切角值使切线布置均匀，如图 10.80 所示。通过这个方法可以连续切角使直角边快速处理成圆角效果。

复制出剩余的玻璃隔板模型，如图 10.81 所示。

步骤 04 制作抽屉。在隔板之间位置首先创建一个长方体模型并将其转换为可编辑的多边形物体，选择顶部面先向内再向下挤出，如图 10.82 所示，使用该方法可以快速制作出抽屉的基本形状。当然抽屉的制作也可以用几个长方体模型进行拼接而成，不过这样就显得有点麻烦了。

在抽屉边缘位置加线后，将图 10.83 中的面挤出，然后选择挤出面的底部面再向内挤出，如图 10.84 所示。

进一步加线调整，细分后的效果如图 10.85 所示，制作好一个抽屉后复制出剩余的抽屉，如图 10.86 所示。

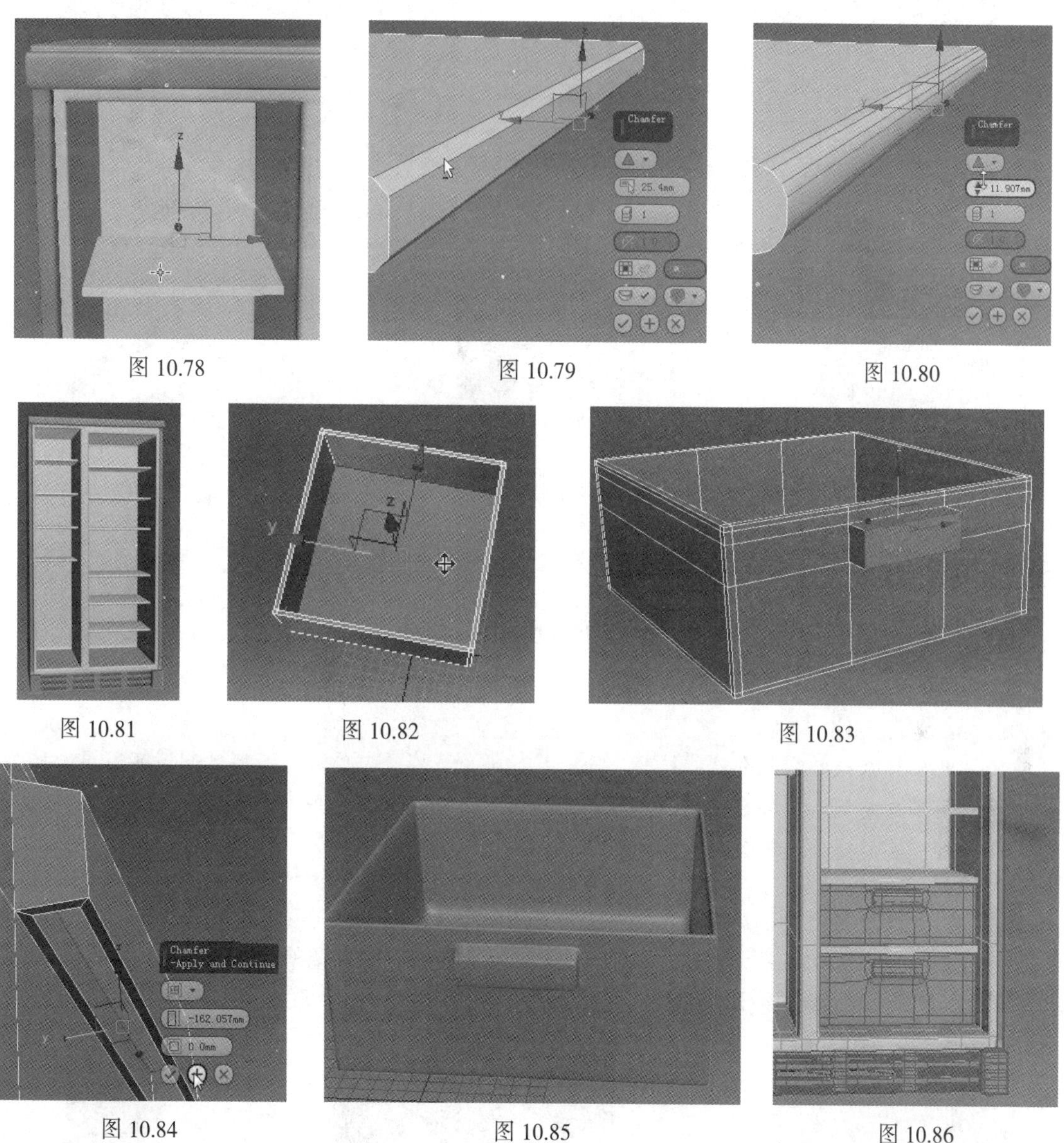

图 10.78　图 10.79　图 10.80

图 10.81　图 10.82　图 10.83

图 10.84　图 10.85　图 10.86

步骤 05 创建一个如图 10.87 所示的样条线，勾选 Rendering 卷展栏下的 Enable In Renderer 和 Enable In Viewport，设置 Thickness（厚度值）和 Sides（边数）的值，同时用圆角工具将四个直角处理为圆角，效果如图 10.88 所示。

将该样条线复制一些，然后创建出支撑杆模型（就是一些基本的圆柱体），如图 10.89 所示，然后将整体部分再向下复制一层并调整高度，如图 10.90 所示。

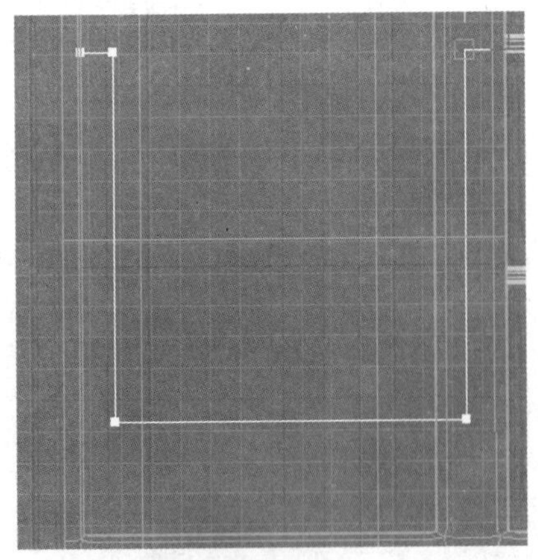

图 10.87

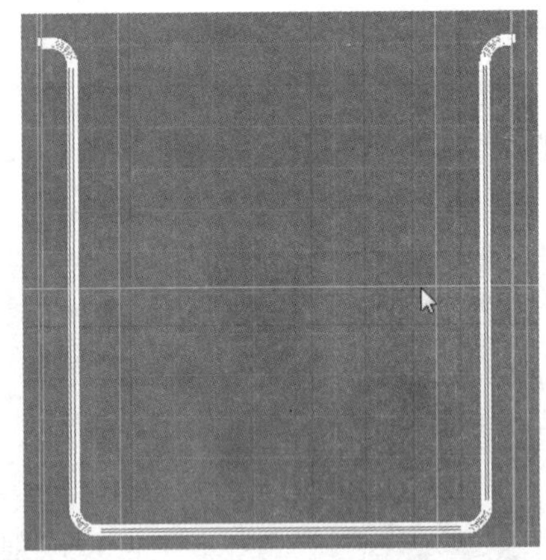

图 10.88

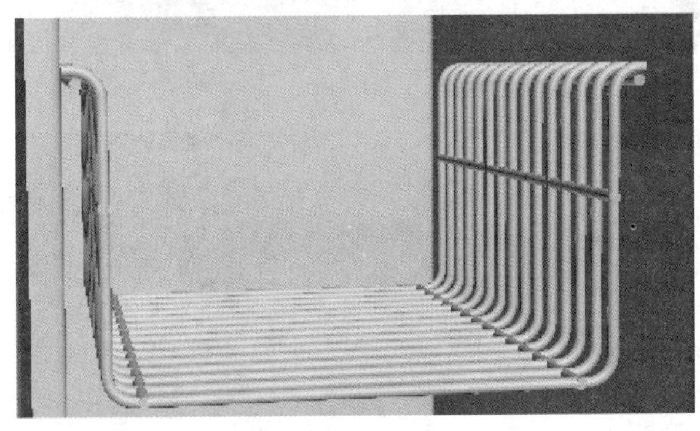

图 10.89

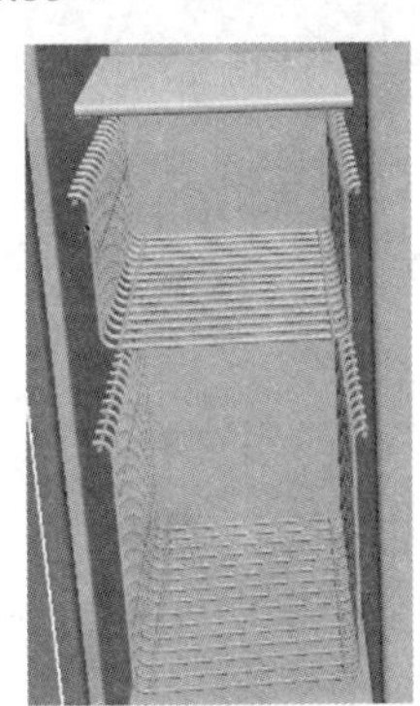

图 10.90

提示　此处样条线的复制有一些技巧，同一层的样条线在复制时采用关联复制，不同层的样条线采用独立复制，这样在调整任意一层的其中一个样条线时，另外的样条线也会随之变化，而另外一层的样条线不会受到影响。

步骤 06　制作冰箱门。冰箱门都是基于长方体模型的基础上进行编辑调整出来的。首先创建两个长方体模型，如图 10.91 所示，将这两个长方体模型再复制一个并调整大小和颜色，如图 10.92 所示，门的边沿用切角工具连续切角处理，效果如图 10.93 所示。

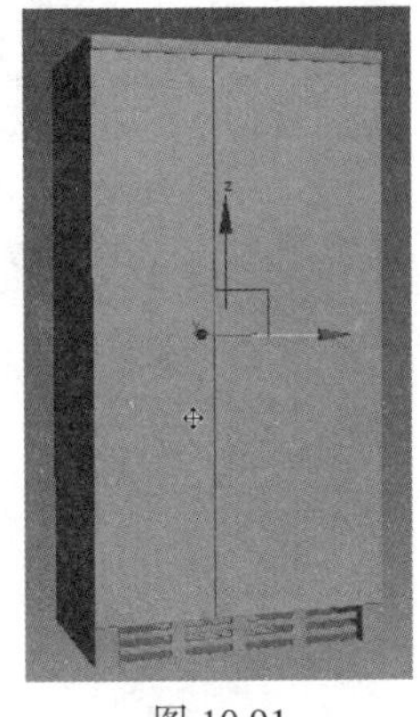

图 10.91

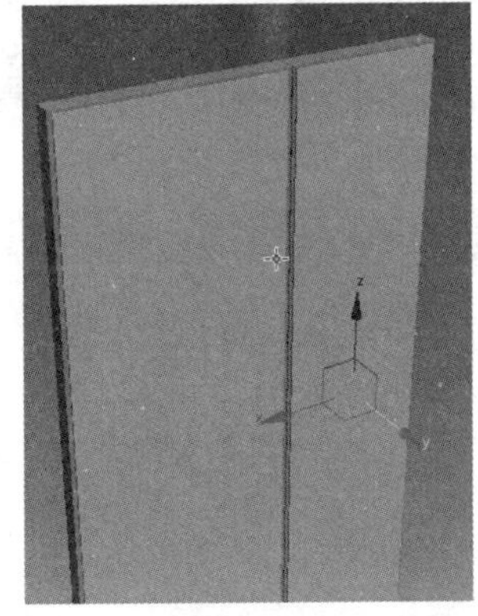

图 10.92

图 10.93

再创建一个如图 10.94 所示的长方体并将其转换为可编辑的多边形物体，加线调整如图 10.95 所示。选择图 10.96 中的面向外挤出，调整形状至图 10.97 所示。用同样的方法在底部位置挤出面，如图 10.98 所示。

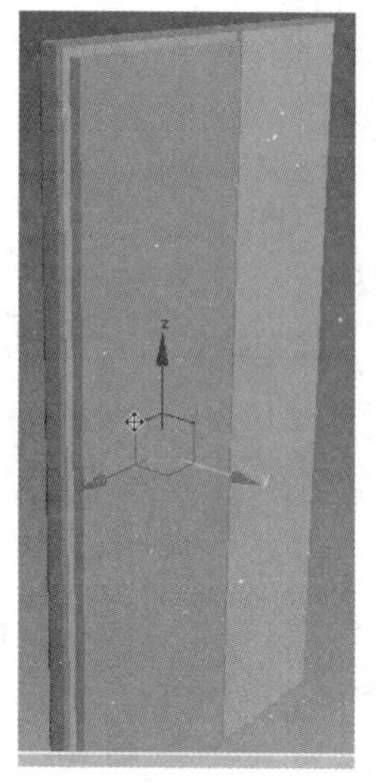

图 10.94

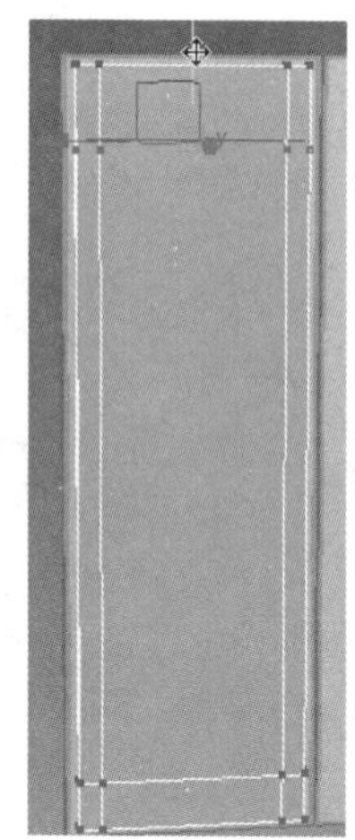
图 10.95

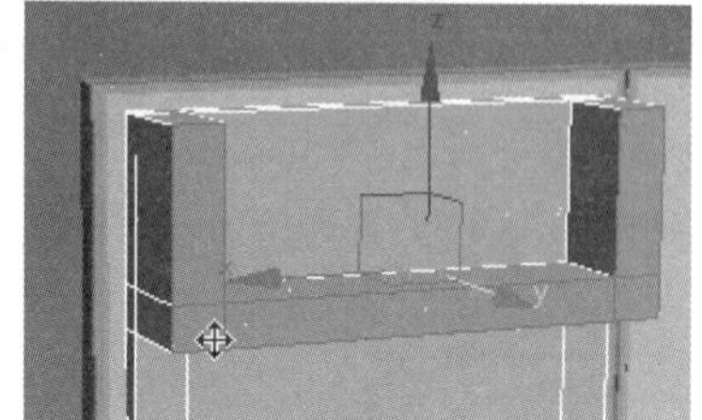
图 10.96

同样将底部面挤出。

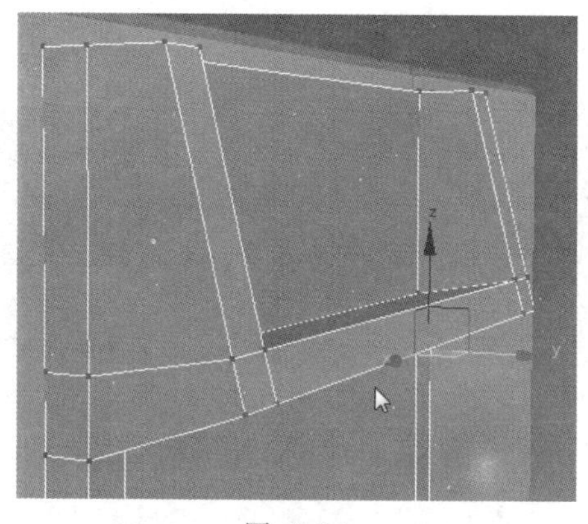
图 10.97

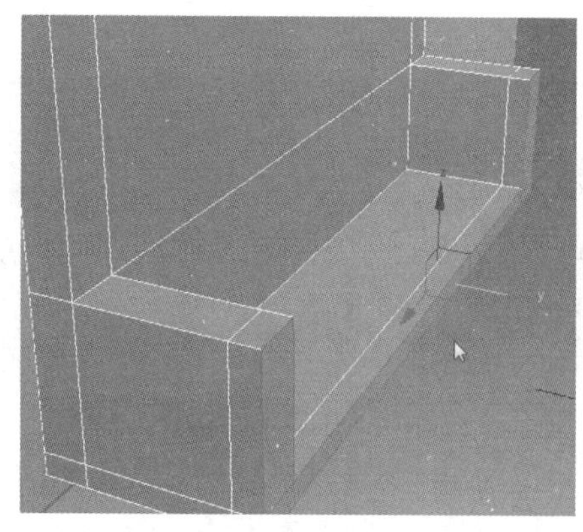
图 10.98

删除图 10.99 中对称的面，然后将底部的面向上挤出，如图 10.100 所示。按快捷键 Alt+X 透明化显示后，删除图 10.101 中的内侧面，然后用焊接工具将图 10.102 中的点焊接起来，另一侧也做相同处理。

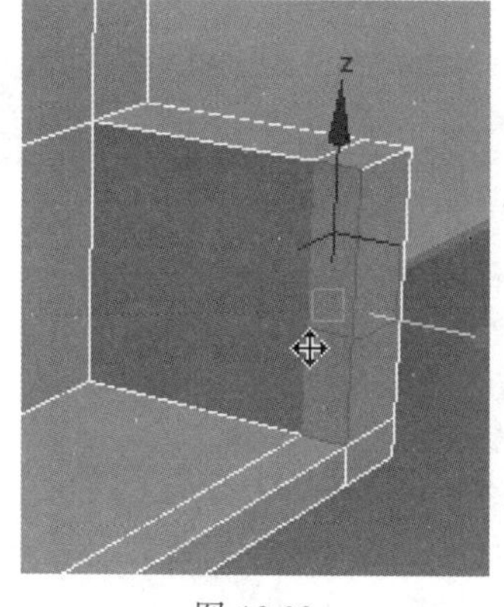
图 10.99

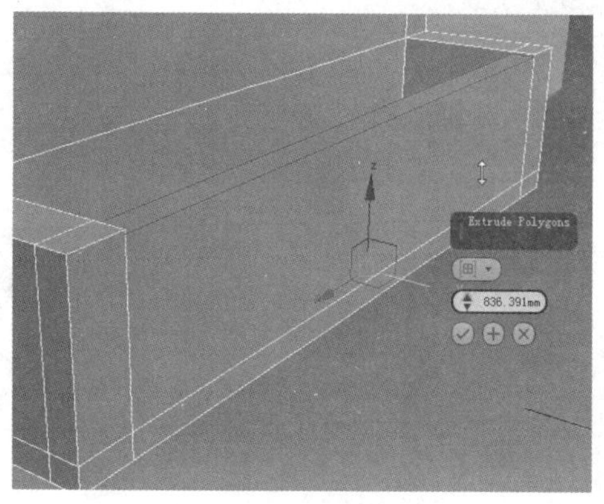

图 10.100

按快捷键 Alt+X 透明化显示，将挤出部分的两侧面删除。

接下来分别是加线约束处理，不再详细说明，加线后细分的效果如图 10.103 所示。

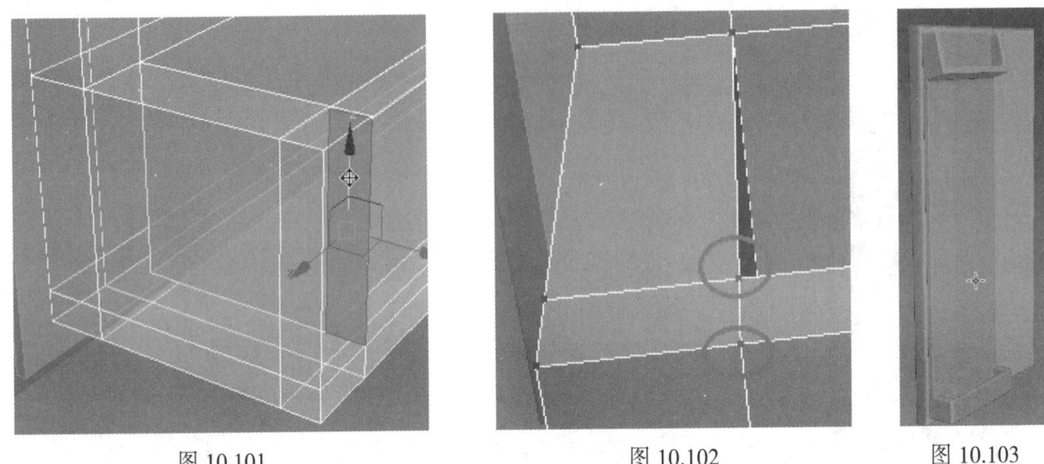

图 10.101　图 10.102　图 10.103

步骤 07 创建一个矩形并将其转换为可编辑的样条线，将顶部两个角用圆角命令处理为圆角，如图 10.104 所示。将该样条线沿着 Z 轴复制一个，选择其中一个样条线，单击 Outline 按钮向外挤出轮廓如图 10.105 所示。

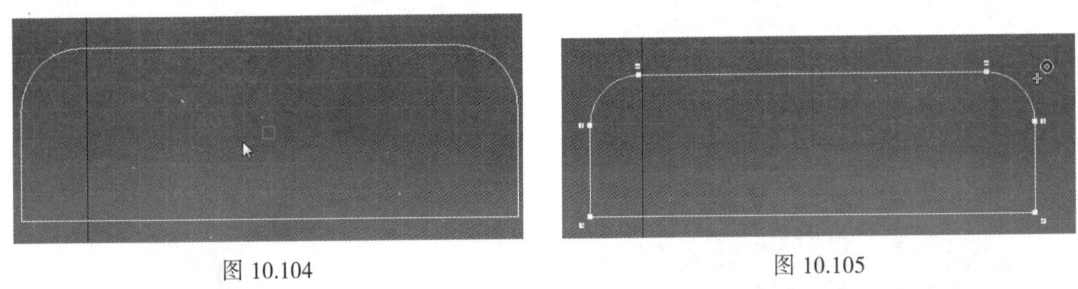

图 10.104　图 10.105

选择 Refine（细化）命令，在图 10.106 中的位置单击加点，右侧也加点处理，然后删除图 10.107 所示底部的两条线段，将图 10.108 中上方的点移动到另一个点上，框选这两个点将其焊接起来。另一侧的处理方法相同，焊接好后的形状如图 10.109 所示。

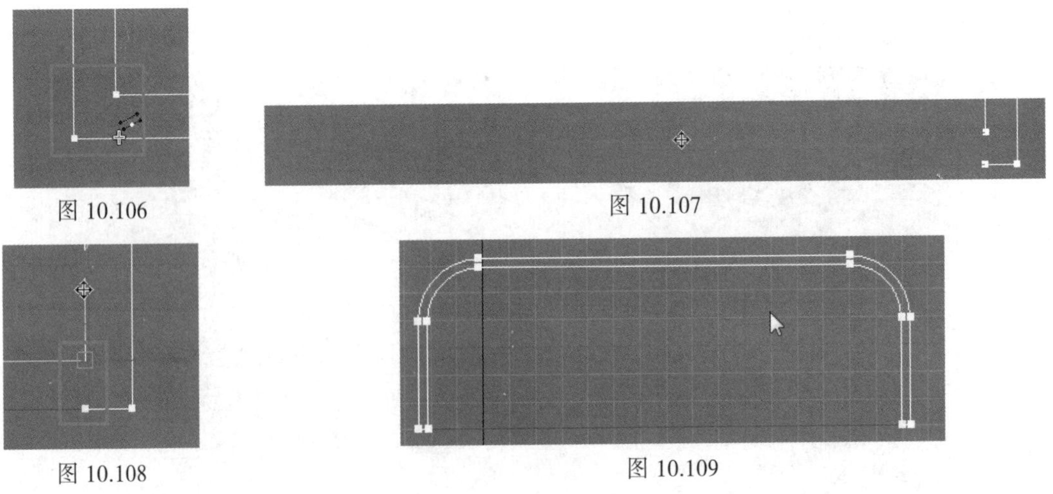

图 10.106　图 10.107

图 10.108　图 10.109

分别将这两个样条线挤出修改，如图 10.110 和图 10.111 所示。

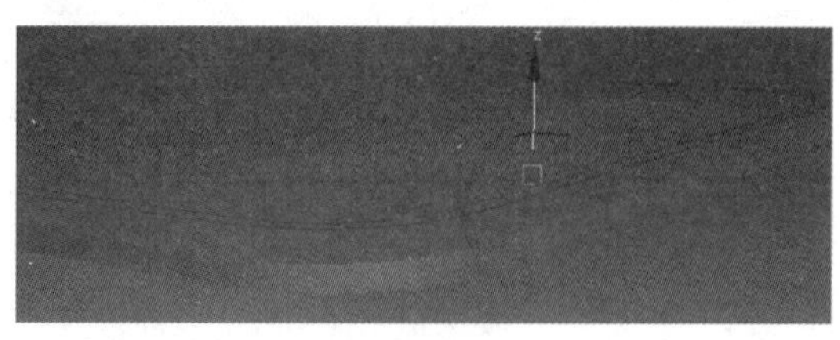

图 10.110

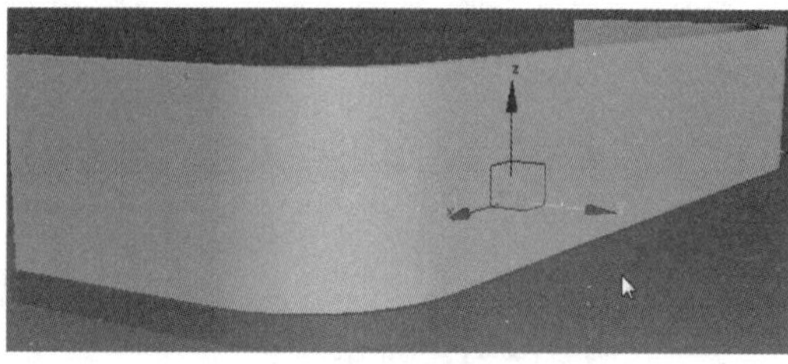

图 10.111

将模型转换为可编辑的多边形物体后，用边的连续切角方法切角，如图 10.112 所示。另一个模型处理方法相同，如图 10.113 所示。

图 10.112

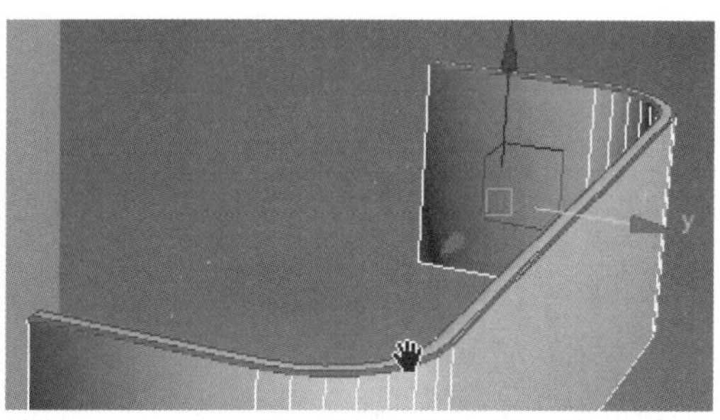

图 10.113

复制调整出其他部位的模型，如图 10.114 所示。

步骤 08 在左侧冰箱门中间位置加线后删除面留出一个洞口，如图 10.115 所示。然后在内侧洞口位置创建一个长方体并编辑调整至图 10.116 所示形状。同样在冰箱门外侧洞口位置创建长方体模型，如图 10.117 所示。

利用复合面板下的超级布尔运算工具将两个长方体模型布尔运算如图 10.118 所示。然后再创建一个圆柱体，如图 10.119 所示。将圆柱体转换为可编辑的多边形物体，删除一半的面，并在上下两端位置加线调整，如图 10.120 所示。然后再创建两个小的圆柱体，如图 10.121 所示。

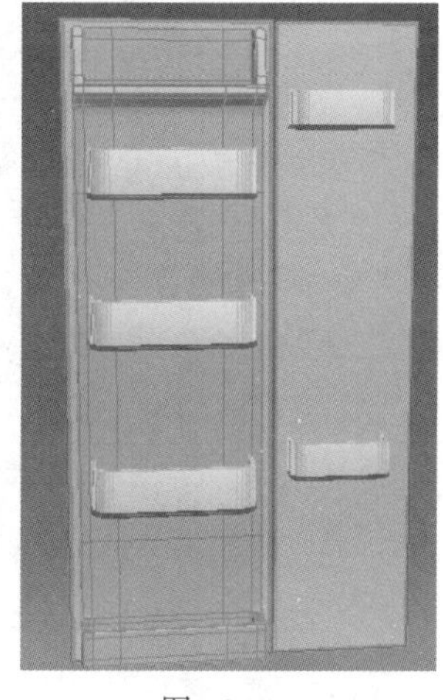

图 10.114

图 10.115

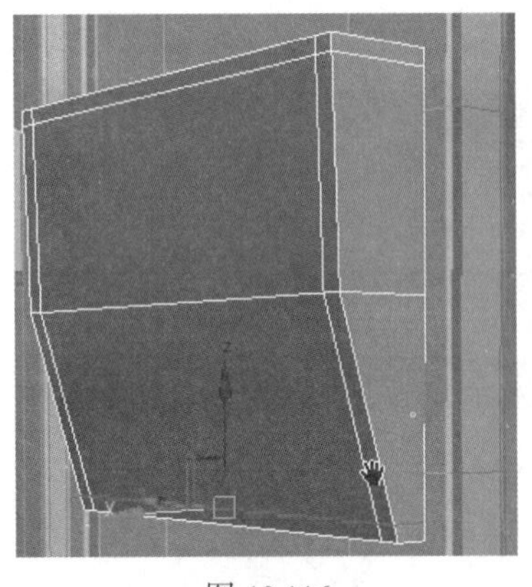

图 10.116

图 10.117

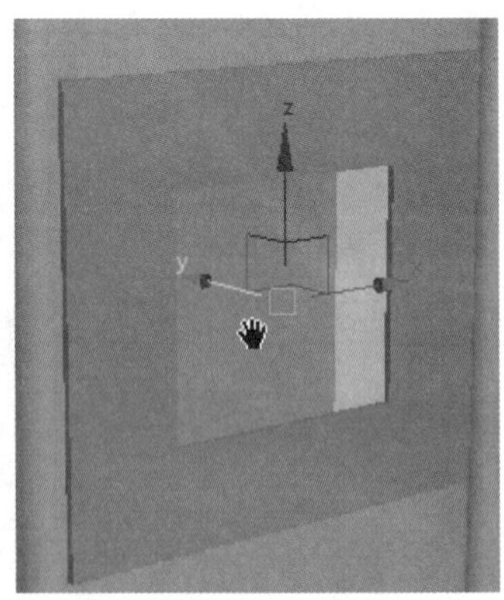

图 10.118

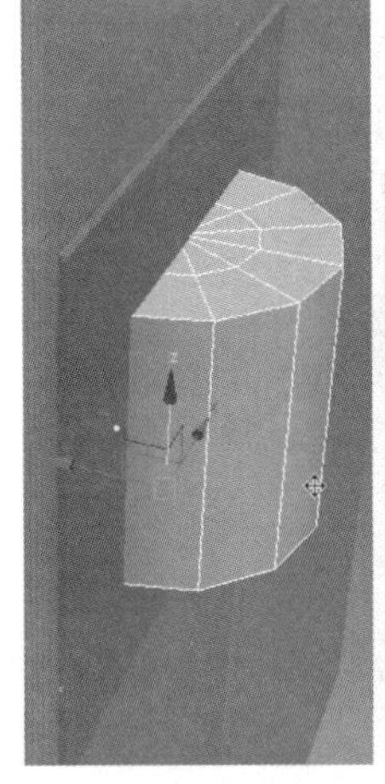

图 10.119

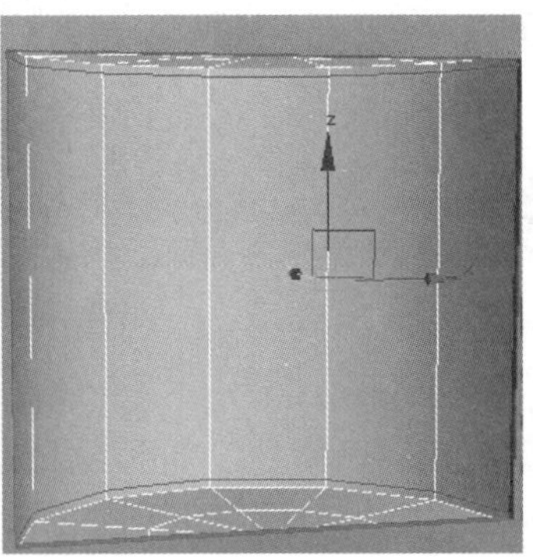

图 10.120

图 10.121

创建复制调整出门上的一些按钮，如图 10.122 所示。再创建长方体，编辑出门拉手一半模型，形状如图 10.123 所示。

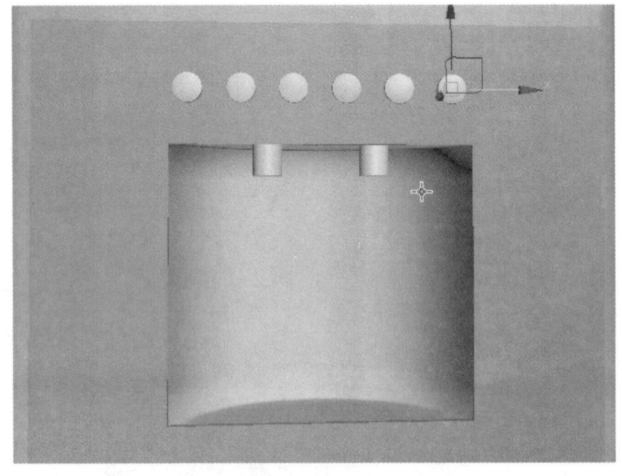

图 10.122

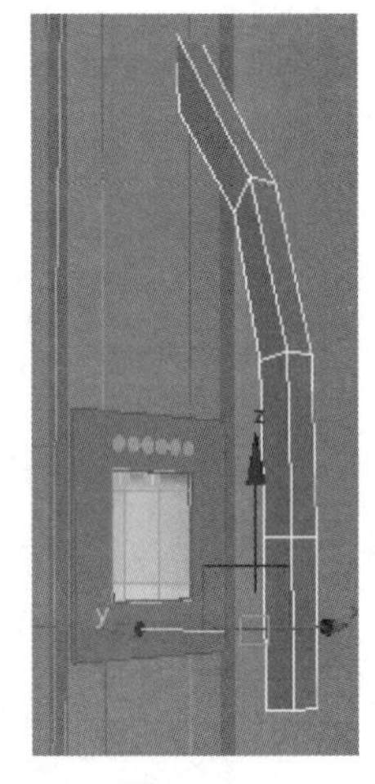

图 10.123

在修改器下拉列表中选择 Symmetry 修改器，对称出底部的一半，如图 10.124 所示。然后将其塌陷为多边形物体后细致调整。最后复制出另一侧门拉手，效果如图 10.125 所示。

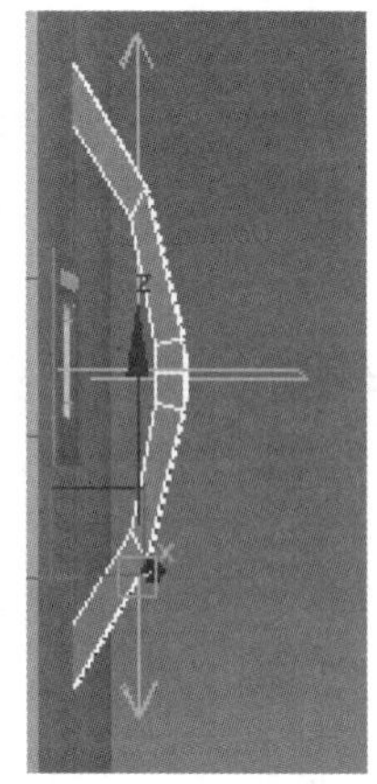

图 10.124

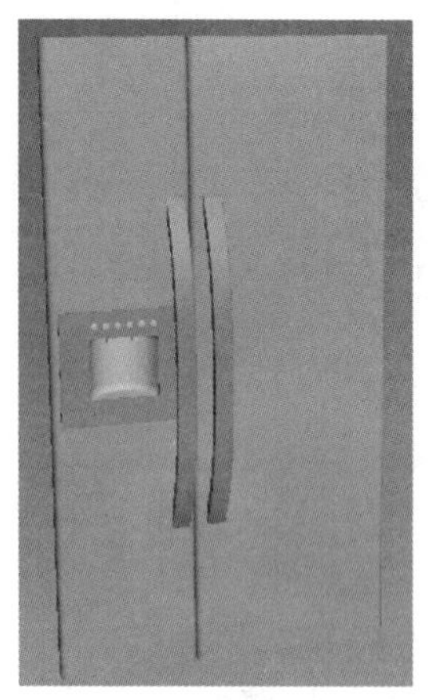

图 10.125

选择左侧门的所有模型，单击品按钮，再单击 Affect Pivot Only（仅影响轴）按钮，调整轴心至左边位置，如图 10.126 所示。用同样的方法将右侧门的轴心调整至右侧位置，如图 10.127 所示。

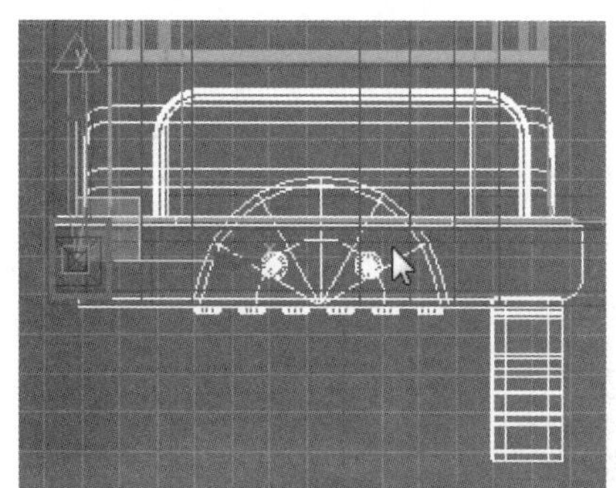

图 10.126

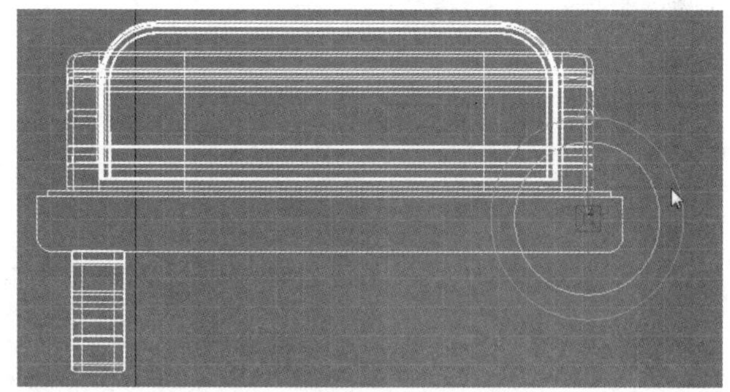

图 10.127

旋转调整门的角度，最终的效果如图 10.128 所示。至此该实例模型全部制作完成。

图 10.128

第 11 章　制作数码和电脑产品

随着人们生活水平的提高，数码和电脑产品更是人们必不可少的生活用品。本章将详细介绍单反相机和电脑的制作方法。

11.1　制作单反相机

步骤 01 在制作模型之前，首先来看一下单反相机各部位的名称，以佳能 450D 为例，正面名称如图 11.1 所示。

正面

内置闪光灯 在昏暗场景中，可根据需要使用闪光灯来拍摄。在部分拍摄模式下会自动闪光。
快门按钮 按下该按钮将释放快门拍下照片。按按钮的过程分为两阶段，半按时自动对焦功能启动，完全按下时快门将被释放。
手柄 相机的握持部分。当安装镜头后，相机整体重量会略有增加。应牢固握持手柄，保持稳定的姿势。
反光镜 用于将从镜头入射的光线反射至取景器。反光镜上下可动，在拍摄前一瞬间将升起。
镜头安装标志 在装卸镜头时，将镜头一侧的标记对准此位置。红色标志为EF镜头的标志（详见后文）。
镜头释放按钮 在拆卸镜头时按下此按钮。按下按钮后镜头固定销将下降，可旋转镜头将其卸下。
镜头卡口 镜头与机身的接合部分。通过将镜头贴合此口进行旋转，安装镜头。
Canon
EOS
450D

图 11.1

背面的名称如图 11.2 所示。

背面

眼罩 在通过取景器进行观察时可防止外界光线带来影响。为了降低对眼睛和额头造成的负荷，采用柔软材料制成。

屈光度调节旋钮 使取景器内图像与使用者的视力相适应，保证更容易观察。应在旋转旋钮进行调节的同时观察取景器选择最清晰的位置。

取景器目镜 用于确认被摄体状态的装置。在确认图像的同时，取景器内还将显示相机的各种设置信息。

自动对焦点选择按钮 用于选择当采用自动对焦模式进行拍摄时所使用的对焦位置(自动对焦点)，可选择任意位置。

<MENU>菜单按钮 可显示调节相机各种功能时所使用的菜单。选定各项目后可进一步进行详细设置。

<SET>设置按钮、十字键 用于移动选择菜单项目或在回放图像时移动放大显示位置等操作。在进行拍摄时，可实现按钮旁图标所代表的功能。

液晶监视器 可观察所拍摄的图像以及菜单等文字信息。可将所拍摄图像放大后对细节部分进行仔细确认。

删除按钮 用于删除所拍摄的图像。可删除不需要的图像。

回放按钮 用于回放所拍摄图像的按钮。按下按钮后，液晶监视器内将显示最后一张拍摄的图像或者之前所回放的图像。

图 11.2

上面的名称如图 11.3 所示。

上面

变焦环 进行旋转来改变焦距。可观察下方的数字和标记的位置来掌握所选择的焦距。

对焦环 采用手动对焦(MF)模式时，旋转该环进行对焦。对焦环的位置因镜头而异。

对焦模式开关 用于切换对焦方式，也就是切换自动对焦(AF)与手动对焦(MF)的开关。

主拨盘 用于在拍摄时变更各种设置或在回放图像时进行多张跳转等操作的多功能拨盘。

ISO感光度设置按钮 按下该按钮可以改变相机对亮度的敏感度。ISO感光度是根据胶片的感光度特性制定的国际标准。

背带环 将背带两端穿过该孔，牢固安装背带。安装时应注意保持左右平衡。

热靴 用于外接大型闪光灯等的端子。相机与闪光灯通过触点传输信号。

电源开关 打开相机电源用的开关。当长时间保持打开状态时，相机将自动切换至待机模式以节省电力消耗。

模式转盘
可旋转转盘以选择与所拍摄场景或拍摄意图相匹配的拍摄模式。主要可分为两大类。

创意拍摄区 可根据使用者的拍摄意图选择采用各种相机功能。

基本拍摄区 相机可根据所选择的场景模式自动进行恰当的设置。

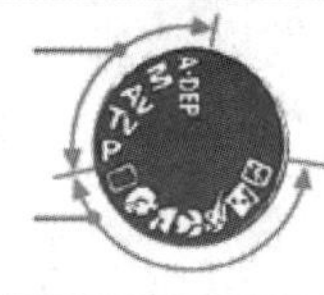

图 11.3

底面名称如图 11.4 所示。

底面
电池仓 可装入附带的电池。安装时应确保采用正确方向插入，使电池的端子部分朝向相机内部。
三脚架接孔 用于安装市售各种三脚架的接孔。螺钉的规格基于通用标准，所以可以使用任何厂家的三脚架。

图 11.4

侧面名称如图 11.5 所示。

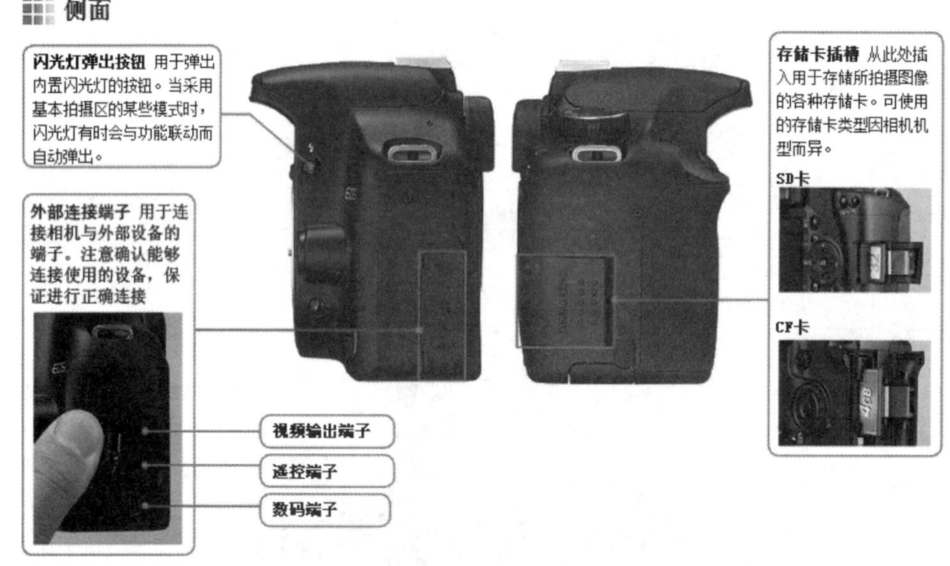

闪光灯弹出按钮 用于弹出内置闪光灯的按钮。当采用基本拍摄区的某些模式时，闪光灯有时会与功能联动而自动弹出。
外部连接端子 用于连接相机与外部设备的端子。注意确认能够连接使用的设备，保证进行正确连接
视频输出端子

存储卡插槽 从此处插入用于存储所拍摄图像的各种存储卡。可使用的存储卡类型因相机机型而异。

图 11.5

步骤 02 首先分别在顶视图、左视图和前视图中设置背景参考图片，设置方法在本书前几章中已经介绍过，这里不再详细介绍。通过观察参考图可以发现，单反相机上的细节太多，制作起来也相对困难一些，所以在制作过程中要有足够的耐心。

单反相机的制作方法有两种：一是通过创建一个面片，然后对面片进行挤出调整，这种方法一般适用于不太规整的模型，一开始笔者也是使用的这种方法，但是在制作的时候却遇到了瓶颈，调整起来较费时费力；第二种方法是创建一个 Box 物体，通过对 Box 物体的编辑调整来完成最终的模型效果。这种方法适用于规则的模型调整，便于把握整体的形状，所以这一节我们就通过 Box 物体的创建编辑来学习一下单反相机的模型制作。

参考图设置好之后，首先要检查一下 3 个视图中的图片大小和位置是否一致。最简单的检查方法就是创建一个 Box 物体，在一个视图中调整好长、宽、高，然后观察一下该 Box 物体在其他视图中图片大小是否一致，如图 11.6 所示。如果一致，可以直接进行制作；如果不一致，要在 Photoshop 中对其进行图片大小和位置的调整，这里不再详述。

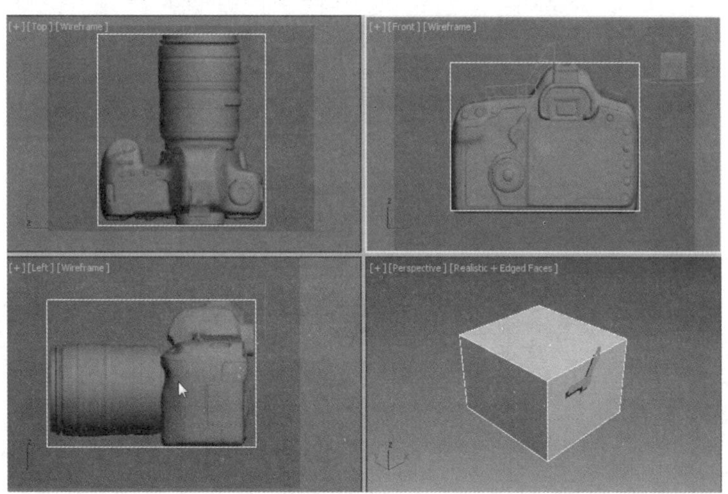

图 11.6

在视图中创建一个 Box 物体，右击，在弹出的菜单中选择 Convert To|Convert to Editable Poly，将该物体转换为可编辑的多边形物体，分别在长度和宽度上加线调整，如图 11.7 所示。

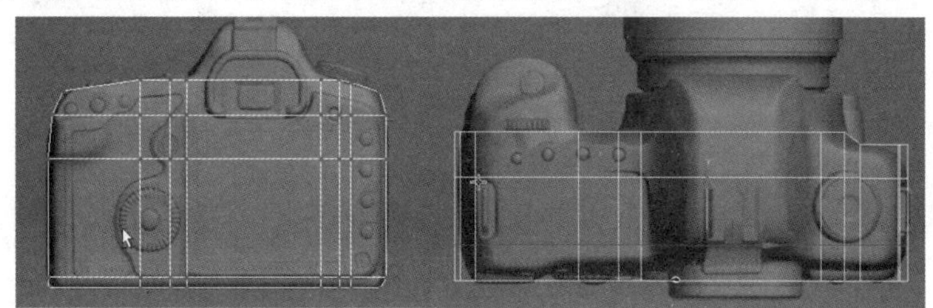

图 11.7

步骤 03 选择手柄处的面挤出调整，如图 11.8 所示。

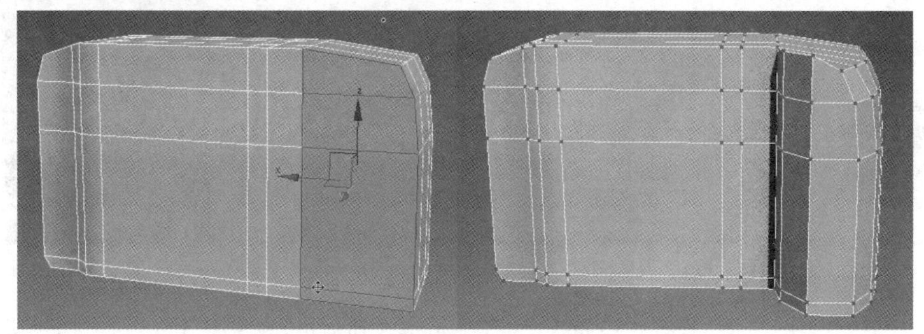

图 11.8

步骤 04 选择镜头处的面和内置闪光灯处的面分别挤出调整，如图 11.9 所示。

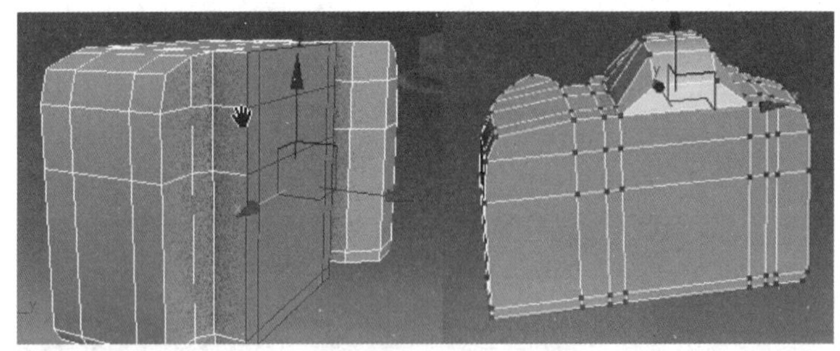

图 11.9

注意将顶部内置闪光灯处的细节参考相机的形状进行细致调整，然后加线将镜头处的形状调整出来，如图 11.10 所示。

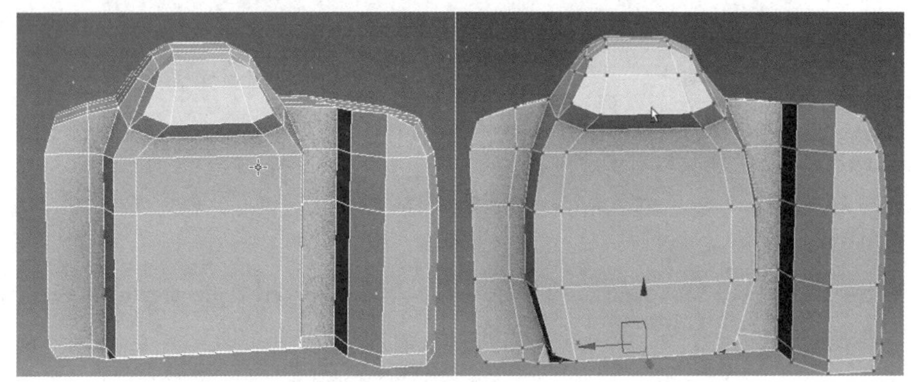

图 11.10

在制作模型的过程中，一定要随时保存场景文件，以防软件报错。如果系统出错，它会提示是否保存备份文件，单击“确定”按钮即可保存副本，如图 11.11 所示。

保存副本之后，在“我的文档/3ds Max/autoback”文件夹下找到 Untitled_recover.max 文件打开即可。

步骤 05 在手柄处加线调整，注意因为手柄处上方有个斜线弧度，所以在调整布线时尽量根据模型的纹理及弧线的走向来调整方向，如图 11.12 所示。

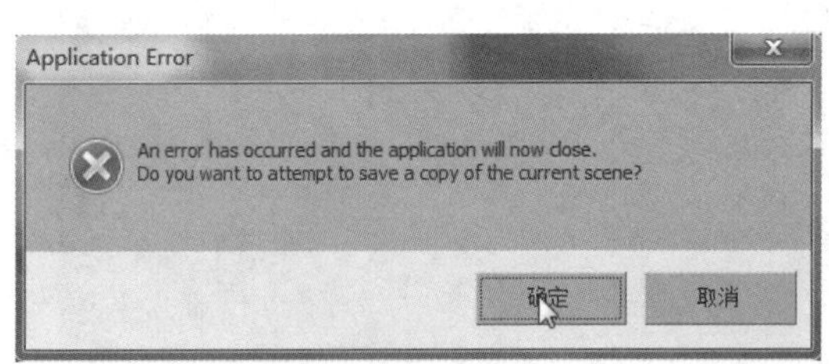

图 11.11

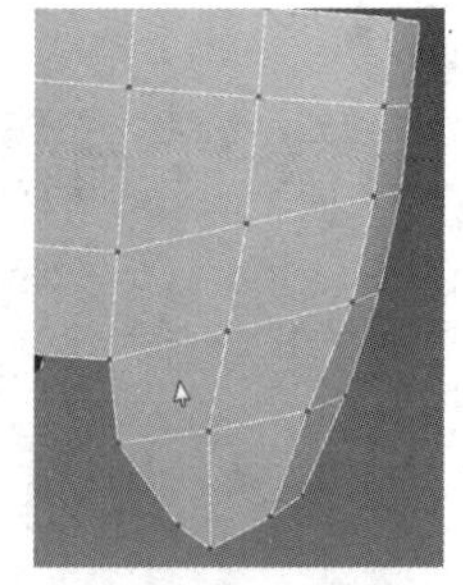

图 11.12

删除手柄处上方的面，然后选择边界线段，单击 Cap 按钮封口，接着用 Cut 工具来手动加线调整，如图 11.13 所示。注意调整时故意将面调整一个坡度，这也是出于模型的轮廓需要。

将图中的线段沿着 Y 轴方向调整出一个凹槽的效果，细分之后的效果如图 11.14 所示。

图 11.13

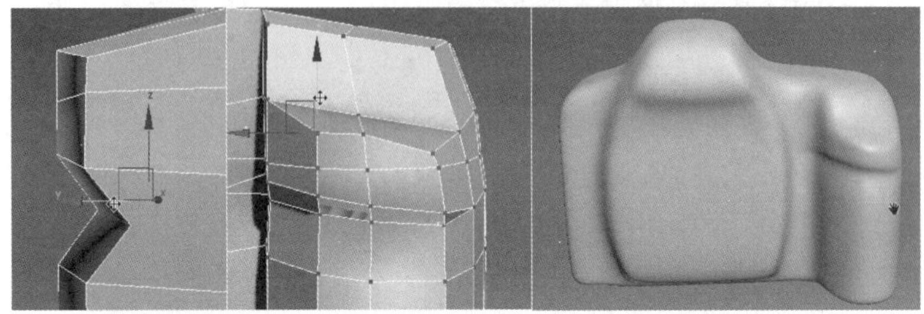

图 11.14

步骤 06 在手柄位置继续加线，然后选择背部的面挤出，如图 11.15 所示。

为了制作时便于观察，可以暂时隐藏不需要的面，隐藏面的快捷键为 Alt+H。在相机的背面根据纹理的走向调整点的位置来控制线段的走向，点不够的情况下就加线再调整。最终背面的加线及点的调整如图 11.16 所示。

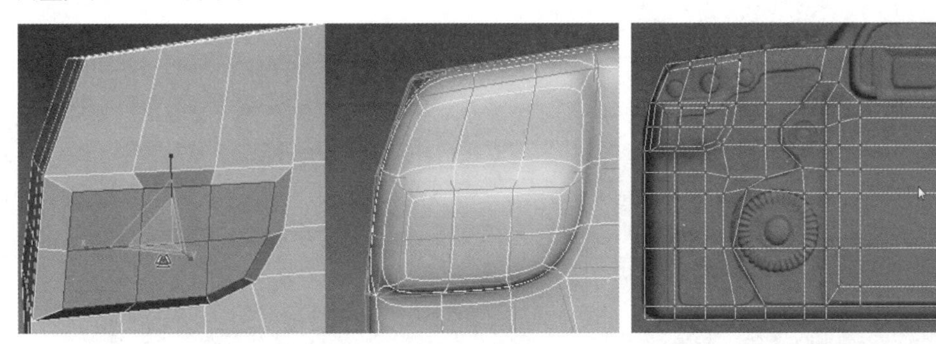

图 11.15　　　　图 11.16

按 Alt+U 组合键将隐藏的面全部显示出来，然后根据背部加线的情况整体调整模型的布线和位置，尽量使模型布线均匀。分别选择图 11.17 中的面，单击 Extrude 按钮将面向外挤出。

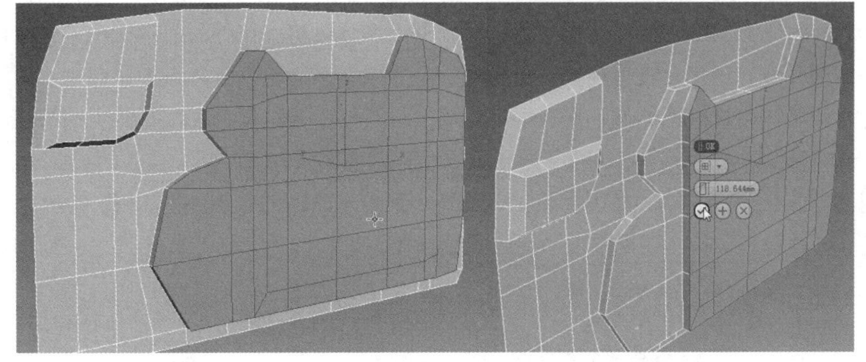

图 11.17

步骤 07 将取景器目镜处的布线添加出来，然后删除取景器中的面，选择边界线段，按住 Shift 键向外挤出新的面并做进一步的调整，如图 11.18 所示。

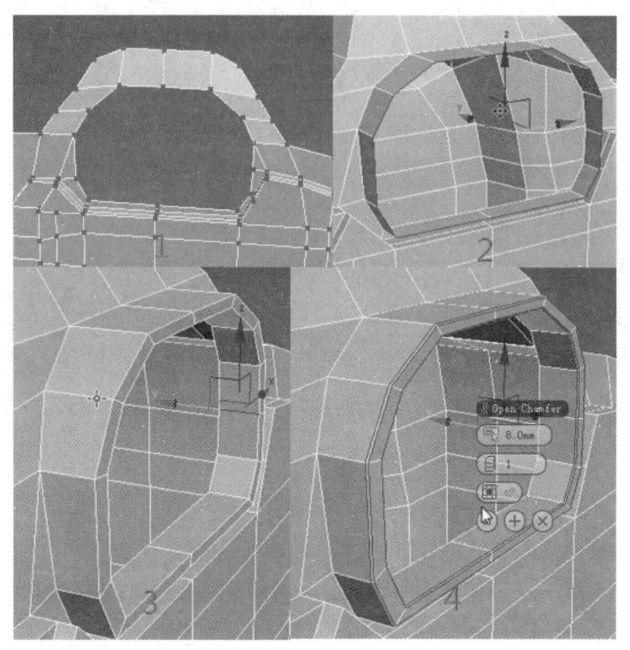

图 11.18

步骤 08 制作外接闪光灯接口。选择图 11.19 所示的面，向上挤出调整，然后向内收缩后向下挤出。

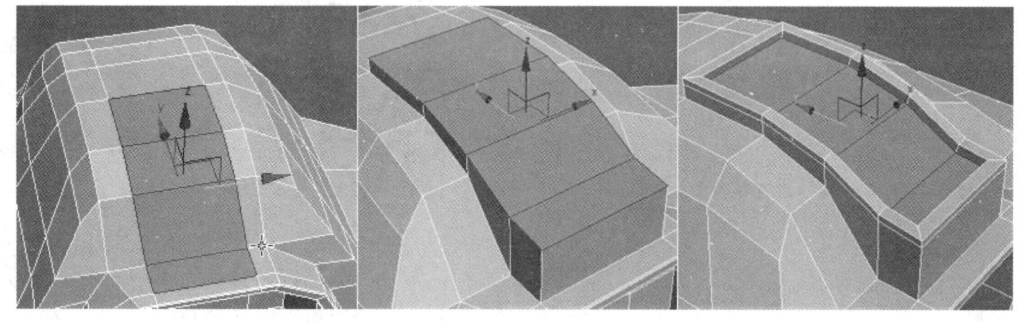

图 11.19

步骤 09 制作镜头释放按钮。先在镜头高度上添加分段将按钮处的面设置出来，然后选择镜头释放按钮处的面并将其删除，接着选择边挤出面，最后用目标焊接工具将点焊接起来。因为该按钮边是弧线形状，两条线段显然不能调整出弧线的效果。最直接的方法就是加线，然后调整点的位置，选择边向内挤压再挤出，最后将开口封闭起来，如图 11.20 所示。

将中间部分的面删除，然后在边缘的位置加线，细分光滑后的效果如图 11.21 所示。

步骤 10 制作镜头口。在视图中创建一个圆柱体，边数设置为 18，将相机镜头处的面单独显示并隐藏其他的面，将圆柱体移动到面的内部，按 Alt+X 组合键透明化显示该物体，然后参考圆柱体的边缘来精确调整点的位置。还有一种方法就是在复合物体下面单击 Boolean 按钮将其进行布尔运算，运算之后的效果如图 11.22 所示。

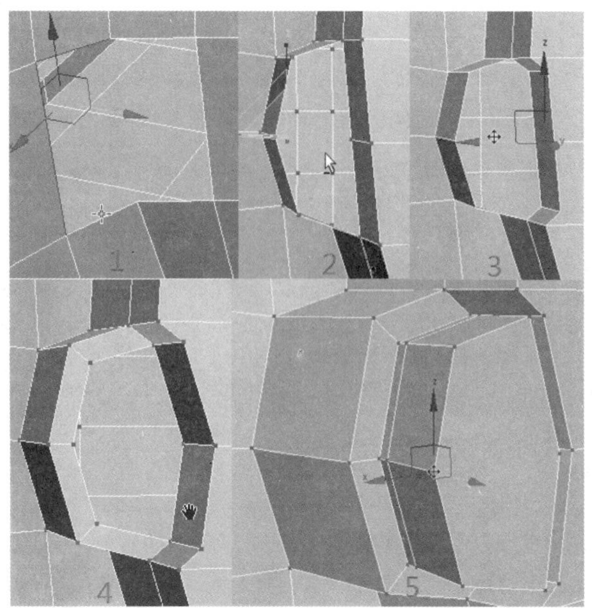

图 11.20

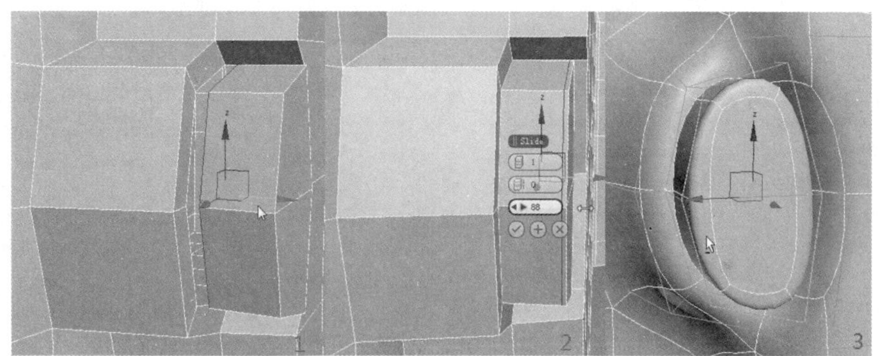

图 11.21

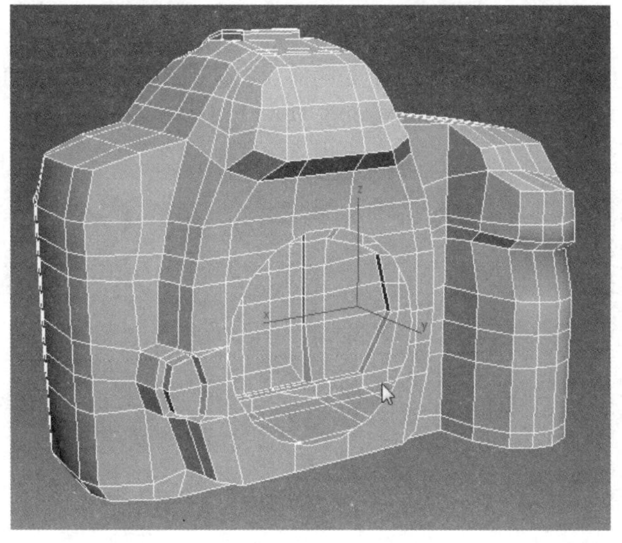

图 11.22

再次将该物体转换为可编辑的多边形物体，选择镜头部位的面，按 Alt+I 组合键隐藏未选择的面，进入点级别，将多余的点移除掉，或者用目标焊接工具将多余的点焊接到另外的点上，如图 11.23 所示。

选择开口处的边界，按住 Shift 键先向内挤出并缩放，然后再向外挤出面，如图 11.24 所示。

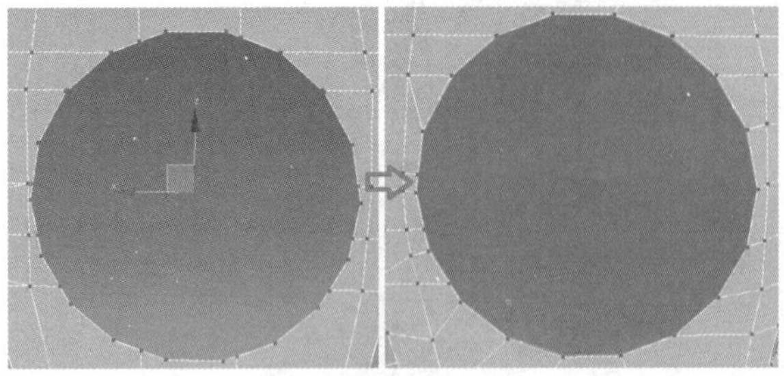

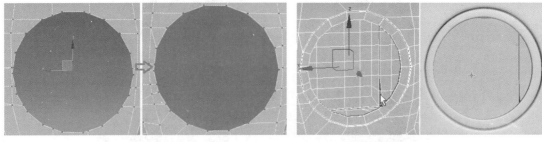

图 11.23

图 11.24

注意　在制作模型时，模型细分之后有时会出现图 11.25 所示的情况，这可能是因为之前布尔运算时出现了计算错误，怎样来解决呢？在修改器下拉列表中添加 Edit Mesh 修改器，然后在该命令上右击，在弹出的菜单中选择 Collapse To 将模型塌陷，再次细分光滑，问题即可解决，如图 11.26 所示。

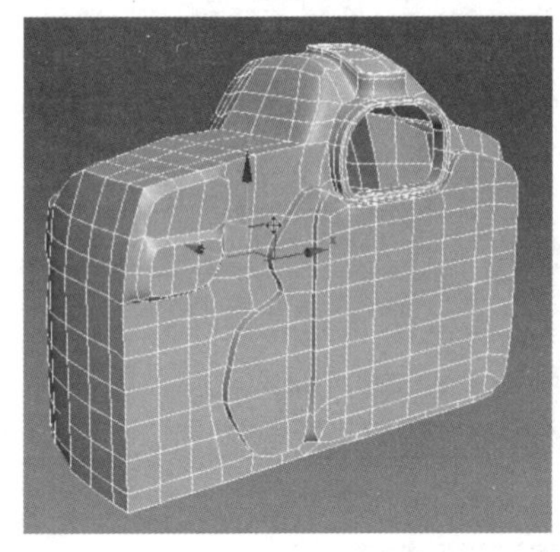

图 11.25

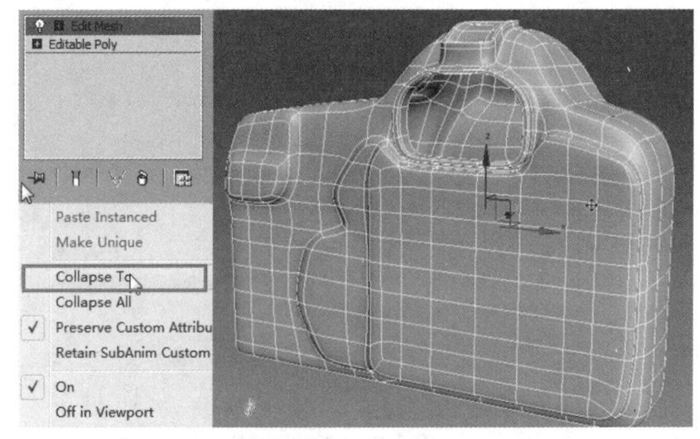

图 11.26

步骤 11 制作边缘按钮。先将右侧按钮处的面独立显示，在按钮的部位加线调整（横向加线和竖向加线），加线的目的是要调整出按钮处的面，然后选择面做倒角挤出调整，如图 11.27 所示。

取消面的隐藏，然后整体调整模型的布线，在模型的边缘位置加线，细分之后的效果如图 11.28 所示。

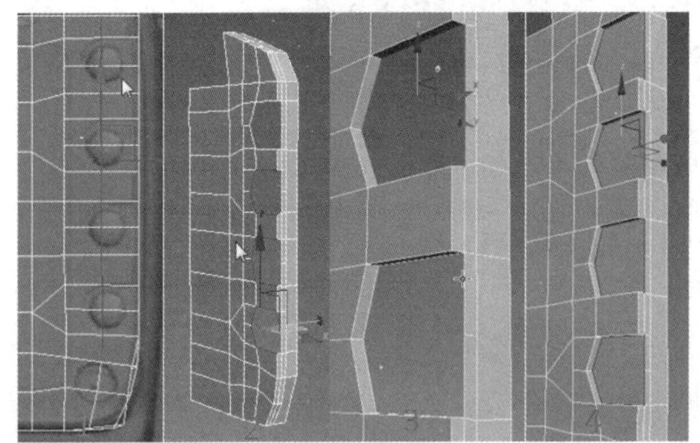

图 11.27

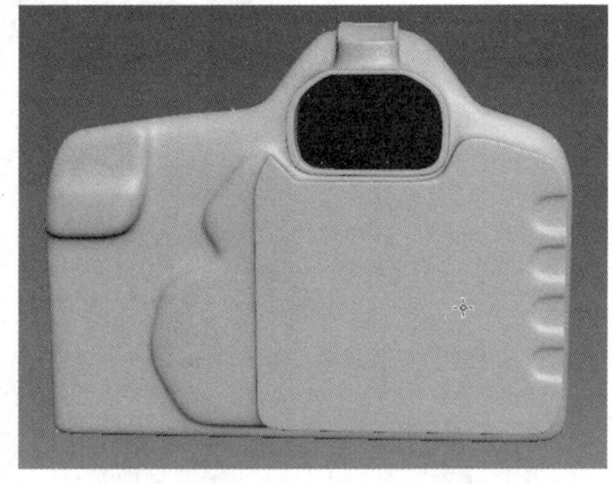

图 11.28

选择图 11.29 中图 1 所示的面，分别向内挤出并封口，将边缘的线段做切角处理，过程如图 11.29 所示。

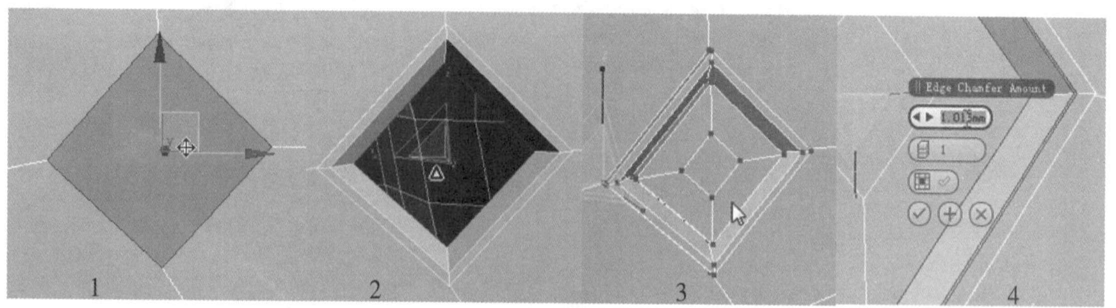

图 11.29

其他按钮的制作方法相同，效果如图 11.30 所示。

步骤 12 屏幕边缘等模型的细节完善。同样在边缘位置加线处理，拐角处的线段切角后将多余的点焊接起来，如图 11.31 所示。

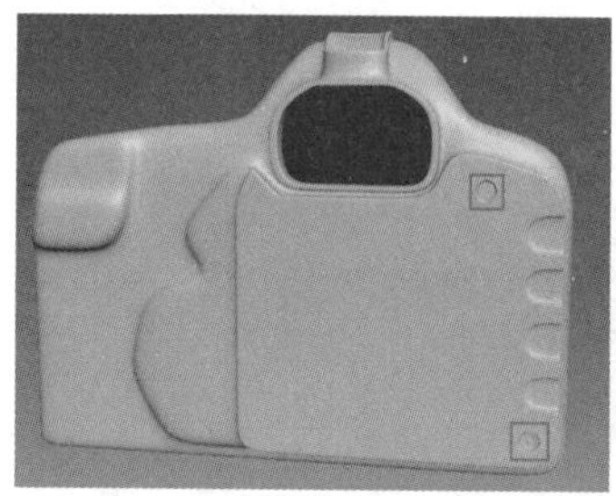

图 11.30

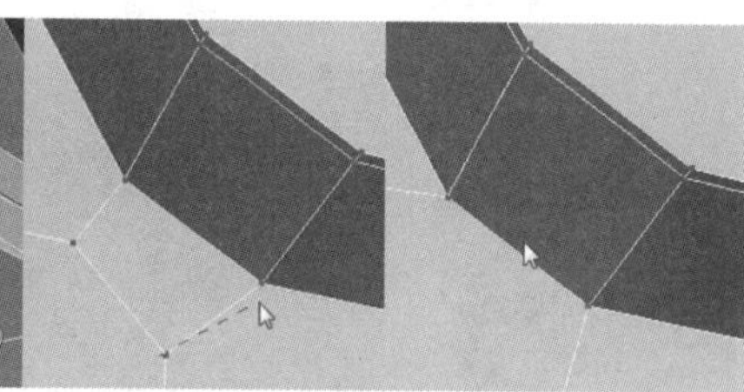

图 11.31

用同样的方法将其他线段做同样的切角布线调整，测试渲染后的效果如图 11.32 所示。

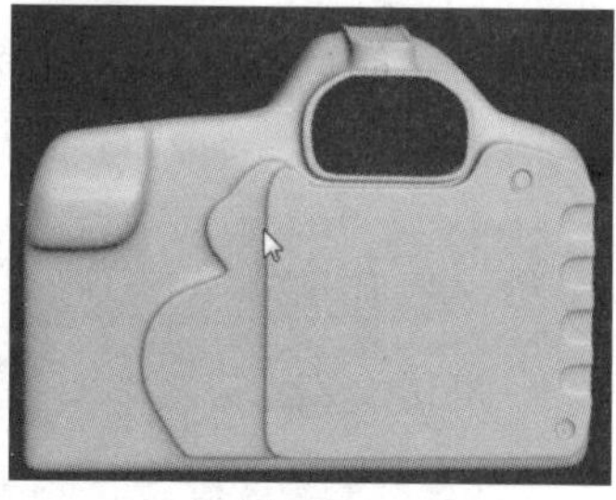

图 11.32

步骤 13 在模型的左上角位置加线，然后选择按钮处的点切角，调整点至正方形，选择面倒角挤出调整出按钮形状，也可以将面删除用边界线段的挤出方法制作出按钮模型，如图 11.33 所示。

在手柄与镜头中间的凹陷部分加线调整，如图 11.34 所示。

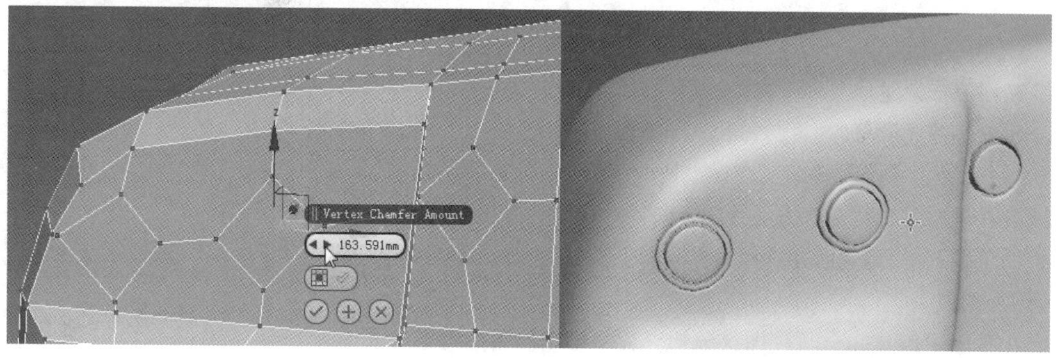

图 11.33

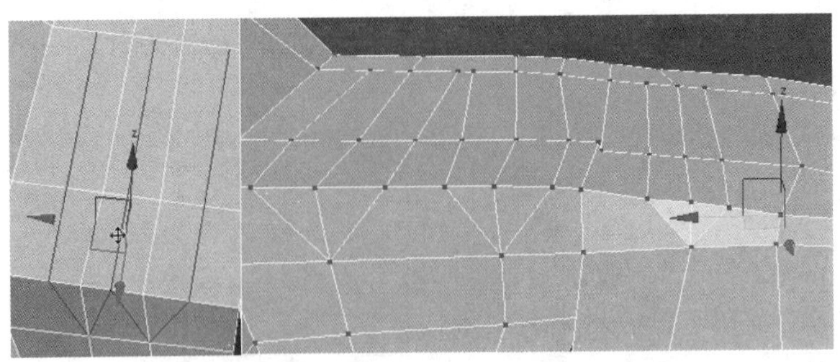

图 11.34

选择图 11.35 中的 1 所示的点向镜头方向移动一定的距离，将图 11.35 中的 2 的线段切角，然后在图 11.35 中的 3 中手动切出线段，细分后的效果如图 11.35 中的 4 所示。

用前面制作按钮的方法将顶部的按钮制作出来，效果如图 11.36 所示。

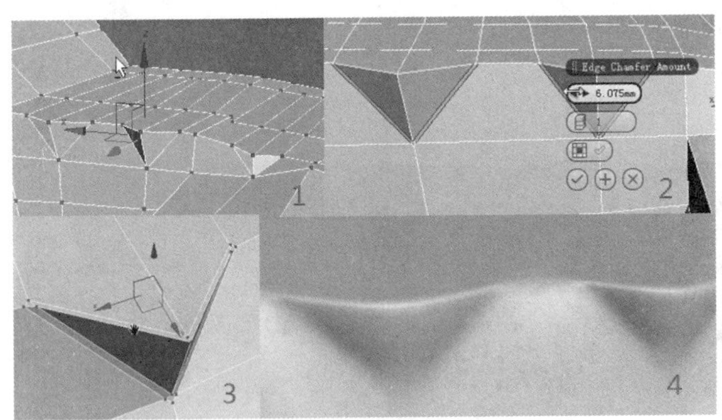

图 11.35

图 11.36

步骤 14 制作顶部液晶显示屏。选择图 11.37（左）所示的面并将其删除，然后将边界线段向下挤出面调整，效果如图 11.37（右）所示。

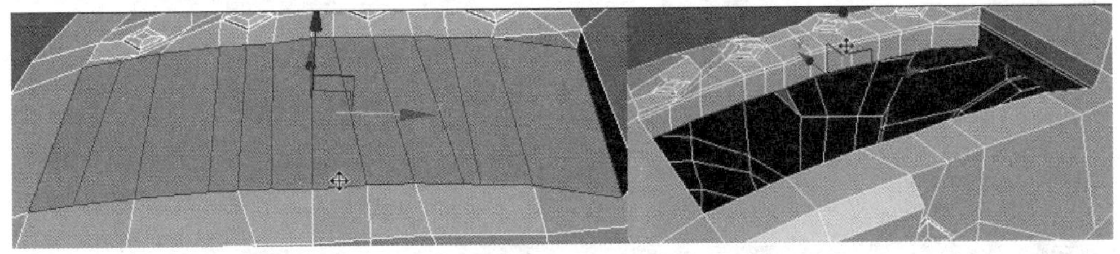

图 11.37

在该位置创建一个 Box 物体，然后对其进行多边形编辑，调整出液晶测光屏幕的形状，如图 11.38 所示。

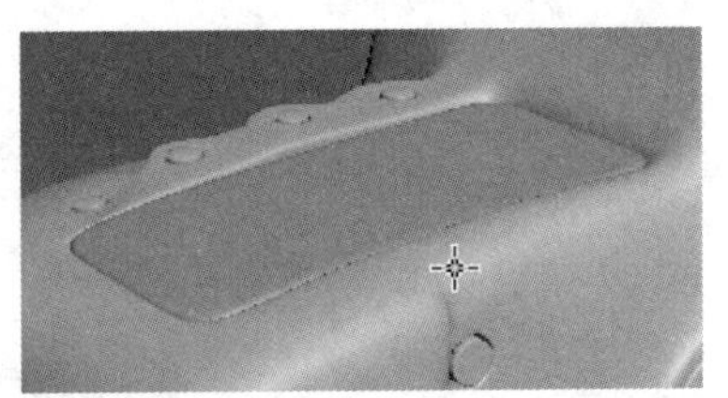

图 11.38

步骤 15 制作主拨盘。在拨盘处继续加线，因为手柄处的线段在开始时故意调整为斜线的方向，所以这里加线之后要将面的位置调正。删除面并选择边界线向下挤出面，如图 11.39 所示。

在视图中创建一个圆柱体，调整参数使模型保留扇形形状，如图 11.40 所示。

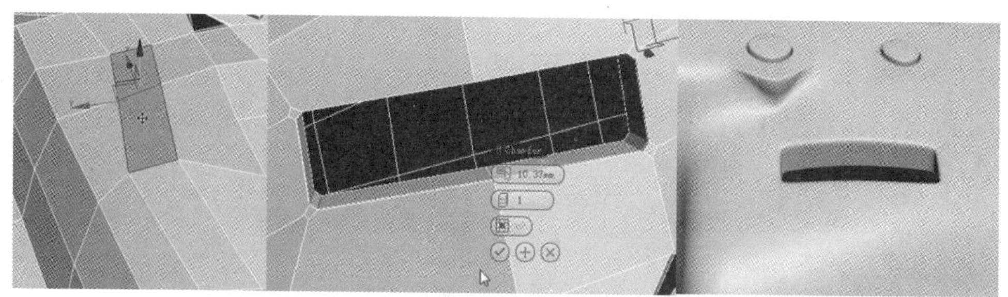

图 11.39

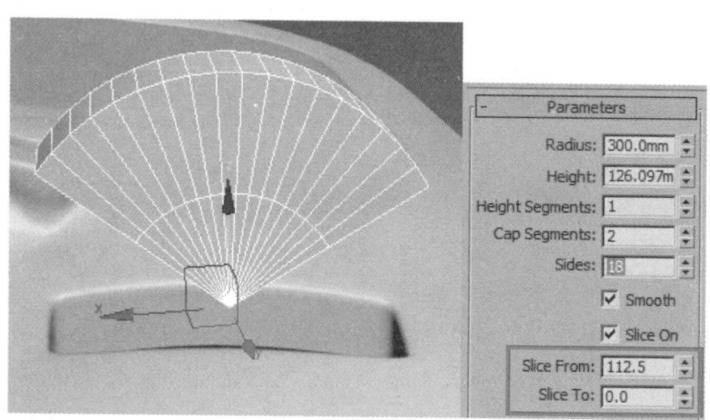

图 11.40

右击，在弹出的菜单中选择 Convert To|Convert to Editable Poly，将该物体转换为可编辑的多边形物体，删除下方的点。删除点后，模型两侧的面和下部的面也会删除，所以要用桥接工具将两侧的面和下方的面桥接出来。在宽度上加线，然后依次选择图 11.41 所示的面，用挤出工具将该面向上挤出。

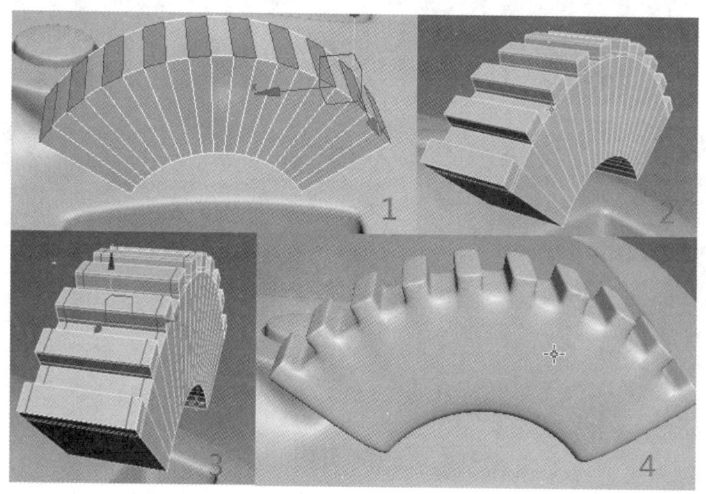

图 11.41

调整好之后将该模型移动到合适的位置即可。

步骤 16 制作快门。选择快门处的面，向内收缩并将点调整至接近正八边形，然后删除该部分的面，向下挤出后再向上挤出，将开口封闭并将点与点之间的线段连接起来，如图 11.42 所示。

步骤 17 在模型的侧面处加线并调整好线段的位置，选择对应的面并将其删除，用边界挤出的方法制作出所需的模型效果，然后将相机背带处的扣环模型制作出来，如图 11.43 所示。

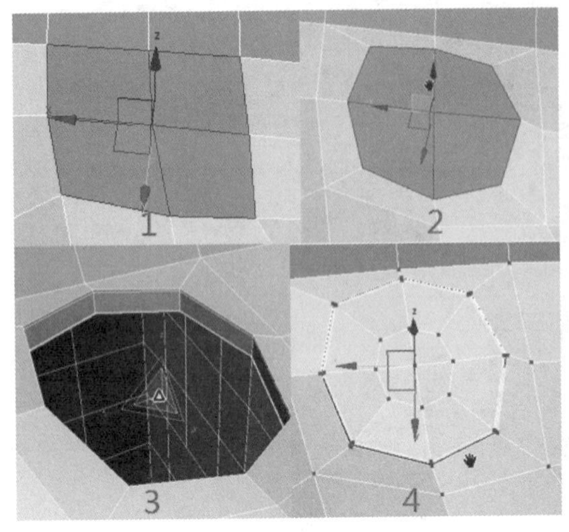

图 11.42

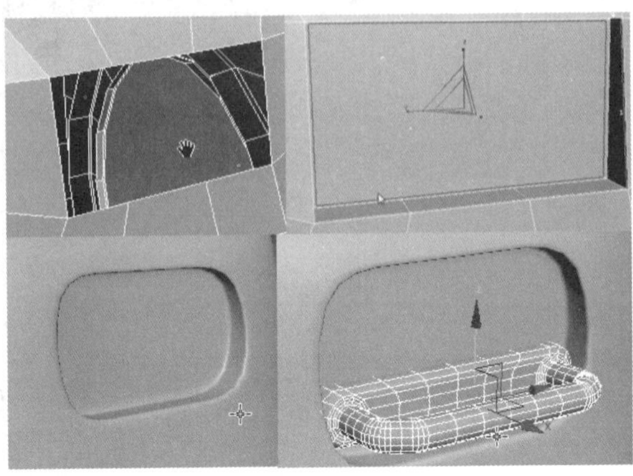
图 11.43

用同样的方法将另外一侧扣环处的模型制作出来，这里要注意的就是边缘与拐角处的线段切角处理，如图 11.44 所示。

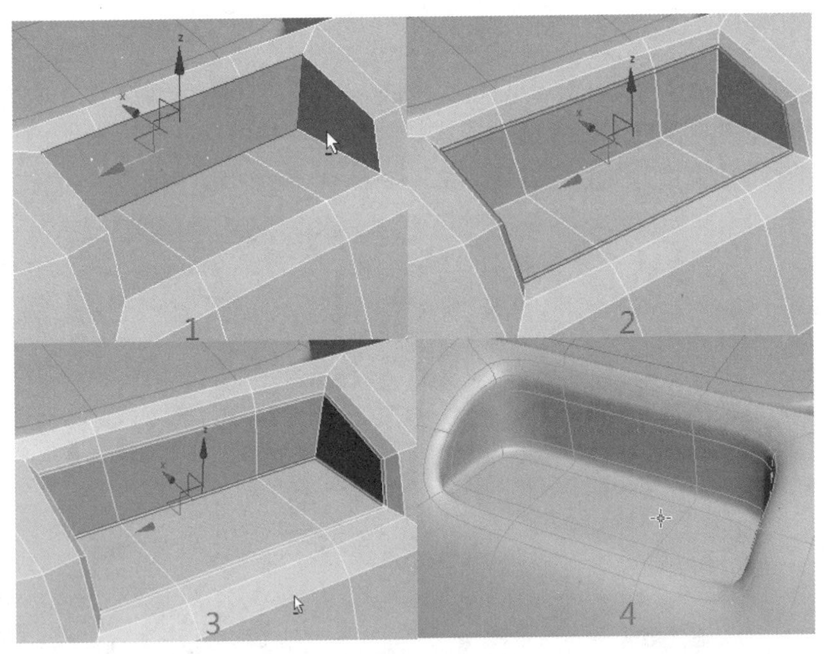

图 11.44

步骤 18 制作模式转盘。首先将转盘处的点和线段调整到位，线段不够的话加线来调整，在调整时可以创建一个圆柱体作为参考将点一一对应，如图 11.45 所示。

删除该处的面，按 3 键进入边界级别，选择边界线按住 Shift 键向下挤出面并调整。然后在该位置创建一个圆柱体，将它的分段数设置为 60，右击，在弹出的菜单中选择 Convert To|Convert to Editable Poly，将该物体转换为可编辑的多边形物体，选择底部的面做图 11.46 所示的调整。

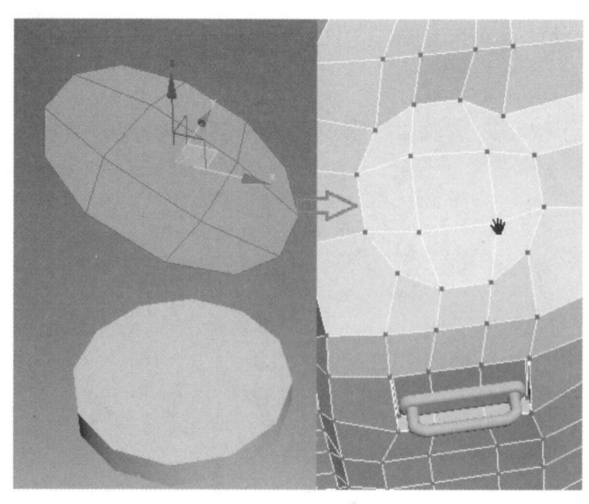

图 11.45

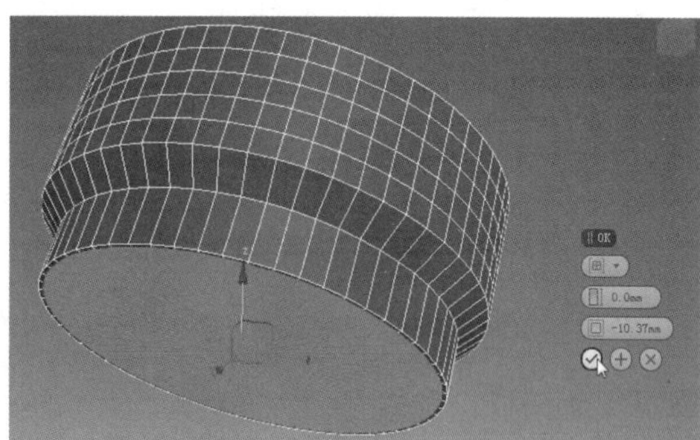

图 11.46

将顶部的面做图 11.47 所示的调整。

选择侧面所有的面，单击 Bevel 后面的按钮，挤出方式选择 By Polygon 方式，此时在挤出面时会对每一个面都倒角挤出调整，如图 11.48 所示。

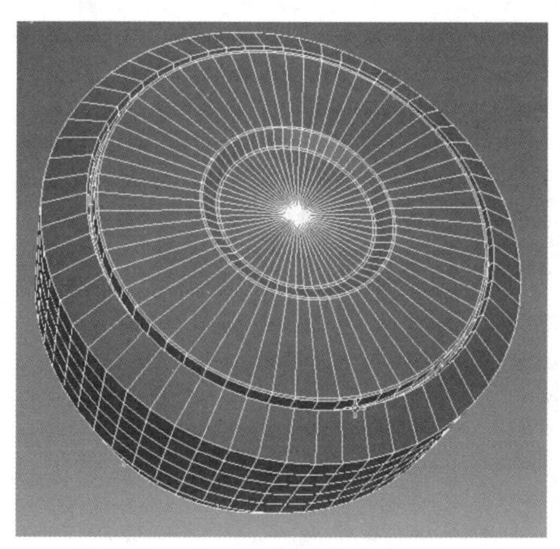

图 11.47

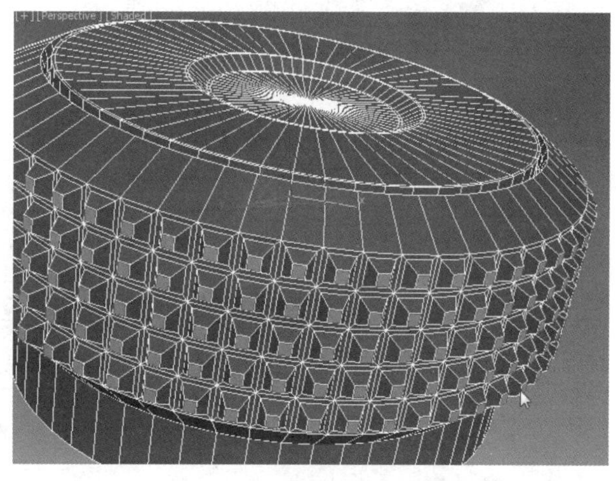

图 11.48

在转盘环形线段的边缘加线，细分光滑的效果如图 11.49 所示。

步骤 19 制作出外接闪光灯处的卡扣模型，如图 11.50 所示。

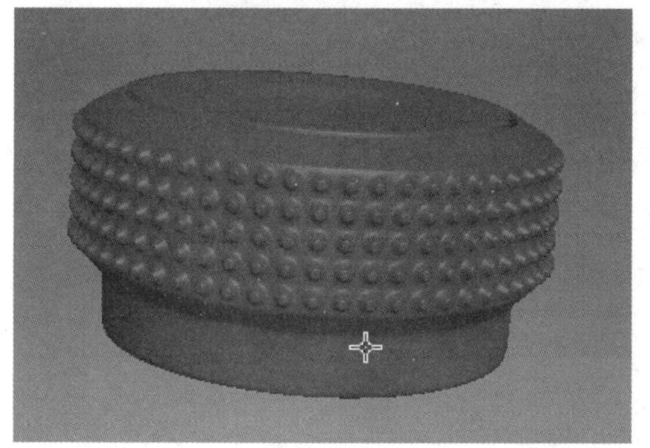

图 11.49

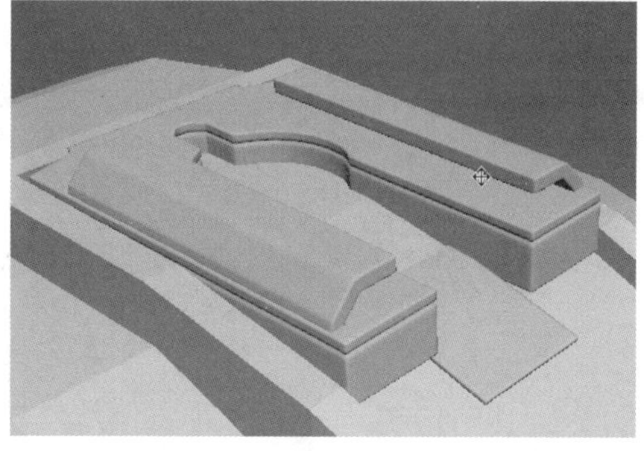

图 11.50

步骤 20 制作出眼罩模型，如图 11.51 所示。这些模型的制作方法均是由可编辑的多边形方法来完成的，这里不再详细讲解。

步骤 21 制作正面按钮等模型。首先在需要制作按钮处手动加线来调整模型的布线，如图 11.52 所示。

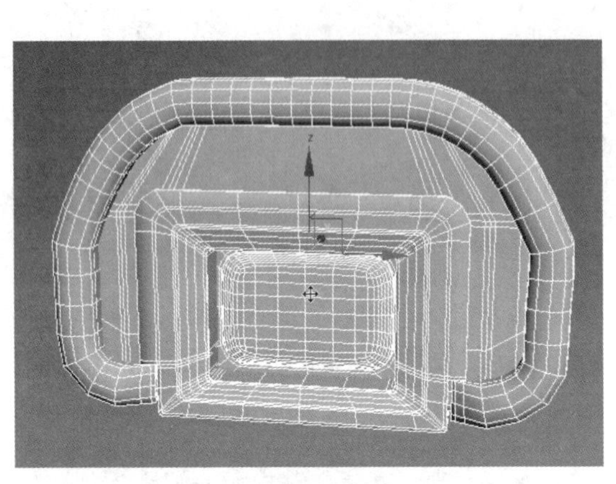

图 11.51

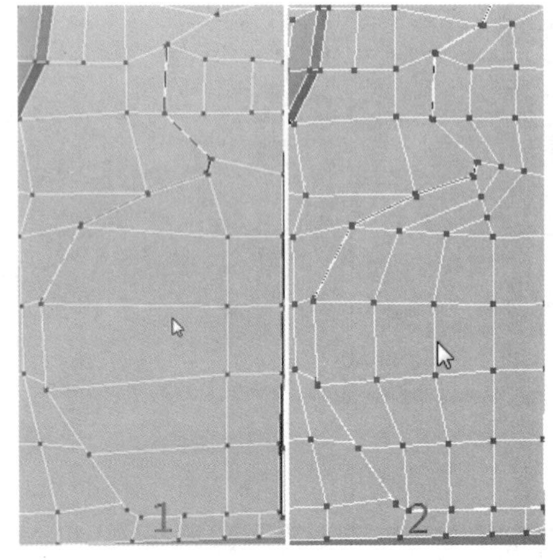

图 11.52

调整按钮处点的位置，如图 11.53 所示。

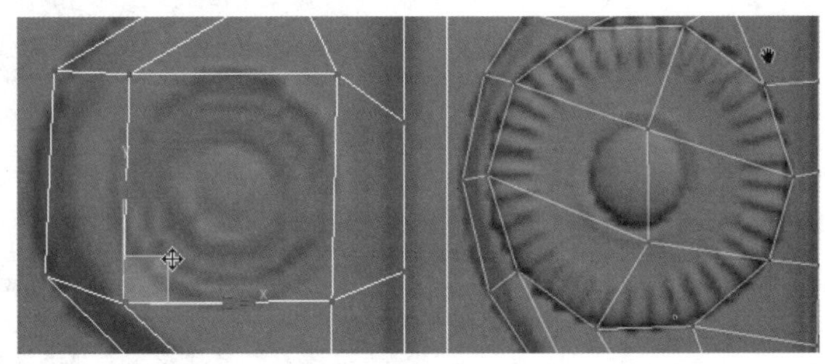

图 11.53

删除对应的面，选择边界线挤出调整至如图 11.54 所示，然后将线段切角。

图 11.54

创建一个圆柱体，边数设置在 56 左右，右击，在弹出的菜单中选择 Convert To|Convert to Editable Poly，将该物体转换为可编辑的多边形物体，选择图 11.55 所示的面向外挤出。

将中间的面再做适当的倒角挤出调整，最后的效果如图 11.56 所示。然后将该模型调整到合适的位置即可。

图 11.55

图 11.56

步骤 22 制作液晶屏。先将边缘的线段调整至笔直状态，然后选择面用倒角工具先向内再向外挤出调整，细分后的效果如图 11.57 所示。

步骤 23 制作其他纹理细节。先加线将所需要的点和线段调整出来，然后再选择对应的面倒角挤出调整即可，如图 11.58 所示。

图 11.57

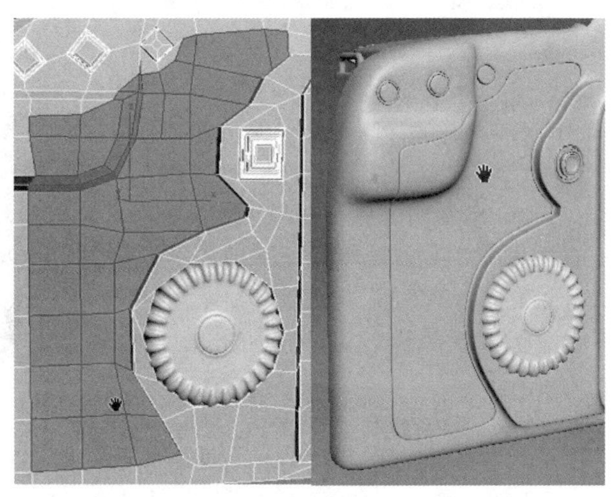

图 11.58

用同样的方法将侧面部位的细节调整出来，如图 11.59 所示。需要注意的是，先在所需面的位置加线，直至选择的面达到我们的制作需求。

选择手柄处所需的面，同样用倒角挤出的方法将凹陷的细节制作出来，如图 11.60 和图 11.61 所示。在选择面时可以打开石墨工具下 Modify Selection 中的 Step Mode 模式，这样在选择面时可以更加快捷。

步骤 24 整体调整模型细节，需要表现光滑棱角的地方在其边缘的位置加线调整即可。相机主体部分细分之后的效果如图 11.62 所示。

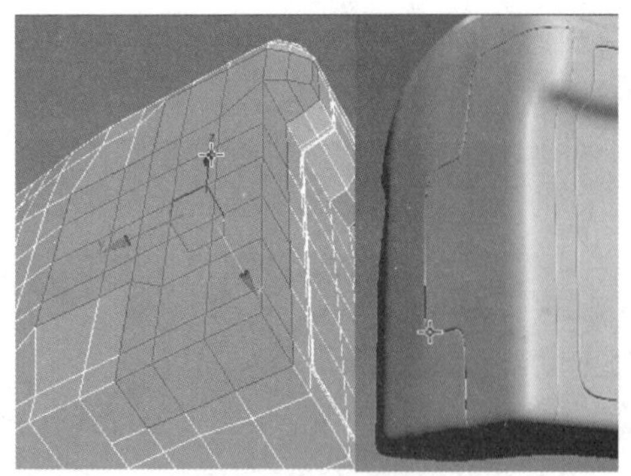

图 11.59

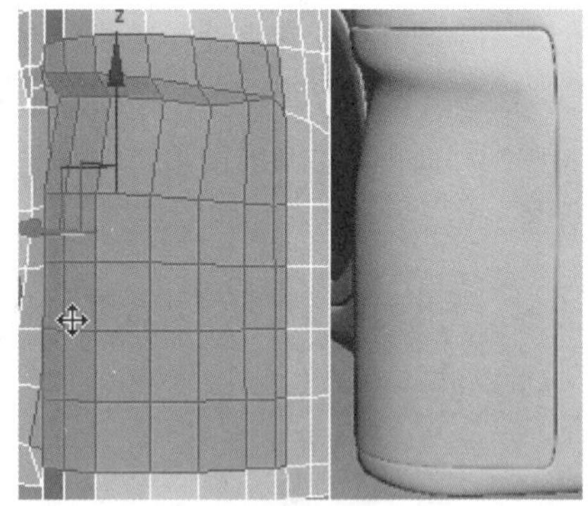

图 11.60

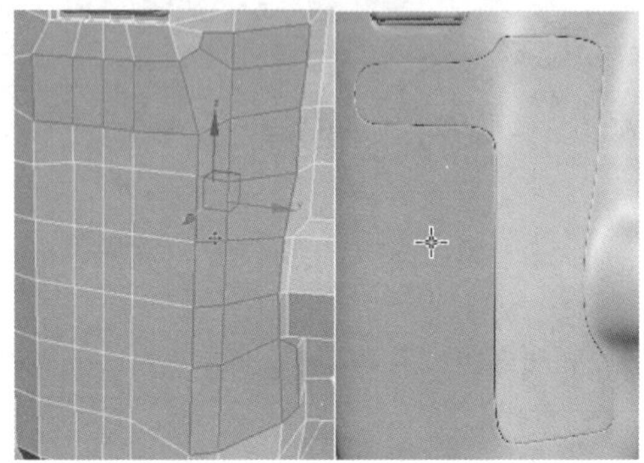

图 11.61

图 11.62

步骤 25 制作镜头。镜头的制作比起相机部分来说要简单多了，因为这里可以直接创建圆柱体来修改即可完成。在视图中创建一个圆柱体，右击，在弹出的菜单中选择 Convert To|Convert to Editable Poly，将该物体转换为可编辑的多边形物体，删除顶部和底部的面，选择边界线段，按住 Shift 键配合移动和缩放工具调整出面的形状，如图 11.63 所示。

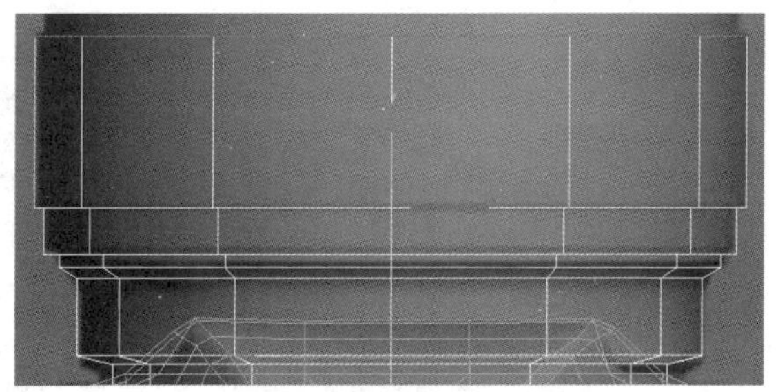

图 11.63

最后调整的结果如图 11.64 所示。

注意开口处的纹理调整，如图 11.65 所示。

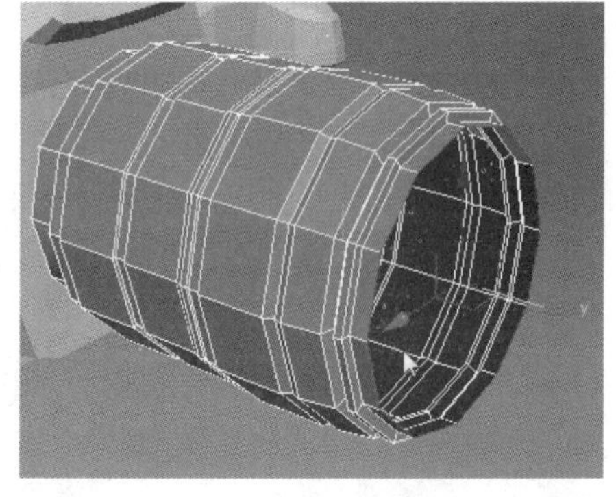

图 11.64

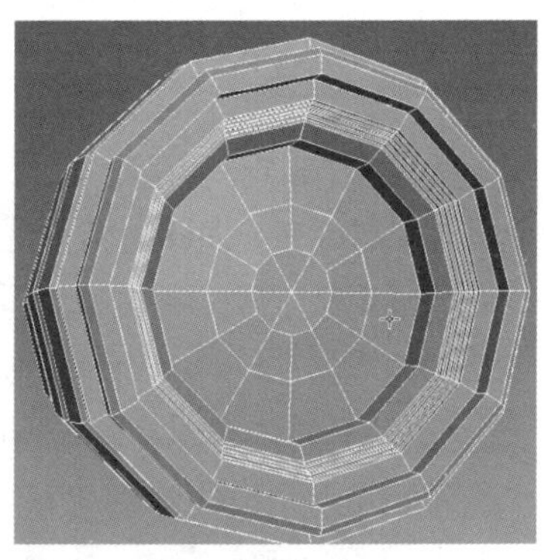

图 11.65

选择所有环形线段做切角处理，细分效果如图 11.66 所示。

然后选择镜头上相对应的开关按钮处的面，利用倒角挤出方法制作出开关，如图 11.67 所示。有一些细节调整请参考视频。

图 11.66

图 11.67

步骤 26　按 M 键打开材质编辑器，给场景中所有的模型赋予一个默认的材质球效果，并将其线段的颜色设置为黑色。选择所有模型，单击按钮将模型翻转一下。最后的整体效果如图 11.68 和图 11.69 所示。

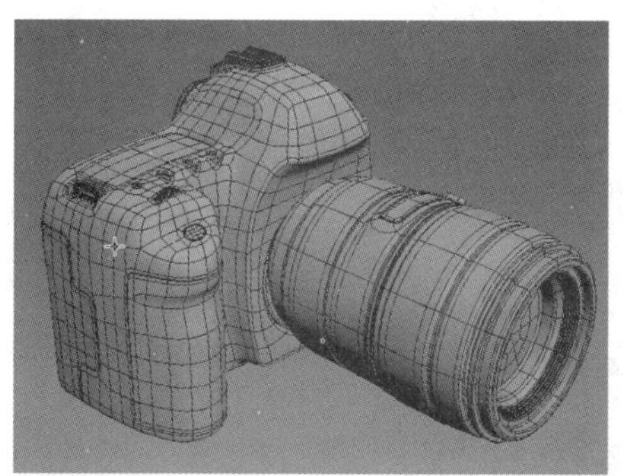
图 11.68

图 11.69

11.2　制作电脑

步骤 01　在视图中创建一个长、宽、高分别为 415mm、480mm、24mm 的 Box 物体，右击，在弹出的菜单中选择 Convert To|Convert to Editable Poly，将该物体转换为可编辑的多边形物体，在宽度上加线，然后选择图 11.70 所示的面向内收缩出面。

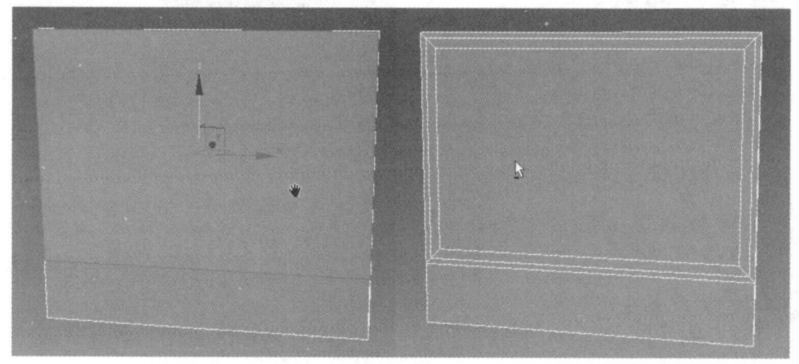
图 11.70

选择内侧的两条环形线段，单击 Extrude 后面的□按钮，在倒角的同时向内挤出线段，如图 11.71 所示。

在完成线段挤出的同时，单击 Chamfer 后面的□按钮，给内部的线段一个值为 1mm 的切角。在边缘没有加线的情况下细分效果如图 11.72 所示。

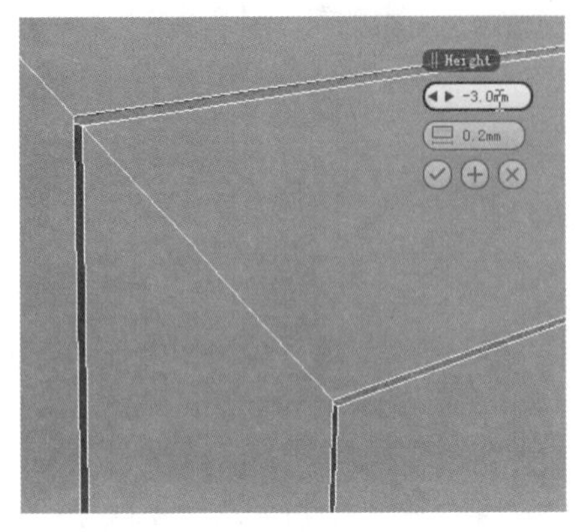

图 11.71

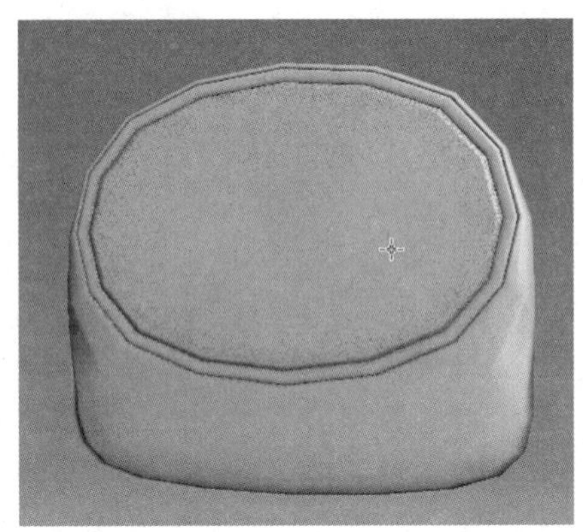
图 11.72

这种效果显然不是所需要的效果，前面的章节中我们也明确讲解了加线的原则，即在需要保留细节形状的边缘位置加线即可，如图 11.73 所示。

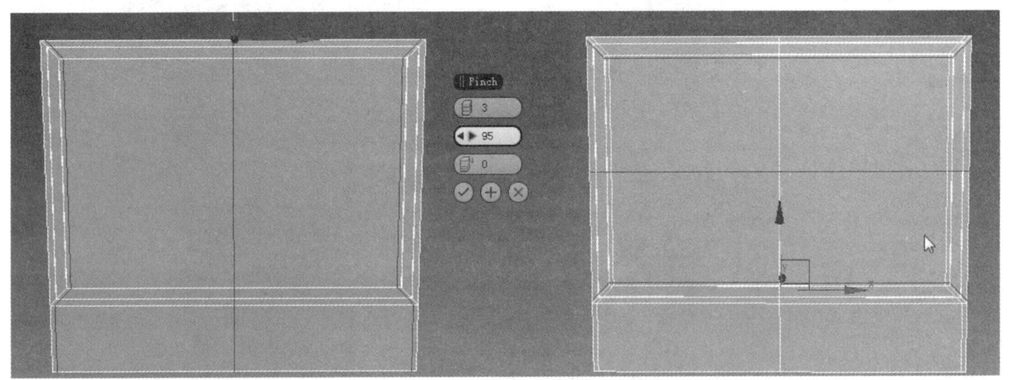

图 11.73

将 4 个角的顶点适当向内移动调整一下，细分之后的效果如图 11.74 所示。

在调整时，可以先删除一半的模型，然后单独调整另外一半的布线即可，如图 11.75 所示。

图 11.74

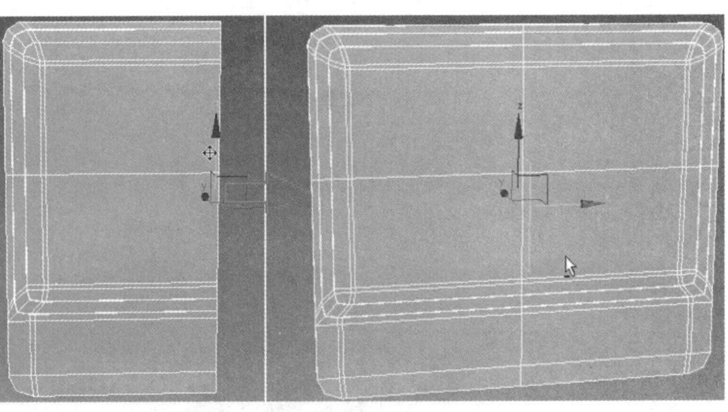
图 11.75

将该模型再次塌陷为可编辑的多边形物体，然后加线使模型布线均匀，选择背部的面适当向后移动调整。

步骤 02 在视图中创建一个 Box 物体，将其转换为可编辑的多边形物体，选择面，用 Extrude 工具边挤出面边调整形状，调整出电脑的底座部分，如图 11.76 所示。

将屏幕适当旋转一定角度，效果如图 11.77 所示。

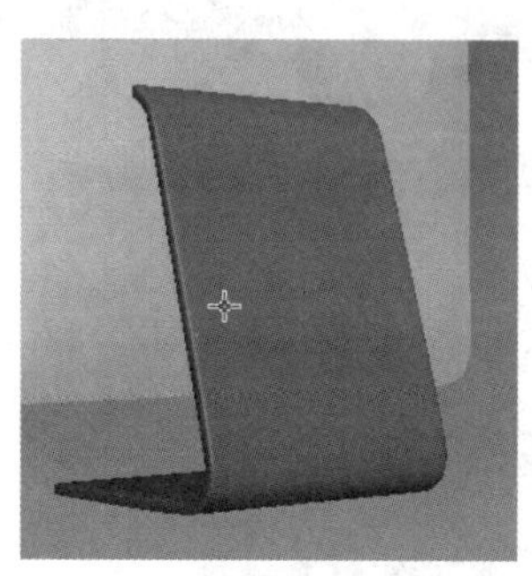

图 11.76

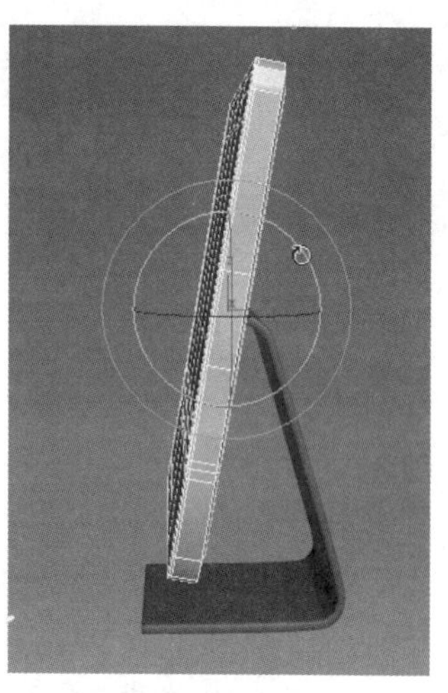

图 11.77

步骤 03 制作键盘。在视图中创建一个长、宽、高分别为 120mm、440mm、4mm 的 Box 物体，将其转换为可编辑的多边形物体，然后在两侧的位置加线。选择底部的面向下挤出面，并将 4 个角处的点稍微向内移动调整使角光滑之后成圆形效果，如图 11.78 所示。

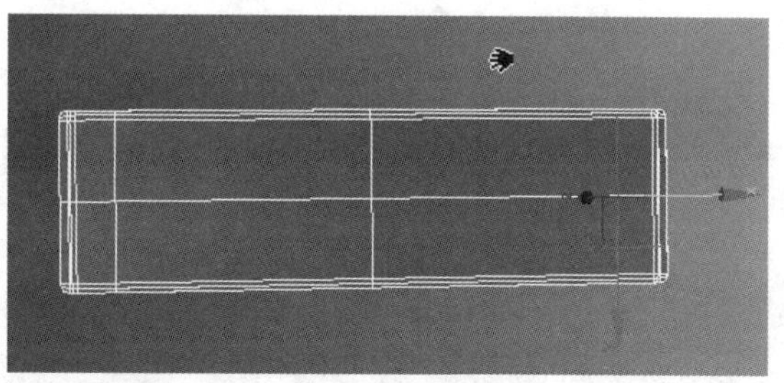

图 11.78

继续加线，然后选择图 11.79 所示的面向下挤出面，并将上部的点整体旋转调整一下。

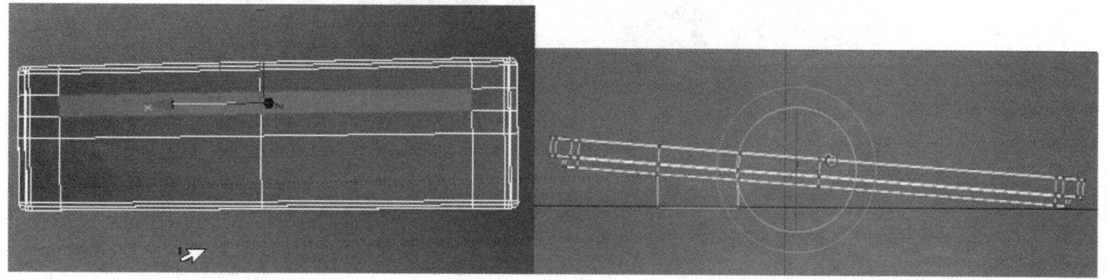

图 11.79

步骤 04 创建一个 Box 物体，然后对其进行可编辑的多边形修改，制作出按钮的形状，如图 11.80 所示。

接下来只需要按住 Shift 键移动复制出剩余的键盘按钮即可，如图 11.81 所示。

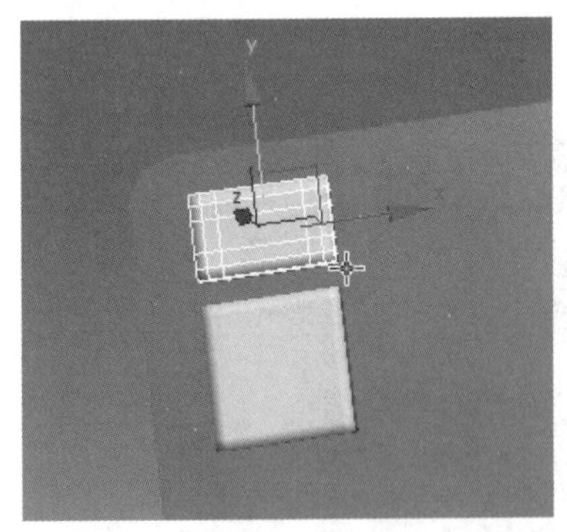

图 11.80

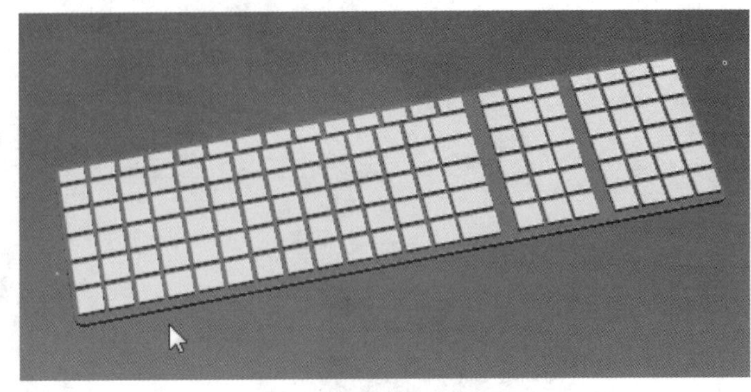

图 11.81

删除多余的按钮，并将有些按钮适当调整一下长度和宽度，最后的调整效果如图 11.82 所示。

图 11.82

步骤 05 赋予场景中所有模型一个默认的材质，最终的效果如图 11.83 所示。

图 11.83

第 12 章　制作交通工具

交通工具是现代人生活中不可缺少的一部分。随着时代的变化和科学技术的进步，我们周围的交通工具越来越多，给每个人的生活都带来了极大的便利。本章将以汽车和摩托车为实例来学习一下这类模型的制作方法。

12.1　制作汽车

本节将要学习的汽车模型制作是本书的一个重点，也是本书中最难的一个实例。汽车模型曲面效果的表现很重要，所以本节重点学习制作流程和突出它的曲面效果。在制作汽车模型时，可以先从车身制作，然后是前保险杠、引擎盖、车门、车顶、后保险杠、后车门、底盘，最后是汽车轮胎的制作。

步骤 01 首先设置背景参考图片，方法前面已经介绍过，这里不再详细讲解。参考图设置好之后，首先创建 Box 物体检查 3 个参考图在视图中的大小关系是否一致，如图 12.1 所示。

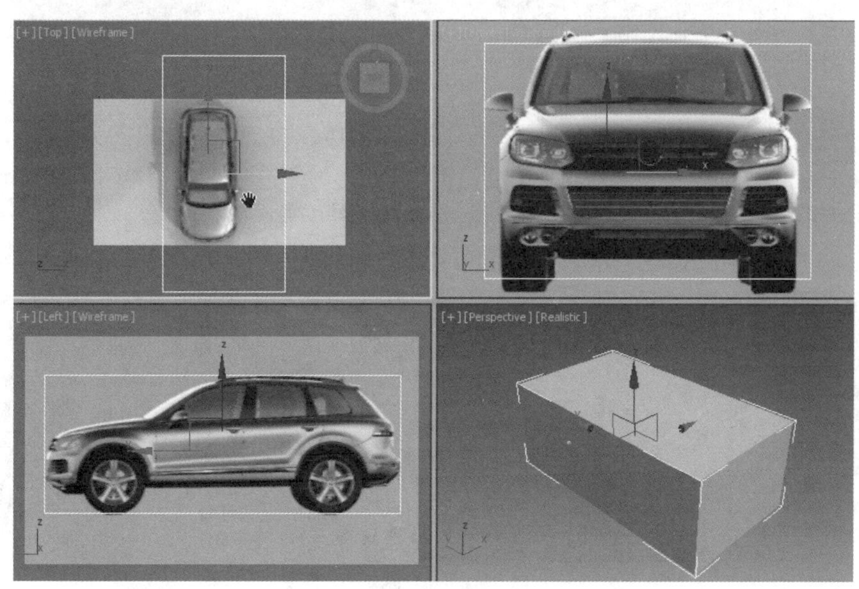

图 12.1

很显然，这几张参考图的大小不匹配，所以需要将参考图在 Photoshop 中进行修改调整。在

Photoshop 中打开前视图的图片，按 Ctrl+J 组合键复制一层，将背景图层填充一个和汽车参考图背景一样的颜色。选择复制的图层，按 Ctrl+T 组合键缩放图片的大小，然后按方向键来移动调整图片的位置，调整好之后，将该图片覆盖保存。回到 3ds Max 软件，按 Alt+Ctrl+Shift+B 组合键更新背景图片再次观察大小和位置关系，如果不合适继续回到 Photoshop 中进行调整，直至满意。这里有一点要注意，背景参考图片的大小尽量保持长宽一致。

还有一种参考图的设置方法：创建一个 Box 物体，将其转换为可编辑的多边形物体，删除多余的面，只保留 3 个侧面，然后将 3 个面均分离出来，分别在 3 个面上赋予一张位图的参考图片。如果出现图片压缩的情况，可以添加一个 UVW Map 修改器，进入 Gizmo 级别用缩放工具缩放调整。这种方法这里不建议使用，因为用这种方法建模时，在模型面数比较多的情况下就完全把图片遮挡住了。这里还是用背景图片的方法来设置参考图。设置完成后的背景视图如图 12.2 所示。

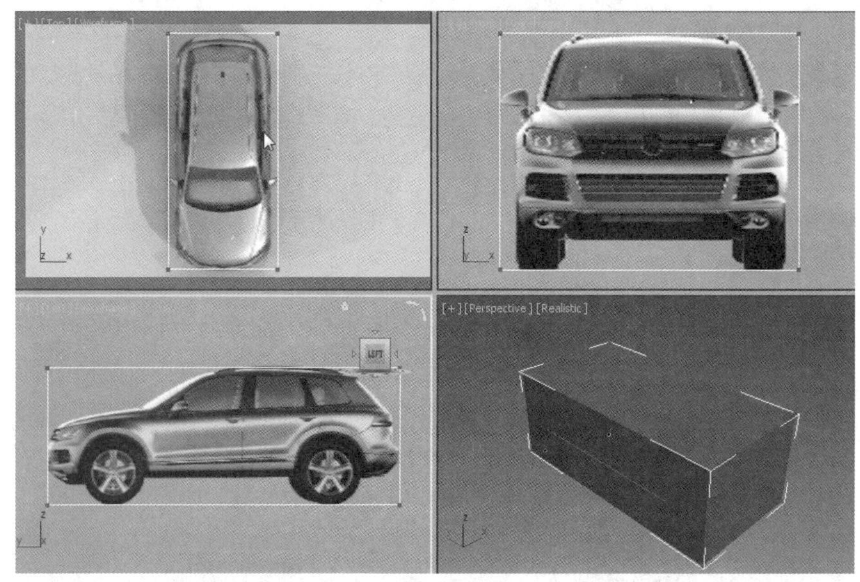

图 12.2

步骤 02 制作前车轮挡板。在视图中创建面片物体，右击，在弹出的菜单中选择 Convert To|Convert to Editable Poly，将该物体转换为可编辑的多边形物体，调整该面片至挡板位置，如果发现该模型在左视图中位置不正确，可以将左视图调整成右视图。调整点、线在 X、Y、Z 轴上的位置，然后选择一条边进行面的挤出调整操作，如图 12.3 所示。

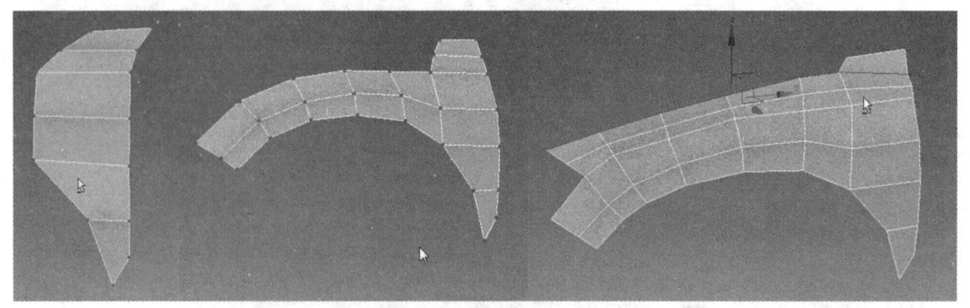

图 12.3

将图 12.4 中所选线段用缩放工具尽量缩放在一个平面内，然后继续根据参考图的形状来选择相对应的边挤出调整，调整时一定要注意模型表面的凹陷程度。

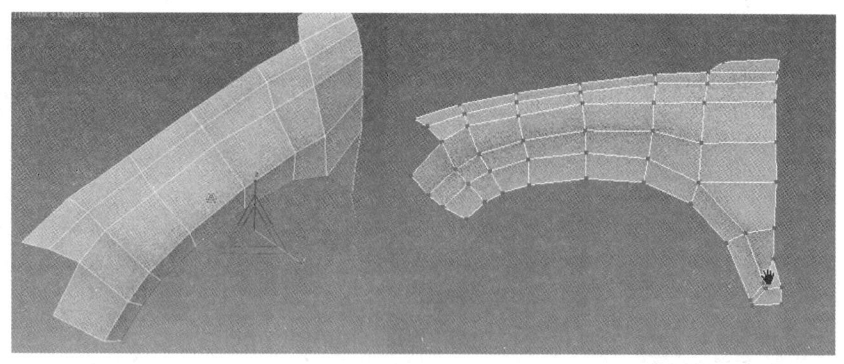

图 12.4

车轮挡板模型制作好之后，接下来制作出模型的厚度，这里有两种方法：第一种是在修改器下拉列表中选择 Shell（壳）修改器将面片物体修改为带有厚度的物体；第二种是选择模型的边界线段按住 Shift 键向内挤出来模拟它的厚度。

步骤 03 制作前保险杠。选择车轮挡板边缘的线段，按住 Shift 键先挤出一个很小段的面，然后再正常挤出面，接着将挤出的小段面的部分删除。选择保险杠的面，单击 Detach 按钮，这样就把车轮挡板和保险杠的面分离了开来，继续选择边挤出调整，如图 12.5 所示。

选择开口处的边界线段，按住 Shift 键向后移动挤出面，如图 12.6 所示。

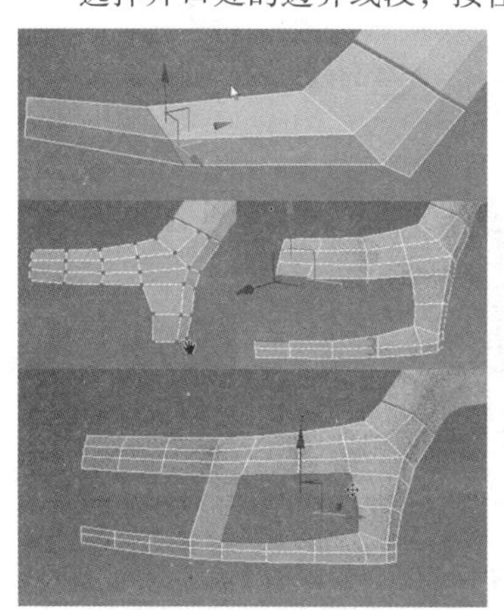

图 12.5

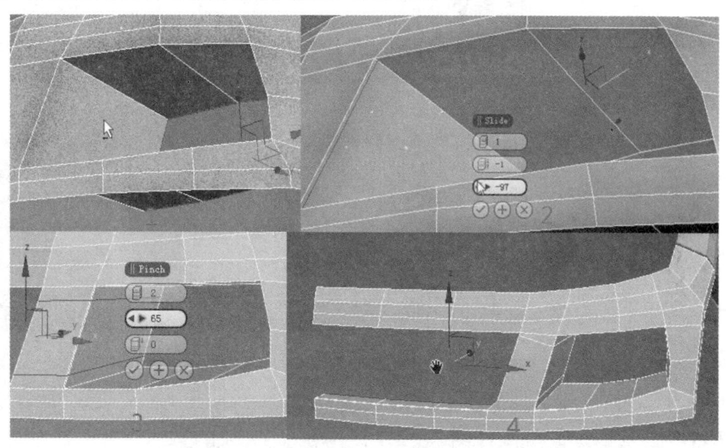

图 12.6

选择边界处的线段，用同样的方法，按住 Shift 键向后移动挤出面调整出它的厚度，在边缘的部位一定要记得加线处理，如图 12.7 所示。

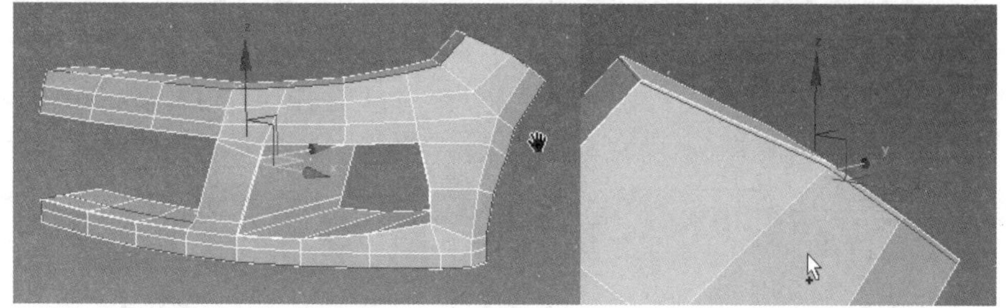

图 12.7

用同样的制作方法将前车轮挡板处的模型也制作出厚度，然后在边缘位置加线，如图 12.8 所示。

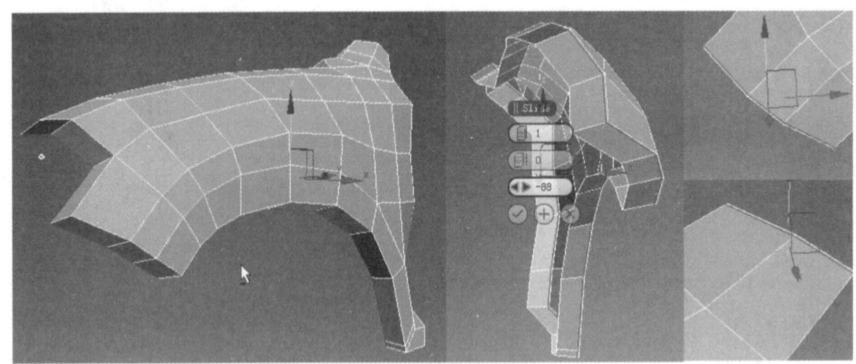

图 12.8

根据参考图处棱角的表现效果将图中的线段切角，细分效果如图 12.9 所示。

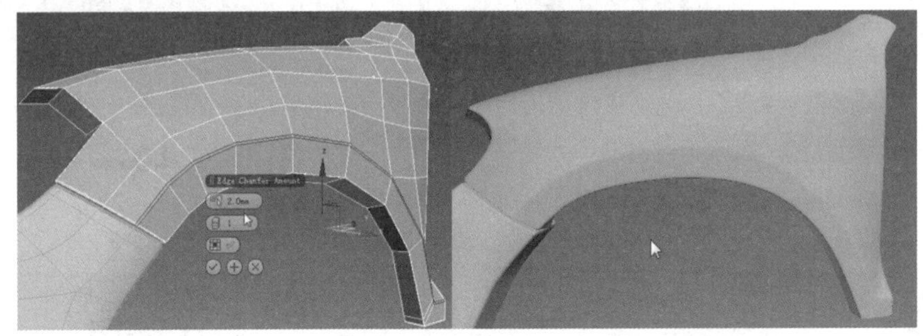

图 12.9

线段切角的原理就是在所需要表现棱角的地方将线段切角即可。调整后的效果如图 12.10 所示。

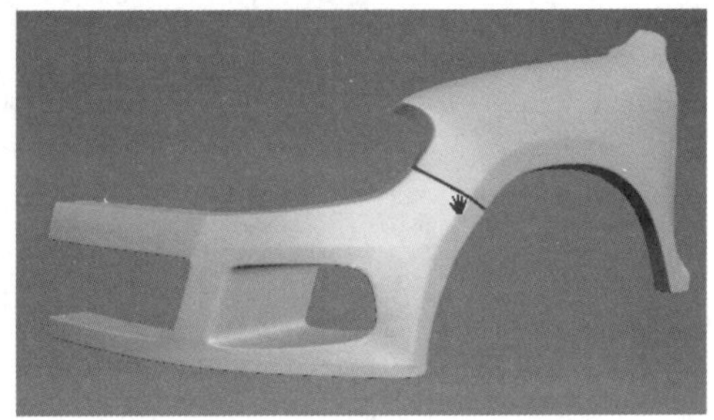

图 12.10

步骤 04 制作汽车前面底部挡板。首先创建一个面片物体并将其转换为可编辑的多边形物体，根据参考图上的曲面位置挤出面并调整点、线位置。因为这里涉及物体边缘拐角处的调整，所以在调整时要顾全各个轴向上位置的调整。这里说起来简单，但在调整时会遇到各种问题，建议想深入学习的读者还是亲自动手操作。制作过程如图 12.11 所示。

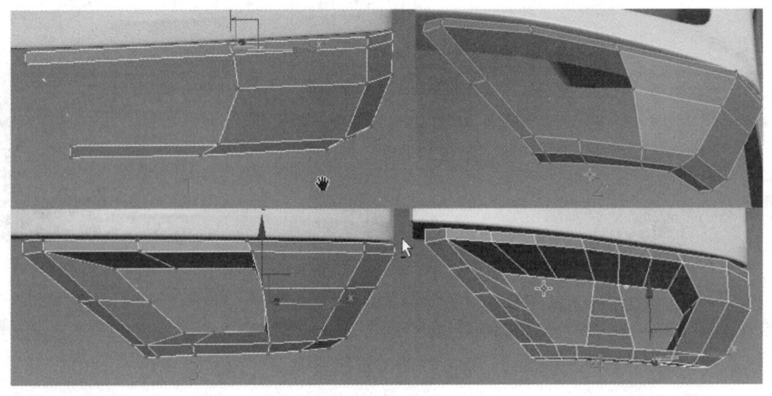

图 12.11

注意灯口处的点在调整时可以先创建一个圆柱体，然后参考圆柱体的形状进行点的调整，如图 12.12 所示。

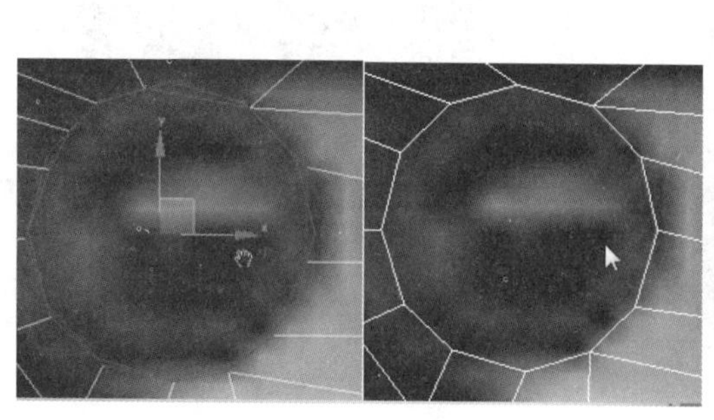
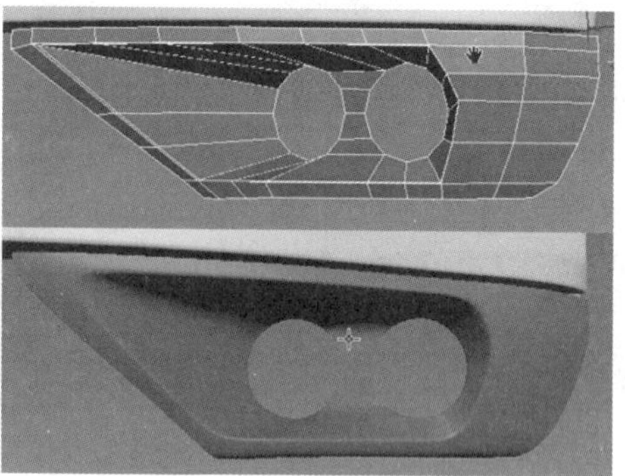

图 12.12

选择圆形的边界线段继续向内挤出面，然后选择外边框线段向内挤出面模拟出模型的厚度，如图 12.13 所示。

图 12.13

步骤 05 在底部的位置继续创建一个面片物体并将其转换为可编辑的多边形物体，按照图 12.14 所示的顺序调整形状。

选择制作好的模型，单击按钮，选择关联方式进行对称复制，如图 12.15 所示。

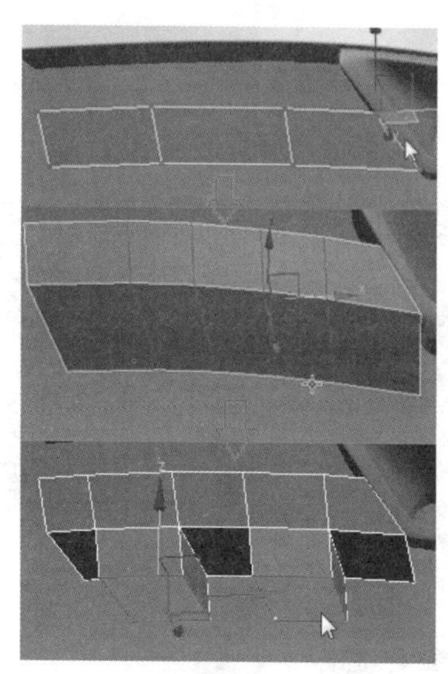

图 12.14

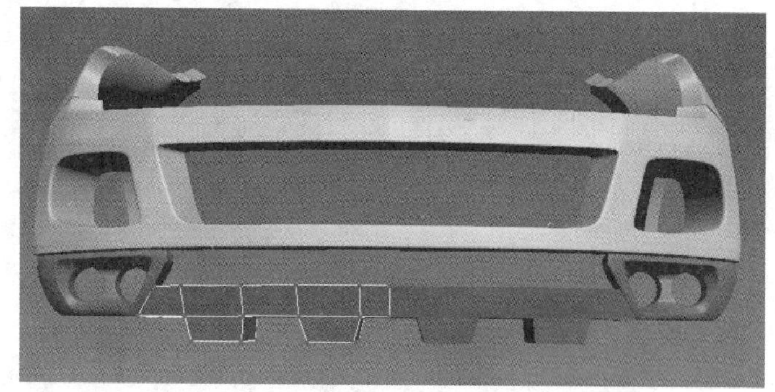

图 12.15

将底部模型边缘线段向内挤出面调整出厚度，同时在边缘位置加线处理，细分之后的效果如图 12.16 所示。

步骤 06 继续制作出中间一些边框和进风口挡板模型，如图 12.17 和图 12.18 所示。

步骤 07 制作出前面的摄像头模型，如图 12.19 所示。

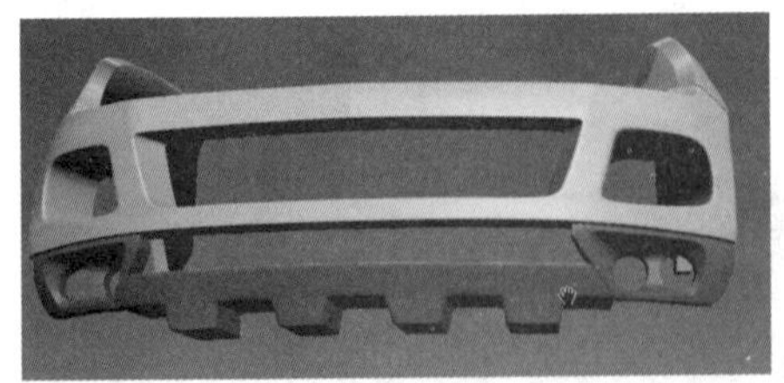

图 12.16

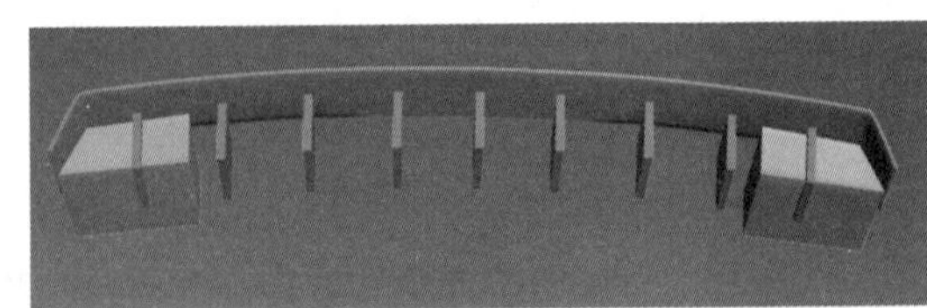

图 12.17

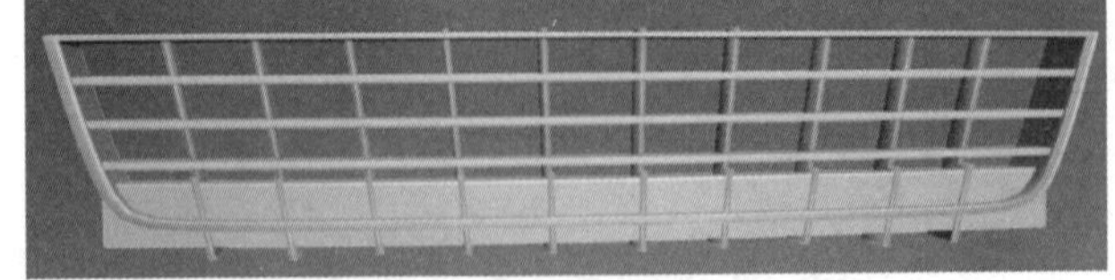

图 12.18

图 12.19

步骤 08 制作车盖。在视图中创建一个面片物体并将其转换为可编辑的多边形物体，分别在长、宽上加线调整，一定要注意棱角细节的表现在工业模型制作中非常重要，如图 12.20 所示。

在调整时主要将标志处的圆口位置预留出来，在修改器下拉列表中添加 Shell 修改器给模型添加厚度，然后塌陷模型并删除底部的面，接着在车盖的边缘线段处加线来保证模型细分光滑之后保持原有的形状，调整好之后关联对称出另外一半模型，效果如图 12.21 所示。

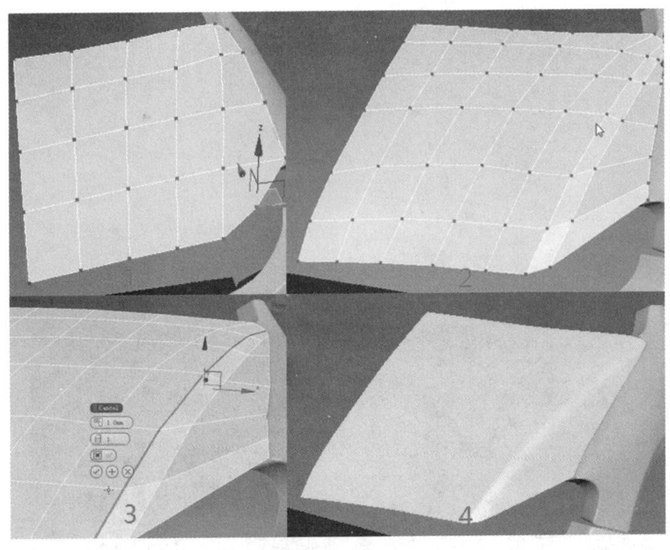

图 12.20

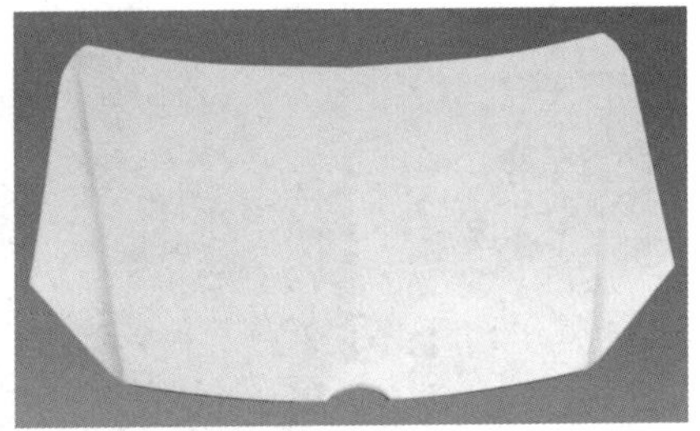

图 12.21

车头部分的整体效果如图 12.22 所示。

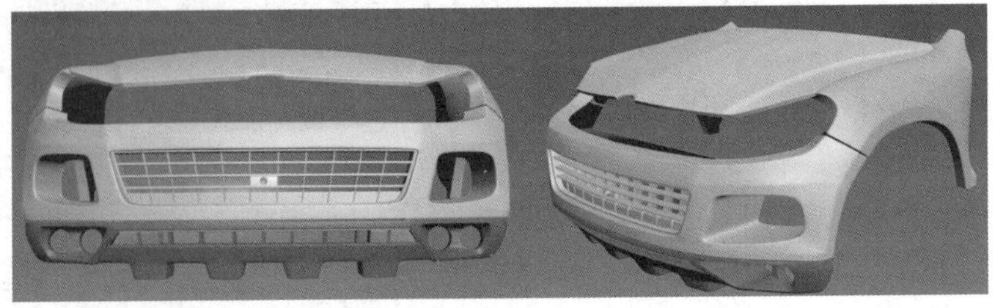

图 12.22

步骤 09 制作汽车大灯。在制作汽车任何一个模型时，都要考虑与其他模型的拼接问题，如果发现有拼接不合适的地方要随时进行调整。图 12.23 所示车灯与侧面的挡板就有一定的问题，需要回到挡板模型进行线段的切角处理。

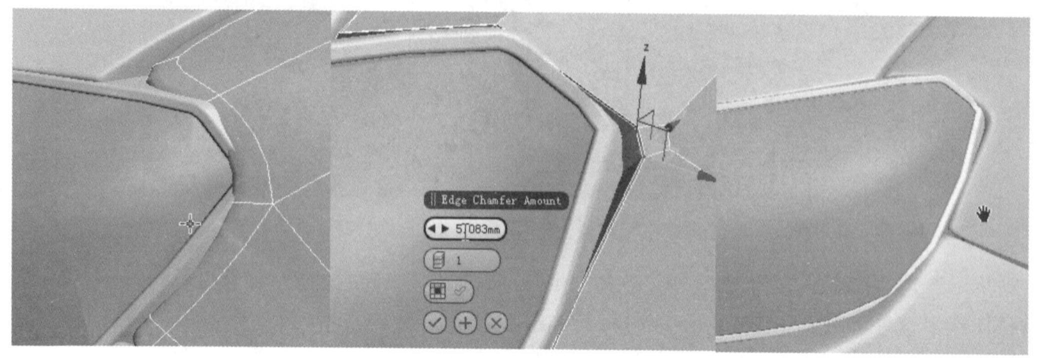

图 12.23

车灯内部的细节还是非常多的，这里不再详细介绍，内部的整体效果如图 12.24 所示。

注意图 12.25 所示模型可以用以下方法来制作。

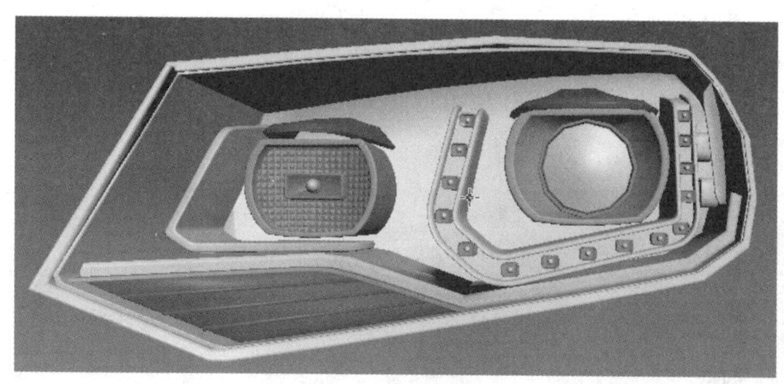

图 12.24

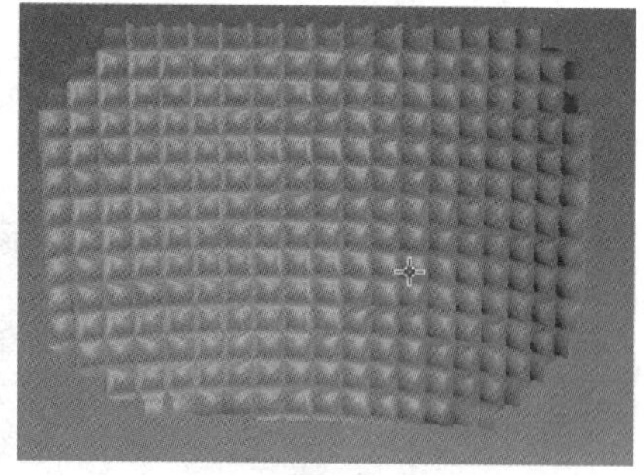

图 12.25

创建一个面片，将分段数设置为 10、15 左右，然后在修改器下拉列表中添加 Bend 修改器，设置 Angle（角度）值为-85，将该面片弯曲处理。然后将该模型转换为可编辑的多边形物体，进入面级别，框选所有的面，单击 Bevel 后面的□按钮，挤出方式选择 By Polygon，对每个面单独挤出倒角，如图 12.26 所示。

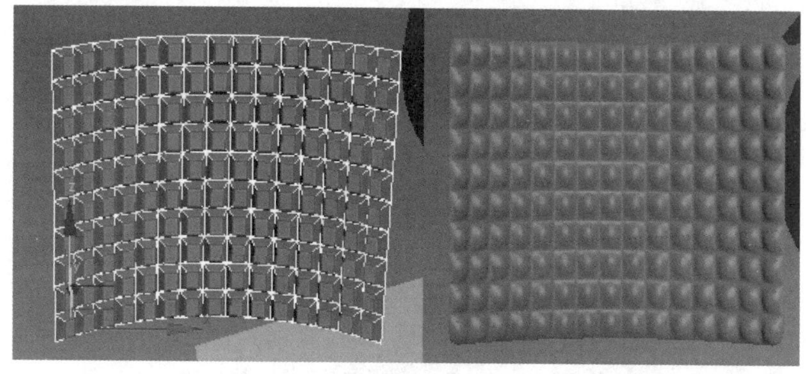

图 12.26

将大灯内部的零部件一一移动开来，拆分之后的效果如图 12.27 所示。

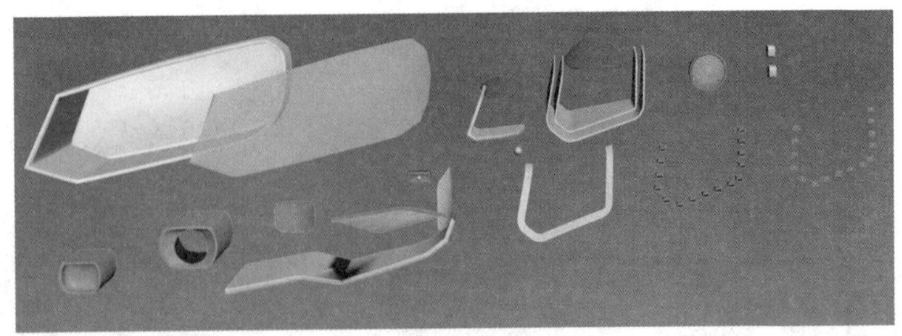

图 12.27

所以这些模型有时就像拼积木，将每一个小的部件制作好后拼接在一起即可。将每个物体细分，然后整体选择这些部件，单击 Group 菜单将其群组。

步骤 10 移动复制另外一个车灯并调整到合适位置，然后再制作出车盖下方的进风口挡板和车标模型，如图 12.28 所示。

图 12.28

车标同样是用多边形的编辑方法制作出它的形状，如图 12.29 所示。

当然也有其他的方法，可以先创建二维曲线然后进行挤出，如图 12.30 所示。这里没有进行详细的调整，不重点讲解。

图 12.29

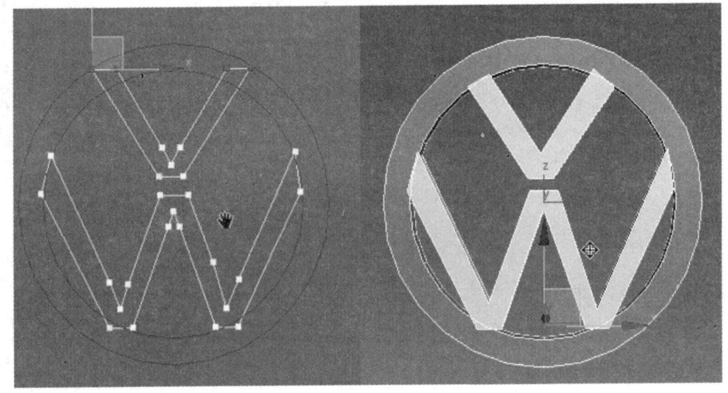

图 12.30

车头模型的整体效果如图 12.31 所示。

图 12.31

步骤 11 制作车门。在视图中创建一个面片并将其转换为可编辑的多边形物体，加线移动点来调整形状，选择相对应的边按住 Shift 键挤出面继续细致调整，过程如图 12.32 所示。

调整过程中注意光滑棱角处的细节要通过线段切角的方法来实现，如图 12.33 所示。

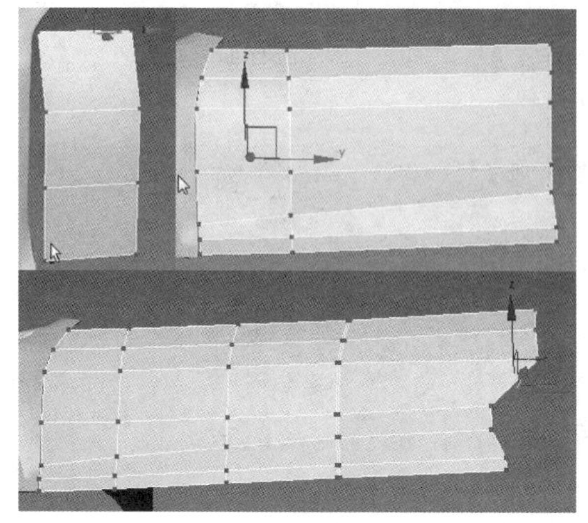

图 12.32

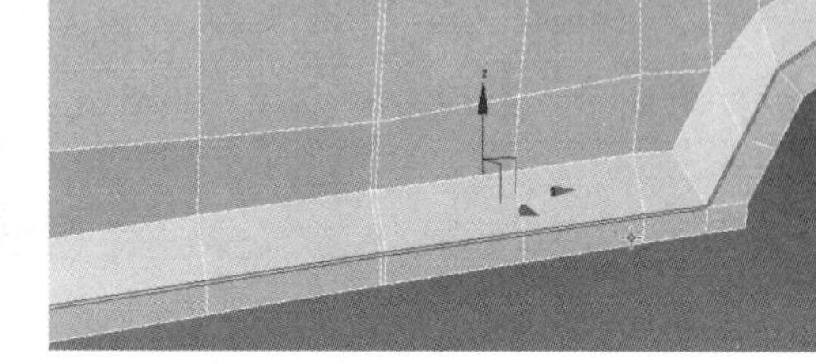

图 12.33

细分效果如图 12.34 所示。

选择车门拉手处的面，单击 Inset 后面的□按钮向内挤出面并调整，然后将对应的面向内倒角挤出，注意边缘线段一定要切角处理，如图 12.35 所示。

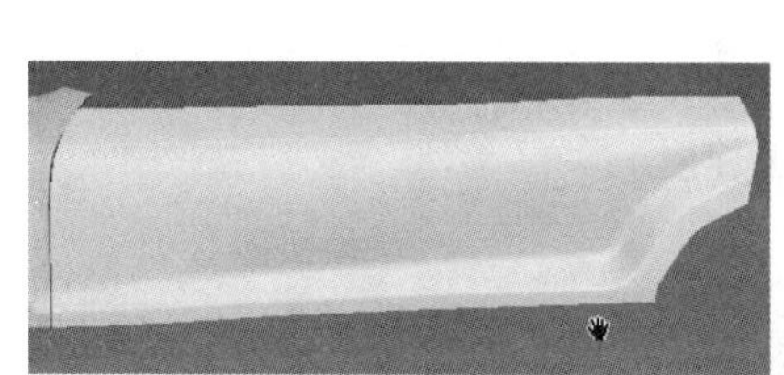

图 12.34

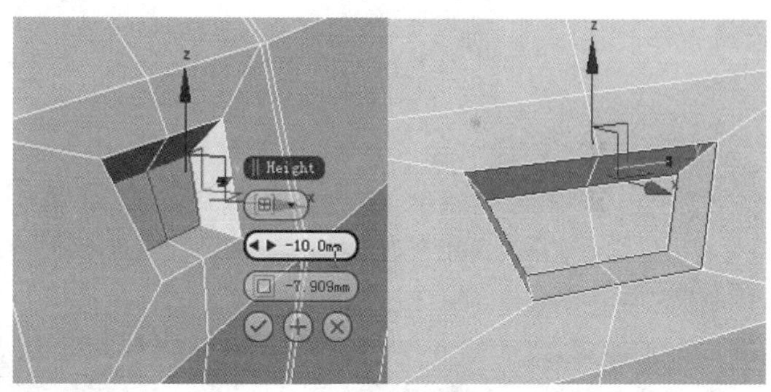

图 12.35

用同样的方法将另外一个车门处的拉手模型制作出来，细分效果如图 12.36 所示。

根据车门的曲面针对模型加线调整，调整时要注意棱角的过渡变化，然后选择边缘的线段向内挤出面调整出车门的厚度感。接着制作车门下方的护板模型，效果如图 12.37 所示。

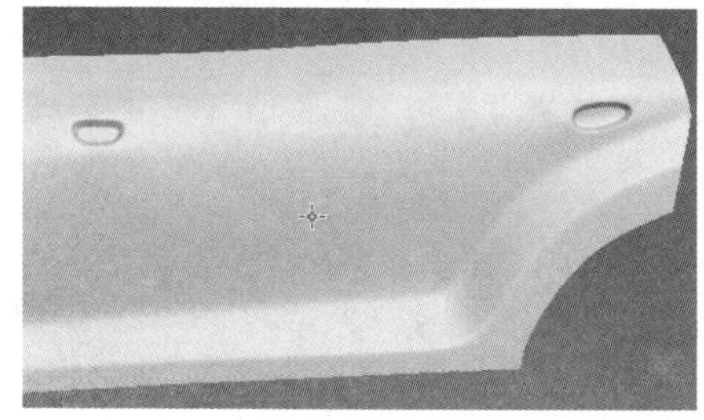

图 12.36

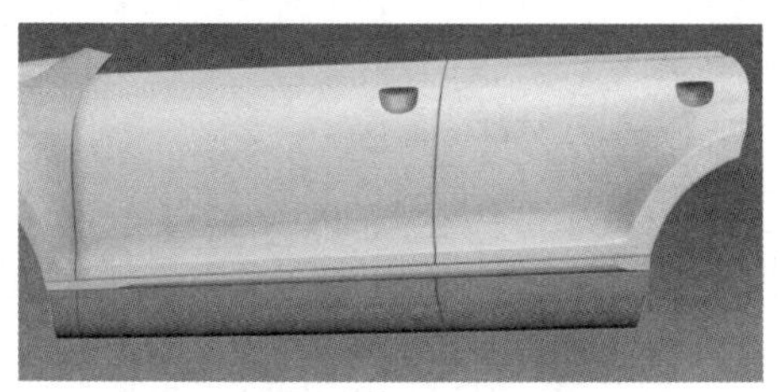

图 12.37

步骤 12 制作后翼板及车顶支架。这个部位的制作也是一个重点和难点，方法都一样，均是采用面片对其进行可编辑的多边形物体调整完成的，但是在调整的过程中涉及 3 个视图中的对位问题，这时透视图的作用就非常明显了，如果把握不好点、线在空间上的位置关系，可以在透视图中很直观地观察模型的位置、比例及模型的曲面效果，所以我们在调整时要善于观察透视图。还有一点需要注意的是，为了便于观察，可以将前视图中的参考图片设置为后视图参考图，这样便于观察。调整的过程可以参考图 12.38 所示的步骤。

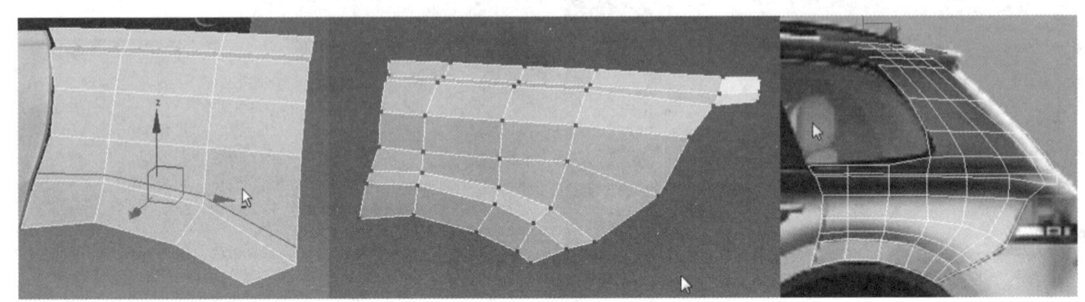

图 12.38

选择上边缘的线段，沿着车顶边框挤出线段并调整，如图 12.39 所示。

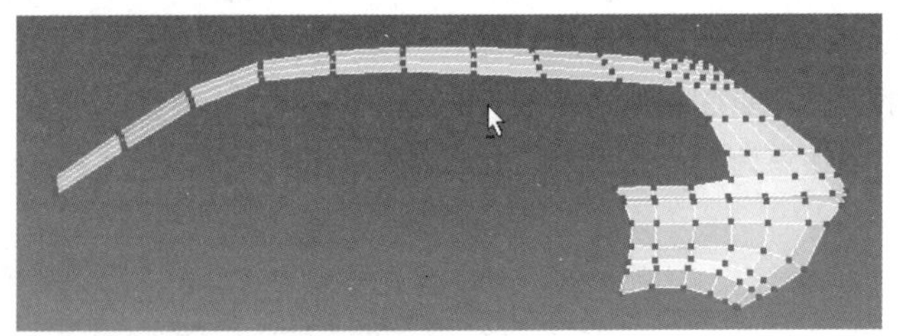

图 12.39

调整点、线位置，然后给当前的模型添加一个 Shell 修改器，设置好厚度参数值后将模型塌陷，然后将内侧的面删除，分别在边缘位置添加线段，细分后的效果如图 12.40 所示。

步骤 13 制作出车窗密封条模型，如图 12.41 所示。

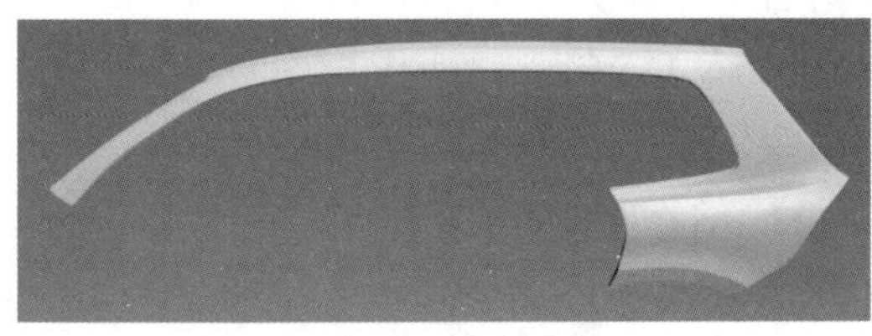

图 12.40

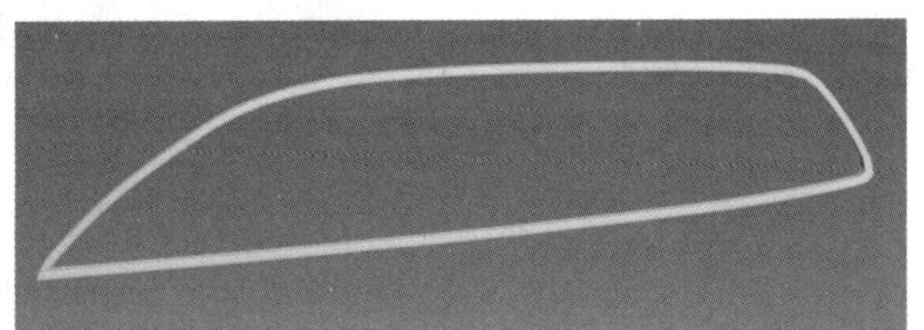

图 12.41

将制作好的这两个物体对称关联复制到右侧。

步骤 14 制作车顶。车顶的制作比较简单，直接创建面片进行多边形调整即可。在制作时同样只需要制作一半即可，如图 12.42 所示。

然后将另外一半复制出来，此时整体效果如图 12.43 所示。

步骤 15 制作后保险杠模型。该部位也是汽车模型当中比较难制作和调整的部位之一，因为它涉及拐角处曲面的过渡调整。接下来看一下该部位模型的制作要点。

首先创建一个面片，按照图 12.44 所示的步骤进行调整。

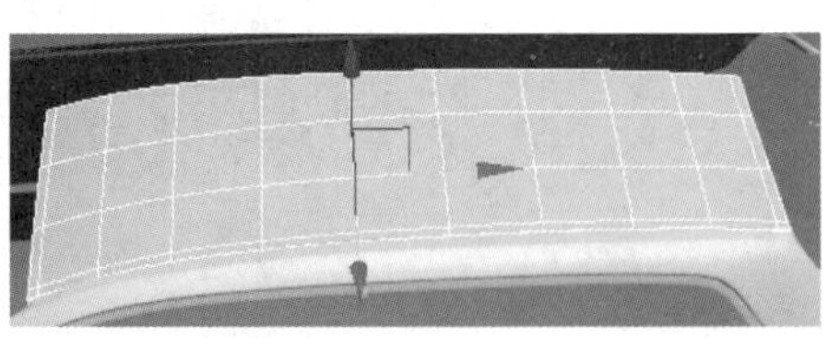

图 12.42

图 12.43

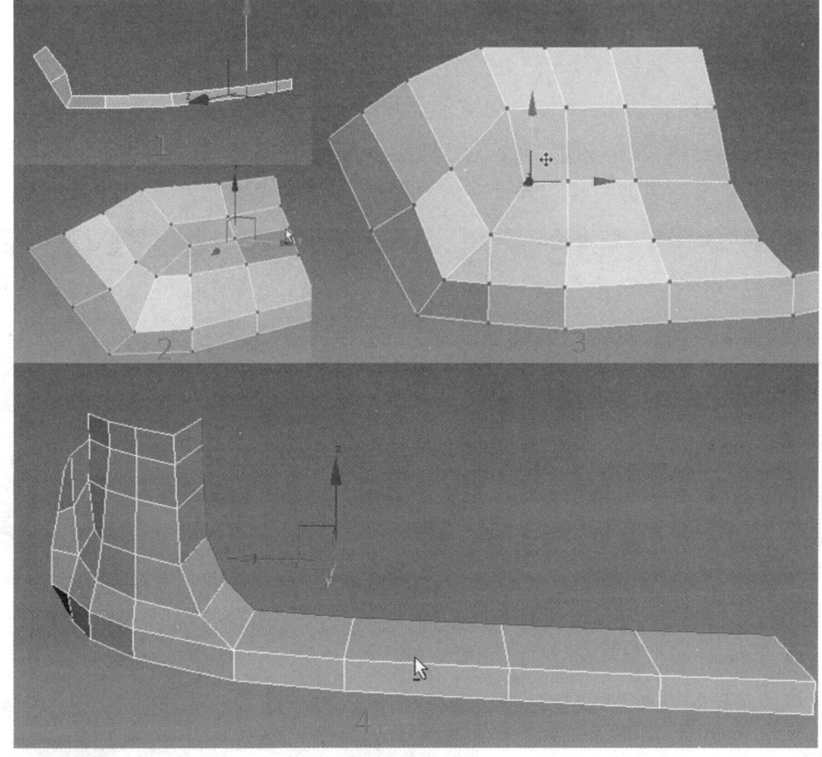

图 12.44

然后将保险杠底部的面调整出来，如图 12.45 所示。

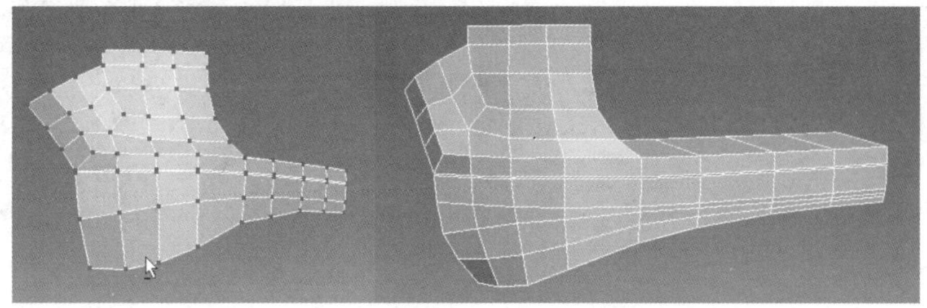

图 12.45

选择下部的面，单击 Detach 按钮将该部分分离出来，然后在修改器下拉列表中添加 Shell 修改器，给上部分模型添加厚度后将内侧的面删除，在边缘位置和需要棱角的地方添加线段或者切角，如图 12.46 所示。

用同样的方法将下部分模型添加厚度调整，细分后的效果如图 12.47 所示。

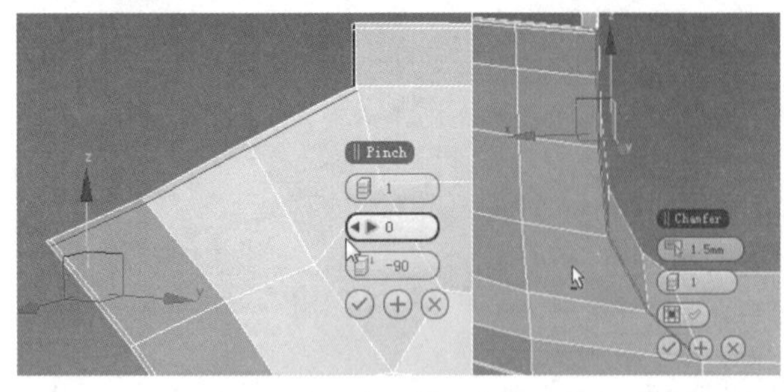

图 12.46

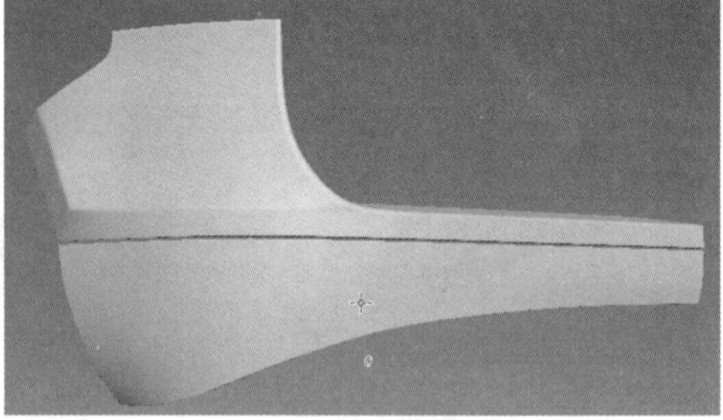

图 12.47

在后车灯处添加线段，然后删除车灯处的面，将该边界线段向内挤出面并调整，如图 12.48 所示。调整过程请参考视频部分。

在单独调整每一部分模型时，都要顾全与其他模型的拼接问题，如果发现有问题的地方要同时调整两者模型从而达到接缝的过渡拼接。调整后的效果如图 12.49 所示。

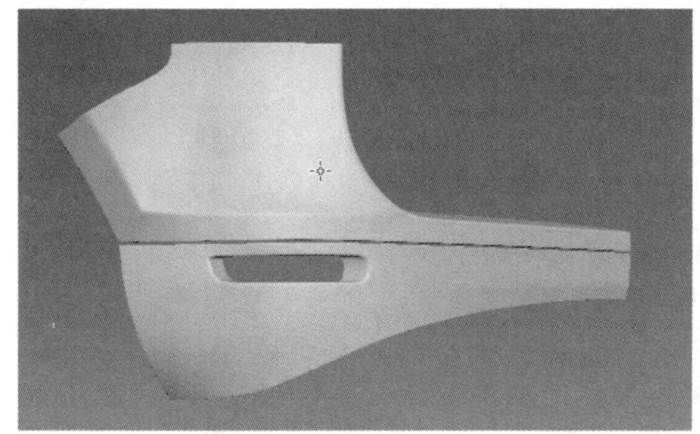

图 12.48

图 12.49

步骤 16 制作后车灯。后车灯和前车灯一样，制作过程这里不再详细讲解，来看一下完成之后的效果，如图 12.50 所示。

内部 LED 灯的制作和前车灯 LED 灯的制作方法一样。将车灯每个部分拆分开来，如图 12.51 所示。

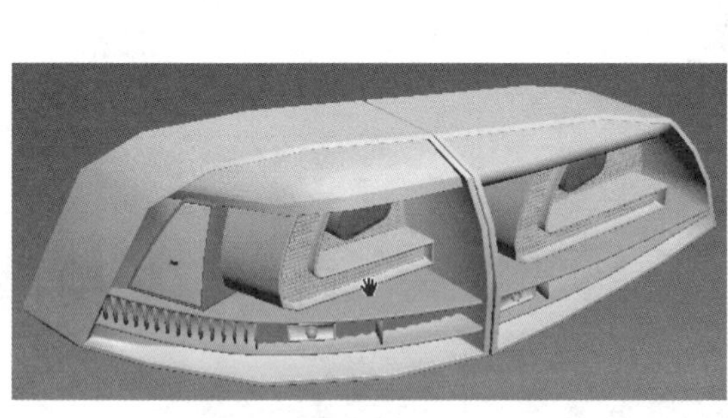

图 12.50

图 12.51

步骤 17 制作后车盖。采用的方法同样是面片多边形编辑，步骤如图 12.52 所示。

一定要注意在调整出厚度的边缘面后，在边缘位置加线，同时在拐角处切线，这样才能保证模型细分之后不出现变形效果。

在汽车标志的地方加线调整至如图 12.53 所示。

添加 Symmetry 修改器镜像出另外一半模型，将物体塌陷，然后选择圆形边界向内挤出面，如图 12.54 所示。

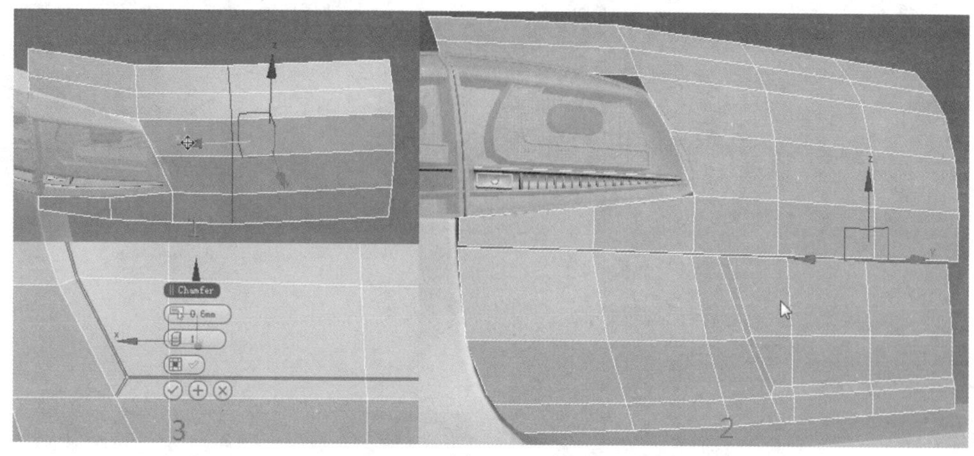

图 12.52

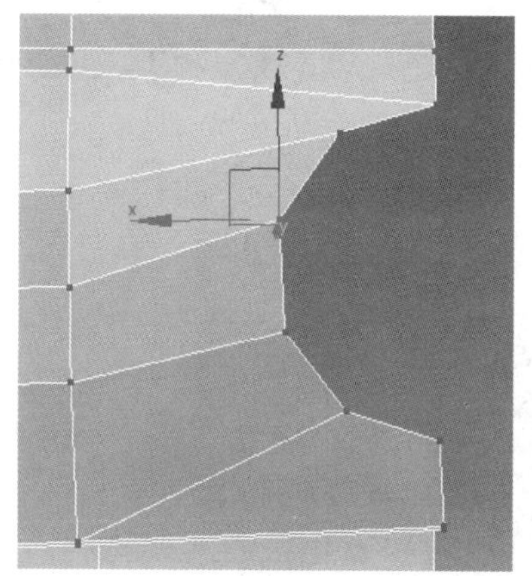

图 12.53

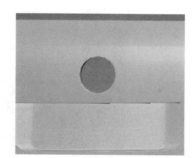

图 12.54

步骤 18 制作出后车窗及顶部的 LED 灯模型，如图 12.55 所示。

创建面片调整出车窗部分模型，整体效果如图 12.56 所示。

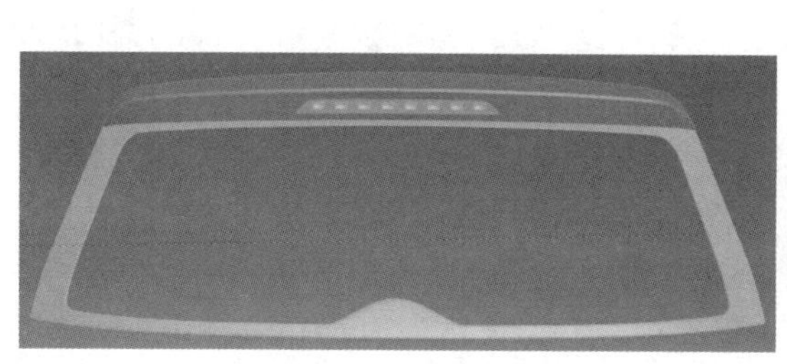

图 12.55

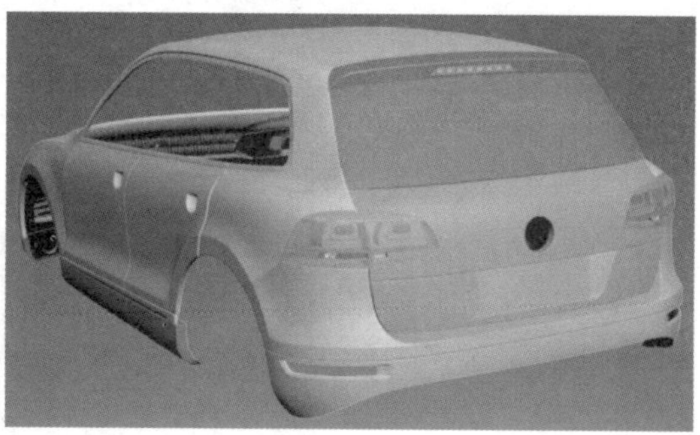

图 12.56

步骤 19 创建出保险杠下方的物体，制作过程如图 12.57 所示。

将边缘的线段向内挤出面，同时在拐角及边缘部位加线，细分之后的效果如图 12.58 所示。

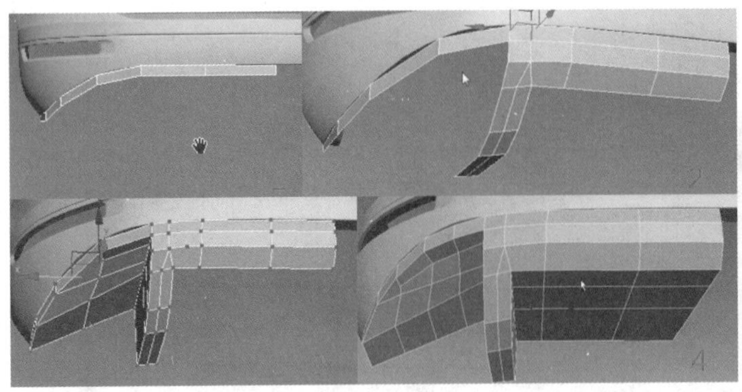

图 12.57

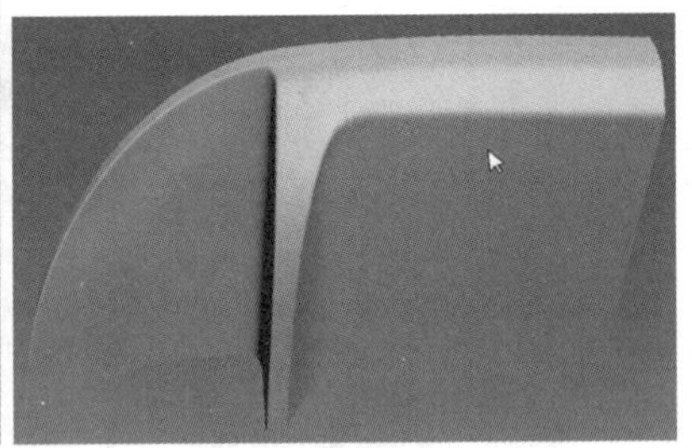

图 12.58

步骤 20 制作出油桶和排气筒等模型，如图 12.59 和图 12.60 所示。

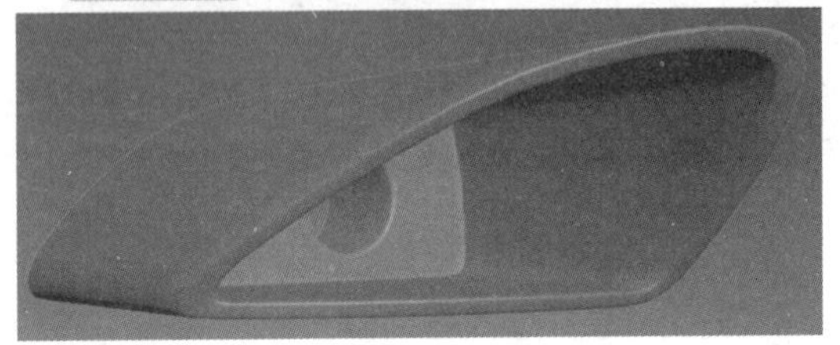

图 12.59

图 12.60

拼接在一起的效果如图 12.61 所示。

图 12.61

步骤 21 制作后雨刷器。创建一个圆柱体，将其转换为可编辑的多边形物体，选择相对应的面挤出调整。因为车玻璃是带有弧线曲面效果的，所以雨刷器模型可以通过 Bend（弯曲）修改器来适当弯曲调整。制作好之后的效果如图 12.62 所示。

在面板下单击 Text 按钮，在 Text 下面输入 TOUAREG，然后在视图中单击，即可完成对字幕的样条线创建。修改 Size 的大小来调整文字的大小，然后在修改器下拉列表中添加 Bevel 和 Bend 修改器，适当修改倒角和弯曲的值，将模型调整到合适的位置，如图 12.63 所示。

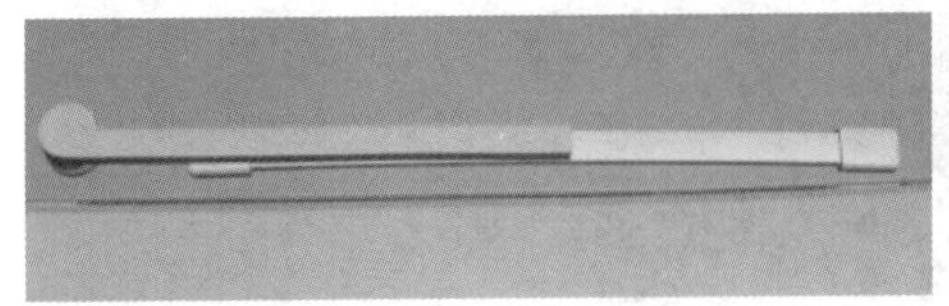

图 12.62

TOUAREG TOUAREG

图 12.63

步骤 22 接下来依次制作出车窗玻璃（见图 12.64）、车窗边框（见图 12.65 和图 12.66）、车侧面玻璃（见图 12.7）、前雨刷器（见图 12.68）、车门拉手（见图 12.69）等物体。

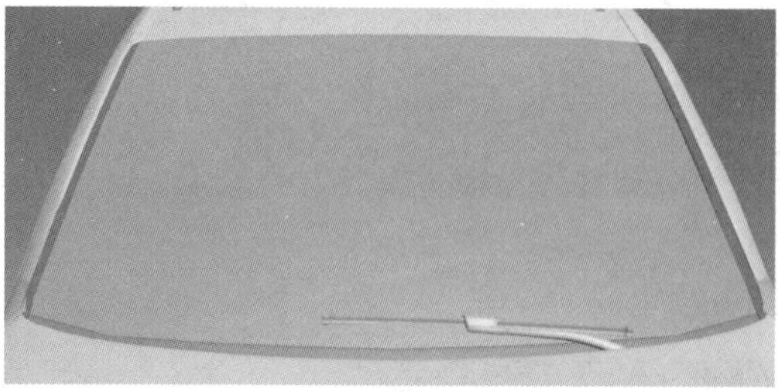

图 12.64

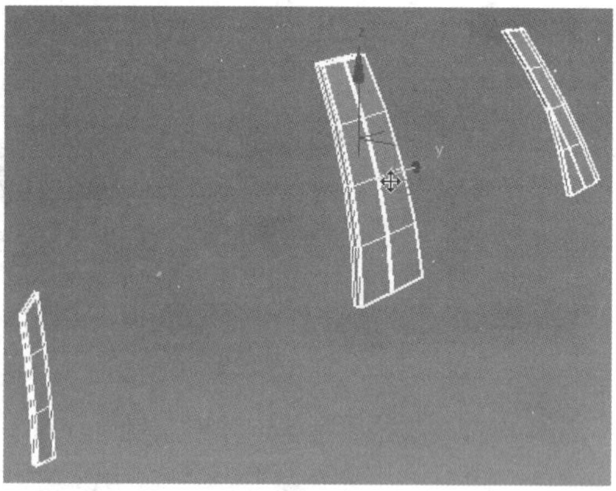

图 12.65

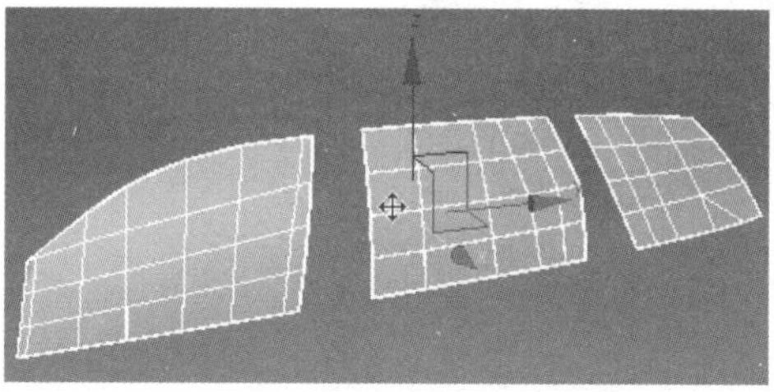

图 12.66

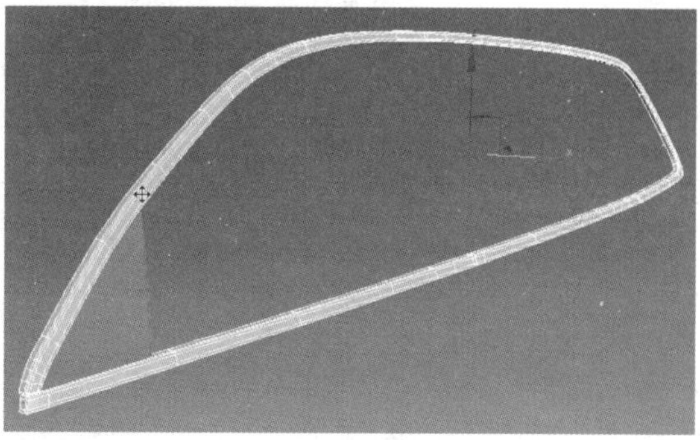

图 12.67

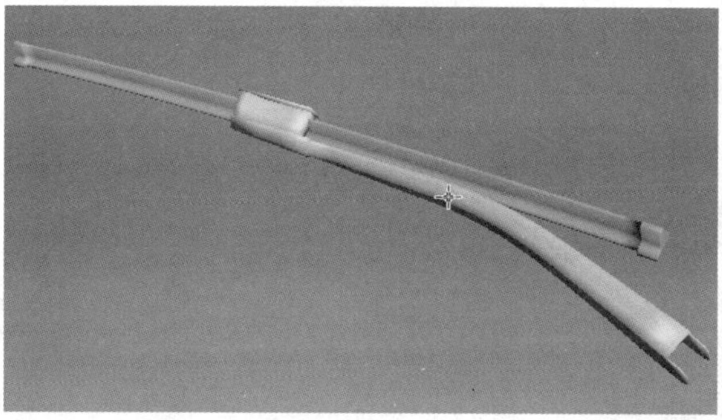

图 12.68

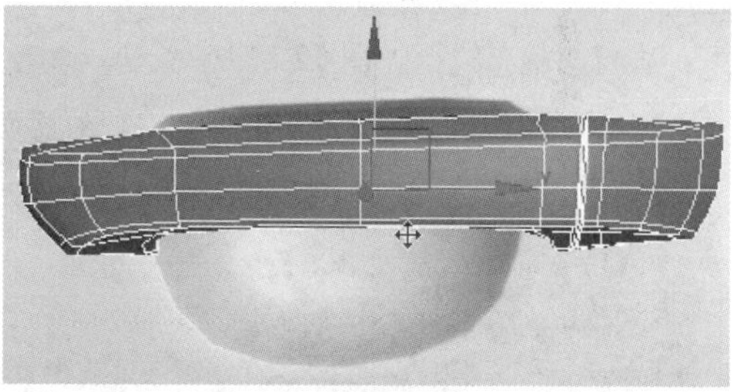

图 12.69

后视镜细分之前的效果如图 12.70 所示。其实这个后视镜上的细节部分还是挺多的，特别是它上面 LED 灯上的模型制作时要注意调好比例。

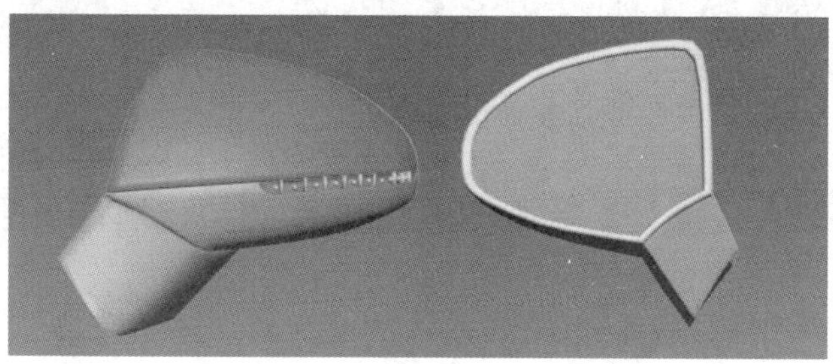

图 12.70

将 LED 灯模型放大，如图 12.71 所示，其实这些物体均可以直接用球体来修改。

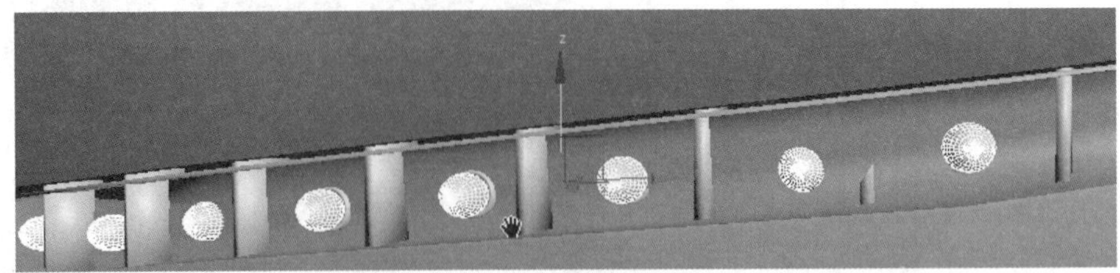

图 12.71

将制作好的这些模型整体对称复制到另外一侧，效果如图 12.72 所示。

图 12.72

步骤 23 制作底盘。在轮胎位置创建一个圆柱体，设置分段数为 1，边数为 12，将其转换为可编辑的多边形物体，在上下对称的中心位置加线，删除下部一半和正面的面，此时的面发现是反的，选择所有的面，单击 Flip 按钮翻转法线，此时的面即显示正常，如图 12.73 所示。

适当调整布线至如图 12.74 所示。

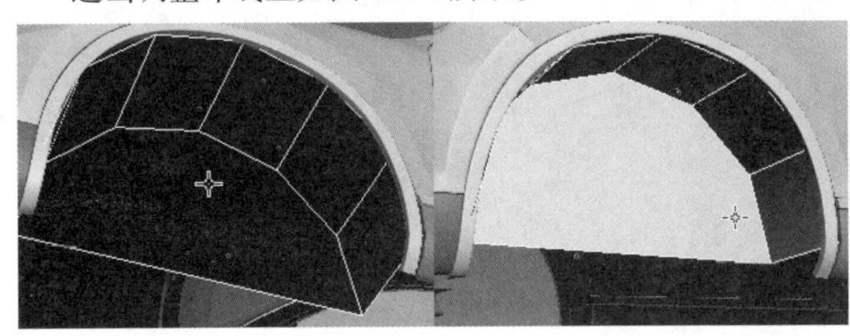

图 12.73

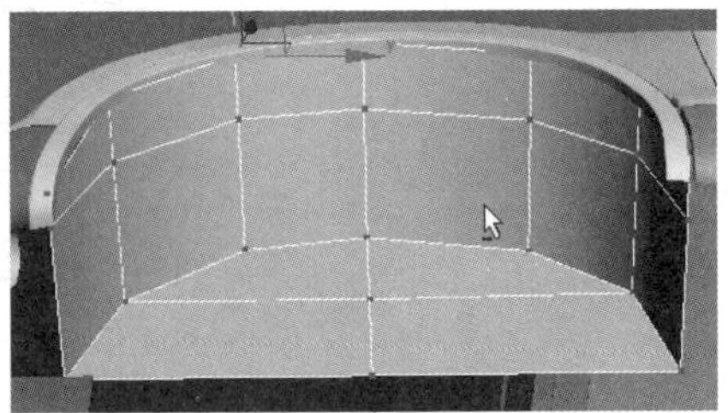

图 12.74

选择边挤出面并调整，然后镜像复制出另外一半，如图 12.75 所示。

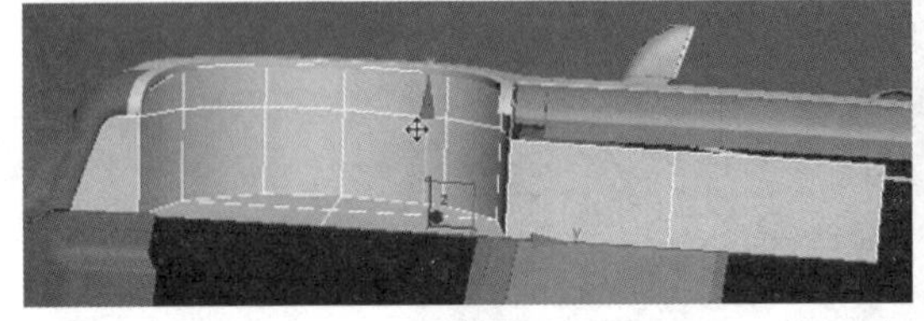

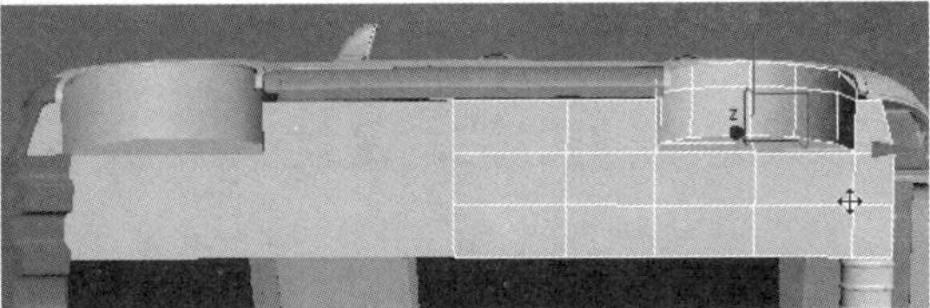

图 12.75

将这两个模型焊接起来，并将对称中心处的点也焊接起来，继续调整模型形状，然后镜像出另外一半模型，如图 12.76 所示。

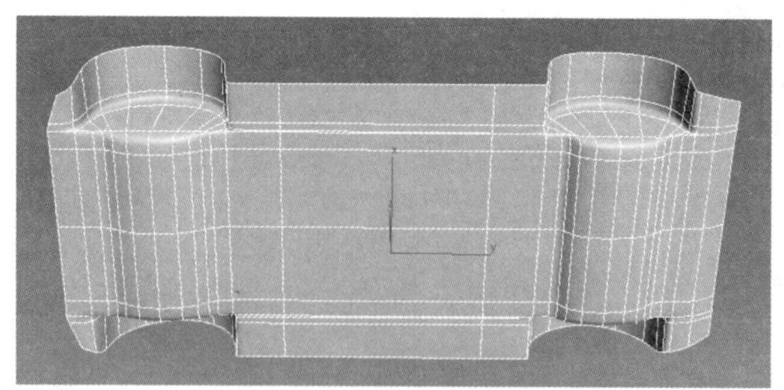

图 12.76

步骤 24 制作轮胎模型。轮胎也是一个很重要又比较难做的模型之一，这里来详细讲解一下。先将场景中所有的模型隐藏起来，然后在视图中创建一个圆管物体，根据参考图的大小调整半径和厚度，Height Segments（高度分段）设置为 3，Cap Segments（环形分段）设置为 2。右击，在弹出的菜单中选择 Convert To|Convert to Editable Poly，将该物体转换为可编辑的多边形物体，将中间一环的线段适当向外移动调整，外侧中部的面适当向外缩放，如图 12.77 所示。

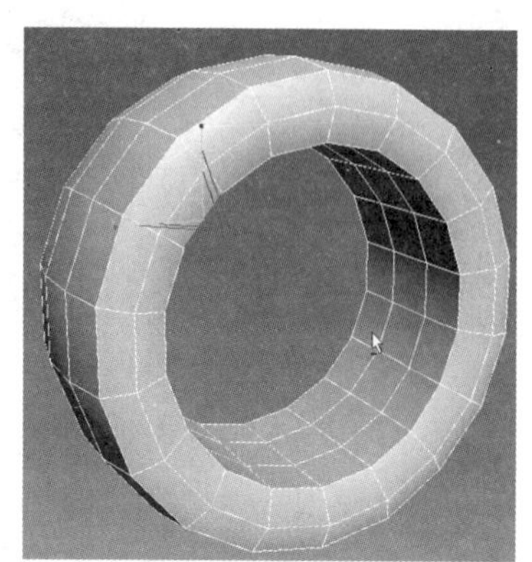

图 12.77

将内部的两个环形线段向两侧移动调整，然后在轮胎的外侧再创建一个图 12.78 所示的圆环物体并复制几个。

然后用超级布尔运算的方法制作出轮胎上的纹路效果，如图 12.79 所示。

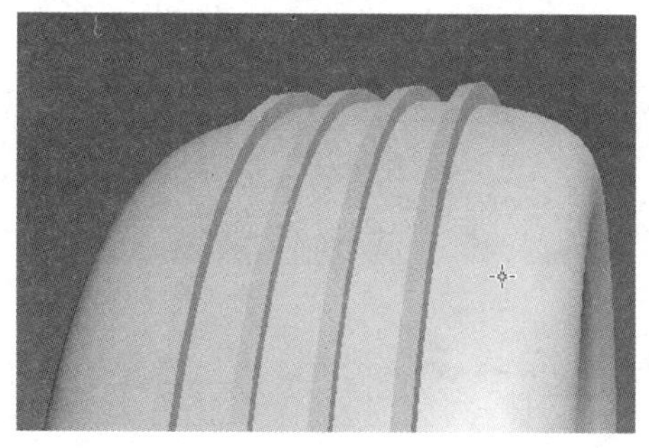

图 12.78

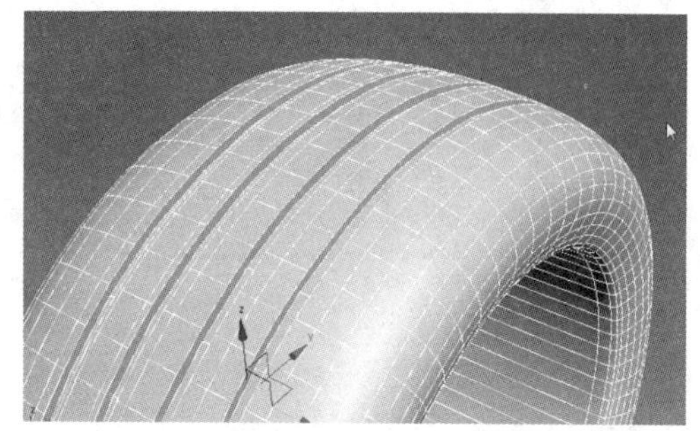

图 12.79

这里先撤销超级布尔运算，看一下另外一种方法的制作过程。在顶视图中创建一个 Box 物体，然后将该物体调整成图 12.80（左）所示的形状，对称复制调整，如图 12.80（右）所示。

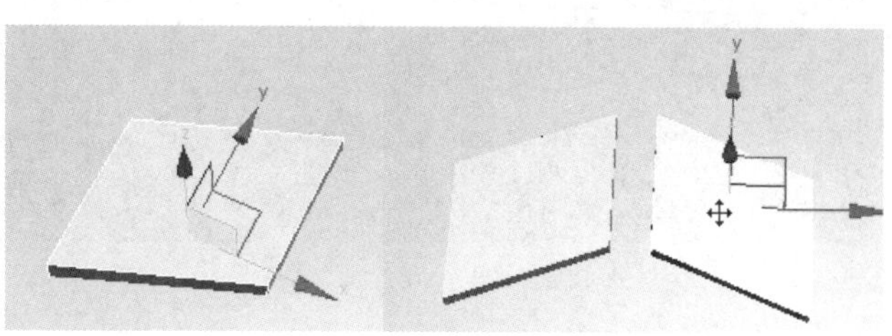

图 12.80

继续复制调整至如图 12.81 所示。

将这些物体附加起来（用 Attach 工具），切换到旋转工具，在 View 下拉列表中选择 Pick 选项，然后拾取轮胎模型的轴心，切换一下坐标方式，如图 12.82 所示，这样就将纹理模型的坐标切换到了轮胎的轴心上。

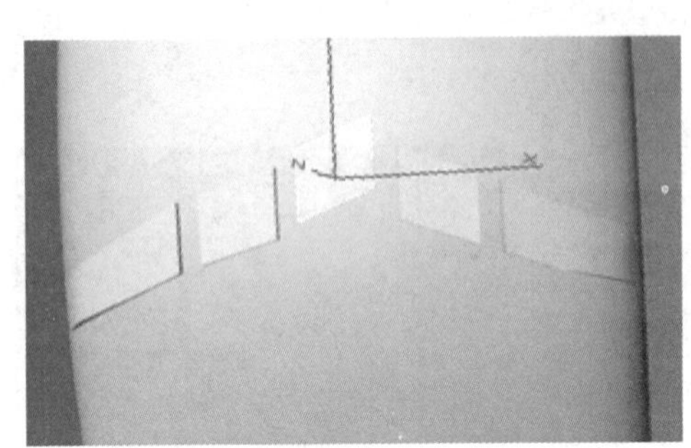

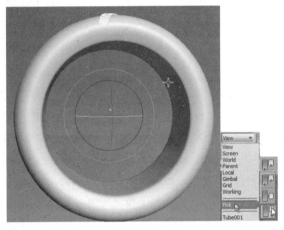

图 12.81

图 12.82

在 Tools 菜单下选择 Array（阵列）命令，参数设置和阵列之后的效果如图 12.83 所示。

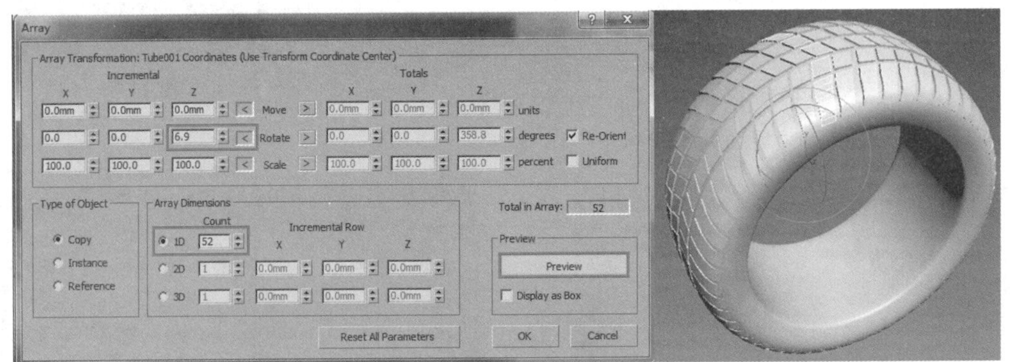

图 12.83

单击 Attach 按钮依次将轮胎上的纹理附加起来，选择轮胎模型内侧的面删除，然后再创建一个圆柱体，按照图 12.84 所示的步骤调整。

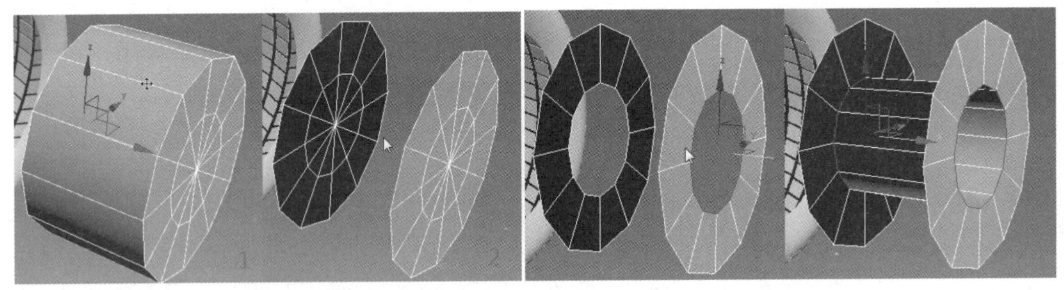

图 12.84

将该物体移动到轮胎内部并将内侧部分再做加线、切线等调整，如图 12.85 所示。

继续创建一个圆柱体，将边数设置为 15，将其转换为可编辑的多边形物体，依次选择所需面并向外挤出调整，如图 12.86 所示。

将中间部分向内侧移动调整，删除背部所有面，接下来的操作可以参考图 12.87 所示的步骤。

图 12.85

图 12.86

图 12.87

在图 12.88（左）所示的位置加线，加线的目的是为了将模型分成同等大小的 5 个部分，然后选择图 12.88（右）所示的面并将其删除。

图 12.88

对剩余的模型单独细致调整，如图 12.89 所示。

每隔 72° 复制一个物体，将这些物体全部附加在一起，然后将对应的点焊接起来，在边缘位置加线，细分之后的效果如图 12.90 所示。

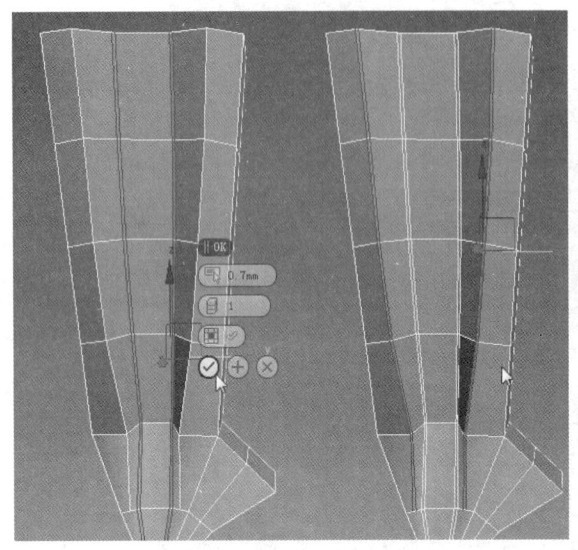

图 12.89

图 12.90

在图 12.91（左）所示的位置加线，然后调整点，选择图 12.91（右）所示的面向内挤出调整。

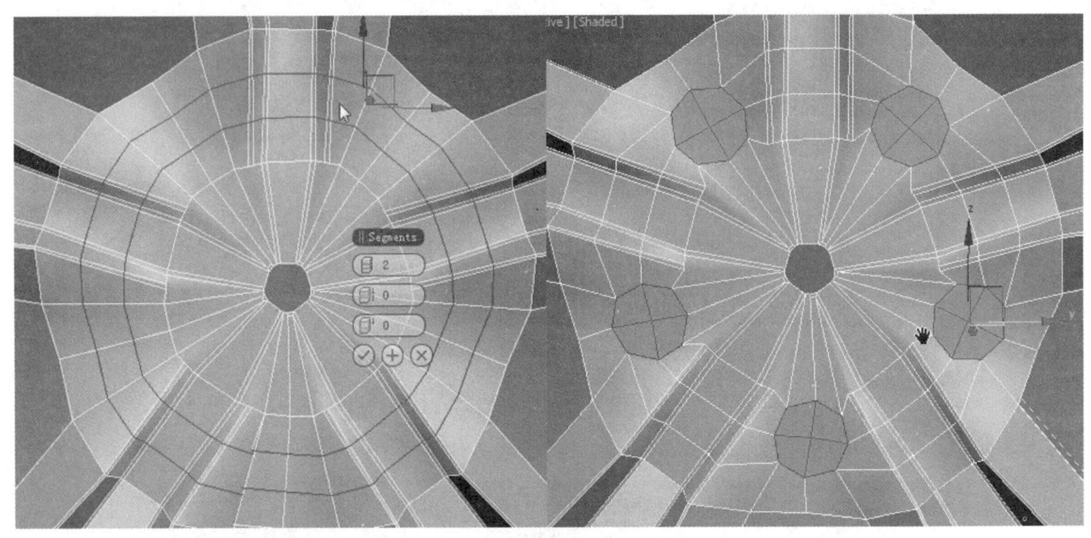

图 12.91

将中心处的面删除，然后选择边界线段向内挤出，在石墨工具下单击 Loop Tools 工具，单击 Circle 按钮将边界处理成圆形，如图 12.92 所示。

然后调整圆形的边界线将其封口，细分模型后的效果如图 12.93 所示。

进一步调整点、线，将其他物体显示出来，效果如图 12.94 所示。

创建修改出螺丝钉模型并复制调整，将车标模型也复制一个调整到车轮中心位置，如图 12.95 所示。

图 12.92

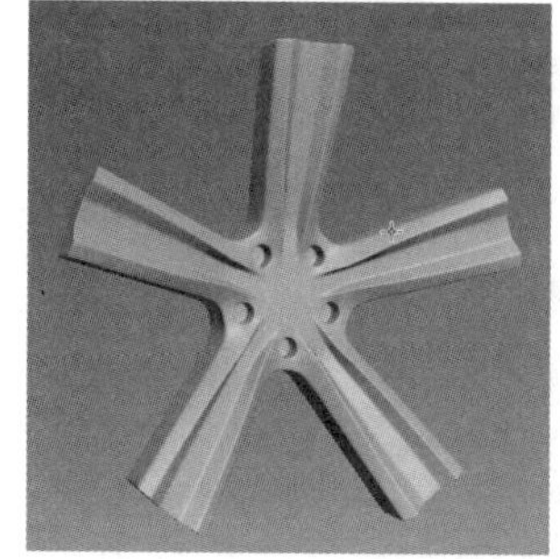

图 12.93

图 12.94

图 12.95

步骤 25 制作出刹车碟片模型，如图 12.96 所示。这个模型的制作也比较简单，用超级布尔运算即可完成。

将汽车轮胎模型群组并复制调整出剩余的 3 个。

步骤 26 制作汽车内部模型。外部模型制作完成之后，将内部的仪表板（见图 12.97）、方向盘（见图 12.98）、座椅（见图 12.99）等模型制作出来。

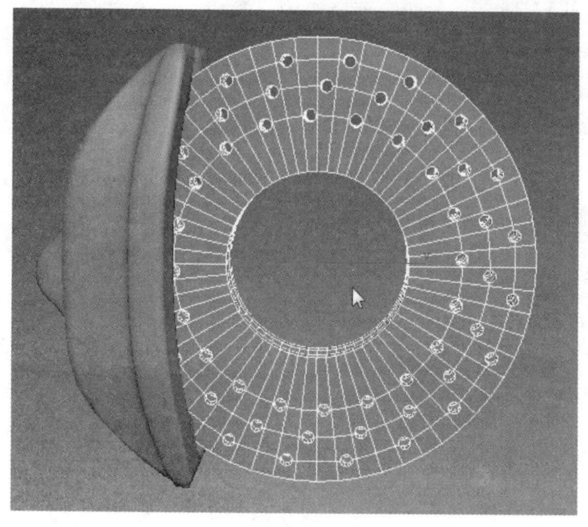

图 12.96

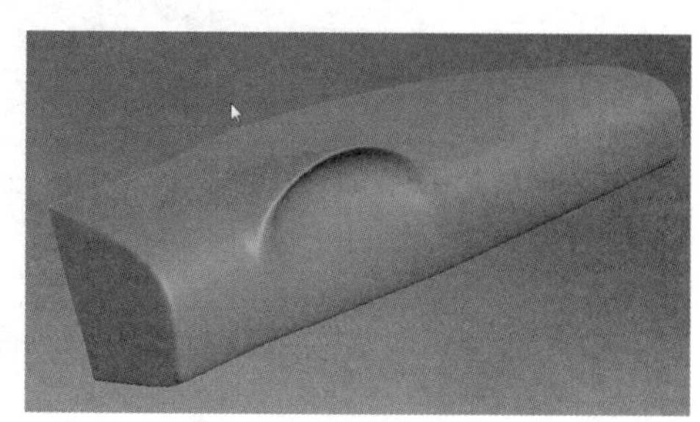

图 12.97

图 12.98

图 12.99

复制调整出另外几个座椅模型，将车窗玻璃模型设置为透明效果。然后选择汽车一半的模型并全部删除，通过添加 Symmetry 修改器对称复制出另外一半，最后的效果如图 12.100 所示。

图 12.100

按 M 键打开材质编辑器，赋予场景中所有模型一个默认的材质，并将线框颜色设置为黑色，最后的线框图效果如图 12.101 所示。

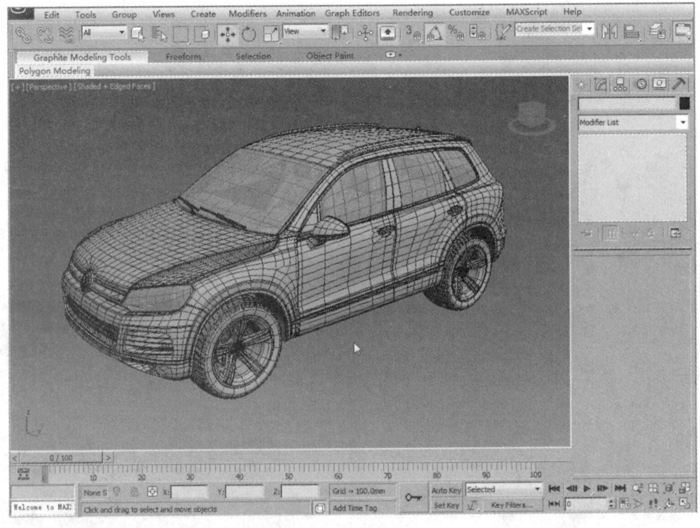

图 12.101

12.2　制作摩托车

这一节来学习一个四轮摩托车的制作，比起上节中的汽车模型要相对简单一些，虽然看上去零部件还是很多，但只需要将它们拆分开一件一件制作即可。

步骤 01 设置参考图片。在 Photoshop 中新建一个 2 400mm × 800mm 的文件，然后将打开的图片按 Ctrl+A 组合键全选，按 Ctrl+C 组合键复制，在文件中按 Ctrl+V 组合键粘贴进来，用同样的方法将其他两张图片也粘贴进来，如图 12.102 所示。

图 12.102

按 Ctrl+R 组合键打开标尺，然后在标尺上单击向下和向右拉出参考线，如图 12.103 所示。

将顶视图参考图移动到参考线中的位置，框选然后缩放大小，使其与参考线中的大小保持一致，如图 12.104 所示。

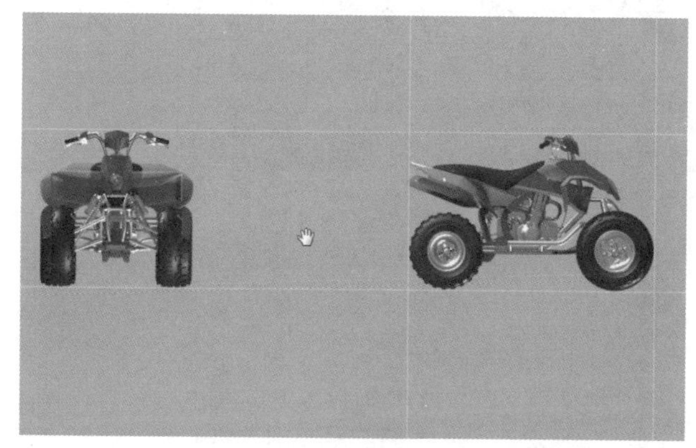

图 12.103

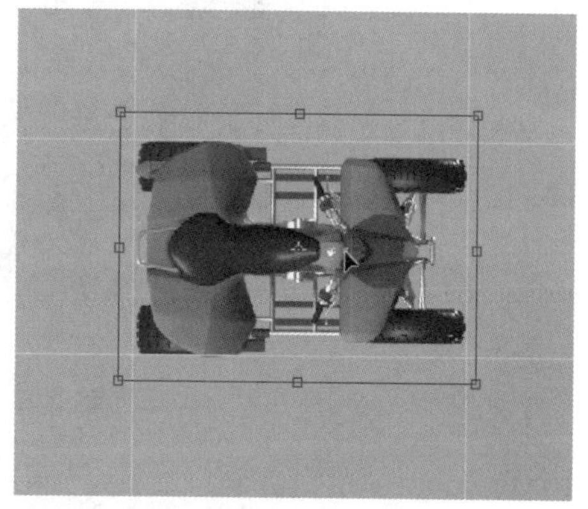

图 12.104

调整好大小后，在图层上按住 Ctrl 键单击转换为选区，新建一个 800mm × 800mm 的文件，将其图片复制粘贴进来，然后保存。用同样的方法将另外两张参考图也保存为 800mm × 800mm 的文件。

步骤 02 在 3ds Max 中，分别在顶视图、前视图、左视图中按下 Alt+B 组合键将参考图设置为背景图片，选择 Match Bitmap（匹配位图）单选按钮，勾选 Lock Zoom/Pan（锁定缩放/平移）复选框，效果如图 12.105 所示。

创建一个 Box 物体，调整好长、宽、高，看看参考图是否和 Box 大小相匹配。如果出现不匹配的情况，可以在 Photoshop 中再次调整，直到长、宽、高相同即可，如图 12.106 所示。

这里的参考图是用实物图来设置的，如果没有实物图片做参考怎么办呢？我们可以找一些如图 12.107 所示的手绘的图片作为参考。

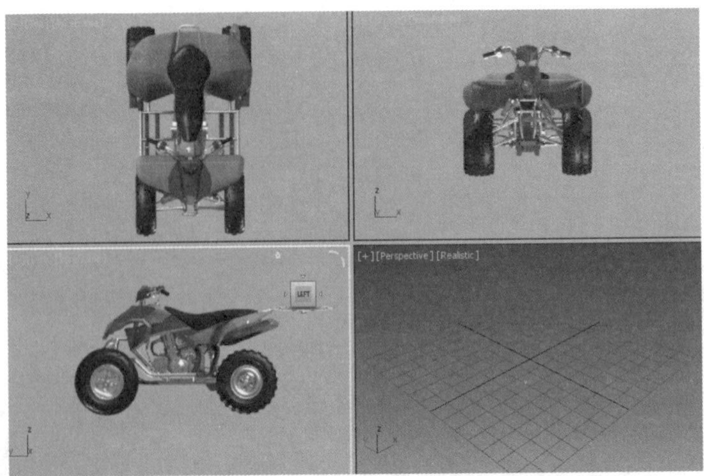

图 12.105

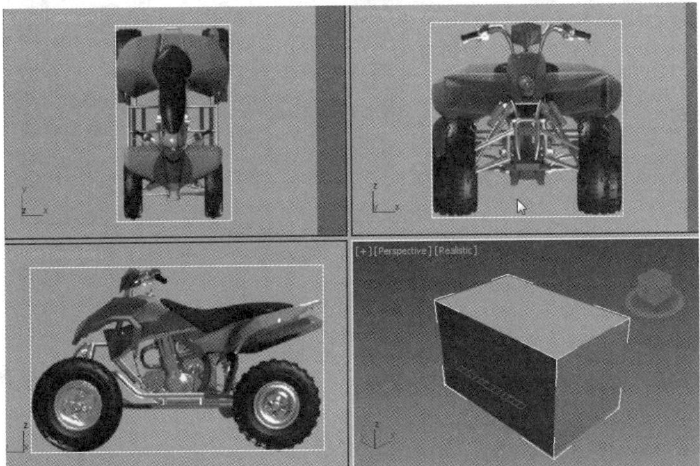

图 12.106

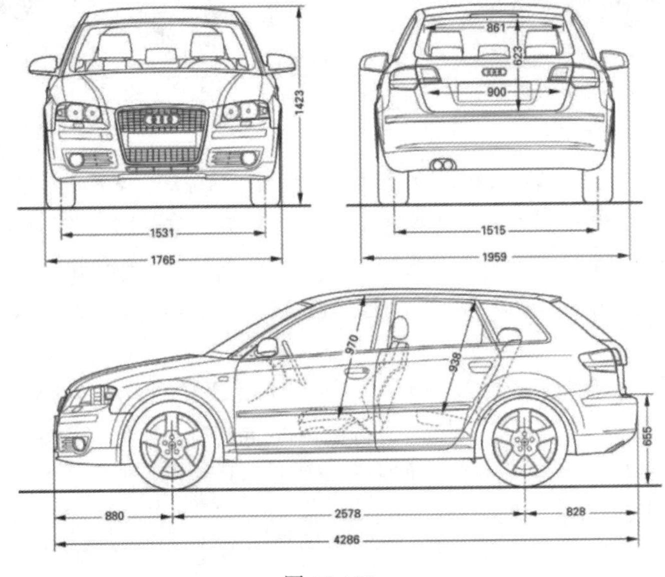

图 12.107

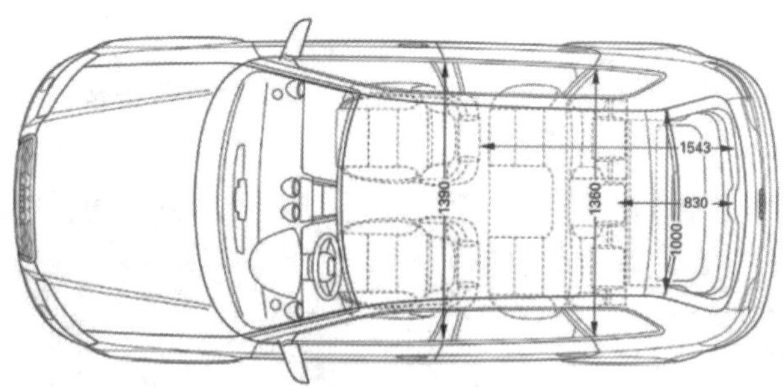

图 12.107（续）

不管用哪种方法，一定要保证尺寸和比例正确，这样制作出来的模型才更加精确。

步骤 03 制作摩托车。先来看一下最终效果，如图 12.108 所示。

再来看一下制作顺序及各部分的制作效果，制作过程就不再详细讲解，可以看视频里的介绍。

车座的效果如图 12.109 所示。

图 12.108

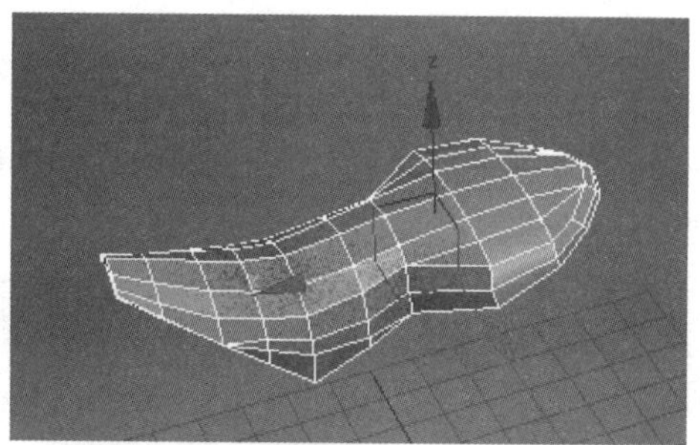

图 12.109

然后制作出挡板，如图 12.110 所示。

再制作出车把处的挡板，如图 12.111 所示。

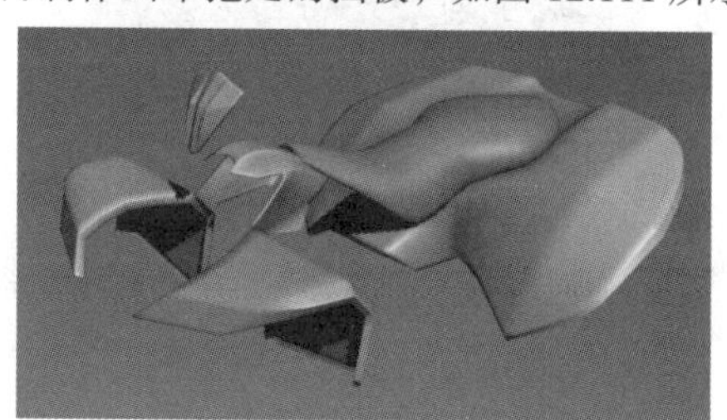

图 12.110

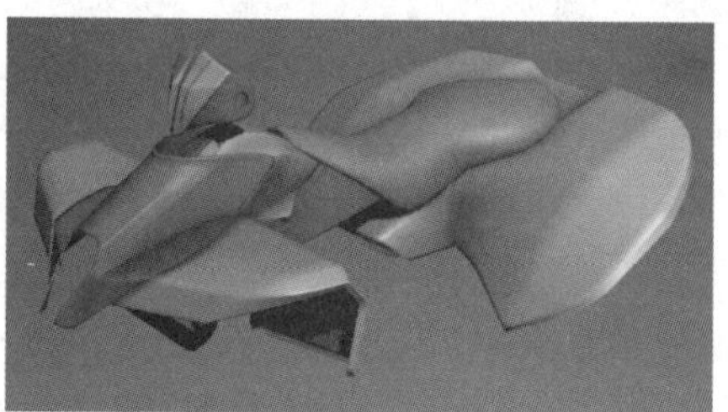

图 12.111

制作出支架模型，如图 12.112 所示。

制作出排气筒和发动机模型，如图 12.113 所示。

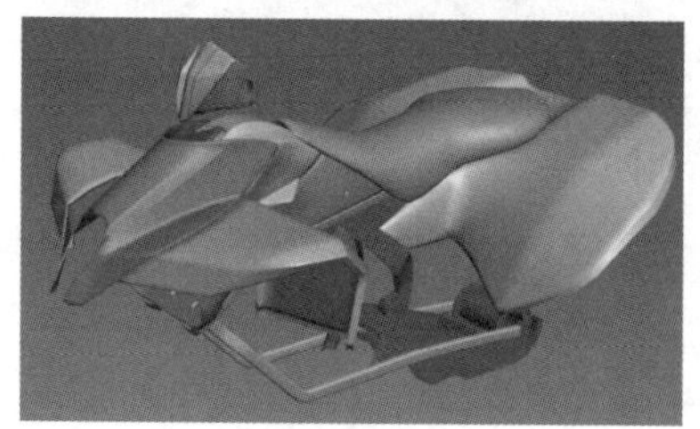

图 12.112

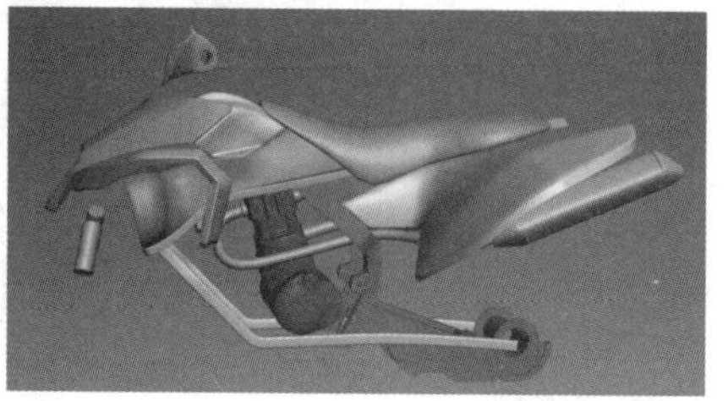

图 12.113

制作出车把及其他的一些框架模型，如图 12.114 所示。

然后制作出前轮胎模型，如图 12.115 所示。制作方法和前面汽车轮胎的制作方法类似，这里的细节部分要少一些。

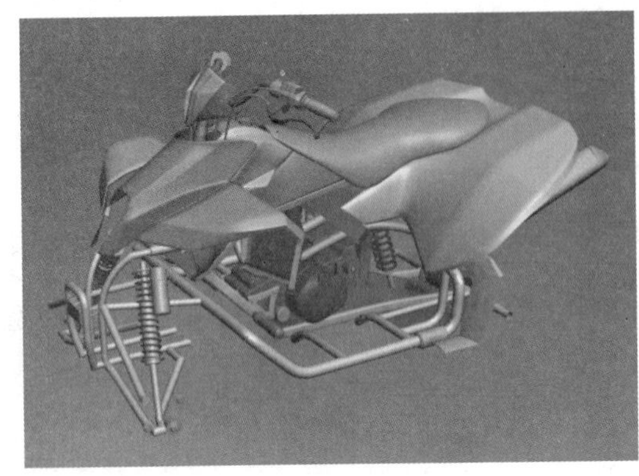

图 12.114

图 12.115

再制作出后面的轮胎，如图 12.116 所示。后部轮胎可以直接拿前面的轮胎模型进行修改制作即可。

其中要特别注意的是发动机的模型，如图 12.117 所示。这个模型制作起来可能要费一些时间，注意把握形状和大小比例。

图 12.116

图 12.117

步骤 04 将各部分模型细分，赋予场景中所有模型一个默认的材质效果，最终的线框效果如图 12.118 所示。

图 12.118

第 13 章 制作武器

武器家族成员众多，随着科技的进步，新的成员层出不穷，且各有特色。由于武器是在矛与盾的对抗中发展起来的，所以呈现出名目繁多、相互兼容的特点，给武器分类带来了许多困难。从大的方面讲，按战争中的作用可分为战略武器、战役武器、战术武器；按毁坏程度和范围可分为大规模的杀伤破坏武器和常规武器；按使用的兵种可分为陆军武器、海军武器、空军武器、防空部队武器、海军陆战队武器、空降部队武器和战略导弹部队武器等；按照人们的习惯划分，可分为枪械、火炮、装甲战斗车辆、舰艇、军用航天器、军用航空器、化学武器、防暴武器、生物武器、弹药、核武器、精确制导武器、隐形武器和新概念武器等。本章主要以枪械和坦克为实例来学习一下这类模型的制作。

13.1 制作重型机枪

本实例中要学习制作的一个重型机枪的模型制作，大家都知道像这种精密武器它牵涉到的零部件是非常多的，如果要把所有零部件都精细地制作出来也不太现实，所以本实例主要从一些重要的特别明显的零部件入手来制作。

步骤 01 创建一个半径为 200mm、高度为 600mm 的圆柱体，然后在圆柱体一端创建一个管状体，如图 13.1 所示，再创建一个切角圆柱体效果，如图 13.2 所示。

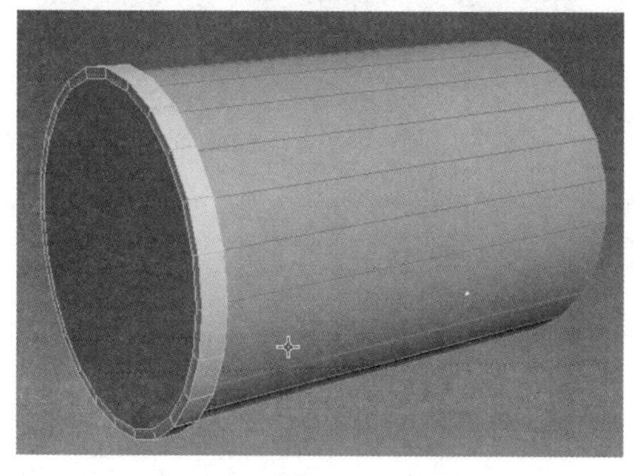

图 13.1

图 13.2

用同样的方法创建一个小的圆柱体模型，如图 13.3 所示。单击工具栏中的 View 右侧的小三角，在下拉列表中选择 Pick 选项，如图 13.4 所示，然后拾取切角圆柱体，此时坐标显示没有发生任何改变，此时只需要切换一下坐标即可。长按按钮，然后单击选择图标即可切换坐标，如图 13.5 所示。切换坐标前后的变化效果如图 13.6 和图 13.7 所示。

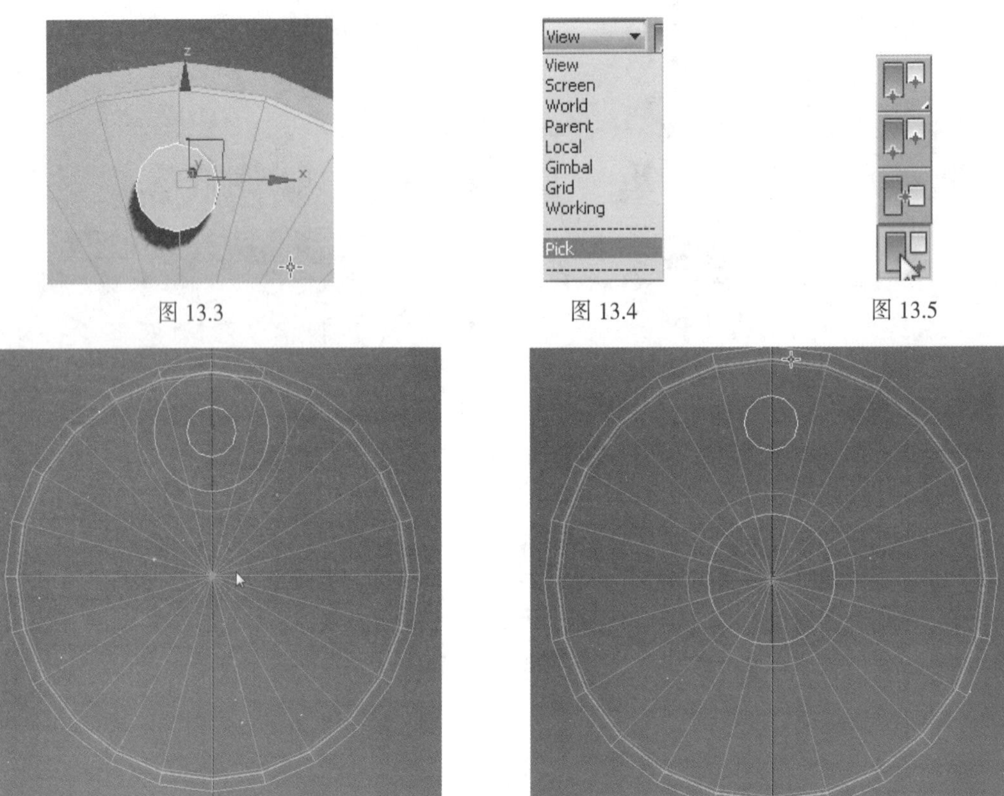

图 13.3　图 13.4　图 13.5

图 13.6　图 13.7

每隔 60 度复制 5 个，如图 13.8 所示。在创建面板下的复合面板中，用超级布尔运算工具进行布尔运算，效果如图 13.9 所示。

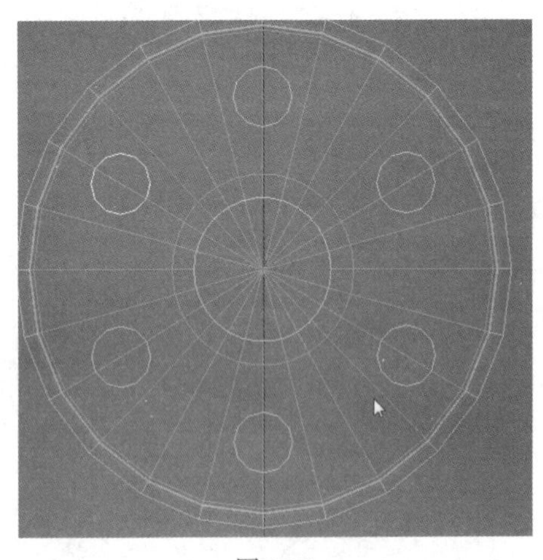

图 13.8

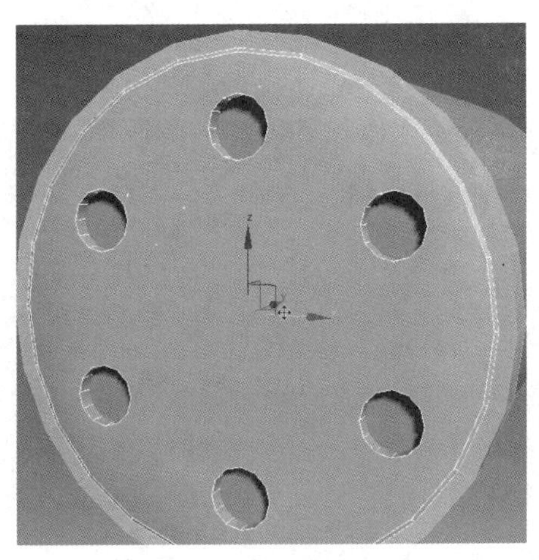

图 13.9

再创建一个圆柱体模型，如图 13.10 所示。注意它是嵌入到物体的内部的，同样用布尔运算工具进行差集运算，效果如图 13.11 所示。

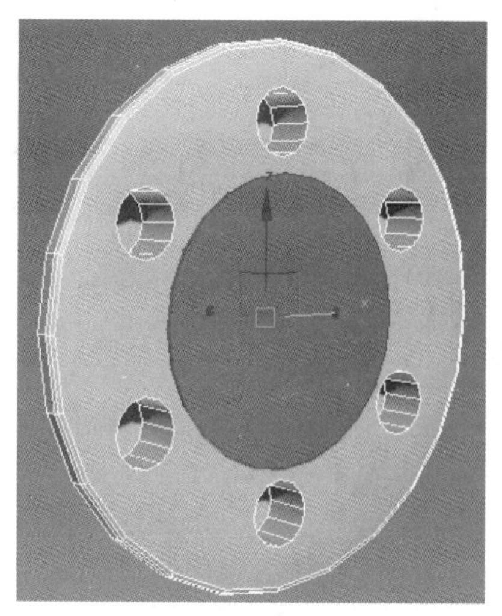

图 13.10

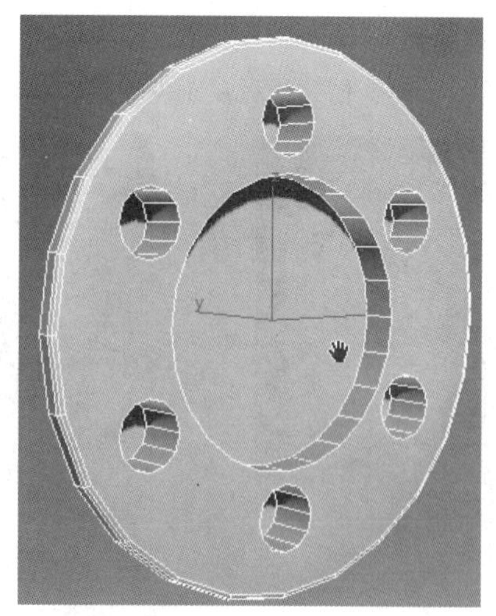

图 13.11

步骤 02 创建一些基本的几何体，如图 13.12 所示，再创建一个长方体模型并转化为可编辑多边形物体，简单调整至图 13.13 所示。

图 13.12

图 13.13

创建一个圆柱体，边数设置为 8，取消勾选 Smooth 选项，效果如图 13.14 所示。按住 Shift 键移动复制，如图 13.15 所示。

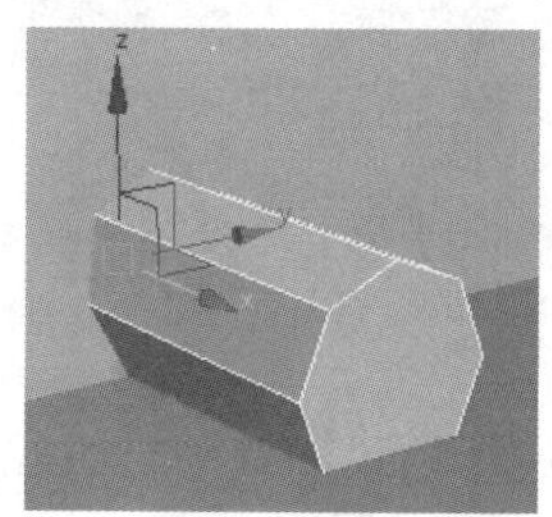

图 13.14

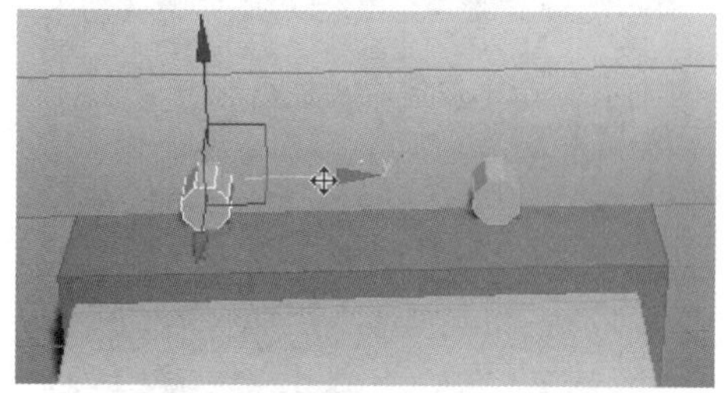

图 13.15

提示

系统默认的创建的几何体都是勾选了平滑选项的，有时取消勾选平滑选项可以创建出一些棱角比较明显的物体，这也是物体表现的一种方式。

将创建的 8 边形圆柱体复制调整大小，如图 13.16 所示。整体旋转调整到物体表面上，效果如图 13.17 所示。同样创建或者复制调整圆柱体至图 13.18 所示。

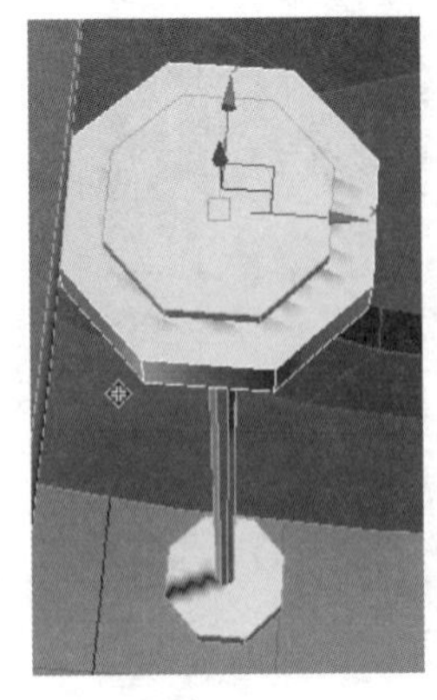

图 13.16

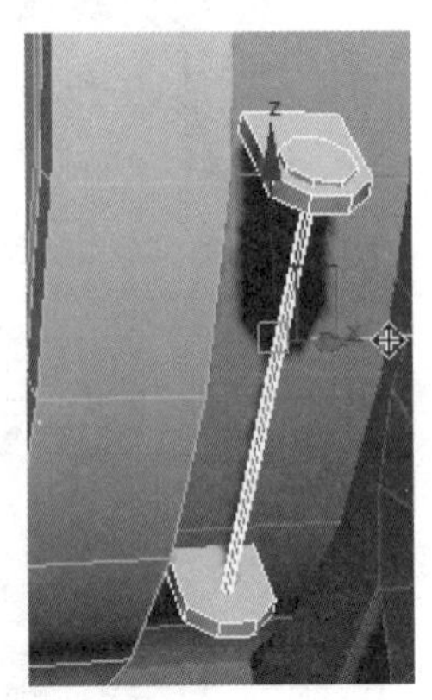

图 13.17

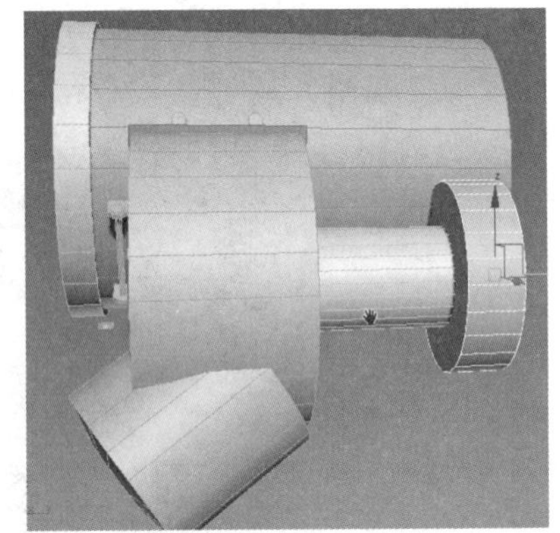

图 13.18

将管状体模型再复制一个并将其转化为可编辑多边形物体，删除部分面如图 13.19 和图 13.20 所示，按“3”键进入“边界”级别，选择底部边界线，按住 Shift 键向下挤出面调整，如图 13.21 所示。

调整好形状后继续复制至图 13.22 所示，将管状体模型再复制一个，编辑调整至图 12.23 所示形状。

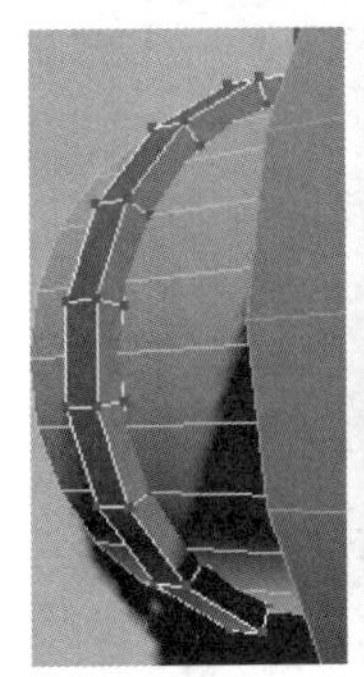

图 13.19

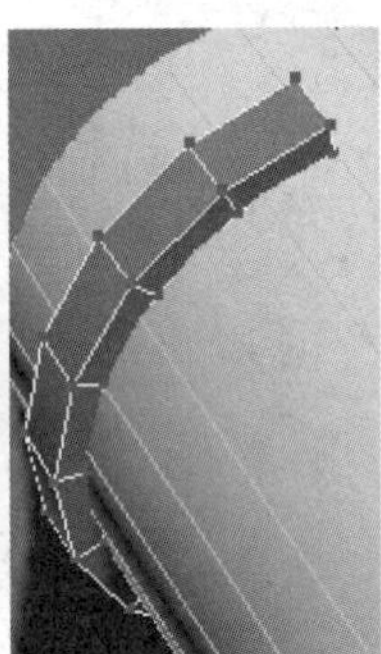

图 13.20

图 13.21

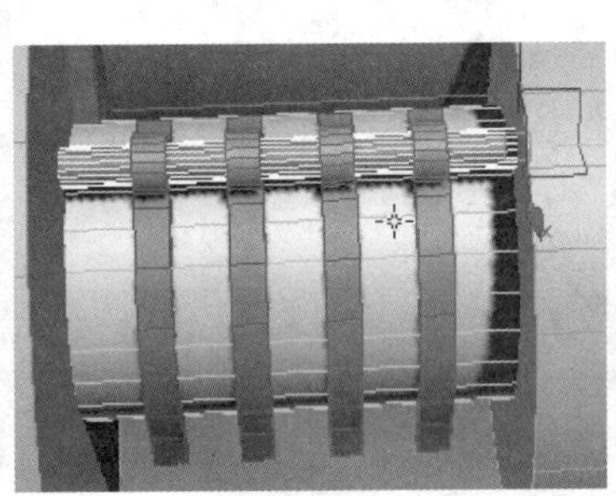

图 13.22

图 13.23

沿着 Y 轴再复制一个，用附加工具附加在一起后，在左侧位置加线调整，然后选择内侧对应的面，单击 Bridge （桥）按钮自动生成中间的面，如图 13.24 所示。继续创建并复制出图 13.25 所示的零部件。

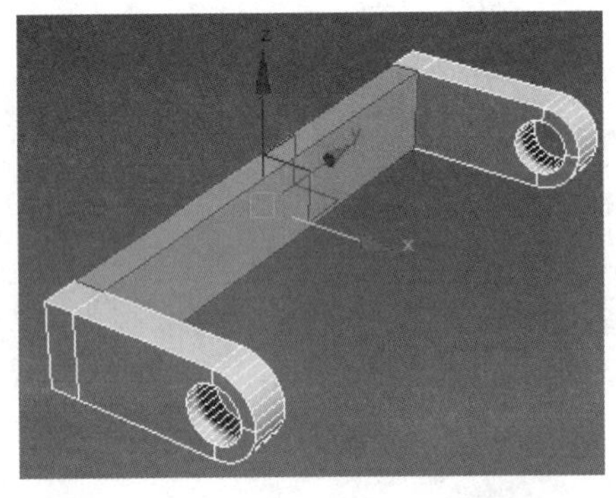

图 13.24

图 13.25

将右侧的两个物体附加起来后，重新调整形状至图 13.26 所示，然后创建如图 13.27 所示圆柱体，用布尔运算的方法运算出图 13.28 所示的形状模型。

图 13.26

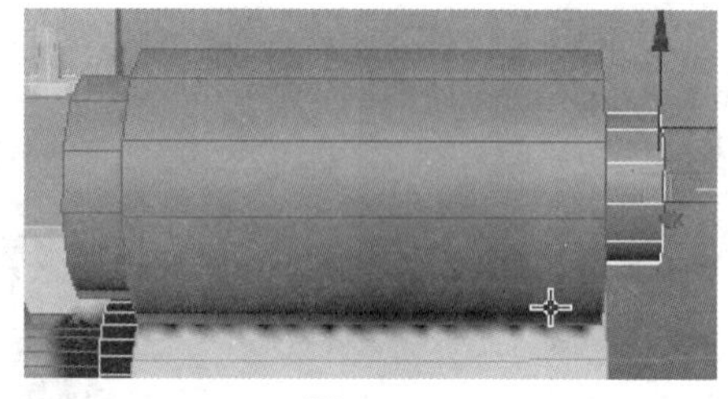

图 13.27

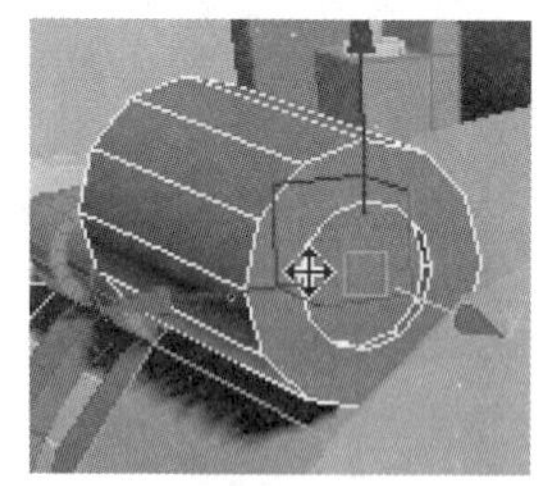

图 13.28

步骤 03 继续复制圆柱体并更换颜色，再转换为可编辑多边形物体后，先将图 13.29 中的面挤出调整，然后再选择图 13.30 中的面向内挤出调整。

图 13.29

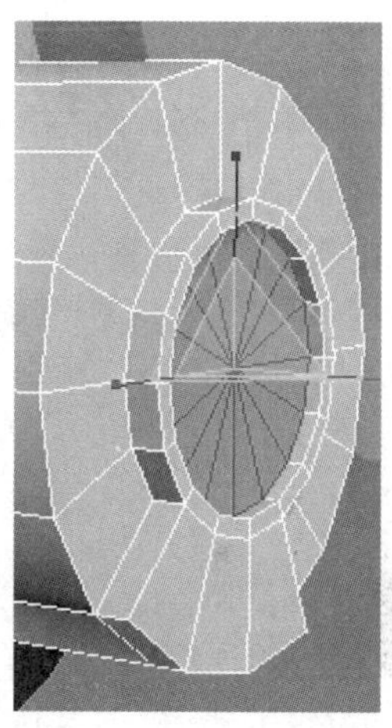

图 13.30

右击，在弹出的菜单中选择 Cut 剪切命令后手动调整布线，如图 13.31 所示，然后将图 13.32 中的面挤出。为了细分后边缘部分不至于圆角过大，在两边位置加线，注意因为当前布线较不规则，直接加线会比较繁琐，此时可以用切片工具进行快速加线。

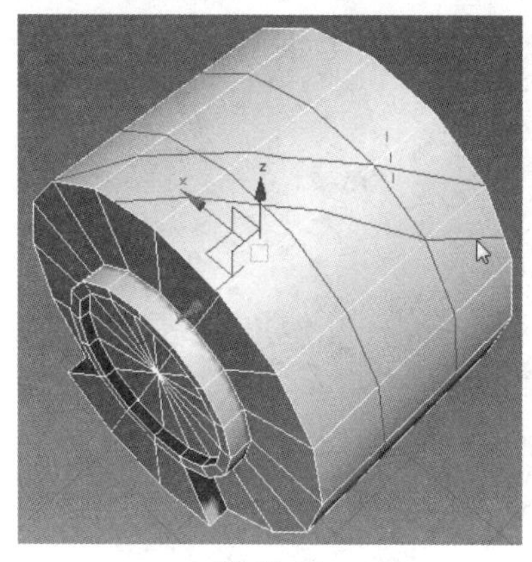

图 13.31

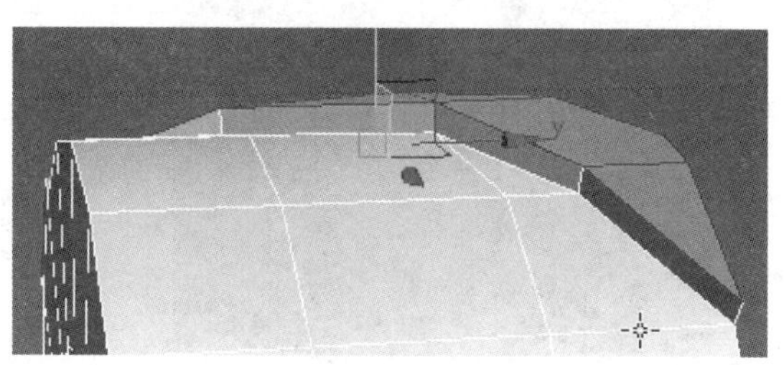

图 13.32

单击参数面板下 Slice Plane 按钮，此时模型上会出现一个黄色的截面，移动该截面至右侧位置如图 13.33 所示，再单击 Slice 按钮完成切片操作。用同样的方法在模型的左侧边缘也切线处理，如图 13.34 所示，进一步加线细化调整后的细分效果如图 13.35 所示。

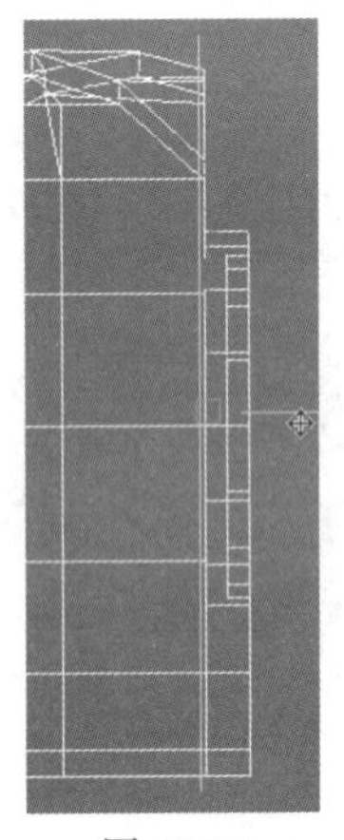

图 13.33

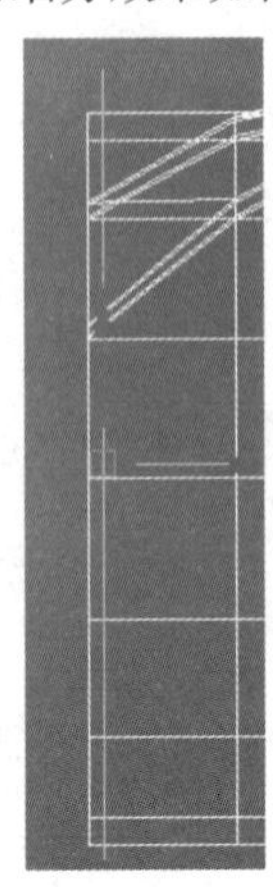

图 13.34

图 13.35

创建出图 13.36 中所示形状物体并创建一个螺旋线，右击，在弹出的菜单中选择 Convert To|Convert to Editable Poly，将模型转换为可编辑的多边形物体。勾选 Rendering 卷展栏下的 Enable In Renderer 和 Enable In Viewport，设置 Thickness（厚度值）和 Sides（边数）的数值，效果如图 13.37 所示。

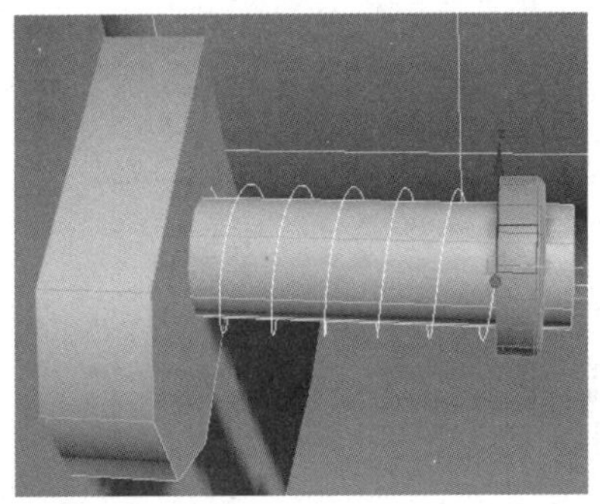

图 13.36

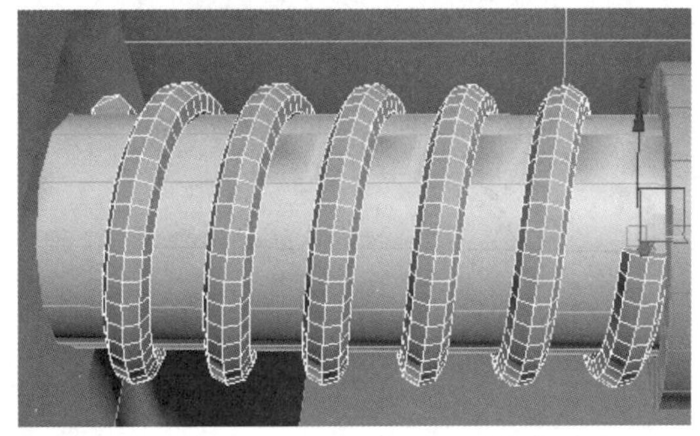

图 13.37

步骤 04 创建如图 13.38 所示的样条线，将这几条样条线附加在一起后，布尔运算出图 13.39 所示效果。

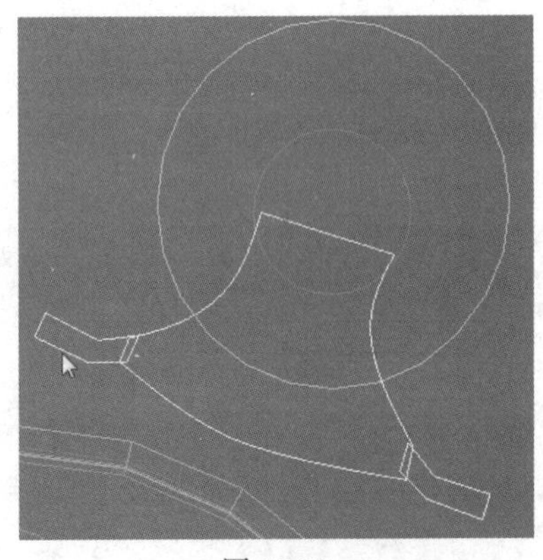

图 13.38

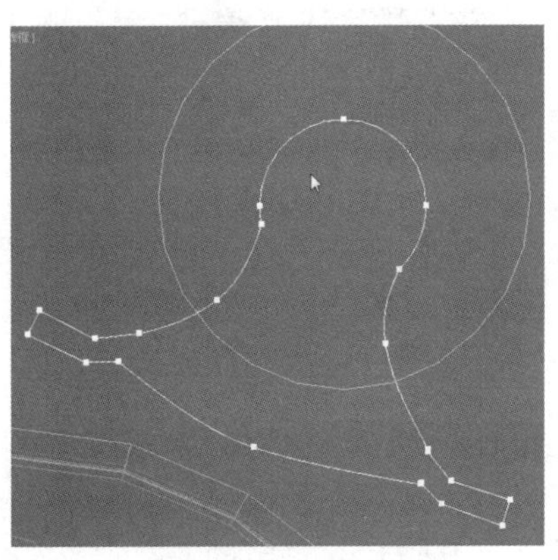

图 13.39

选择图 13.40 中的线段单击 Divide 3 按钮在线段上等分 4 份也就是平均添加 3 个点，框选所有点，右击，在弹出的菜单中选择 Corner 角点，将点全部转换为角点，效果如图 13.41 所示。

这里为什么要将 Bezier 点全部转化为角点呢？是因为后期生成三维模型后需要对模型进行多边形编辑修改。

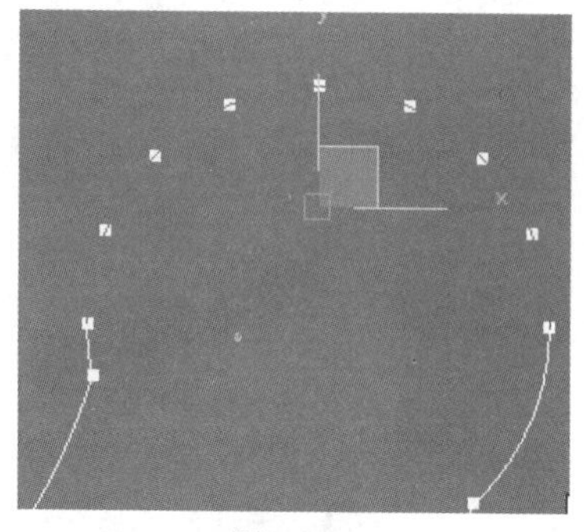

图 13.40

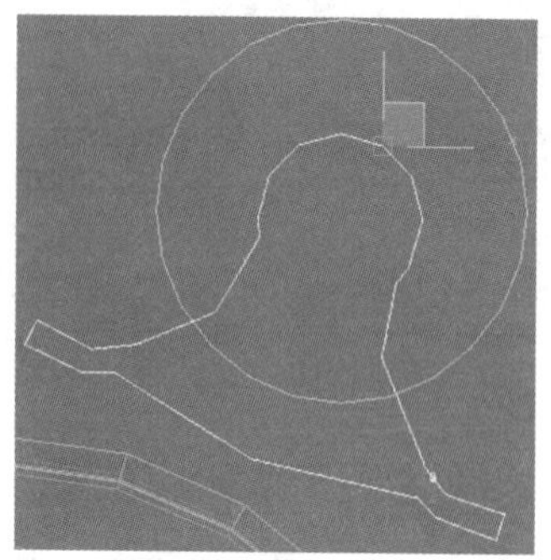

图 13.41

在修改器下拉列表下添加 Extrude 挤出修改器，设置好厚度后的效果如图 13.42 所示，将该模型塌陷为多边形物体后，手动调整布线至图 13.43 所示。

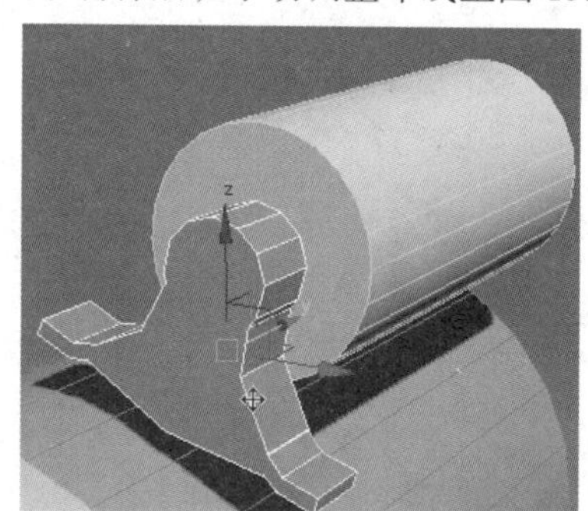

图 13.42

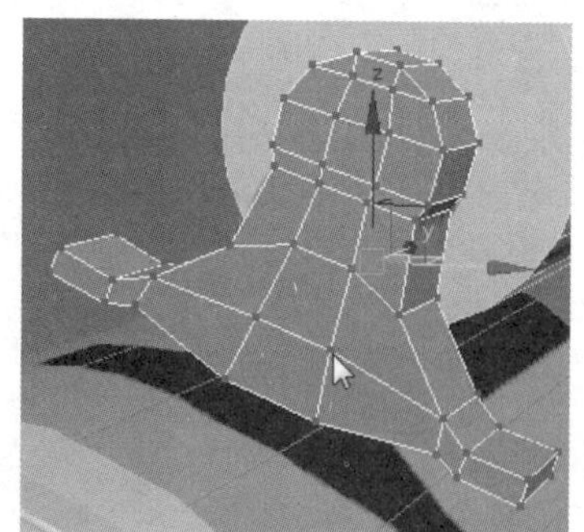

图 13.43

选择底部面用面的挤出方法将面挤出如图 13.44 所示，同样将两侧底部的面也挤出并调整形状，如图 13.45 所示。

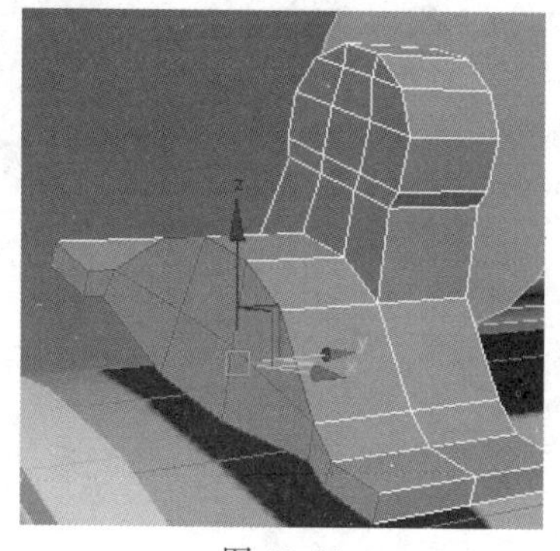

图 13.44

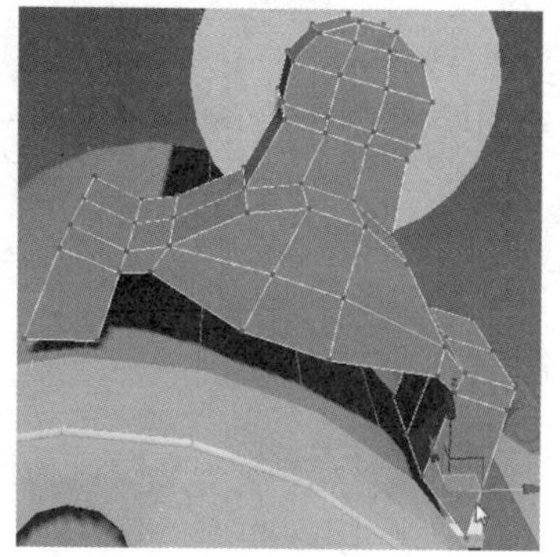

图 13.45

分别在边缘、拐角位置加线处理细分后的效果如图 13.46 所示。

步骤 05 单击 Creat（创建）| Shape（图形）| Star 按钮，在视图中创建一个星形线，效果和参数设置如图 13.47 和图 13.48 所示。添加挤出修改器后并将模型塌陷为可编辑的多边形物体，

加线调整底部大小如图 13.49 所示。注意底部面的调整方法是删除底部面，选择边界线缩放挤出面，最后单击 Collapse 按钮将中心点聚合为一个点，如图 13.50 所示。

图 13.46

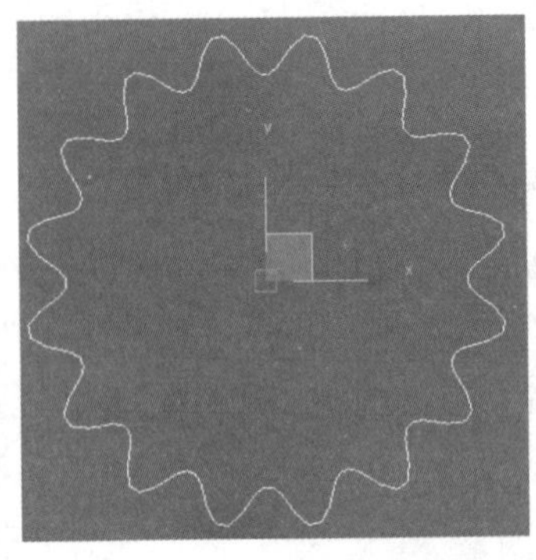
图 13.47

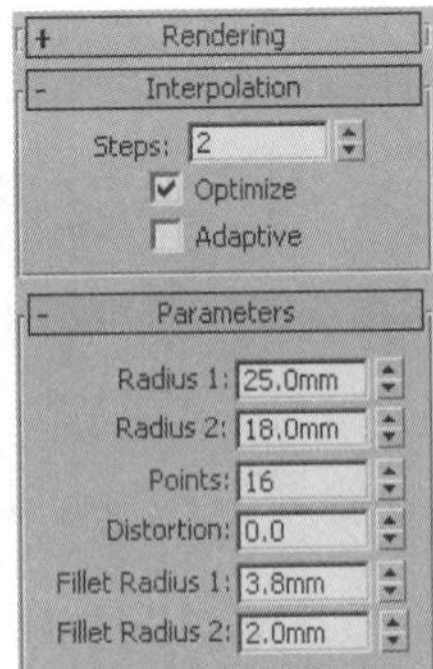

图 13.48

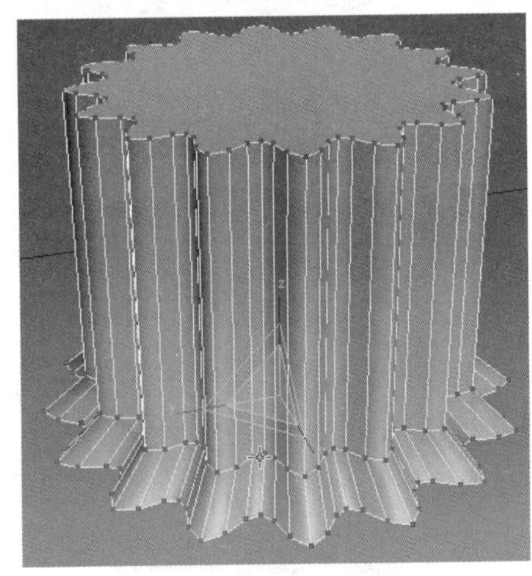
图 13.49

图 13.50

选择图 13.51 中的环形线段，单击 Modeling | Loops | Loop Tools 按钮，打开循环工具面板，单击 Circle 按钮快速将不规则形状的线段处理为规则的圆形，如图 13.52 所示。

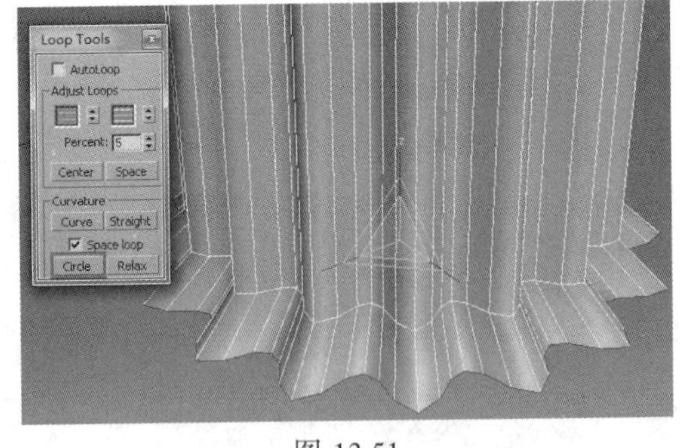

图 13.51

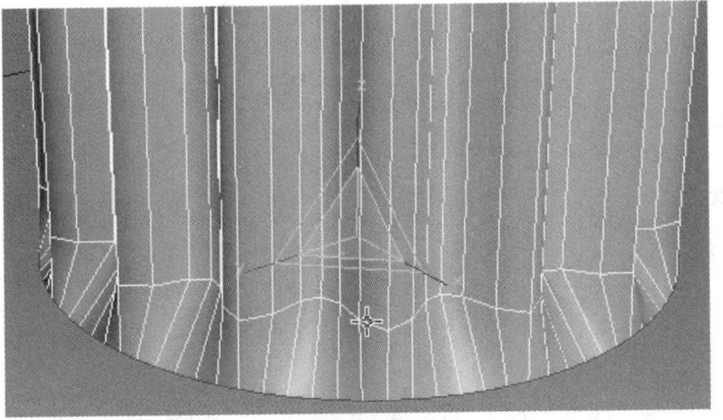
图 13.52

进一步细化调整底部形状后，删除顶部面，选择边界线向内挤出面调整，用同样的方法将图 13.53 中的线段处理为圆形，然后在顶部面圆形位置创建一个八边形的圆，根据八边形的形状手动调整绿色物体顶部圆形点的形状为八边形，如图 13.54 所示，然后选择面，向下凹陷挤出并加线处理，如图 13.55 所示。其他位置也进一步加线细分后的效果如图 13.56 所示。

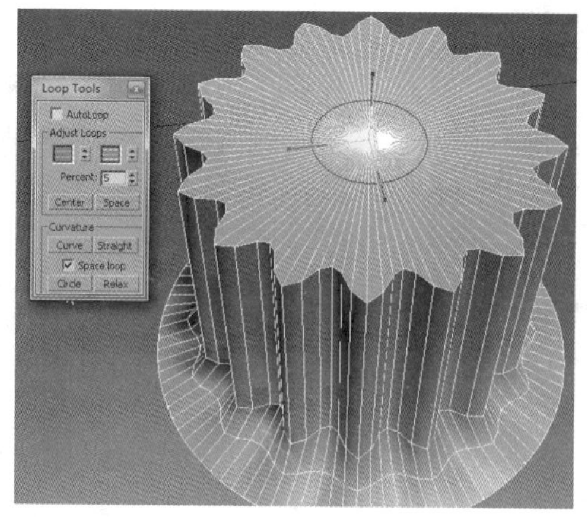

图 13.53

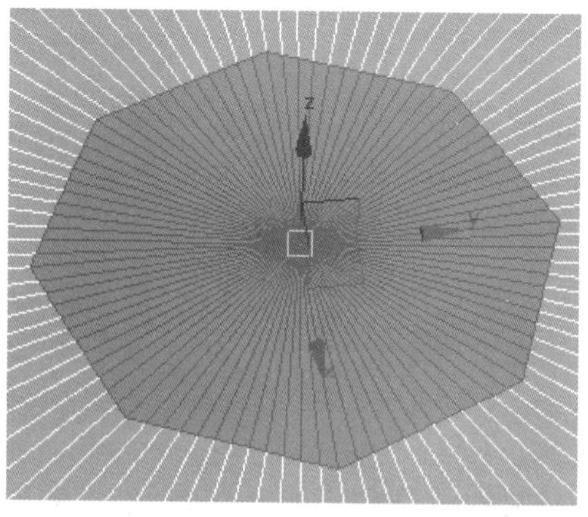

图 13.54

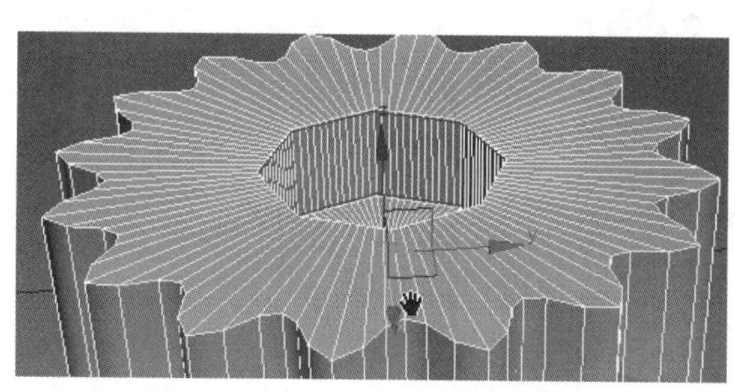

图 13.55

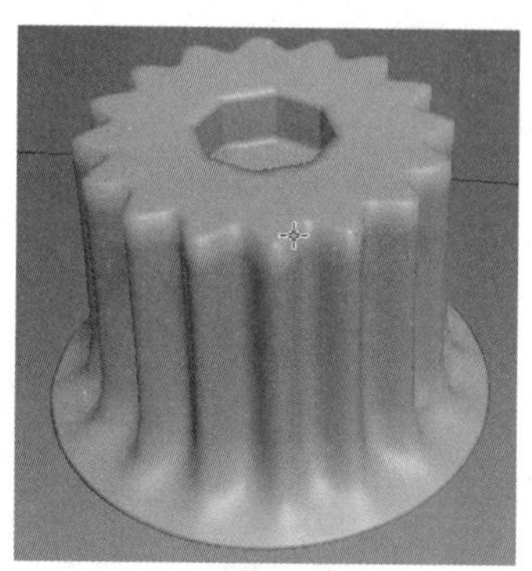

图 13.56

通过这种方法我们制作了星形螺母模型，制作好后再复制到其他位置，如图 13.57 所示。

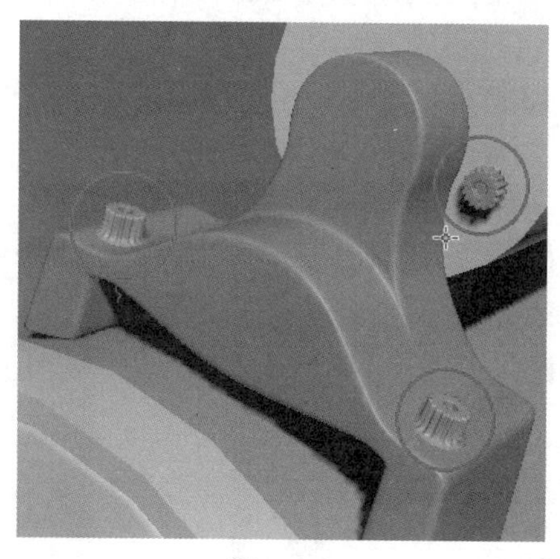

图 13.57

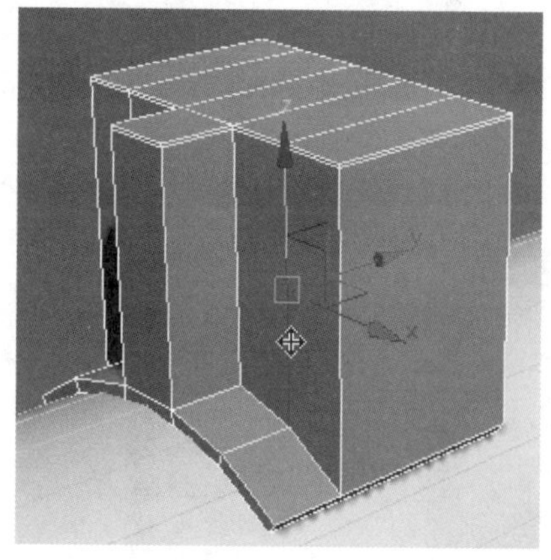

图 13.58

创建图 13.58 和图 13.59 所示形状的物体，它们的创建方法是基于管状体和圆柱体基础上进行多边形编辑而成，并不是太复杂，最后精细加线细分即可，此时整体效果如图 13.60 所示。

步骤 06 制作支架。首先创建一个长方体模型在转化为可编辑的多边形物体后编辑调整至图 13.61 所示形状。用缩放工具将中间部位的点缩放调整，如图 13.62 所示。

创建大的圆柱体和小的圆柱体，如图 13.63 和图 13.64 所示。

图 13.59

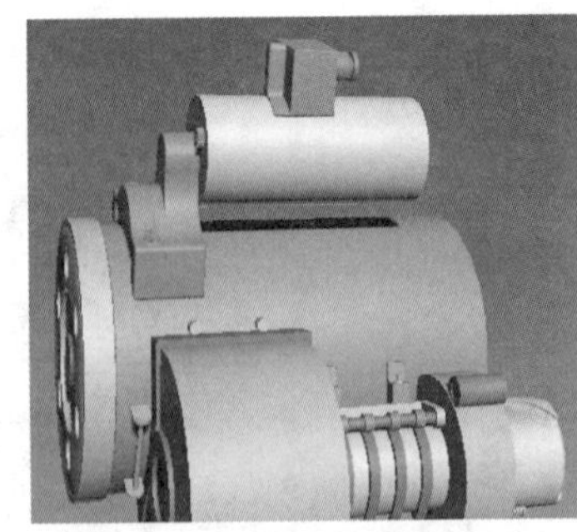
图 13.60

图 13.61

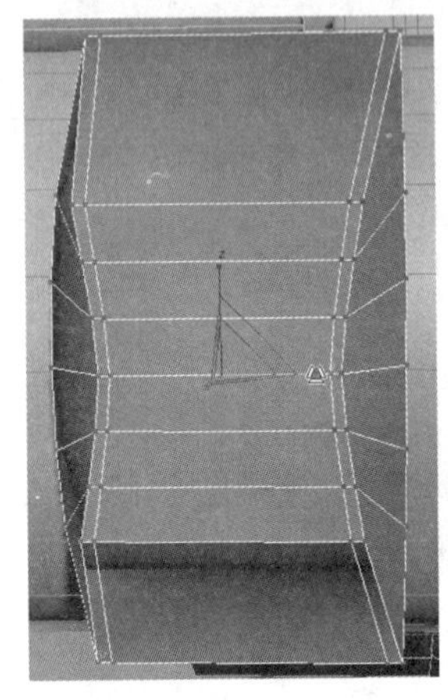
图 13.62

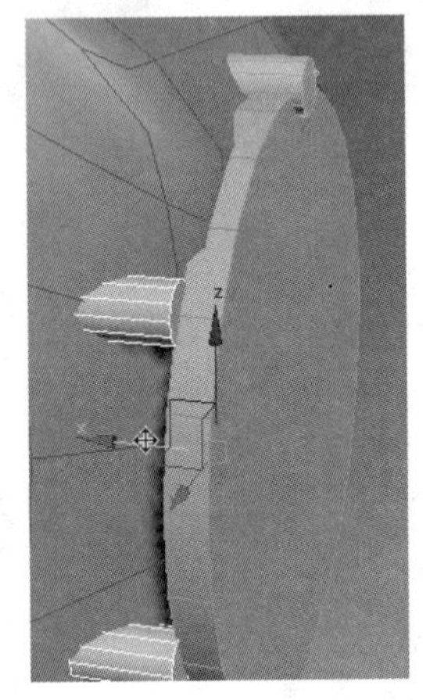
图 13.63

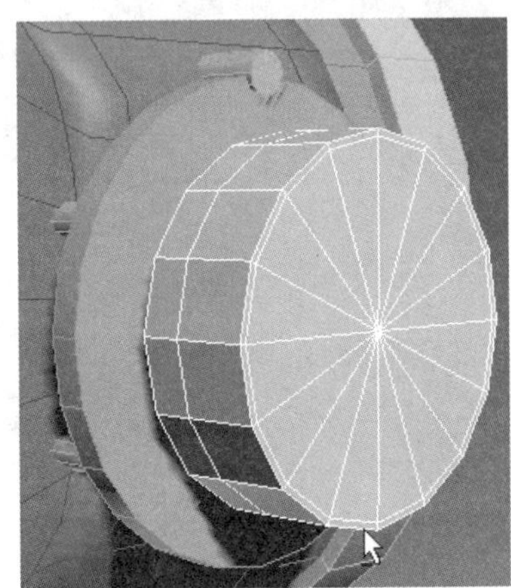
图 13.64

将黄色物体转化为多边形物体后加线，选择底部面向下挤出面，如图 13.65 所示。然后选择图 13.66 中的面向内倒角，倒角后移除不规则的面，手动调整布线如图 13.67 所示。将面向内挤出如图 13.68 所示，加线后细分效果如图 13.69 所示。

选择图 13.70 中的面向外挤出（挤出方式为以组的形式挤出），如图 13.71 所示。

调整挤出面的形状至图 13.72 所示，然后加线后调整加线位置的点，调整为圆形如图 13.73 所示，在调整时可以创建一个圆柱体进行参考调整。

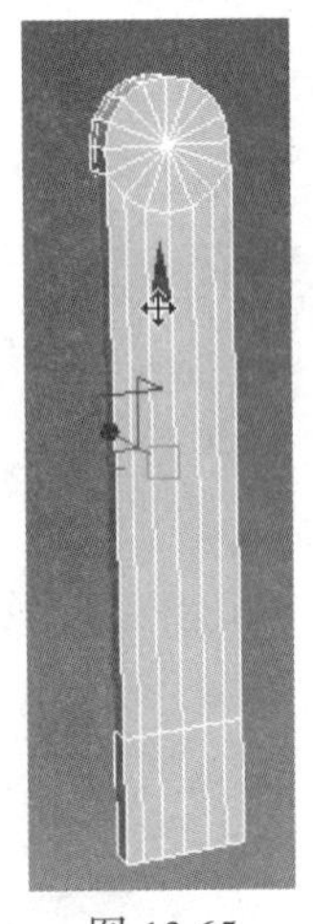
图 13.65

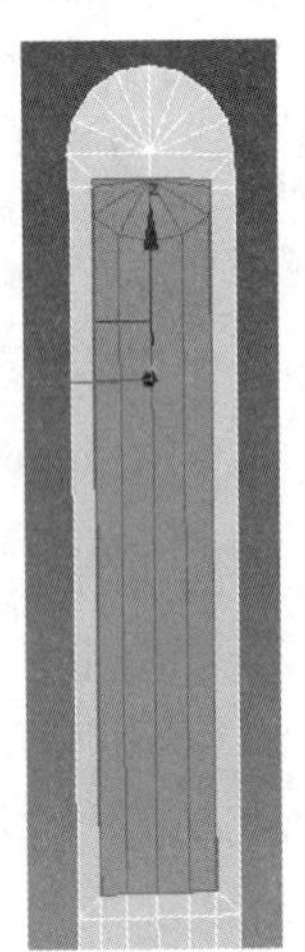
图 13.66

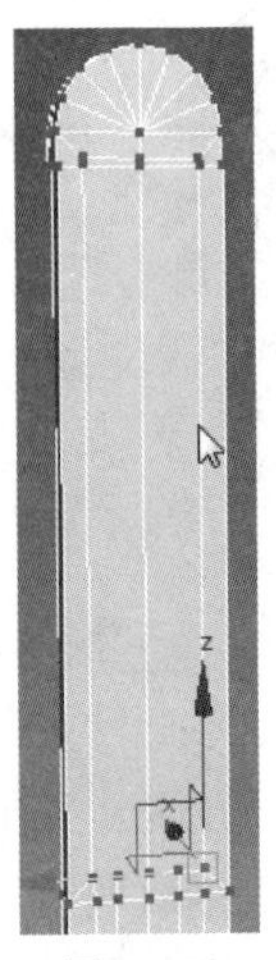
图 13.67

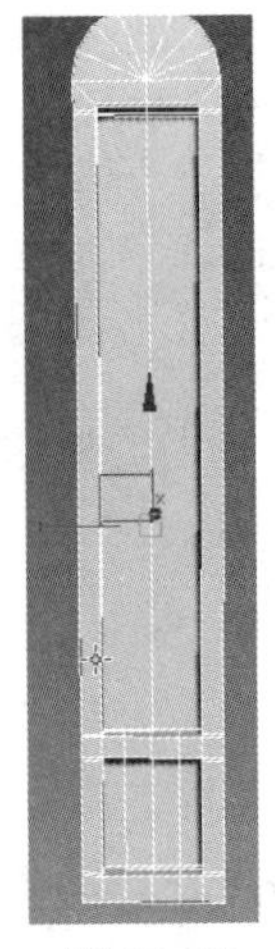
图 13.68

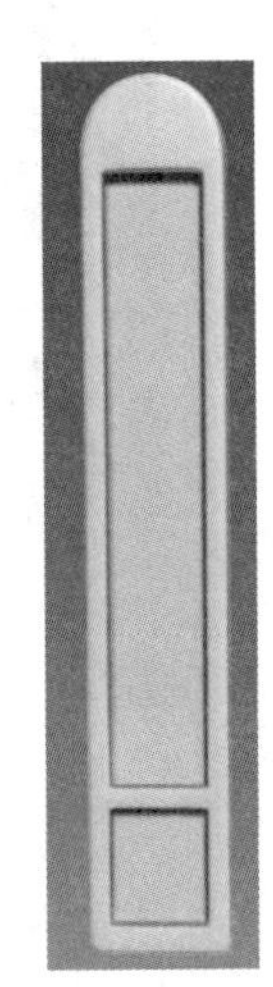
图 13.69

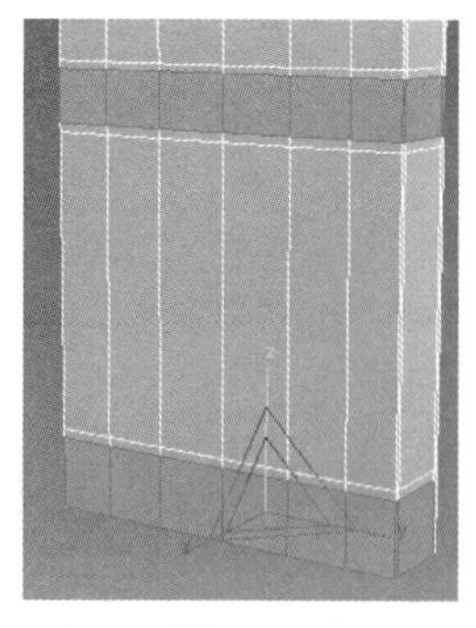

图 13.70

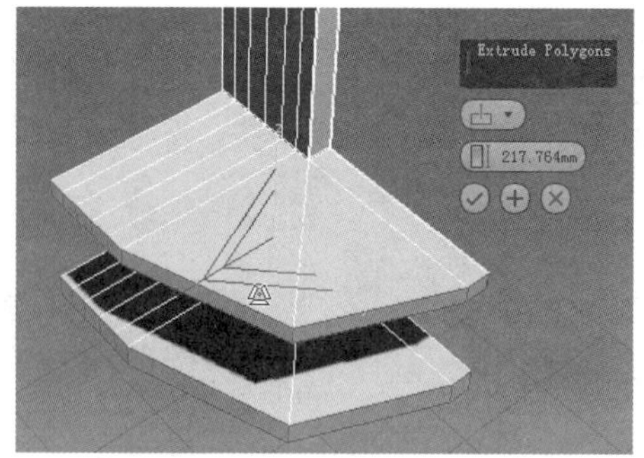

图 13.71

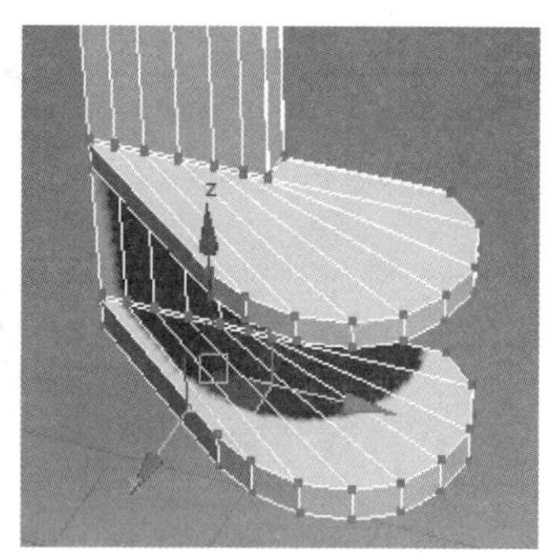

图 13.72

选择上下对应的圆形面，单击 Bridge （桥接）按钮生成中间对应的面，如图 13.74 所示。之后加线细致调整，细分后的效果如图 13.75 所示。

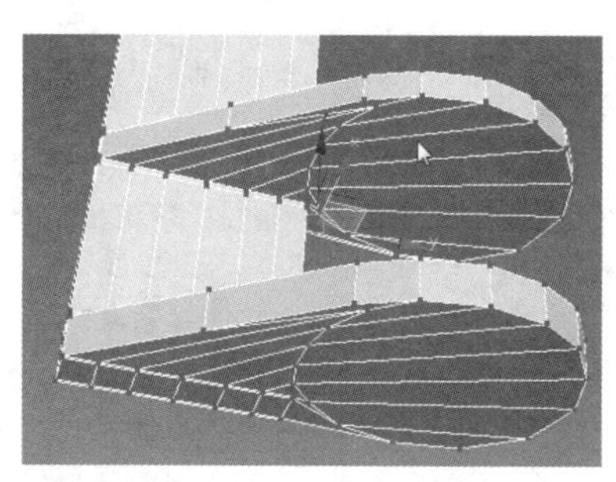

图 13.73

图 13.74

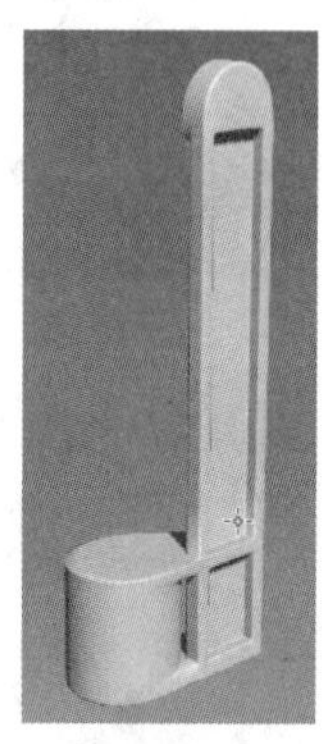

图 13.75

步骤 07 制作枪杆。创建一个管状体，长度比例如图 13.76 所示，然后分别复制出图 13.77 中的管状体模型。

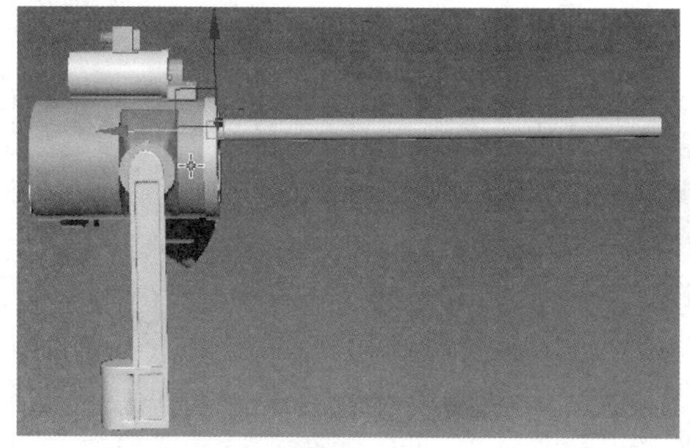

图 13.76

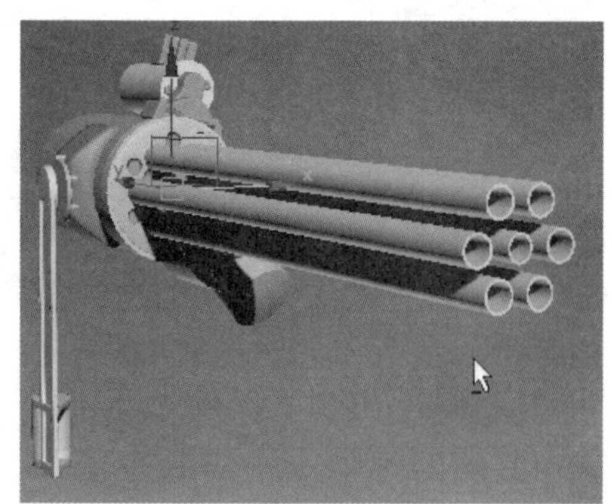

图 13.77

再创建一些管状体，整体效果如图 13.78 所示。

步骤 08 制作框架和底座。创建两个长方体，如图 13.79 所示，将图 13.79 中左侧长方体转化为可编辑的多边形物体加线调整，然后选择图 13.80 中的面，用挤出工具挤出，如图 13.81 所示。

分别在边缘位置加线然后创建图 13.82 中螺丝钉模型，复制出剩余的部分如图 13.83 所示。

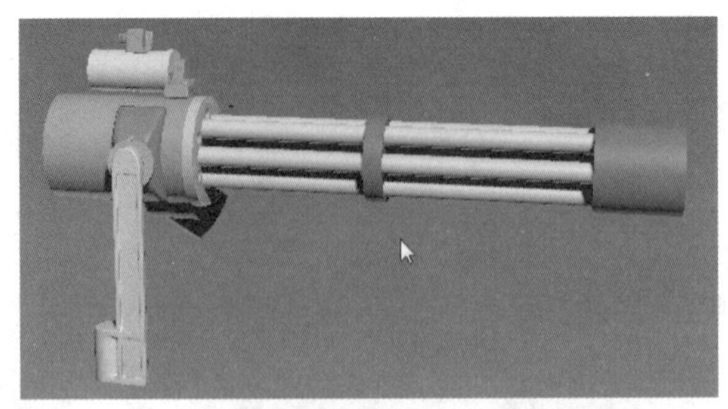

图 13.78

图 13.79

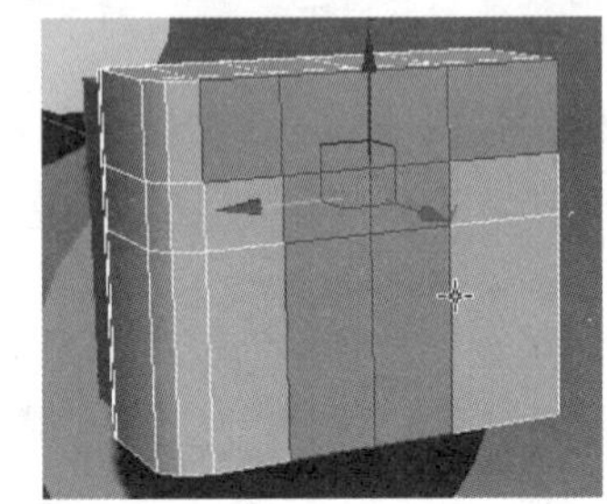

图 13.80

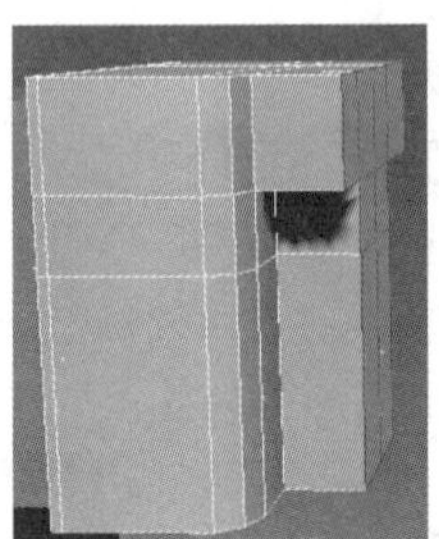

图 13.81

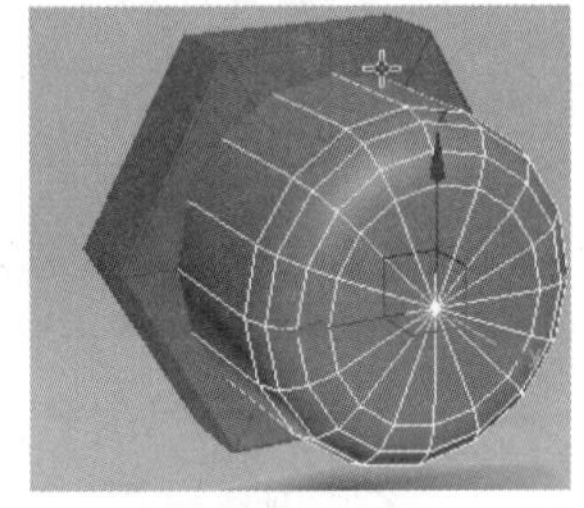

图 13.82

图 13.83

再创建一个长方体加线、挤出面调整，过程如图 13.84 和图 13.85 所示，细致调整布线后细分效果如图 13.86 所示。

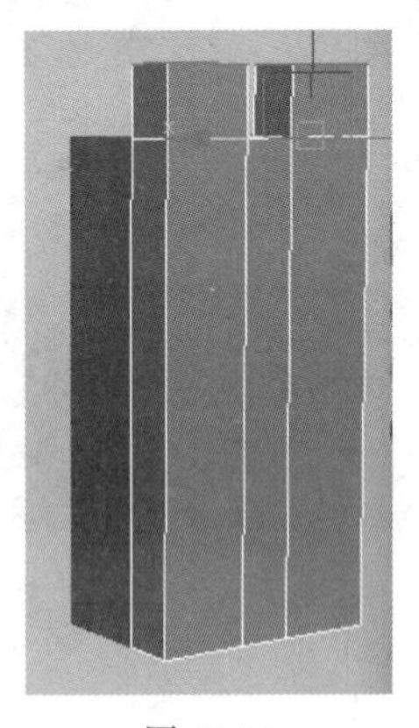

图 13.84

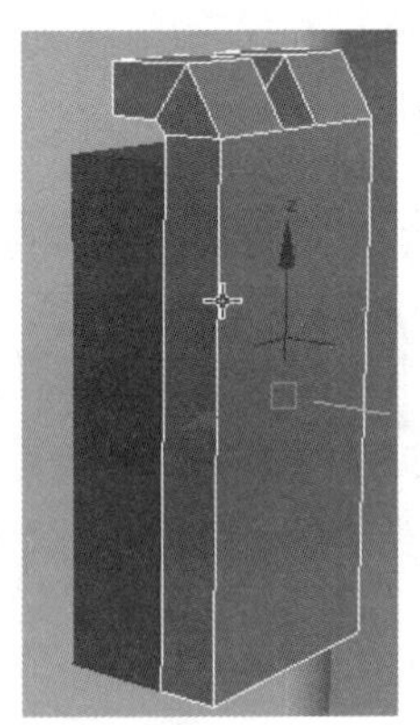

图 13.85

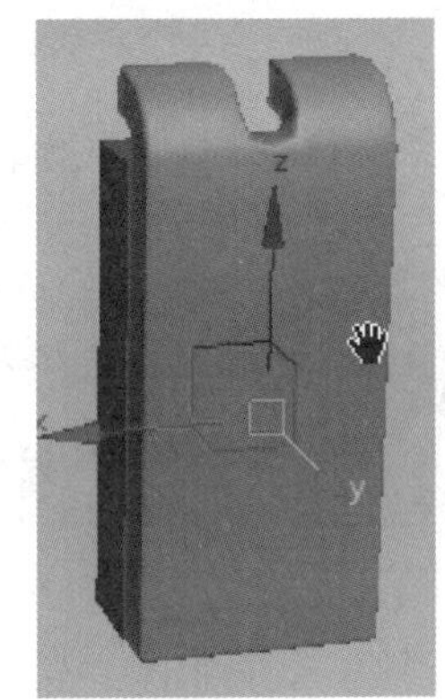

图 13.86

同样用长方体多边形调整出图 13.87 所示形状的物体，在左侧位置加线后向下挤出面调整，如图 13.88 和图 13.89 所示。

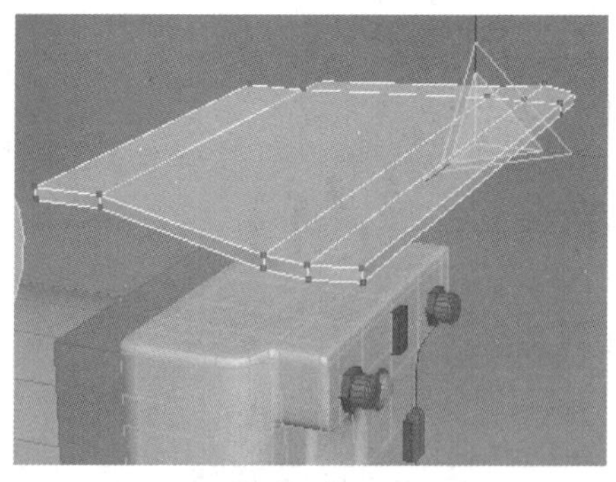

图 13.87

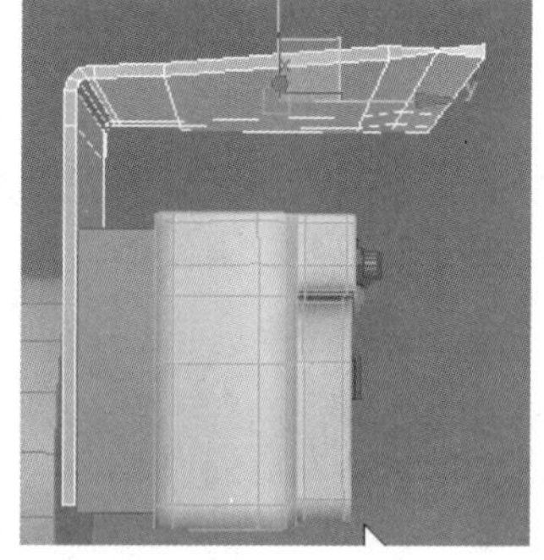

图 13.88

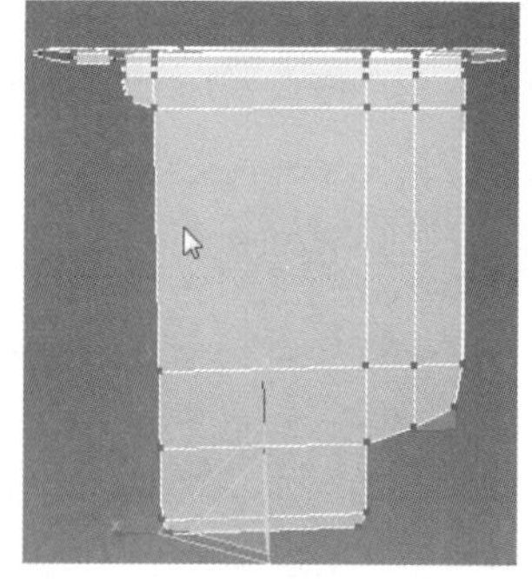

图 13.89

细致加线后再制作出图 13.90 中所示物体，同样创建长方体模型并编辑调整至图 13.91 所示形状物体，再复制出右侧部分，如图 13.92 所示。

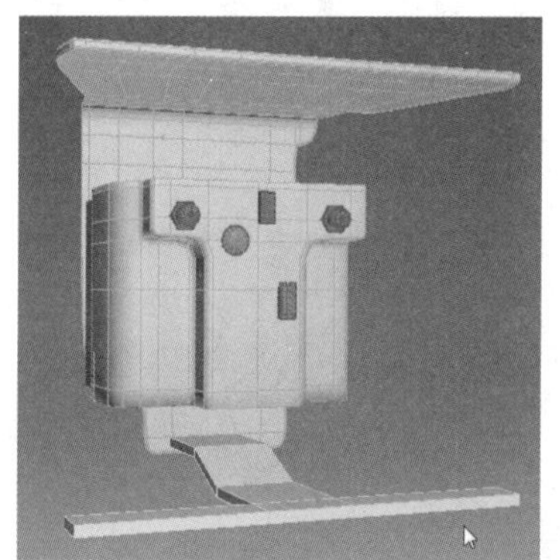

图 13.90

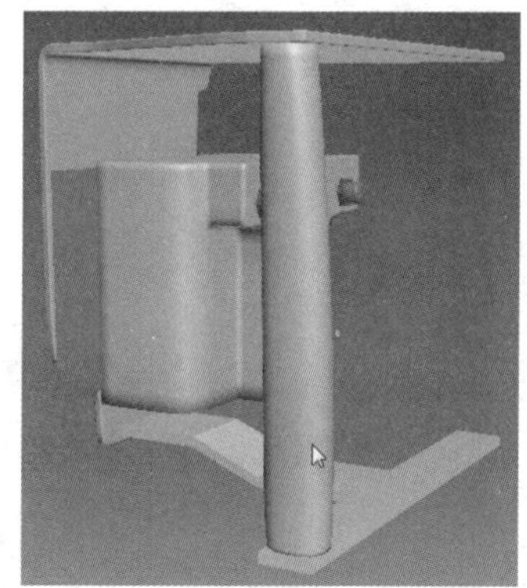

图 13.91

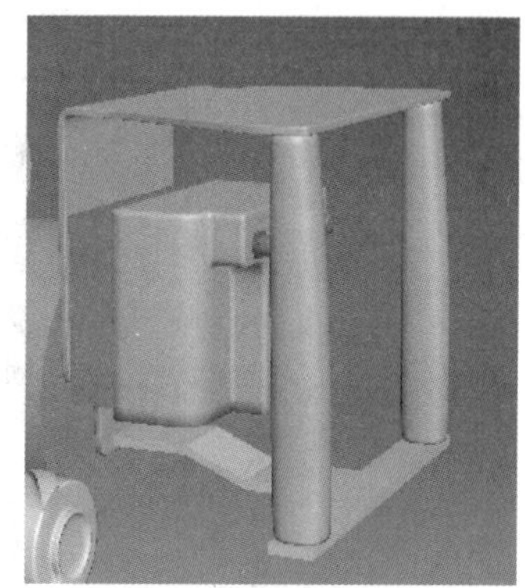

图 13.92

 创建一个圆柱体并转化为可编辑的多边形物体后，选择图 13.93 中的面，将面以“组”的方式向内挤出，同时删除顶部的面，如图 13.94 所示。选择边界线，按住 Shift 键边挤出面边调整形状至图 13.95 所示。

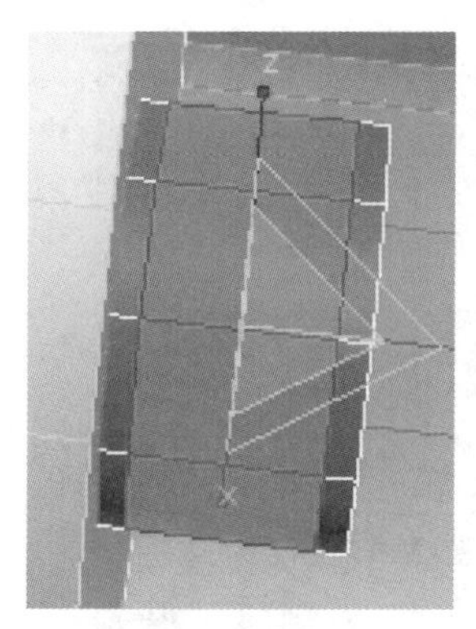

图 13.93

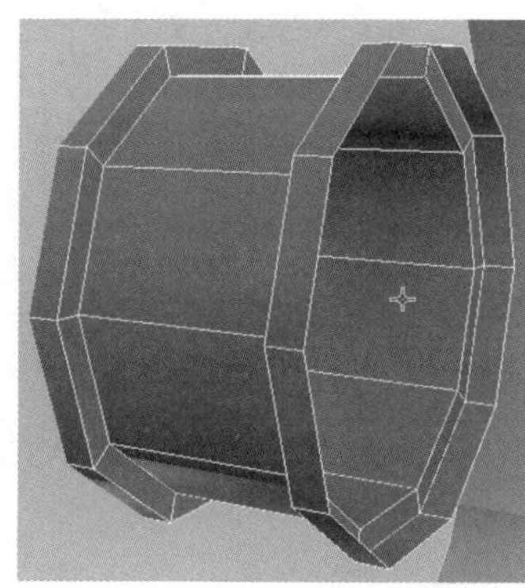

图 13.94

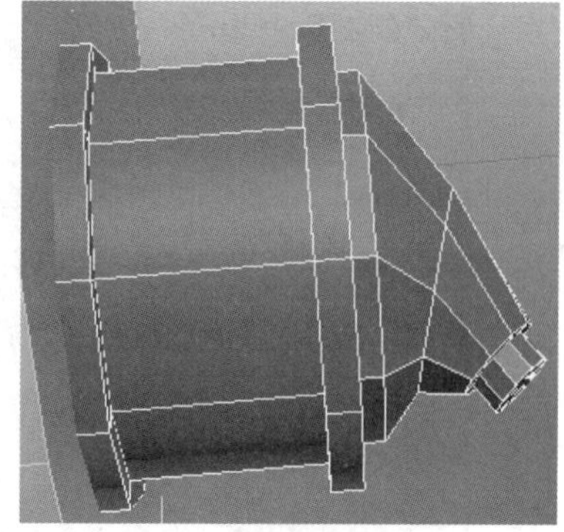

图 13.95

然后创建出图 13.96 中物体。

在侧视图中创建一个如图 13.97 所示的样条线，此时透视图中的样条线是在一个平面上的，没有立体感，如图 13.98 所示。选择点调整位置后，勾选 Rendering 卷展栏下的 ☑ Enable In Renderer 和 ☑ Enable In Viewport，设置好半径和边数后的效果如图 13.99 所示。

编辑调整出如图 13.100 所示的物体，然后将图 13.101 中箭头所示的面向下挤出。

图 13.96

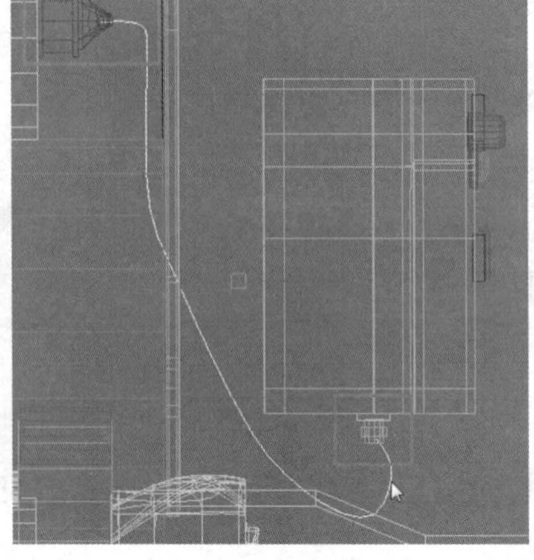
图 13.97

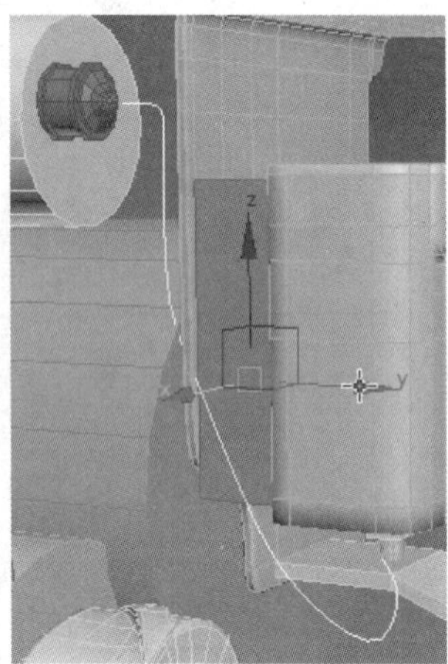
图 13.98

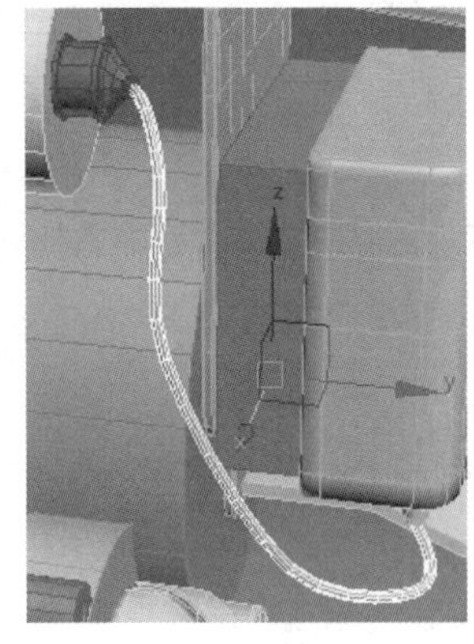
图 13.99

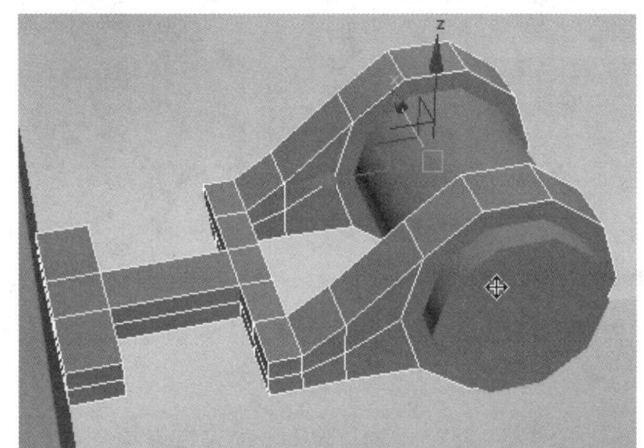
图 13.100

再创建出图 13.102 所示的形状物体。

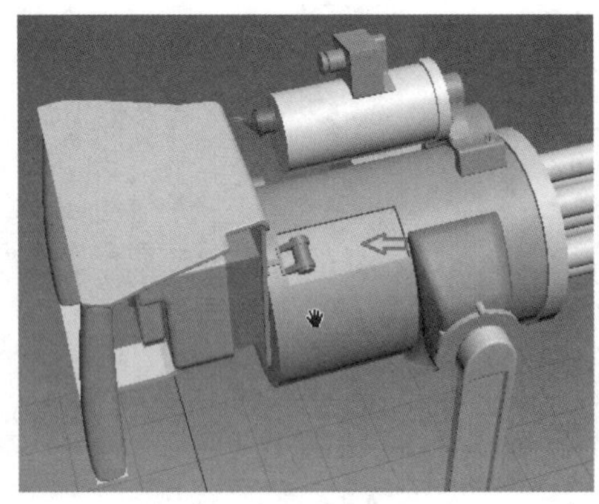
图 13.101

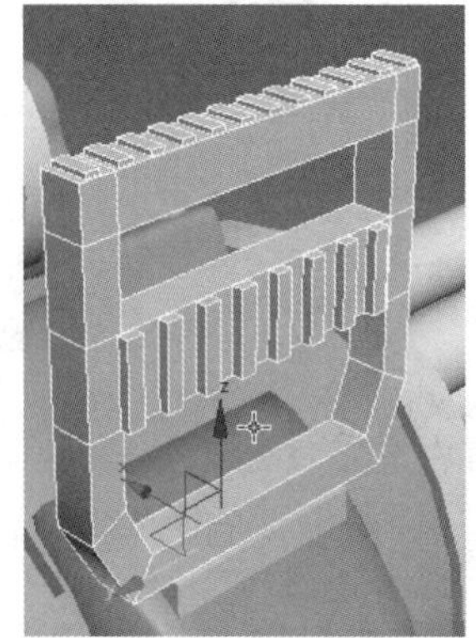
图 13.102

步骤 10 创建一个圆柱体并将其转化为可编辑的多边形物体，删除底部面，选择边界线，按住 Shift 键配合缩放和移动工具挤出面调整，过程如图 13.103 和图 13.104 所示。最后在底部位置创建一个长方体，选择四角的边连续切角设置，效果如图 13.105 所示。

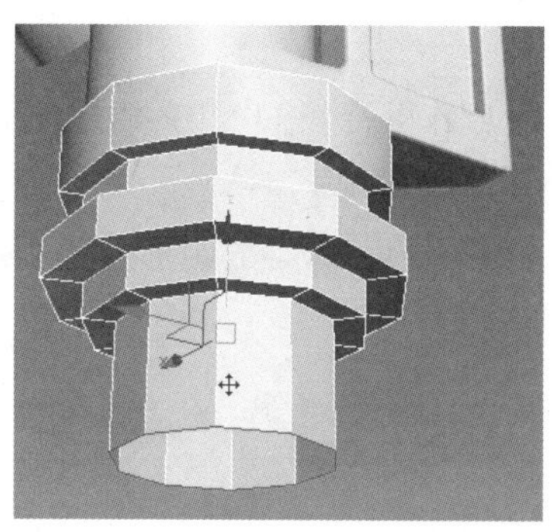

图 13.103

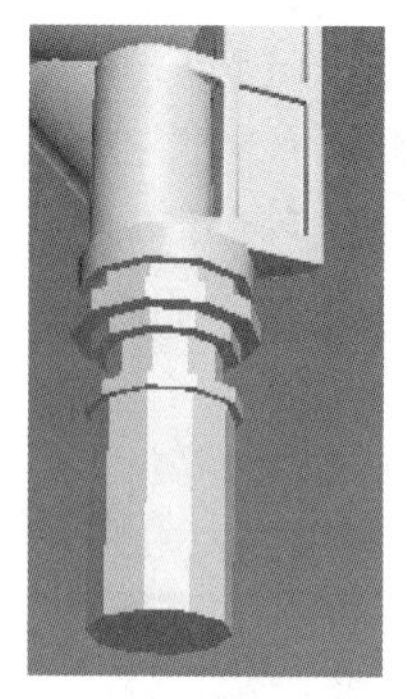

图 13.104

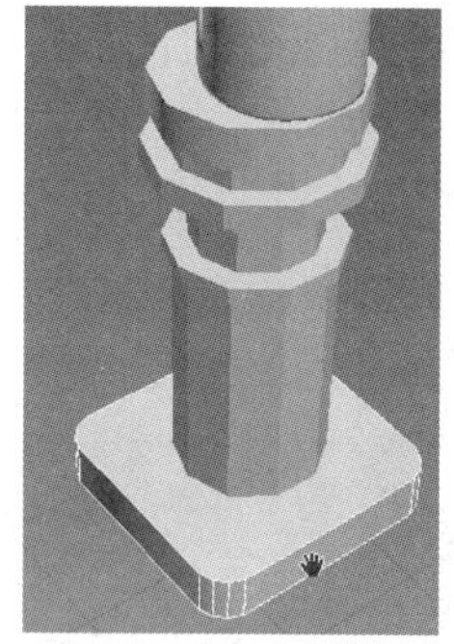

图 13.105

在底座上方表面上再创建出螺丝钉和支架，如图 13.106 和图 13.107 所示（螺丝钉可以用简单的多边形物体代替，支架的制作先创建一个三角形样条线，添加挤出修改器即可）。

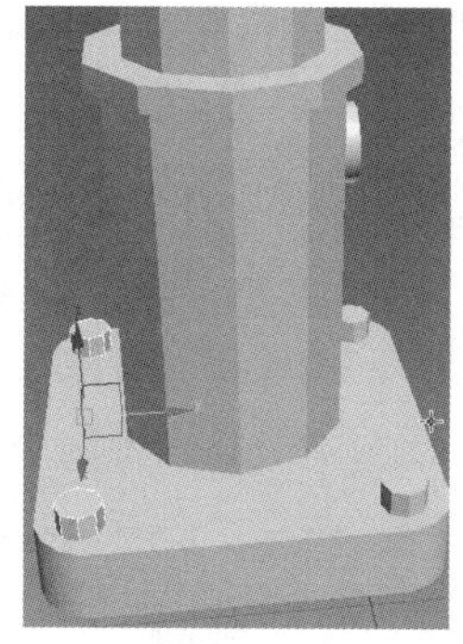

图 13.106

图 13.107

步骤 11 创建一个如图 13.108 所示的样条线，注意它的比例大概与整体模型的相等，勾选 Rendering 卷展栏下的 ☑ Enable In Renderer 和 ☑ Enable In Viewport，设置好半径和边数后将样条线直接塌陷为多边形物体，加线调整至图 13.109 所示形状，然后旋转复制出剩余的部分，最后在支架杆的底部创建出一个三角形状的固定杆，如图 13.110 所示。

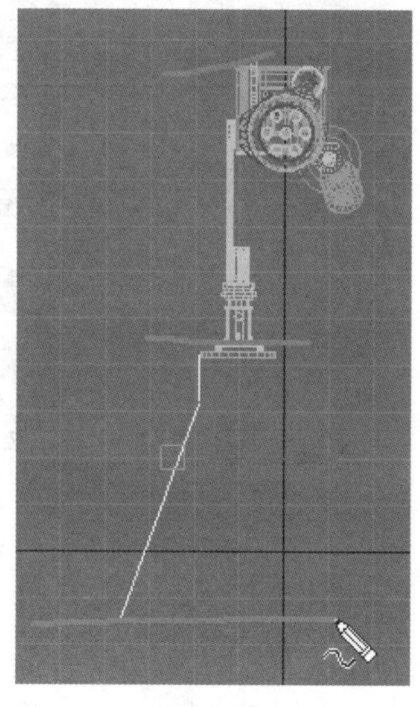

图 13.108

图 13.109

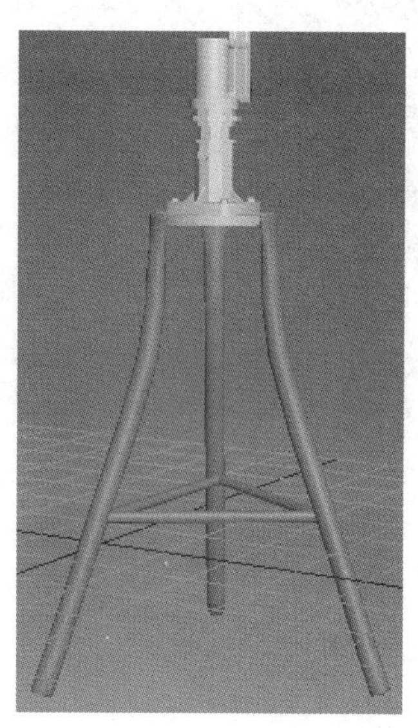

图 13.110

在支架的底部创建出垫片模型如图 13.111 所示。

步骤 12 子弹壳物体的快速制作方法。在制作子弹壳之前，先制作出图 13.112 中的物体，这些物体也都是基于简单的几何体拼接而成的，并不复杂所以不再详细讲解它的制作方法。

利用样条线转三维模型的方法创建一个如图 13.113 所示形状的物体，然后再创建出一个如图 13.114 所示的样条线。

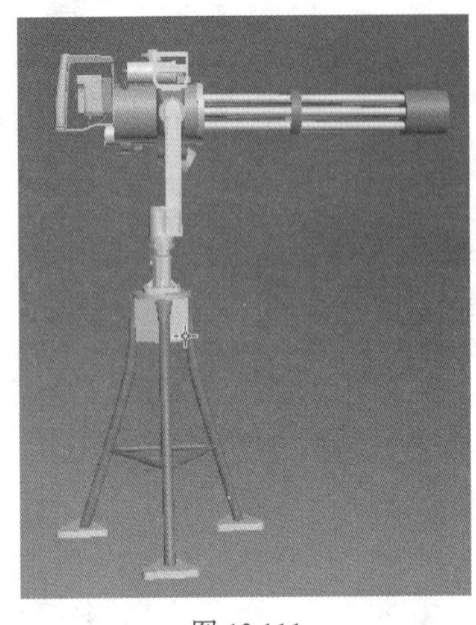
图 13.111

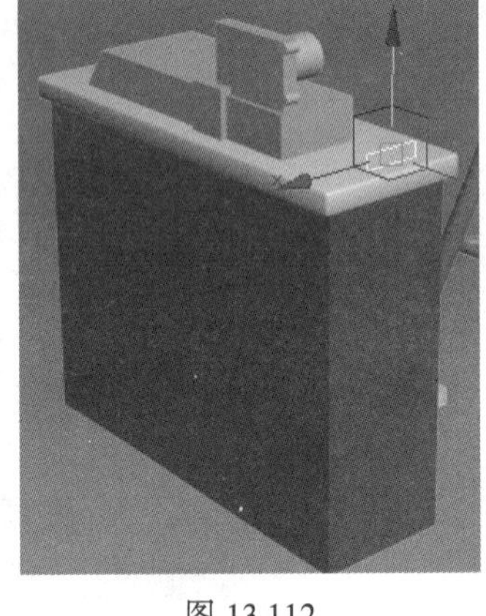
图 13.112

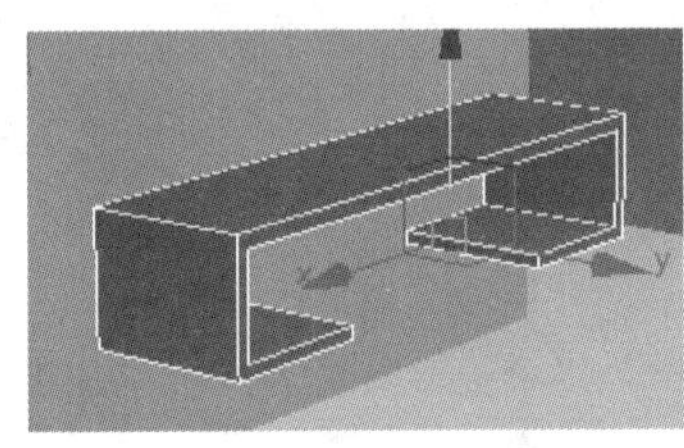
图 13.113

选择图 13.113 所示的物体，依次单击 Animation 动画菜单下的 Constraints（约束）| Path Constraint（路径约束），在视图中拾取样条线，注意图 13.115 中光标的变化，约束之后，拖动底部时间滑块会发现该物体已经跟随路径进行位置的变化了。

注意此时物体沿着样条线运动时，它的方向始终是保持一个方向不变的，如图 13.116 和图 13.117 所示。

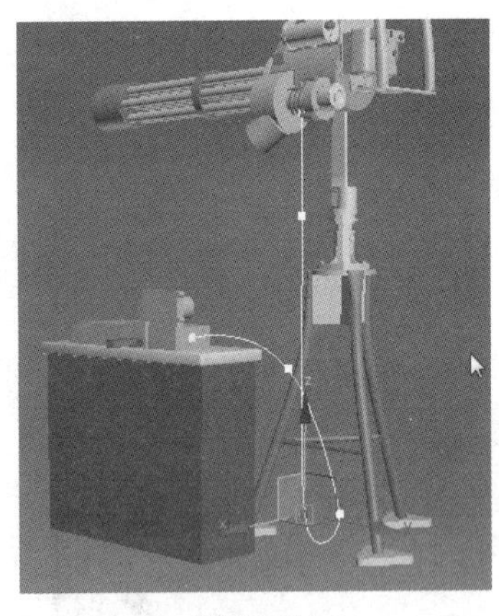
图 13.114

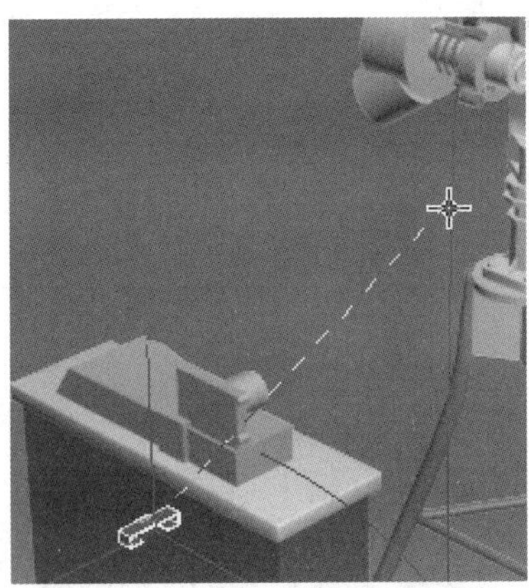
图 13.115

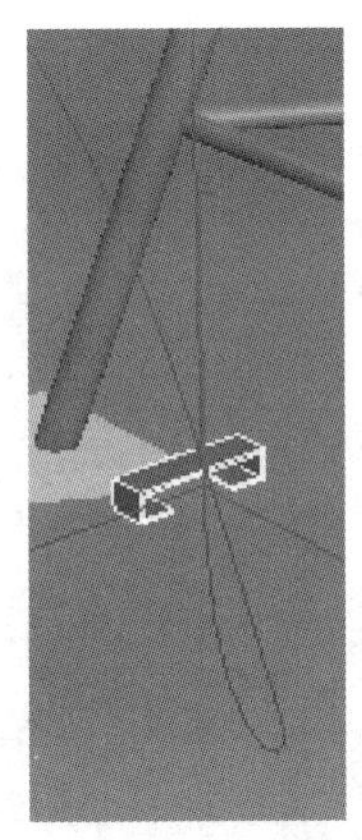
图 13.116

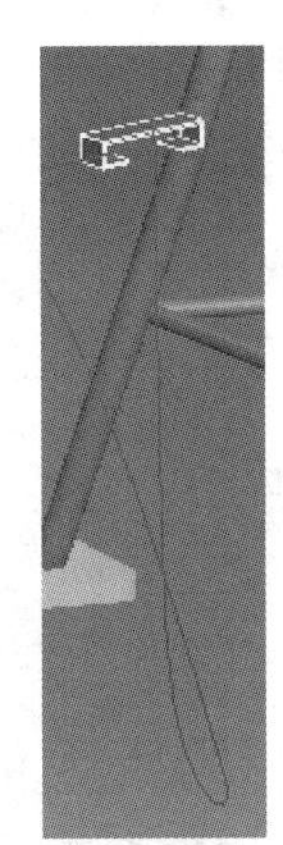
图 13.117

单击 ◎ 运动面板，在参数设置中勾选 ☑ Follow 跟随，默认是以 X 轴方向运动跟随。拖动时间滑块运动效果如图 13.118 ~ 图 13.120 所示，调整轴向为 Y 轴时运动跟随效果如图 13.121 ~ 图 13.123 所示。

设置好路径动画之后，单击 Tools 菜单下的 Snapshot... 快照命令，快照参数面板如图 13.124 所示，此处选择 Range（范围），也就是从第 0 帧到 100 帧之间要复制物体的数量。起始阶段我们并不知道要复制多少个，可以先将 Coples（副本）数量设置为 20，克隆方法选择 Copy 复制方式，单击 OK 按钮效果如图 13.125 所示。很明显此时数量不够，按快捷键 Ctrl+Z 键撤销，再逐步试验性地调整副本个数，经过试验发现当数量为 66 时比较合适，效果如图 13.126 所示。

快照复制物体后，注意图 13.127 中物体嵌入到了其他物体内部，所以再来调整一下他们之间的比例大小和位置至图 13.128 所示。

到此为止，模型就全部制作完成了，最终的效果如图 13.129 所示。

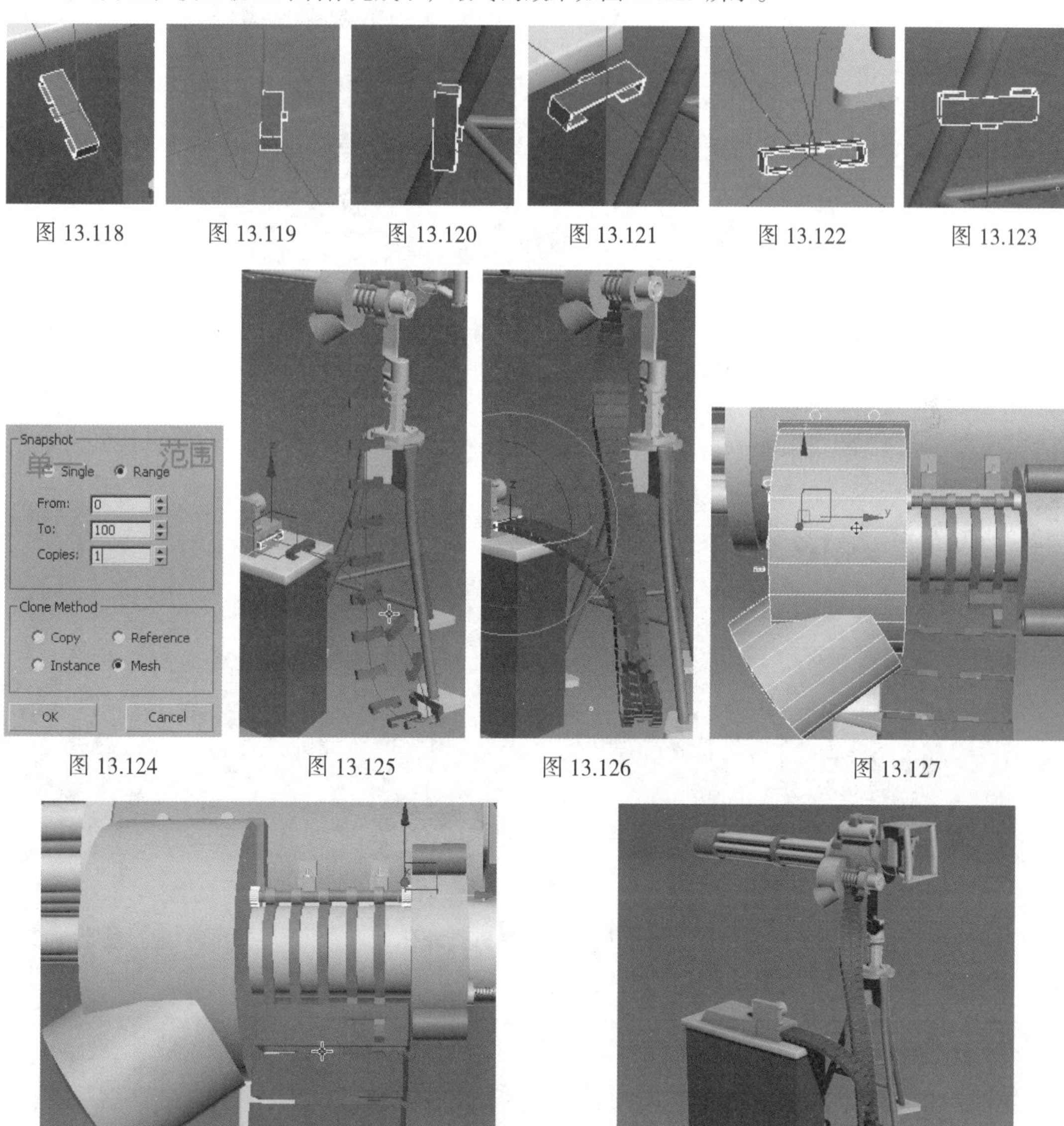

图 13.118　图 13.119　图 13.120　图 13.121　图 13.122　图 13.123

图 13.124　图 13.125　图 13.126　图 13.127

图 13.128　图 13.129

13.2　制作坦克

步骤 01　首先来设置背景参考图，如图 13.130 所示。这里只需要设置顶视图和左视图即可。

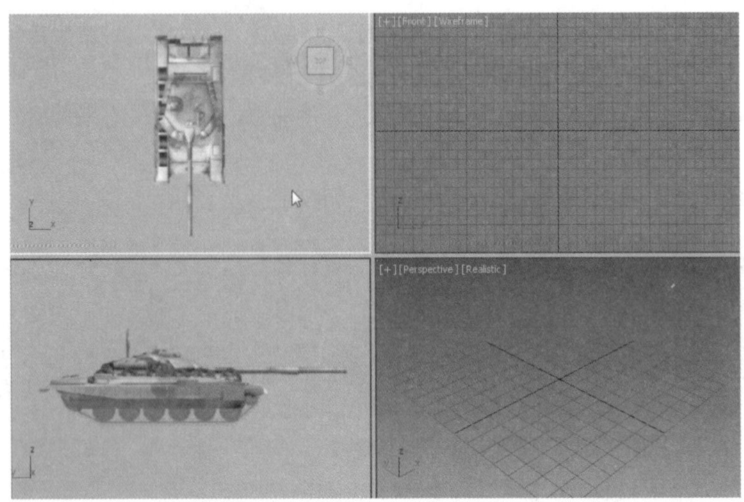

图 13.130

步骤 02 制作出坦克车身的主体模型，如图 13.131 所示。这一节的模型我们尽量制作简模，也就是尽量使用更少的面数而又能保证模型的外观。

步骤 03 制作好一半模型之后，镜像对称出另外一半模型。然后再制作出图 13.132 所示的模型。

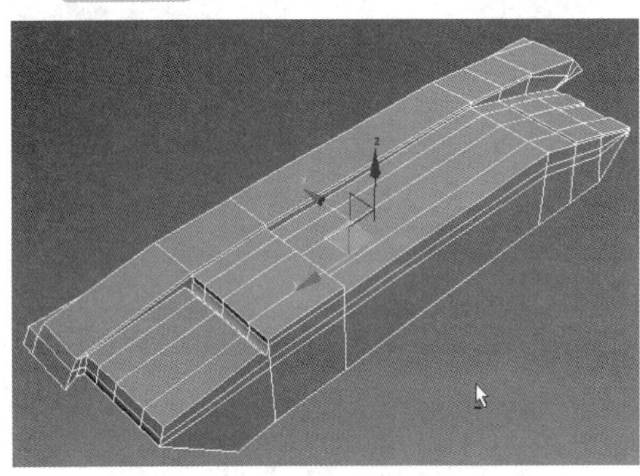
图 13.131

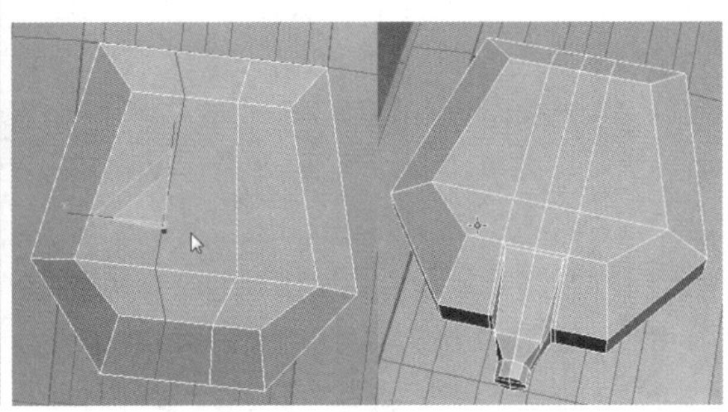
图 13.132

在该模型上创建一个圆柱体，然后用布尔运算工具进行布尔运算。将模型塌陷，通过手动加线的方法来调整模型布线，如图 13.133 所示。

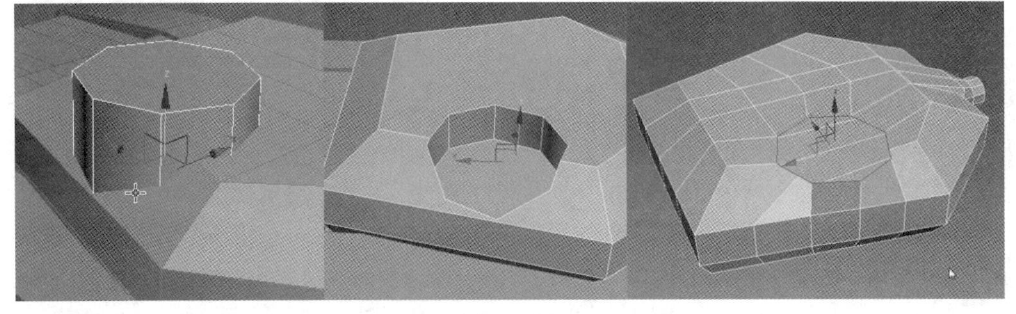
图 13.133

继续调整模型布线，如图 13.134 所示。

步骤 04 在坦克入口位置创建出入口盖的模型，如图 13.135 所示。

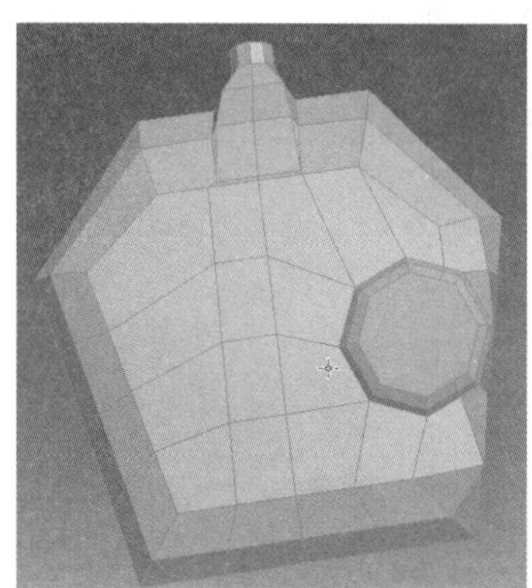

图 13.134

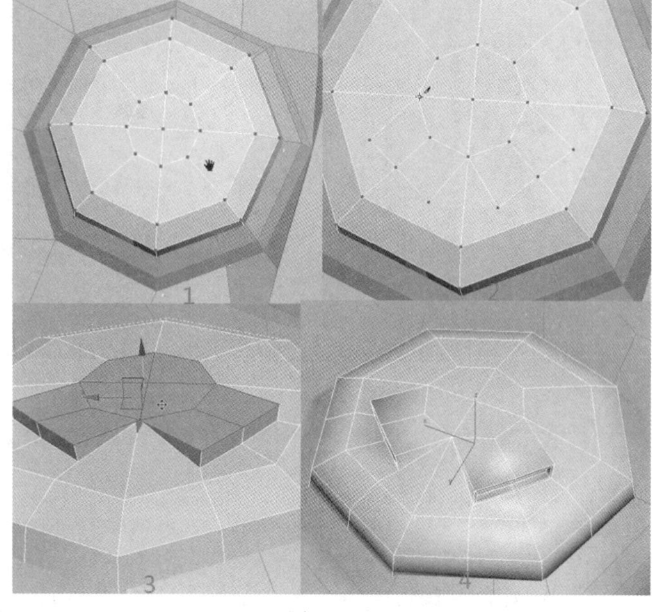

图 13.135

步骤 05 接下来再创建出其他部件，如图 13.136 和图 13.137 所示。

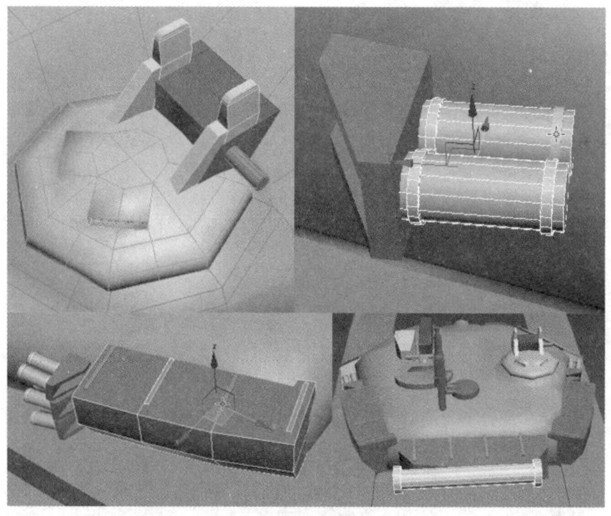

图 13.136

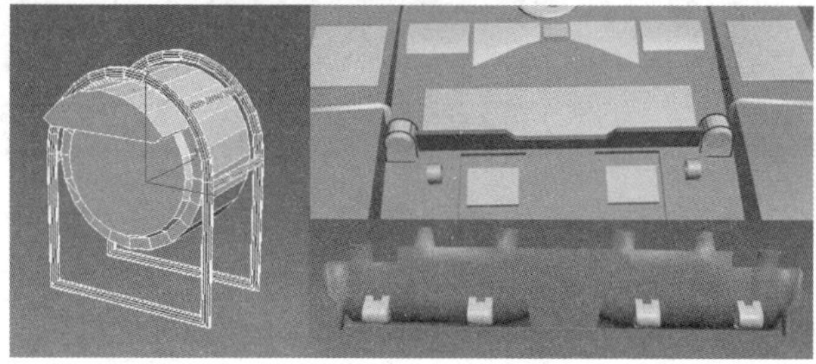

图 13.137

整体效果如图 13.138 所示。

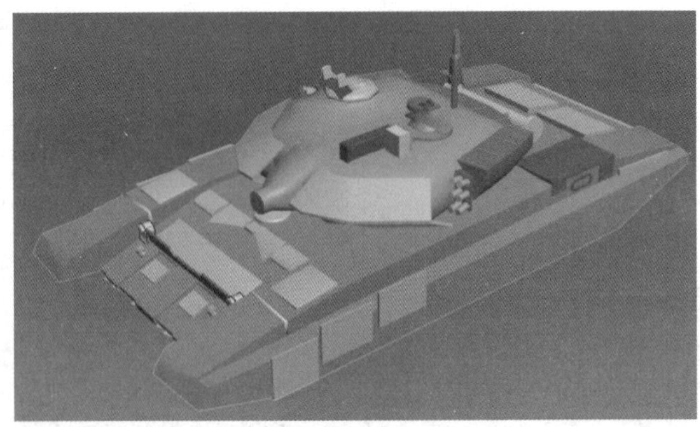

图 13.138

步骤 06 制作轮子。创建一个圆柱体并将其转换为可编辑的多边形物体，对其进行修改制作，如图 13.139 所示。

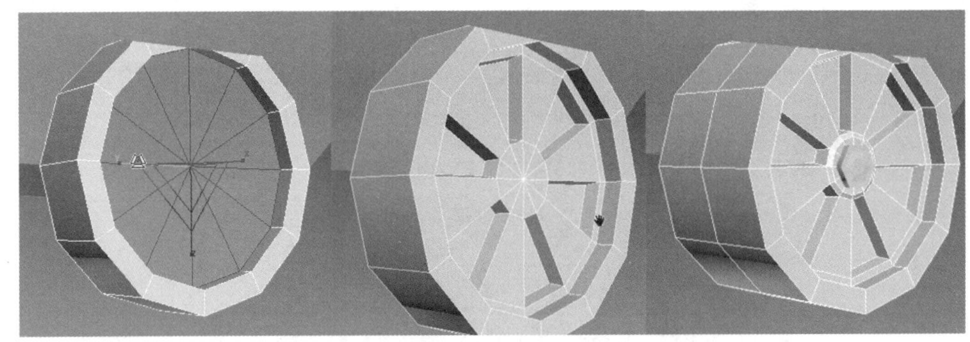

图 13.139

选择所有的面，在参数面板中的 Polygon:Smoothing Groups 卷展栏中任意单击一个光滑 ID 给当前选择的面设置一个光滑组，如图 13.140 所示。

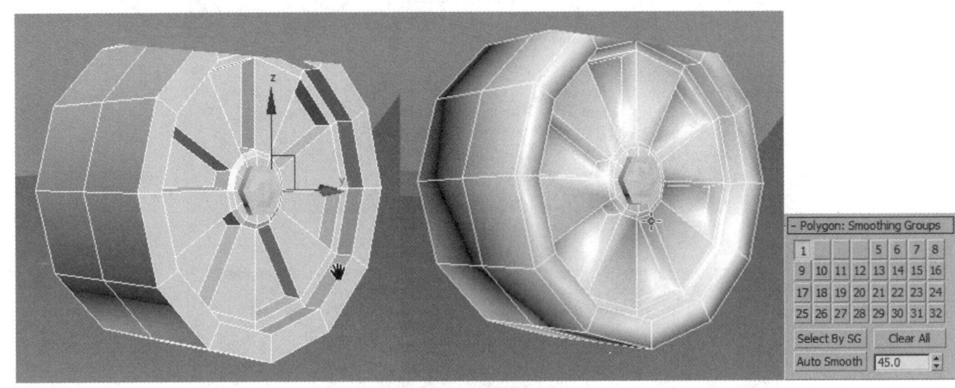

图 13.140

复制调整出剩余的车轮模型，在视图中创建一条星形样条线，参数设置和效果如图 13.141 所示。

在内部再创建一个圆形并将这两条样条线附加在一起，在修改器下拉列表中添加 Extrude 修改器，如图 13.142 所示。

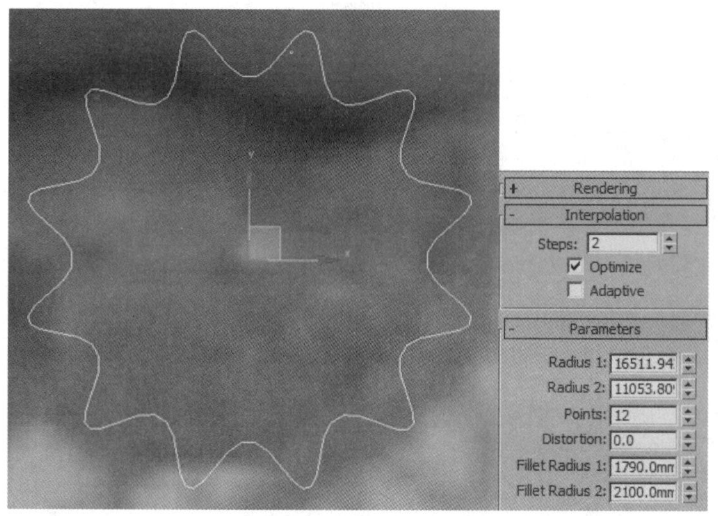

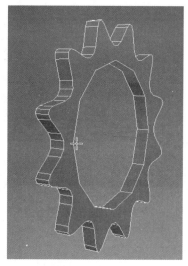

图 13.141

图 13.142

创建出转轴模型，如图 13.143 所示。

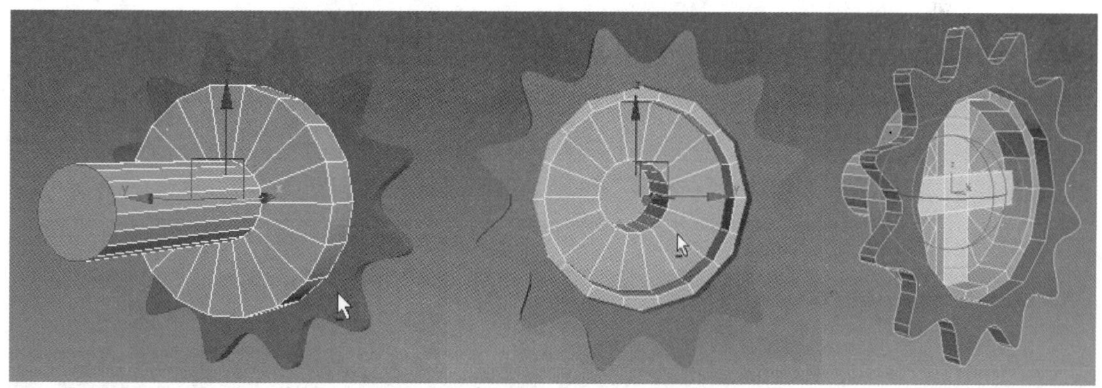

图 13.143

镜像复制调整出另外一半模型，再创建出链条模型，如图 13.144 所示。

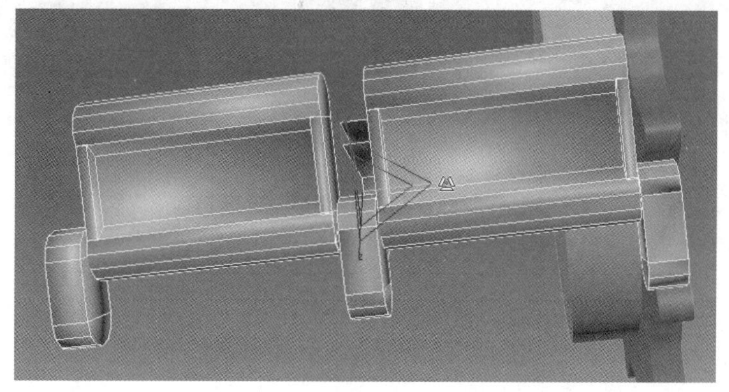

图 13.144

然后在视图中创建一条图 13.145 所示的样条线段。

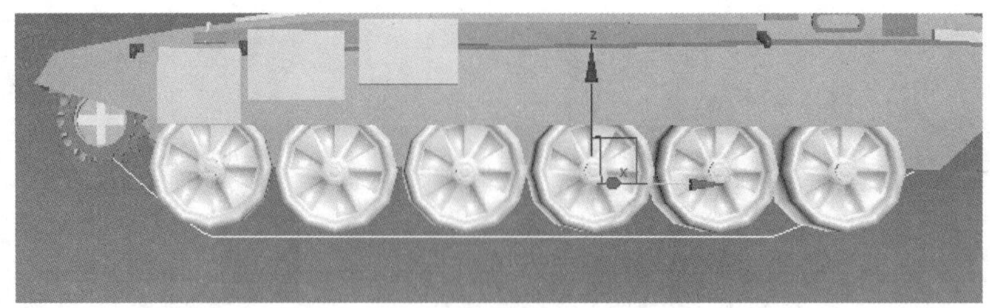

图 13.145

单击 Animation 菜单下的 Constraints ，选择 Path Constraint （路径约束），将链条模型约束到样条线上。单击 Tools 菜单下的 Snapshot...（快照），参数设置和快照复制后的效果如图 13.146 所示。

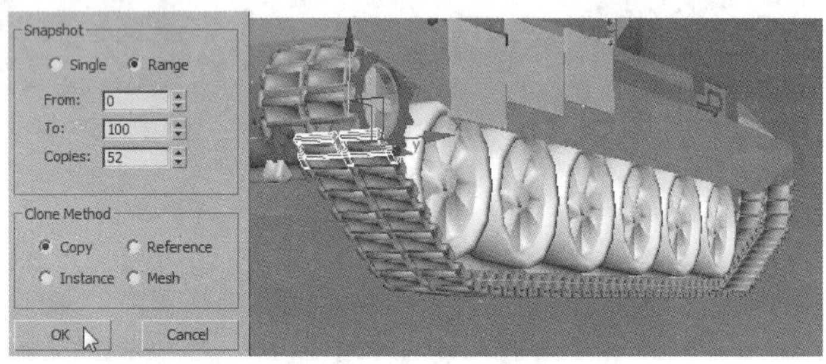

图 13.146

我们发现位置上有一些偏差，用移动工具调整一下即可。选择轮子所有模型，将另外一半复制调整出来，最后的整体效果如图 13.147 所示。

步骤 07 最后制作出炮管模型，直接用圆柱体修改完成。坦克的最终模型效果如图 13.148 所示。

图 13.147

图 13.148